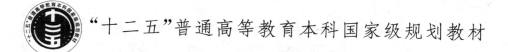

"十二五"普通高等教育本科国家级规划教材

环 境 化 学

第二版

戴树桂 主编

U0363486

高等教育出版社·北京

内容提要

本书为"十二五"普通高等教育本科国家级规划教材。全书共八章,包括绪论、大气环境化学、水环境化学、土壤环境化学、生物体内污染物质的运动过程及毒性、典型污染物在环境各圈层中的转归与效应、受污染环境的修复和绿色化学的基本原理与应用。以阐述污染物在大气、水、岩石、生物各圈层环境介质中迁移转化过程所涉及的污染化学问题及其效应为主线,较全面深入地阐明基本原理、环境化学相关交叉学科的知识。为进一步贯彻可持续发展的战略思想和方针,增添了反映近年环境科学领域新发展且应用性较强的两个重要研究方向,即"受污染环境的修复"和"绿色化学"内容的介绍和讨论。本书密切结合我国乃至全球关注的环境问题,在介绍基本和主要内容的基础上,注意适当反映本领域的最新研究成果和进展。

为便于阅读,本书每章均设有"内容提要及重点要求",并列出一定数量的"思考题与习题"及"主要参考文献",在书后特编有中英文关键词对照索引。

本书可作为高等院校环境科学及相关专业的教材或参考书,也适于从事环境保护和环境科学研究工作的专业人员阅读。

编写委员会

主编　戴树桂　南开大学

成员（按姓氏笔画排序）
　　　　王晓蓉　南京大学
　　　　邓南圣　武汉大学
　　　　孙红文　南开大学
　　　　陈甫华　南开大学
　　　　董德明　吉林大学

前　　言

面向 21 世纪课程教材《环境化学》自出版以来,陆续为全国各类高等院校环境科学、环境工程,以及化学、农学多类专业广泛采用。教材加印若干次,受到社会好评,并于 2000 年荣获教育部科技进步二等奖。这些都是对编者的鞭策和鼓励。

为适应科教事业发展的需要,2004 年 8 月参编作者于南开大学环境科学与工程学院举行了该教材修订的研讨会。通过认真讨论明确了修订的指导思想为:"既要保持原书结构体系的特色,又要面对国内外环境化学内容的发展推陈出新;既要吸取国外先进经验又要结合我国国情"。

为此,对第一版教材的修改意见如下:

1. 去掉第一版的第七章有害废物及放射性固体废物。新增两章,即第七章受污染环境的修复和第八章绿色化学的基本原理与应用。

2. 对第一版其他六章,采取补空、补新、补量化的原则加以修改补充,并适当体现推陈出新。

第一章　绪论:适当反映人为活动与各自然圈层间的交叉联系,简介主要营养元素循环。

第二章　大气环境化学:对原内容编排做些调整;关于臭氧层的形成与耗损,要结合讨论自由基反应;对大气颗粒物单独另写一节,要适当介绍气溶胶的界面效应,$PM_{2.5}$ 可吸入尘与能见度和全球气候变暖的影响等。

第三章　水环境化学:在原第一节中适当介绍"水体富营养化"问题;在原第四节水质模型增添多介质环境数学模型简介。

第四章　土壤环境化学:增加讨论土壤孔隙水、土壤溶液、土壤中腐殖质和有机质内容。

第五章　生物体内污染物质的运动过程及毒性:增添第六节有机物的定量结构与活性关系简介。

第六章　典型污染物在环境各圈层中的转归与效应:增加第一节污染物在多介质多界面环境中的传输;原第一节重金属元素改为第二节;原第二节有机污染物改为第三节,其中要添加典型持久性有机污染物的介绍。

由于某些具体原因,参编作者也有部分调整。再版本由戴树桂编写第一、八章,董德明编写第二章,王晓蓉编写第三章,邓南圣编写第四、六章,陈甫华编写

第五章,孙红文编写第七章,最后由主编戴树桂审校定稿。

    本书修订出版过程中,得到高等教育出版社陈文副编审的指导和支持,编者表示衷心感谢。此外,南开大学环境科学与工程学院徐建博士在中英文关键词对照索引的编排工作上给予了很大帮助,在此一并致谢。

    限于学识和文字水平,错误在所难免,请读者批评指正。

编者

2006 年 5 月

第一版前言

1990年国家教育委员会正式确认高等学校理科本科的环境科学类专业为一级学科,同时组建了环境科学教学指导委员会,在高等教育司的领导下,协助研讨并推进有关专业设置、培养方向、课程安排和教材建设等方面的工作。

作为环境学专业的重要专业基础课程,环境化学被选为首批编写教材的课程之一。为了满足教学要求,及时反映当前学科的发展水平,编写出高质量的教材,环境科学教学指导委员会和高等教育出版社共同商定由南开大学、南京大学、武汉大学和吉林大学多年从事环境化学教学及科研的教授通力合作编写该书。

在确定本书的编写大纲前,我们对环境化学在环境科学中的地位及其在培养环境科学专门人才中的作用取得了如下共识。

18世纪工业革命以后,环境问题开始成为一个严重的社会问题。因为工业革命大大推动了社会生产力,随着技术和经济的发展,人类利用和改造自然的能力大大加强,同时也使资源消耗和废弃物排放显著增多,自然环境的组成和结构受到了大规模的影响,从而破坏了人与自然的和谐关系。可见,环境问题的实质就是由于人类社会发展的行为不自觉地导致环境向不利于人类生存的方向转化了。

当前全球性的环境问题突出的表现在酸雨、温室效应与臭氧层被破坏;不断加剧的水污染造成世界范围的淡水危机;以及自然资源破坏和生态环境继续恶化,威胁着人类的生产和生活条件。

我国各族人民正在党中央和政府领导下,为把我国建设成为富强、民主、文明的社会主义现代化国家而努力奋斗。我国政府十分重视生态环境保护,在这方面已取得了巨大成绩。但是在国民经济建设高速发展的同时,对资源的不合理开发利用和生态环境破坏的现象及恶化趋势,绝不能掉以轻心。根据中央确定的可持续发展战略指导方针,必须使国民经济建设与环境保护同步协调发展。在科教兴国战略思想的指引下,加速培养有创业、敬业精神的、高质量的环境科学技术与管理专门人才是一项紧迫的任务。

环境科学是以实现人与自然和谐为目的,研究以及调整人与自然关系的科学。它既来源于而又区别于传统学科的包含自然科学、社会科学和工程技术科学的一门新型的综合性科学。21世纪环境科学的研究内容应围绕人与自然相和谐这个主题。对 21 世纪环境专门人才则应着重培养两方面的基本能力：①对人类社会行为及其与自然相互关系进行综合分析的能力，即在掌握自然科学、社会科学和工程技术科学必要基础知识的基础上，把握环境问题的实质和根源，以期能正确分析和处理发展与环境的矛盾；② 具备处理实际环境问题的能力，掌握解决问题的方法和技术。

我们在确定本书内容大纲时有如下指导思想：

1. 由于大多数的生态环境问题都与化学物质直接有关，环境化学学科在掌握污染来源，消除和控制污染，为确定环境保护决策提供科学依据等方面都起着重要作用。所以，对环境科学专门人才的培养，无论侧重于研究自然环境问题的环境学或环境工程专业，还是具有自然科学与社会科学交叉性质的环境规划与管理专业，都需要有较扎实的环境化学基础知识。

2. 环境化学是研究有害化学物质在环境介质中的存在、特性、行为和效应及其控制的化学原理和方法的科学。从 21 世纪环境科学应围绕人与自然相和谐的主题，和对专门人才应着重培养两方面基本能力的要求出发，本书着力拓宽和加深环境化学的基础内容。在依次讲解大气、水、岩石（土壤）各圈层的环境化学之后，对典型污染物在各圈层间的迁移转化规律做了专门论述，这将有利于学生针对区域性生态环境问题发展的趋势掌握防治控制的知识与技能。

3. 正确处理了传统学科与新兴交叉学科知识的关系。在内容阐述中既充分运用传统化学学科的原理和方法解释环境化学问题，又注重了包括生物学、生物化学、毒理学、气象学、土壤学等多种交叉学科知识的融合，以期在基本原理和知识的基础上阐明作为多组分、多介质复杂体系的实际环境过程，体现了环境化学已趋于成熟的特色。在讨论时某些方面还力图做到量化阐述，有关污染物质在生物体内的运动过程与毒性问题的讨论就是一例。

4. 面向 21 世纪的环境问题。书中探讨的基本原理和方法以及反映的科研新成就不仅适用于下世纪，而且所涉及的不少环境问题也仍然是 21 世纪必须关注的重大问题，如臭氧层耗损、水污染、重金属和有机污染物问题等。从我国改变能源结构发展核电的趋势看，增加放射性固体废弃物的内容是非常合乎时宜的。

5. 为照顾环境学专业所属各培养方向的不同需要，在编排上做了特殊技术处理。即对各方向都要求掌握的内容以大字排印，而对个别方向（如环境化学方向）或社会上有兴趣的广大读者，则又以小字编印了补充材料。

由于编者在编写过程中注意吸取国内外许多有关专著和教材的优点并参考了大量文献资料，因而使本书编写的系统、内容和形式都具有自己的风格和特色。

　　本书由戴树桂编写第一章,岳贵春编写第二章,王晓蓉编写第三章,田世忠编写第四、六章,陈甫华编写第五、七章,最后由主编戴树桂审校定稿。

　　初稿写成后于1995年4月在天津举行了审稿会。由北京大学陈静生教授、李金龙教授,北京工业大学李恺川教授和高等教育出版社陈文编辑组成的专家组对初稿认真审阅后,予以通过并提出修改意见,完成了本书出版的重要一步。

　　在本书编写出版过程中得到国家教委第一、二届环境科学教学指导委员会以及各有关高校领导的关心与支持,特别是高等教育出版社张月娥编审给予了热情的鼓励和帮助,我们表示衷心感谢。此外,南开大学环境科学系陈勇生博士在中英文关键词对照索引的编排工作上给予了很大帮助,在此一并致谢。

　　限于学识和文字水平,错误在所难免,请读者批评指正。

编者
1995 年 9 月

目　　录

第一章　绪论 ··· 1

　第一节　环境化学 ··· 1

　　一、环境问题 ··· 1

　　二、环境化学 ··· 3

　第二节　环境污染物 ··· 11

　　一、环境污染物的类别 ·· 12

　　二、环境效应及其影响因素 ·· 13

　　三、环境污染物在环境各圈的迁移转化过程简介 ······································· 14

　思考题与习题 ·· 16

　主要参考文献 ·· 16

第二章　大气环境化学 ··· 17

　第一节　大气的组成及其主要污染物 ·· 17

　　一、大气的主要成分 ·· 17

　　二、大气层的结构 ··· 17

　　三、大气中的主要污染物 ·· 21

　第二节　大气中污染物的迁移 ·· 47

　　一、辐射逆温层 ·· 47

　　二、大气稳定度 ·· 48

　　三、大气污染数学模式 ·· 49

　　四、影响大气污染物迁移的因素 ·· 54

　第三节　大气中污染物的转化 ·· 57

　　一、自由基化学基础 ·· 57

　　二、光化学反应基础 ·· 66

　　三、大气中重要自由基的来源 ··· 74

　　四、氮氧化物的转化 ·· 76

　　五、碳氢化合物的转化 ·· 83

　　六、光化学烟雾 ·· 91

　　七、硫氧化物的转化及硫酸烟雾型污染 ·· 99

　　八、酸性降水 ··· 108

九、温室气体和温室效应 ……………………………… 119

十、臭氧层的形成与耗损 ……………………………… 122

第四节　大气颗粒物 ……………………………………… 129

一、大气颗粒物的来源与消除 ………………………… 129

二、大气颗粒物的粒径分布 …………………………… 131

三、大气颗粒物的化学组成 …………………………… 133

四、大气颗粒物来源的识别 …………………………… 138

五、大气颗粒物中的 $PM_{2.5}$ …………………………… 141

思考题与习题 ……………………………………………… 145

主要参考文献 ……………………………………………… 146

第三章　水环境化学 ……………………………………… 147

第一节　天然水的基本特征及污染物的存在形态 ……… 147

一、天然水的基本特征 ………………………………… 147

二、水中污染物的分布和存在形态 …………………… 159

三、水中营养元素及水体富营养化 …………………… 169

第二节　水中无机污染物的迁移转化 …………………… 170

一、颗粒物与水之间的迁移 …………………………… 170

二、水中颗粒物的聚集 ………………………………… 179

三、溶解和沉淀 ………………………………………… 184

四、氧化还原 …………………………………………… 193

五、配合作用 …………………………………………… 204

第三节　水中有机污染物的迁移转化 …………………… 214

一、分配作用 …………………………………………… 214

二、挥发作用 …………………………………………… 218

三、水解作用 …………………………………………… 223

四、光解作用 …………………………………………… 226

五、生物降解作用 ……………………………………… 232

第四节　水质模型 ………………………………………… 235

一、氧平衡模型 ………………………………………… 235

二、湖泊富营养化预测模型 …………………………… 241

三、有毒有机污染物的归趋模型 ……………………… 243

四、多介质环境数学模型 ……………………………… 251

思考题与习题 ……………………………………………… 260

主要参考文献 ……………………………………………… 263

第四章　土壤环境化学 ………………………………………………… 265
　第一节　土壤的组成与性质 ………………………………………… 266
　　一、土壤组成 …………………………………………………… 266
　　二、土壤的粒级分组与质地分组 ……………………………… 270
　　三、土壤吸附性 ………………………………………………… 272
　　四、土壤酸碱性 ………………………………………………… 274
　　五、土壤的氧化还原性 ………………………………………… 279
　第二节　重金属在土壤-植物体系中的迁移及其机制 …………… 279
　　一、影响重金属在土壤-植物体系中迁移的因素 …………… 280
　　二、重金属在土壤-植物体系中的迁移转化规律 …………… 282
　　三、主要重金属在土壤中的积累和迁移转化 ………………… 283
　　四、植物对重金属污染产生耐性的几种机制 ………………… 285
　第三节　土壤中农药的迁移转化 ………………………………… 287
　　一、土壤中农药的迁移 ………………………………………… 287
　　二、非离子型农药与土壤有机质的作用 ……………………… 291
　　三、典型农药在土壤中的迁移转化 …………………………… 295
　思考题与习题 ……………………………………………………… 302
　主要参考文献 ……………………………………………………… 302
第五章　生物体内污染物质的运动过程及毒性 …………………… 303
　第一节　物质通过生物膜的方式 ………………………………… 303
　　一、生物膜的结构 ……………………………………………… 303
　　二、物质通过生物膜的方式 …………………………………… 304
　第二节　污染物质在机体内的转运 ……………………………… 305
　　一、吸收 ………………………………………………………… 305
　　二、分布 ………………………………………………………… 306
　　三、排泄 ………………………………………………………… 307
　　四、蓄积 ………………………………………………………… 308
　第三节　污染物质的生物富集、放大和积累 …………………… 308
　　一、生物富集 …………………………………………………… 308
　　二、生物放大 …………………………………………………… 311
　　三、生物积累 …………………………………………………… 311
　第四节　污染物质的生物转化 …………………………………… 312
　　一、生物转化中的酶 …………………………………………… 313
　　二、若干重要辅酶的功能 ……………………………………… 314

三、生物氧化中的氢传递过程 ……………………………………… 317

四、耗氧有机污染物质的微生物降解 …………………………… 320

五、有毒有机污染物质生物转化类型 …………………………… 326

六、有毒有机污染物质的微生物降解 …………………………… 335

七、氮及硫的微生物转化 ………………………………………… 341

八、重金属元素的微生物转化 …………………………………… 344

九、污染物质的生物转化速率 …………………………………… 349

第五节　污染物质的毒性 ………………………………………… 358

一、毒物 …………………………………………………………… 358

二、毒物的毒性 …………………………………………………… 359

三、毒物的联合作用 ……………………………………………… 360

四、毒作用的过程 ………………………………………………… 362

五、毒作用的生物化学机制 ……………………………………… 362

第六节　有机物的定量结构与活性关系 ………………………… 369

一、概述 …………………………………………………………… 369

二、Hansch 分析法 ……………………………………………… 369

三、分子连接性指数法 …………………………………………… 372

四、量化参数在 QSAR 研究中的应用 ………………………… 377

五、比较分子力场分析方法 ……………………………………… 380

思考题与习题 ……………………………………………………… 385

主要参考文献 ……………………………………………………… 387

第六章　典型污染物在环境各圈层中的转归与效应 …………… 389

第一节　污染物在多介质多界面环境中的传输 ………………… 389

第二节　重金属元素 ……………………………………………… 390

一、汞 ……………………………………………………………… 390

二、镉 ……………………………………………………………… 396

三、铬 ……………………………………………………………… 399

四、砷 ……………………………………………………………… 400

第三节　有机污染物 ……………………………………………… 403

一、持久性有机污染物 …………………………………………… 403

二、有机卤代物 …………………………………………………… 407

三、多环芳烃 ……………………………………………………… 417

四、表面活性剂 …………………………………………………… 428

思考题与习题 ……………………………………………………… 433

　　主要参考文献 ……………………………………………………………… 433
第七章　受污染环境的修复 …………………………………………………… 435
　　第一节　微生物修复技术 ………………………………………………… 435
　　　　一、概述 …………………………………………………………… 435
　　　　二、影响微生物修复效率的因素 ………………………………… 437
　　　　三、强化生物修复的主要类型 …………………………………… 439
　　　　四、生物修复的优缺点 …………………………………………… 442
　　第二节　植物修复技术 …………………………………………………… 443
　　　　一、概述 …………………………………………………………… 443
　　　　二、植物修复重金属污染的过程和机理 ………………………… 444
　　　　三、植物修复有机污染物的过程和机理 ………………………… 448
　　第三节　化学氧化技术 …………………………………………………… 452
　　　　一、概述 …………………………………………………………… 452
　　　　二、高锰酸钾氧化法 ……………………………………………… 453
　　　　三、臭氧氧化技术 ………………………………………………… 455
　　　　四、过氧化氢及 Fenton 氧化技术 ……………………………… 457
　　第四节　电动力学修复 …………………………………………………… 461
　　　　一、基本原理 ……………………………………………………… 461
　　　　二、影响因素 ……………………………………………………… 463
　　　　三、联用技术 ……………………………………………………… 465
　　第五节　地下水修复的可渗透反应格栅技术 …………………………… 466
　　　　一、概述 …………………………………………………………… 466
　　　　二、Fe-PRB …………………………………………………………… 467
　　第六节　表面活性剂及共溶剂淋洗技术 ………………………………… 470
　　　　一、基本原理 ……………………………………………………… 470
　　　　二、影响因素 ……………………………………………………… 471
　　思考题与习题 ……………………………………………………………… 473
　　主要参考文献 ……………………………………………………………… 473
第八章　绿色化学的基本原理与应用 ………………………………………… 475
　　第一节　绿色化学的诞生和发展简史 …………………………………… 475
　　　　一、绿色化学的诞生 ……………………………………………… 475
　　　　二、绿色化学的定义和发展简史 ………………………………… 477
　　第二节　绿色化学的基本原理 …………………………………………… 479
　　　　一、绿色化学的 12 条原理及特点 ……………………………… 479

二、绿色化学与绿色工程 …………………………………… 489

三、工业生态学原理 ………………………………………… 490

第三节　绿色化学的应用 ……………………………………… 492

一、绿色化学的主要研究方向 ……………………………… 492

二、绿色化学的应用 ………………………………………… 492

思考题与习题 …………………………………………………… 501

主要参考文献 …………………………………………………… 501

中英文关键词对照索引 ………………………………………… 503

第一章 绪 论

内容提要及重点要求

本章简要介绍环境化学在环境科学中和解决环境问题方面的地位和作用，它的研究内容、特点和发展动向，主要环境污染物的类别和它们在环境各圈层中的迁移转化过程。要求掌握对现代环境问题认识的发展以及对环境化学提出的任务；明确学习环境化学课程的目的。

地球为人类提供了阳光、空气、水、土地和大量的生物及矿物资源。人类的生活和生产活动不断地影响和改变着这些环境条件，甚至造成对环境的污染。18 世纪末到 20 世纪初产业革命产生的巨大的生产力，使人类在改造自然和发展经济方面建树了辉煌的业绩。而与此同时，由于工业化过程中的处置失当，特别是对自然资源的不合理开发利用，造成了全球性的环境污染和生态破坏。因此在考虑自然圈层的同时，应该把人类活动圈作为一个单独的圈层，并适当了解其与地球环境系统各圈层之间存在的错综复杂的相互关系。同时有必要对以几种典型元素为代表的物质循环有概括的了解。如今世界范围内普遍存在着程度不同的空气、水和土地污染的环境退化现象，各国人民都在关注的臭氧层破坏、气候变化、水资源的短缺和污染、有毒化学品和固体废弃物的危害，以及生物多样性的损伤等，已对人类的生存和发展构成了现实威胁。

从七八百年前因人类开始用煤产生的空气污染，发展到当代面向 21 世纪多方面的全球环境问题，无不与化学科学密切相关。所以，如何阐明这些危害人类的环境问题的化学机制，并为解决这些问题提供科学依据，已成为化学科学工作者的一个重要职责。环境科学与化学交叉形成的环境化学学科在这方面负有特殊的使命。

第一节 环 境 化 学

一、环境问题

由于人为因素使环境的构成或状态发生变化，环境素质下降，从而扰乱和破坏了生态系统和人们的正常生活和生产条件，就叫做环境污染。具体说，环境污染是指有害物质对大气、水质、土壤和动植物的污染,并达到致害的程度,生物界的生态系统遭到不适当的干扰和破坏,不可再生资源被滥采滥用,以及因固体废弃物、噪声、振动、恶臭、放射线等造成对环境的损害。造成环境污染的因素有物理的、化学的和生物的三方面,其中因化学物质引起的约占 80%~90%。

然而,环境问题并非只限于环境污染,人们对现代环境问题的认识有个发展过程。

在 20 世纪 60 年代,人们把环境问题只当成一个污染问题,认为环境污染主要指的是城市和工农业发展带来的对大气、水质、土壤等的污染,以及固体废弃物和噪声的污染。而对土地沙化、热带森林破坏和野生动物某些品种的濒危灭绝等并未从战略上予以重视。我国当时以污染控制为中心进行环境管理,曾对改善城市和人民生活的环境质量起了重要作用。而明显的不足表现在没有把环境问题与自然生态联系起来,低估了环境污染的危害性和复杂性;没有把环境污染与社会因素相联系,未能追根溯源。

1972 年,联合国在瑞典首都斯德哥尔摩召开了人类环境会议。会议发表的《人类环境宣言》中明确指出环境问题不仅表现在水、气、土壤等的污染已达到危险程度,而且表现在生态的破坏和资源的枯竭;同时宣告一部分环境问题是由于贫穷造成的,并明确提出发展中国家要在发展中解决环境问题。这是作为联合国组织第一次把环境问题与社会因素联系起来。会后正式组建了联合国环境规划署(UNEP)。此次会议可说是人类认识环境问题的一个里程碑。然而,它并未从战略高度指明防治环境问题的根本途径,没明确解决环境问题的责任,没强调需要全球的共同行动。

20 世纪 80 年代,对环境的认识有了新的突破性发展,提出持续发展战略。由挪威前首相布伦特兰夫人任主席的联合国环境与发展委员会,组织来自 21 个国家的著名专家学者到各国实地考察后,于 1987 年 4 月发表了题为"我们共同的未来"的长篇报告。在"全球的挑战"的标题下,指出地球正发生着急剧改变,从而威胁着许多物种,包括人类生命的环境恶化趋势。每年有 600 万公顷具有生产力的旱地变成沙漠,有 1 100 多万公顷的森林遭到破坏……在列举的令人震惊的事件中有:在非洲,干旱将 3 500 万人置于危难之中;在印度,博帕尔农药厂化学品泄漏造成 2 000 人死亡;在墨西哥城,液化气罐爆炸使千人遇难;在前苏联,切尔诺贝利核反应堆爆炸使核尘埃遍布欧洲;在瑞士,农用化学品、溶剂和汞污染了莱茵河,使数百万尾鱼被毒死;由于饮用水被污染和营养不良,全球每年约有 6×10^7 人死于腹泻……报告告诫人们,决定地球人类前途和命运的是"环境"。它以持续发展为基本纲领,从保护环境和资源、满足当代和后代的需要出发,强调世界各国政府和人民要对经济发展和环境保护两大任务负起历史责任,并把两者结合起来。这一时期逐步形成的持续发展战略,指明了解决环境问题的根本途径。

进入 20 世纪 90 年代,巩固和发展了这种指导思想,形成当代主导的环境意识。1992 年 6 月在巴西里约召开了联合国环境与发展大会,有 183 个国家代表团和 70 个国际组织的代表出席,并有 102 位国家元首或政府首脑到场,大会高举持续发展的旗帜,通过了《里约环境与发展宣言》、《21 世纪议程》等重要文件。它促使环境保护和经济、社会协调发展,以实现人类的持续发展作为全球的行动纲领。这是本世纪人类社会的又一重大转折点,树立了人类环境与发展关系史上新的里程碑。

二、环境化学

从 20 世纪 50 年代开始,经 60 年代的酝酿和准备,到 70 年代初期,有较多不同学科的科学工作者投入防治环境污染的研究领域,经过较长时间的孕育和发展过程,在原有各相关学科的基础上产生了一门以研究环境质量及其控制和改善为目的的综合性新学科——环境科学。

环境科学主要是运用自然科学和社会科学有关学科的理论、技术和方法来研究环境问题。在宏观上研究人类同环境之间的相互作用、相互促进、相互制约的对立统一关系,揭示社会经济发展和环境保护协调发展的基本规律;在微观上研究环境中的物质,尤其是人类活动排放的不同种类和形态的污染物在生态系统或有机体内迁移、转化和蓄积的过程及其运动规律,探索它们对生命的影响及其作用机理,并综合运用多种工程技术措施,利用系统分析和系统工程的方法寻找解决环境问题的最佳方案。

由于相关学科的相互渗透和交叉,现阶段在环境科学领域内已形成许多分支学科。属于自然科学方面的主要有环境地学、环境生物学、环境化学、环境物理学、环境工程学、环境医学等;属于社会科学方面的主要有环境管理学、环境经济学、环境法学等;还有自然科学与社会科学交叉结合的如环境评价学、环境规划学等。

在近现代工农业发展和科技进步过程中,"化学"为人类提供了品种繁多、琳琅满目的生产和生活用品,化学科学和化学工业为现代社会做出了重要贡献。然而与此同时,大量的有害化学物质进入地球的各个圈层后,大大降低了环境质量,直接或间接地损害人类的健康,影响生物的繁衍和生态的平衡。

在解决复杂而综合的环境问题中,往往需要多学科协作对它进行系统深入研究。由于大量环境问题与化学物质直接相关,因此,环境化学在掌握污染来源、消除和控制污染、确定环境保护决策,以及提供科学依据诸方面都起着重要的作用。

1. 环境化学的任务、内容与特点

环境化学是在化学科学的传统理论和方法的基础上发展起来的是以化学物质在环境中出现而引起的环境问题为研究对象,以解决环境问题为目标的一门新兴学科。环境化学主要研究有害化学物质在环境介质中的存在、化学特性、行为和效应及其控制的化学原理和方法。它既是环境科学的核心组成部分,也是化学科学的一个新的重要分支。

由包含大气圈(atmosphere)、水圈(hydrosphere)和岩石圈(geosphere or lithosphere)各圈层的自然环境和以生物圈(biosphere)为代表的生态环境组成地球环境系统,再与反映人类生产、生活和技术活动的人类活动圈(anthrosphere)形成彼此相互间存在错综复杂关系的综合体系。这种复杂相互关系如图 1-1 所示。

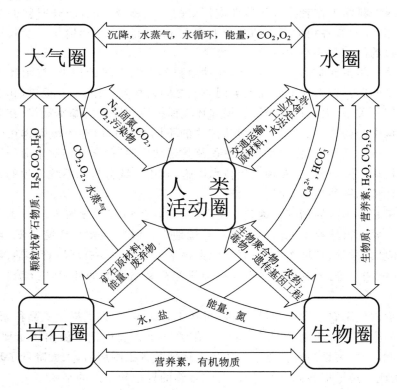

图 1-1 在空气、水和地球环境与生命系统之间,以及人类活动圈
之间存在密切相互关系的图示

(本图引自 Manahan S E. Environmental Chemistry. 7 版,2000,2)

　　早期人类的生产、生活虽对地球这个星球产生影响,但不很明显。然而在工业革命之后这种影响显著增加,特别是 20 世纪人类大规模的建设、生产、生活和各种科学技术的开发正在改变着其他环境圈层,尤其是岩石圈。因此有必要将这个有时会对整个环境造成压倒一切影响的"人类活动圈"单独作为一个圈层来考虑。

　　人类活动圈包含多种内容,主要有如下几类:

　　用于居住的建设设施;

　　用于生产、商业、教育和其他活动的建筑结构,包括供水、燃料、布电系统和废物处置系统如下水道等设施;

　　用于交通运输包括道路、铁路、机场,以及水路交通水道的建设或改造;

　　生产食物的建筑结构,如用于作物生长的农田和用于灌溉的输水系统;

　　各类机械产品,包括汽车、农业机械和飞机、轮船等;

　　用于通信的器材和基本设施,如电话线路、无线电发射塔及电脑信息网络等;

　　与采掘工业有关的矿山和油井、海上采油平台等。

　　仅从上述列举的事实,已足见人类活动圈是会对环境造成巨大潜在影响的十分复杂的体系。

　　人类活动圈实际上是一个因人类活动产生多种多样污染物副产品的庞大仓库。如图 1-2 所示。

　　从图 1-1 和图 1-2 中可以看出:化学物质进入各环境介质后通过迁移、转化,除在各介质中表现出其特有的环境化学行为和化学与生态效应外,还动态地把不同介质联系起来。

　　环境化学研究的内容主要涉及:有害物质在环境介质中存在的浓度水平和形态;潜在有害物质的来源,以及它们在个别环境介质中和不同介质间的环境化学行为;有害物质对环境和生态系统以及人体健康产生效应的机制和风险性;有害物质已造成影响的缓解和消除以及防止产生危害的方法和途径。

　　根据我国多年环境化学教学和科研的经验,通过专家论证并征求多方意见,认为环境化学覆盖的研究领域和分支学科如表 1-1 所列。

　　从学科研究任务来说,环境化学的特点是要从微观的原子、分子水平上来研究宏观的环境现象与变化的化学机制及其防治途径,其核心是研究化学污染物在环境中的化学转化和效应。与基础化学研究的方式方法不同,环境化学所研究的环境本身是一个多因素的开放性体系,变量多、条件较复杂,许多化学原理和方法则不易直接运用。化学污染物在环境中的含量很低,一般只有毫克每千克或微克每千克级水平,甚至更低。环境样品一般组成比较复杂,化学污染物在

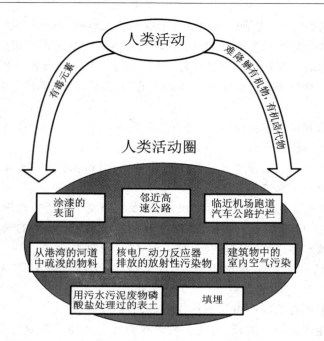

图 1-2 人类活动圈作为人类活动产生污染物副产品的仓库
(本图引自 Manahan S E. Environmental Chemistry. 7 版,2000,41。)

表 1-1 环境化学分支学科划分

分支学科	研究领域
环境分析化学	环境有机分析化学 环境无机分析化学 环境中化学物质的形态分析
各圈层的环境化学	大气环境化学 水环境化学 土壤环境化学 复合污染物的多介质环境行为
污染(环境)生态化学	化学污染物的生态毒理学研究 环境污染对陆地生态系统的影响 环境污染对水生生态系统的影响 化学物质的生态风险评价
环境理论化学	环境界面化学 定量结构活性相关研究 环境污染预测模型
污染控制化学	大气污染控制 水污染控制 固体废物污染控制与资源化 绿色化学与清洁生产

环境介质中还会发生存在形态的变化。它们分布广泛,迁移转化速率较快,在不同的时空条件下有明显的动态变化。

2. 元素的生物地球化学循环

物质循环对环境来说是最重要的。广义的物质循环可分为内生的循环(endogenic cycles)和外生的循环(exogenic cycles)。前者主要包含地球表面下的各种岩石,如沉积岩、火成岩、变形岩和岩浆。后者大部分存在于地球表面以上,包括水圈、生物圈和大气圈。一般来说,沉积物和土壤可看成共属于此两类循环并组成两者的主要界面。

物质循环常基于元素的循环(elemental cycles),包括氧、碳、氮、磷和硫等营养元素(nutrient elements)的生物地球化学循环(biogeochemical cycles)是非常重要的元素循环。以下用图示列举这些元素的循环。

(1)氧的循环(图 1-3)

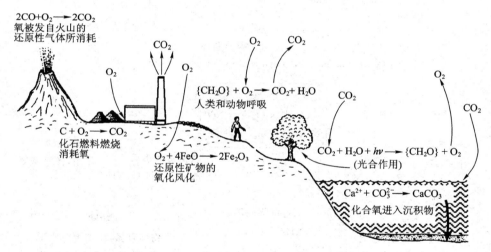

图 1-3 氧在大气圈、岩石圈、水圈和生物圈中的交换

(本图引自 Manahan S E. Environmental Chemistry. 7 版,2000,295。)

(2)碳的循环(图 1-4)

(3)氮的循环(图 1-5)

(4)磷的循环(图 1-6)

(5)硫的循环(图 1-7)

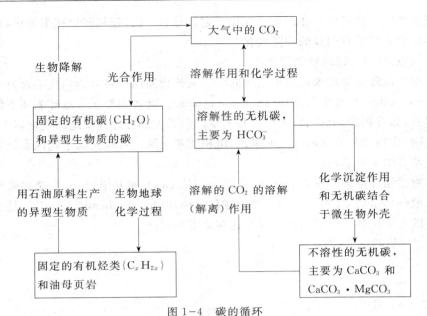

图 1-4　碳的循环

(本图引自 Manahan S E. Environmental Chemistry. 7 版, 2000, 16。)

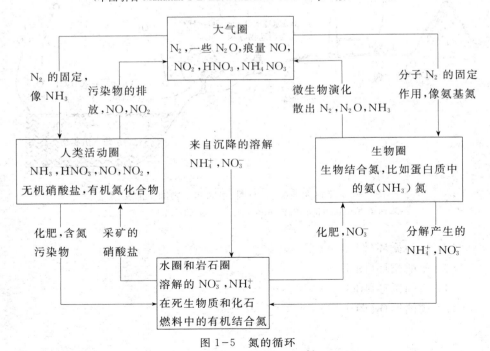

图 1-5　氮的循环

(本图引自 Manahan S E. Environmental Chemistry. 7 版, 2000, 17。)

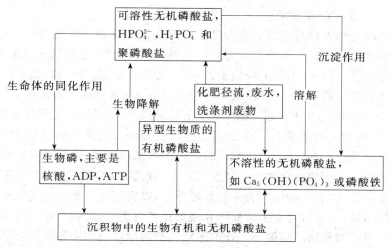

图 1-6　磷的循环

（本图引自 Manahan S E. Environmental Chemistry. 7 版,2000,18。）

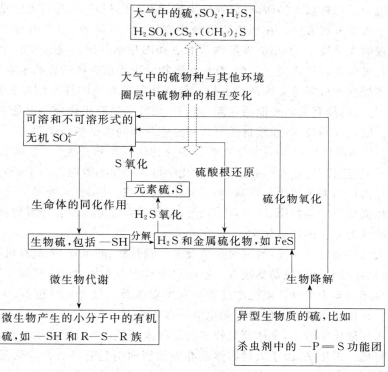

图 1-7　硫的循环

（本图引自 Manahan S E. Environmental Chemistry. 7 版,2000,19。）

3. 环境化学的发展动向

环境问题和人们对它的洞察力是随着时间而变化的。显然,环境化学的研究也随着环境问题日益严峻和人们对它认识的提高,在各个领域深入发展,出现某些新的趋势。目前,国际上较为重视元素(尤其是碳、氮、硫、磷)的生物地球化学循环及其相互耦合的研究;重视化学品安全评价;重视臭氧层破坏、气候变暖等全球变化问题。20 世纪末,美国环境化学家提出"为 21 世纪环境而设计"的响亮口号,号召支持开展以创造无污染生产过程为目的的环境良性化学(environmental benign chemistry)研究。对我国国内来说,环境化学研究工作要围绕我国环境保护工作的需要进行。当前,我国优先考虑的环境问题中与环境化学密切相关的是:以有机物污染为主的水质污染;以大气颗粒物和二氧化硫为主的城市空气污染;工业有毒有害废弃物和城市垃圾对大气、水和土地的污染等。并且今后一段时期我国环境保护工作的重点包括防治环境污染和保护自然生态两个方面。下面按分支学科对发展动向做一简介。

(1)环境分析化学 污染物的性质和环境化学行为取决于它们的化学结构和在环境中的存在状态。所以,研究污染物形态、价态和结构分析方法是环境化学的一个重要发展方向。在环境有机分析方面,20 世纪 80 年代出现了环境样品前处理的先进技术,如超临界流体萃取法和固相萃取法。优先监测污染物的筛选一直受到各国的重视。目前,有机污染物分析测试方法研究的重要对象,包括多环芳烃和有机氯等全球性污染物。与空气污染有关的挥发性有机物、胺类化合物,与水污染有关的表面活性剂,砷、汞、锡等金属有机化合物也是主要的研究对象。联用仪器技术、连续自动分析和遥感分析同样是热门课题。

(2)各圈层环境化学 本分支学科研究化学污染物在大气、水体和土壤环境中的形成、迁移、转化和归趋过程中的化学行为和生态效应。由于研究对象已扩展到过去认为无害的化学物质,如二氧化碳、甲烷、氧化亚氮等温室气体,含氯氟烃等耗损臭氧层的物质,以及营养物等,故其研究领域由原各环境要素的污染化学发展成为相应的环境化学。

在大气环境化学方面,研究对象涉及大气颗粒物、酸沉降、大气有机物、痕量气体、臭氧耗损及全球气候变暖等。空间尺度从室内空气、城市、区域环境、远距离乃至全球。关于大气环境化学过程研究主要涉及大气光化学过程、大气自由基反应。在模式研究方面侧重于光化学烟雾和酸雨。

在水环境化学方面,水体研究较多的是河流、湖泊和水库,其次是河口、海湾和近海海域。近年来,由于大量固体废弃物填埋而引起有毒有害物质污染地下水,国外对地下水污染研究十分重视。天然水体污染过程和废水净化过程是水环境化学的主要研究范围,对水环境中化学物质的重点研究对象逐渐转向某些重金属(含准金属)及持久性有毒有机污染物。从应用基础的研究来看,当前主要集中在水体界面化学过程、金属形态转化动力学过程、有机物的化学降解过程、金属和准金属甲基化等方面的研究。

土壤环境化学主要研究农用化学品在土壤环境中的迁移转化和归趋及其对土壤和人体健康的影响。包括有机污染物在土壤中的吸附、降解过程机制,土壤环境复合污染问题,以及污染土壤修复的化学基础等。

污染(环境)生态化学主要研究化学污染物的生态毒理学基础和作用机制,环境污染对陆地生态系统和水生生态系统的影响,以及化学物质的生态风险评价问题。

环境理论化学主要研究环境界面吸附的热力学和动力学,定量结构与活性关系(quantitative structure-activity relationship,QSAR)研究和环境污染预测模型。

(3) 污染控制化学　主要研究控制污染的化学机制和工艺技术中的基础性化学问题。过去主要围绕终端污染控制模式进行污染控制化学研究。应该肯定,终端污染控制对发展控制污染技术和治理环境污染产生了积极的作用,但这种模式只能在废弃物排放后处理或减少污染物排放而不能阻止污染的发生。按照可持续发展战略方针的要求,20 世纪 80 年代中期后人们对污染预防(pollution prevention)和清洁生产(cleaner production)的认识逐步提高,将以污染的全过程控制模式逐步代替终端污染控制模式。所谓全过程控制模式主要是通过改变产品设计和生产工艺路线,使不生成有害的中间产物和副产品,实现废物或排放物的内部循环,达到污染最小量化并节约资源和能源的目的。也就是当前政府和学术界都非常提倡的"循环经济(circular economy)"模式。20 世纪末期到 21 世纪初期跨世纪的十余年出现了体现"可持续发展(sustainable development)"精神的"绿色化学(green chemistry)"新方向,扩展了环境化学研究的领域,这是颇具生命力和挑战性的。

第二节　环境污染物

进入环境后使环境的正常组成和性质发生直接或间接有害于人类的变化的物质称为环境污染物。大部分环境污染物是由人类的生产和生活活动产生的。

有些物质原本是生产中的有用物质,甚至是人和生物必需的营养元素,由于未充分利用而大量排放,就可能成为环境污染物。

有的污染物进入环境后,通过物理或化学反应或在生物作用下会转变成危害更大的新污染物,也可能降解成无害物质。不同污染物同时存在时,可因拮抗或协同作用使毒性降低或增大。

环境污染物是环境化学研究的对象。

一、环境污染物的类别

环境污染物按受污染物影响的环境要素可分为大气污染物、水体污染物、土壤污染物等;按污染物的形态可分为气体污染物、液体污染物和固体废弃物;按污染物的性质可分为化学污染物、物理污染物和生物污染物。

下面对人类社会活动不同功能产生的污染物和化学污染物做些介绍。

1. 人类社会活动不同功能产生的污染物

主要考虑工业、农业、交通运输和生活四个方面。

（1）工业　工业生产对环境造成污染主要是由于对自然资源的过量开采,造成多种化学元素在生态系统中的超量循环;能源和水资源的消耗与利用;生产过程中产生的"三废"。

工业生产过程中产生的污染物特点是数量大、成分复杂、毒性强。常见的有酸、碱、油、重金属、有机物、毒物、放射性物质等。有的工业生产过程还排放致癌物质,如苯并[a]芘、亚硝基化合物。食品、发酵、制药、制革等一些生物制品加工工业,除排放大量需氧有机物外,还会产生微生物、寄生虫等。

（2）农业　农业对环境产生污染主要是由于使用农药、化肥、农业机械等工业品,农业本身造成的水土流失和农业废弃物。农家肥料中常含有细菌和微生物。

（3）交通运输　汽车、火车、飞机、船舶都具有可移动性的特点。它们的污染主要是噪声、汽油（柴油）等燃料燃烧产物的排放和有毒有害物的泄漏、清洗、扬尘和污水等。石油燃烧排放的废气中含有一氧化碳、氮氧化物、碳氢化合物、铅、硫氧化物和苯并[a]芘等。

（4）生活　生活活动也能产生物理的、化学的和生物的污染,排放"三废"。分散取暖和炊事燃煤是城市主要的大气污染源之一。生活污水主要包括洗涤和粪便污水,它含有耗氧有机物和病菌、病毒与寄生虫等病原体。城市垃圾中含有大量废纸、玻璃、塑料、金属、动植物食品的废弃物等。

2. 化学污染物

对环境产生危害的化学污染物概括可分为九类。

（1）元素　如铅、镉、铬、汞、砷等重金属和准金属、卤素、氧（臭氧）、黄磷等。

（2）无机物　如氰化物、一氧化碳、氮氧化物、卤化氢、卤间化合物（如 ClF,BrF_3,IF_5,$BrCl$,IBr_3 等）、卤氧化物（ClO_2）、次氯酸及其盐、硅的无机化合物（如石棉）、无机磷化合物（如 PH_3,PX_3,PX_5）、硫的无机化合物（如 H_2S,SO_2,H_2SO_3,H_2SO_4）等。

(3) 有机化合物和烃类 包括烷烃、不饱和非芳香烃、芳烃、多环芳烃(PAH)等。

(4) 金属有机和准金属有机化合物 如四乙基铅、羰基镍、二苯铬、三丁基锡、单甲基或二甲基胂酸、三苯基锡等。

(5) 含氧有机化合物 包括环氧乙烷、醚、醇、酮、醛、有机酸、酯、酐、酚类化合物等。

(6) 有机氮化合物 如胺、腈、硝基甲烷、硝基苯、三硝基甲苯(TNT)、亚硝胺等。

(7) 有机卤化物 如四氯化碳、脂肪基和烯烃的卤化物(如氯乙烯)、芳香族卤化物(如氯代苯)、氯代苯酚、多氯联苯(PCBs)乃至氯代二噁英类等。

(8) 有机硫化合物 如烷基硫化物、硫醇、巯基甲烷、二甲砜、硫酸二甲酯等。

(9) 有机磷化合物 主要是磷酸酯类化合物(如磷酸三甲酯、磷酸三乙酯、磷酸三邻甲苯酯、焦磷酸四乙酯)、有机磷农药、有机磷军用毒气等。

由于化学污染物种类繁多,世界各国都筛选一些毒性强、难降解、残留时间长、在环境中分布广的污染物优先进行控制,称为优先污染物(priority pollutants)。

美国环保局(USEPA)于1976年率先公布了129种优先污染物。我国在进行研究和参考国外经验的基础上也提出了首批68种化学污染物列为优先污染物。

当前世界范围最关注的化学污染物主要是持久性有机污染物;具有致突变、致癌变和致畸变作用的所谓"三致"化学污染物,以及环境内分泌干扰物。

有的有毒化学品具有多重性,不但是持久性有机污染物,可能同时具有致癌性,甚至还表现环境内分泌干扰的性质。

二、环境效应及其影响因素

自然过程或人类的生产和生活活动会对环境造成污染和破坏,从而导致环境系统的结构和功能发生变化,谓之环境效应,并可分为自然环境效应和人为环境效应。

如按环境变化的性质划分,则可分为环境物理效应、环境化学效应和环境生物效应。

1. 环境物理效应

环境物理效应是由物理作用引起的,比如噪声、光污染、电磁辐射污染、地面沉降、热岛效应、温室效应等。因燃料的燃烧而放出大量热量,再加街道和建筑群辐射的热量,使城市气温高于周围地带,称为热岛效应。大气中二氧化碳和其他温室气体的不断增加,产生温室效应。工业烟尘和风沙会使大气能见度下降。大气中颗粒物的大量存在增加了云雾的凝结核,增加了城市降水的机会。在冲积平原上建设的城市如过量开采地下水,将会引起地面沉降。

2. 环境化学效应

在各种环境因素影响下,物质间发生化学反应产生的环境效应即为环境化学效应。如湖泊的酸化、土壤的盐碱化、地下水硬度升高、局部地区发生光化学烟雾、有毒有害固体废弃物的填埋造成地下水污染等。酸雨造成地面水体和土壤酸化,会使水生生物遭到破坏,土地肥力降低,各种建筑物受到腐蚀。大量碱性物质或可溶性盐在水体和土壤中长期积累,或受到海水长期浸渍,或长期利用含盐碱成分的废水灌溉农田,都会造成土壤碱化,导致农业减产。土壤和沉积物中的碳酸盐矿物和大量的交换性钙、镁离子在需氧有机物降解产生的二氧化碳、酸、碱、盐等的作用下,将增加在水中的溶解度,使地下水的硬度升高,造成水处理的成本提高。光化学烟雾是在特定的条件下发生大气光化学效应而形成的,它直接危害生物的生长和人体健康。填埋于地下的有毒有害废弃物经土壤的渗透传输可使地下水受到污染,甚至引起特殊疾病的流行。

3. 环境生物效应

环境因素变化导致生态系统变异而产生的后果即为环境生物效应。大型水利工程可能破坏水生生物的回游途径,从而影响它们的繁殖。大量工业废水排入江、河、湖、海,对水生生态系统产生毒性效应,使鱼类受害而减少甚至灭绝。任意砍伐森林,会造成水土流失,产生干旱、风沙灾害,同时使鸟类减少,害虫增多。致畸、致癌、致突变物质的污染引起畸形和癌症患者增多,这是对人体健康的严重威胁。

三、环境污染物在环境各圈的迁移转化过程简介

污染物在环境中所发生的空间位移及其所引起的富集、分散和消失的过程谓之污染物的迁移。而污染物的转化是指污染物在环境中通过物理、化学或生物的作用改变存在形态或转变为另一种物质的过程。污染物的迁移和转化常常相伴进行。

污染物在环境中的迁移主要有机械迁移、物理-化学迁移和生物迁移三种方式。物理-化学迁移是最重要的迁移形式,它可通过溶解-沉淀、氧化还原、水解、配位和螯合、吸附-解吸等理化作用实现无机污染物的迁移。有机污染物还可通过化学分解、光化学分解和生物分解等作用实现迁移。污染物可通过生物体的吸收、代谢、生长、死亡等过程实现迁移。某些污染物可能通过食物链传递产生放大积累作用,这是生物迁移的一种重要表现形式。

　　污染物可通过蒸发、渗透、凝聚、吸附和放射性元素蜕变等物理过程实现转化;可通过光化学氧化、氧化还原、配位和螯合、水解等化学作用实现转化;也可通过生物的吸收、代谢等生物作用实现转化。

　　污染物可在单独环境要素圈中迁移和转化,也可超越圈层界限实现多介质迁移、转化而形成循环。

　　例如,在大气中,污染物通过扩散和被气流搬运而迁移,并通过光化学氧化或催化氧化反应而转化。大气中的氮氧化物、碳氢化合物可通过光化学氧化生成臭氧、过氧乙酰硝酸酯及其他光化学氧化剂,并在一定气象条件下形成光化学烟雾。二氧化硫在大气气溶胶存在下经光化学氧化或催化氧化作用转化为硫酸或硫酸盐是形成酸雨的原因之一。

　　在水体中,污染物可通过溶解态随水流动或通过吸附于悬浮物而传输,悬浮物沉积于水底将污染物带入沉积物中。同时污染物可通过氧化还原、配位和螯合、水解和生物降解等作用发生转化,包括存在形态和价态的变化。这不仅会影响污染物的性质,也影响它的迁移能力。比如 $Cr(III)$ 和 $Cr(VI)$,$As(III)$ 和 $As(V)$ 在不同的环境条件下可相互转化就是典型的例子。

　　在土壤中,土壤是自然环境中微生物最活跃的场所,生物降解对污染物迁移转化起着重要作用。土壤的 pH、温度、湿度、离子交换能力、微生物种类和通气状况等是影响污染物转化的因素。土壤的氧化还原条件控制着污染物的存在状态,如砷在旱地氧化条件下为五价,在水田还原条件下则为三价。对金属离子来说,pH 小于 7 易溶于水呈离子状态,pH 大于 7 则易与碱性物质化合生成不溶性盐类。许多有机物通过微生物作用可分解转化生成二氧化碳和水等无害物。

　　图 1-8 中以汞为例示出它在环境要素各圈间迁移转化形成的循环。

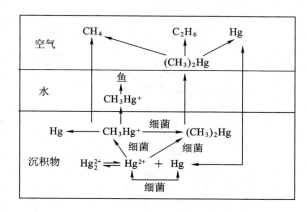

图 1-8　汞的迁移转化循环

污染物在环境中的迁移、转化和归趋以及它们对生态系统的效应是环境化学的重要研究领域。

思考题与习题

1. 如何认识现代环境问题的发展过程？
2. 怎样了解人类活动对地球环境系统的影响？
3. 你对于氧、碳、氮、磷、硫几种典型营养性元素循环的重要意义有何体会？
4. 根据环境化学的任务、内容和特点以及其发展动向，你认为怎样才能学好环境化学这门课程？
5. 环境污染物有哪些类别？当前世界范围普遍关注的污染物有哪些特性？
6. 举例简述污染物在环境各圈层间的迁移转化过程。

主要参考文献

［1］中国大百科全书——环境科学.北京:中国大百科全书出版社,1983.

［2］刘培哲.当代的环境意识、环境问题和经验教训.北京:海洋出版社,1983.

［3］Manahan S E. Environmental Chemistry. 7th Edition. Lewis Publishers,2000.

［4］Manahan S E. Toxicological Chemistry. Lewis Publishers，1993.

［5］国家自然科学基金委员会化学科学部，叶常明，王春霞，金龙珠.21 世纪的环境化学.北京:科学出版社,2004.

［6］戴树桂.环境化学进展.北京:化学工业出版社,2005.

第二章 大气环境化学

内容提要及重点要求

本章主要介绍大气结构,大气中的主要污染物及其迁移,光化学反应基础,重要的大气污染化学问题及其形成机制。要求了解大气的层结结构,大气中的主要污染物,大气运动的基本规律。掌握污染物遵循这些规律而发生的迁移过程,特别是重要污染物参与光化学烟雾和硫酸型烟雾的形成过程和机理。还应了解描述大气污染的数学模式和酸雨、温室效应以及臭氧层破坏等全球性环境问题。

第一节 大气的组成及其主要污染物

一、大气的主要成分

大气的主要成分包括:N_2(78.08%),O_2(20.95%),Ar(0.934%)和 CO_2 (0.0314%)。这里的百分比为体积分数。此外几种稀有气体:He(5.24×10^{-4}),Ne(1.81×10^{-3}),Kr(1.14×10^{-4})和 Xe(8.7×10^{-6})的含量相对来说也是比较高的。上述气体约占空气总量的 99.9% 以上。而水在大气中的含量是一个可变化的数值。在不同的时间、不同的地点以及不同的气候条件下,水的含量也是不一样的。其数值一般在 1%~3% 范围内发生变化。除此之外,大气中还包括很多痕量组分,如 H_2(5×10^{-5}),CH_4(2×10^{-4}),CO(1×10^{-5}),SO_2(2×10^{-7}),NH_3(6×10^{-7}),N_2O(2.5×10^{-5}),NO_2(2×10^{-6}),O_3(4×10^{-6})等。

地表大气的平均压力为 101 300 Pa,相当于每平方厘米地球表面包围着 1 034 g 的空气。地球的总表面积为 510 100 934 km^2,所以大气总质量约为 5.3×10^{18} kg,相当于地球质量的 1×10^{-6} 倍。大气随高度的增加而逐渐稀薄,其质量的 99.9% 集中在 50 km 以下的范围内。海拔高度大于 100 km 的大气中,大气质量仅是整个大气圈质量的百万分之一。

二、大气层的结构

为了更好地理解大气的有关性质,人们常常将大气划分成不同的层次。比较早的方法是将大气简单地分成低层大气(低于 50 km)和高层大气。在高空探测火箭和人造卫星出现之前,人们对高空大气了解很少。随着科学的发展,人们对大气的了解不断深入。人们根据大气层在垂直方向上物理性质的差异,如温度、成分或电荷等物理性质以及大气层在垂直方向上的运动情况等来划分大气层。常见的方法是根据温度随海拔高度的变化情况将大气分为四层(表 2-1)。

表 2-1　大气的主要层次

大气层次	海拔高度/km	温度/℃	主要成分
对流层	0~(10~16)	15~-56	N_2,O_2,CO_2,H_2O
平流层	(10~16)~50	-56~-2	O_3
中间层	50~80	-2~-92	NO^+,O_2^+
热层	80~500	-92~1 200	NO^+,O_2^+,O^+

　1. 对流层

　　对流层是大气的最低层,其厚度随纬度和季节而变化。在赤道附近为 16~18 km;在中纬度地区为 10~12 km,两极附近为 8~9 km。夏季较厚,冬季较薄。原因在于热带的对流程度比寒带要强烈。

　　对流层最显著的特点就是气温随着海拔高度的增加而降低,大约每上升100 m,温度降低 0.6 ℃。这是由于地球表面从太阳吸收了能量,然后又以红外长波辐射的形式向大气散发热量,因此使地球表面附近的空气温度升高。贴近地面的空气吸收热量后会发生膨胀而上升,上面的冷空气则会下降,故在垂直方向上形成强烈的对流,对流层也正是因此而得名。对流层空气的对流运动的强弱主要随着地理位置和季节发生变化,一般低纬度较强,高纬度较弱,夏季较强,冬季较弱。

　　对流层的另一个特点是密度大,大气总质量的 3/4 以上集中在对流层。

　　在对流层中,根据受地表各种活动的影响程度的大小,还可以将对流层分为两层。海拔高度低于 1~2 km 的大气叫做摩擦层或边界层,亦称低层大气。这一层受地表的机械作用和热力作用影响强烈。一般排放进入大气的污染物绝大部分会停留在这一层。海拔高度在 1~2 km 以上的对流层大气,受地表活动影响较小,叫做自由大气层。自然界主要的天气过程如雨、雪、雹等的形成均出现在此层。

　　在对流层的顶部还有一层叫做对流层顶层的气体。由于这一层气体的温度特别低,水分子到达这一层后会迅速地被转化形成冰,从而阻止了水分子进入平流层。否则的话,水分子一旦进入平流层,在平流层紫外线的作用下,水分子会发生光解:

$$H_2O \xrightarrow{h\nu} H\cdot + HO\cdot$$

形成的 H· 会脱离大气层,从而造成大气氢的损失。因此,对流层顶层起到一个屏障的作用,阻挡了水分子进一步向上移动进入平流层,避免了大气氢遭到损失。

2. 平流层

平流层是指从对流层顶到海拔高度约 50 km 的大气层。在平流层下部,即 30～35 km 以下,随海拔高度的降低,温度变化并不大,气温趋于稳定,因此,这部分大气又称同温层。在 30～35 km 以上,温度随海拔高度的升高而明显增加。

平流层具有以下特点:

① 空气没有对流运动,平流运动占显著优势。

② 空气比对流层稀薄得多,水汽、尘埃的含量甚微,很少出现天气现象。

③ 在高 15～60 km 范围内,有厚约 20 km 的一层臭氧层,臭氧的空间动力学分布主要受其生成和消除的过程所控制:

$$O_2 \longrightarrow O\cdot + O\cdot \tag{2-1}$$

$$O\cdot + O_2 \longrightarrow O_3 \tag{2-2}$$

$$O_3 \longrightarrow O\cdot + O_2 \tag{2-3}$$

$$O_3 + O\cdot \longrightarrow 2O_2 \tag{2-4}$$

反应式(2-3)是臭氧光解的过程。虽然这个反应并不能将臭氧真正从大气中消除,但是由于这个过程吸收了大量的太阳紫外线,并将其以热量的形式释放出来,从而导致平流层的温度升高。由于高层的臭氧可以优先吸收来自太阳的紫外辐射,因而使得平流层的温度随海拔高度的增加而增加。

3. 中间层

中间层是指从平流层顶到 80 km 高度的大气层。这一层空气变得较稀薄,同时由于臭氧层的消失,温度随海拔高度的增加而迅速降低。同样,这一层空气的对流运动非常激烈。

4. 热层

热层是指从 80 km 到约 500 km 的大气层。由于这一层的空气处于高度电离的状态,故该层又叫电离层。热层空气更加稀薄,大气质量仅占大气总质量的 0.5%。同时,由于太阳所发出的紫外线绝大部分都被这一层的物质所吸收,使得大气温度随海拔高度的增加而迅速增加。

热层以上的大气层称为逃逸层。这层空气在太阳紫外线和宇宙射线的作用下,大部分分子发生电离,使质子的含量大大超过中性氢原子的含量。逃逸层空气极为稀薄,其密度几乎与太空密度相同,故又常称为外大气层。由于空气受地心引力极小,气体及微粒可以从这层飞出地球重力场而进入太空。逃逸层是地球大气的最外层,关于该层的上界到哪里还没有一致的看法。实际上地球大气与星际空间并没有截然的界限。逃逸层的温度随高度增加而略有增加。

大气层的温度随海拔高度的变化情况如图 2-1 所示。

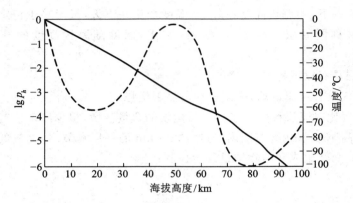

图 2-1　气压(实线)和温度(虚线)随海拔高度增加
而变化的示意图

与大气温度不同,大气的压力总是随着海拔高度的增加而减小。大气的压力随海拔高度的变化可用下面的公式描述:

$$p_h = p_0 \mathrm{e}^{-Mgh/RT}$$

式中:p_h——高度为 h 时的大气压力;

p_0——地面大气压力;

M——空气的平均摩尔质量,28.97 g/mol;

g——重力加速度,981 cm/s^2;

h——海拔高度,cm;

R——摩尔气体常数,8.314 J/(mol·K);

T——海平面热力学温度,K。

上述方程两边取对数:

$$\lg p_h = \lg p_0 - \frac{Mgh}{2.303RT}$$

取地面大气压力 p_0 为 1，则

$$\lg p_h = -\frac{Mgh}{2.303RT}$$

由此可知，大气压力与海拔高度成反比。以 $\lg p_h$ 对高度 h 做图，可以得到一条直线。但实际上，由于温差和空气团运动的影响，如利用实际监测数据并不会得到一条标准的直线（图 2-1）。

三、大气中的主要污染物

人类活动（包括生产活动和生活活动）及自然界都不断地向大气排放各种各样的物质，这些物质在大气中会存在一定的时间。当大气中某种物质的含量超过了正常水平而对人类和生态环境产生不良影响时，就构成了大气污染物。

环境中的大气污染物种类很多，若按物理状态可分为气态污染物和颗粒物两大类；若按形成过程则可分为一次污染物和二次污染物。所谓一次污染物是指直接从污染源排放的污染物质，如 CO，SO_2，NO 等。而二次污染物是指由一次污染物经化学反应形成的污染物质，如臭氧（O_3）、硫酸盐颗粒物等。此外，大气污染物按照化学组成还可以分为含硫化合物、含氮化合物、含碳化合物和含卤素化合物。本节主要按照化学组成讨论大气中的气态污染物。

1. 含硫化合物

大气中的含硫化合物主要包括：氧硫化碳（COS）、二硫化碳（CS_2）、二甲基硫[$(CH_3)_2S$]、硫化氢（H_2S）、二氧化硫（SO_2）、三氧化硫（SO_3）、硫酸（H_2SO_4）、亚硫酸盐（MSO_3）和硫酸盐（MSO_4）等。

（1）SO_2

① SO_2 的危害。SO_2 是无色、有刺激性气味的气体。大气中的 SO_2 对人体的呼吸道危害很大，它能刺激呼吸道并增加呼吸阻力，造成呼吸困难。虽然 SO_2 体积分数达到 500×10^{-6} 就会致人死亡，但动物试验表明体积分数为 5×10^{-6} 的 SO_2 不会对动物造成损害。此外，SO_2 对植物也有危害。高含量的 SO_2 会损伤叶组织（叶坏死），严重损伤叶边缘和叶脉之间的叶面。植物长期与 SO_2 接触会造成缺绿病或黄萎。SO_2 对植物的损伤随湿度的增加而增加。当植物的气孔打开时，SO_2 最易给植物造成损伤。由于大多数植物都是在白天张开气孔，所以 SO_2 对植物的损伤在白天比较严重。试验表明，连续 72 h 暴露于体积分数为 0.15×10^{-6} 的 SO_2 中，可使硬粒小麦和大麦的产量分别比对照试验减产 42% 和 44%。

SO_2 在大气中（特别是在污染的大气中）易被氧化形成 SO_3，然后与水分子结合形成硫酸分子,经过均相或非均相成核作用,形成硫酸气溶胶,并同时发生化学反应生成硫酸盐。硫酸和硫酸盐可以形成硫酸烟雾和酸性降水,危害很大。实际上,SO_2 之所以成为重要的大气污染物,原因就在于它参与了硫酸烟雾和酸雨的形成。

② SO_2 的来源与消除。就全球范围来说,由人为来源和天然来源排放到自然界的含硫化合物的数量是相当的,但就大城市及其周围地区来说,大气中的 SO_2 主要来源于含硫燃料的燃烧。由于煤和石油最初都是由有机质转化形成的,而有机生命体的组织和结构中是含有元素硫的,因此,在这种转化过程中元素硫也被结合进入矿物燃料中。硫在燃料中可以有机硫化物或无机硫化物(如 FeS_2)的形式存在,其含量大约各占一半。在燃烧过程中,燃料中的硫几乎能够全部转化形成 SO_2。通常煤的含硫量为 $0.5\% \sim 6\%$,石油的含硫量为 $0.5\% \sim 3\%$。全世界每年由人为来源排入大气的 SO_2 约有 146×10^6 t,其中约有 60% 来自煤的燃烧,30% 左右来自石油燃烧和炼制过程。大气中的 SO_2 约有 50% 会转化形成硫酸或硫酸根,另外 50% 可以通过干、湿沉降从大气中消除。

③ SO_2 的浓度特征。SO_2 作为主要的气态污染物,人们对它的浓度特征研究较多。SO_2 的本底值具有明显的地区变化和高度变化。在世界不同地区测得的本底值具有较大的差别,一般体积分数为 $(0.2 \sim 10) \times 10^{-9}$;在空间上,不同高度 SO_2 的体积分数的差异也很明显。例如,南太平洋上空 SO_2 的体积分数为 $(0.04 \sim 0.12) \times 10^{-9}$,美国、加拿大陆地上空 SO_2 的体积分数为 $(0.1 \sim 10) \times 10^{-9}$。一般 SO_2 在大气中的停留时间为 $3 \sim 6.5$ d。

SO_2 的城市浓度具有明显的变化规律。图 2-2 为北京地区 SO_2 的小时平均质量浓度分布图。SO_2 的质量浓度在夏季低,且一天内变化不大。在冬季(采暖期)不但质量浓度增高,而且一天内变化较大,早 8:00 和晚 6:00 ～ 8:00 出现两个峰值,这是由于早、晚 SO_2 排放量大,且逆温层低,空气稳定,排放的 SO_2 不易扩散。日变化曲线说明北京地区大气中 SO_2 主要来源于采暖过程。

SO_2 在进入大气之后,在大气中的分布与气象条件有非常密切的关系。在不同的气象条件下,同一污染源排放所造成的近地层污染物体积分数可相差几十倍乃至几百倍。

SO_2 体积分数在近地层随高度增加而增加,见图 2-3。

不同高度上 SO_2 体积分数随风向的变化如图 2-4 所示。由图 2-4 可知,SO_2 体积分数的最大值都出现在吹南西南(SSW)、西南(SW)、西西南(WSW)和西(W)风的情况下。这是因为化石燃料燃烧是大气中 SO_2 的主要来源,而对于北京地区冬季 SO_2 污染有重要影响的主要工业污染源分布在北京的西、西南方向。这表明风向与 SO_2 的关系主要表现为对 SO_2 的水平输送作用,高值污染体

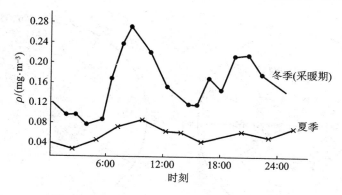

图 2-2　北京地区 SO_2 的质量浓度日变化曲线

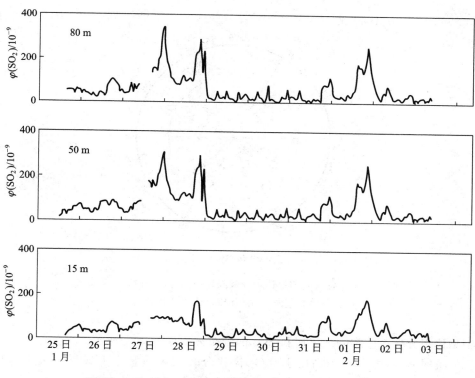

图 2-3　北京地区 SO_2 的小时平均体积分数在不同高度上
的逐日变化曲线(陈辉等,2000)

积分数常出现在大污染源的下风方。

　　风速的大小和大气稀释扩散能力的大小存在着直接的对应关系,从而对污

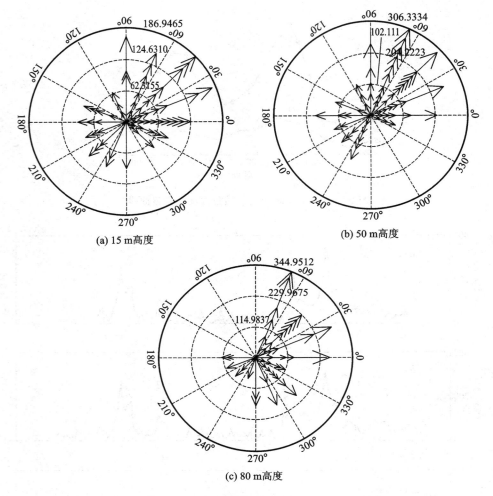

图 2-4　各高度上 SO_2 体积分数随风向的分布(陈辉等,2000)

箭头方向为风向,长度为 SO_2 体积分数的大小

染物体积分数产生影响。风速和 SO_2 的分布关系如图 2-5 所示。

很明显,不管在哪个高度上,SO_2 体积分数与风速基本上成反比关系,即 SO_2 的高体积分数值均发生在小风和静风条件下,而随着风速的加大,SO_2 的体积分数趋于减小。因而,对于北京地区在以低排放源为主的情况下,风速越小越不利于 SO_2 的输送和扩散,越容易造成区域性严重的 SO_2 空气污染。

但是,对于一个城市或地区的空气污染来讲,风向、风速并不是经常起决定性作用的因素,尤其是对于城市空气强污染期的形成,大气稳定度和低层逆温的

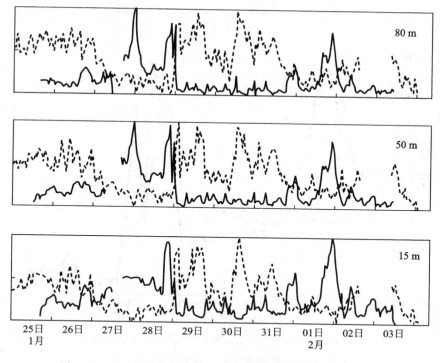

图 2-5　风速(虚线)和 SO_2(实线)的分布关系(陈辉等,2000)

作用可能更大。

　　湍流对污染物在大气中的迁移扩散起着重要的作用;而湍流的强弱又与大气稳定度有关,近地层大气温度和风速的垂直变化又决定了大气的稳定度。图 2-6 中 SO_2 体积分数的分布曲线所对应的温度和风速的垂直变化情况(280 m以下)如图 2-7 和图 2-8 所示。

　　从图 2-6~图 2-8 可以清楚地看到,当夜间温度梯度处于逆温稳定状态时, SO_2 体积分数达到高值期,此时近地层均处于小风或静风状态(风速不超过2 m/s),垂直风切变很小;而低值期则出现在白天辐射逆温消失、温度梯度属于不稳定状态时。这是因为在夜间辐射逆温和小风或静风的风场同时出现时,低层大气最为稳定,湍流混合作用最弱,水平运动几乎处于静止状态,对 SO_2 的稀释扩散作用和水平输送作用都很弱,极易造成 SO_2 在低空堆积,出现了 SO_2 的峰值。而在白天日出以后,辐射逆温通常会完全消散,湍流活动加强,混合层厚度大大增加,同时风速也会随之加大,因而大气对 SO_2 的扩散稀释作用和水平输送作用都会加强。所以,白天通常是低层 SO_2 污染得到减轻的时刻。

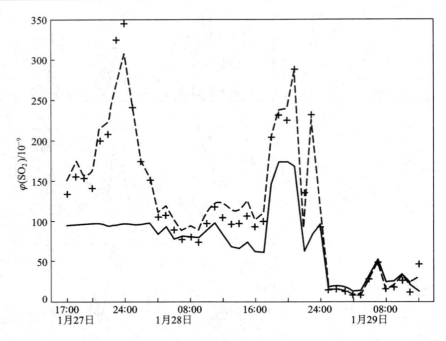

图 2-6 SO₂ 体积分数典型日变化图(陈辉等,2000)
实线:15 m 高度;虚线:50 m 高度;加号:80 m 高度

（2）H₂S 许多天然来源都可以向环境中排放含硫化合物,如火山喷射、海水浪花和生物活动等。火山喷射的含硫化合物大部分以 SO₂ 的形式存在,少量会以 H₂S 和(CH₃)₂S 的形式存在。海浪带出的含硫化合物主要是硫酸盐,即 SO₄²⁻。而生物活动产生的含硫化合物主要以 H₂S,(CH₃)₂S 的形式存在,少量以 CS₂,CH₃SSCH₃(二甲基二硫)及 CH₃SH 形式存在。天然来源排放的硫主要是以低价态存在,主要包括 H₂S,(CH₃)₂S,COS 和 CS₂,而 CH₃SSCH₃ 和 CH₃SH 次之。

大气中 H₂S 的人为来源排放量并不大(3×10⁶ t/a),其主要来源是天然排放(100×10⁶ t/a,不包括火山活动排出的 H₂S)。H₂S 主要来自动植物机体的腐烂,即主要由植物机体中的硫酸盐经微生物的厌氧活动还原产生。当厌氧活动区域接近大气时,H₂S 就进入大气。此外,H₂S 还可以由 COS,CS₂ 与 HO· 的反应而产生:

$$HO· + COS \longrightarrow ·SH + CO_2$$
$$HO· + CS_2 \longrightarrow COS + ·SH$$
$$·SH + HO_2· \longrightarrow H_2S + O_2$$

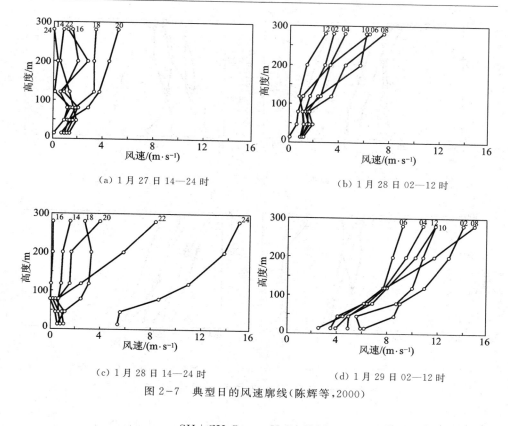

图 2-7 典型日的风速廓线(陈辉等,2000)

$$\cdot SH + CH_2O \longrightarrow H_2S + HCO\cdot$$

$$\cdot SH + H_2O_2 \longrightarrow H_2S + HO_2\cdot$$

$$\cdot SH + \cdot SH \longrightarrow H_2S + S$$

而大气中 H_2S 主要的去除反应为

$$HO\cdot + H_2S \longrightarrow H_2O + \cdot SH$$

大气中 H_2S 的本底值一般为$(0.2\sim20)\times10^{-9}$,停留时间为 $1\sim4$ d。

2. 含氮化合物

大气中存在的含量比较高的氮的氧化物主要包括氧化亚氮(N_2O)、一氧化氮(NO)和二氧化氮(NO_2)。其中 N_2O 是低层大气中含量最高的含氮化合物,主要来自于天然来源,即由土壤中硝酸盐(NO_3^-)经细菌的脱氮作用而产生:

$$NO_3^- + 2H_2 + H^+ \longrightarrow \frac{1}{2}N_2O + \frac{5}{2}H_2O$$

由于在低层大气中 N_2O 非常稳定,是停留时间最长的氮的氧化物,一般认为其

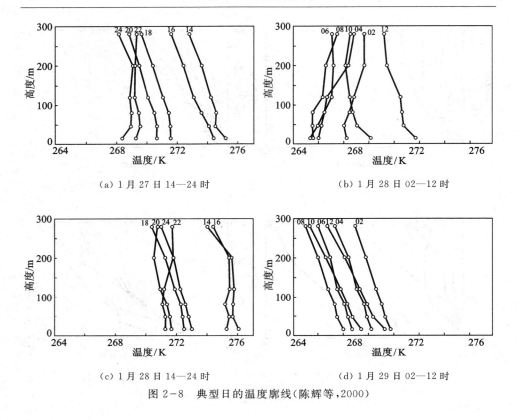

(a) 1 月 27 日 14—24 时　　　　　　　(b) 1 月 28 日 02—12 时

(c) 1 月 28 日 14—24 时　　　　　　　(d) 1 月 29 日 02—12 时

图 2-8　典型日的温度廓线(陈辉等,2000)

没有明显的污染效应。因而这里主要讨论 NO 和 NO_2,用通式 NO_x 表示。

(1) NO_x 的来源与消除　　NO 和 NO_2 是大气中主要的含氮污染物,它们的人为来源主要是燃料的燃烧。燃烧源可分为流动燃烧源和固定燃烧源。城市大气中的 NO_x(NO 和 NO_2)一般有 2/3 来自汽车等流动燃烧源的排放,1/3 来自固定燃烧源的排放。无论是流动燃烧源还是固定燃烧源,燃烧产生的 NO_x 主要是 NO,占 90% 以上;NO_2 的数量很少,占 0.5%～10%。

大气中的 NO_x 最终将转化为硝酸和硝酸盐微粒经湿沉降和干沉降从大气中去除,其中湿沉降是最主要的消除方式。

(2) 燃料燃烧过程中 NO_x 的形成机理　　燃烧过程中 NO_x 的形成机理极其复杂,一般可认为有以下两种途径。

① 燃料中的含氮化合物在燃烧过程中氧化生成 NO_x,即

$$含氮化合物 + O_2 \xrightarrow{\text{燃烧}} NO_x$$

② 燃烧过程中空气中的 N_2 在高温(> 2 100 ℃)条件下氧化生成 NO_x。其

机理为链反应机制：

$$O_2 \longrightarrow O\cdot + O\cdot \qquad （极快）$$

$$O\cdot + N_2 \longrightarrow NO + N\cdot \qquad （极快）$$

$$N\cdot + O_2 \longrightarrow NO + O\cdot \qquad （极快）$$

$$N\cdot + \cdot OH \longrightarrow NO + H\cdot \qquad （极快）$$

$$NO + \frac{1}{2}O_2 \longrightarrow NO_2 \qquad （慢）$$

即燃烧过程产生的高温使氧分子热解为原子，氧原子和空气中的氮分子反应生成 NO 和氮原子，氮原子又和氧分子反应生成 NO 和氧原子。

　　（3）燃料燃烧过程中影响 NO_x 形成的因素　根据 NO_x 形成的机理，燃烧过程中 NO 的生成量主要与燃烧温度和空燃比有关。

　　① 燃烧温度。温度升高可以提供更多的能量，使 O—O 键更容易断裂，促进了链引发反应的发生。在内燃机燃烧室里，由 3% 的 O_2 和 75% 的 N_2 组成的混合气参与燃烧的情况，就是一个典型的例子。当燃烧温度为 1 315 ℃时，在 23 min 内产生了体积分数为 500×10^{-6} 的 NO，而当燃烧温度为 1 980 ℃时，只要 0.117s 就能产生同样数量的 NO。在室温（27 ℃）条件下，上述混合气中产生的 NO 的体积分数仅为 1.1×10^{-16}。温度对产生的 NO 的影响如图 2-9 所示，燃烧温

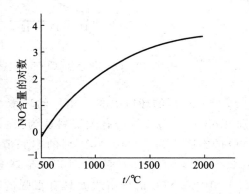

图 2-9　含 3% 的 O_2 和 75% 的 N_2 的混合气参与燃烧时 NO 的含量随燃烧温度的变化

度越高，形成的 NO 的数量也越多。因此，在燃烧过程中，高温既能产生较高的 NO 含量，又有助于 NO 的快速生成。

　　② 空燃比。空燃比为空气质量与燃料质量的比值。当燃烧完全时，即无过量的 O_2 时，空气与燃料组成的混合物被称为化学计量混合物，此时的空燃比叫做化学计量空燃比。对于典型的汽油，其化学计量空燃比为 14.6。如果空气与燃料组成的混合物中空气的量少于化学计量的量，则称此混合物为"富"燃料；而当空气的量多于化学计量的量时，称为"贫"燃料。

　　空燃比与汽车尾气中氮氧化物（NO_x）的排放量的关系如图 2-10 所示，当空燃比低时，燃料燃烧不完全，尾气中碳氢化合物和 CO 含量较高，而氮氧化物含量较低；随着空燃比逐渐增高，氮氧化物含量也逐渐增加；当空燃比等于化学

计量空燃比时,氮氧化物达到最大值;当空燃比超过化学计量空燃比时,由于过量的空气使火焰冷却,燃烧温度降低,氮氧化物的含量也随之降低。

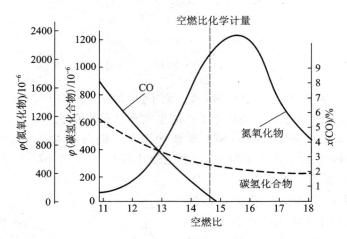

图 2-10　碳氢化合物,CO 和氮氧化物的排放量与空燃比的关系

（4）NO_x 的环境浓度　NO_x 的环境本底值随地理位置不同具有明显的差别,Robinson 等人综合有关资料认为:在北纬 65° 和南纬 65° 之间的陆地上空,NO 的本底值为 2×10^{-9},NO_2 的本底值为 4×10^{-9};世界其他各地 NO 约为 0.2×10^{-9},NO_2 约为 0.5×10^{-9};全球总平均值 NO 为 1.0×10^{-9},NO_2 为 2.0×10^{-9}。NO_x 的城市浓度具有很强的季节变化,冬季浓度最高,夏季最低。我国各城市 NO_x 的浓度低于国外报道的城市浓度。可能是由于我国 NO_x 排放源相对较弱之故。

（5）NO_x 的危害　NO 的生物化学活性和毒性都不如 NO_2。同 CO 和 NO_2^- 一样,NO 也能与血红蛋白结合,并减弱血液的输氧能力。然而,在被污染的大气中,NO 的浓度通常低于 CO 的浓度,因而对血红蛋白的影响很小。

如果大气中 NO_2 的浓度较高,就会严重危害人类健康。如果 NO_2 的体积分数为 $(50 \sim 100) \times 10^{-6}$ 时,吸入时间为几分钟到 1 h,就会引起 $6 \sim 8$ 周肺炎,此后能恢复正常;如果 NO_2 的体积分数为 $(150 \sim 200) \times 10^{-6}$ 时,就会造成纤维组织变性性细支气管炎,不及时治疗,将于中毒 $3 \sim 5$ 周后死亡。

在实验室里,NO_2 的体积分数达到 10^{-6} 级,植物叶片上就会产生斑点,显示植物组织遭到破坏。体积分数为 10^{-5} 级的 NO_2 会引起植物光合作用的可逆衰减。

此外,NO_x 还是导致大气光化学污染的重要污染物质。

3. 含碳化合物

大气中含碳化合物主要包括：一氧化碳（CO）、二氧化碳（CO_2）以及有机的碳氢化合物和含氧烃类，如醛、酮、酸等。

（1）CO　CO 是一种毒性极强、无色、无味的气体，也是排放量最大的大气污染物之一。

① CO 的人为来源。CO 主要是在燃料不完全燃烧时产生的，如在氧气不足时：

$$C + \frac{1}{2}O_2 \longrightarrow CO$$

$$C + CO_2 \longrightarrow 2CO$$

由于 CO 分子中碳氧以三键结合，因此 CO 氧化为 CO_2 的速率极慢。尤其在空气不足的燃烧过程中，只有少量的 CO 可氧化为 CO_2，大量的 CO 将留在烟气中；另外，在高温时 CO_2 可分解产生 CO 和原子氧，所以燃料的燃烧过程是城市大气中 CO 的主要来源。据估计，在全球范围内，CO 的人为来源约为（600～1 250）$\times 10^6$ t/a，其中 80% 是由汽车排放出来的。尽管现在汽车都已经安装了尾气净化器，但由于汽车总数量增加了，因此汽车排放的 CO 量并没有减少。家庭炉灶、工业燃煤锅炉、煤气加工等工业过程也排放大量的 CO。

② CO 的天然来源。就全球环境来看，CO 的天然来源也很重要。这些来源主要包括：甲烷的转化、海水中 CO 的挥发、植物的排放以及森林火灾和农业废弃物焚烧，其中以甲烷的转化最为重要。

CH_4 经 HO· 自由基氧化可形成 CO，其反应机制为

$$CH_4 + HO· \longrightarrow CH_3· + H_2O$$

$$CH_3· + O_2 \longrightarrow HCHO + HO·$$

$$HCHO + h\nu \longrightarrow CO + H_2$$

③ CO 的去除。大气中的 CO 可由以下两种途径去除。

a. 土壤吸收。地球表层的土壤能有效地吸收大气中的 CO。含有 120 mg/L CO 的空气，用 2.8 kg 土壤处理 3 h 后，其中的 CO 可被全部去除。这是由于土壤中生活的细菌能将 CO 代谢为 CO_2 和 CH_4：

$$CO + \frac{1}{2}O_2 \longrightarrow CO_2$$

$$CO + 3H_2 \longrightarrow CH_4 + H_2O$$

在上述实验中，已从土壤中分离出能去除 CO 的 16 种真菌。不同类型的土壤对 CO 的吸收量是有一定差别的。全球通过各种土壤的吸收而被去除的 CO 数量

约为 450×10^6 t/a。

　　b. 与 HO· 自由基的反应。与自由基的反应是大气中 CO 的主要消除途径。CO 可与 HO· 自由基反应而被氧化为 CO_2：

$$CO + HO \cdot \longrightarrow CO_2 + H \cdot$$
$$H \cdot + O_2 + M \longrightarrow HO_2 \cdot + M$$
$$CO + HO_2 \cdot \longrightarrow CO_2 + HO \cdot$$

以上过程为链反应，其速率取决于大气中 HO· 自由基的浓度。该途径可去除大气中约 50% 的 CO。

　　④ CO 的停留时间及浓度分布。CO 在大气中的停留时间较短，约 0.4a（在热带仅为 0.1a），因此它的环境本底值随纬度和高度有较明显的变化，见图 2-11。

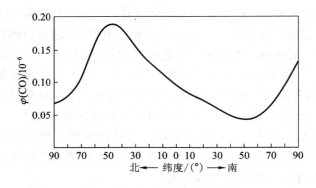

图 2-11　CO 的平均纬度分布

　　图 2-11 表明，CO 日平均值随纬度不同有显著的变化：从北纬 50° 体积分数的最大值 0.19×10^{-6} 到南纬 50° 最小值 0.04×10^{-6}；从北纬 90° 到南纬 90° 的平均值为 0.1×10^{-6}。总的趋势是北半球高，南半球低。这与南北半球的气候条件有着密切的关系。此外，CO 的环境浓度具有明显的高度变化，在对流层日平均值为 0.1×10^{-6}，而平流层为 0.05×10^{-6}。

　　CO 的城市浓度较非城市浓度要高得多。城市 CO 的浓度与交通密度具有直接的关系，图 2-12 绘出了 1962—1964 年间芝加哥地区 CO 的体积分数随交通量的变化情况。平日 CO 的峰值出现在交通量最大的上午 7：00～8：00 时，下午约 4：00 时；星期六和星期日上午无峰值，但接近傍晚时则出现峰值。

　　⑤ CO 的危害。CO 对人体的危害主要是阻碍体内氧气输送，使人体缺氧窒息。但 CO 排入空气后，由于扩散和氧化，一般在大气中不会达到引起窒息的浓度。

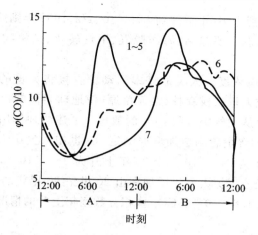

图 2-12 1962—1964 年间芝加哥地区 CO 的体积分数的日变化曲线(唐孝炎,1990)

1～5:星期一～星期五;6:星期六;7:星期日;A:上午;B:下午

作为大气污染物的 CO 的主要危害在于能参与光化学烟雾的形成。在光化学烟雾的形成过程中,如果存在 CO,则可以发生下面的反应:

$$CO + HO\cdot \longrightarrow CO_2 + H\cdot$$
$$H\cdot + O_2 + M \longrightarrow HO_2\cdot + M$$
$$NO + HO_2\cdot \longrightarrow NO_2 + HO\cdot$$

因此,适量 CO 的存在可以促进 NO 向 NO_2 的转化,从而促进了臭氧的积累。而且,空气中存在的 CO 也可以导致臭氧的积累:

$$CO + 2O_2 \longrightarrow CO_2 + O_3$$

此外,CO 本身也是一种温室气体,可以导致温室效应。由 CO 的消除途径可知,与 HO·自由基的反应是 CO 的重要消除途径。因此,大气中 CO 的增加,将导致大气中 HO·自由基减少,这使得可与 HO·自由基反应的物种如甲烷得以积累。甲烷是一种温室气体,可吸收太阳光谱的红外部分。因此,CO 还可以通过消耗 HO·自由基使甲烷积累而间接导致温室效应的发生。

(2) CO_2 CO_2 是一种无毒、无味的气体,对人体没有显著的危害作用。在大气污染问题中,CO_2 之所以引起人们的普遍关注,原因在于 CO_2 是一种重要的温室气体,能够导致温室效应的发生,从而引发一系列的全球性的环境问题。

① CO_2 的来源。大气中 CO_2 的来源也包括人为来源和天然来源两种。

CO_2 的人为来源主要是来自于矿物燃料的燃烧过程。据估计,由矿物燃料燃烧排放到大气中 CO_2 的数量,19 世纪 60 年代平均每年约 5.4×10^6 t,20 世纪

初为 41×10^6 t/a,到 1970 年增加到 154×10^6 t/a,1999 年则达到 242×10^6 t/a。

　　CO_2 的天然来源主要包括:海洋脱气、甲烷转化、动植物呼吸,以及腐败作用和燃烧作用。

　　② CO_2 的环境浓度。人类的许多活动都直接将大量的 CO_2 排放到大气中;同时,由于人类大量砍伐森林、毁灭草原,使地球表面的植被日趋减少,以致减少了整个植物界从大气中吸收 CO_2 的数量。上述两种作用共同作用的结果,使得大气中 CO_2 的含量急剧增加。据测定,19 世纪大气中 CO_2 的环境浓度为 290×10^{-6},1958 年为 315×10^{-6},1988 年上升为 350×10^{-6},而 1998 年则达到 367×10^{-6},其增长速率惊人。年增加率由 20 世纪 60 年代的 0.8×10^{-6} 增加到 20 世纪 80 年代的 1.6×10^{-6}。CO_2 体积分数逐年上升的情况如图 2-13 所示。

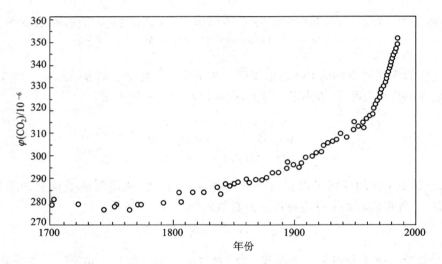

图 2-13　过去 250 多年来大气中 CO_2 体积分数的变化

　　目前人们普遍认为,大气 CO_2 浓度的增加是全球温暖化的主要原因。因此,具有吸收和释放 CO_2 双重作用的陆地植被在大气 CO_2 浓度变化中所起的作用一直是科学家十分关注的问题。最近二三十年的研究表明,陆地植被的作用一方面表现为通过热带雨林地区土地利用方式的改变向大气释放 CO_2,从而加速全球温暖化的进程;另一方面,北半球的植被,尤其是温带林和北方森林通过 CO_2 施肥效应吸收大气中的 CO_2,从而减缓全球温暖化的进程。这两方面的平衡决定着全球植被,尤其是森林对大气 CO_2 浓度变化的贡献。

　　在热带林土地利用方式的改变方面,主要是由于原始林的大面积采伐和烧荒耕作,使热带林大面积减少。热带林占全球森林面积的 40%,植被碳量的

46％,土壤碳量的 11％。一旦它们遭到破坏,森林中所含的有机质将以 CO_2 的形式释放到大气中。目前,全球热带林面积每年减少 $5 \times 10^6 \sim 2 \times 10^7$ hm^2,相当于每分钟减少 $9.5 \sim 38$ hm^2。因此,热带林破坏与大气 CO_2 浓度的关系在 20 世纪 70 年代初就引起科学家们的关注。目前科学家估计热带林每年向大气净释放的碳量为 1.6×10^{15} g/a,约是化石燃料释放量的 1/3。

陆地植被与大气 CO_2 浓度的关系还表现在植被对大气 CO_2 时空分布格局的显著影响上。图 2-14 是选自南、北半球 4 个观测点的观测结果。引人注目的是,大气 CO_2 的季节变化具有十分明显的区域性。位于北极地区阿拉斯加的 Barrow 季节变化显著,其次是夏威夷的 Mauna Loa 岛,南半球的变化最小。也就是说,北半球大气中 CO_2 浓度的季节变化比南半球显著,并且有越往北差异越大的趋势。

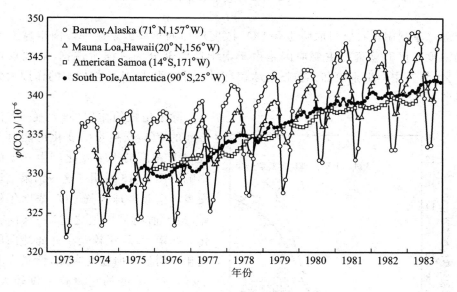

图 2-14　不同地点大气中 CO_2 浓度的年变化和季节变化(Rechard et al.,1986)

图 2-15 的结果更清楚地说明了大气中 CO_2 浓度的季节变化及其变化的区域性。在北半球,CO_2 浓度的极小值出现在夏季的 8,9 月份,而在南半球,季节性变化不明显。陆地植被的作用是造成 CO_2 浓度的这种季节性变化的主要原因。在北半球的夏天,由于植物的光合作用吸收大气中的 CO_2,使 CO_2 浓度降低;相反,到了冬天,植物的光合作用相对较弱,生物圈的吸收、分解作用仍在进行,这时向大气释放 CO_2 的量大于植物吸收的量,结果 CO_2 浓度增加。另外,北

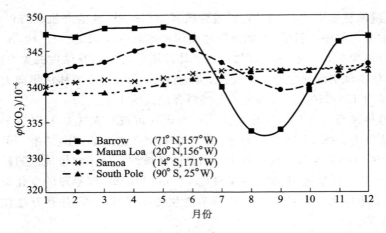

图 2-15   不同地点大气中 CO_2 浓度的季节变化(Rechard et al.,1986)

半球冬季利用化石燃料取暖也是 CO_2 浓度增加的重要因素之一。南半球 CO_2 的浓度变化不显著的主要原因是由于南半球大部分为海洋所占据,陆地仅占 11%,且其主体由荒漠和无植被的冰盖(南极大陆)组成,从而使植被的作用大为减弱。

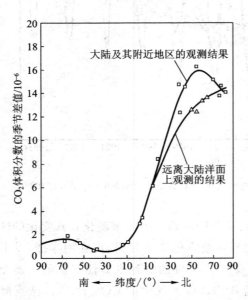

图 2-16 CO_2 体积分数的季节差值与纬度的关系(方精云等,2002)

除了植被的作用外,大气-海洋之间的 CO_2 交换量的变化也能对大气 CO_2 浓度的季节变化产生一定的影响。图 2-16 说明了这一结果。该图表示南北半球大气 CO_2 浓度年较差(最大值与最小值之差)的纬向变化。在南半球,年较差小并随纬向的变化不明显。但在北半球,情景大不一样,CO_2 浓度的年较差不仅较大,而且随纬度的增加迅速增加。在陆地,这种差异在中、高纬度地区达到最大,这与中、高纬度地区(北纬 40°~75°)的高植被覆盖率是十分吻合的。图 2-17 显示北半球年最大植被指数(NDVI)的纬向变化:在中高纬度地区,植被指数显示较高值。这进一步反映了植被覆盖对大气 CO_2 浓度分布的影响；另一方面，在大洋上，到北极点附近才达到最大值。北半球中、高纬度地区年较差大的主要原因来自两方面，一是植物的作用，二是此纬度带与其他纬度带相比，海洋所占的比例较小，从而难以消除来自陆地的季节变化的影响。植被稀少的北极地区，似不应产生显著的 CO_2 浓度的季节变化，但实际上的年较差较大。观测表明，这是由于来自中、高纬度大气传输的结果。至于赤道附近 CO_2 浓度的季节性变化较小的原因，可由陆地植被光合作用的季节变化得到解释，因为在赤道附近，植物的同化作用没有明显的季节变化。

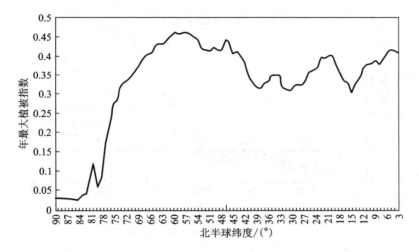

图 2-17　北半球年最大植被指数的纬向变化（方精云等，2002）

　　③ CO_2 的危害。大气 CO_2 浓度自 19 世纪至今有一个较为连续性的增长，每年体积分数增长为 $(0.5\sim1.5)\times10^{-6}$，平均上升幅度约为 0.7×10^{-6}。由人类活动产生的额外的 CO_2 只有三条可能的出路：一是进入海洋，使海水变酸；二是进入生物圈；三是停留在大气圈，增加大气 CO_2 的含量。研究表明，人为产生的这部分 CO_2 对生物圈及海洋的 pH 影响都不大，影响最大的则是大气圈本身，主要表现为对全球气候的影响。CO_2 是温室气体，CO_2 分子对可见光几乎完全透过，但是对红外热辐射，特别是波长在 $12\sim18\ \mu m$ 范围内的红外热辐射，则是一个很强的吸收体，因此低层大气中的 CO_2 能够有效地吸收地面发射的长波辐射，造成温室效应，使近地面大气变暖。

　　实际上，早在 20 世纪 50 年代就曾有人提出，如果大气中 CO_2 增加两倍，全球气温将升高 3.6 ℃。那么，按照目前大气 CO_2 浓度增长的速率，科学家预言几十年之后，整个地球的气候会明显变暖。

近年来,有许多模式预测温室气体排放的变化对全球气温造成的影响。图 2-18 为全球气温变化的一个预测结果。如果维持目前的排放量,那么就是如图中间这条线所示,则每 10 年气温增长约 0.3 ℃。如果加速温室气体的排放,其后果如图中上部曲线所示,每 10 年增温 0.8 ℃。如果不再排放温室气体,结果仍会造成每 10 年增温 0.06 ℃。而实际的变化趋势很有可能介于高、低两种情况之间。

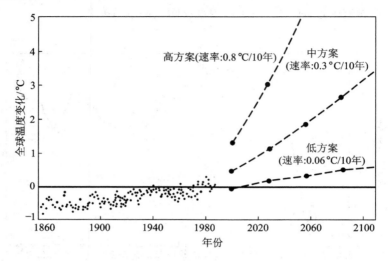

图 2-18　全球气温变化的预测(唐孝炎,1990)

（3）碳氢化合物　碳氢化合物是大气中的重要污染物。大气中以气态形式存在的碳氢化合物的碳原子数主要为 1～10,包括可挥发性的所有烃类。它们是形成光化学烟雾的主要参与者。其他碳氢化合物大部分以气溶胶形式存在于大气中。

目前,大气中已检出的烷烃有 100 多种,其中直链烷烃最多,其碳原子数目为 1～37 个。带有支链的异构烷烃碳原子数目多在 6 以下。低于 6 个碳原子的烷烃有较高的蒸气压,在大气中多以气态形式存在。碳链长的烃类常形成气溶胶或吸附在其他颗粒物质上。

大气中也存在着一定数量的烯烃,如乙烯、丙烯、苯乙烯和丁二烯等均为大气中常见的烯烃。在工业生产过程中,通常是用它们的单体作原料,但排放到大气中后,它们可形成聚合物,如聚乙烯、聚丙烯、聚苯乙烯等。所有这些化合物在大气中存在量都是比较少的。

大气中的芳香烃主要有两类,即单环芳烃和多环芳烃。多环芳烃通常以 PAH 表示。典型的芳香化合物如:

苯　　　　　　　　　2,6-二甲萘　　　　　　　　　芘

芳香烃广泛地应用于工业生产过程中。它们除用来作溶剂外,也用作原料来生产化工制品,如聚合物中的单体和增塑剂等。苯乙烯常用来作塑料的单体和合成橡胶的原料。异丙苯可被氧化用来生产酚和丙酮。这些化合物是使用过程中的泄漏以及伴随着某些有机物燃烧过程而产生的。另外,联苯也是芳香烃的一种,可在柴油机烟气中测得。许多芳香烃在香烟的烟雾中存在,因此它们在室内含量要高于室外。

在大气污染研究中,人们常常根据烃类化合物在光化学反应过程中活性的大小,把烃类化合物区分为甲烷(CH_4)和非甲烷烃(NMHC)两类。

① 甲烷。甲烷是无色气体,性质稳定。它在大气中的浓度仅次于二氧化碳,大气中的碳氢化合物有 $80\% \sim 85\%$ 是甲烷。甲烷是一种重要的温室气体,可以吸收波长为 $7.7\ \mu m$ 的红外辐射,将辐射转化为热量,影响地表温度。每个 CH_4 分子导致温室效应的能力比 CO_2 分子大 20 倍;而且,目前甲烷以每年 1% 的速率增加,增加速率之快在其他温室气体中是少见的。

a. 大气中 CH_4 的来源。大气中的 CH_4 既可由天然来源产生,也可由人为来源产生。表 2-2 和表 2-3 分别列出了全球范围内和中国国内甲烷的排放源。

表 2-2　甲烷的主要排放源(IPCC,1995)

排放源	排放量/$(10^{12}\ g \cdot a^{-1})$
天然来源	
湿地	$115(5 \sim 150)$
白蚁	$20(10 \sim 50)$
海洋	$10(5 \sim 50)$
其他	$15(10 \sim 40)$
小计	$160(110 \sim 210)$
人为来源	
化石燃料(煤、石油、天然气)	$100(70 \sim 120)$
反刍类家畜	$85(65 \sim 100)$
水田	$60(20 \sim 100)$
生物质燃烧	$40(20 \sim 80)$
废弃物填埋	$40(20 \sim 70)$
动物排泄物	$25(20 \sim 30)$
下水道处理	$25(15 \sim 80)$
小计	$375(300 \sim 450)$

摘自方精云等,2002。

表 2-3　中国主要的甲烷排放源(1988)

排放源	排放量/(10^{12} g·a^{-1})
稻田	17 ± 2
家畜	5.5
煤矿	6.1
天然湿地	2.2
农村堆肥	3.2
城镇	0.6
合计	35 ± 10

摘自方精云等,2002。

　　无论是天然来源,还是人为来源,除了燃烧过程和原油以及天然气的泄漏之外,实际上,产生甲烷的机制都是厌氧细菌的发酵过程,这时,有机物发生了厌氧分解:

$$2\{CH_2O\} \xrightarrow{\text{厌氧细菌}} CO_2 + CH_4$$

该过程可发生在沼泽、泥塘、湿冻土带和水稻田底部等环境;此外,反刍动物以及蚂蚁等的呼吸过程也可产生甲烷。

　　中国是一个农业大国,其水稻田面积约占全球水稻田面积的 1/3,因而水稻田成为中国大气中甲烷的最大的排放源。研究表明,水稻田排放的甲烷的数量受多种因素影响,如气温、土壤的性质和组成、耕作方式等。而且,在水稻的不同的生长期,其排放甲烷的能力也不同。

　　b. 大气中 CH_4 的消除。甲烷在大气中主要是通过与 HO· 自由基反应而被消除:

$$CH_4 + HO· \longrightarrow CH_3· + H_2O$$

由于该反应的存在,使得 CH_4 在大气中的寿命约为 11a。目前排放到大气中的 CH_4 大部分被 HO·氧化,每年留在大气中的 CH_4 约为 5×10^7 t/a,从而导致大气中 CH_4 浓度的上升。由于大气中 HO· 的减少会导致 CH_4 浓度的增加,因此,大气中 CO 等消耗 HO· 的物质的增加,会使 HO· 的浓度降低,从而造成大气中 CH_4 浓度的增加。据 Rasmussen 等估计,近 200 年来大气中甲烷浓度的增加,70% 是由于直接排放的结果,30% 则是由于大气中 HO· 自由基浓度的下降所造成的。

　　此外,少量的 CH_4(<15%)会扩散进入平流层,与氯原子发生反应:

$$CH_4 + Cl· \longrightarrow CH_3· + HCl$$

形成的 HCl 可以通过扩散进入对流层后通过降水而被清除。

c. 大气中 CH_4 的浓度分布特征。根据对格陵兰岛和南极的冰芯的分析，古代大气中 CH_4 的体积分数只有 $0.7×10^{-6}$ 左右(图 2-19),并且持续了很长时期,近 100 年来则上升了一倍多。据 1985 年报道,CH_4 在全球范围的体积分数已达 $1.65×10^{-6}$,其增长是十分惊人的。

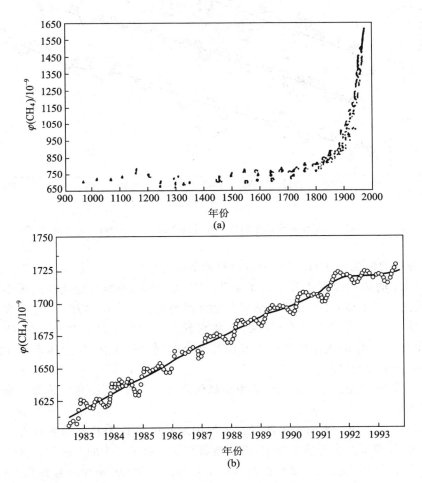

图 2-19 大气中 CH_4 含量的变化(Dlugokencky et al.,1994)

图 2-20 显示南、北半球和全球平均的 CH_4 浓度变化。在自然条件下,CH_4 浓度的季节变化主要受 HO·自由基的控制。HO·自由基可以破坏 CH_4 分子,从而导致 CH_4 浓度降低,一般来说,HO·自由基在夏季增加,冬季减少。因此,在

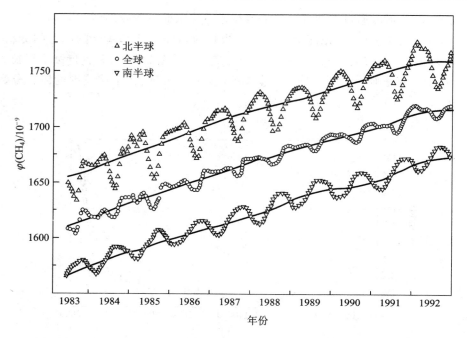

图 2-20　南、北半球和全球平均的 CH_4 浓度变化(Dlugokencky et al.,1994)

自然释放的情况下,CH_4 浓度表现出夏低冬高的趋势。

　　CH_4 的排放源主要分布在北半球。因为排放源的季节变化随地区不同而异,因此在北半球 CH_4 浓度的季节变化也因地而异。在南半球,CH_4 大多为自然释放,其浓度主要受 HO· 控制,因此它的季节变化十分有规律。同 CO_2 相似,大气中 CH_4 的浓度虽然有季节和若干年的周期性变化,但总体上逐年增加的趋势是十分明显的。

　　② 非甲烷烃。全球大气中非甲烷烃的来源包括煤、石油和植物等。非甲烷烃的种类很多,因来源而异。

　　a. 天然来源产生的非甲烷烃。大气中发现的来自天然来源的有机化合物数量大、种类多。在天然来源中,以植被最重要。对大气中的有机化合物进行统计表明,植物体向大气释放的化合物达 367 种。其他天然来源则包括微生物、森林火灾、动物排泄物及火山喷发。

　　乙烯是植物散发的最简单有机化合物之一,许多植物都能产生乙烯,并释放进大气。乙烯具有双键,能够与大气中的 HO· 自由基以及其他氧化性物质反应,有很高的反应性,是大气化学过程的积极参与者。

　　一般认为,植物散发的大多数烃类属于萜烯类化合物,是非甲烷烃中排放量最大的一类化合物,约占非甲烷烃总量的 65%。萜烯是构成香精油的一大类有机化合物。将某些植物的有关部分进行水蒸气蒸馏,就可以得到萜烯。产生萜烯的植物,大多数属于松柏科、姚金娘科及柑橘属等。树木散发的最常见的萜烯是 α-蒎烯,它是松节油的主要成分。柑橘及松叶中存在的萜二烯也已在这些植物体附近的大气中发现。异戊二烯(2-甲基-1,3-丁二烯)是一种半萜烯化合物,已在黑杨类、桉树、栎树、枫香及白云杉的散发物中检出。已知树木散发的其他萜烯还有 β-蒎烯、月桂烯、罗勒烯及 α-萜品烯。α-蒎烯、异戊二烯及苧烯(1,8-萜二烯)的结构如下所示:

α-蒎烯 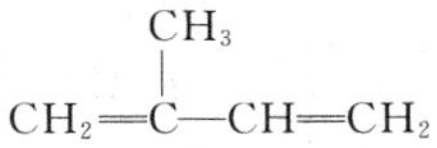　　　　　异戊二烯 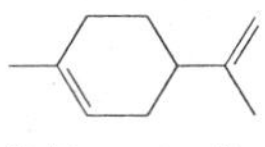　　　　　苧烯(1,8-萜二烯)

　　从以上结构可以看出,每个萜烯分子通常含有两个或两个以上双键,由于这一特点加上其他的结构特征,使萜烯成了大气中最活泼的化合物之一。萜烯与 HO· 自由基的反应非常迅速,也易与大气中其他氧化剂,特别是臭氧起反应。松节油是一种常见的萜烯混合物,由于萜烯能与大气中氧反应生成过氧化物,然后形成坚硬的树脂,所以在油漆工业中有着广泛的用途。α-蒎烯和异戊二烯类化合物在大气中也很可能发生了类似的反应,最终生成粒径小于 0.1 μm 的悬浮颗粒。正是由于这样的原因,在某些植物大量生长的地区上空常常会形成蓝色的"烟雾"。

　　当使用紫外光照射 α-蒎烯和 NO_x(NO 加 NO_2)的混合物时,发现有蒎酮酸生成:

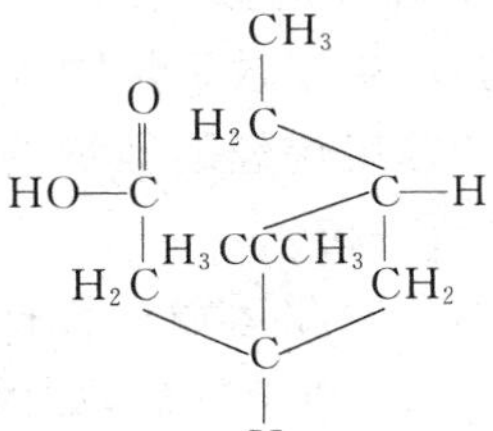

人们已经发现,蒎酮酸常以气溶胶颗粒的形式出现在森林中,因此,几乎可以肯定,大气中的蒎酮酸是通过 α-蒎烯的光化学反应生成的。

　　由于萜烯类化合物主要是通过天然来源产生的,因此,萜烯类化合物的排放量往往与自然条件有关,例如异戊(间)二烯的排放量随温度和光强增加而增加,而 α-蒎烯则当相对湿度增加时排放量增加。

b. 人为来源产生的非甲烷烃。非甲烷烃的人为来源主要包括：汽油燃烧、焚烧、溶剂蒸发、石油蒸发和运输损耗、废弃物提炼等。

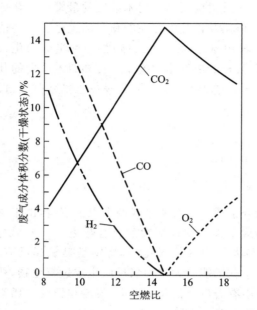

图 2-21　碳氢化合物燃烧产物与空燃比的关系

汽油燃烧：汽油燃烧排放的非甲烷烃的数量约占人为来源总量的 38.5%。汽油的典型成分为 CH_4，C_2H_6，C_3H_6 和 C_4 碳氢化合物；此外还有醛类化合物如甲醛、乙醛、丙醛和丙烯醛、苯甲醛。相比之下，不饱和烃较饱和烃的活性高，易于促进光化学反应，故它们是更重要的污染物。大多数污染源中包含的活性烃类约占 15%，而从汽车排放出来的活性烃可达 45%。在未经处理的汽车尾气中，链烷烃只占 1/3，其余皆为活性较高的烯烃和芳烃。

在汽油燃烧后由尾气排放的产物主要取决于空燃比，图 2-21 绘出了燃料燃烧时碳氢化合物产物与空燃比的关系。由图可见，当燃料为富混合物时导致 CO 的生成，同时尾气中会有剩余的燃料；燃料为贫混合物时，尾气中 CO 和未燃烧的燃料就少。然而，如果燃料太贫（空燃比大于 17）时就不能点火了。

焚烧：焚烧过程排放的非甲烷烃的数量约占人为来源的 28.3%。但是，焚烧炉排出的气体成分是可变的，取决于被焚烧物质的组成。

溶剂蒸发：溶剂蒸发排放的非甲烷烃的数量约占人为来源的 11.3%。其成分由所使用的有机溶剂的种类所决定。

石油蒸发和运输损耗：石油蒸发和运输过程排放的非甲烷烃的数量约占人为来源的 8.8%。其成分主要是 C_3 以上的烃，如丙烷、异丁烷、丁烯、正丁烷、异戊烷、戊烯和正戊烷等。

废弃物提炼：废弃物提炼排放的非甲烷烃的数量约占人为来源的 7.1%。

以上五种来源产生的非甲烷烃的数量约占碳氢化合物人为来源的 94%。

大气中的非甲烷烃可通过化学反应或转化生成有机气溶胶而去除。非甲烷烃在大气中最主要的化学反应是与 HO· 自由基的反应。

4. 含卤素化合物

大气中的含卤素化合物主要是指有机的卤代烃和无机的氯化物、氟化物。其中以有机的卤代烃对环境影响最为严重。大气中的卤代烃包括卤代脂肪烃和卤代芳香烃。其中高级的卤代烃，如有机氯农药 DDT、六六六和多氯联苯(PCB)等主要以气溶胶形式存在，含两个或两个以下碳原子的卤代烃主要以气态形式存在。

（1）简单的卤代烃　　大气中常见的卤代烃为甲烷的衍生物，如甲基氯(CH_3Cl)、甲基溴(CH_3Br)和甲基碘(CH_3I)。它们主要由天然过程产生，主要来自于海洋。CH_3Cl 和 CH_3Br 在对流层大气中，可以和 $HO\cdot$ 自由基反应，寿命分别为 1.5 年和 1.6 年。因此，CH_3Cl 和 CH_3Br 寿命较长，可以扩散进入平流层。而 CH_3I 在对流层大气中，主要是在太阳光作用下发生光解，产生原子碘：

$$CH_3I + h\nu \longrightarrow CH_3\cdot + I\cdot$$

该反应使得 CH_3I 在大气中的寿命仅约 8 天，浓度也很低，体积分数为 10^{-9} 级。

此外，由于许多卤代烃是重要的化学溶剂，也是有机合成工业重要的原料和中间体，因此，三氯甲烷($CHCl_3$)、三氯乙烷(CH_3CCl_3)、四氯化碳(CCl_4)和氯乙烯(C_2H_3Cl)等可通过生产和使用过程挥发进入大气，成为大气中常见的污染物。它们主要是来自于人为来源。

在对流层中，三氯甲烷和氯乙烯等可通过与 $HO\cdot$ 自由基反应，转化为 HCl，然后经降水而被去除。例如：

$$CHCl_3 + HO\cdot \longrightarrow \cdot CCl_3 + H_2O$$
$$\cdot CCl_3 + O_2 \longrightarrow COCl_2 + ClO\cdot$$
$$ClO\cdot + NO \longrightarrow Cl\cdot + NO_2$$
$$ClO\cdot + HO_2 \longrightarrow Cl\cdot + \cdot OH + O_2$$
$$Cl\cdot + CH_4 \longrightarrow HCl + CH_3\cdot$$

（2）氟氯烃类

① 来源。氟氯烃类化合物是指同时含有元素氯和氟的烃类化合物，其中比较重要的是一氟三氯甲烷(CFC-11 或 F-11)和二氟二氯甲烷(CFC-12 或 F-12)。它们可以用作制冷剂、气溶胶喷雾剂、电子工业的溶剂、制造塑料的泡沫发生剂和消防灭火剂等。大气中的氟氯烃类化合物主要是通过它们的生产和使用过程进入大气的。由于氟氯烃类化合物的生产量逐年递增，近年来，它们在大气中的体积分数每年要增加 $(5\sim6)\times10^{-9}$(图 2-22)。

② 消除方式。氟氯烃类化合物在对流层大气中性质非常稳定。由于它们能透过波长大于 290 nm 的辐射，故在对流层大气中不发生光解反应；同时，由于氟氯烃类化合物与 $HO\cdot$ 的反应为强吸热反应，故在对流层大气中，氟氯烃类

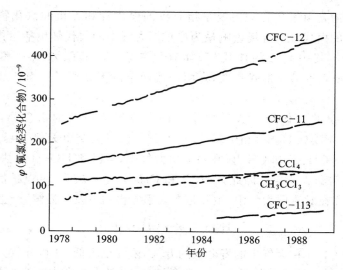

图 2-22　大气中氟氯烃类化合物的浓度变化(方精云等,2002)

化合物很难被 HO·氧化;此外,由于氟氯烃类化合物不溶于水,因此,它们也不容易被降水所清除。有证据表明,海洋也不是氟氯烃类化合物的归宿。

因此,可以断定,由人类活动排放到对流层大气中的氟氯烃类化合物,不易在对流层被去除,在对流层的停留时间较长,它们最可能的消除途径就是扩散进入平流层。

③ 危害。进入到平流层的氟氯烃类化合物,在平流层强烈的紫外线作用下,会发生下面的反应:

$$CCl_3F + h\nu(175\ nm \leqslant \lambda \leqslant 220\ nm) \longrightarrow \cdot CCl_2F + Cl\cdot$$
$$Cl\cdot + O_3 \longrightarrow ClO\cdot + O_2$$
$$ClO\cdot + O \longrightarrow O_2 + Cl\cdot$$

从上述反应方程式可以看出,1 个 CCl_3F 分子的光解可释放出 1 个氯原子,使 1 个 O_3 分子被破坏,通过 $ClO\cdot$ 基团的链传递作用,可以使与 O 结合的 $Cl\cdot$ 又被释放出,如此循环往复,每放出 1 个氯原子就可以和 10^5 个臭氧分子发生反应。因此,目前人们普遍认为,人类排放到大气中的氟氯烃类化合物可以使 O_3 层遭到破坏。

由于各种氟氯烃类化合物都能释放出 $Cl\cdot$,因此,它们都可以导致臭氧层的破坏。一般来说,在大气中寿命越长的氟氯烃类化合物,危害性也越大。凡是被卤素全取代的氟氯烃类化合物(即分子中无 H 原子),都具有很长的大气寿命,而在烷烃分子中尚有 H 未被取代的氟氯烃类化合物,寿命要短得多。这是因为含 H 的卤代烃在对流层大气中能与 HO• 发生反应：

$$CHCl_2F + HO• \longrightarrow •CCl_2F + H_2O$$

该反应导致了 $CHCl_2F$ 的寿命约为 22 年。

目前，国际上正在致力于研究用寿命较短的含氢卤代烃替代寿命较长的氟氯烃类化合物，或用其他物质如氦（He）来代替氟氯烃类化合物。

氟氯烃类化合物也是温室气体，特别是 CFC-11 和 CFC-12，它们吸收红外线的能力要比 CO_2 强得多。大气中每增加一个氟氯烃类化合物的分子，就相当于增加了 10^4 个 CO_2 分子。

因此，氟氯烃类化合物既可以破坏臭氧层也可以导致温室效应。

第二节　大气中污染物的迁移

污染物在大气中的迁移是指由污染源排放出来的污染物由于空气的运动使其传输和分散的过程。迁移过程可使污染物浓度降低。大气圈中空气的运动主要是由于温度差异而引起的。这里首先介绍大气温度层结及由于温度差异而引起的空气运动的规律，进而介绍污染物遵循这些规律在大气中的迁移过程。

一、辐射逆温层

在对流层中，气温一般是随高度增加而降低，但在一定条件下会出现反常现象。这可由垂直递减率（Γ）的变化情况来判断。随高度升高气温的降低率为大气垂直递减率，通常用下式表示：

$$\Gamma = -\frac{dT}{dz}$$

式中：T——热力学温度，K；

　　　z——高度。

此式可以表征大气的温度层结。在对流层中，一般而言，$\Gamma > 0$，但在一定条件下会出现反常现象。当 $\Gamma = 0$ 时，称为等温气层；当 $\Gamma < 0$ 时，称为逆温气层。逆温现象经常发生在较低气层中，这时气层稳定性特强，对于大气中垂直运动的发展起着阻碍作用。逆温形成的过程是多种多样的。由于过程的不同，可分为近地面层的逆温和自由大气的逆温两种。近地面层的逆温有辐射逆温、平流逆温、融雪逆温和地形逆温等；自由大气的逆温有乱流逆温、下沉逆温和锋面逆温等。

近地面层的逆温多由于热力条件而形成，以辐射逆温为主。辐射逆温是地

面因强烈辐射而冷却所形成。这种逆温层多发生在距地面 100～150 m 高度

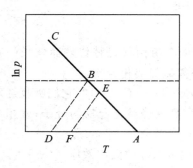

图 2-23　辐射逆温(陈世训等,1981)

内。最有利于辐射逆温发展的条件是平静而晴朗的夜晚。有云和有风都能减弱逆温,如风速超过 2～3 m/s 时,辐射逆温就不易形成。当白天地面受日照而升温时,近地面空气的温度随之而升高,夜晚地面由于向外辐射而冷却,便使近地面空气的温度自下而上逐渐降低。由于上面的空气比下面的空气冷却慢,结果就形成逆温现象,如图 2-23 所示。

图中白天的层结曲线为 ABC,夜晚近地面空气冷却较快,层结曲线变为 FEC,其 FE 段为逆温层。以后随着地面更加冷却,逆温层越加变厚,到清晨达到最厚,如图中 DB 段。于是层结曲线就变为 DBC。日出后地面温度上升,逆温层近地面处首先破坏,自下而上逐渐变薄,最后完全消失。

二、大气稳定度

流体的层结对于流体的垂直运动有着重要的影响。我们知道,一般来讲若密度大的流体在密度小的流体下面,则这种层结分布是稳定的,反过来就是不稳定的。然而对于空气而言,尽管其密度随高度增加而减小,但它未必是稳定的。因为它的稳定性还受温度层结所制约。所以一个空气气块的稳定性应该是密度层结和温度层结共同作用来决定的。

大气稳定度是指气层的稳定程度,或者说大气中某一高度上的气块在垂直方向上相对稳定的程度。设想在层结大气中有一气块,如果由于某种原因使其产生一个小的垂直位移,其层结大气使气块趋于回到原来的平衡位置,则称层结是稳定的;若层结大气使气块趋于继续离开原来的位置,则称层结是不稳定的;介于两者之间则称层结为中性。气块在大气中的稳定度与大气垂直减率和干绝热垂直递减率(干空气在上升时温度降低值与上升高度之比,用 Γ_d 表示)有关。若 $\Gamma < \Gamma_d$,表明大气是稳定的;$\Gamma > \Gamma_d$,大气是不稳定;$\Gamma = \Gamma_d$,大气处于平衡状态。

如图 2-24 所示,设有 A,B,C 三块未饱和空气都位于 200 m 高度做升降运动,而其周围空气的垂直递减率分别为 $\Gamma_A = 0.8 \ ℃/100 \ m$、$\Gamma_B = 1.0 \ ℃/100 \ m$、$\Gamma_C = 1.2 \ ℃/100 \ m$,当气块 A 受到外力作用升到 300 m 高度时,本身温度低于周围空气的温度,因此上升速要减小,并有回到原来高度的趋势,这时大气处于稳定状态。当气块 B 受到外力作用后,无论气块上升或下降,本身温度都与周围温度相等,这时大气处于中性平衡状态。当气块 C 因外力而上升到 300 m 高度时,本身温度高于周围空气温度,因此要继续上升。如果外力方向相反,气块下降到 100 m 处时,本身温度又低于周围空气温度,又要继续下降,这时大气处于不稳定状态。当然,讨论气块的稳定性除了考虑气块与周围空气的温度差别之外,还要考虑气块的密度及

外力等。一般来讲,大气温度垂直递减率越大,气块越不稳定。反之,气块就越稳定。如果垂直递减率很小,甚至形成等温或逆温状态,这时对大气垂直对流运动形成巨大障碍,地面气流不易上升,使地面污染源排放出来的污染物难以借气流上升而扩散。

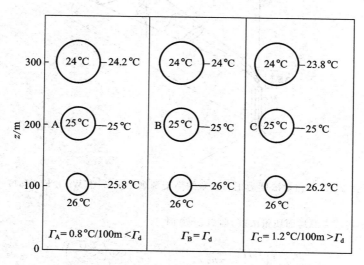

图 2-24　未饱和空气三种不同稳定度(陈世训等,1981)

研究大气的垂直递减率与干绝热递减率的对比是十分重要的。它可判断气块的稳定情况及气体垂直混合情况。如污染物进入平流层,由于该层内垂直递减率是负值,垂直混合很慢,以致某些污染物在平流层内难以扩散,甚至可滞留达数年之久。

三、大气污染数学模式

1. 高架连续点源大气污染模式

(1)烟流模型基本公式　如图 2-25 所示,距地面 h 高度处有一连续排放点源,以其在地面的垂直投影为原点,x 轴指向平均风向,y 轴在水平面上垂直于 x 轴,z 轴垂直于 xOy 平面向上延伸,建立坐标系。此时,烟流中心线在 xOy 面上的投影与 x 轴重合。则对于一个高架连续点源下风向某一点污染物质量浓度可用下式表示:

$$\rho(x,y,z;H)=\frac{Q}{2\pi\bar{u}\sigma_y\sigma_z}\exp\left(-\frac{y^2}{2\sigma_y^2}\right)\left\{\exp\left[-\frac{(z-H)^2}{2\sigma_z^2}\right]+\exp\left[-\frac{(z+H)^2}{2\sigma_z^2}\right]\right\}$$

式中:ρ——污染物质量浓度,g/m³;

Q——源强,g/s

$\bar{u}$——烟囱高度的平均风速,m/s;

σ_y,σ_z——分别为用质量浓度标准偏差表示的 y 及 z 轴上的扩散参数;

H——烟流中心距地面高度,也称烟囱有效高度,H 为烟囱高度 h 与烟羽抬升高度 ΔH

之和，$H = h + \Delta H$。

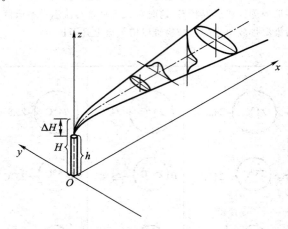

图 2-25　质量浓度为正态分布的高架源烟云扩散图（Wark K，1981）

① 高架连续点源地面质量浓度，即当 $z = 0$ 时，

$$\rho(x, y, 0; H) = \frac{Q}{\pi \bar{u} \sigma_y \sigma_z} \exp\left(-\frac{y^2}{2\sigma_y^2}\right) \exp\left(-\frac{H^2}{2\sigma_z^2}\right)$$

② 高架连续点源地面轴线质量浓度，即当 $y = 0, z = 0$ 时，

$$\rho(x, 0, 0; H) = \frac{Q}{\pi \bar{u} \sigma_y \sigma_z} \exp\left(-\frac{H^2}{2\sigma_z^2}\right)$$

③ 高架连续点源的地面最大质量浓度，当 $y = 0, z = 0$，并设 $\sigma_y / \sigma_z = a = $ 常数时，对 σ_z 求导，并令其等于零，即

$$\frac{\mathrm{d}}{\mathrm{d}\sigma_z}\left[\frac{Q}{\pi \bar{u} a \sigma_z^2} \exp\left(-\frac{H^2}{2\sigma_z^2}\right)\right] = 0$$

可得

$$\rho_{\max} = \frac{2Q}{\pi e \bar{u} H^2} \cdot \frac{\sigma_z}{\sigma_y}$$

$$\sigma_z \big|_{x = x_{\max}} = \frac{H}{\sqrt{2}}$$

④ 地面连续点源扩散模式，即当 $H = 0$ 时，

$$\rho(x, y, z; 0) = \frac{Q}{\pi \bar{u} \sigma_y \sigma_z} \exp\left(-\frac{y^2}{2\sigma_y^2}\right) \exp\left(-\frac{z^2}{2\sigma_z^2}\right)$$

⑤ 地面连续点源轴线的质量浓度，即当 $y = 0, z = 0, H = 0$ 时，

$$\rho(x, 0, 0; 0) = \frac{Q}{\pi \bar{u} \sigma_y \sigma_z}$$

（2）有效源高计算　为了求有效源高，必须计算烟羽抬升高度。烟羽的抬升，一方面取

决于烟羽排出时的初始动量和浮力,另一方面取决于周围大气的性质。烟羽和周围大气混合得快慢,对上升高度影响很大。混合得越快,烟羽的初始动量和热量散失得也越快,上升高度就越小。而混合得快慢取决于平均风速和湍流强度。平均风速和湍流强度越大,混合越快,抬升高度就越小。显然,抬升高度的计算是十分复杂的。所以通常是用经验或半经验的关系式来计算。现在介绍 Holland 公式:

$$\Delta H = \frac{v_s d}{\bar{u}}\left(1.5 + 2.68 \times 10^{-5}\, p\, \frac{T_s - T_a}{T_s}\, d\right)$$

$$= \frac{1}{\bar{u}}(1.5 v_s d + 9.79 \times 10^{-6} Q_h)$$

式中:v_s——实际状态下的烟流出口速度,m/s;

$\quad\quad d$——烟囱出口直径,m;

T_s, T_a——分别为烟气出口温度和环境大气温度,K;

$\quad\quad p$——大气压,Pa;

$\quad\quad Q_h$——烟气热释放率,即单位时间排出烟气的热量,J/s;

$\quad\quad \bar{u}$——烟囱口高度上的平均风速,m/s。

Holland 建议,大气不稳定时,用上式计算的 ΔH 应增加 $10\% \sim 20\%$,稳定时减少 $10\% \sim 20\%$。

(3) P–G 扩散曲线法确定 σ_y 及 σ_z。 Pasquill 根据天空中观测的风速、云量、云状和日照等天气资料,将大气的扩散稀释能力划分成 A,B,C,D,E,F 六个稳定度级别,如表 2-4 所示。Gifford 在此基础上又建立了扩散系数(σ_y, σ_z)与下风向距离(S)的函数关系,并将其绘制成如图 2-26 的 P–G 曲线图。根据常规气象观测按表 2-4 就可以确定稳定度级别,然后在 P–G 扩散曲线图上查出不同距离上的 σ_y 和 σ_z 值。

表 2-4　稳定度级别分类表

地面风速/ (m·s⁻¹)	白天太阳辐射			阴天的白天 或夜间	有云的夜间	
	强	中	弱		薄云遮天或 低云量≥5/10	云量≤4/10
<2	A	A~B	B	D		
2~3	A~B	B	C	D	E	F
3~5	B	B~C	C	D	D	E
5~6	C	C~D	D	D	D	D
>6	C	D	D	D	D	D

注:本表摘自徐景航,1990。

1. A——极不稳定,B——不稳定,C——弱不稳定,D——中性,E——弱稳定,F——稳定。

2. A~B 按 A、B 数据内插(用比例法)。

3. 规定日落前 1 h 至日出后 1 h 为夜晚。

4. 不论什么天空状况,夜晚前后各 1 h 算中性。

5. 仲夏晴天中午为强日照,寒冬中午为弱日照(中纬度)。

6. 云量:目视估计云蔽天空的分数。观测时,将天空划分 10 份,为之遮蔽的分数即为云量,无云则为零。

（4）高架连续排放点源下风质量浓度计算实例

［例］ 某火力发电厂的烟囱高 20 m，顶部直径 4 m，SO_2 源强为 270 g/s，烟囱出口处速率为 3 m/s，烟气温度 589 K，地面风速 2.1 m/s，风向为西南。如果烟囱顶部的气温为 283 K，地面气压为 1.01×10^5 Pa，烟囱高度处的速率为 4 m/s。问在清晨日出时，距离烟囱 600 m 处，SO_2 质量浓度是多少？

解： 根据表 2-4 查得，当时大气的稳定度级别为 E 型，再从图 2-26 中判断下风向距（S）600 m 处的 σ_y 为 34 m，σ_z 为 14 m，根据 Holland 公式计算烟羽抬升高度：

$$
\begin{aligned}
\Delta H &= \frac{v_s d}{\bar{u}} \left(1.5 + 2.68 \times 10^{-5} \, p \, \frac{\Delta T}{T_s} d \right) \\
&= \left[\frac{3 \times 4}{4} \left(1.5 + 2.68 \times 10^{-5} \times 100 \times 10^3 \times \frac{589 - 283}{589} \times 4 \right) \right] \text{m} \\
&= 21 \text{ m}
\end{aligned}
$$

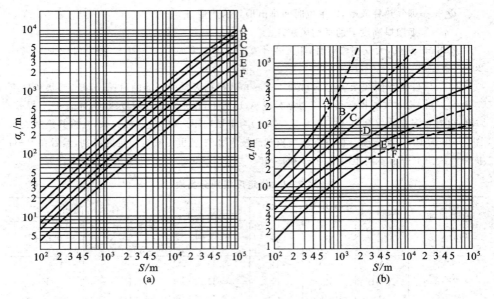

图 2-26　σ_y 和 σ_z 随 S 变化（P-G 扩散曲线图）（Wark K，1981）

因为稳定度为 E 型，属弱稳定型，可将 ΔH 值减少 15%，即 $\Delta H = 21$ m $\times 0.85 \approx 18$ m。又据源强为 270 g/s，则距烟囱 600 m 处 SO_2 的质量浓度为

$$
\begin{aligned}
\rho(x,0,0;H) &= \frac{Q}{\pi \bar{u} \sigma_y \sigma_z} \exp\left(-\frac{H^2}{2\sigma_z^2} \right) \\
&= \frac{270 \text{ g/s}}{3.14 \times 4 \text{ m/s} \times 34 \text{ m} \times 14 \text{ m}} \exp\left[-\frac{(20 \text{ m} + 18 \text{ m})^2}{2 \times (14 \text{ m})^2} \right] \\
&= 0.0022 \text{ g/m}^3
\end{aligned}
$$

2. 大气污染箱式模式

箱式模式适合于对小烟源较多的城市地区,或对尺度很大的广域污染地区进行扩散预测。如果要预测一个城市或广域地区的污染,可以把调查地区看作矩形的箱,根据箱内污染物质流出、流入的情况来计算箱内污染物的质量浓度,如图 2-27 所示。如果箱高为 H_i,长为 L,当讨论烟在二维空间上的交换时,有

$$\frac{\mathrm{d}\rho}{\mathrm{d}t} = \frac{Q_{oz}}{H_i} + \frac{\bar{u}}{L}(\rho_B - \rho_O)$$

式中:ρ——箱内污染物平均质量浓度;

$\quad t$——时间;

$\quad Q_{oz}$——单位时间从箱底排入的污染物量;

$\quad \bar{u}$——平均风速;

$\quad \rho_B, \rho_O$——分别为上风和下风向的质量浓度。

把多个这样的箱并列起来,分别对每个箱都进行质量浓度交换的计算,便可推算出污染物质量浓度。单箱模型如图 2-27 所示。

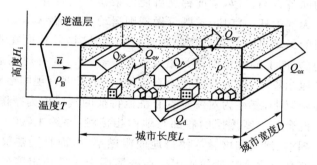

图 2-27 箱式模型

图中:Q_{ir}——流入箱内的污染物的量,即从上风方向随平均风输送到箱内的污染物的量,可认为 $Q_{ir} = \bar{u}DH_i\rho_B$。

$\quad Q_e$——箱内污染源产生的污染物的量。

$\quad Q_{ox}$——从箱内流出的污染物的量,即由平均风下风向输送出的量,$Q_{ox} = \bar{u}DH_i\rho$。

$\quad Q_{oy}$——箱两侧流出的污染物的量。可以考虑它与箱内外污染物质量浓度差成正比,其比例系数(γ)亦可在一定气象条件下确定,则 $2Q_{oy} = 2\gamma LH_i(\rho - \rho_B)$。

$\quad Q_d$——因雨滴、地面和水面的吸附、沉降和化学变化而消失的污染物的量。它的推算是非常困难的。如果在相同气象条件下,把每单位面积在单位时间内消失的污染物的量定为 $\beta\rho$,其中 β 为比例系数,则 $Q_d = \beta LD\rho$。

由于箱内污染物质流入、流出量的差等于箱内物质量浓度对于时间的变化率,因此,可以得出确定箱内物质量浓度的公式:

$$LDH_i \frac{\partial \rho}{\partial t} = \bar{u}DH_i(\rho_B - \rho_O) - \beta LD\rho - 2\gamma LH_i(\rho - \rho_B) + Q_e$$

如果把上式改写成质量浓度(ρ)对时间变化的公式,则为

$$\frac{\partial \rho}{\partial t} = \frac{\bar{u}}{L}(\rho_B - \rho) - \frac{\beta}{H_i}\rho - \frac{2\gamma}{D}(\rho - \rho_B) + \frac{Q_e}{LDH_i}$$

确定了式中的 β, γ,即可求出城市地区内或广域地区内的平均污染物质量浓度。上式是个非定常的模型,适用于推测污染物质量浓度的时间变化。

四、影响大气污染物迁移的因素

由污染源排放到大气中的污染物在迁移过程中要受到各种因素的影响,主要有空气的机械运动,如风和湍流,由于天气形势和地理地势造成的逆温现象以及污染源本身的特性等。

1. 风和大气湍流的影响

污染物在大气中的扩散取决于三个因素。风可使污染物向下风向扩散,湍流可使污染物向各方向扩散,浓度梯度可使污染物发生质量扩散,其中风和湍流起主导作用。大气中任一气块,它既可做规则运动,也可做无规则运动。而且这两种不同性质的运动可以共存。气块做有规则运动时,其速度在水平方向的分量称为风,铅直方向上的分量则称为铅直速度。在大尺度有规则运动中的铅直速度在每秒几厘米以下,称为系统性铅直运动;在小尺度有规则运动中的铅直速度可达每秒几米以上,就称为对流。具有乱流特征的气层称为摩擦层,因而摩擦层又称为乱流混合层。摩擦层的底部与地面相接触,厚约 $1\,000 \sim 1\,500$ m。由于地形、树木、湖泊、河流和山脉等使得地面粗糙不平,而且受热又不均匀,这就是使摩擦层具有乱流混合特征的原因。在摩擦层中大气稳定度较低,污染物可自排放源向下风向迁移,从而得到稀释,也可随空气的铅直对流运动使得污染物升到高空而扩散。

摩擦层顶以上的气层称为自由大气。在自由大气中的乱流及其效应通常极微弱,污染物很少到达这里。

在摩擦层里,乱流的起因有两种。一种是动力乱流,也称为湍流,它起因于有规律水平运动的气流遇到起伏不平的地形扰动所产生的;另一种是热力乱流,也称为对流,它起因于地表面温度与地表面附近的温度不均一,近地面空气受热膨胀而上升,随之上面的冷空气下降,从而形成对流。在摩擦层内,有时以动力乱流为主,有时动力乱流与热力乱流共存,且主次难分。这些都是使大气中污染物迁移的主要原因。低层大气中污染物的分散在很大程度上取决于对流与湍流的混合程度。垂直运动程度越大,用于稀释污染物的大气容积量越大。

对于一静态平衡大气的流体元,有

$$\mathrm{d}p = -\rho g \mathrm{d}z$$

式中：p——大气压；

　　　ρ——大气密度；

　　　g——重力加速度；

　　　z——高度。

对于受热而获得浮力，正进行向上加速运动的气块，有

$$\frac{\mathrm{d}v}{\mathrm{d}t} = -g - \frac{1}{\rho'}\left(\frac{\mathrm{d}p}{\mathrm{d}z}\right)$$

式中：$\dfrac{\mathrm{d}v}{\mathrm{d}t}$——气块加速度；

　　　ρ'——受热气块密度。

由于气块与周围空气的压力是相等的，将上面方程的 $\mathrm{d}p$ 代到此方程中，则有

$$\frac{\mathrm{d}v}{\mathrm{d}t} = \left(\frac{\rho - \rho'}{\rho}\right)g$$

分别写出气块与周围空气的理想气体状态方程，并考虑到压力相等，于是有

$$p = \rho R T = \rho' R T'$$

用温度代替密度，便可得

$$\frac{\mathrm{d}v}{\mathrm{d}t} = \left(\frac{T' - T}{T}\right)g$$

该式即为由于温差而造成气块获得浮力加速度的方程。由此可以看到，受热气块会不断上升，直到 T' 与 T 相等为止。这时气块与周围达到中性平衡。这个高度定义为对流混合层上限，或称最大混合层高度，可用图 2-28 说明。图中 T_0 表示地面温度，温度曲线由实线表示，$(\mathrm{d}T/\mathrm{d}z)_{\mathrm{env}}$。MMD 表示最大混合层高度。在图 2-28(a) 中气块受太阳辐射升温到了 T'_0，它将会沿干绝热线膨胀而上升，如图中虚线。这两线相交处就是最大混合层高度。图 2-28(b) 为稳定大气时的最大混合层高度，由图可见，在这种情况下最大混合层高度明显低。图 2-28(c) 是有逆温出现时的最大混合层高度。

夜间最大混合层高度较低，白天则升高。夜间逆温较重情况下，最大混合层高度甚至可以达到零。而在白天可能达到 2 000～3 000 m。季节性的冬季平均最大混合层高度最小，夏初为最大。当最大混合层高度小于 1 500 m 时，城市会普遍出现污染现象。

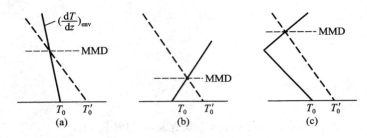

图 2-28　不同情况下的最大混合层高度（Wark K,1981）

2. 天气形势和地理地势的影响

天气形势是指大范围气压分布的状况,局部地区的气象条件总是受天气形势的影响。因此,局部地区的扩散条件与大型的天气形势是互相联系的。某些天气系统与区域性大气污染有密切联系。不利的天气形势和地形特征结合在一起常常可使某一地区的污染程度大大加重。例如,由于大气压分布不均,在高压区里存在着下沉气流,由此使气温绝热上升,于是形成上热下冷的逆温现象。这种逆温叫做下沉逆温。它可持续很长时间,范围分布很广,厚度也较厚。这样就会使从污染源排放出来的污染物长时间地积累在逆温层中而不能扩散。世界上一些较大的污染事件大多是在这种天气形势下形成的。由于不同地形地面之间的物理性质存在着很大差异,从而引起热状况在水平方向上分布不均匀,这种热力差异在弱的天气系统条件下就有可能产生局地环流。诸如海陆风、城郊风和山谷风等。

（1）海陆风　海洋和大陆的物理性质有很大差别,海洋由于有大量水其表面温度变化缓慢,而大陆表面温度变化剧烈。白天陆地上空的气温增加得比海面上空快,在海陆之间形成指向大陆的气压梯度,较冷的空气从海洋流向大陆而生成海风。夜间却相反,由于海水温度降低得比较慢,海面的温度较陆地高,在海陆之间形成指向海洋的气压梯度,于是陆地上空的空气流向海洋而生成陆风。

海陆风对空气污染的影响有如下几种作用。一种是循环作用。如果污染源处在局地环流之中,污染物就可能循环积累达到较高的浓度,直接排入上层反向气流的污染物,有一部分也会随环流重新带回地面,提高了下层上风向的浓度。另一种是往返作用。在海陆风转换期间,原来随陆风输向海洋的污染物又会被发展起来的海风带回陆地。海风发展侵入陆地时,下层海风的温度低,陆地上层气流的温度高,在冷暖空气的交界面上,形成一层倾斜的逆温顶盖,阻碍了烟气向上扩散,造成封闭型和漫烟型污染。

（2）城郊风　在城市中,工厂企业和居民要燃烧大量的燃料,燃烧过程中会有大量热能排放到大气中,于是便造成了市区的温度比郊区高,这个现象称为城市热岛效应。这样,城市热岛上暖而轻的空气上升,四周郊区的冷空气向城市流动,于是形成城郊环流。在这种环流作用下,城市本身排放的烟尘等污染物聚积在城市上空,形成烟幕,导致市区大气污染加剧。

(3)山谷风 山区地形复杂,局地环流也很复杂。最常见的局地环流是山谷风。它是山坡和谷地受热不均而产生的一种局地环流。白天受热的山坡把热量传递给其上面的空气,这部分空气比同高度的谷中空气温度高,相对密度小,于是就产生上升气流。同时谷底中的冷空气沿坡爬升补充,形成由谷底流向山坡的气流,称为谷风。夜间山坡上的空气温度下降较谷底快,其相对密度也比谷底的大。在重力作用下,山坡上的冷空气沿坡下滑形成山风。山谷风转换时往往造成严重的空气污染。

山区辐射逆温因地形作用而增强。夜间冷空气沿坡下滑,在谷底聚积,逆温发展的速度比平原快,逆温层更厚,强度更大。并且因地形阻挡,河谷和凹地的风速很小,更有利于逆温的形成。因此山区全年逆温天数多,逆温层较厚,逆温强度大,持续时间也较长。

第三节 大气中污染物的转化

污染物的迁移过程只是使污染物在大气中的空间分布发生了变化,而它们的化学组成不变。污染物的转化是污染物在大气中经过化学反应,如光解、氧化还原、酸碱中和以及聚合等反应,转化成为无毒化合物,从而去除了污染;或者转化成为毒性更大的二次污染物,加重了污染。因此,研究污染物的转化对大气污染化学具有十分重要的意义。

一、自由基化学基础

自由基也称游离基,是指由于共价键均裂而生成的带有未成对电子的碎片。大气中常见的自由基如 $HO\cdot$,$HO_2\cdot$,$RO\cdot$,$RO_2\cdot$,$RC(O)O_2\cdot$ 等都是非常活泼的,它们的存在时间很短,一般只有几分之一秒。

1. 自由基的产生方法

自由基产生的方法很多,包括热裂解法、光解法、氧化还原法、电解法和诱导分解法等。在大气化学中,有机化合物的光解是产生自由基的最重要的方法。许多物质在波长适当的紫外线或可见光的照射下,都可以发生键的均裂,生成自由基。例如:

$$NO_2 \xrightarrow{h\nu} NO\cdot + O\cdot$$

$$HNO_2 \xrightarrow{h\nu} NO\cdot + HO\cdot$$

$$RCHO \xrightarrow{h\nu} RCO\cdot + H\cdot$$

2. 自由基的结构和性质的关系

自由基的稳定性是指自由基或多或少解离成较小碎片,或通过键断裂进行重排的倾向。自由基的活性是指一种自由基和其他作用物反应的难易程度。因此只说某一自由基活泼是没有意义的。一定要说出是和哪种物质反应,并应标明反应条件。因为往往一个自由基虽然在同一条件下,和某一反应物作用活泼,而和另一反应物作用却不活泼。

(1) 自由基的结构与稳定性 自由基的结构和自由基的稳定性有密切关系。通常可从 R—H 键的解离能(D 值)来推断自由基 R· 的相对稳定性。D 值越大,自由基 R· 越不稳定,一般 D 值越大均裂所需能量越高。一些自由基的相对稳定性顺序如下:

稳定性 $C_6H_5CH_2\cdot$ 和 $CH_2=CHCH_2\cdot > (CH_3)_3C\cdot > (CH_3)_2CH\cdot > \cdot CCl_3$

$D/(kJ\cdot mol^{-1})$ 355   355   380   397   401

              $> CH_3CH_2CH_2\cdot$

                 410

稳定性 $C_2H_5\cdot > (CH_3)_3CCH_2\cdot > CH_2=CH\cdot > C_6H_5\cdot$ 和 $\cdot CH_3 > \cdot CF_3$

$D/(kJ\cdot mol^{-1})$ 410   415   431   435   435   443(435)

可见烃基自由基的相对稳定性取决于连接在具有未成对电子碳原子上的烷基数目,即烷基自由基的稳定性是:叔>仲>伯。这一结果还反映超共轭效应的逐渐减弱。D 值最小的化学键生成的自由基,也是最稳定的自由基。有共轭可能的自由基如苄基和烯丙基,其稳定性增加。

(2) 自由基的结构和活性 在自由基链反应中,通常由夺取一步决定产物。自由基不会夺取四价或三价原子,也不会夺取两价原子。通常自由基夺取一价原子,因此,对有机化合物来说,就是夺取氢或卤素。例如,氯原子和乙烷作用,只会生成乙基自由基而不生成氢原子:

$$CH_3\text{—}CH_3 + Cl\cdot \begin{array}{c} \xrightarrow{\text{夺H}} CH_3CH_2\cdot + HCl \quad \Delta H = -21 \text{ kJ/mol} \\ \diagdown\!\!\!\diagdown \quad CH_3CH_2Cl + H\cdot \quad \Delta H = 63 \text{ kJ/mol} \end{array}$$

在烷烃的氯代反应中,伯、仲、叔位上被 Cl· 进攻的相对活性是不同的,见

表 2-5。

表 2-5 烷烃中伯、仲、叔位上被 Cl· 进攻的相对活性

温度/℃	伯	仲	叔
100	1	4.3	7.0
600	1	2.1	2.6

表 2-5 说明,无论在 100 ℃ 或 600 ℃,Cl· 进攻叔位最容易。同时也说明,在 600 ℃ 时 Cl· 进攻的选择性比在 100 ℃ 时差。卤原子夺氢的活性是:F· > Cl· > Br·。此外,卤原子夺氢的活性越小,夺氢反应中卤原子的选择性越好。即选择性 Br·≫Cl·>F·。

表 2-6 列出烷烃光氟化、热氯化、光氯化、光溴化反应中,卤原子夺氢的相对活性。

表 2-6 卤原子夺氢的相对活性

夺氢的位置	光氟化 27 ℃	热氯化 300 ℃	光氯化 27 ℃	光溴化 127 ℃
伯位(1°)	1.0	1.0	1.0	1.0
仲位(2°)	1.2	3.0	3.9	82
叔位(3°)	1.4	4.5	5.1	1 600

氯或溴和烯烃反应,通常发生加成,而不发生取代。但当在分子中有烯丙基存在时,氯或溴以及其他自由基进攻的位置是分子中的烯丙基位占优势,而乙烯基上的氢不会被取代,这是因为所得到的烯丙基自由基由于共轭而稳定的缘故。

$$-\overset{|}{C}=\overset{|}{C}-\overset{|}{C}-H \longrightarrow \left[\; -\overset{|}{C}=\overset{|}{C}-\overset{|}{C}\cdot \;\longleftrightarrow\; -\overset{|}{\underset{\cdot}{C}}-\overset{|}{C}=\overset{|}{C}\; \right]$$

烯丙基自由基

同样,由于苄基自由基的稳定性,在自由基卤化反应中,苄基位可被选择性地取代。例如:

$$\underset{Cl}{\underset{\bigcirc}{}}CH_3 + Br_2 \xrightarrow{h\nu} \underset{Cl}{\underset{\bigcirc}{}}CH_2Br \quad (98\%)$$

不同自由基夺氢的活性是不同的,例如上面讲的卤原子夺氢的活性中氟最大,溴最小,而某些自由基,例如三苯甲基自由基的活性则更小,夺氢非常困难。表 2-7 通过不同自由基和乙烷反应的活化能,列出常见自由基的活性。

表 2-7 常见自由基的活性

X·	活化能/(kJ·mol^{-1})	X·	活化能/(kJ·mol^{-1})
F·	1.3	Me·	49.4
Cl·	4.2	Me$_2$CH·	>49.4
MeO·	29.7	Me$_3$C·	≫49.4
F$_3$C·	31.4	Br·	55.2
H	37.7	Ph$_3$C·	—

分子中官能团的存在,会影响 α 位 C—H 键的强度,并因而增加了进攻自由基的活性。例如:

乙腈中　　H—CH$_2$CN　　　　$D=360$ kJ/mol

甲醇中　　H—CH$_2$OH　　　　$D=385$ kJ/mol

丙酮中　　H—CH$_2$COCH$_3$　　$D=385$ kJ/mol

它们的键解离能都比 CH$_3$CH$_2$—H 的键解离能 410 kJ/mol 小。

自由基的选择性部分取决于所生成的新键的能量,新键的解离能越大,这个自由基进攻的选择性越小。表 2-8 列出了烷烃对不同自由基的相对活性。

表 2-8 烷烃对自由基的相对活性

X·(温度/℃)	—CH$_3$	$\diagdown$CH$_2$	$\diagdown$CH	$\dfrac{D(\mathrm{H-X})}{\mathrm{kJ \cdot mol^{-1}}}$
F·(25)	1	1.2	1.4	569
HO·(17.5)	1	4.7	9.8	498
Cl·(25)	1	4.6	8.9	431
MeO·(230)	1	8	27	427
F$_3$C·(182)	1	6	36	435
t-BuO·(40)	1	10	44	434
Ph·(60)	1	9.3	44	469
Me·(182)	1	7	50	435
Cl$_3$C·(190)	1	80	2 300	377
Br·(98)	1	250	6 300	364

表 2-9 列出了不同自由基夺氢时,结构对 C—H 键相对活性的影响。

表 2-9　不同自由基夺氢时,结构对 C—H 键相对活性的影响

键	$D/(\text{kJ} \cdot \text{mol}^{-1})$	Br· (40 ℃)	Cl· (40 ℃)	Ph· (60 ℃)	$(CH_3)_3C—O·$ (40 ℃)
Me—H	435	0.000 7	0.004	—	—
Et—H	410	(1)	(1)	(1)	(1)
Pr—H	397	220	4.3	9.2	10
t-Bu—H	380	19 400	6.0	40	44
$PhCH_2$—H	355	64 000	1.3	9.2	10
PhCH(Me)—H	—	1 000 000	3.3	37	32
$PhC(Me)_2$—H	—	2 330 000	7.3	81	68
Ph_2CH—H	—	620 000	2.6	62	47
$Ph_2C(Me)$—H	—	2 700 000	—	—	—
Ph_3C—H	314	1 140 000	9.5	330	96

从表 2-9 中可以看出,溴原子和氯原子的选择性相差非常大,在和溴原子作用时,异丙苯中的 α-H 原子要比乙烷中的氢原子活泼 233 万倍,而在和氯原子作用时,相对活性仅为其 7.3 倍。

3.　自由基反应

自由基反应与热化学反应有较大区别。自由基反应无论在气相中发生或是在液相中发生,它们都是十分相似的(但自由基在溶液中的溶剂化会导致一些差别)。酸或碱的存在或溶剂极性的改变,对于自由基反应都没有什么影响(但非极性溶剂会抑制竞争的离子反应)。自由基反应由典型的自由基源(引发剂),如过氧化物或光所引发或加速。清除自由基的物质,例如 NO,O_2 或苯醌等会使自由基反应的速率减慢,或使自由基反应完全被抑制。这类物质称抑制剂。

(1)　自由基反应的分类　　自由基反应可分为单分子自由基反应、自由基-分子相互作用以及自由基-自由基相互作用三种类型。

单分子自由基反应是指不包括其他作用物的反应。这一类反应是由于开始生成的自由基不稳定的结果。实际反应过程中,这类自由基在反应以前,会全部碎裂或重排。

碎裂是指自由基碎裂生成一个稳定的分子和一个新的自由基。如过氧酰基自由基和 NO 反应生成酰氧基自由基,酰氧基自由基碎裂生成烷基自由基和二氧化碳：

$$RC(O)O_2 \cdot + NO \longrightarrow RC(O)O \cdot + NO_2$$
$$RC(O)O \cdot \longrightarrow R \cdot + CO_2$$

重排可以发生在环状体系中,通常是邻近氧的 C—C 键断裂生成羰基和一个异构的自由基;或者是 1,2- 或 1,5-氢原子或氯原子的转移。如甲基自由基和四氢呋喃反应生成 α-四氢呋喃自由基,后者发生重排反应生成 4-氧丁基自由基:

大气化学中比较重要的自由基反应是自由基-分子相互作用。这种相互作用主要有两种方式。一种是加成反应,另一种是取代反应。加成是指自由基对不饱和体系的加成,生成一个新的饱和的自由基。例如 HO· 自由基对乙烯的加成:

$$HO \cdot + CH_2 \!=\! CH_2 \longrightarrow HOCH_2 - CH_2 \cdot$$

取代是指自由基夺取其他分子中的氢原子或卤素原子生成稳定化合物的过程。例如:

$$RH + HO \cdot \longrightarrow R \cdot + H_2O$$
$$Ph \cdot + Br - CCl_3 \longrightarrow PhBr + \cdot CCl_3$$

自由基-自由基相互作用主要包括自由基二聚或偶联反应,此时生成稳定的物质:

$$HO \cdot + HO \cdot \xrightarrow{\text{二聚}} H_2O_2 \text{(两个相同的自由基结合)}$$
$$2HO \cdot + 2HO_2 \cdot \xrightarrow{\text{偶联或化合}} 2H_2O_2 + O_2 \text{(两个不同的自由基结合)}$$

(2) 自由基链反应　卤代反应是自由基取代反应中最重要的反应,它的反应历程如下:

引发　　　　　　　　　$X_2 \xrightarrow{h\nu} 2X \cdot$

增长　　　　　　　　　$RH + X \cdot \longrightarrow R \cdot + HX$

　　　　　　　　　　　$R \cdot + X_2 \longrightarrow RX + X \cdot$

终止　　　　　　　　　$R \cdot + R \cdot \longrightarrow R - R$

　　　　　　　　　　　$R \cdot + X \cdot \longrightarrow R - X$

　　　　　　　　　　　$X \cdot + X \cdot \longrightarrow X - X$

自由基卤代反应是一个链反应。链反应是一个循环不止的过程,其中,从引发剂产生自由基是决定速率的一步。

链反应中的引发一步,是本体系中最弱共价键的断裂生成自由基。增长步骤中的第一步为产生新的自由基,第二步为新的自由基与卤化试剂作用,生成产物并生成原来的自由基。这个自由基又与原料作用,再生成新的自由基,如此循环往复。终止一步为生成的自由基通过化合(偶联),重新生成稳定的分子化合物。必须指出,链反应是自由基反应的典型性质。一般来说,从自由基的产生到自由基的破坏(终止)的时间,约为 1s。

理论上,链反应可以一直进行下去,直到反应物中两者之一消耗殆尽。实际上,因为它会被与增长反应相竞争的自由基的双分子反应所终止,因此链反应不会无限止地继续进行。

例如,卤原子的再化合是链反应终止的一步。烷基自由基最普通的终止反应是自由基的偶联(或二聚)。

偶联 $\qquad CH_3CH_2 \cdot + \cdot CH_2CH_3 \longrightarrow CH_3CH_2—CH_2CH_3$

歧化 $\qquad CH_3CH_2 \cdot + \cdot CH_2CH_3 \longrightarrow CH_2=CH_2 + CH_3—CH_3$

由于链终止反应要消耗活泼的中间体,因而就限制了链长度。烷烃卤代反应的链长度,就是从一个引发剂(例如氯原子)所产生的烷基卤化物的分子数。

卤代反应是自由基取代反应中最重要的一类反应。甲烷的氯代由热或光引发,产物为氯甲烷和氯化氢,反应历程如下。

引发 $\qquad Cl—Cl \xrightarrow{h\nu} 2Cl\cdot$

Cl—Cl 键解离能较低,为 243 kJ/mol(CH$_3$—H 键解离能较高,为 435 kJ/mol),因此氯分子中的共价键优先均裂。

增长 $\qquad CH_3—H + Cl\cdot \longrightarrow \cdot CH_3 + HCl \qquad \Delta H = +4.2 \text{ kJ}\cdot\text{mol}^{-1}$

这里氯原子和甲烷作用发生夺氢反应,应包括一个 C—H 键的断裂(104 kJ/mol)和一个 H—Cl 键的生成(−431 kJ/mol)。生成的甲基自由基进一步和氯分子作用:

$$\cdot CH_3 + Cl—Cl \longrightarrow CH_3Cl + Cl\cdot \qquad \Delta H = -109 \text{ kJ/mol}$$

这里包括 Cl—Cl 键的断裂(243 kJ/mol)和 CH$_3$—Cl 键的生成(−351 kJ/mol)。

少量引发剂分子的均裂就能引起一连串自行增长的增长步骤。

增长 $\begin{cases} Cl\cdot + CH_4 \longrightarrow \cdot CH_3 + HCl & \Delta H = +4.2 \text{ kJ/mol} \\ (\text{不是 } Cl\cdot + CH_4 \longrightarrow CH_3Cl + H\cdot & \Delta H = 84 \text{ kJ/mol}) \\ \cdot CH_3 + Cl_2 \longrightarrow CH_3Cl + Cl\cdot & \Delta H = -109 \text{ kJ/mol} \end{cases}$

净反应: $\qquad CH_4 + Cl_2 \longrightarrow CH_3Cl + HCl \qquad \Delta H = -105 \text{ kJ/mol}$

(两个增长步骤之和即为净反应。)

终止

$$Cl\cdot + Cl\cdot \longrightarrow Cl_2$$
$$CH_3\cdot + Cl\cdot \longrightarrow CH_3Cl$$
$$CH_3\cdot + CH_3\cdot \longrightarrow CH_3{-}CH_3$$

此外,还有一些副反应发生。

(3) 影响自由基反应的因素　影响自由基反应的因素主要包括位阻效应和溶剂效应。一般来说,溶剂对于自由基反应的影响较小。对于大气化学反应来说,位阻效应更加重要。

在自由基反应中,位阻效应可以阻止或促进反应。例如,在溴原子对烯烃的末端双键加成时,虽然生成的自由基比较稳定,但似乎位阻效应对非末端碳原子的阻滞加成也起着一定的作用,如下式:

$$CH_3CH_2CH{=}CH_2 + Br\cdot \longrightarrow CH_3CH_2\overset{\centerdot}{C}H{-}CH_2Br(稳定)$$
加成时位阻效应有利

或

$$CH_3CH_2CH{=}CH_2 + Br\cdot \xrightarrow{\quad/\!\!/\quad} CH_3CH_2CHBr{-}CH_2\cdot(不稳定)$$
加成时位阻效应不利

位阻效应在合成化学中也很重要。例如,邻异丙基甲苯的自由基氧化,生成邻异丙基苯甲酸,而不是生成邻甲基苯甲酸:

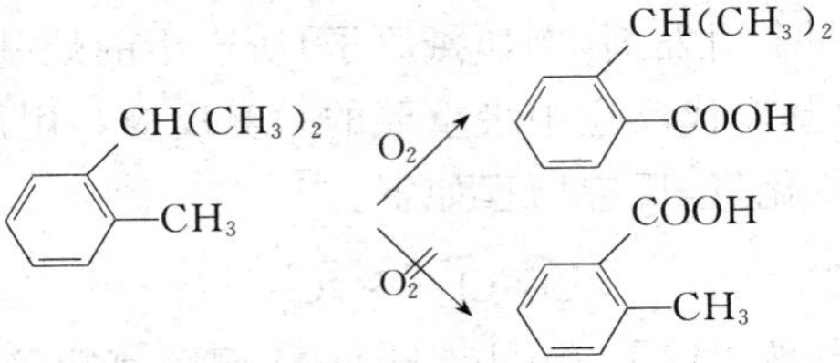

从某些环状苄基醚衍生而得的自由基中,存在共振位阻抑制。自由基 $Ph\overset{\centerdot}{C}HOCH_2Ph$ 和 $Ph\overset{\centerdot}{C}HOMe$ 分别从二苄醚和苄甲醚而得。这两个自由基在性质上是极不相同的,前者发生碎裂反应,生成苯甲醛和苄基自由基:

$$Ph\overset{\overset{H}{|}}{\underset{\centerdot}{C}}{-}O{-}CH_2Ph \longrightarrow Ph\overset{H}{C}{=}O + PhCH_2\cdot$$

(A)

后者则发生二聚,根本不易碎裂,如下式:

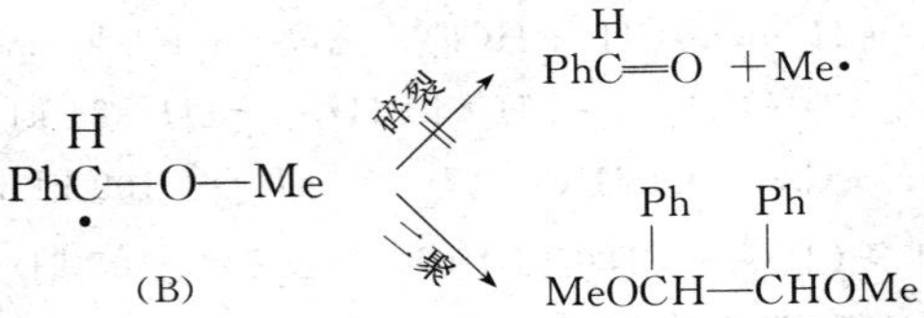

(B)

这个事实的解释为：由于自由基(A)的碎裂，生成共振稳定的苄基自由基，而自由基(B)假如碎裂，势必生成高度给出能量的甲基自由基，这个过程在能量上是不利的。因此自由基(B)存在于溶液中，直到它和相同的自由基二聚为止。

（4）烷烃卤代动力学　　烷烃卤代动力学可表示如下：

$$Cl_2 \xrightarrow{k_1} 2Cl\cdot \tag{2-5}$$

$$RH + Cl\cdot \xrightarrow{k_2} R\cdot + HCl \tag{2-6}$$

$$R\cdot + Cl_2 \xrightarrow{k_3} RCl + Cl\cdot \tag{2-7}$$

$$2Cl\cdot \xrightarrow{k_4} Cl_2 \tag{2-8}$$

$$2R\cdot \xrightarrow{k_5} R-R \tag{2-9}$$

$$R\cdot + Cl\cdot \xrightarrow{k_6} RCl \tag{2-10}$$

链反应的总速率取决于两个因素：(i) 引发速率——自由基产生得快慢；(ii) 增长速率与终止速率之比——在终止反应结束链之前，完成了多少增长步骤。在上面的链反应中，有两个增长步骤，步骤(2-6)和步骤(2-7)，其中任何一步都可作为决定速率的一步。

如果增长步骤(2-6)比增长步骤(2-7)慢得多，即氯原子反应缓慢，而烷基自由基反应快，那么有效地存在于系统中的唯一自由基将是氯原子，因此发生的链终止将是氯原子的化合[步骤(2-8)]占优势。由于步骤(2-6)是决定速率的一步，可得

$$速率 = k_2[RH][Cl\cdot]$$

假设氯原子处于稳态，可得

$$2k_1[Cl_2] + k_3[R\cdot][Cl_2] = k_2[Cl\cdot][RH] + 2k_4[Cl\cdot]^2$$

假设 R· 自由基处于稳态，可得

$$k_3[R\cdot][Cl_2] = k_2[Cl\cdot][RH]$$

合并两式便得

$$k_1[Cl_2] = k_4[Cl\cdot]^2$$

这个结果具有普遍性，即在稳态条件下，引发速率通常等于终止速率。实际上，对于总自由基来说，它已到达稳态条件，因为式中仅有引发中净的自由基的产生和终止中净的自由基的消失。因此氯原子的稳态浓度是

$$[Cl\cdot] = \frac{(k_1)^{\frac{1}{2}}}{(k_4)^{\frac{1}{2}}}[Cl_2]^{\frac{1}{2}}$$

则最后求得的速率公式如下：

$$速率 = k_2[RH][Cl\cdot] = \frac{k_2(k_1)^{\frac{1}{2}}}{(k_4)^{\frac{1}{2}}}[RH][Cl_2]^{\frac{1}{2}}$$

如果增长步骤(2-7)比增长步骤(2-6)慢得多，则迅速产生烷基自由基，但反应(2-7)缓

慢,实质上,系统中仅存在自由基 R•,而终止步骤只包括步骤(2-9)而不是步骤(2-8)或步骤(2-10)。考虑 R•和 Cl•的稳态方程,再一次导致引发速率和终止速率相等。

$$k_1[Cl_2] = k_5[R•]^2$$

$$[R•] = \frac{(k_1)^{\frac{1}{2}}}{(k_5)^{\frac{1}{2}}}[Cl_2]^{\frac{1}{2}}$$

$$速率 = k_3[R•][Cl_2]$$

$$= \frac{(k_1)^{\frac{1}{2}} k_3}{(k_5)^{\frac{1}{2}}}[Cl_2]^{\frac{3}{2}}$$

上式中出现半级,取决于引发剂浓度,这是自由基链反应的特征。也可以用速率方程的特殊形式来区别两步增长步骤中较缓的一步。

可以从链反应衍生而得一种外加动力学特征,即动力学链长度。它是连锁反应长度的量度。换句话说,即为每一引发产生多少增长反应。动力学链长度 v 的定义为:总反应速率对引发速率之比。

$$v = \frac{速率(总)}{速率(引发)}$$

链反应的动力学分析主要用于研究聚合反应。例如,缓慢的引发(如温度较低)会导致较长的链。这是因为缓慢引发导致较低的总自由基浓度,从而使终止反应减少的缘故。

二、光化学反应基础

1. 光化学反应过程

分子、原子、自由基或离子吸收光子而发生的化学反应,称为光化学反应。化学物种吸收光量子后可产生光化学反应的初级过程和次级过程。

初级过程包括化学物种吸收光量子形成激发态物种,其基本步骤为

$$A + h\nu \longrightarrow A^*$$

式中:A^*——物种 A 的激发态;

　　　$h\nu$——光量子。

随后,激发态 A^* 可能发生如下几种反应:

$$A^* \longrightarrow A + h\nu \tag{2-11}$$

$$A^* + M \longrightarrow A + M \tag{2-12}$$

$$A^* \longrightarrow B_1 + B_2 + K \tag{2-13}$$

$$A^* + C \longrightarrow D_1 + D_2 + K \tag{2-14}$$

式(2-11)为辐射跃迁,即激发态物种通过辐射荧光或磷光而失活。式(2-12)为无辐射跃迁,亦即碰撞失活过程。激发态物种通过与其他分子 M 碰撞,将能量

传递给 M,本身又回到基态。以上两种过程均为光物理过程。式(2—13)为光解,即激发态物种解离成为两个或两个以上新物种。式(2—14)为 A* 与其他分子反应生成新的物种。这两种过程均为光化学过程。对于环境化学而言,光化学过程更为重要。受激态物种会在什么条件下解离为新物种,以及与什么物种反应可产生新物种,这些对于描述大气污染物在光作用下的转化规律很有意义。次级过程是指在初级过程中反应物、生成物之间进一步发生的反应。如大气中氯化氢的光化学反应过程:

$$HCl + h\nu \longrightarrow H\cdot + Cl\cdot \qquad (2-15)$$

$$H\cdot + HCl \longrightarrow H_2 + Cl\cdot \qquad (2-16)$$

$$Cl\cdot + Cl\cdot \xrightarrow{M} Cl_2 \qquad (2-17)$$

式(2—15)为初级过程。式(2—16)为初级过程产生的 H· 与 HCl 反应。式(2—17)为初级过程所产生的 Cl· 之间的反应,该反应必须有其他物种如 O_2 或 N_2 等存在下才能发生,式中用 M 表示。式(2—16)和式(2—17)均属次级过程,这些过程大都是热反应。

大气中气体分子的光解往往可以引发许多大气化学反应。气态污染物通常可参与这些反应而发生转化。因而有必要对光解过程给予更多的注意。

根据光化学第一定律,首先,只有当激发态分子的能量足够使分子内的化学键断裂时,亦即光子的能量大于化学键能时,才能引起光解反应。其次,为使分子产生有效的光化学反应,光还必须被所作用的分子吸收,即分子对某特定波长的光要有特征吸收光谱,才能产生光化学反应。

光化学第二定律是说明分子吸收光的过程是单光子过程。这个定律的基础是电子激发态分子的寿命很短($\leqslant 10^{-8}$ s),在这样短的时间内,辐射强度比较弱的情况下,再吸收第二个光子的概率很小。当然若光很强,如高通量光子流的激光,即使在如此短的时间内,也可以产生多光子吸收现象,这时光化学第二定律就不适用了。对于大气污染化学而言,反应大多发生在对流层,只涉及太阳光,是符合光化学第二定律的。

下面讨论光量子能量与化学键之间的对应关系:

设光量子能量为 E,根据 Einstein 公式:

$$E = h\nu = \frac{hc}{\lambda}$$

式中:λ——光量子波长;

　　h——Planck 常量,6.626×10^{-34} J·s;

　　c——光速,2.9979×10^{10} cm/s。

如果一个分子吸收一个光量子,则 1 mol 分子吸收的总能量为

$$E = N_A h\nu = N_A \frac{hc}{\lambda}$$

式中:N_A——Avogadro 常数,6.022×10^{23}/mol。

若 $\qquad\qquad \lambda = 400 \text{ nm}, \quad E = 299.1 \text{ kJ/mol}$

$\qquad\qquad\qquad \lambda = 700 \text{ nm}, \quad E = 170.9 \text{ kJ/mol}$

由于通常化学键的键能大于 167.4 kJ/mol,所以波长大于 700 nm 的光就不能引起光化学解离。

2. 量子产率

化学物种吸收光量子后,所产生的光物理过程或光化学过程相对效率可用量子产率来表示。当分子吸收光时,其第 i 个光物理或光化学过程的初级量子产率(ϕ_i)可用下式表示:

$$\phi_i = \frac{i \text{ 过程所产生的激发态分子数目/(单位体积×单位时间)}}{\text{吸收光子数目/(单位体积×单位时间)}}$$

如果分子在吸收光子之后,光物理过程和光化学过程均有发生,那么:

$$\sum_i = \phi_i = 1$$

即所有初级过程量子产率之和必定等于 1。单个初级过程的初级量子产率不会超过 1,只能小于 1 或等于 1。

对于光化学过程,除初级量子产率外,还要考虑总量子产率(Φ),或称表观量子产率。因为在实际光化学反应中,初级反应的产物,如分子、原子或自由基还可以继续发生热反应。

计算分子光化学解离的初级量子产率可以用丙酮光解的例子来说明。丙酮光解的初级过程为

$$CH_3COCH_3 + h\nu \longrightarrow CO + 2CH_3 \cdot$$

生成 CO 的初级量子产率为 1,即在丙酮光解的初级过程中,每吸收一个光子便可解离生成一个 CO 分子。而且从各种数据得知,CO 只是由初级过程而产生的。因此可以断定生成总量子产率 $\Phi = \phi_{CO} = 1$。

又如,NO_2 光解的初级过程为

$$NO_2 + h\nu \longrightarrow NO + O \cdot$$

计算该反应 NO 的初级量子产率为

$$\phi_{NO} = \frac{d[NO]/dt}{I_a}$$

$$= \frac{-d[NO_2]/dt}{I_a}$$

式中:I_a——单位时间、单位体积内 NO_2 吸收光量子数。

以上仅考虑了光化学反应中的一个初级反应。若 NO_2 光解体系中有 O_2 存在,则初级反

应产物还会与 O_2 发生热反应：

$$O\cdot + O_2 \longrightarrow O_3$$

$$O_3 + NO \longrightarrow O_2 + NO_2$$

由此可看出，光解后生成的一部分 NO 还有可能被 O_3 氧化成 NO_2。最终观察到的结果，所生成的 NO 总量子产率要比上面计算出来的小，即 $\Phi < \phi_{NO}$。

若光解体系是纯 NO_2，光解产生的 $O\cdot$ 可与 NO_2 发生如下热反应：

$$NO_2 + O\cdot \longrightarrow NO + O_2$$

在这一光化学反应体系中，最终观察结果发现：$\Phi = 2\phi_{NO}$。NO 的总量子产率是初级量子产率的 2 倍。

远大于 1 的总量子产率存在于一种链反应机理中。如在 253.7 nm 波长光的辐照下，O_3 消失的总量子产率为 6。拟定的机理涉及 O_3 的链式分解，并伴随有高能的 O_2^* 和 O^* 生成：

$$O_3 + h\nu \longrightarrow O_2^* + O^*$$

$$O_2^* + O_3 \longrightarrow 2O_2 + O\cdot$$

$$O^* + O_3 \longrightarrow O_2 + 2O\cdot$$

$$3O\cdot + 3O_3 \longrightarrow 6O_2$$

$$\overline{\qquad\qquad\qquad\qquad\qquad}$$

总反应：$6O_3 + h\nu \longrightarrow 6O_2$

光化学反应往往比较复杂，大部分都包含一系列热反应。因此总量子产率变化很大，小的可接近于 0，大的可达 10^6。

3. 大气中重要吸光物质的光解

大气中的一些组分和某些污染物能够吸收不同波长的光，从而产生各种效应。下面介绍几种与大气污染有直接关系的重要的光化学过程。

（1）氧分子和氮分子的光解　氧是空气的重要组分。氧分子的键能为 493.8 kJ/mol。图 2-29 为氧分子在紫外波段的吸收光谱，图中 κ 为摩尔吸收系数。由图可见，氧分子刚好在与其化学键裂解能相应的波长（243 nm）时开始吸收。在 200 nm 处吸收依然微弱，但在这个波段上光谱是连续的。在 200 nm 以下吸收光谱变得很强，且呈带状。这些吸收带随波长的减小更紧

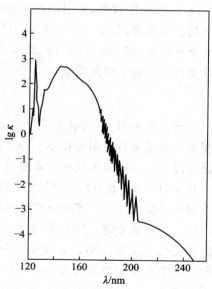

图 2-29　O_2 吸收光谱(Bailey R A,1978)

密地集合在一起。在 176 nm 处吸收带转变成连续光谱。147 nm 左右吸收达到最大。通常认为 240 nm 以下的紫外光可引起 O_2 的光解：

$$O_2 + h\nu \longrightarrow O\cdot + O\cdot$$

氮分子的键能较大，为 939.4 kJ/mol。对应的光波长为 127 nm。它的光解反应仅限于臭氧层以上。N_2 几乎不吸收 120 nm 以上任何波长的光，只对低于 120 nm 的光才有明显的吸收。在 60～100 nm 其吸收光谱呈现出强的带状结构，在 60 nm 以下呈连续谱。入射波长低于 79.6 nm(1 391 kJ/mol)时，N_2 将电离为 N_2^+。波长低于 120 nm 的紫外光在上层大气中被 N_2 吸收后，其解离的方式为

$$N_2 + h\nu \longrightarrow N\cdot + N\cdot$$

（2）臭氧的光解　　臭氧是一个弯曲的分子，键能为 101.2 kJ/mol。在低于 1 000 km 的大气中，由于气体分子密度比高空大得多，三个粒子碰撞的概率较大，O_2 光解而产生的 $O\cdot$ 可与 O_2 发生如下反应：

$$O\cdot + O_2 + M \longrightarrow O_3 + M$$

其中 M 是第三种物质。这一反应是平流层中 O_3 的主要来源，也是消除 $O\cdot$ 的主要过程。O_3 不仅吸收了来自太阳的紫外光而保护了地面的生物，同时也是上层大气能量的一个贮库。

O_3 的解离能较低，相对应的光波长为 1 180 nm。O_3 在紫外光和可见光范围内均有吸收带，如图 2-30 所示。O_3 对光的吸收光谱由三个带组成，紫外区有两个吸收带，即 200～300 nm 和 300～360 nm，最强吸收在 254 nm。O_3 吸收紫外光后发生如下解离反应：

$$O_3 + h\nu \longrightarrow O\cdot + O_2$$

应该注意的是，当波长大于 290 nm，O_3 对光的吸收就相当弱了。因此，O_3 主要吸收的是来自太阳波长小于 290 nm 的紫外光。而较长波长的紫外光则有可能透过臭氧层进入大气的对流层以至地面。

从图中也可看出，O_3 在可见光范围内也有一个吸收带，波长为 440～850 nm。这个吸收是很弱的，O_3 解离所产生的 $O\cdot$ 和 O_2 的能量状态也是比较低的。

（3）NO_2 的光解　　NO_2 的键能为 300.5 kJ/mol。它在大气中很活泼，可参与许多光化学反应。NO_2 是城市大气中重要的吸光物质。在低层大气中可以吸收全部来自太阳的紫外光和部分可见光。

从图 2-31 中可看出，NO_2 在 290～410 nm 内有连续吸收光谱，它在对流层大气中具有实际意义。

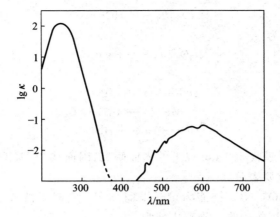

图 2-30　O₃ 吸收光谱(Bailey R A,1978)

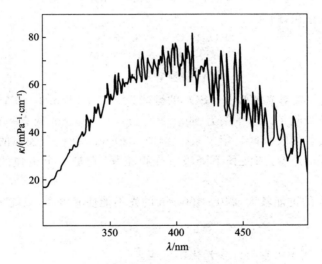

图 2-31　NO₂ 吸收光谱(Bailey R A,1978)

NO_2 吸收小于 420 nm 波长的光可发生解离:

$$NO_2 + h\nu \longrightarrow NO + O\cdot$$
$$O\cdot + O_2 + M \longrightarrow O_3 + M$$

据称这是大气中唯一已知 O_3 的人为来源。

(4) 亚硝酸和硝酸的光解　　亚硝酸 HO—NO 间的键能为 201.1 kJ/mol,H—ONO 间的键能为 324.0 kJ/mol。HNO_2 对 200~400 nm 的光有吸收,吸光后发生光解,一个初级过程为

$$HNO_2 + h\nu \longrightarrow HO\cdot + NO$$

另一个初级过程为

$$HNO_2 + h\nu \longrightarrow H\cdot + NO_2$$

次级过程为

$$HO\cdot + NO \longrightarrow HNO_2$$
$$HO\cdot + HNO_2 \longrightarrow H_2O + NO_2$$
$$HO\cdot + NO_2 \longrightarrow HNO_3$$

由于 HNO_2 可以吸收 300 nm 以上的光而解离,因而认为 HNO_2 的光解可能是大气中 HO·的重要来源之一。

HNO_3 的 $HO—NO_2$ 键能为 199.4 kJ/mol。它对于波长 120～335 nm 的辐射均有不同程度的吸收。光解机理为

$$HNO_3 + h\nu \longrightarrow HO\cdot + NO_2$$

若有 CO 存在,则为

$$HO\cdot + CO \longrightarrow CO_2 + H\cdot$$
$$H\cdot + O_2 + M \longrightarrow HO_2\cdot + M$$
$$2HO_2\cdot \longrightarrow H_2O_2 + O_2$$

(5) 二氧化硫对光的吸收　SO_2 的键能为 545.1 kJ/mol。在它的吸收光谱中呈现出三条吸收带。第一条为 340～400 nm,于 370 nm 处有一最强的吸收,但它是一个极弱的吸收区。第二条为 240～330 nm,是一个较强的吸收区。第三条从 240 nm 开始,随波长下降吸收变得很强,它是一个很强的吸收区。如图 2-32 所示。

由于 SO_2 的键能较大,240～400 nm 的光不能使其解离,只能生成激发态:

$$SO_2 + h\nu \longrightarrow SO_2^*$$

SO_2^* 在污染大气中可参与许多光化学反应。

(6) 甲醛的光解　$H—CHO$ 的键能为 356.5 kJ/mol。它对 240～360 nm 波长范围内的光有吸收。吸光后的初级过程有

$$H_2CO + h\nu \longrightarrow H\cdot + HCO\cdot$$
$$H_2CO + h\nu \longrightarrow H_2 + CO$$

次级过程有

$$H\cdot + HCO\cdot \longrightarrow H_2 + CO$$
$$2H\cdot + M \longrightarrow H_2 + M$$
$$2HCO\cdot \longrightarrow 2CO + H_2$$

在对流层中,由于 O_2 存在,可发生如下反应:

$$H\cdot+O_2 \longrightarrow HO_2\cdot$$
$$HCO\cdot+O_2 \longrightarrow HO_2\cdot+CO$$

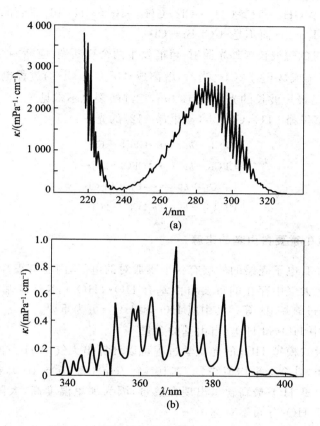

图2-32 SO$_2$ 吸收光谱(Heicklen J,1976)

因此空气中甲醛光解可产生 HO$_2$·自由基。其他醛类的光解也可以同样方式生成 HO$_2$·,如乙醛光解:

$$CH_3CHO+h\nu \longrightarrow H\cdot+CH_3CO\cdot$$
$$H\cdot+O_2 \longrightarrow HO_2\cdot$$

所以醛类的光解是大气中 HO$_2$·的重要来源之一。

(7)卤代烃的光解   在卤代烃中以卤代甲烷的光解对大气污染化学作用最大。卤代甲烷光解的初级过程可概括如下。

① 卤代甲烷在近紫外光照射下,其解离方式为

$$CH_3X+h\nu \longrightarrow CH_3\cdot+X\cdot$$

式中:X——代表 Cl,Br,I 或 F。

② 如果卤代甲烷中含有一种以上的卤素,则断裂的是最弱的键,其键强顺序为 CH_3—F>CH_3—H>CH_3—Cl>CH_3—Br>CH_3—I。例如,CCl_3Br 光解首先生成 $\cdot CCl_3 + Br\cdot$ 而不是 $\cdot CCl_2Br + Cl\cdot$。

③ 高能量的短波长紫外光照射,可能发生两个键断裂,应断两个最弱键。例如,CF_2Cl_2 解离成:$CF_2 + 2Cl\cdot$。当然,解离成 $\cdot CF_2Cl + Cl\cdot$ 的过程也会同时存在。

④ 即使是最短波长的光,如 147 nm,三键断裂也不常见。

$CFCl_3$(氟里昂-11),CF_2Cl_2(氟里昂-12)的光解:

$$CFCl_3 + h\nu \longrightarrow \cdot CFCl_2 + Cl\cdot$$

$$CFCl_3 + h\nu \longrightarrow :CFCl + 2Cl\cdot$$

$$CF_2Cl_2 + h\nu \longrightarrow \cdot CF_2Cl + Cl\cdot$$

$$CF_2Cl_2 + h\nu \longrightarrow :CF_2 + 2Cl\cdot$$

三、大气中重要自由基的来源

自由基在其电子壳层的外层有一个不成对的电子,因而有很高的活性,具有强氧化作用。大气中存在的重要自由基有 HO·,HO_2·,R·(烷基),RO·(烷氧基)和 RO_2·(过氧烷基)等。其中以 HO· 和 HO_2· 更为重要。

1. 大气中 HO· 和 HO_2· 自由基的含量

用数学模式模拟 HO· 的光化学过程可以计算出大气中 HO· 的含量随纬度和高度的分布,其全球平均值约为 7×10^5 个 $/cm^3$(为 $10^5 \sim 10^6$),如图 2-33 所示。由图中可见 HO· 最高含量出现在热带,因为那里温度高,太阳辐射强。在两个半球之间 HO· 分布不对称。

自由基的日变化曲线显示,它们的光化学生成产率白天高于夜间,峰值出现

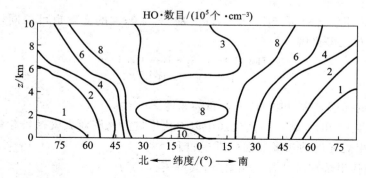

图 2-33 HO· 在对流层中随高度和纬度的分布(Davis D D,1982)

在阳光最强的时间。夏季高于冬季,如图 2-34 所示。

2. 大气中 HO· 和 HO₂· 的来源

对于清洁大气而言,O₃ 的光解是大气中 HO· 的重要来源:

$$O_3 + h\nu \longrightarrow O \cdot + O_2$$
$$O \cdot + H_2O \longrightarrow 2HO \cdot$$

对于污染大气,如有 HNO₂ 和 H₂O₂ 存在,它们的光解也可产生 HO·:

$$HNO_2 + h\nu \longrightarrow HO \cdot + NO$$
$$H_2O_2 + h\nu \longrightarrow 2HO \cdot$$

其中 HNO₂ 的光解是大气中 HO· 的重要来源。大气中 HO₂· 主要来源于醛的光解,尤其是甲醛的光解:

$$H_2CO + h\nu \longrightarrow H \cdot + HCO \cdot$$
$$H \cdot + O_2 + M \longrightarrow HO_2 \cdot + M$$
$$HCO \cdot + O_2 \longrightarrow HO_2 \cdot + CO$$

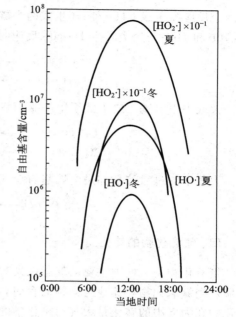

图 2-34　HO· 和 HO₂· 自由基的日变化曲线
(Seinfeld J H,1986)

任何光解过程只要有 H· 或 HCO· 自由基生成,它们都可与空气中的 O₂ 结合而导致生成 HO₂·。其他醛类也有类似反应,但它们在大气中的含量远比甲醛低,因而不如甲醛重要。

另外,亚硝酸酯和 H₂O₂ 的光解也可导致生成 HO₂·:

$$CH_3ONO + h\nu \longrightarrow CH_3O \cdot + NO$$
$$CH_3O \cdot + O_2 \longrightarrow HO_2 \cdot + H_2CO$$
$$H_2O_2 + h\nu \longrightarrow 2HO \cdot$$
$$HO \cdot + H_2O_2 \longrightarrow HO_2 \cdot + H_2O$$

如体系中有 CO 存在,则

$$HO \cdot + CO \longrightarrow CO_2 + H$$
$$H \cdot + O_2 \longrightarrow HO_2 \cdot$$

3. R·,RO·和 RO₂· 等自由基的来源

大气中存在量最多的烷基是甲基,它的主要来源是乙醛和丙酮的光解:

$$CH_3CHO + h\nu \longrightarrow CH_3 \cdot + HCO \cdot$$

$$CH_3COCH_3 + h\nu \longrightarrow CH_3\cdot + CH_3CO\cdot$$

这两个反应除生成 $CH_3\cdot$ 外,还生成两个羰基自由基 $HCO\cdot$ 和 $CH_3CO\cdot$。

$O\cdot$ 和 $HO\cdot$ 与烃类发生 $H\cdot$ 摘除反应时也可生成烷基自由基:

$$RH + O\cdot \longrightarrow R\cdot + HO\cdot$$

$$RH + HO\cdot \longrightarrow R\cdot + H_2O$$

大气中甲氧基主要来源于甲基亚硝酸酯和甲基硝酸酯的光解:

$$CH_3ONO + h\nu \longrightarrow CH_3O\cdot + NO$$

$$CH_3ONO_2 + h\nu \longrightarrow CH_3O\cdot + NO_2$$

大气中的过氧烷基都是由烷基与空气中的 O_2 结合而形成的:

$$R\cdot + O_2 \longrightarrow RO_2\cdot$$

四、氮氧化物的转化

氮氧化物是大气中主要的气态污染物之一。它们溶于水后可生成亚硝酸和硝酸。当氮氧化物与其他污染物共存时,在阳光照射下可发生光化学烟雾。氮氧化物在大气中的转化是大气污染化学的一个重要内容。

1. NO_x 和空气混合体系中的光化学反应

NO_x 在大气光化学过程中起着很重要的作用。NO_2 经光解而产生活泼的氧原子,氧原子与空气中的 O_2 结合生成 O_3。O_3 又可把 NO 氧化成 NO_2,因而 NO,NO_2 与 O_3 之间存在着的化学循环是大气光化学过程的基础。

当阳光照射到含有 NO 和 NO_2 的空气时,便有如下基本反应发生:

$$NO_2 + h\nu \xrightarrow{k_1} NO + O\cdot \tag{2-18}$$

$$O\cdot + O_2 + M \xrightarrow{k_2} O_3 + M \tag{2-19}$$

$$O_3 + NO \xrightarrow{k_3} NO_2 + O_2 \tag{2-20}$$

假设该体系所发生的光化学过程只有上述三个反应,并已知 NO 和 NO_2 的初始浓度为 $[NO]_0$ 和 $[NO_2]_0$,将此体系在恒定体积、恒定温度的反应器中在阳光下照射,那么,照射后体系中 NO_2 浓度的变化可由下式得出:

$$\frac{d[NO_2]}{dt} = -k_1[NO_2] + k_3[O_3][NO] \tag{2-21}$$

式(2-18)~式(2-20)反应中涉及 5 种成分,其中 O_2 在空气中是大量的,于是可把 $[O_2]$ 看成是恒定的。这样体系中还有 4 个变量,即 $NO_2,NO,O\cdot$ 和 O_3。类似于 NO_2,$O\cdot$ 的动力学方程可写为

$$\frac{d[O\cdot]}{dt} = k_1[NO_2] - k_2[O\cdot][O_2][M] \qquad (2-22)$$

由于 O· 十分活泼，反应(2-18)所生成的 O· 很快就被反应(2-19)所消耗，使 $\frac{d[O\cdot]}{dt}$ 趋近于零。因此可以用稳态近似法来处理，即

$$\frac{d[O\cdot]}{dt} = 0$$

则有

$$k_1[NO_2] = k_2[O\cdot][O_2][M]$$

于是此体系达到稳态时，[O·]为

$$[O\cdot] = \frac{k_1[NO_2]}{k_2[O_2][M]} \qquad (2-23)$$

此式中$[O_2]$，$[M]$不变，而$[O\cdot]$随体系中$[NO_2]$的变化而变化。从式(2-21)和式(2-22)中可以看出，式(2-18)~式(2-20)三个基本反应最终要达到稳态，此时所有浓度均恒定。三个基本反应中每一物种的生成速率都等于消耗速率。因此这三个反应维持着体系的稳定循环。

现在来计算 O_3 的稳态浓度，由

$$\frac{d[NO_2]}{dt} = -k_1[NO_2] + k_3[O_3][NO] = 0$$

得出：

$$[O_3] = \frac{k_1[NO_2]}{k_3[NO]} \qquad (2-24)$$

NO，NO_2 和 O_3 之间为稳态关系，若体系中无其他反应参与，O_3 浓度取决于$[NO_2]/[NO]$。

由于体系中氮的量是守恒的，则

$$[NO] + [NO_2] = [NO]_0 + [NO_2]_0$$

又因为 O_3 与 NO 的反应是等计量关系，所以

$$[O_3]_0 - [O_3] = [NO]_0 - [NO]$$

将$[NO_2]$和$[NO]$代入式(2-24)得

$$[O_3] = \frac{k_1([O_3]_0 - [O_3] + [NO_2]_0)}{k_3([NO]_0 - [O_3]_0 + [O_3])}$$

从此式可解出$[O_3]$：

$$[O_3] = -\frac{1}{2}\left([NO]_0 - [O_3]_0 + \frac{k_1}{k_3}\right) + \frac{1}{2}\left\{\left([NO]_0 - [O_3]_0 + \frac{k_1}{k_3}\right)^2 + \frac{4k_1}{k_3}([NO_2]_0 + [O_3]_0)\right\}^{\frac{1}{2}}$$

假如$[O_3]_0 = [NO]_0 = 0$，那么

$$[O_3] = \frac{1}{2}\left\{\left[\left(\frac{k_1}{k_3}\right)^2 + 4\frac{k_1}{k_3}[NO_2]_0\right]^{\frac{1}{2}} - \frac{k_1}{k_3}\right\}$$

式中 k_1 和 k_3 均已知,若 $k_1/k_3 = 0.01 \times 10^{-6}$,由此可算出不同 $[NO_2]_0$ 时所产生的 O_3 量。

NO$_2$ 初始体积分数/10^{-6}	O$_3$ 体积分数/10^{-6}
0.1	0.027
1.0	0.095

实际上,城市大气中氮氧化物多为 NO 而不是 NO_2,NO_2 的体积分数一般不会超过 0.1×10^{-6},然而实际测得城市大气中臭氧的体积分数都远高于 0.027×10^{-6},这表明大气中必然还有其他的臭氧来源。

2. NO_x 的气相转化

(1) NO 的氧化 NO 是燃烧过程中直接向大气排放的污染物。NO 可通过许多氧化过程氧化成 NO_2。如 O_3 为氧化剂:

$$NO + O_3 \longrightarrow NO_2 + O_2$$

在 HO· 与烃反应时,HO· 可从烃中摘除一个 H 而形成烷基自由基,该自由基与大气中的 O_2 结合生成 RO_2·。RO_2· 具有氧化性,可将 NO 氧化成 NO_2:

$$RH + HO· \longrightarrow R· + H_2O$$
$$R· + O_2 \longrightarrow RO_2·$$
$$NO + RO_2· \longrightarrow NO_2 + RO·$$

生成的 RO· 即可进一步与 O_2 反应,O_2 从 RO· 中靠近 O· 的次甲基中摘除两个 H·,生成 HO_2· 和相应的醛:

$$RO· + O_2 \longrightarrow R'CHO + HO_2·$$
$$HO_2· + NO \longrightarrow HO· + NO_2$$

式中 R′ 比 R 少一个碳原子。在一个烃被 HO· 氧化的链循环中,往往有两个 NO 被氧化成 NO_2,同时 HO· 得到了复原。因而此反应甚为重要。这类反应速率很快,能与 O_3 氧化反应竞争。在光化学烟雾形成过程中,由于 HO· 引发了烃类化合物的链式反应,而使得 RO_2·,HO_2· 数量大增,从而迅速地将 NO 氧化成 NO_2,这样就使得 O_3 得以积累,以致成为光化学烟雾的重要产物。

HO· 和 RO· 也可与 NO 直接反应生成亚硝酸或亚硝酸酯:

$$HO· + NO \longrightarrow HNO_2$$
$$RO· + NO \longrightarrow RONO$$

HNO_2 和 RONO 都极易发生光解。

(2) NO_2 的转化 前面已经讲过,NO_2 的光解在大气污染化学中占有很重要的地位。它可以引发大气中生成 O_3 的反应。此外,NO_2 能与一系列自由基,如 HO·,O·,HO_2·,RO_2· 和 RO· 等反应,也能与 O_3 和 NO_3 反应。其中比较重要的是与 HO·,NO_3 以及 O_3 的反应。

NO_2 与 HO· 反应可生成 HNO_3:

$$NO_2 + HO· \longrightarrow HNO_3$$

此反应是大气中气态 HNO_3 的主要来源,同时也对酸雨和酸雾的形成起着重要作用。白天大气中 HO· 浓度较夜间高,因而这一反应在白天会有效地进行。所产生的 HNO_3 与 HNO_2 不同,它在大气中光解得很慢,沉降是它在大气中的主要去除过程。

NO_2 也可与 O_3 与反应:

$$NO_2 + O_3 \longrightarrow NO_3 + O_2$$

此反应在对流层中也是很重要的,尤其是在 NO_2 和 O_3 浓度都较高时,它是大气中 NO_3 的主要来源。NO_3 可与 NO_2 进一步反应:

$$NO_2 + NO_3 \overset{M}{\rightleftharpoons} N_2O_5$$

这是一个可逆反应,生成的 N_2O_5 又可分解为 NO_2 和 NO_3。当夜间 HO· 和 NO 浓度不高,而 O_3 有一定浓度时,NO_2 会被 O_3 氧化生成 NO_3,随后进一步发生如上反应而生成 N_2O_5。

(3) 过氧乙酰基硝酸酯(PAN) PAN 是由乙酰基与空气中的 O_2 结合而形成过氧乙酰基,然后再与 NO_2 化合生成的化合物:

$$CH_3CO· + O_2 \longrightarrow CH_3C(O)OO·$$
$$CH_3C(O)OO· + NO_2 \longrightarrow CH_3C(O)OONO_2$$

反应的主要引发者乙酰基是由乙醛光解而产生的:

$$CH_3CHO + h\nu \longrightarrow CH_3CO· + H·$$

而大气中的乙醛主要来源于乙烷的氧化:

$$C_2H_6 + HO· \longrightarrow C_2H_5· + H_2O$$
$$C_2H_5· + O_2 \overset{M}{\longrightarrow} C_2H_5O_2$$
$$C_2H_5O_2 + NO \longrightarrow C_2H_5O· + NO_2$$
$$C_2H_5O· + O_2 \longrightarrow CH_3CHO + HO_2$$

PAN 具有热不稳定性,遇热会分解而回到过氧乙酰基和 NO_2。因而 PAN 的分解和形成之间存在着平衡,其平衡常数随温度而变化。

如果把 PAN 中的乙基由其他烷基替代,就会形成相应的过氧烷基硝酸酯,如过氧丙酰基硝酸酯(PPN)、过氧苯酰基硝酸酯等。

3. NO_x 的液相转化

NO_x 是大气中的重要污染物,它们可溶于大气中的水,并构成一个液相平衡体系。在这一体系中 NO_x 有其特定的转化过程。

(1) NO_x 的液相平衡　　NO_x 在液相中的平衡比较复杂。NO 和 NO_2 在气、液两相间的关系为

$$NO(g) \Longrightarrow NO(aq)$$
$$NO_2(g) \Longrightarrow NO_2(aq)$$

溶于水中的 NO(aq) 和 NO_2(aq) 可通过如下方式进行反应:

$$2NO_2(aq) + H_2O \Longrightarrow 2H^+ + NO_2^- + NO_3^-$$
$$NO(aq) + NO_2(aq) + H_2O \Longrightarrow 2H^+ + 2NO_2^-$$

上述方程式表明,可以通过两种途径产生 NO_2^- 和 NO_3^-。因此,对于 $NO-NO_2$ 体系存在着如下平衡关系:

$$2NO_2(g) + H_2O \stackrel{K_1}{\Longrightarrow} 2H^+ + NO_2^- + NO_3^-$$
$$NO(g) + NO_2(g) + H_2O \stackrel{K_2}{\Longrightarrow} 2H^+ + 2NO_2^-$$

液相氮氧化物体系的平衡常数值列于表 2-10 中。

表 2-10　氮氧化物液相反应的平衡常数

反　　　应	平衡常数(298 K)
$NO(g) \Longrightarrow NO(aq)$	$K_{H,NO} = 1.90 \times 10^{-8}$ mol/(L·Pa)
$NO_2(g) \Longrightarrow NO_2(aq)$	$K_{H,NO_2} = 9.9 \times 10^{-8}$ mol/(L·Pa)
$2NO_2(aq) \Longrightarrow N_2O_4(aq)$	$K_{n_1} = 7 \times 10^4$ L/mol
$NO(aq) + NO_2(aq) \Longrightarrow N_2O_3(aq)$	$K_{n_2} = 3 \times 10^4$ L/mol
$HNO_3(aq) \Longrightarrow H^+ + NO_3^-$	$K_{n_3} = 15.4$ L/mol
$HNO_2(aq) \Longrightarrow H^+ + NO_2^-$	$K_{n_4} = 5.1 \times 10^{-4}$ L/mol
$2NO_2(g) + H_2O \Longrightarrow 2H^+ + NO_2^- + NO_3^-$	$K_1 = 2.4 \times 10^{-8}$ $(mol·L^{-1})^4/Pa^2$
$NO(g) + NO_2(g) + H_2O \Longrightarrow 2H^+ + 2NO_2^-$	$K_2 = 3.2 \times 10^{-11}$ $(mol·L^{-1})^4/Pa^2$

注:本表摘自 Schwartz,1981,1983。

从上两式可获得体系在平衡时 NO_3^- 和 NO_2^- 的比值:

$$\frac{[NO_3^-]}{[NO_2^-]} = \frac{p_{NO_2}}{p_{NO}} \cdot \frac{K_1}{K_2}$$

式中: $K_1/K_2 = 0.74 \times 10^7$ (298 K)。

当 $p_{NO_2}/p_{NO} > 10^{-5}$ 时,则 $[NO_3^-] \gg [NO_2^-]$。此时,体系中以 NO_3^- 为主。根据电中性原

理,体系中$[H^+]=[OH^-]+[NO_2^-]+[NO_3^-]$,这时可认为$[H^+] \approx [NO_3^-]$,求出相应的浓度表达式:

$$[NO_3^-] = \left[\frac{K_1^2 p_{NO_2}^3}{K_2 p_{NO}} \right]^{1/4}$$

$$[NO_2^-] = \frac{(K_2 p_{NO} p_{NO_2})^{1/2}}{[NO_3^-]}$$

$$= \left[\frac{K_2^3 p_{NO}^3}{K_1^2 p_{NO_2}} \right]^{1/4}$$

$$[HNO_2(aq)] = \frac{[H^+][NO_2^-]}{K_{n_4}}$$

$$= \frac{(K_2 p_{NO} p_{NO_2})^{1/2}}{K_{n_4}}$$

图 2-35 显示出平衡时硝酸和亚硝酸浓度与 p_{NO} 和 p_{NO_2} 分压的关系。

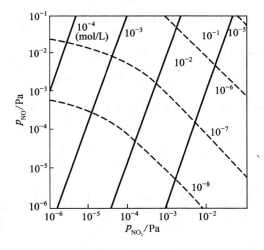

图 2-35 硝酸和亚硝酸平衡浓度与 p_{NO},p_{NO_2} 分压的关系(Schwart,1984)

------ 亚硝酸; —— 硝酸

(2) NH$_3$ 和 HNO$_3$ 的液相平衡

① NH$_3$ 的液相平衡。

$$NH_3(g) + H_2O \underset{}{\overset{K_{H,NH_3}}{\rightleftharpoons}} NH_3 \cdot H_2O$$

式中:K_{H,NH_3}——NH$_3$ 的 Henry 常数,6.12×10^{-4} mol/(L·Pa)。

$$NH_3 \cdot H_2O \overset{K_b}{\rightleftharpoons} OH^- + NH_4^+$$

$$K_b = \frac{[OH^-][NH_4^+]}{[NH_3 \cdot H_2O]}$$

$$= 1.75 \times 10^{-5} \text{ mol/L}$$

因此,总可溶氨浓度[N(-Ⅲ)]为

$$[N(-Ⅲ)] = [NH_3 \cdot H_2O] + [NH_4^+]$$

$$= [NH_3 \cdot H_2O]\left(1 + \frac{K_b}{[OH^-]}\right)$$

由于$[NH_3 \cdot H_2O] = K_{H,NH_3} \cdot p_{NH_3}$,$K_w = [H^+][OH^-]$,因而

$$[N(-Ⅲ)] = K_{H,NH_3} \cdot p_{NH_3}\left(1 + \frac{K_b[H^+]}{K_w}\right)$$

② HNO₃ 的液相平衡。

$$HNO_3(g) + H_2O \overset{K_{H,HNO_3}}{\rightleftharpoons} HNO_3 \cdot H_2O$$

式中:K_{H,HNO_3}——HNO₃ 的 Henry 常数,2.07 mol/(L·Pa)。

$$HNO_3 \cdot H_2O \overset{K_{n_3}}{\rightleftharpoons} H_3O^+ + NO_3^- \text{（为简便,} H_3O^+ \text{简写为} H^+\text{）}$$

$$K_{n_3} = \frac{[H^+][NO_3^-]}{[HNO_3 \cdot H_2O]} = 15.4 \text{ mol/L}$$

从表 2-10 可看出 K_{n_3} 值较大,故可认为溶液中 HNO₃ 几乎全部以 NO₃⁻ 形式存在。溶解的 HNO₃ 总浓度为

$$[N(Ⅴ)] = [HNO_3 \cdot H_2O]\left(1 + \frac{K_{n_3}}{[H^+]}\right)$$

$$= K_{H,HNO_3} \cdot p_{HNO_3}\left(1 + \frac{K_{n_3}}{[H^+]}\right)$$

$$\approx K_{H,HNO_3} \frac{K_{n_3}}{[H^+]} p_{HNO_3}$$

同理,HNO₂ 在液相平衡时可溶解的总浓度为

$$[N(Ⅲ)] = K_{H,HNO_2} \cdot p_{HNO_2}\left(1 + \frac{K_{n_4}}{[H^+]}\right)$$

式中:K_{n_4}——亚硝酸的电离常数。

　　(3) NO$_x$ 的液相反应动力学　表 2-11 中所列均为非均相反应。从表中可看出,通过非均相反应可形成 HNO₃ 和 HNO₂。NO₂ 也可能经过在湿颗粒物或云雾液滴中的非均相反应而形成硝酸盐。但到目前为止,了解到的这个过程的作用还不太突出。表中所列的反应速率为最低值,实际上的数值可能要大些。例如反应 1 中液相表面的[N₂O₅]不足以维持平衡浓

度值。说明该反应进行得相当快,而控制步骤为气、液界面间的扩散过程。

表 2-11 NO$_x$ 的非均相反应速率常数

序号	反 应	反应速率常数/[cm^3·(mol·s)$^{-1}$]
1	$N_2O_5 + H_2O \longrightarrow 2HNO_3$	1.3×10^{-20}
2	$NO + NO_2 + H_2O \longrightarrow 2HNO_2$	4.4×10^{-40}
3	$2HNO_2 \longrightarrow NO + NO_2 + H_2O$	1×20^{-20}
4	$HNO_2 + O_2 \longrightarrow$ 产物	1×10^{-19}
5	$HNO_3 + NO \longrightarrow HNO_2 + NO_2$	3.4×10^{-22}
6	$HNO_3 + HNO_2 \longrightarrow 2NO_2 + H_2O$	1.1×10^{-17}
7	$2NO_2 + H_2O \longrightarrow HNO_3 + HNO_2$	$8 \times 10^{-89} [cm^6/(mol^2·s)]$
8	$2NO_2 + H_2O \longrightarrow 2H^+ + NO_2^- + NO_3^-$	$1.67 \times 10^{-13} [cm^6/(mol^2·s)]$

注:本表摘自王晓蓉,1993。

五、碳氢化合物的转化

1. 烷烃的反应

烷烃可与大气中的 HO· 和 O· 发生氢原子摘除反应:

$$RH + HO· \longrightarrow R· + H_2O$$
$$RH + O· \longrightarrow R· + HO·$$

这两个反应的产物中都有烷基自由基,但另一个产物不同,前者是稳定的 H$_2$O,后者则是活泼的自由基 HO·。前者反应速率常数比后者大两个数量级以上,如表 2-12 所示。

表 2-12 HO·,O· 与烷烃反应的速率常数

烃 类	速率常数/(2.98×10^8 min^{-1})	
	HO·	O·
甲烷	16.5	0.017 6
乙烷	443	1.37
丙烷	1 800	12.3
正丁烷	5 700	32.4
环己烷	1.2×10^4	117

上述烷烃所发生的两种氧化反应中,经氢原子摘除反应所产生的烷基 R· 与空气中的 O$_2$ 结合生成 RO$_2$·,它可将 NO 氧化成 NO$_2$,并产生 RO·。O$_2$ 还可从

RO·中再摘除一个 H·，最终生成 HO_2· 和一个相应的稳定产物醛或酮。

如甲烷的氧化反应：

$$CH_4 + HO· \longrightarrow CH_3· + H_2O$$
$$CH_4 + O· \longrightarrow CH_3· + HO·$$

反应中生成的 CH_3· 与空气中的 O_2 结合：

$$CH_3· + O_2 \longrightarrow CH_3O_2·$$

由于大气中的 O· 主要来自 O_3 的光解，通过上述反应，CH_4 不断消耗 O·，可导致臭氧层的损耗。同时，生成的 CH_3O_2· 是一种强氧化性的自由基，它可将 NO 氧化为 NO_2：

$$NO + CH_3O_2· \longrightarrow NO_2 + CH_3O·$$
$$CH_3O· + NO_2 \longrightarrow CH_3ONO_2$$
$$CH_3O· + O_2 \longrightarrow HO_2· + H_2CO$$

如果 NO 浓度低，自由基间也可发生如下反应：

$$RO_2· + HO_2· \longrightarrow ROOH + O_2$$
$$ROOH + h\nu \longrightarrow RO· + HO·$$

O_3 一般不与烷烃发生反应。

烷烃亦可与 NO_3 发生反应。大气中的 NO_3 无天然来源。它的主要来源为

$$NO_2 + O_3 \longrightarrow NO_3 + O_2$$

已证实在城市污染的大气中 NO_3 的体积分数可达 350×10^{-9}。NO_3 极易光解：

$$NO_3 + h\nu \longrightarrow NO + O_2$$
$$NO_3 + h\nu \longrightarrow NO_2 + O·$$

其吸收波长小于670 nm。因此在有阳光的白天，NO_3 不易积累，只有在夜间，它才可达到一定的浓度。若 NO 浓度高时，会伴随有如下反应发生：

$$NO + O_3 \longrightarrow NO_2 + O_2$$
$$NO + NO_3 \longrightarrow 2NO_2$$

因而 NO 的大量存在不利于 NO_3 的生成和积累。在污染的市区，由于近地面 NO 较多，即使在夜间也不易生成 NO_3，而在高空却有可能形成。

NO_3 与烷烃反应速率很慢，不能与 HO· 相比。反应机制也是氢原子摘除反应：

$$RH + NO_3 \longrightarrow R· + HNO_3$$

这是城市夜间 HNO_3 的主要来源。

2. 烯烃的反应

烯烃与 HO· 主要发生加成反应,如乙烯和丙烯:

$$CH_2{=\!\!=}CH_2 + HO\cdot \longrightarrow \cdot CH_2CH_2OH$$

$$CH_3CH{=\!\!=}CH_2 + HO\cdot \begin{smallmatrix} a \\ \nearrow \\ \searrow \\ b \end{smallmatrix} \begin{matrix} CH_3\overset{\cdot}{C}HCH_2OH \\ \\ CH_3CHCH_2 \\ | \\ OH \end{matrix}$$

$$\cdot CH_2CH_2OH + O_2 \longrightarrow \cdot OOCH_2CH_2OH$$

$$\cdot OOCH_2CH_2OH + NO \longrightarrow \cdot OCH_2CH_2OH + NO_2$$

$$\cdot OCH_2CH_2OH \longrightarrow H_2CO + \cdot CH_2OH$$

$$\cdot OCH_2CH_2OH + O_2 \longrightarrow HCOCH_2OH + HO_2\cdot$$

$$\cdot CH_2OH + O_2 \longrightarrow H_2CO + HO_2\cdot$$

从上述一系列反应中可以看出,HO· 加成到烯烃上而形成带有羟基的自由基。该自由基又可与空气中的 O_2 结合形成相应的过氧自由基,过氧自由基具有强氧化性,可将 NO 氧化成 NO_2。新生成的带有羟基的烷氧自由基可分解为一个甲醛和一个 ·CH_2OH 自由基。·$CH_2(O)CH_2OH$ 和 ·CH_2OH 都可被 O_2 摘除一个 H· 而生成相应的醛和 HO_2·。

烯烃还可与 HO· 发生氢原子摘除反应,例如:

$$CH_3CH_2CH{=\!\!=}CH_2 + HO\cdot \longrightarrow CH_3\overset{\cdot}{C}HCH{=\!\!=}CH_2 + H_2O$$

烯烃与 O_3 反应的速率虽然远不如与 HO· 反应的速率大,但是 O_3 在大气中的浓度远高于 HO·,因而这个反应就显得很重要了。它的反应机理是首先将 O_3 加成到烯烃的双键上,形成一个分子臭氧化物,然后迅速分解为一个羰基化合物和一个二元自由基:

方括号中的是二元自由基,它的能量很高,可进一步分解。如乙烯与 O_3 反应:

$$O_3 + CH_2{=}CH_2 \longrightarrow \left[\begin{array}{c} O \\ O\quad\ O \\ H_2C\ \ CH_2 \end{array} \right] \longrightarrow H_2CO + H_2\dot{C}OO\cdot$$

$$H_2\dot{C}OO\cdot \begin{cases} \longrightarrow CO + H_2O \\ \longrightarrow CO_2 + H_2 \\ \longrightarrow CO_2 + 2H\cdot \\ \longrightarrow HC\!\!\begin{array}{c}O\\ \\OH\end{array} \\ \overset{M}{\underset{2O_2}{\longrightarrow}} CO_2 + 2HO_2\cdot \end{cases}$$

又如丙烯与 O_3 的反应:

$$O_3 + CH_3CH{=}CH_2 \longrightarrow \left[\begin{array}{c} CH_3\ \ O\!\!-\!\!O \\ \diagdown\quad\diagup \\ C\qquad CH_2 \\ H \end{array} \right]$$

$$\begin{cases} CH_3\dot{C}HOO\cdot + H_2CO \\ CH_3CHO + H_2\dot{C}OO\cdot \end{cases}$$

$$CH_3\dot{C}HOO\cdot \begin{cases} \longrightarrow CH_4 + CO_2 \\ \longrightarrow \cdot CH_3 + CO + HO\cdot \overset{O_2}{\longrightarrow} CH_3O_2\cdot + CO + HO\cdot \\ \longrightarrow \cdot CH_3 + CO_2 + H\cdot \overset{2O_2}{\longrightarrow} CH_3O_2\cdot + CO_2 + HO_2\cdot \\ \longrightarrow H\cdot + CO + CH_3O\cdot \overset{O_2}{\longrightarrow} HO_2\cdot + CO + CH_3O\cdot \\ \longrightarrow HCO\cdot + CH_3O\cdot \overset{O_2}{\longrightarrow} HC\overset{O}{\overset{\|}{O}}O\cdot + CH_3O\cdot \end{cases}$$

可见,二元自由基分解后可生成两个自由基以及一些稳定产物。另外,这种二元自由基氧化性也很强,可氧化 NO 和 SO_2 等。

$$R_1R_2\dot{C}OO\cdot + NO \longrightarrow R_1R_2CO + NO_2$$

$$R_1R_2\overset{\cdot}{C}OO\cdot + NO_2 \longrightarrow R_1R_2CO + NO_3$$

$$R_1R_2\overset{\cdot}{C}OO\cdot + SO_2 \longrightarrow R_1R_2CO + SO_3$$

氧化后自由基转化为相应的酮或醛。

烯烃与 NO_3 反应的速率要比与 O_3 的反应速率大,其反应机制为

$$CH_3CH{=}CHCH_3 + NO_3 \longrightarrow \underset{\underset{ONO_2}{|}}{CH_3CH}{-}\overset{\cdot}{C}HCH_3$$

$$\underset{\underset{ONO_2}{|}}{CH_3CH}{-}\overset{\cdot}{C}HCH_3 \xrightarrow{\ O_2\ } \underset{\underset{ONO_2}{|}}{CH_3CH}{-}\underset{\underset{OO\cdot}{|}}{CHCH_3}$$

$$\underset{\underset{ONO_2}{|}}{CH_3CH}{-}\underset{\underset{OO\cdot}{|}}{CHCH_3} + NO \longrightarrow \underset{\underset{ONO_2}{|}}{CH_3CH}{-}\underset{\underset{O\cdot}{|}}{CHCH_3} + NO_2$$

$$\underset{\underset{ONO_2}{|}}{CH_3CH}{-}\underset{\underset{O\cdot}{|}}{CHCH_3} + NO_2 \longrightarrow \underset{\underset{ONO_2}{|}}{CH_3CH}{-}\underset{\underset{ONO_2}{|}}{CHCH_3}$$

最终生成的化合物为 2,3-丁二醇二硝酸酯。

烯烃与 O 的反应也是把 O 加成到烯烃的双键上去而形成二元自由基。然后转变成稳定化合物。

在大气中多数情况下,短碳链烯烃的主要去除过程是与 HO· 反应。而较长碳链烯烃在 NO_3 浓度低时主要与 O_3 反应而去除,NO_3 浓度高时,则主要与 NO_3 反应而去除。

3. 环烃的氧化

大气中已检测到的环烃大多以气态形式存在。它们主要都是在燃料燃烧过程中生成的。城市中的环烃浓度高于其他地区。环烃在大气中的反应以氢原子摘除反应为主,如环己烷:

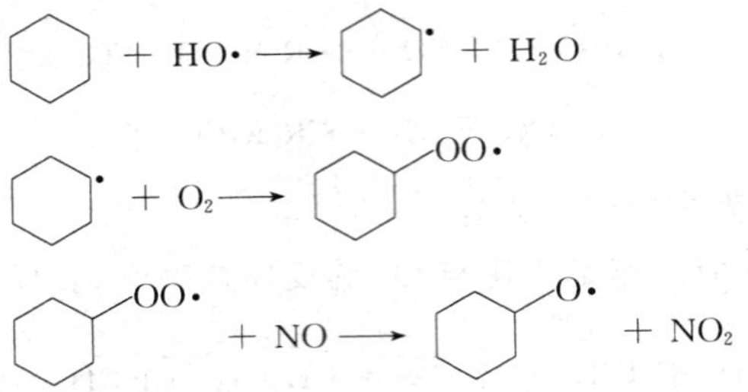

如果是环己烯，HO·和 NO_3 可加成到它的双键上，大气中已测到这些产物。O_3 可与环烯烃迅速反应，首先 O_3 加成到双键上，之后开环，生成带有双官能团的脂肪族化合物，最后转变成小分子化合物和自由基。

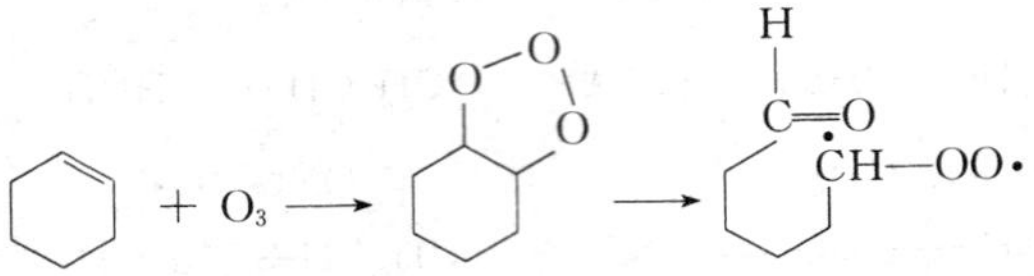

上述反应生成的是二元自由基，它可以分解为 CO，CO_2 和其他化合物或自由基。

4. 单环芳烃的反应

大气中已检测到的单环芳烃如苯、甲苯以及其他化合物。它们主要来源于矿物燃料的燃烧以及一些工业生产过程。人们对芳烃在大气中的反应远不如对烷烃和烯烃了解得那么多。能与芳烃反应的主要是 HO·，其反应机制主要是加成反应和氢原子摘除反应。

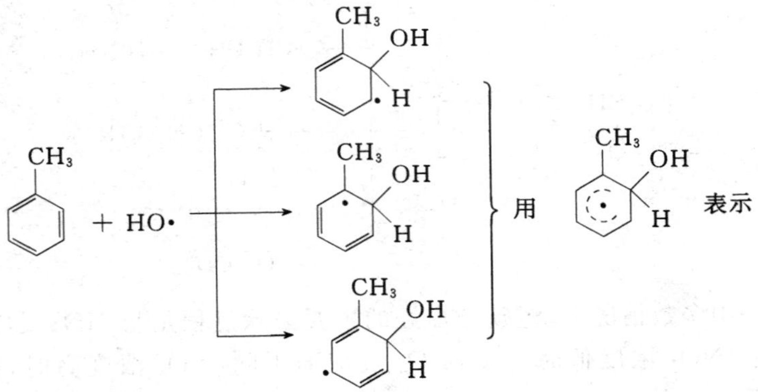

生成的自由基可与 NO_2 反应，生成硝基甲苯：

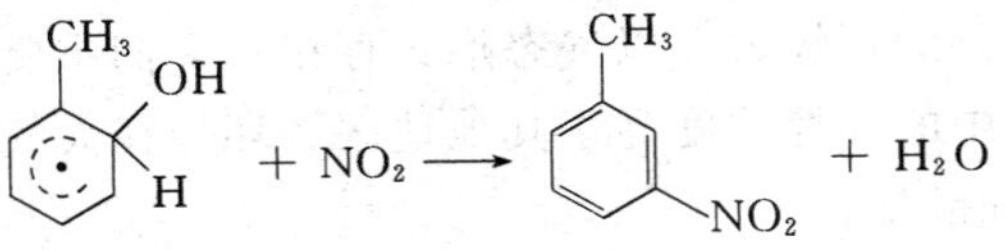

加成反应生成的自由基也可与 O_2 作用。经氢原子摘除反应,生成 $HO_2\cdot$ 和甲酚:

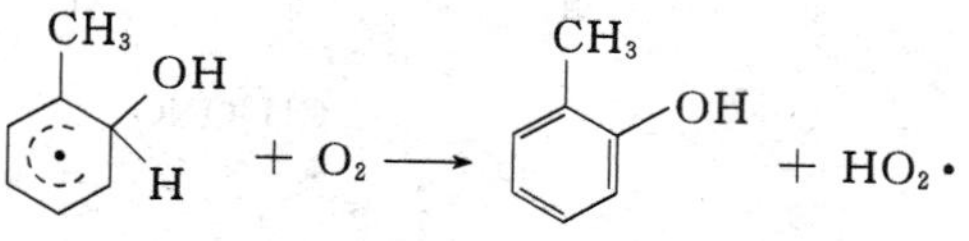

此反应的另一途径是生成过氧自由基:

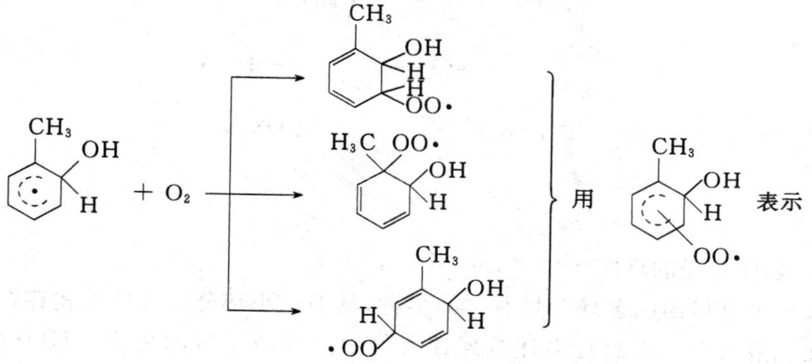

过氧自由基也可将 NO 氧化成 NO_2:

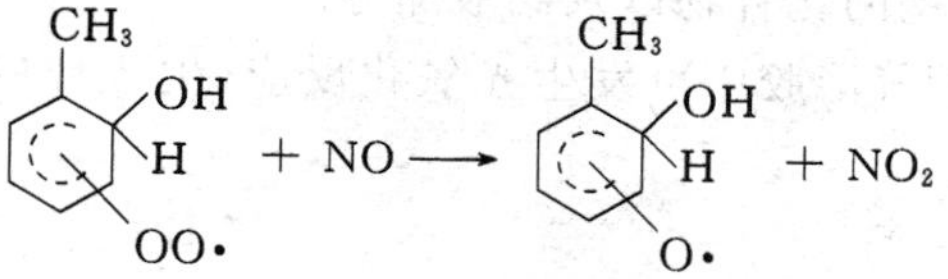

生成的自由基与 O_2 反应而开环:

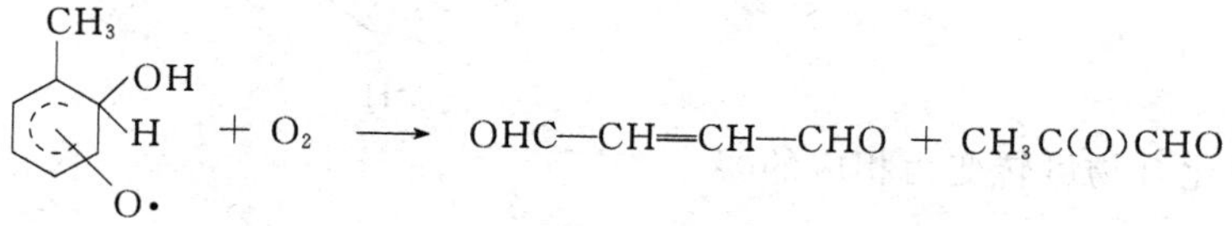

$$\text{OHC—CH=CH—CHO} + \text{CH}_3\text{C(O)CHO}$$

据测定,大气中的甲苯与 $HO\cdot$ 作用有90%是发生上述加成反应,另外 10% 是发生氢原子摘除反应,其机制如下:

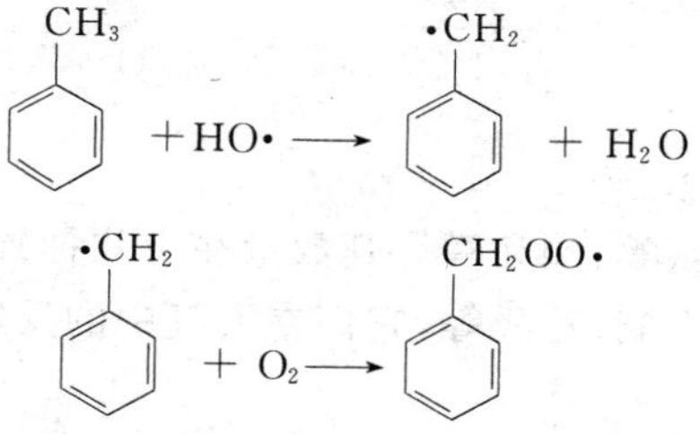

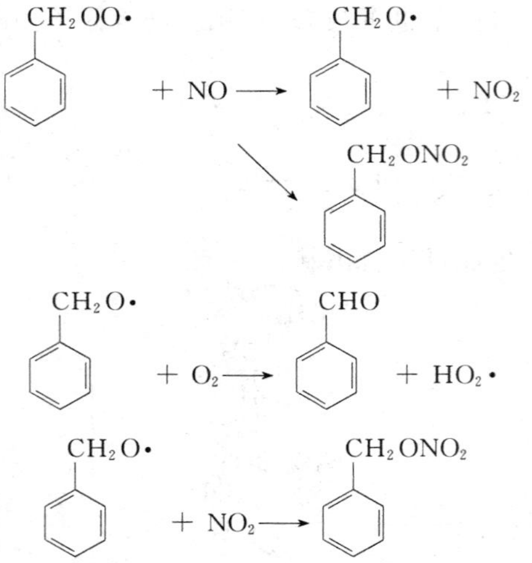

5. 多环芳烃的反应

大气中已检出的多环芳烃有 200 多种，其中一小部分以气体形式存在，大部分则在气溶胶中。人们对多环芳烃在大气中的反应了解的更少。HO·可与多环芳烃发生氢原子摘除反应。HO·和 NO_3 都可以加成到多环芳烃的双键上去，形成包括有羟基、羰基的化合物以及硝酸酯等。

多环芳烃在湿的气溶胶中可发生光氧化反应，生成环内氧桥化合物。如蒽的氧化：

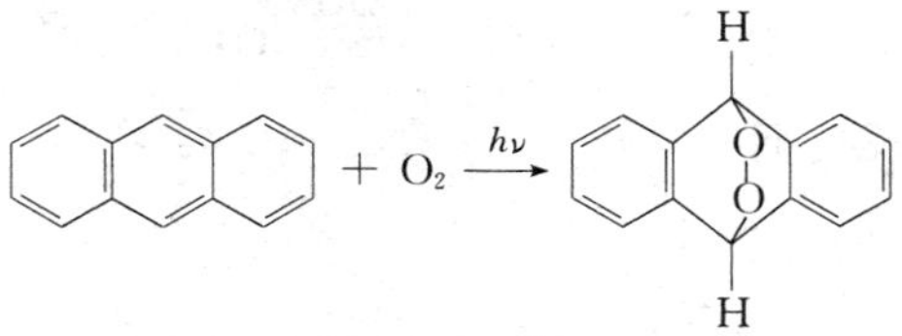

环内氧桥化合物可转变为相应的醌：

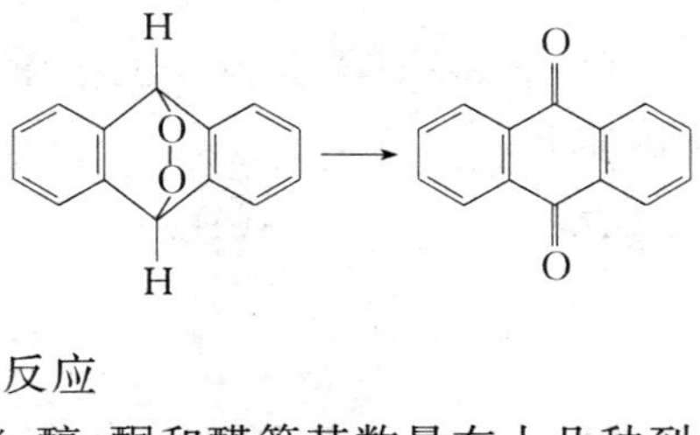

6. 醚、醇、酮、醛的反应

大气中已检出的醚、醇、酮和醛等其数量在十几种到几十种不等。饱和烃的衍生物，如乙醚、乙醇、丙酮、乙醛等，它们在大气中的反应主要是与 HO·发生氢原子摘除反应：

$$CH_3OCH_3 + HO\cdot \longrightarrow CH_3O\dot{C}H_2 + H_2O$$

$$CH_3CH_2OH + HO\cdot \longrightarrow CH_3\dot{C}HOH + H_2O$$

$$CH_3COCH_3 + HO\cdot \longrightarrow CH_3CO\dot{C}H_2 + H_2O$$

$$CH_3CHO + HO\cdot \longrightarrow CH_3\dot{C}O + H_2O$$

上述四种反应所生成的自由基在有 O_2 存在下均可生成过氧自由基,与 $RO_2\cdot$ 有类似的氧化作用。

上述各含氧有机化合物在污染空气中以醛为最重要。醛类,尤其是甲醛,既是一次污染物,又可由大气中的烃氧化而产生。几乎所有大气污染化学反应都有甲醛参与。大气中的主要反应有

$$H_2CO + HO\cdot \longrightarrow HCO\cdot + H_2O$$

$$HCO\cdot + O_2 \longrightarrow CO + HO_2\cdot$$

甲醛能与 $HO_2\cdot$ 迅速反应:

$$H_2CO + HO_2\cdot \longrightarrow (HO)H_2COO\cdot$$

所生成的 $(HO)H_2COO\cdot$ 是一个过氧自由基,它比较稳定,可氧化大气中的 NO,然后与 O_2 反应生成甲酸:

$$(HO)H_2COO\cdot + NO \longrightarrow (HO)H_2CO\cdot + NO_2$$

$$(HO)H_2CO\cdot + O_2 \longrightarrow HCOOH + HO_2\cdot$$

生成的甲酸会对酸雨有贡献。

醛也能与 NO_3 反应:

$$RCHO + NO_3 \longrightarrow RCO\cdot + HNO_3$$

对于甲醛:

$$H_2CO + NO_3 \longrightarrow HCO\cdot + HNO_3$$

$$HCO\cdot + O_2 \longrightarrow CO + HO_2\cdot$$

不饱和烃和芳烃的衍生物,如烯醚、烯醇、烯酮、烯醛等,以及相应的芳环化合物,在大气中主要发生与 HO· 的加成反应。其反应类似于烯烃与 HO· 的加成反应机制。

六、光化学烟雾

1. 光化学烟雾现象

含有氮氧化物和碳氢化合物等一次污染物的大气,在阳光照射下发生光化

学反应而产生二次污染物,这种由一次污染物和二次污染物的混合物所形成的烟雾污染现象,称为光化学烟雾。

1943 年,在美国洛杉矶首次出现了这种污染现象,因此,光化学烟雾也称为洛杉矶型烟雾。它的特征是烟雾呈蓝色,具有强氧化性,能使橡胶开裂,刺激人的眼睛,伤害植物的叶子,并使大气能见度降低。其刺激物浓度的高峰在中午和午后,污染区域往往在污染源的下风向几十到几百公里处。光化学烟雾的形成条件是大气中有氮氧化物和碳氢化合物存在,大气温度较低,而且有强的阳光照射。这样在大气中就会发生一系列复杂的反应,生成一些二次污染物,如 O_3,醛,PAN,H_2O_2 等。这便形成了光化学污染,也称为光化学烟雾。

继洛杉矶之后,光化学烟雾在世界各地不断出现,如日本的东京、大阪,英国的伦敦以及澳大利亚、德国等的大城市。因而从 20 世纪 50 年代至今,对光化学烟雾的研究,在发生源、发生条件、反应机制及模型、对生态系统的毒害、监测和控制等方面都开展了大量的研究工作,并取得了许多成果。

(1)光化学烟雾的日变化曲线 光化学烟雾在白天生成,傍晚消失。污染高峰出现在中午或稍后。图 2-36 显示污染地区大气中 NO,NO_2,烃,醛 及 O_3 从早至晚的日变化曲线。

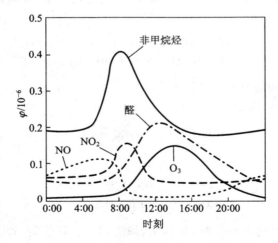

图 2-36　光化学烟雾日变化曲线(Manahan S E,1984)

由图 2-36 可以看出,烃和 NO 的体积分数 φ 的最大值发生在早晨交通繁忙时刻,这时 NO_2 的浓度很低。随着太阳辐射的增强,NO_2,O_3 的浓度迅速增大,中午时已达到较高的浓度,它们的峰值通常比 NO 峰值晚出现 4~5 h。由此可以推断 NO_2,O_3 和醛是在日光照射下由大气光化学反应而产生的,属于二次污染物。早晨由汽车排放出来的尾气是产生这些光化学反应的直接原因。傍晚交通繁忙时刻,虽然仍有较多汽车尾气排放,但由于日光已较弱,不足以引起光化学反应,因而不能产生光化学烟雾现象。

(2)烟雾箱模拟曲线 为了弄清光化学烟雾中各物种的含量随时间变化的机理,有关学者进行了烟雾箱实验研究。即在一个大的封闭容器中,通入反应气体,在模拟太阳光的人工光源照射下进行模拟大气光化学反应。

在被照射的体系中,起始物质是丙烯,NO_x 和空气的混合物。研究结果示于图 2-37 中。从图中可看出如下三点:随着实验时间的增长,NO 向 NO_2 转化;由于氧化过程而使丙烯消耗;臭氧及其他二次污染物,如 PAN,H_2CO 等生成。

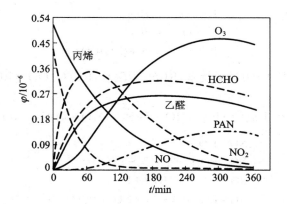

图 2-37 丙烯-NO_x-空气体系中一次及二次污染物的浓度变化曲线(Pitts,1975)

其中关键性反应是:(i) NO_2 的光解导致 O_3 的生成;(ii)丙烯氧化生成了具有活性的自由基,如 HO·,HO_2·,RO_2·等;(iii) HO_2· 和 RO_2· 等促进了 NO 向 NO_2 转化,提供了更多的生成 O_3 的 NO_2 源。

光化学烟雾是一个链反应,链引发反应主要是 NO_2 光解。另外,还有其他化合物,如甲醛在光的照射下生成的自由基,这些化合物均可引起链引发反应。

如 NO_2 可吸收 $\lambda < 430$ nm 的光而发生光解:

$$NO_2 + h\nu \xrightarrow{k_1} NO + O\cdot$$

$$O\cdot + O_2 + M \xrightarrow{k_2} O_3 + M$$

$$O_3 + NO \xrightarrow{k_3} O_2 + NO_2$$

当 NO,NO_2 和 O_3 三者之间达到稳态时,按式(2-24),O_3 的平衡浓度为

$$[O_3] = \frac{k_1[NO_2]}{k_3[NO]}$$

即平衡时 O_3 的浓度取决于体系中 NO 和 NO_2 的浓度。

在光化学反应中,自由基反应占很重要的地位,自由基的引发反应主要是由 NO_2 和醛光解而引起的:

$$NO_2 + h\nu \longrightarrow NO + O\cdot$$
$$RCHO + h\nu \longrightarrow RCO\cdot + H\cdot$$

碳氢化合物的存在是自由基转化和增殖的根本原因:

$$RH + O\cdot \longrightarrow R\cdot + HO\cdot$$
$$RH + HO\cdot \longrightarrow R\cdot + H_2O$$
$$H\cdot + O_2 \longrightarrow HO_2\cdot$$
$$R\cdot + O_2 \longrightarrow RO_2\cdot$$
$$RCO\cdot + O_2 \longrightarrow RC(O)OO\cdot$$

其中 $R\cdot$ 为烷基,$RO_2\cdot$ 为过氧烷基,$RCO\cdot$ 为酰基,$RC(O)OO\cdot$[$RC(O)O_2\cdot$] 为过氧酰基。

通过如上途径生成的 $HO_2\cdot$,$RO_2\cdot$ 和 $RC(O)O_2\cdot$ 均可将 NO 氧化成 NO_2:

$$NO + HO_2\cdot \longrightarrow NO_2 + HO\cdot$$
$$NO + RO_2\cdot \longrightarrow NO_2 + RO\cdot$$
$$RO\cdot + O_2 \longrightarrow HO_2\cdot + R'CHO$$
$$NO + RC(O)O_2\cdot \longrightarrow NO_2 + RC(O)O\cdot$$
$$RC(O)O\cdot \longrightarrow R\cdot + CO_2$$

其中 $RO\cdot$ 为烷氧基,$R'CHO$ 为醛,R' 为比 R 少一个 C 原子的烷基。$RC(O)O\cdot$ 很不稳定,生成后很快分解成 $R\cdot$ 和 CO_2。

将上述反应综合起来如图 2-38 所示。

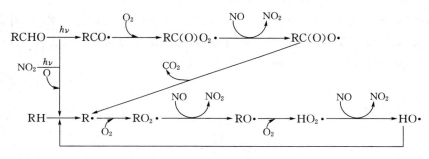

图 2-38 光化学烟雾中自由基传递示意图

可见,在 R• 及 RCO• 寿命期内可以使多个 NO 转化成 NO_2。也就是说,一个自由基自形成之后一直到它猝灭之前可以参加许多个自由基传递反应,这种自由基传递过程提供了使 NO 向 NO_2 转化的条件。而 NO_2 既起链引发作用,又起链终止作用,最终生成 PAN,HNO_3 和硝酸酯等稳定产物。

2. 光化学烟雾形成的简化机制

光化学烟雾形成的反应机制可概括为如下 12 个反应来描述:

引发反应
$$NO_2 + h\nu \longrightarrow NO + O•$$
$$O• + O_2 + M \longrightarrow O_3 + M$$
$$NO + O_3 \longrightarrow NO_2 + O_2$$

自由基传递反应
$$RH + HO• \xrightarrow{O_2} RO_2• + H_2O$$
$$RCHO + HO• \xrightarrow{O_2} RC(O)O_2• + H_2O$$
$$RCHO + h\nu \xrightarrow{2O_2} RO_2• + HO_2• + CO$$
$$HO_2• + NO \longrightarrow NO_2 + HO•$$
$$RO_2• + NO \xrightarrow{O_2} NO_2 + R'CHO + HO_2•$$
$$RC(O)O_2• + NO \xrightarrow{O_2} NO_2 + RO_2• + CO_2$$

终止反应
$$HO• + NO_2 \longrightarrow HNO_3$$
$$RC(O)O_2• + NO_2 \longrightarrow RC(O)O_2NO_2$$
$$RC(O)O_2NO_2 \longrightarrow RC(O)O_2• + NO_2$$

以上反应的速率常数列于表 2-13 中。

表 2-13 光化学烟雾形成的一个简化机制

反　　应	速率常数(298 K)
$NO_2 + h\nu \longrightarrow NO + O•$	0.533(假设)
$O• + O_2 + M \longrightarrow O_3 + M$	2.183×10^{-11}
$NO + O_3 \longrightarrow NO_2 + O_2$	2.659×10^{-5}
$RH + HO• \xrightarrow{O_2} RO_2• + H_2O$	3.775×10^{-3}
$RCHO + HO• \xrightarrow{O_2} RC(O)O_2• + H_2O$	2.341×10^{-2}
$RCHO + h\nu \xrightarrow{2O_2} RO_2• + HO_2• + CO$	1.91×10^{-10}
$HO_2• + NO \longrightarrow NO_2 + HO•$	1.214×10^{-2}
$RO_2• + NO \xrightarrow{O_2} NO_2 + R'CHO + HO_2•$	1.127×10^{-2}
$RC(O)O_2• + NO \longrightarrow NO_2 + RO_2• + CO_2$	1.127×10^{-2}
$HO• + NO_2 \longrightarrow HNO_3$	1.613×10^{-2}
$RC(O)O_2• + NO_2 \longrightarrow RC(O)O_2NO_2$	6.893×10^{-2}
$RC(O)O_2NO_2 \longrightarrow RC(O)O_2• + NO_2$	2.143×10^{-8}

图 2-39 中(a),(b),(c)分别表示按以下三个方案对简化机制模式的计算结果。

	方案 1	方案 2	方案 3
$\varphi_0(RH)$	0.1	0.5	2.0
$\varphi_0(RCHO)$	0.1	0.5	2.0
$\varphi_0(NO)$	0.5	0.5	0.5
$\varphi_0(NO_2)$	0.1	0.1	0.1
$\varphi_0(RH)/\varphi_0(NO_x)$	1/3	5/3	20/3

方案 1:有机物初始体积分数较低,反应中总有机物消耗很少。RCHO 略有增加。NO 向 NO_2 转化显著,且有 O_3 生成。但因有机物体积分数低,O_3 生成量也很低。

方案 2:有机物初始体积分数增高,可看出 NO 向 NO_2 转化明显加快,O_3 生成速率和体积分数也增大。

方案 3:有机物初始体积分数增高 4 倍。在 120 min 时 NO_2 出现了极大值,随后又降低,原因是有消耗 NO_2 的反应在竞争。由于光解速率增加,RCHO 体积分数下降很快。

图 2-39(c)的情况已与实际大气及烟雾箱模拟实验比较接近了。

用以上的机制可以解释图 2-36 中各条曲线。清晨,大量的碳氢化合物和 NO 由汽车尾气及其他污染源排放到大气中,由于夜间 NO 被氧化的结果,大气中已存在少量的 NO_2。在日出时,NO_2 光解生成 O·,随之发生一系列次级反应。所产生的 HO· 开始氧化碳氢化合物,进而与空气中的 O_2 作用而生成 HO_2·、RO_2· 和 $RC(O)O_2$· 等自由基,它们有效地将 NO 氧化为 NO_2,于是 NO_2 体积分数上升,碳氢化合物与 NO 体积分数下降。当 NO_2 体积分数达到

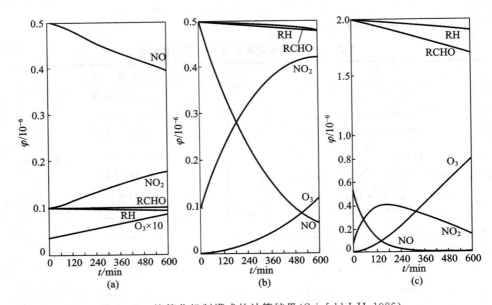

图 2-39　按简化机制模式的计算结果(Seinfeld J H,1986)

一定值时，O_3 开始积累。又由于自由基与 NO_2 所发生的终止反应使 NO_2 增长受到限制，当 NO 向 NO_2 转化速率等于自由基与 NO_2 的反应速率时，NO_2 体积分数达到极大。此时 O_3 仍不断地在增加着。当 NO_2 体积分数下降到一定程度时，其光解而产生的 O· 量不断减少，于是就会减小 O_3 的生成速率。当 O_3 的增加与其消耗达到平衡时，O_3 的体积分数达到最大。下午，因日光减弱，NO_2 光解受到限制，于是反应趋于缓慢，产物体积分数相继下降。

3. 光化学烟雾的控制对策

（1）控制反应活性高的有机物的排放　有机物反应活性表示某有机物通过反应生成产物的能力。碳氢化合物是光化学烟雾形成过程中必不可少的重要组分。因此，控制那些反应活性高的有机物的排放，能有效地控制光化学烟雾的形成和发展。

描述有机物反应活性的因素有很多，如反应速率、产物产额以及在混合物中暴露的效应等。但很难找到一个能够全面反映各种因素的指标。

有人提出依据有机物与 HO· 反应的速率来将有机物的反应活性进行分类。原因是大多数有机物均可与 HO· 发生反应，并且在光化学反应中 HO· 是消耗有机物的主要物质。对极易与 O_3 反应的烯烃来说，在照射初期，与 HO· 反应也同样起主要作用。因此，有机化合物与 HO· 之间的反应速率常数大体上反映了碳氢化合物的反应活性。

不管是采用哪种度量方法，反应活性大致有如下顺序：

有内双键的烯烃＞二烷基或三烷基芳烃和有外双键的烯烃＞乙烯＞单烷基芳烃＞C_5 以上的烷烃＞$C_2 \sim C_5$ 的烷烃。

（2）控制臭氧的浓度　已知氮氧化物和碳氢化合物初始体积分数的大小会影响 O_3 的生成量和生成速率。对于不同的 $\varphi_0(RH)$ 和 $\varphi_0(NO_x)$ 都可以得到一个 O_3 生成的最大值。此最大值与 $\varphi_0(RH)$ 和 $\varphi_0(NO_x)$ 做图，可以绘出 O_3 最大值的等值线图，如图 2-40 所示。此曲线在美国已成为制定控制光化学烟雾污染对策的依据。采用等体积分数曲线为制定对策服务的方法称为 EKMA（empirical kinetic modeling approach）方法。

EKMA 方法是用一臭氧等体积分数曲线模式（OZIPP）做出一系列臭氧等体积分数曲线。这些等体积分数曲线是由各种不同体积分数 RH 和 NO_x 的混合物为初始条件，算出 O_3 产生的日最大值，然后绘制三维图而得出的。该图有如下假设：

① 碳氢化合物包括丙烷、丁烷（含量为 1:3）和醛类（占总量的 50%）。

② NO_2 初始体积分数为 NO 初始体积分数的 25%。

③ 计算时考虑了日照强度的变化，从上午 8 点算到下午 5 点，取北纬 34°。

④ 模拟过程中不断有新鲜污染物加入。

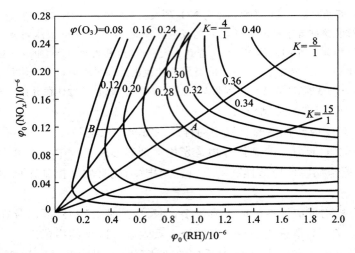

图 2-40 EKMA 方法中的 O_3 等体积分数曲线(唐孝炎,1990)

$$K = \frac{\varphi_0(RH)}{\varphi_0(NO_x)}$$

⑤ 下午 3 点前稀释速率为 3%/h,3 点以后无稀释。

⑥ O_3 输送忽略。

EKMA 图反映了在控制 O_3 生成上 RH 及 NO_x 的重要性,以及 $\varphi_0(RH)/\varphi_0(NO_x)$ 值对 O_3 生成的影响。这对于制订控制对策是很有用的。

将图中各等体积分数线的转折点连接成一线,即 $\varphi_0(RH)/\varphi_0(NO_x) \approx 8/1$,称为脊线,脊线上各点均有同一 $\varphi_0(RH)/\varphi_0(NO_x)$ 值。脊线将图分为两部分,脊线右面当 $\frac{8}{1} < \frac{\varphi_0(RH)}{\varphi_0(NO_x)} < \frac{15}{1}$ 时,固定 $\varphi_0(NO_x)$,O_3 随 $\varphi_0(RH)$ 增大而增大,反之亦然。当 $\frac{\varphi_0(RH)}{\varphi_0(NO_x)} > \frac{15}{1}$ 时,固定 $\varphi_0(NO_x)$,RH 体积分数改变对 O_3 影响不大,即不是很灵敏;但是由于 O_3 与 NO_x 有关,当固定 $\varphi_0(RH)$ 时,$\varphi_0(NO_x)$ 的减小会导致 O_3 的减少。此外,若两者同时减小,则 O_3 也会减少。在脊线左面,当 $\frac{\varphi_0(RH)}{\varphi_0(NO_x)} < \frac{4}{1}$ 时,$\varphi_0(NO_x)$ 维持不变,降低 $\varphi_0(RH)$,O_3 会明显降低。若两者同时降低,且维持同一比值,则 O_3 也降低。$\frac{\varphi_0(RH)}{\varphi_0(NO_x)} > \frac{4}{1}$ 时,固定 $\varphi_0(RH)$,O_3 随 $\varphi_0(NO_x)$ 的降低变化不大。

这一现象从化学上可做如下解释:

当 $\varphi_0(RH)/\varphi_0(NO_x)$ 高时,NO_x 少,O_3 的生成受 NO_x 量的限制,因此 NO_x

对 O_3 生成非常灵敏。

当 $\varphi_0(RH)/\varphi_0(NO_x)$ 低时，O_3 的生成不受限于 NO_x 的量，而受限于光照射的时间和 O_3 的生成速率。因为当 $\varphi_0(RH)/\varphi_0(NO_x)$ 低，即 RH 的量少，于是相应的自由基体积分数也低，NO 向 NO_2 转化就慢，O_3 在日落之前可能达不到最大值。所以，照射时间是影响 O_3 生成量的主要因素。

图 2-40 也可以用来预测如何改变 RH 和 NO_x 的含量达到控制 O_3 含量的目的。例如，假设某城市 $\varphi_0(RH)/\varphi_0(NO_x)=8/1$，$O_3$ 的设计值为 0.28×10^{-6}，即图中的 A 点。要想将 O_3 值达到国家标准 0.12×10^{-6}，即 B 点，如 NO_x 不改变，那么，由图查得通过减少 67%RH 就可达到目的。

由于每个城市情况不同，如阳光强度、扩散稀释速率以及 RH 中的各种反应物质之间的比值不同，EKMA 曲线的形状也会有所不同。各城市需根据本市具体情况做出适于本地区使用的曲线，再根据当地的 O_3 环境体积分数和 RH，NO_x 的排放量，利用曲线找出为达标所要求降低的 RH 和 NO_x 的量。

由上述可知，大气中 $\varphi_0(RH)/\varphi_0(NO_x)$ 值对于生成 O_3 量，即它在大气中的体积分数是有控制作用的。不同的 $\varphi_0(RH)/\varphi_0(NO_x)$ 值对于生成的 O_3 体积分数最大值和 O_3 生成速率之间不是一简单的直线关系。图 2-41 给出了在照射丙烯-NO_x 和某些天然烯烃-NO_x 的体系中，$\varphi_0(RH)/\varphi_0(NO_x)$ 值与 O_3 最大体积分数之间的关系。

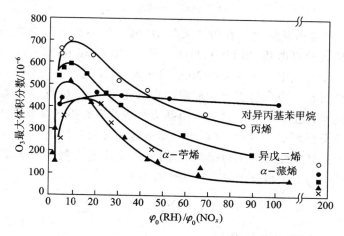

图 2-41 $\varphi_0(RH)/\varphi_0(NO_x)$ 值对 O_3 最大体积分数的影响(唐孝炎,1990)

七、硫氧化物的转化及硫酸烟雾型污染

1. 二氧化硫的气相氧化

大气中 SO_2 的转化首先是 SO_2 氧化成 SO_3,随后 SO_3 被水吸收而生成硫酸,从而形成酸雨或硫酸烟雾。硫酸与大气中的 NH_4^+ 等阳离子结合生成硫酸盐气溶胶。

（1）SO_2 的直接光氧化　在介绍 SO_2 气态分子的吸光特性时已讲到,在低层大气中 SO_2 主要光化学反应过程是形成激发态 SO_2 分子,而不是直接解离。它吸收来自太阳的紫外光后进行两种电子允许跃迁,产生强弱吸收带,但不发生光解:

$$SO_2 + h\nu(290\sim340\ nm) \Longleftrightarrow {}^1SO_2(单重态)$$
$$SO_2 + h\nu(340\sim400\ nm) \Longleftrightarrow {}^3SO_2(三重态)$$

能量较高的单重态分子可按以下过程跃迁到三重态或基态:

$$^1SO_2 + M \longrightarrow {}^3SO_2 + M$$
$$^1SO_2 + M \longrightarrow SO_2 + M$$

在环境大气条件下,激发态的 SO_2 主要以三重态的形式存在。单重态不稳定,很快按上述方式转变为三重态。

大气中 SO_2 直接氧化成 SO_3 的机制为

$$^3SO_2 + O_2 \longrightarrow SO_4 \longrightarrow SO_3 + O\cdot$$

或

$$SO_4 + SO_2 \longrightarrow 2SO_3$$

（2）SO_2 被自由基氧化　在污染大气中,由于各类有机污染物的光解及化学反应可生成各种自由基,如 $HO\cdot$,$HO_2\cdot$,$RO\cdot$,$RO_2\cdot$ 和 $RC(O)O_2\cdot$ 等。这些自由基主要来源于大气中一次污染物 NO_x 的光解,以及光解产物与活性碳氢化合物相互作用的过程。也来自光化学反应产物的光解过程,如醛、亚硝酸和过氧化氢等的光解均可产生自由基。这些自由基大多数都有较强的氧化作用。在这样光化学反应十分活跃的大气中,SO_2 很容易被这些自由基氧化。

① SO_2 与 $HO\cdot$ 的反应。$HO\cdot$ 与 SO_2 的氧化反应是大气中 SO_2 转化的重要反应,首先 $HO\cdot$ 与 SO_2 结合形成一个活性自由基:

$$HO\cdot + SO_2 \xrightarrow{M} HOSO_2\cdot$$

此自由基进一步与空气中 O_2 作用:

$$HOSO_2\cdot + O_2 \xrightarrow{M} HO_2\cdot + SO_3$$
$$SO_3 + H_2O \longrightarrow H_2SO_4$$

反应过程中所生成的 $HO_2\cdot$,通过反应:

$$HO_2\cdot + NO \longrightarrow HO\cdot + NO_2$$

使得 HO· 又再生,于是上述氧化过程又循环进行。这个循环过程的速率决定步骤是 SO_2 与 HO· 的反应。

② SO_2 与其他自由基的反应。在大气中 SO_2 氧化的另一个重要反应是 SO_2 与二元活性自由基的反应。前已讲到,O_3 和烯烃反应可生成二元活性自由基。由于它的结构中含有两个活性中心,如 $CH_3\overset{\centerdot}{C}HOO\cdot$,易与大气中的物种反应。例如:

$$CH_3\overset{\centerdot}{C}HOO\cdot + SO_2 \longrightarrow CH_3CHO + SO_3$$

另外,$HO_2\cdot$,$CH_3O_2\cdot$ 以及 $CH_3(O)O_2\cdot$ 也易与 SO_2 反应,而将其氧化成 SO_3:

$$HO_2\cdot + SO_2 \longrightarrow HO\cdot + SO_3$$
$$CH_3O_2\cdot + SO_2 \longrightarrow CH_3O\cdot + SO_3$$
$$CH_3C(O)O_2\cdot + SO_2 \longrightarrow CH_3C(O)O\cdot + SO_3$$

(3) SO_2 被氧原子氧化　污染大气中的氧原子主要来源于 NO_2 的光解:

$$NO_2 + h\nu \xrightarrow{k_1} NO + O\cdot$$

$$SO_2 + O\cdot \xrightarrow{k_4} SO_3$$

已知,NO_2 光解产生的 O· 还可与 O_2 结合而生成 O_3:

$$O\cdot + O_2 + M \xrightarrow{k_2} O_3 + M$$

由于生成 O· 的 NO_2 光解反应与形成 O_3 的 O· 消耗反应同时不断进行,而 k_4 甚小,对 O· 浓度影响不大,故 O· 浓度可处于稳态,且其稳态浓度为

$$[O\cdot] = \frac{k_1[NO_2]}{k_2[O_2]}$$

又,SO_2 氧化反应速率为

$$-\frac{d[SO_2]}{dt} = k_4[O\cdot][SO_2]$$

若 $t=0$ 时,$[SO_2]=[SO_2]_0$,则有

$$\frac{[SO_2]}{[SO_2]_0} = e^{-k_4[O\cdot]t}$$

把 SO_2 由于 O· 氧化而消耗至起始浓度 $[SO_2]_0$ 的 $1/e$ 所需的时间用 τ 表示,τ 称为 SO_2 与 O· 反应的特征时间:

$$\tau = \frac{k_2[O_2]}{k_1 k_4[NO_2]}$$

用这种方法计算,若 NO_2 的体积分数为 0.1×10^{-6},则 $\tau = 1.3 \times 10^6$ min。

同理,各种活性粒子氧化 SO_2 的速率为

$$-\frac{d[SO_2]}{dt} = k[X][SO_2]$$

式中:$[X]$——活性粒子浓度。则有

$$\frac{[SO_2]}{[SO_2]_0} = e^{-k[X]t}$$

于是,每小时 SO_2 转化的百分数可表示为

$$-\left(\frac{[SO_2]_{t=1\,h} - [SO_2]_0}{[SO_2]_0}\right) \times 100\% = \left(1 - \frac{[SO_2]_{t=1\,h}}{[SO_2]_0}\right) \times 100\% = (1 - e^{-k[X]t}) \times 100\%$$

表 2-14 中最后一项就是按这种方法计算得来的。

表 2-14   自由基对气相中 SO_2 损耗的贡献

粒种	粒种含量/(粒子数·cm^{-3})	k/[cm^3·(粒子数·s)$^{-1}$]	SO_2 损耗量/h^{-1}
HO·	10^7	1.1×10^{-12}	3.2%
O·	10^6	5.7×10^{-14}	$2 \times 10^{-3}\%$
HO$_2$·	10^9	$<1 \times 10^{-18}$	$<7 \times 10^{-4}\%$
CH$_3$O$_2$·	10^9	$<1 \times 10^{-18}$	$<1 \times 10^{-3}\%$

从表中可以看出,在各种活性粒子对 SO_2 的氧化中,以 HO·氧化 SO_2 的反应速率常数为最大,其次是 O·。

2. 二氧化硫的液相氧化

大气中存在着少量的水和颗粒物质。SO_2 可溶于大气中的水,也可被大气中的颗粒物所吸附,并溶解在颗粒物表面所吸附的水中。于是 SO_2 便可发生液相反应。

(1) SO_2 的液相平衡 SO_2 被水吸收:

$$SO_2 + H_2O \xrightleftharpoons{K_H} SO_2 \cdot H_2O$$

$$SO_2 \cdot H_2O \xrightleftharpoons{K_{S_1}} H^+ + HSO_3^-$$

$$HSO_3^- \xrightleftharpoons{K_{S_2}} H^+ + SO_3^{2-}$$

$$K_H = \frac{[SO_2 \cdot H_2O]}{p_{SO_2}}$$

$$K_{S_1} = \frac{[H^+][HSO_3^-]}{[SO_2 \cdot H_2O]}$$

$$K_{S_2} = \frac{[H^+][SO_3^{2-}]}{[HSO_3^-]}$$

计算各可溶态浓度为

$$[SO_2 \cdot H_2O] = K_H p_{SO_2}$$

$$[HSO_3^-] = \frac{K_{s_1}[SO_2 \cdot H_2O]}{[H^+]} = \frac{K_H K_{s_1} p_{SO_2}}{[H^+]}$$

$$[SO_3^{2-}] = \frac{K_{s_2}[HSO_3^-]}{[H^+]} = \frac{K_{s_1} K_{s_2} K_H p_{SO_2}}{[H^+]^2}$$

溶液中可溶性总四价硫浓度为

$$[S(\text{IV})] = [SO_2 \cdot H_2O] + [HSO_3^-] + [SO_3^{2-}]$$

$[S(\text{IV})]$ 与 p_{SO_2} 的关系为

$$[S(\text{IV})] = K_H p_{SO_2}\left(1 + \frac{K_{s_1}}{[H^+]} + \frac{K_{s_1} K_{s_2}}{[H^+]^2}\right)$$

修正的 Henry 常数：

$$K_H^* = K_H\left(1 + \frac{K_{s_1}}{[H^+]} + \frac{K_{s_1} K_{s_2}}{[H^+]^2}\right)$$

则

$$[S(\text{IV})] = K_H^* p_{SO_2}$$

由上式可见，K_H^* 总是大于 K_H，也就是说溶液中硫离子的总量要超过由 Henry 定律所决定的 SO_2 溶解的量。而且还可看出，可溶性四价硫的总浓度与 pH 有关。

现在把三种形态 $S(\text{IV})$ 的摩尔分数与 pH 之间的关系用如下三个表达式来表示：

$$\alpha_0 = [SO_2 \cdot H_2O]/[S(\text{IV})] = \left(1 + \frac{K_{s_1}}{[H^+]} + \frac{K_{s_1} K_{s_2}}{[H^+]^2}\right)^{-1}$$

$$\alpha_1 = [HSO_3^-]/[S(\text{IV})] = \left(1 + \frac{[H^+]}{K_{s_1}} + \frac{K_{s_2}}{[H^+]}\right)^{-1}$$

$$\alpha_2 = [SO_3^{2-}]/[S(\text{IV})] = \left(1 + \frac{[H^+]}{K_{s_2}} + \frac{[H^+]^2}{K_{s_1} K_{s_2}}\right)^{-1}$$

图 2-42 为可溶态 $SO_2 \cdot H_2O$，HSO_3^- 和 SO_3^{2-} 四价硫形态的浓度和体积分数与 pH 的关系。

由图中可见，在高 pH 范围 $S(\text{IV})$ 以 SO_3^{2-} 为主，中间 pH 时以 HSO_3^- 为主，而低 pH 时以 $SO_2 \cdot H_2O$ 为主。实际上，由于 $S(\text{IV})$ 在不同化学反应中存在着不同的形态。如液相反应中出现 HSO_3^- 或 SO_3^{2-} 时，那么其反应速率将依赖于 pH。

(2) O_3 对 SO_2 的氧化　在污染空气中 O_3 的含量比清洁空气中要高，这是由于 NO_2 光解而致。O_3 可溶于大气的水中，将 SO_2 氧化：

$$O_3 + SO_2 \cdot H_2O \xrightarrow{k_0} 2H^+ + SO_4^{2-} + O_2$$

$$O_3 + HSO_3^- \xrightarrow{k_1} HSO_4^- + O_2$$

$$O_3 + SO_3^{2-} \xrightarrow{k_2} SO_4^{2-} + O_2$$

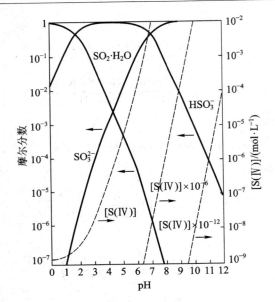

图 2-42　可溶态硫（Ⅳ）（$SO_2 \cdot H_2O$，HSO_3^- 和 SO_3^{2-}）的浓度和
摩尔分数与溶液 pH 的关系
（$T=298$ K，$p_{SO_2}=1.01 \times 10^{-6}$ Pa）

当 O_3 的体积分数 $>0.05 \times 10^{-6}$，pH<5.5 的条件下，O_3 对 SO_2 的氧化作用便可大于 O_2 的氧化作用。湿度低时，该反应较慢，只有在饱和湿度时，O_3 对 SO_2 的液相氧化反应才可更快地进行。云雾中若 O_3 的体积分数为 0.05×10^{-6}，SO_2 的体积分数为 0.01×10^{-6}，则 SO_2 被 O_3 氧化的速率可达（$1\% \sim 4\%$）/h。

水相中 O_3 对 S（Ⅳ）氧化速率表达式为

$$-\frac{d[S(Ⅳ)]}{dt} = (k_0 \alpha_0 + k_1 \alpha_1 + k_2 \alpha_2)[S(Ⅳ)][O_3]$$

$$-\frac{d[S(Ⅳ)]}{dt} = (k_0[SO_2 \cdot H_2O] + k_1[HSO_3^-] + k_2[SO_3^{2-}])[O_3]$$

式中：$k_0 = 2.4 \times 10^4$ L/(mol·s)；$k_1 = 3.7 \times 10^5$ L/(mol·s)；$k_2 = 1.5 \times 10^9$ L/(mol·s)。

从 O_3 与三种不同形态 S（Ⅳ）的反应速率常数可以判断，O_3 与 SO_3^{2-} 反应最快，其次是 HSO_3^-，最慢的是 $SO_2 \cdot H_2O$。这三个反应的重要性随 pH 的变化而不同，pH 较低时，$SO_2 \cdot H_2O$ 与 O_3 的反应较为重要，pH 较高时，SO_3^{2-} 与 O_3 的反应占优势。

（3）H_2O_2 对 SO_2 的氧化　　目前，H_2O_2 对 S（Ⅳ）氧化的研究工作进行得较深入，报道的资料也较多。在 pH 为 $0 \sim 8$ 范围内均可发生氧化反应，通常氧化反应式可表示为

$$HSO_3^- + H_2O_2 \Longrightarrow SO_2OOH^- + H_2O$$

$$SO_2OOH^- + H^+ \longrightarrow H_2SO_4$$

过氧亚硫酸生成硫酸要与一个质子结合,因而介质酸性越强,反应就越快。其反应速率表达式为

$$-\frac{d[S(\mathrm{IV})]}{dt}=\frac{k[\mathrm{H}^+][\mathrm{H_2O_2}][S(\mathrm{IV})]\alpha_1}{1+K[\mathrm{H}^+]}$$

式中:$k=7.45\times10^7$ L/(mol·s);$K=13$ L/mol。

当$[\mathrm{H}^+]\ll1$时,$1+K[\mathrm{H}^+]\approx1$,上式可化为

$$-\frac{d[S(\mathrm{IV})]}{dt}=k[\mathrm{H}^+][\mathrm{H_2O_2}][S(\mathrm{IV})]\alpha_1$$

由于

$$\alpha_1=\frac{[\mathrm{HSO_3^-}]}{[S(\mathrm{IV})]},\qquad K_{S_1}=\frac{[\mathrm{H}^+][\mathrm{HSO_3^-}]}{[\mathrm{SO_2}\cdot\mathrm{H_2O}]}$$

则

$$[S(\mathrm{IV})]\alpha_1=[\mathrm{HSO_3^-}]$$

$$[\mathrm{H}^+][\mathrm{HSO_3^-}]=K_{S_1}[\mathrm{SO_2}\cdot\mathrm{H_2O}]$$

代入上式得

$$-\frac{d[S(\mathrm{IV})]}{dt}=kK_{S_1}[\mathrm{SO_2}\cdot\mathrm{H_2O}][\mathrm{H_2O_2}]$$

表明当$[\mathrm{H}^+]\ll1$时,$S(\mathrm{IV})$的氧化速率与 pH 无关,而当$[\mathrm{H}^+]\approx1$时,氧化速率随 pH 下降而降低。

(4) 金属离子对SO_2液相氧化的催化作用　在有某种过渡金属离子存在时,SO_2的液相氧化反应速率可能会增大,但这种催化氧化过程比较复杂,步骤较多,反应速率表达式多为经验式。现就$\mathrm{Mn^{2+}}$,$\mathrm{Fe^{3+}}$等的催化氧化反应做一介绍。

① $\mathrm{Mn(II)}$的催化氧化反应。在SO_2催化氧化中,通常认为$\mathrm{Mn^{2+}}$的催化作用较大。有人对此提出的反应机理如下:

$$\mathrm{Mn^{2+}+SO_2\Longleftrightarrow MnSO_2^{2+}}$$

$$\mathrm{2MnSO_2^{2+}+O_2\Longleftrightarrow 2MnSO_3^{2+}}$$

$$\mathrm{MnSO_3^{2+}+H_2O\Longleftrightarrow Mn^{2+}+H_2SO_4}$$

总反应为

$$\mathrm{2SO_2+2H_2O+O_2\xrightarrow{Mn^{2+}}2H_2SO_4}$$

当$[S(\mathrm{IV})]\leqslant10^{-4}$ mol/L,$[\mathrm{Mn(II)}]<10^{-5}$ mol/L 时,在有O_2存在下,$\mathrm{Mn(II)}$催化氧化$S(\mathrm{IV})$的速率表达式为

$$-\frac{d[S(\mathrm{IV})]}{dt}=k_2[\mathrm{Mn(II)}][\mathrm{HSO_3^-}]$$

若$[S(\mathrm{IV})]>10^{-4}$ mol/L,$[\mathrm{Mn(II)}]>10^{-5}$ mol/L 时,$\mathrm{Mn(II)}$催化氧化速率表达式则为

$$-\frac{d[S(\mathrm{IV})]}{dt}=k_1[\mathrm{Mn(II)}]^2[\mathrm{H}^+]^{-1}\beta_1$$

式中:$k_1 = 2 \times 10^9$ L/(mol·s);$k_2 = 3.4 \times 10^3$ L/(mol·s);$\beta = \dfrac{[Mn_2(OH)^{3+}][H^+]}{[Mn^{2+}]}$,在温度为 298 K 时,$\lg\beta = -9.9$。

② Fe(Ⅲ)的催化氧化反应。当有氧存在时,Fe(Ⅲ)可对 S(Ⅳ)的氧化起催化作用。催化反应的速率与溶液中 S(Ⅳ)和 Fe(Ⅲ)的浓度,pH,离子强度和温度均有关。同时,对溶液中存在某些阴离子(如 SO_4^{2-})和阳离子(如 Mn^{2+})也很敏感。研究表明,当 pH<4 时,Fe(Ⅲ)催化 O_2 氧化 S(Ⅳ)的速率可表示为

$$-\frac{d[S(Ⅳ)]}{dt} = k[Fe(Ⅲ)][SO_3^{2-}]$$

式中:$k = 1.2 \times 10^6$ L/(mol·s)(温度为 298 K)。

可溶性 Fe(Ⅱ)在低 pH 条件下,可对 S(Ⅳ)的氧化反应起催化作用。但必须经过一个诱发期,即开始发生氧化作用之前,需使 Fe(Ⅱ)氧化为 Fe(Ⅲ)。当 pH>4.5 时,铁的溶解度明显减少。Fe(Ⅲ)主要以凝聚态 $Fe(OH)_3$ 或 Fe_2O_3 形式存在。在 pH 为 5 时,Fe(Ⅲ)催化氧化 S(Ⅳ)的速率表达式为

$$\frac{d[SO_4^{2-}]}{dt} = 5 \times 10^5 [Fe^{3+}(aq)][S(Ⅳ)]$$

③ Fe^{3+} 和 Mn^{2+} 共存时的催化氧化。当 Fe^{3+} 和 Mn^{2+} 共同存在于亚硫酸盐溶液中,S(Ⅳ)的氧化速率比单独用 Fe^{3+} 或 Mn^{2+} 催化时形成硫酸盐速率之和还要快 3~10 倍,表明这两种离子在催化 S(Ⅳ)氧化反应中有协同作用,其速率表达式为

$$\frac{d[SO_4^{2-}]}{dt} = 4.7[H^+]^{-1}[Mn^{2+}]^2 + 0.82[H^+]^{-1} \times [Fe^{3+}][S(Ⅳ)] \cdot \left\{ 1 + \frac{1.7 \times 10^3 [Mn^{2+}]^{1.5}}{6.31 \times 10^{-6} + [Fe^{3+}]} \right\}$$

此方程只适于 $[S(Ⅳ)] > 10^{-6}$ mol/L。

④ SO_2 液相氧化途径的比较。由于各种液相反应的速率有很大的不确定性,因此精确地定量评估各反应对 S(Ⅳ)氧化的贡献是不可能的。但可以粗略地对 SO_2 液相氧化的各途径进行比较。图 2-43 显示了温度为 298 K 时 S(Ⅳ)转化为 S(Ⅵ)各途径反应速率与 pH 的关系。从图中可以看出,当 pH 低于 4 或 5 时,H_2O_2 是使 S(Ⅳ)氧化为硫酸盐的重要途径。pH≈5 或更大时,O_3 的氧化作用比 H_2O_2 快 10 倍。而在高 pH 下,Fe 和 Mn 的催化氧化作用可能是主要的。在所研究的浓度范围内,$HNO_2(NO_2^-)$ 和 NO_2 在所有 pH 条件下对 S(Ⅳ)的氧化作用都不重要。

3. 硫酸烟雾型污染

硫酸烟雾也称为伦敦型烟雾,最早发生在英国伦敦。它主要是由于燃煤而排放出来的 SO_2,颗粒物以及由 SO_2 氧化所形成的硫酸盐颗粒物所造成的大气污染现象。这种污染多发生在冬季、气温较低、湿度较高和日光较弱的气象条件下。如 1952 年 12 月在伦敦发生的一次硫酸烟雾型污染事件。当时伦敦上空受冷高压控制,高空中的云阻挡了来自太阳的光。地面温度迅速降低,相对湿度高

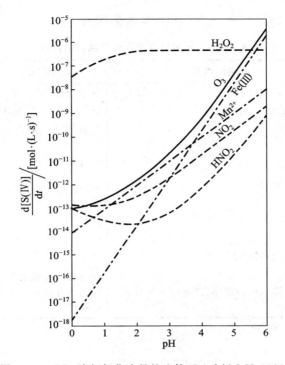

图 2-43 SO_2 液相氧化途径的比较(Seinfeld J H,1986)

$\varphi(SO_2,g)=5\times10^{-9}$, $\varphi(HNO_2,g)=2\times10^{-9}$,

$\varphi(H_2O_2,g)=1\times10^{-9}$, $\varphi(NO_2,g)=1\times10^{-9}$,

$\varphi(O_3,g)=50\times10^{-9}$, $[Fe^{2+}(aq)]=3\times10^{-7}$ mol/L,

$[Mn^{2+}(aq)]=3\times10^{-8}$ mol/L

达 80%,于是就形成了雾。由于地面温度低,上空又形成了一逆温层。大量家庭的烟囱和工厂所排放出来的烟就积聚在低层大气中,难以扩散,这样在低层大气中就形成了很浓的黄色烟雾。

在硫酸烟雾的形成过程中,SO_2 转变为 SO_3 的氧化反应主要靠雾滴中锰、铁及氨的催化作用而加速完成。当然 SO_2 的氧化速率还会受到其他污染物、温度以及光强等的影响。

硫酸烟雾型污染物,从化学上看是属于还原性混合物,故称此烟雾为还原烟雾。而光化学烟雾是高浓度氧化剂的混合物,因此也称为氧化烟雾。这两种烟雾在许多方面具有相反的化学行为。它们发生污染的根源各有不同,硫酸烟雾主要由燃煤引起的,光化学烟雾则主要是由汽车排气引起的。表 2-15 给出了两种类型烟雾的区别。目前已发现两种类型烟雾污染可交替发生。例如,广州夏季是以光化学烟雾为主,而冬季则以硫酸烟雾为主。

表 2-15　硫酸烟雾与光化学烟雾的比较

项目	硫酸烟雾	光化学烟雾
概况	发生较早(1873 年),至今已多次出现	发生较晚(1943 年),发生光化学反应
污染物	颗粒物,SO$_2$,硫酸雾等	碳氢化合物,NO$_x$,O$_3$,PAN,醛类
燃料	煤	汽油、煤气、石油
气象条件		
季节	冬	夏、秋
气温	低(4 ℃以下)	高(24 ℃以上)
湿度	高	低
日光	弱	强
臭氧浓度	低	高
出现时间	白天夜间连续	白天
毒性	对呼吸道有刺激作用,严重时导致死亡	对眼和呼吸道有强刺激作用。O$_3$ 等氧化剂有强氧化破坏作用,严重时可导致死亡

注:本表摘自王晓蓉,1993。

八、酸性降水

　　酸性降水是指通过降水,如雨、雪、雾、冰雹等将大气中的酸性物质迁移到地面的过程。最常见的就是酸雨。这种降水过程称为湿沉降。与其相对应的还有干沉降,这是指大气中的酸性物质在气流的作用下直接迁移到地面的过程。这两种过程共同称为酸沉降。这里主要讨论湿沉降过程。

　　酸性降水的研究始于酸雨问题出现之后。20 世纪 50 年代,英国的 Smith 最早观察到酸雨,并提出“酸雨”这个名词。之后发现降水酸性有增强的趋势,尤其当欧洲以及北美洲均发现酸雨对地表水、土壤、森林、植被等有严重的危害之后,酸雨问题受到了普遍重视,进而成为目前全球性的环境问题。自人们发现这一问题之后,各国相继大力开展酸雨的研究工作,纷纷建立酸雨监测网站,制订长期研究计划,开展国际合作。近年来这方面研究工作发展相当迅速。

　　我国酸雨研究工作始于 20 世纪 70 年代末期,在北京、上海、南京、重庆和贵阳等城市开展了局部研究,发现这些地区不同程度上存在着酸雨污染,以西南地区最为严重。1982—1984 年在国家环保局领导下开展了酸雨调查,为了弄清我国降水酸度及其化学组成的时空分布情况,1985—1986 年在全国范围内布设了189 个监测站,523 个降水采样点,对降水数据进行了全面、系统的分析。结果表明,降水年平均 pH 小于 5.6 的地区主要分布在秦岭淮河以南,而秦岭淮河以北仅有个别地区。降水年平均 pH 小于 5.0 的地区主要在西南、华南以及东南沿海一带。我国酸雨的主要致酸物是硫化物,降水中 SO_4^{2-} 的含量普遍很高。因此,酸雨污染问题在我国是值得注意的。国家很重视我国的酸雨问题,在第七、八两个五年计划中均将酸雨列为攻关重点课题,其中酸沉降的化学过程也是重要研究内容。

1. 降水的 pH

在未被污染的大气中,可溶于水且含量比较高的酸性气体是 CO_2。如果只把 CO_2 作为影响天然降水 pH 的因素,根据 CO_2 的全球大气体积分数 330×10^{-6} 与纯水的平衡:

$$CO_2(g) + H_2O \xrightleftharpoons{K_H} CO_2 \cdot H_2O$$

$$CO_2 \cdot H_2O \xrightleftharpoons{K_1} H^+ + HCO_3^-$$

$$HCO_3^- \xrightleftharpoons{K_2} H^+ + CO_3^{2-}$$

式中:K_H——CO_2 水合平衡常数,即 Henry 常数;

K_1, K_2——分别为二元酸 $CO_2 \cdot H_2O$ 的一级和二级电离常数。

它们的表达式为

$$K_H = \frac{[CO_2 \cdot H_2O]}{p_{CO_2}}$$

$$K_1 = \frac{[H^+][HCO_3^-]}{[CO_2 \cdot H_2O]}$$

$$K_2 = \frac{[H^+][CO_3^{2-}]}{[HCO_3^-]}$$

各组分在溶液中的浓度为

$$[CO_2 \cdot H_2O] = K_H p_{CO_2}$$

$$[HCO_3^-] = \frac{K_1[CO_2 \cdot H_2O]}{[H^+]} = \frac{K_1 K_H p_{CO_2}}{[H^+]}$$

$$[CO_3^{2-}] = \frac{K_2[HCO_3^-]}{[H^+]} = \frac{K_1 K_2 K_H p_{CO_2}}{[H^+]^2}$$

按电中性原理有

$$[H^+] = [OH^-] + [HCO_3^-] + 2[CO_3^{2-}]$$

将 $[H^+]$,$[HCO_3^-]$ 和 $[CO_3^{2-}]$ 代入上式,得

$$[H^+] = \frac{K_w}{[H^+]} + \frac{K_1 K_H p_{CO_2}}{[H^+]} + \frac{2K_1 K_2 K_H p_{CO_2}}{[H^+]^2}$$

$$[H^+]^3 - (K_w + K_H K_1 p_{CO_2})[H^+] - 2K_H K_1 K_2 p_{CO_2} = 0$$

式中：p_{CO_2}——CO_2 在大气中的分压；

　　　K_w——水的离子积。

　　在一定温度下，K_w，K_H，K_1，K_2，p_{CO_2} 都有固定值，并可测得。将这些已知数值代入上式，计算结果得 pH＝5.6。多年来国际上一直将此值看作未受污染的大气水 pH 的背景值。把 pH 为 5.6 作为判断酸雨的界限。pH 小于 5.6 的降雨称为酸雨。

　　近年来通过对降水的多年观测，已经对 pH 为 5.6 能否作为酸性降水的界限以及判别人为污染的界限提出异议。因为，实际上大气中除 CO_2 外，还存在着各种酸、碱性气态和气溶胶物质。它们的量虽少，但对降水的 pH 也有贡献，即未被污染的大气降水的 pH 不一定正好是 5.6。同时，作为对降水 pH 影响较大的强酸，如硫酸和硝酸，也有其天然产生的来源，因而对雨水的 pH 也有贡献。此外，有些地域大气中碱性尘粒或其他碱性气体，如 NH_3 含量较高，也会导致降水 pH 上升。

　　因此，pH 为 5.6 不是一个判别降水是否受到酸化和人为污染的合理界限。于是有人提出了降水 pH 背景值问题。

　　2. 降水 pH 的背景值

　　由于世界各地区自然条件不同，如地质、气象、水文等的差异会造成各地区降水 pH 的不同。表 2-16 列出了世界某些地区降水 pH 的背景值，从中发现降水 pH 均小于或等于 5.0。因而认为把 5.0 作为酸雨 pH 的界限更符合实际情况。

表 2-16　世界某些降水背景点的 pH

地　　点	样　本　数	pH 平均值
中国丽江	280	5.00
Amsterdan（印度洋）	26	4.92
Porkflot（阿拉斯加）	16	4.94
Katherine（澳大利亚）	40	4.78
Sancarlos（委内瑞拉）	14	4.81
St. Georges（大西洋百慕大群岛）	67	4.79

注：本表摘自刘嘉麒，1991。

　　有人认为 pH 大于 5.6 的降水也未必没有受到酸性物质的人为干扰，因为即使有人为干扰，如果不是很强烈，由于这种雨水有足够的缓冲容量，不会使雨水呈酸性；而 pH 在 5.0～5.6 的雨水有可能受到人为活动的影响，但没有超过天然本底硫的影响范围，或者说人为影响即使存在，也不超出天然缓冲作用的调节能力，因为雨水与天然本底硫平衡时的 pH 即为 5.0。如果雨水 pH 小于 5.0，就可以确信人为影响是存在的。所以提出以 5.0 作为酸雨 pH 的界限更为确切。

近年来,我国已开始重视降水 pH 背景值的问题,1985—1986 年间已在我国选择了一些地点作为背景点进行降水的长期测定。

3. 降水的化学组成

(1) 降水的组成　　降水的组成通常包括以下几类。

① 大气中固定气体成分。O_2,N_2,CO_2,H_2 及稀有气体。

② 无机物。土壤衍生矿物离子 Al^{3+},Ca^{2+},Mg^{2+},Fe^{3+},Mn^{2+} 和硅酸盐等;海洋盐类离子 Na^+,Cl^-,Br^-,SO_4^{2-},HCO_3^- 及少量 K^+,Mg^{2+},Ca^{2+},I^- 和 PO_4^{3-};气体转化产物 SO_4^{2-},NO_3^-,NH_4^+,Cl^- 和 H^+;人为排放源 As,Cd,Cr,Co,Cu,Pb,Mn,Mo,Ni,V,Zn,Ag,Sn 和 Hg 等的化合物。

③ 有机物。有机酸、醛类、烷烃、烯烃和芳烃。

④ 光化学反应产物。H_2O_2,O_3 和 PAN 等。

⑤ 不溶物。雨水中的不溶物来自土壤粒子和燃料燃烧排放尘粒中的不能溶于雨水部分。

(2) 降水中的离子成分　　降水中最重要的离子是 SO_4^{2-},NO_3^-,Cl^- 和 NH_4^+,Ca^{2+},H^+。因为这些离子参与了地表土壤的平衡,对陆地和水生生态系统有很大影响。表 2-17 和表2-18列出了不同地区雨水离子的平均组成。

表 2-17　国外部分地区降水化学成分

	含量/(μmol·L^{-1})									pH
	SO_4^{2-}	NO_3^-	Cl^-	NH_4^+	Ca^{2+}	Mg^{2+}	Na^+	K^+	H^+	
瑞典 Sjoangen 1973—1975	34.5	31	18	31	6.5	3.5	15	3	52	4.30
美国 Hubbard Brook 1973—1974	55	50	12	22	5	16	6	2	114	3.94
美国 Pasadena 1978—1979	19.5	31	28	21	3.5	3.5	24	2	39	4.41
加拿大 Ontario	45	19	10	21	11.5	—	—	—	11	4.96
日本神户	19.5	24	39	19	7.5	—	—	—	40	4.40

注:本表摘自唐孝炎,1990。

降水中 SO_4^{2-} 含量各地区有很大差别,大致为 1～20 mg/L(10～210 μmol/L)。降水中 SO_4^{2-} 除来自岩石矿物风化作用,土壤中有机物、动植物和废弃物的分解外,更多的是来自燃料燃烧排放出的颗粒物和 SO_2,因此在工业区和城市的降水中 SO_4^{2-} 含量一般较高,且冬季高于夏季。我国城市降水中 SO_4^{2-} 含量高于外国,这与我国燃煤污染严重有关。

表 2-18　国内部分城市降水化学成分

	含量/$(\mu mol \cdot L^{-1})$									pH
	SO_4^{2-}	NO_3^-	Cl^-	NH_4^+	Ca^{2+}	Mg^{2+}	Na^+	K^+	H^+	
贵阳市区 1982—1984	205.5	21	8.2	78.9	115.6	28.3	10.1	26.4	84.5	4.07
重庆市区 1985—1986	164	29.9	25.2	152.2	135.2	11.4	14.7	7.87	51.4	4.29
广州市区 1985—1986	137.4	23.9	39.4	85.4	98.4	8.7	25.7	22.6	16.70	4.78
南宁市区 1985—1986	28.8	8.48	15.7	45.8	19.9	0.9	11.8	9.6	18.33	4.74
北京市区 1981	136.6	50.32	157.4	141.1	92	—	140.9	42.31	0.16	6.80
天津市区 1981	158.9	29.2	183.1	125.6	143.5	—	175.2	59.2	0.55	6.26

注:本表摘自唐孝炎,1990。

降水中的含氮化合物存在形式是多种的,主要是 NO_3^-,NO_2^- 和 NH_4^+,含量小于 $1 \sim 3$ mg/L,其中 NH_4^+ 含量高于 NO_3^-。NO_3^- 一部分来自人为污染源排放的 NO_x 和尘粒,另有相当一部分可能来自空气放电产生的 NO_x。NH_4^+ 的主要来源是生物腐败及土壤和海洋挥发等天然来源排放的 NH_3。NH_4^+ 的分布与土壤类型有较明显的关系,碱性土壤地区降水中 NH_4^+ 含量相对较高。我国城市雨水中 NH_4^+ 含量很高,可能与人为来源有关。

从表 2-17 和表 2-18 中可见,降水中主要阴离子是 SO_4^{2-},其次是 NO_3^- 和 Cl^-,主要的阳离子是 NH_4^+,Ca^{2+} 和 H^+。在国外,硫酸和硝酸是降水酸度的主要贡献者,两者的比例大致是 2:1。据报道美国东北部降水中 H_2SO_4,HNO_3 和 HCl 所占的百分比分别为 60%,30% 和 5%。但从 1976—1977 年在美国加州所测数据来看,降水中 NO_3^- 至少同 SO_4^{2-} 一样重要。这可能与汽车尾气污染有关。在我国,酸雨一般是硫酸型的。SO_4^{2-} 含量约为 NO_3^- 的 $3 \sim 10$ 倍(表 2-18)。有迹象表明,在南方部分地区 SO_4^{2-} 与 NO_3^- 之比要比人们预料的小,说明 HNO_3 对降水的酸性贡献相对要大一些。

此外,降水中 Ca^{2+} 也是一种不可忽视的离子,虽然国外降水中 Ca^{2+} 浓度较小(表 2-17),但在我国,降水中 Ca^{2+} 却提供了相当大的中和能力(表 2-18)。

(3)降水中的有机酸　目前,世界各地的降水中均已发现有机酸的存在。虽然通常都认为降水酸度主要来自于硫酸和硝酸等强酸,但是多年来实测的结果表明有机弱酸(甲酸和乙酸等)也对降水酸度有贡献。在美国城市地区,有机酸对降水自由酸度的贡献为 16%~35%。而在偏远地区,它们可能成为降水的主要致酸成分,对酸度的贡献有时可高达 60% 以上。

有人曾在全球背景点上测定了降水中的有机酸,表 2-19 列出了在澳大利亚 Katherine 陆地背景点 1980—1984 年取得的雨水中有机酸浓度和百慕大点 1981—1984 年取得的降水中有机酸的浓度。

表 2-19　雨水中有机弱酸的雨量加权平均浓度

	pH	平均浓度/(μmol·L^{-1})									
		H$^+$	NH$_4^+$	Ca^{2+}	Mg^{2+}	K$^+$	Cl$^-$	SO$_4^{2-}$	NO$_3^-$	甲酸	乙酸
百慕大 1981—1984	4.88	13.1	2.8	2.5	0.75	0.9	3.0	7.1	4.4	2.0	0.8
澳大利亚 Katherine 1980—1984	4.77	16.9	2.9	0.95	0.7	1.1	8.0	2.0	4.1	10.5	4.2

注:本表摘自唐孝炎,1990。

　　百慕大雨水的酸度受控于 H$_2$SO$_4$,HNO$_3$,HCOOH 和 CH$_3$COOH,其贡献分别为 67:20:8:3。Katherine 则是有机酸(主要是 HCOOH 和 CH$_3$COOH)对雨水的酸性起了主要作用,H$_2$SO$_4$ 和 HNO$_3$ 的贡献仅分别为 18% 和 21%,有机酸的贡献竟高达 61%。

　　在我国的某些地区也进行了降水中有机酸的测定,结果列于表 2-20 中。由表可见,我国南方城市或工业区雨水中有机酸浓度并不很低,但对自由酸的贡献很小。而在高山降水中,虽然有机酸的绝对浓度并不很高,但对自由酸的贡献却较大。有关人士对表 2-20 所测的甲酸、乙酸数据做了相关分析,结果说明甲酸和乙酸之间存在着很好的相关性。证明它们有共同的来源。这种情况与澳大利亚 Katherine 点的情况相符。

表 2-20　华南降水中有机酸含量(1988 年)

	降水类型	pH	甲酸含量/(μmol·L^{-1})	乙酸含量/(μmol·L^{-1})	甲酸/乙酸	甲酸+乙酸/(SO$_4^{2-}$+NO$_3^-$)	对自由酸的最大贡献/%
某城市地面点	雨水	3.94	34.0	25.5	1.33	0.214	17.2
2000 m 高山点	云雾	4.73	21.1	18.2	1.16	0.418	61.2
某工业区地面点	雨水	4.24	14.2	10.9	1.30	0.387	28.3
1000 m 高山点	雨水	4.56	15.2	9.12	1.67	0.364	60.7

　　(4) 降水中的金属元素　降水中的金属元素,特别是有毒金属元素正逐渐引起人们的注意。有人综合评述了大气沉降中的金属元素,给出了不同地区湿沉降中金属元素的质量浓度范围和中值。如表 2-21 和表 2-22 所示。

表 2-21　湿沉降中有毒金属元素质量浓度范围

金属元素	城　市		乡　村		偏远地区	
	质量浓度/(μg·L^{-1})	参考资料数量	质量浓度/(μg·L^{-1})	参考资料数量	质量浓度/(μg·L^{-1})	参考资料数量
Sb	—	—	—	—	0.034	1
As	5.8	1	0.005~4	9	0.019	1
Cd	0.48~2.3	5	0.08~46	23	0.004~0.639	4
Cr	0.51~15	4	<0.1~30	9	—	—

续表

金属元素	城　市		乡　村		偏远地区	
	质量浓度/ ($\mu g \cdot L^{-1}$)	参考资料数量	质量浓度/ ($\mu g \cdot L^{-1}$)	参考资料数量	质量浓度/ ($\mu g \cdot L^{-1}$)	参考资料数量
Co	1.8	1	0.01~1.5	2	—	—
Cu	6.8~120	6	0.4~150	19	0.035~0.85	5
Pb	5.4~147	8	0.59~64	32	0.02~0.41	6
Mn	1.9~80	8	0.2~84	28	0.018~0.32	5
Hg	0.002~3.8	6	0.005~2.2	10	0.011~0.428	4
Mo	0.20	1	—	—	—	—
Ni	2.4~114	6	0.6~48	15		
Ag	3.2	1	0.01~0.48	7	0.006~0.008	2
V	16~68	3	0.13~23	6	0.016~0.32	3
Zn	18~280	9	<1~311	32	0.007~1.1	8

注:本表摘自 Galloway,1982。

表 2-22　湿沉降中金属元素的中值质量浓度(单位:$\mu g/L$)

金属元素	城　市	乡　村	偏远地区
Sb	—	—	0.034
As	5.8	0.286	0.019
Cd	0.7	0.5	0.008
Cr	3.2	0.88	—
Co	1.8	0.75	—
Cu	41	5.4	0.060
Pb	44	12	0.09
Mn	23	5.7	0.194
Hg	0.745	0.09	0.079
Mo	0.20	—	—
Ni	12	2.4	—
Ag	3.2	0.54	0.007
V	42	9	0.163
Zn	34	36	0.22

注:本表摘自 Galloway,1982。

　　由表可以看出人为活动对金属元素湿沉降的影响是明显的。城市和乡村湿沉降中金属元素质量浓度各自与偏远地区之比代表了人为来源对湿沉降的影响。表 2-23 说明即使在乡村地区,金属元素的湿沉降也受到人为活动的影响。

表 2−23 湿沉降中金属元素的人为活动因子(根据中值质量浓度)

金属元素	城市 偏远地区	乡村 偏远地区
As	305	15
Cd	88	62
Cu	683	90
Pb	489	133
Mn	119	29
Hg	9.4	1.1
Ag	457	77
V	258	55
Zn	155	164

注:本表摘自 Galloway,1982。

4. 酸雨的化学组成

酸雨现象是大气化学过程和大气物理过程的综合效应。酸雨中含有多种无机酸和有机酸,其中绝大部分是硫酸和硝酸,多数情况下以硫酸为主。从污染源排放出来的 SO_2 和 NO_x 是形成酸雨的主要起始物,其形成过程为

$$SO_2 + [O] \longrightarrow SO_3$$
$$SO_3 + H_2O \longrightarrow H_2SO_4$$
$$SO_2 + H_2O \longrightarrow H_2SO_3$$
$$H_2SO_3 + [O] \longrightarrow H_2SO_4$$
$$NO + [O] \longrightarrow NO_2$$
$$2NO_2 + H_2O \longrightarrow HNO_3 + HNO_2$$

式中:$[O]$——各种氧化剂。

大气中的 SO_2 和 NO_x 经氧化后溶于水形成硫酸、硝酸和亚硝酸,这是造成降水 pH 降低的主要原因。除此之外,还有许多气态或固态物质进入大气对降水的 pH 也会有影响。大气颗粒物中 Mn,Cu,V 等是酸性气体氧化的催化剂。大气光化学反应生成的 O_3 和 HO_2·等又是使 SO_2 氧化的氧化剂。飞灰中的氧化钙,土壤中的碳酸钙,天然和人为来源的 NH_3 以及其他碱性物质都可使降水中的酸中和,对酸性降水起"缓冲作用"。当大气中酸性气体浓度高时,如果中和酸的碱性物质很多,即缓冲能力很强,降水就不会有很高的酸性,甚至可能成为碱性。在碱性土壤地区,如大气颗粒物浓度高时,往往会出现这种情况。相反,即使大气中 SO_2 和 NO_x 浓度不高,而碱性物质相对较少,则降水仍然会有较高的酸性。

因此,降水的酸度是酸和碱平衡的结果。如降水中酸量大于碱量,就会形成酸雨。所以,研究酸雨必须进行雨水样品的化学分析,通常分析测定的化学组分有如下几种离子:

阳离子 H^+,Ca^{2+},NH_4^+,Na^+,K^+,Mg^{2+};

阴离子 SO_4^{2-},NO_3^-,Cl^-,HCO_3^-。

由于降水要维持电中性,如果对降水中化学组分做全面测定,最后阳离子总量必然等于阴离子总量,已有资料表明,基本如此。

上述各种离子在酸雨中并非都起着同样重要作用。下面根据我国实际测定的数据以及从酸雨和非酸雨的比较来探讨具有关键性影响的离子组分。表2-24中列出了我国北京和西南地区的一些降水化学实测数据。

表 2-24 我国部分地区降水酸度和主要离子含量

项 目		重庆	贵阳市区	贵阳郊区	北京市区
pH		4.1	4.0	4.7	6.8
主要离子含量/($\mu mol \cdot L^{-1}$)	H^+	73	94.9	18.6	0.16
	SO_4^{2-}	142	173	41.7	137
	NO_3^-	21.5	9.5	15.6	50.3
	Cl^-	15.3	8.9	5.1	157
	NH_4^+	81.4	63.3	26.1	141
	Ca^{2+}	50.5	74.5	22.5	92
	Na^+	17.1	9.8	8.2	141
	K^+	14.8	9.5	4.9	40
	Mg^{2+}	15.5	21.7	6.7	—

注:本表摘自王晓蓉,1993。

首先,根据 Cl^- 和 Na^+ 的浓度相近等情况,可以认为这两种离子主要来自海洋,对降水酸度不产生影响。在阴离子总量中 SO_4^{2-} 占绝对优势,在阳离子总量中 H^+,Ca^{2+},NH_4^+ 占80%以上,这表明降水酸度主要是 SO_4^{2-},Ca^{2+},NH_4^+ 三种离子相互作用而决定的。

比较表 2-25 中酸雨区与非酸雨区的数据,可发现阴离子(SO_4^{2-}+NO_3^-)浓度相差不大,而阳离子(Ca^{2+}+NH_4^++K^+)浓度相差却较大。

表 2-26 为美国伊利诺斯州的降水数据。从中可以看出,如果 1954 年的钙、镁离子浓度与 1977 年相等,那么 1954 年雨水中 pH 为 4.17,而不是 6.05,这进一步说明形成酸雨不仅取决于降水中的酸量,也还取决于对酸起中和作用的碱量。

表 2-25　降水中离子浓度比较

地　　点	$\sum([Ca^{2+}]+[NH_4^+]+[K^+])$ /$(\mu mol\cdot L^{-1})$	$\sum([SO_4^{2-}]+[NO_3^-])$ /$(\mu mol\cdot L^{-1})$
非酸雨(1981)①	419.6	335.2
酸雨(1980)②	209.6	329.5
非酸雨(瑞典)	8.74	3.32
酸雨(瑞典)	4.39	3.26

注:本表摘自王晓蓉,1993。① 北京和天津市区数据平均值。② 重庆铜元局和贵阳喷水池数据平均值。

表 2-26　美国伊利诺斯州 CMI 站降水离子浓度(中值)

年　　份	$[SO_4^{2-}]$ /$(\mu mol\cdot L^{-1})$	$[NO_3^-]$ /$(\mu mol\cdot L^{-1})$	$([Ca^{2+}]+[Mg^{2+}])$ /$(\mu mol\cdot L^{-1})$	pH
1954	30	20	41	6.05
1977	35	30	5	4.17

注:本表摘自王德春,1988。

综上所述,我国酸雨中关键性离子组分是 SO_4^{2-},Ca^{2+} 和 NH_4^+。作为酸的指标 SO_4^{2-},其来源主要是燃煤排放的 SO_2。作为碱的指标 Ca^{2+} 和 NH_4^+ 的来源较为复杂,既有人为来源也有天然来源,而且可能天然来源是主要的。如果天然来源为主,就会与各地的自然条件,尤其是土壤性质有很大关系。据此也可以在一定程度上解释我国酸雨分布的区域性原因。

5. 影响酸雨形成的因素

(1) 酸性污染物的排放及其转化条件　从现有的监测数据来看,降水酸度的时空分布与大气中 SO_2 和降水中 SO_4^{2-} 浓度的时空分布存在着一定的相关性。这就是说,某地 SO_2 污染严重,降水中 SO_4^{2-} 浓度就高,降水的 pH 就低。如我国西南地区煤中含硫量高,并且很少经脱硫处理,就直接用作燃料燃烧,SO_2 排放量很高。再加上这个地区气温高、湿度大,有利于 SO_2 的变化,因此造成了大面积强酸性降雨区。

(2) 大气中的 NH_3　大气中的 NH_3 对酸雨形成是非常重要的。已有研究表明,降水 pH 取决于硫酸、硝酸与 NH_3 以及碱性尘粒的相互关系。NH_3 是大气中唯一的常见气态碱。由于它易溶于水,能与酸性气溶胶或雨水中的酸起中和作用,从而降低了雨水的酸度。在大气中,NH_3 与硫酸气溶胶形成中性的 $(NH_4)_2SO_4$ 或 NH_4HSO_4。SO_2 也可由于与 NH_3 反应而减少,从而避免了进一步转化成硫酸。美国有人根据雨水的分布提出酸雨严重的地区正是酸性气体排放量大并且大气中 NH₃ 含量少的地区。

表 2-27 为在重庆、贵阳和成都市的不同功能区及京津地区气态 NH₃ 的测定结果。

表 2-27　气态 NH₃ 的测定结果

地区	地点	日期	NH₃ 的体积分数/10⁻⁹	样品数
酸雨区	贵阳	1984.9	1.7	16
	重庆	1984.9	5.1	12
	成都	1985.9	4.8	2
非酸雨区	北京	1984.7	44	10
	天津	1984.7	22.8	4

注:本表摘自王德春,1988。

由表 2-27 可看出,酸雨区与非酸雨区 NH₃ 含量的区别是很明显的。前者比后者普遍低一个数量级。表 2-24 中列出实测降水中 NH₄⁺ 的含量,如从高到低排列,则为北京＞重庆＞贵阳,与大气中 NH₃ 浓度测定结果是一致的。这说明气态 NH₃ 在酸雨形成中的重要作用。

大气中 NH₃ 的来源主要是有机物分解和农田施用的含氮肥料的挥发。土壤中的 NH₃ 挥发量随着土壤 pH 的上升而增大。我国京津地区土壤 pH 为 7～8 以上,而重庆、贵阳地区一般为 5～6,这是大气中 NH₃ 含量北高南低的重要原因之一。土壤偏酸性的地方,风沙扬尘的缓冲能力低。这两个因素合在一起,至少目前可以解释我国酸雨多发生在南方的分布状况。

(3) 颗粒物酸度及其缓冲能力　酸雨不仅与大气的酸性和碱性气体有关,同时也与大气中颗粒物的性质有关。大气中颗粒物的组成很复杂,主要来源于土地飞起的扬尘。扬尘的化学组成与土壤组成基本相同,因而颗粒物的酸碱性取决于土壤的性质。除土壤粒子外,大气颗粒物还有矿物燃料燃烧形成的飞灰、烟炱等。它们的酸碱性都会对酸雨有一定的影响。

颗粒物对酸雨的形成有两方面的作用,一是所含的金属可催化 SO₂ 氧化成硫酸。二是对酸起中和作用。但如果颗粒物本身是酸性的,就不能起中和作用,而且还会成为酸的来源之一。目前我国大气颗粒物浓度普遍很高,为国外的几倍至几十倍,在酸雨研究中自然是不能忽视的。这里只讨论颗粒物的酸度和它的缓冲能力。

对北京、成都、贵阳和重庆的大气总颗粒物的 pH 进行测定,并用微量酸滴定,便可划出缓冲曲线,如图 2-44 所示。若曲线成 45°,则表示所加酸量全部消

耗,溶液 pH 不会变化;曲线若呈水平,则表示溶液不消耗酸,所加的酸将使 pH
降低。从图中可看出,北京颗粒物缓冲能力大大高于西南地区,而酸雨弱的成都
又高于酸雨重的贵阳和重庆。所得结果表明了无酸雨地区颗粒物的 pH 和缓冲
能力均高于酸雨区。

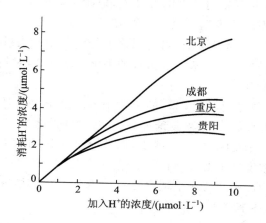

图 2-44 北京、成都、重庆、贵阳市区总颗粒物缓冲曲线

(4)天气形势的影响 如果气象条件和地形有利于污染物的扩散,则大气
中污染物浓度降低,酸雨就减弱,反之则加重。重庆煤耗量只相当于北京的三分
之一,但每年排放 SO_2 量却为北京的 2 倍。而且重庆和贵阳的气象条件和多山
的地形不利于污染物的扩散,所以成为强酸性降雨区。

九、温室气体和温室效应

来自太阳各种波长的辐射,一部分在到达地面之前被大气反射回外空间或
者被大气吸收之后再辐射而返回外空间;一部分直接到达地面或者通过大气而
散射到地面。到达地面的辐射有少量短波长的紫外光、大量的可见光和长波红
外光。这些辐射在被地面吸收之后,最终都以长波辐射的形式又返回外空间,从
而维持地球的热平衡。

大气中许多组分对不同波长的辐射都有其特征吸收光谱,其中能够吸收长
波长的主要有 CO_2 和水蒸气分子。水分子只能吸收波长为 $700 \sim 850$ nm 和
$1\,100 \sim 1\,400$ nm 的红外辐射,且吸收极弱,而对 $850 \sim 1\,100$ nm 的辐射全无吸
收。就是说水分子只能吸收一部分红外辐射,而且较弱。因而当地面吸收了来
自太阳的辐射,转变成为热能,再以红外光向外辐射时,大气中的水分子只能截
留一小部分红外光。大气中的 CO_2 虽然含量比水分子低得多,但它可强烈地吸

收波长为 $1\,200\sim1\,630$ nm 的红外辐射,因而它在大气中的存在对截留红外辐射能量影响较大。对于维持地球热平衡有重要的影响。

CO_2 如温室的玻璃一样,它允许来自太阳的可见光射到地面,也能阻止地面重新辐射出来的红外光返回外空间。因此,CO_2 起着单向过滤器的作用。大气中的 CO_2 吸收了地面辐射出来的红外光,把能量截留于大气之中,从而使大气温度升高,这种现象称为温室效应。能够引起温室效应的气体,称为温室气体。如果大气中温室气体增多,便可有过多的能量保留在大气中而不能正常地向外空间辐射,这样就会使地表面和大气的平衡温度升高,对整个地球的生态平衡会有巨大的影响。

矿物燃料的燃烧是大气中 CO_2 的主要来源。由于人们对能源利用量逐年增加,因而使大气中 CO_2 的浓度逐渐增高。另一方面,由于人类大量砍伐森林、毁坏草原,使地球表面的植被日趋减少,以致降低了植物对 CO_2 的吸收作用。目前全球 CO_2 的浓度逐年上升,图 2-45 就是大气中 CO_2 的浓度升高的一例。图中 CO_2 在一年内的周期变化呈现出夏季低而冬季高的结果。这是因夏季植物对 CO_2 吸收,而冬季 CO_2 排放量增大所致。

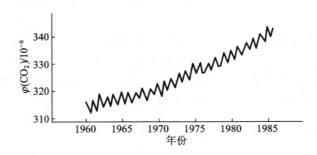

图 2-45   Mauns Loa 岛本底站测定的大气中 CO_2 的浓度变化(唐孝炎,1990)

除了 CO_2 之外,大气中还有一些痕量气体也会产生温室效应,其中有些比 CO_2 的效应还要强。表 2-28 列出了大气中的一些温室气体。

表 2-28   大气中具有温室效应的气体

气　体	大气中体积分数/10^{-9}	年平均增长率/%
二氧化碳	344 000	0.4
甲烷	1 650	1.0
一氧化碳	304	0.25
二氯乙烷	0.13	7.0

续表

气 体	大气中体积分数/10^{-9}	年平均增长率/%
臭氧	不定	—
氟里昂–11	0.23	5.0
氟里昂–12	0.4	5.0
四氯化碳	0.125	1.0

注:本表摘自俊藤博俊,1990。

有学者预计到 2030 年左右,大气中温室气体的含量相当于 CO_2 含量增加 1 倍。因此,全球变暖问题除 CO_2 外,还应考虑具有温室效应的其他气体及颗粒物的作用。图 2–46 显示了几十年来各种温室气体对气温的影响。

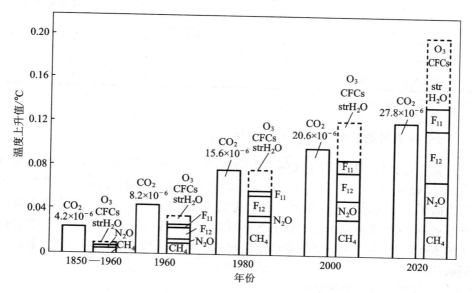

图 2–46 各种温室气体对气温上升的影响(王晓蓉,1993)
CFCs 为除氟里昂–11,氟里昂–12 之外的氟里昂气体,strH₂O 为同温层水蒸气。
F₁₁ 为氟里昂–11;F₁₂ 为氟里昂–12

通过对气温变暖现象的观察,已发现地表大气的平均温度在不断变化中也有上升的趋势。近 100 年来,平均气温上升为 0.3～0.6 ℃,海平面上升了 10～20 cm,其原因可能是由于伴随水温度上升而使海水膨胀以及陆地冰川融化等。尽管当前国际上对全球气温变暖问题尚未有一致的看法,但有关这方面的国际活动相当活跃,对全球气候变化的机制正在广泛地研究之中。

目前研究还表明,气温变暖在全球不同地域有明显的差异。例如,若全球平均气温升高 2 ℃,赤道地区至多上升 1.5 ℃,而高纬度和极地地区竟能上升 6 ℃以上。这样高纬度和低纬度之间的温差将明显减小,使由温差而产生的大气环流运动状态发生变化。一般认为,温室效应对北半球影响更为严重。有人预测按现在发展趋势,35 年后北极平均温度可上升 2 ℃,而南极需 65 年才会产生这种结果。50 年后,欧亚和北美国家的平均温度要比目前提高 2 ℃,而南半球可能提高不到 1 ℃。表 2-29 给出了北半球气温变化的地域性差异。由此,可以看出,由温室效应而导致的气温变暖,在北半球高纬度地带的冬季变化幅度最大。

表 2-29　北半球气温变化的地域性差异

地　　域	温度变化值为全球预测平均数的倍数		降水变化
	夏季	冬季	
高纬度(60°～90°)	0.5～0.7	2.0～2.4	冬季多雨
中纬度(30°～60°)	0.8～1.0	1.2～1.4	夏季少雨
低纬度(0°～30°)	0.7～0.9	0.7～0.9	某些地域暴雨

注:本表摘自 Barbier,1989。

十、臭氧层的形成与耗损

臭氧层存在于对流层上面的平流层中,主要分布在距地面 $10\sim50$ km 范围内,浓度峰值在 $20\sim25$ km 处。臭氧层对地球上生命的出现、发展以及维持地球上的生态平衡起着重要作用。由于臭氧层能够吸收 99% 以上的来自太阳的紫外辐射,从而使地球上的生物不会受到紫外辐射的伤害。然而,随着科学和技术的不断发展,人类的许多活动已经影响到平流层的大气化学过程,使臭氧层遭到破坏。

1. 臭氧层破坏的化学机理

平流层中的臭氧来源于平流层中 O_2 的光解:

$$O_2 + h\nu(\lambda \leqslant 243 \text{ nm}) \longrightarrow O\cdot + O\cdot$$
$$O\cdot + O_2 + M \longrightarrow O_3 + M$$

平流层中臭氧的消除途径有两种。一种是臭氧光解的过程:

$$O_3 + h\nu \longrightarrow O_2 + O\cdot$$

该过程是臭氧层能够吸收来自太阳的紫外辐射的根本原因。由于形成的 $O\cdot$ 很快就会与 O_2 反应,重新形成 O_3,因此,这种消除途径并不能使 O_3 真正被清除。能

够使平流层的 O_3 真正被清除的反应为 O_3 与 $O\cdot$ 的反应：

$$O_3 + O\cdot \longrightarrow 2O_2$$

上述 O_3 生成和消除的过程同时存在,正常情况下它们处于动态平衡,因而臭氧的浓度保持恒定。然而,由于人类活动的影响,水蒸气、氮氧化物、氟氯烃等污染物进入了平流层,在平流层形成了 $HO_x\cdot$,$NO_x\cdot$ 和 $ClO_x\cdot$ 等活性基团,从而加速了臭氧的消除过程,破坏了臭氧层的稳定状态。这些活性基团在加速臭氧层破坏的过程中可以起到催化剂的作用。

(1)平流层中 NO_x 对臭氧层破坏的影响　　平流层中 NO_x 主要存在于 25 km 以上的大气中,其体积分数约为 10×10^{-9}。在 25 km 以下的平流层大气中所存在的含氮化合物主要是 HNO_3。

① 平流层中 NO_x 的来源。

a. N_2O 的氧化。N_2O 是对流层大气中含量最高的含氮化合物,主要来自于土壤中硝酸盐的脱氮和铵盐的硝化。因此,天然来源是其产生的主要途径。由于 N_2O 不易溶于水,在对流层中比较稳定,停留时间较长,因此,可通过扩散作用进入平流层。进入平流层的 N_2O 有 90% 会通过光解形成 N_2:

$$N_2O \xrightarrow[\lambda\leqslant315\ nm]{h\nu} N_2 + O\cdot$$

有2%会氧化形成 NO:

$$N_2O + O\cdot \longrightarrow 2NO$$

因此,N_2O 在平流层的氧化是平流层中 NO 和 NO_2 的主要天然来源。

b. 超音速和亚音速飞机的排放。

c. 宇宙射线的分解。

$$N_2 \xrightarrow{\text{宇宙射线}} N\cdot + N\cdot$$
$$N\cdot + O_2 \longrightarrow NO + O\cdot$$
$$N\cdot + O_3 \longrightarrow NO + O_2$$

这个来源所产生的 NO_x 数量较少。

② NO_x 清除 O_3 的催化循环反应。

$$
\begin{array}{c}
NO + O_3 \longrightarrow NO_2 + O_2 \\
NO_2 + O\cdot \longrightarrow NO + O_2 \\
\hline
O_3 + O\cdot \longrightarrow 2O_2
\end{array}
$$

该反应主要发生在平流层的中上部。如果是在较低的平流层,由于 $O\cdot$ 的浓度

低,形成的 NO_2 更容易发生光解,然后与 $O\cdot$ 作用,进一步形成 O_3:

$$NO_2 \longrightarrow NO + O\cdot$$
$$O\cdot + O_2 + M \longrightarrow O_3$$

因此,在平流层底部 NO 并不会促使 O_3 减少。

③ NO_x 的消除。

a. 由于 NO 和 NO_2 都易溶于水,当它们被下沉的气流带到对流层时,就可以随着对流层的降水被消除,这是 NO_x 在平流层大气中的主要消除方式。

b. 在平流层层顶紫外线的作用下,NO 可以发生光解:

$$NO \xrightarrow[\lambda \leqslant 192\text{ nm}]{h\nu} N\cdot + O\cdot$$

光解产生的 $N\cdot$ 可以进一步与 NO_x 发生反应:

$$N\cdot + NO \longrightarrow N_2 + O\cdot$$
$$N\cdot + NO_2 \longrightarrow N_2O + O\cdot$$

这种消除方式所起的作用较小。

(2)平流层中 $HO_x\cdot$ 对臭氧层破坏的影响 平流层中 $HO_x\cdot$ 主要是指 $H\cdot$ 和 $HO\cdot$,它们主要存在于 40 km 以上的大气中,在 40 km 以下的平流层大气中 $HO_x\cdot$ 会以 $HO_2\cdot$ 的形式存在。

① 平流层中 HO_x 的来源。平流层中 $HO_x\cdot$ 主要来源于甲烷、水蒸气和氢气与激发态原子氧的反应,而激发态原子氧是由 O_3 光解产生的:

$$O_3 + h\nu(\lambda \leqslant 310\text{ nm}) \longrightarrow O_2 + O\cdot(^1D)$$
$$CH_4 + O\cdot(^1D) \longrightarrow \cdot OH + \cdot CH_3$$
$$H_2O + O\cdot(^1D) \longrightarrow 2\cdot OH$$
$$H_2 + O\cdot(^1D) \longrightarrow \cdot OH + \cdot H$$

② $HO_x\cdot$ 清除 O_3 的催化循环反应。在较高的平流层,由于 $O\cdot$ 的浓度相对较大,此时 O_3 可通过以下两种途径被消除:

$$\cdot H + O_3 \longrightarrow \cdot OH + O_2$$
$$\cdot OH + O\cdot \longrightarrow \cdot H + O_2$$
$$\overline{\text{总反应}: O_3 + O\cdot \longrightarrow 2O_2}$$

$$\cdot OH + O_3 \longrightarrow HO_2\cdot + O_2$$
$$HO_2\cdot + O\cdot \longrightarrow \cdot OH + O_2$$
$$\overline{\text{总反应}: O_3 + O\cdot \longrightarrow 2O_2}$$

在较低的平流层,由于 O· 的浓度较小,O_3 可通过如下反应被消除:

$$·OH + O_3 \longrightarrow HO_2· + O_2$$

$$HO_2· + O_3 \longrightarrow ·OH + 2O_2$$

总反应:$2O_3 \longrightarrow 3O_2$

无论哪种途径,与氧原子的反应是决定整个消除速率的步骤。

③ 平流层中 HO_x· 的消除。

a. 自由基复合反应。自由基之间的复合反应是 HO_x· 消除的一个重要途径:

$$HO_2· + HO_2· \longrightarrow H_2O_2 + O_2$$

$$·OH + ·OH \longrightarrow H_2O_2$$

$$·OH + HO_2· \longrightarrow H_2O + O_2$$

b. 与 NO_x 的反应。HO_x· 与 NO_x 的反应也是 HO_x· 消除的一个途径:

$$·OH + NO_2 + M \longrightarrow HONO_2 + M$$

$$·OH + HNO_3 \longrightarrow H_2O + NO_3$$

总反应:$2·OH + NO_2 \longrightarrow H_2O + NO_3$

形成的硝酸会有部分进入对流层然后随降水而被清除。

(3)平流层中 ClO_x· 对臭氧层破坏的影响

① 平流层中 ClO_x· 的来源。

a. 甲基氯的光解。甲基氯是由天然的海洋生物产生的,在对流层大气中可被 HO· 分解生成可溶性的氯化物,然后被降水清除。但也有少量的甲基氯会进入平流层,在平流层紫外线的作用下光解形成 Cl·:

$$CH_3Cl \longrightarrow CH_3· + Cl·$$

这种途径产生的 Cl· 数量很少。

b. 氟氯甲烷的光解。氟氯烃类化合物在对流层中很稳定,停留时间较长,因而可以扩散进入平流层后,在平流层紫外线的作用下发生光解:

$$CFCl_3 \xrightarrow[175\ nm < \lambda < 220\ nm]{h\nu} ·CFCl_2 + Cl·$$

$$CF_2Cl_2 \xrightarrow[175\ nm < \lambda < 220\ nm]{h\nu} ·CF_2Cl + Cl·$$

每个氟氯烃类化合物通过光解最终将把分子内全部的 Cl· 都释放出来。

c. 氟氯甲烷与 O·(^1D)的反应。

$$O \cdot (^1D) + CF_nCl_{4-n} \longrightarrow ClO \cdot + \cdot CF_nCl_{3-n}$$

同样,每个氟氯烃类化合物最终可以把分子内全部的 $Cl \cdot$ 都转化成 $ClO \cdot$。

② $ClO_x \cdot$ 清除 O_3 的催化循环反应。

$ClO_x \cdot$ 破坏 O_3 层的过程可通过如下循环反应进行:

$$Cl \cdot + O_3 \longrightarrow ClO \cdot + O_2$$
$$ClO \cdot + O \cdot \longrightarrow Cl \cdot + O_2$$
$$\overline{\quad 总反应:O_3 + O \cdot \longrightarrow 2O_2 \quad}$$

与氧原子的反应是决定整个消除速率的步骤。

③ $ClO_x \cdot$ 的消除。平流层中的 $ClO_x \cdot$ 可以形成 HCl:

$$Cl \cdot + CH_4 \longrightarrow HCl + \cdot CH_3$$
$$Cl \cdot + HO_2 \cdot \longrightarrow HCl + O_2$$

HCl 是平流层中含氯化合物的主要存在形式。部分 HCl 可以通过扩散进入对流层,然后随降水而被清除。在 30 km 以上的大气中,$ClONO_2$ 的含量也很显著。

(4) 平流层中 $NO_x \cdot$,$HO_x \cdot$ 与 $ClO_x \cdot$ 的重要反应　$NO_x \cdot$,$HO_x \cdot$ 与 $ClO_x \cdot$ 在平流层中可以相互反应,也可以与平流层中的其他组分发生反应,所形成的产物相当于将这些活性基团暂时储存起来,在一定条件下再重新释放。

① 形成 $HONO_2$:

$$\cdot OH + NO_2 \longrightarrow HONO_2$$
$$HONO_2 \xrightarrow[\lambda \leqslant 345\ nm]{h\nu} \cdot OH + NO_2$$
$$HONO_2 + \cdot OH \longrightarrow H_2O + NO_3$$

② 形成 HO_2NO_2:

$$HO_2 \cdot + NO_2 + M \longrightarrow HO_2NO_2 + M$$
$$HO_2NO_2 + h\nu \longrightarrow \cdot OH + NO_3$$
$$HO_2NO_2 + \cdot OH \longrightarrow H_2O + O_2 + NO_2$$

③ 形成 $ClONO_2$:

$$ClO \cdot + NO_2 + M \longrightarrow ClONO_2 + M$$
$$ClONO_2 + h\nu \longrightarrow Cl \cdot + NO_3$$

④ 形成 N_2O_5:

$$NO_2 + O_3 \longrightarrow NO_3 + O_2$$

$$NO_3 + NO_2 + M \longrightarrow N_2O_5 + M$$

$$N_2O_5 \xrightarrow[\lambda \leqslant 400\ nm]{h\nu} 2NO_2 + O\cdot$$

⑤ 形成 HOCl：

$$ClO\cdot + HO_2\cdot \longrightarrow HOCl + O_2$$

$$HOCl + h\nu \longrightarrow Cl\cdot + \cdot OH$$

$$HOCl + \cdot OH \longrightarrow H_2O + ClO\cdot$$

⑥ 形成 H_2O_2：

$$HO_2\cdot + HO_2\cdot \longrightarrow H_2O_2 + O_2$$

$$H_2O_2 \xrightarrow[\lambda \leqslant 300\ nm]{h\nu} 2\cdot OH$$

$$H_2O_2 + HO\cdot \longrightarrow H_2O + HO_2\cdot$$

⑦ 形成 HCl：

$$Cl\cdot + CH_4 \longrightarrow HCl + CH_3\cdot$$

$$Cl\cdot + HO_2 \longrightarrow HCl + O_2$$

上述活性基团和一些原子（O•）或分子化合物如 $HO\cdot$，$HO_2\cdot$，NO，NO_2，$Cl\cdot$，$ClO\cdot$，$ClONO_2$，N_2O_5 和 HO_2NO_2 都已在平流层观测到，这进一步证实了人们所提出的臭氧层的破坏机理。

综上所述，平流层中 $NO_x\cdot$，$HO_x\cdot$ 与 $ClO_x\cdot$ 之间有着紧密的联系，它们在平流层所发生的一系列反应影响着平流层 O_3 的浓度和分布。

2. 南极"臭氧洞"的形成机理

1985 年英国南极探险家 J. C. Farman 等首先提出南极出现了"臭氧空洞"。他发表了 1957 年以来哈雷湾考察站（南纬 76°，西经 27°）臭氧总量测定数据，说明自 1957 年以来每年冬末春初臭氧异乎寻常地减少。随后美国宇航局从人造卫星雨云 7 号的监测数据进一步证实了这一点。图 2-47 是南极的投影图，列出了自 1979 年到 1985 年每年 10 月份南极地区总臭氧月均值的变化。图中"＋"字处为极地，虚线外周为南纬 30°，格林尼治子午线朝向此圆的顶部；等浓度线的浓度间隔为 30D. U. [①]。10 月份南极的臭氧月均值从 1979 年的约 290D. U. 减少到 1985 年的 170D. U.，南极上空的臭氧已是极其稀薄，与周围相比，好像是形成了一个"洞"。于是，南极春季（9,10 月份）期间，一个"臭氧洞"正覆盖着南极大陆的大部分地区的现象得到了承认，也引起了全世界的高度关注。1986 年，1987 年在南极地区的观测说明了"臭氧洞"依然存在，且总臭氧量仍在继续减少。

---

① D. U. 的含义是将 0 ℃，标准海平面压力下，10^{-5} m 厚的臭氧定义为 1 个 Dobson 单位。即 1 D. U. 。

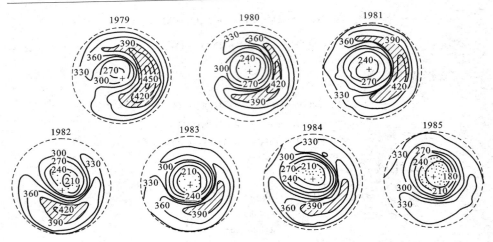

图 2-47　1979—1985 年南极地区每年 10 月份总臭氧的月均值变化（以投影图表示）

关于南极"臭氧洞"成因近年来曾有过几种论点。美国宇航局弗吉尼亚州汉普顿芝利中心 Callis 等提出南极臭氧层的破坏与强烈的太阳活动有关的太阳活动学说。麻省理工学院 Tung 等人认为是南极存在独特的大气环境造成冬末春初臭氧耗竭,提出了大气动力学学说。此外,人们普遍认为大量氟氯烃化合物的使用和排放,是造成臭氧层破坏的主要原因。

（1）McElrog 等提出氯和溴的协同作用机理

$$Cl \cdot + O_3 \longrightarrow ClO \cdot + O_2$$

$$ClO \cdot + BrO \cdot \longrightarrow Cl \cdot + Br \cdot + O_2$$

$$Br \cdot + O_3 \longrightarrow BrO \cdot + O_2$$

总反应 : $2O_3 \longrightarrow 3O_2$

（2）Solomon 等提出 HO· 和 HO$_2$· 自由基的氯链反应机理

$$HO \cdot + O_3 \longrightarrow HO_2 \cdot + O_2$$

$$Cl \cdot + O_3 \longrightarrow ClO \cdot + O_2$$

$$ClO \cdot + HO_2 \cdot \longrightarrow HOCl + O_2$$

$$HOCl + h\nu \longrightarrow Cl \cdot + HO \cdot$$

总反应 : $2O_3 \longrightarrow 3O_2$

（3）Molina 等和 Rodriquez 提出 ClO· 二聚体链反应机理

$$Cl \cdot + O_3 \longrightarrow ClO \cdot + O_2$$

$$ClO \cdot + ClO \cdot + M \longrightarrow Cl_2O_2 + M$$

$$Cl_2O_2 + h\nu \longrightarrow Cl \cdot + ClOO \cdot$$

$$ClOO \cdot + M \longrightarrow Cl \cdot + O_2 + M$$

总反应 : $2O_3 \longrightarrow 3O_2$

第四节　大气颗粒物

大气是由各种固体或液体微粒均匀地分散在空气中形成的一个庞大的分散体系。它也可称为气溶胶体系。气溶胶体系中分散的各种粒子称为大气颗粒物。它们可以是无机物,也可以是有机物,或由两者共同组成;可以是无生命的,也可以是有生命的;可以是固态,也可以是液态。

大气颗粒物是大气的一个组分。饱和水蒸气以大气颗粒物为核心而形成云、雾、雨、雪等,它参与了大气降水过程。同时,大气中的一些有毒物质绝大部分都存在于颗粒物中,并可通过人的呼吸过程吸入体内而危害人体健康。它也是大气中一些污染物的载体或反应床,因而对大气中污染物的迁移转化过程有明显的影响。

在清洁大气中,大气颗粒物很少,而且是无毒的。在污染大气中,大气颗粒物也属污染物之列,并且其中许多携带着有毒的化学物质。

大气颗粒物的污染特征与其物理化学性质以及所引起的大气非均相化学反应有着密切的关系,许多全球性的环境问题如臭氧层破坏、酸雨形成和烟雾事件的发生都与大气颗粒物的环境作用有关。此外,大气颗粒物对于人体健康、生物效应以及气候变化也有独特的作用。因此,自 20 世纪 90 年代以来大气颗粒物已成为大气化学研究的最前沿的领域。

一、大气颗粒物的来源与消除

1. 大气颗粒物的来源

大气颗粒物的来源可分为天然来源和人为来源两种。直接由污染源排放出来的称为一次颗粒物。大气中某些污染组分之间,或这些组分与大气成分之间发生反应而产生的颗粒物,称为二次颗粒物。天然来源如地面扬尘,海浪溅出的浪沫,火山爆发所释放出来的火山灰,森林火灾的燃烧物,宇宙陨星尘以及植物的花粉、孢子等。人为来源主要是燃料燃烧过程中形成的煤烟、飞灰等,各种工业生产过程所排放出来的原料或产品微粒,汽车排放出来的含铅化合物,以及矿物燃料燃烧所排放出来的 SO_2 在一定条件下转化为硫酸盐粒子等。大气颗粒物有很多种类,按其大小和形成原因,常见的可分为粉尘、烟、灰、雾、霭、烟尘和烟雾等。

2. 大气颗粒物的消除

大气颗粒物的消除与颗粒物的粒度、化学性质密切相关。通常有两种消除方式:干沉降和湿沉降。

（1）干沉降　干沉降是指颗粒物在重力作用下沉降,或与其他物体碰撞后发生的沉降。这种沉降存在着两种机制。一种是通过重力对颗粒物的作用,使其降落在土壤、水体的表面或植物、建筑物等物体上。沉降速率与颗粒物的粒径、密度、空气运动黏滞系数等有关。粒子的沉降速率可应用 Stokes 定律求出:

$$v = \frac{gd^2(\rho_1 - \rho_2)}{1.8\eta}$$

式中:v——沉降速率,cm/s;

$\quad g$——重力加速度,cm/s^2;

$\quad d$——粒径,cm;

$\quad \rho_1, \rho_2$——分别为颗粒物和空气的密度,g/cm^3;

$\quad \eta$——空气黏度,Pa·s。

由此可见,粒径越大,沉降速率也越大,表 2-30 列出用 Stokes 定律计算密度为 1 g/cm^3 的不同粒径颗粒物的沉降速率。

另一种沉降机制是粒径小于 0.1 μm 的颗粒,即 Aitken 粒子,它们靠 Brown 运动扩散,相互碰撞而凝聚成较大的颗粒,通过大气湍流扩散到地面或碰撞而去除。

表 2-30　不同粒径颗粒物的沉降速率

颗粒直径/μm	沉降速率/(cm·s^{-1})	到达地面所需时间
0.1	8×10^{-5}	2~13 a
1	4×10^{-3}	13~98 a
10	0.3	4~9 h
100	30	3~18 min

注:本表摘自王晓蓉,1993。

（2）湿沉降　湿沉降是指通过降雨、降雪等使颗粒物从大气中去除的过程。它是去除大气颗粒物和痕量气态污染物的有效方法。湿沉降也可分雨除和冲刷两种机制。雨除是指一些颗粒物可作为形成云的凝结核,成为云滴的中心,通过凝结过程和碰撞过程使其增大为雨滴,进一步长大而形成雨降落到地面,颗粒物也就随之从大气中被去除。雨除对半径小于 1 μm 的颗粒物的去除效率较高,特别是具有吸湿性和可溶性的颗粒物更明显。冲刷则是降雨时在云下面的颗粒物与降下来的雨滴发生惯性碰撞或扩散、吸附过程,从而使颗粒物去除。冲刷对半径为 4 μm 以上的颗粒物的去除效率较高。

一般通过湿沉降过程去除大气中颗粒物的量约占总量的 80%~90%,而干沉降只有 10%~20%。但是,不论雨除或冲刷,对半径为 2 μm 左右的颗粒物都没有明显的去除作用。因而它们可随气流被输送到几百公里甚至上千公里以外的地方去,造成大范围的污染。

二、大气颗粒物的粒径分布

1. 大气颗粒物的粒径

粒径通常是指颗粒物的直径。这就意味着把它看成球体。但是,实际上大气中粒子的形状极不规则,把粒子看成球体是不确切的。因而对不规则形状的粒子,实际工作中往往用诸如有效直径等来表示。对于大气粒子,目前普遍采用有效直径来表示。最常用的是空气动力学直径(D_p)。其定义为与所研究粒子有相同终端降落速度的、密度为 1 g/cm^3 的球体直径。D_p 可由下式求得:

$$D_p = D_g K \sqrt{\frac{\rho_p}{\rho_0}}$$

式中:D_g——几何直径;

ρ_p——忽略了浮力效应的粒密度;

ρ_0——参考密度($\rho_0 = 1$ g/cm^3);

K——形状系数,当粒子为球状时,$K = 1.0$。

从上式可见。对于球状粒子,ρ_p 对 D_p 是有影响的。当 ρ_p 较大时,D_p 会比 D_g 大。由于大多数大气粒子满足 $\rho_p \leqslant 10$ g/cm^3,因此 D_p 和 D_g 的差值因子必定小于 3。

大气颗粒物按其粒径大小可分为如下几类:

(1)总悬浮颗粒物　用标准大容量颗粒采样器在滤膜上所收集到的颗粒物的总质量,通常称为总悬浮颗粒物。用 TSP 表示。其粒径多在 100 μm 以下,尤以 10 μm 以下的为最多。

(2)飘尘　可在大气中长期飘浮的悬浮物称为飘尘。其粒径主要是小于 10 μm 的颗粒物。

(3)降尘　能用采样罐采集到的大气颗粒物。在总悬浮颗粒物中一般直径大于 10 μm 的粒子由于自身的重力作用会很快沉降下来。这部分颗粒物称为降尘。

(4)可吸入粒子　易于通过呼吸过程而进入呼吸道的粒子。目前国际标准化组织(ISO)建议将其定为 $D_p \leqslant 10$ μm。我国科学工作者已采用了这个建议。

2. 大气颗粒物的三模态

Whitby 等人依据大气颗粒物按表面积与粒径分布的关系得到了三种不同类型的粒度模,并用它来解释大气颗粒物的来源与归宿。按这个模型,可把大气颗粒物表示成三种模结构,即 Aitken 核模($D_p<0.05$ μm)、积聚模(0.05 μm$<$ $D_p<2$ μm)和粗粒子模($D_p>2$ μm)。图 2-48 是三模态典型示意图。

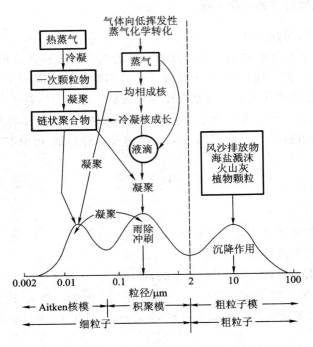

图 2-48　气溶胶的粒度分布及其来源(Whitby,1978)

　　从图中可以看出,Aitken 核模主要来源于燃烧过程所产生的一次颗粒物,以及气体分子通过化学反应均相成核而生成的二次颗粒物。由于它们的粒径小、数量多、表面积大而很不稳定,易于相互碰撞凝结成大粒子而转入积聚模。也可在大气湍流扩散过程中很快被其他物质或地面吸收而去除。积聚模主要由核模凝聚或通过热蒸气冷凝再凝聚而长大。这些颗粒物多为二次污染物,其中硫酸盐占 80% 以上,它们在大气中不易由扩散或碰撞而去除。以上两种模的颗粒物合称为细粒子。粗粒子模的粒子称为粗粒子,它们多由机械过程所产生的扬尘、液滴蒸发、海盐溅沫、火山灰和风沙等一次颗粒物所构成,因而它们的组成与地面土壤十分相近,这些粒子主要靠干沉降和湿沉降过程而去除。

　　由上述各种模粒子形成过程可看出,细粒子与粗粒子之间一般不会相互转化。图 2-49 显示了这两种粒子的化学组分完全不同,就充分证明了这一点。

　　3. 大气颗粒物的表面性质

大气颗粒物有三种重要的表面性质,即成核作用、黏合和吸着。成核作用是指过饱和蒸气在颗粒物表面上形成液滴的现象。雨滴的形成就属成核作用。在被水蒸气饱和的大气中,虽然存在着阻止水分子简单聚集而形成微粒或液滴的强势垒,但是,如果已经存在凝聚物质,那么水蒸气分子就很容易在已有的微粒上凝聚。即使已有的微粒不是由水蒸气凝结的液滴,而是由覆盖了水蒸气吸附层的物质所组成的,凝结也同样会发生。

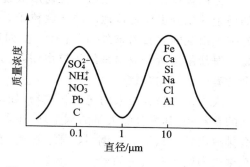

图 2-49 在粗粒子和细粒子中化学形态分布

粒子可以彼此相互紧紧地黏合或在固体表面上黏合。黏合或凝聚是小颗粒形成较大的凝聚体并最终达到很快沉降粒径的过程。相同组成的液滴在它们相互碰撞时可能凝聚,固体粒子相互黏合的可能性随粒径的降低而增加,颗粒物的黏合程度与颗粒物及表面的组成、电荷、表面膜组成(水膜或油膜)及表面的粗糙度有关。如果气体或蒸气溶解在微粒中,这种现象称为吸收。若吸附在颗粒物表面上,则称为吸着。涉及特殊的化学相互作用的吸着,称为化学吸附作用。如大气中 CO_2 与 $Ca(OH)_2$ 的颗粒反应:

$$Ca(OH)_2(s) + CO_2 \longrightarrow CaCO_3 + H_2O$$

化学吸着的其他例子如 SO_2 与氧化铝或氧化铁气溶胶的反应,硫酸气溶胶与 NH_3 的反应等。

当离子在颗粒物表面上黏合时,可获得负电荷或正电荷,电荷的电荷量受空气的电击穿强度和颗粒物表面积限制。在大气颗粒物上的电荷可以是正的,也可以是负的。基于颗粒物带有电荷这一性质,可利用静电除尘法去除烟道气中的颗粒物。

三、大气颗粒物的化学组成

大气颗粒物的化学组成十分复杂,其中与人类活动密切相关的成分主要包括离子成分(以硫酸及硫酸盐颗粒物和硝酸及硝酸盐颗粒物为代表)、痕量元素成分(包括重金属和稀有金属等)和有机成分。按照组成,可以将大气颗粒物划分为两大类。一般将只含有无机成分的颗粒物叫做无机颗粒物,而将含有有机成分的颗粒物叫做有机颗粒物。有机颗粒物可以是由有机物质凝聚而形成的颗粒物,也可以是由有机物质吸附在其他颗粒上所形成的颗粒物。

1. 无机颗粒物

无机颗粒物的成分是由颗粒物形成过程决定的。天然来源的无机颗粒物，如扬尘的成分主要是该地区的土壤粒子。火山爆发所喷出的火山灰，除主要由硅和氧组成的岩石粉末外，还含有一些如锌、锑、硒、锰和铁等金属元素的化合物。海盐溅沫所释放出来的颗粒物，其成分主要有氯化钠粒子、硫酸盐粒子，还会含有一些镁化合物。

人为来源释放出来的无机颗粒物，如动力发电厂由于燃煤及石油而排放出来的颗粒物，其成分除大量的烟尘外，还含有铍、镍、钒等的化合物。市政焚烧炉会排放出砷、铍、镉、铬、铜、铁、汞、镁、锰、镍、铅、锑、钛、钒和锌等的化合物。汽车尾气中则含有大量的铅。

一般来讲，粗粒子主要是土壤及污染源排放出来的尘粒，大多是一次颗粒物。这种粗粒子主要是由硅、铁、铝、钠、钙、镁、钛等 30 余种元素组成。细粒子主要是硫酸盐、硝酸盐、铵盐、痕量金属和炭黑等。

不同粒径的颗粒物其化学组成差异很大。如硫酸盐粒子，其粒径属于积聚模，为细粒子，主要是二次污染物。土壤粒子大多属于粗粒子模，为粗粒子，其成分与地壳组成元素十分相近。图 2-49 也说明了这点。

(1) 硫酸及硫酸盐颗粒物　硫酸主要是由污染源排放出来的 SO_2 氧化后溶于水而生成的。硫酸再与大气中的 NH_3 化合而生成 $(NH_4)_2SO_4$ 颗粒物。硫酸也可以与大气中其他金属离子化合生成各种硫酸盐颗粒物。硫酸盐颗粒物对光吸收和散射的能力较强，从而降低大气的能见度。因此，对硫酸盐气溶胶的研究越来越受到重视。

在正常的大气条件下，尽管所形成的硫酸盐颗粒物是属于核模范围，而核模粒子之间能迅速凝聚，从而进入积聚模粒径范围。积聚模是十分稳定的，在沉降过程中，半寿期可达数月。积聚模与粗粒子模之间是相互独立的，因此硫酸盐粒子大多维持在积聚模中。有一项研究报告中表明，在粒径小于 3.5 μm 的细粒子中，以 SO_4^{2-} 形式存在的硫与总硫的比值为 1.01 ± 0.14；以 NH_4^+ 的形式存在的氮与总氮的比值为 1.08 ± 0.45；而以 NO_3^- 形式存在的氮与总氮的比值为 0.007 ± 0.008。这说明在细粒子中，硫主要是以 SO_4^{2-} 形式存在。而且 SO_4^{2-} 与 NH_4^+ 是高度相关的，即硫酸盐颗粒物主要是硫酸铵盐。

(2) 硝酸及硝酸盐颗粒物　目前，人们对硝酸及硝酸盐颗粒物不如对硫酸盐颗粒物研究得深入。由于 HNO_3 比 H_2SO_4 更容易挥发，所以在通常情况下，在相对湿度不太大时，HNO_3 多以气态形式存在于大气中，除在硝酸污染源附近外，几乎不以 HNO_3 颗粒物形式存在。与硫酸盐颗粒物相类似，如果 HNO_3 一开始就能形成 Aitken 核，并能迅速长大时，则硝酸及其盐的粒子也可能存在于

积聚模中,此时可能发生的反应是

$$NH_3 + HNO_3 \rightleftharpoons NH_4NO_3(s)$$

$$H_2SO_4(l) + NH_4NO_3(s) \longrightarrow NH_4HSO_4(s) + HNO_3(g)$$

当 HNO_3 或 NH_3 的浓度很低时,或者 H_2SO_4 的浓度很高时,亦或温度较高时,都能促使第一个反应所生成的 $NH_4NO_3(s)$ 变得不稳定。这时常表现出 HNO_3 与土壤粒子的反应更重要些,从而使 HNO_3 并入粗粒子模态中去。

在湿空气中加入 NO_2 和 NaCl,很快就建立起 $NaNO_3$ 和 $HCl(g)$ 混合物的平衡体系。该反应的第一步是湿空气中的 NO_2 先与水蒸气作用产生 HNO_3 和 NO:

$$3NO_2 + H_2O \longrightarrow 2HNO_3 + NO$$

新生成的 $HNO_3(g)$ 吸附在 NaCl 颗粒物上。在相对湿度大于 75% 时,HNO_3 或 NO_2 可能吸附在含有 NaCl 的液滴上或被吸收在液滴中,发生置换反应:

$$3NO_2 + H_2O + 2NaCl \longrightarrow 2NaNO_3 + 2HCl(g) + NO$$

所产生的 $HCl(g)$ 随之脱附而进入大气中。

对于沿海城市,由于污染源排放的 NO_x 与从海洋中不断逸出的 NaCl 相遇,所以就会建立起一个由 $NaCl$,NO_x,水蒸气和空气构成的体系,因而其大气中的硝酸盐颗粒物就显得比较重要。同理,若城市同时还有 SO_2 排放,又可建立起一个由 $NaCl$,SO_2,水蒸气和空气所构成的体系,所形成的硫酸盐颗粒物也是不可忽视的。

2. 有机颗粒物

有机颗粒物是指大气中的有机物质凝聚而形成的颗粒物,或有机物质吸附在其他颗粒物上而形成的颗粒物。大气颗粒污染物主要是这些有毒或有害的有机颗粒物。

有机颗粒物种类繁多,结构也极其复杂。已检测到的主要有烷烃、烯烃、芳烃和多环芳烃等各种烃类。另外还有少量的亚硝胺、氮杂环类、环酮、酮类、酚类和有机酸等。这些有机颗粒物主要是由矿物燃料燃烧、废弃物焚化等各类高温燃烧过程所形成的。在各类燃烧过程中已鉴定出来的化合物有 300 多种。按类别分为多环芳香族化合物,芳香族化合物,含氮、氧、硫、磷类化合物,羟基化合物,脂肪族化合物,羰基化合物和卤化物等,如表 2-31 所示。

有机颗粒物多数是由气态一次污染物通过凝聚过程转化而来的。转化速率比 SO_2 转化为硫酸盐颗粒物要小。一次污染物转化为二次污染物时,通常都含有—COOH,—CHO,—CH_2ONO,—$C(O)SO_2$,—$C(O)OSO_2$ 等基团,这是由

表 2-31 城市颗粒物中已检出的各类有机化合物

化合物类型	例	城市大气中的质量浓度/($ng \cdot m^{-3}$)
烷烃类($C_{18} \sim C_{50}$)	$n-C_{22}H_{46}$	1 000～4 000 (1966—1967 年美国 217 个城市观察站)
烯烃类	$n-C_{22}H_{44}$	2 000 (1966—1967 年美国 217 个城市观察站)
苯烷烃类	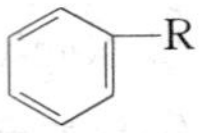 (苯环—R)	80～680 (1973 年 7 月美国加州,Westconina)
萘类	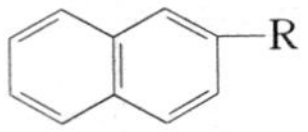 (萘—R)	40～500 (1972 年 9 月美国加州,Pasadena)
多环芳烃类	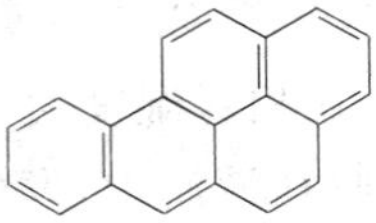 (苯并[a]芘)	6.6(1958—1959 年美国 100 个城市观察站) 3.2(1966—1967 年美国 32 个城市观察站) 2.1(1970 年美国 32 个城市观察站)
芳香酸类	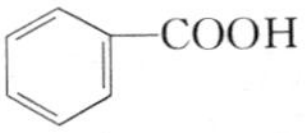 (苯环—COOH)	90～380 (1970 年美国加州,Pasadena)
环酮类	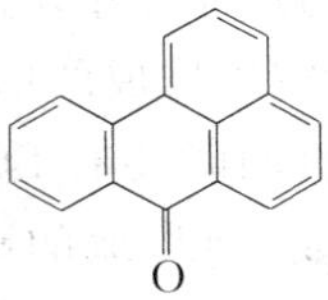 (环酮结构,=O)	8(1965 年前美国城市平均值) 2～40(1968 年 7 月美国城市)
醌类	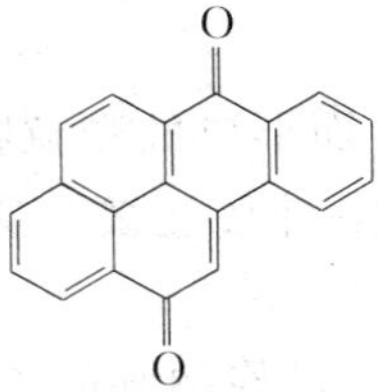 (醌结构,O=、=O)	0.04～0.12 (1972—1973 年,各种异构体)
酚类	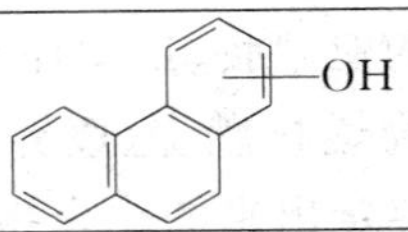 (酚结构—OH)	～0.3 (1975 年比利时,Antwerp)
酯类	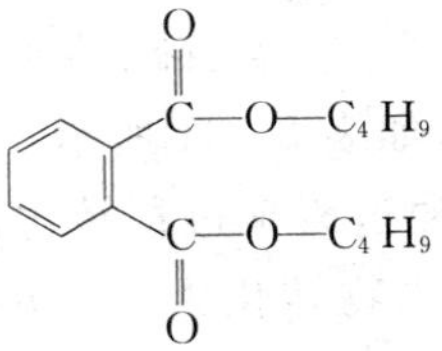 (酯结构 C—O—C_4H_9, C—O—C_4H_9)	29～132(1976 年,比利时,Antwerp) 2～11(1975 年美国纽约)

续表

化合物类型	例	城市大气中的质量浓度/$(ng \cdot m^{-3})$
醛类	$CHO(CH_2)_nCHO$	30～540(1972 年 9 月美国加州,Pasadena)
脂肪羧酸	$C_{15}H_{31}COOH$	220(1964 年 2 月,美国纽约)
脂肪二元羧酸类	$HOOC(CH_2)_nCOOH$	40～1350(1972 年 9 月美国加州,Pasadena)
氮杂环类		0.2(1963 年美国 100 个城市综合值) 0.01(1976 年美国纽约) ～0.5(1976 年比利时,Antwerp)
N-亚硝基胺类	$(CH_3)_2NNO$	＜0.03～0.96(1975 年 8 月美国马里兰州,Baltimore) 16.6(1976 年 7 月美国纽约)
硝基化合物	$CHO(CH_2)_nCH_2ONO_2$ NO_2	40～1010(1972 年 9 月美国加州,Pasadena) 检出(Prague,Czechoslovakia)
硫杂环类	S,N / S	0.014～0.02(1976 年美国纽约) 检出(美国印第安纳州,Indianapolis 和 Gary)
SO_2-加合物	SO_3H	2～18 nmol/m³(1976 年纽约)
烷基卤化物类	$C_{18}H_{37}Cl$	20～320(1972 年美国加州,Pasadena)
芳基卤化物类	—Cl	0.5～3(1972 年美国加州,Pasadena)
多氯酚类	OH,—Cl_n	5.7～7.8(1976 年比利时,Antwerp)

注:本表摘自 Seinfeld J H,1986。

于转化反应过程中有 HO·,HO₂·和 CH₃O·自由基参与的结果。

有机颗粒物的粒径一般都比较小,属于 Aitken 核模或积聚模。

3. 有机颗粒物中的多环芳烃(PAH)

在有机颗粒物所包含的各种有机化合物中,毒性较大的是 PAH。PAH 是由若干个苯环彼此稠合在一起或是若干个苯环和戊二烯稠合在一起的化合物。它们的蒸气压由分子中环的多少决定,环多的蒸气压低,环少的蒸气压高。因而环少的易于以气态形式存在,环多的则在固相颗粒物中。大气颗粒物中含量较多,并已证实有较强致癌性的 PAH 为苯并[a]芘(BaP)。其他活化致癌的 PAH 有苯并[a]蒽、菌,苯并[e]芘,苯并[e]芘,苯并[j]荧蒽和茚并[1,2,3-cd]芘等。

PAH 大多出现在城市大气中,其中代表性的致癌 PAH 含量大约为 20 $\mu g/m^3$;有些特殊的大气和废气中 PAH 含量更高。煤炉排放废气中 PAH 可超过 1 000 $\mu g/m^3$,香烟的烟气中也可达 100 $\mu g/m^3$。

大气中的 PAH 是由存在于燃料或植物中较高级的烷烃在高温下分解而形成的。这些高级烃可裂解为较小的不稳定的分子和残渣,它们再进一步反应便可生成 PAH。PAH 几乎只在固相中出现,测定丙烷进行不完全燃烧,其产物在气、固相中 PAN 的含量实验表明,所生成的 PAN 在气相中还不到 4%,而绝大部分在固相中。烟尘本身就是一种多环芳烃的高聚物,经 X 射线结构分析表明,烟尘微粒是由相互结合在一起的微晶构成的,而每一个微晶是由若干个石墨晶片组成,每个晶片又是由约 100 个缩合在一起的芳环构成。

有机颗粒污染物能同大气中的臭氧、氮氧化物等相互作用而形成二次污染物。近年来,遗传病理学进一步证明了这些二次污染物有直接致癌和致突变作用。因此,对 PAH 的研究日益受到人们的重视。

一些常见的气体污染物,不论是分子态的、激发态的或是游离基态的,作为一个亲电子体都可能同 PAH 化合物的具有高电子密度的碳原子反应。例如,O_3 作为一个亲电子体以两种不同的方式与 PAH 反应,一种方式是作用于负电荷较强的碳原子,产生取代的氧化产物,如酚型和醌型化合物等。另一方面是作用于电子密度最大的双键,产生一个臭氧化合物,接着开环并进一步氧化,图 2-50 给出了 BaP 与 O_3 反应的主要历程及产物。

四、大气颗粒物来源的识别

由于大气颗粒物的来源不同,其组成元素也不相同,因而可以根据颗粒物的组成推断它的来源。这样有助于解决污染源控制问题。

1. 富集因子法

富集因子法是用于研究大气颗粒物中元素的富集程度,判断和评价颗粒物中元素的天然来源和人为来源。其优点是能消除采样过程中各种不定因素的影响。它是双重归一化数据处理的结果。首先选定一种环境中存在的相对稳定的元素 R 作参比元素,用颗粒物中待考查元素 i 与参比元素 R 的相对含量$(x_i/x_R)_{颗粒物}$和地壳中相对应元素 i 和 R 的相对含量$(x_i/x_R)_{地壳}$,按下式求得富集因子(EF):

$$EF = \frac{(x_i/x_R)_{颗粒物}}{(x_i/x_R)_{地壳}}$$

参比元素通常选择地壳中普遍大量存在的、人为污染源很小、化学稳定性好、挥发性低且

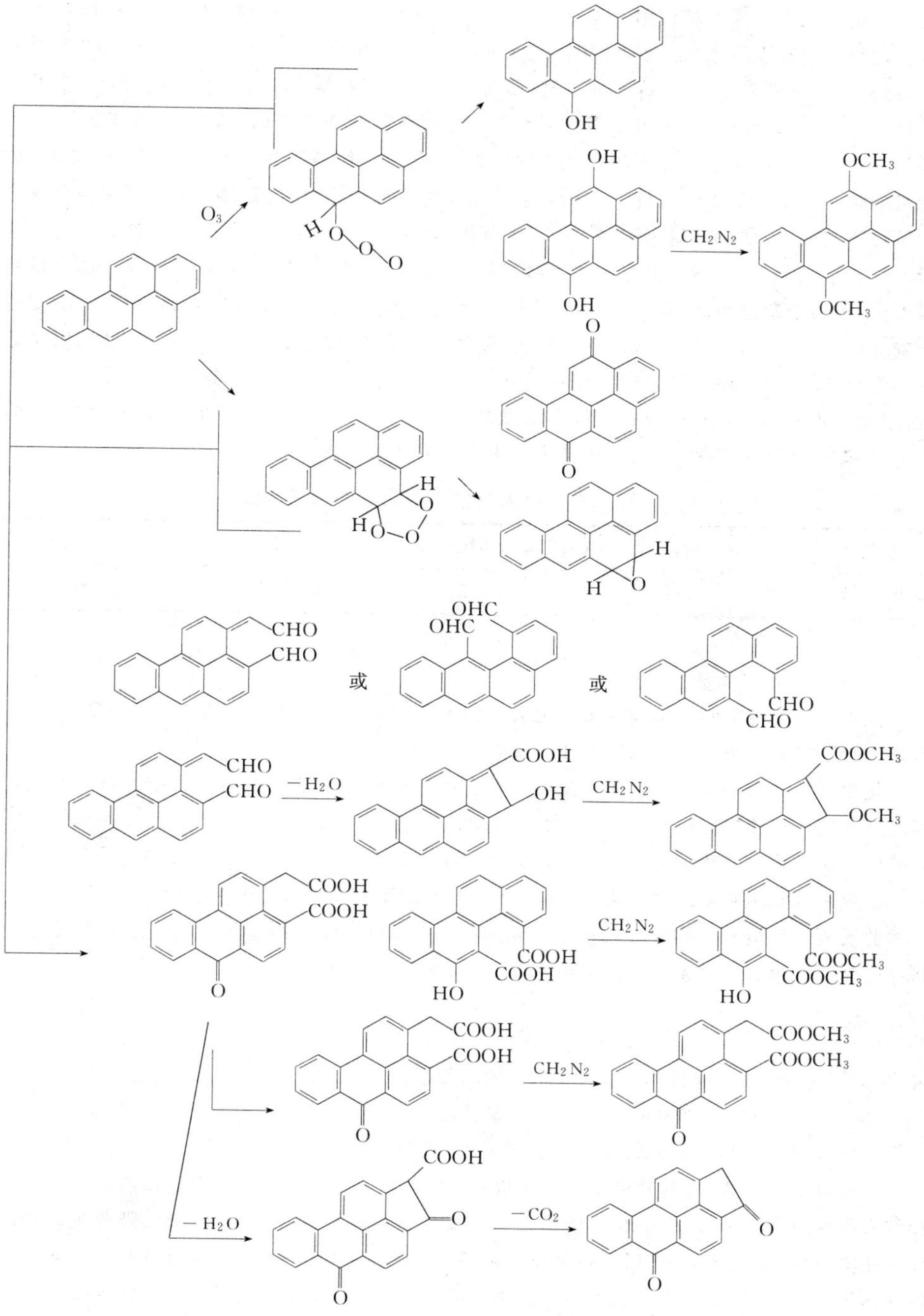

图 2-50 BaP 接触 O_3[体积分数为$(0.1\sim1)\times10^{-6}$]后的主要产物(赵振华,1984)

易于分析的元素。通常多选用 Fe,Al 或 Si 等。在研究海洋上空颗粒物时,常选 Na 作参比元素。近年来也有人主张用元素 Sc 作参比元素。虽然 Sc 的地壳丰度很小,但由于它的人为污染源较少,且化学稳定性好,挥发性也较低,与 Fe,Al 之间有很强的相关性。此外,Sc 能用中子活化分析法精确分析。故当采用富集因子法分析各种元素含量时,选用 Sc 为参比元素最为适宜。如果颗粒物中某元素相对地壳的富集因子较大时,表明该元素有了适当的富集,某元素的富集因子小于 10 时,可认为相对于地壳来源没有富集,它们主要是由土壤或岩石风化的颗粒所组成的;如果富集因子在 $10 \sim 10^4$ 范围,则可认为该元素被富集了。它表明元素含量不仅有地壳物质的贡献,也与人类活动有关。用此法可消除采样过程中受风速、风向、样品量多少、离污染源的距离等可变因素的影响。因此,用这个结果来解析问题,比用绝对浓度更为确切可靠。特别是当所得数据不很系统,数量不足够多,质量也没达到一定要求时,用此方法较为合适。例如,用这种方法计算我国渡口市大气飘尘中元素的富集系数(如表 2-32 所示)就可发现,Cr,Ni,Co 和 Mn 的富集系数均较小,可认为它们主要来自地壳组分;而 Cd、Pb,Cu 和 Zn 的富集系数却较大,可认为是由于人为活动造成的。

表 2-32　渡口市大气飘尘中元素的富集系数

元素	Cr	Ni	Co	Mn	Cd	Pb	Cu	Zn
富集系数	0.8	1.2	2.9	1.2	61	26	9.3	21.5

2. 化学元素平衡法

富集因子法可推测污染物在某一地区富集的程度以及污染源受天然或人为污染的程度。但是它给不出各种不同类型污染源相对贡献的定量结果,只能做出定性的判断。

化学元素平衡法是属于受体模型的一种。所谓受体是指某一相对于排放源被研究的局部大气环境。受体模型是研究大气颗粒物来源的数学模型之一。它不考虑颗粒物从排放源到受体传输过程中的化学变化和化学反应动力学过程,而是靠测定直接从受体处采集样品的化学组成来推测出它们的来源类型,并计算出不同来源类型所占的比例。

此法假定环境颗粒物中各元素的组成是各污染源排放颗粒物元素组成的总和,即它们之间存在着线性组合的关系。根据质量平衡原理,其表达式为

$$\rho_i = \sum \rho_j w_{ij}$$

式中:ρ_i——某采样点所得颗粒物中元素 i 的质量浓度;

　　　ρ_j——从污染源 j 产生的颗粒物总质量浓度;

　　　w_{ij}——从污染源 j 排出的颗粒物中元素 i 的质量分数。

通过这个表达式,目的是求出在所采集的颗粒物中有哪些是由污染源 j 排放出来的。这样就必须通过实验方法把 ρ_i 和 w_{ij} 测定出来。要想做到这点,必须了解主要污染源排放物的详细化学组成,在此前提下,还必须为每个主要污染源选择"标识元素",也称为特征元素。对每个污染源来说,标识元素就是该污染源类型的标志。作为标识元素的条件,是该元素应占污染源排放总量的重要部分;且该元素在其他污染源的排放物中不应存在或存在很少。由于

具体研究的地区不同,各地区选择的主要污染源不同,地理、气象以及经济特点不同,因此各污染源的标识元素也就不同,如表 2-33 和表 2-34 所示。

表 2-33 各种类型的污染源及其标识元素(芝加哥)

污染源	标识元素	污染源	标识元素
机动车	Pb,Br	水泥	Ca
燃料油	V	钢铁	Mn,Fe
煤和焦炭	Al	土壤	Al

表 2-34 华盛顿的污染源类型及其标识元素

污染源	标识元素	污染源	标识元素
土壤	Al,Fe,Mn	海盐	Na
机动车	Pb	石油	V
煤	Al,Fe,As	垃圾	Zn

注:本表摘自 Kowalczyk,1978

机动车的标识元素一般选用 Pb,有时也选 Br。其原因是,机动车排放的 Br 虽然不多,只占 7.9%,但其他污染源排放物中却很少有 Br,这样选用 Br 作机动车的标识元素更具有代表性。对于钢铁工业污染源,尽管在污染源中 Fe 所占比例高达 38.7%,但是其他污染源也会有不同程度的排放,就连地壳和土壤中也含有大量的 Fe,因此选择元素 Mn 作为钢铁工业污染源的标识元素更有代表性。至于煤和土壤,由于它们中的化学成分很相似,都含有大量的 Al 和 Fe,所以在区别这两种污染源的时候,不得不考虑另外的元素。如当煤燃尽时,Mn 则成为它的标识元素。而当煤燃烧排放物中含有大量的 As 时,可进一步用 As 作为标识元素将煤与土壤分开。总之,主要污染源及其标识元素的选择是一个复杂的问题,要具体分析。

在有了标识元素,并测得 ρ_i 和 w_{ij} 后,将各组数据代入方程而得到一个方程组。只要所选择的标识元素 i 的数目大于或等于污染源 j 的数目,原则上就应该可以解出 ρ_j 来。但实际上由于许多因素的影响,即使有了一组 ρ_i 和 w_{ij} 的数据,也不能准确地求出 ρ_j 来,只能用近似的方法求解。常用的近似方法有迭代法和最小二乘法两种。

化学元素平衡法在定量计算各种污染源对不同元素的贡献以及探索不同元素的未知污染源的位置时,确是一个有力的工具。它的缺点是,首先,此法必须要有比较完善的、具有代表性的污染源及环境的元素浓度数据,否则,所得结果不可靠。其次,w_{ij} 值实际上是不稳定的,它随地点、时间、粗糙面、燃料种类等而变化。再次,它是涉及从污染源直接排放的颗粒物,而对那些排放出来的 SO_2、NO_x 和 NH_3 等所形成的二次颗粒物没有计入。所有这些都会影响计算结果的正确性,从而使最后所做的结论受到影响。

五、大气颗粒物中的 $PM_{2.5}$

从城市化过程开始后,大气颗粒物就成为城市空气污染的重要原因。但过去人们一直着重于研究直接排放的一次颗粒物,20 世纪 50 年代后,人们逐渐从研究总悬浮颗粒物(TSP)转向可吸入颗粒物(PM_{10},$D_p \leqslant 10 \ \mu m$)。而在 20 世纪 90 年代后期,则开始重视二次颗粒物的问题。目前人们对大气颗粒物的研究更侧重于 $PM_{2.5}$($D_p \leqslant 2.5 \ \mu m$)甚至超细颗粒(纳米)的研究,并从总体颗粒的研究过渡到单个颗粒的研究。

1. 大气中 $PM_{2.5}$ 来源

通过对不同排放源、不同尺度细粒子的监测(表 2-35),确定了各类排放源对细粒子(TSP,$PM_{2\sim10}$,PM_2)的贡献百分率。

表 2-35　各类排放源对细粒子(TSP,$PM_{2\sim10}$ 和 PM_2)的贡献百分率

排放源	TSP 的贡献 百分率/%	$PM_{2\sim10}$ 的贡献 百分率/%	PM_2 的贡献 百分率/%
土壤扬尘	63±2	21±2	14±3
生物质燃烧		6±1	8±2
海洋气溶胶		18±2	
矿山飞灰		13±2	
二次颗粒物			25±1
公路灰尘	13±2	12±1	13±2
车辆尾气	6±1	17±2	17±2
燃煤	11±2	10±3	10±2
工业	4±1	2±2	13±2
水泥	1±1		

注:表中"±"为标准误差。本表摘自于凤莲,2002。

由此可见,各种排放源对大气细粒子的含量都有所贡献。其中以土壤扬尘、海洋气溶胶和车辆尾气最为重要。车辆排气管排放的主要是细小的颗粒物即 $PM_{2.5}$。美国的资料表明,按 $PM_{2.5}$ 的排放源划分,上路车辆占总排放量的 10%,非上路活动排放源占 18%,固定源占 72%。可以看出,机动车辆是城市 $PM_{2.5}$ 污染的一个重要来源。

2002 年上海市 $PM_{2.5}$ 监测点源的解析结果认为:

① 电厂锅炉、燃煤中小锅炉等仍是上海市城区大气 $PM_{2.5}$ 中富集元素的主要来源之一。

② 在靠近长江口或者海边的地带,海盐对 $PM_{2.5}$ 含量及成分的影响十分明显。

③ 在市中心交通繁忙地带,机动车尾气的排放成为相当重要的污染源。

④ 上海市是滨海城市,又属于季风性气候,从各固定污染源排出的大气污染物对各个监测点的影响大小有时呈现出较明显的季节差异。

2. 影响大气中$PM_{2.5}$含量的因素

受污染排放和气象条件等多种因素的影响,不同的月份之间存在着明显的差异。由表2-36可知,PM_{10}和$PM_{2.5}$的月均质量浓度的高低顺序为:4月份>2月份和3月份>1月份。1月份PM_{10}和$PM_{2.5}$的月均质量浓度最低,超标日数所占比例也比整个实验的平均值低,分别为37.5%和56.3%。这是因为在1月份有几次大范围降雪和大风,使得天气条件有利于颗粒物扩散,而且北京冬季经常受外来冷空气的影响,很容易将逆温层破坏,所以这时候的颗粒物污染水平往往较低。2月份和3月份PM_{10}和$PM_{2.5}$的污染水平基本相当,与整个实验的平均质量浓度值($176.6\ \mu g/m^3$和$100.0\ \mu g/m^3$)也很接近。4月份PM_{10}和$PM_{2.5}$的质量浓度相对较高。这主要是由于3,4月份天气干燥、多风、地面植被少等原因引起的。4月份PM_{10}和$PM_{2.5}$的超标日数占本月样本数的比例并不是最高,介于2,3月份之间。但是,4月份PM_{10}和$PM_{2.5}$的质量浓度却较高,说明春季干燥的气候条件易导致颗粒物的污染加重。

表2-36 2003年北京市PM_{10}和$PM_{2.5}$统计对照表

月份	各月样本数/d	PM_{10}			
		质量浓度平均值/$(\mu g \cdot m^{-3})$	质量浓度范围/$(\mu g \cdot m^{-3})$	超标日数/d	超标日数占本月样本数比例/%
1月份	16	131.7	51.4~282.0	6	37.5
2月份	28	175.1	41.0~344.0	18	64.3
3月份	31	174.8	18.3~452.6	17	54.8
4月份	26	207.2	50.0~426.8	16	61.5

月份	各月样本数/d	$PM_{2.5}$			
		质量浓度平均值/$(\mu g \cdot m^{-3})$	质量浓度范围/$(\mu g \cdot m^{-3})$	超标日数/d	超标日数占本月样本数比例/%
1月份	16	78.9	12.7~171.5	9	56.3
2月份	28	101.0	5.0~235.6	19	67.9
3月份	31	101.7	5.0~300.4	23	74.2
4月份	26	110.2	18.3~253.0	18	69.2

本表摘自于建华等,2004。

图2-51为北京地区PM_{10}和$PM_{2.5}$质量浓度日变化曲线。从图中可以看出,PM_{10}和$PM_{2.5}$质量浓度的日变化都呈双峰现象,一个峰出现在夜间,另一个峰出现在上午,这既与污染物排放有关,又与气象条件有关。PM_{10}的日变化较

大,两个峰都较明显,而对于 $PM_{2.5}$ 来说,它的上午峰不太明显。PM_{10} 和 $PM_{2.5}$ 的质量浓度在下午都变得相对很低,一般来说,下午是一天中扩散条件最好的时候,这个时间段的多数污染物都呈现较低值。而它们在夜间都有高值出现,主要是由于夜间易发生逆温,使地面产生的颗粒物不易扩散而积累所致。对于从午夜到凌晨的时段,PM_{10} 下降较明显,可能与路上大卡车的数量减少导致道路扬尘减少有关。而该时段 $PM_{2.5}$ 的变化则很平缓,说明 $PM_{2.5}$ 分布比较均匀,呈区域性变化。

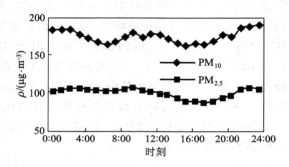

图 2-51　PM_{10} 和 $PM_{2.5}$ 质量浓度日变化曲线(于建华等,2004)

3. $PM_{2.5}$ 的危害

研究表明,$PM_{2.5}$ 是人类活动所释放污染物的主要载体,携带有大量的重金属和有机污染物。表 2-37 为不同粒径大气颗粒物中苯并[a]芘和 Pb 的含量。从表 2-37 可以看出,粒径越小吸附苯并[a]芘的量越多,其中以 $PM_{2.5}$ 最多,PM_{10} 次之,TSP 最少。同时 TSP,PM_{10} 和 $PM_{2.5}$ 上,苯并[a]芘和 Pb 的质量浓度太原采样点均分别高于北京采样点。

表 2-37　北京、太原不同粒径大气颗粒物中苯并[a]芘和 Pb 的含量

颗粒物来源	苯并[a]芘质量浓度 $\mu g \cdot mg^{-1}$	Pb 质量浓度 $\mu g \cdot mg^{-1}$
太原 $PM_{2.5}$	0.156	1.137
太原 PM_{10}	0.092	1.054
太原 TSP	0.077	1.037
北京 $PM_{2.5}$	0.104	1.094
北京 PM_{10}	0.072	0.948
北京 TSP	0.046	0.606

本表摘自徐东群等,2004。

空气污染对健康影响的焦点是可吸入颗粒物。$PM_{2.5}$ 在呼吸过程中能深入到细胞而长期存留在人体中。被吸入人体后,约有 5% 的 $PM_{2.5}$ 吸附在肺壁上,并能渗透到肺部组织的深处引起气管炎、肺炎、哮喘、肺气肿和肺癌,导致心肺功能减退甚至衰竭。因此 $PM_{2.5}$ 对人类健康有着重要影响。同时,由于颗粒物与气态污染物的联合作用,还会使空气污染的危害进一步加剧,使得呼吸道疾病患者增多、心肺病死亡人数日增。

细粒子污染不但对人体健康造成了严重影响,同时 $PM_{2.5}$ 对大气能见度也起着最主要的作用。细粒子的增加会造成大气能见度大幅度降低。

由于细粒子的污染问题极为复杂,所以应运用科学合理的方法研究和解决细粒子污染问题,对细粒子污染实现有效的控制。

思考题与习题

1. 大气的主要层次是如何划分的?每个层次具有哪些特点?

2. 逆温现象对大气中污染物的迁移有什么影响?

3. 大气中有哪些重要污染物?说明其主要来源和消除途径。

4. 影响大气中污染物迁移的主要因素是什么?

5. 大气中有哪些重要的吸光物质?其吸光特征是什么?

6. 太阳的发射光谱和地面测得的太阳光谱有何不同?为什么?

7. 大气中有哪些重要自由基?其来源如何?

8. 大气中有哪些重要含氮化合物?说明它们的天然来源和人为来源及对环境的污染。

9. 叙述大气中 NO 转化为 NO_2 的各种途径。

10. 大气中有哪些重要的碳氢化合物?它们可发生哪些重要的光化学反应?

11. 碳氢化合物参与的光化学反应对各种自由基的形成有什么贡献?

12. 说明光化学烟雾现象,解释污染物与产物的日变化曲线,并说明光化学烟雾产物的性质与特征。

13. 说明烃类在光化学烟雾形成过程中的重要作用。

14. 何谓有机物的反应活性?如何将有机物按反应活性分类?

15. 简述大气中 SO_2 氧化的几种途径。

16. 论述 SO_2 液相氧化的重要性,并对各种催化氧化过程进行比较。

17. 说明酸雨形成的原因。

18. 确定酸雨 pH 界限的依据是什么?

19. 论述影响酸雨形成的因素。

20. 什么是大气颗粒物的三模态?如何识别各种粒子模?

21. 说明大气颗粒物的化学组成以及污染物对大气颗粒物组成的影响。

22. 大气颗粒物中多环芳烃的种类、存在状态以及危害性如何？
23. 何谓温室效应和温室气体？
24. 说明臭氧层破坏的原因和机理。

主要参考文献

[1] 陈世训. 气象学. 北京：农业出版社，1981.

[2] 唐孝炎. 大气环境化学. 北京：高等教育出版社，1990.

[3] 穆光照. 自由基反应. 北京：高等教育出版社，1985.

[4] 方精云. 全球生态学气候变化与生态响应. 北京：高等教育出版社，2000.

[5] 王晓蓉. 环境化学. 南京：南京大学出版社，1993.

[6] 戴树桂. 环境化学. 北京：高等教育出版社，1987.

[7] 岳贵春. 环境化学. 长春：吉林大学出版社，1991.

[8] 莫天麟. 大气化学基础. 北京：气象出版社，1988.

[9] 酸雨及其影响学术讨论会文集. 四川环境（增刊），1987.

[10] 王德春. 中国酸雨概述. 世界环境，1988.

[11] 冈田秀雄. 小分子光化学. 长春：吉林人民出版社，1982.

[12] 铃木伸. 大气の光化学. 东京：东京大学出版社，1983.

[13] Williamson S T. Fundamentals of Air Pollution. Addison Wesley Publishing Company，1972.

[14] Manahan S E. Environmental Chemistry. Boston：Willard Grant Press，1984.

[15] Seinfeld J H. Atmospheric Chemistry and Physics of Air Pollution. John Willey & . Sons，1986.

[16] Stern A C. Air Pollution. Academic Press，Inc. ，1986.

[17] Wark K. Air Pollution. It's Origin and Control. Harper and Row，Publishers，1981.

[18] Bailey R A. Chemistry of the Environment. Academic Press，Inc. ，1978.

[19] Heicklen J. Atmospheric Chemistry. Academic Press，Inc. ，1976.

第三章 水环境化学

内容提要及重点要求

本章主要介绍天然水的基本特征,水中重要污染物存在形态及分布,污染物在水环境中的迁移转化的基本原理以及水质模型。要求了解天然水的基本性质,掌握无机污染物在水环境中进行沉淀–溶解、氧化还原、配合作用、吸附–解吸、絮凝–沉降等迁移转化过程的基本原理,并运用原理计算水体中金属存在形态,确定各类化合物溶解度,以及天然水中各类污染物的 pE 计算及 pE−pH 图的制作。了解颗粒物在水环境中聚集和吸附–解吸的基本原理,掌握有机污染物在水体中的迁移转化过程和分配系数、挥发速率、水解速率、光解速率和生物降解速率的计算方法,了解各类水质模型的基本原理和应用范围。

水是世界上分布最广的资源之一,也是人类与生物体赖以生存和发展必不可缺少的物质,但世界上可供人类利用的水资源很少,仅占地球水资源的 0.64%。尽管如此,由于人类活动还使大量污染物排入水体,造成水体污染、水质下降,因此水资源的保护就显得更加重要。

水环境化学是研究化学物质在天然水体中的存在形态、反应机制、迁移转化、归趋的规律与化学行为及其对生态环境的影响。它是环境化学的重要组成部分,这些研究将为水污染控制和水资源的保护提供科学依据。

第一节 天然水的基本特征及污染物的存在形态

一、天然水的基本特征

1. 天然水的组成

天然水中一般含有可溶性物质和悬浮物质(包括悬浮物、颗粒物、水生生物等)。可溶性物质的成分十分复杂,主要是在岩石的风化过程中,经水溶解迁移的地壳矿物质。

(1)天然水中的主要离子组成 K^+,Na^+,Ca^{2+},Mg^{2+},HCO_3^-,NO_3^-,Cl^- 和 SO_4^{2-} 为天然水中常见的八大离子,占天然水中离子总量的 95%~99%。水

中的这些主要离子的分类,常用来作为表征水体主要化学特征性指标,如表 3—1 所示。

表 3—1 水中的主要离子组成图(汤鸿霄,1979)

硬 度	酸	碱金属	阳 离 子
Ca^{2+},Mg^{2+}	H^+	Na^+,K^+	
HCO_3^-,CO_3^{2-},OH^-		SO_4^{2-},Cl^-,NO_3^-	阴 离 子
碱 度		酸 根	

天然水中常见主要离子总量可以粗略地作为水中的总含盐量(TDS):

$$TDS=[Ca^{2+}+Mg^{2+}+Na^++K^+]+[HCO_3^-+SO_4^{2-}+Cl^-]$$

(2) 水中的金属离子 水溶液中金属离子的表示式常写成 M^{n+},预示着是简单的水合金属离子 $M(H_2O)_x^{n+}$。它可通过化学反应达到最稳定的状态,酸碱、沉淀、配合及氧化—还原等反应是它们在水中达到最稳定状态的过程。

水中可溶性金属离子可以多种形式存在。例如,铁可以 $Fe(OH)^{2+}$,$Fe(OH)_2^+$,$Fe_2(OH)_2^{4+}$ 和 Fe^{3+} 等形态存在。这些形态在中性($pH=7$)水体中的浓度可以通过平衡常数加以计算:

$$\frac{[Fe(OH)^{2+}][H^+]}{[Fe^{3+}]}=8.9\times10^{-4} \tag{3—1}$$

$$\frac{[Fe(OH)_2^+][H^+]^2}{[Fe^{3+}]}=4.9\times10^{-7} \tag{3—2}$$

$$\frac{[Fe_2(OH)_2^{4+}][H^+]^2}{[Fe^{3+}]^2}=1.23\times10^{-3} \tag{3—3}$$

假如存在固体 $Fe(OH)_3(s)$,则

$$Fe(OH)_3(s)+3H^+ \rightleftharpoons Fe^{3+}+3H_2O$$

$$\frac{[Fe^{3+}]}{[H^+]^3}=9.1\times10^3 \tag{3—4}$$

在 $pH=7$ 时,

$$[Fe^{3+}]=[9.1\times10^3\times(1.0\times10^{-7})^3]\ mol/L=9.1\times10^{-18}\ mol/L$$

将这个数值代入上面的方程中,即可得出其他各形态的浓度:

$$[Fe(OH)^{2+}]=8.1\times10^{-14}\ mol/L$$

$$[\text{Fe(OH)}_2^+]=4.5\times10^{-10}\ \text{mol/L}$$

$$[\text{Fe}_2(\text{OH})_2^{4+}]=1.02\times10^{-23}\ \text{mol/L}$$

虽然这种处理简单化了,但很明显,在近于中性的天然水溶液中,水合铁离子的浓度可以忽略不计。

（3）气体在水中的溶解性　气体溶解在水中,对于生物种类的生存是非常重要的。例如鱼需要溶解氧,在污染水体许多鱼的死亡,不是由于污染物的直接毒性致死,而是由于在污染物的生物降解过程中大量消耗水体中的溶解氧,导致它们无法生存。

大气中的气体分子与溶液中同种气体分子间的平衡为

$$\text{X(g)} \Longrightarrow \text{X(aq)} \tag{3-5}$$

它服从 Henry 定律,即一种气体在液体中的溶解度正比于与液体所接触的该种气体的分压。但必须注意,Henry 定律并不能说明气体在溶液中进一步的化学反应,例如:

$$CO_2+H_2O \Longrightarrow H^+ + HCO_3^-$$

$$SO_2+H_2O \Longrightarrow H^+ + HSO_3^-$$

因此,溶解于水中的实际气体的量,可以大大高于 Henry 定律表示的量。气体在水中的溶解度可用以下平衡式表示:

$$[\text{X(aq)}]=K_H \cdot p_G \tag{3-6}$$

式中:K_H——各种气体在一定温度下的 Henry 定律常数(见表 3-2);

p_G——各种气体的分压。

在计算气体的溶解度时,需要对水蒸气的分压加以校正(在温度较低时,这个数值很小),表 3-3 给出水在不同温度下的分压。根据这些参数,就可按 Henry 定律计算出气体在水中的溶解度。

表 3-2　25 ℃时一些气体在水中的 Henry 定律常数

气　　体	$K_H/[\text{mol} \cdot (\text{L} \cdot \text{Pa})^{-1}]$	气　　体	$K_H/[\text{mol} \cdot (\text{L} \cdot \text{Pa})^{-1}]$
O_2	1.26×10^{-8}	N_2	6.40×10^{-9}
O_3	9.16×10^{-8}	NO	1.97×10^{-8}
CO_2	3.34×10^{-7}	NO_2	9.74×10^{-8}
CH_4	1.32×10^{-8}	HNO_2	4.84×10^{-4}
C_2H_4	4.84×10^{-8}	HNO_3	2.07
H_2	7.80×10^{-9}	NH_3	6.12×10^{-4}
H_2O_2	7.01×10^{-1}	SO_2	1.22×10^{-5}

表 3-3 水在不同温度下的分压

$t/℃$	0	5	10	15	20	25
$p_{H_2O}/(10^5\ Pa)$	0.006 11	0.008 72	0.012 28	0.017 05	0.023 37	0.031 67
$t/℃$	30	35	40	45	50	100
$p_{H_2O}/(10^5\ Pa)$	0.042 41	0.056 21	0.073 74	0.095 81	0.123 30	1.013 0

① 氧在水中的溶解度。氧在干燥空气中的含量为 20.95%，大部分元素氧来自大气，因此水体与大气接触再复氧的能力是水体的一个重要特征。藻类的光合作用会放出氧气，但这个过程仅限于白天。

氧在水中的溶解度与水的温度、氧在水中的分压及水中含盐量有关。氧在 $1.013\ 0×10^5\ Pa$，25 ℃饱和水中的溶解度，可按下面步骤计算。首先从表 3-3 可查出水在 25 ℃时的蒸气压为 $0.031\ 67×10^5\ Pa$，由于干空气中氧的含量为 20.95%，所以氧的分压为

$$p_{O_2} = (1.013\ 0 - 0.031\ 67) × 10^5\ Pa × 0.209\ 5 = 0.205\ 6 × 10^5\ Pa$$

代入 Henry 定律即可求出氧在水中的浓度为

$$[O_2(aq)] = K_H · p_{O_2} = (1.26 × 10^{-8} × 0.205\ 6 × 10^5)\ mol/L = 2.6 × 10^{-4}\ mol/L$$

氧的摩尔质量为 32 g/mol，因此其溶解度为 8.32 mg/L。

气体的溶解度随温度升高而降低，这种影响可由 Clausius-Clapeyron 方程显示出：

$$\lg \frac{c_2}{c_1} = \frac{\Delta H}{2.303R}\left(\frac{1}{T_1} - \frac{1}{T_2}\right) \tag{3-7}$$

式中：c_1, c_2——热力学温度 T_1 和 T_2 时气体在水中的浓度；

ΔH——溶解热，J/mol；

R——摩尔气体常数，8.314 J/(mol·K)。

因此，若温度从 0 ℃上升到 35 ℃时，氧在水中的溶解度将从 14.74 mg/L 降低到 7.03 mg/L，由此可见，与其他溶质相比，溶解氧的水平是不高的，一旦发生氧的消耗反应，则溶解氧的水平可以很快地降至零。

② CO_2 的溶解度。25 ℃时水中$[CO_2]$的值可以用 Henry 定律来计算。已知干空气中 CO_2 的含量为 0.031 4%（体积分数），水在 25 ℃时蒸气压为 $0.031\ 67×10^5\ Pa$，CO_2 的 Henry 定律常数是 $3.34 × 10^{-7}\ mol/(L·Pa)$（25 ℃），则 CO_2 在水中的溶解度为

$$p_{CO_2} = (1.013\ 0 - 0.031\ 67) \times 10^5\ Pa \times 3.14 \times 10^{-4} = 30.8\ Pa$$

$$[CO_2] = (3.34 \times 10^{-7} \times 30.8)\ mol/L = 1.03 \times 10^{-5}\ mol/L$$

CO_2 在水中解离部分可产生等浓度的 H^+ 和 HCO_3^-。H^+ 及 HCO_3^- 的浓度可从 CO_2 的酸解离常数(K_1)计算出:

$$[H^+] = [HCO_3^-]$$

$$[H^+]^2/([CO_2]) = K_1 = 4.45 \times 10^{-7}$$

$$[H^+] = (1.028 \times 10^{-5} \times 4.45 \times 10^{-7})^{1/2}\ mol/L = 2.14 \times 10^{-6}\ mol/L$$

$$pH = 5.67$$

故 CO_2 在水中的溶解度应为$[CO_2] + [HCO_3^-] = 1.24 \times 10^{-5}\ mol/L$。

(4) 水生生物　水生生物可直接影响许多物质的浓度,其作用有代谢、摄取、转化、存储和释放等。在水生生态系统中生存的生物体,可以分为自养生物和异养生物。自养生物利用太阳能或化学能量,把简单、无生命的无机物元素引进至复杂的生命分子中即组成生命体。藻类是典型的自养水生生物,通常 CO_2,NO_3^- 和 PO_4^{3-} 多为自养生物的 C,N,P 源。利用太阳能从无机矿物合成有机物的生物体称为生产者。异养生物利用自养生物产生的有机物作为能源及合成它自身生命的原始物质。

藻类的生成和分解就是在水体中进行光合作用(P)和呼吸作用(R)的典型过程,可用简单的化学计量关系来表征:

$$106CO_2 + 16NO_3^- + HPO_4^{2-} + 122H_2O + 18H^+ (+痕量元素和能量)$$

$$P\ \|\ R$$

$$C_{106}H_{263}O_{110}N_{16}P + 138O_2$$

水体产生生物体的能力称为生产率。生产率是由化学的及物理的因素相结合而决定的。在高生产率的水中藻类生产旺盛,死藻的分解引起水中溶解氧水平降低,这种情况常被称为富营养化。水中营养物通常决定水的生产率,水生植物需要供给适量 C(二氧化碳),N(硝酸盐),P(磷酸盐)及痕量元素(如 Fe),在许多情况下,P 是限制的营养物。

决定水体中生物的范围及种类的关键物质是氧,氧的缺乏可使许多水生生物死亡。氧的存在能够杀死许多厌氧细菌。在测定河流及湖泊的生物特征时,首先要测定水中溶解氧的浓度。

生物(或生化)需氧量(BOD)是水质的另一个重要参数,它是指在一定体积的水中有机物降解所需耗用的氧的量。一个 BOD 高的水体,不可能很快地补充氧气,显然对水生生物是不利的。

CO_2 是由水及沉积物中的呼吸过程产生的,也能从大气进入水体。藻类生命体的光合作用需要 CO_2,由水中有机物降解产生的高水平的 CO_2,可能引起过量藻类的生长以及水体的超生长率。因此,在有些情况下 CO_2 是一个限制因素。

2. 天然水的性质

(1)碳酸平衡 CO_2 在水中形成酸,可同岩石中的碱性物质发生反应,并可通过沉淀反应变为沉积物而从水中除去。在水和生物体之间的生物化学交换中,CO_2 占有独特地位,溶解的碳酸盐化合态与岩石圈、大气圈进行均相、多相的酸碱反应和交换反应,对于调节天然水的 pH 和组成起着重要的作用。

在水体中存在着 CO_2,H_2CO_3,HCO_3^- 和 CO_3^{2-} 等四种化合态,常把 CO_2 和 H_2CO_3 合并为 $H_2CO_3^*$,实际上 H_2CO_3 含量极低,主要是溶解性气体 CO_2。因此,水中 $H_2CO_3^* - HCO_3^- - CO_3^{2-}$ 体系可用下面的反应和平衡常数表示:

$$CO_2 + H_2O \rightleftharpoons H_2CO_3^* \qquad pK_0 = 1.46$$

$$H_2CO_3^* \rightleftharpoons HCO_3^- + H^+ \qquad pK_1 = 6.35$$

$$HCO_3^- \rightleftharpoons CO_3^{2-} + H^+ \qquad pK_2 = 10.33$$

根据 K_1 和 K_2 值,就可以制作以 pH 为主要变量的 $H_2CO_3^* - HCO_3^- - CO_3^{2-}$ 体系形态分布图(见图 3-1)。

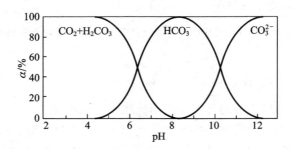

图 3-1 碳酸化合态分布图

用 α_0,α_1 和 α_2 分别代表上述三种化合态在总量中所占比例,可以给出下面三个表示式:

$$\alpha_0 = [H_2CO_3^*] / \{[H_2CO_3^*] + [HCO_3^-] + [CO_3^{2-}]\} \qquad (3-8)$$

$$\alpha_1 = [HCO_3^-] / \{[H_2CO_3^*] + [HCO_3^-] + [CO_3^{2-}]\} \qquad (3-9)$$

$$\alpha_2 = [CO_3^{2-}] / \{[H_2CO_3^*] + [HCO_3^-] + [CO_3^{2-}]\} \qquad (3-10)$$

若用 c_T 表示各种碳酸化合态的总量,则有 $[H_2CO_3^*]=c_T\alpha_0$,$[HCO_3^-]=c_T\alpha_1$ 和 $[CO_3^{2-}]=c_T\alpha_2$。若把 K_1,K_2 的表示式代入式(3-8)～式(3-10),就可得到作为酸解离常数和氢离子浓度的函数的形态分数:

$$\alpha_0=\left(1+\frac{K_1}{[H^+]}+\frac{K_1K_2}{[H^+]^2}\right)^{-1} \tag{3-11}$$

$$\alpha_1=\left(1+\frac{[H^+]}{K_1}+\frac{K_2}{[H^+]}\right)^{-1} \tag{3-12}$$

$$\alpha_2=\left(1+\frac{[H^+]^2}{K_1K_2}+\frac{[H^+]}{K_2}\right)^{-1} \tag{3-13}$$

以上的讨论没有考虑溶解性 CO_2 与大气交换过程,因而属于封闭的水溶液体系的情况。实际上,根据气体交换动力学,CO_2 在气液界面的平衡时间需数日。因此,若所考虑的溶液反应在数小时之内完成,就可应用封闭体系固定碳酸化合态总量的模式加以计算。反之,如果所研究的过程是长期的,例如一年期间的水质组成,则认为 CO_2 与水是处于平衡状态,可以更近似于真实情况。

当考虑 CO_2 在气相和液相之间平衡时,各种碳酸盐化合态的平衡浓度可表示为 p_{CO_2} 和 pH 的函数。此时,可应用 Henry 定律:

$$[CO_2(aq)]=K_Hp_{CO_2} \tag{3-14}$$

溶液中,碳酸化合态相应为

$$c_T=[CO_2]/\alpha_0=\frac{1}{\alpha_0}K_Hp_{CO_2}$$

$$[HCO_3^-]=\frac{\alpha_1}{\alpha_0}K_Hp_{CO_2}=\frac{K_1}{[H^+]}K_Hp_{CO_2} \tag{3-15}$$

$$[CO_3^{2-}]=\frac{\alpha_2}{\alpha_0}K_Hp_{CO_2}=\frac{K_1K_2}{[H^+]^2}K_Hp_{CO_2}$$

由这些方程可知,在 $\lg c$-pH 图(图 3-2)中,$H_2CO_3^*$,HCO_3^- 和 CO_3^{2-} 三条线的斜率分别为 0,+1 和 +2。此时 c_T 为三者之和,它是以三根直线为渐近线的一个曲线。

由图 3-2 可看出,c_T 是随着 pH 的改变而变化。当 pH<6 时,溶液中主要是 $H_2CO_3^*$ 组分;当 pH 为 6～10 时,溶液中主要是 HCO_3^- 组分;当 pH>10.3 时,溶液中则主要是 CO_3^{2-} 组分。

比较封闭体系和开放体系就可发现,在封闭体系中,$[H_2CO_3^*]$,$[HCO_3^-]$ 和 $[CO_3^{2-}]$ 等可随 pH 变化而改变,但总的碳酸量 c_T 始终保持不变。而对于开放体系来说,$[HCO_3^-]$,$[CO_3^{2-}]$ 和 c_T 均随 pH 的变化而改变,但 $[H_2CO_3^*]$ 总保持

与大气相平衡的固定数值。因此,在天然条件下,开放体系是实际存在的,而封
闭体系是计算短时间溶液组成的一种方法,即把其看作是开放体系趋向平衡过程中的一个微小阶段,在实用上认为是相对稳定而加以计算。

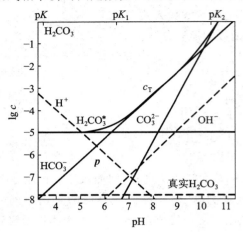

图 3-2　开放体系的碳酸平衡

（2）天然水中的碱度和酸度　碱度（alkalinity）是指水中能与强酸发生中和作用的全部物质,亦即能接受质子 H^+ 的物质总量。组成水中碱度的物质可以归纳为三类：（i）强碱,如 NaOH,$Ca(OH)_2$ 等,在溶液中全部电离生成 OH^- 离子；（ii）弱碱,如 NH_3,$C_6H_5NH_2$ 等,在水中有一部分发生反应生成 OH^- 离子；（iii）强碱弱酸盐,如各种碳酸盐、重碳酸盐、硅酸盐、磷酸盐、硫化物和腐殖酸盐等,它们水解时生成 OH^- 或者直接接受质子 H^+。后两种物质在中和过程中不断产生 OH^- 离子,直到全部中和完毕。

在测定已知体积水样总碱度时,可用一个强酸标准溶液滴定,用甲基橙为指示剂,当溶液由黄色变成橙红色（pH 约 4.3）,停止滴定,此时所得的结果称为总碱度,也称为甲基橙碱度。其化学反应的计量关系式如下：

$$H^+ + OH^- \rightleftharpoons H_2O$$
$$H^+ + CO_3^{2-} \rightleftharpoons HCO_3^-$$
$$H^+ + HCO_3^- \rightleftharpoons H_2CO_3 \tag{3-16}$$

因此,总碱度是水中各种碱度成分的总和,即加酸至 HCO_3^- 和 CO_3^{2-} 转化为 CO_2。根据溶液质子平衡条件,可以得到碱度的表示式：

$$总碱度 = [HCO_3^-] + 2[CO_3^{2-}] + [OH^-] - [H^+] \tag{3-17}$$

如果滴定是以酚酞作为指示剂,当溶液的 pH 降到 8.3 时,表示 OH^- 被中和,CO_3^{2-} 全部转化为 HCO_3^-,作为碳酸盐只中和了一半,因此,得到酚酞碱度表示式：

$$酚酞碱度 = [CO_3^{2-}] + [OH^-] - [H_2CO_3^*] - [H^+] \tag{3-18}$$

达到 $pH_{CO_3^{2-}}$ 所需酸量时的碱度称为苛性碱度。苛性碱度在实验室中不能

迅速地测得，因为不容易找到终点。若已知总碱度和酚酞碱度就可用计算方法确定。苛性碱度表达式为

$$苛性碱度=[OH^-]-[HCO_3^-]-2[H_2CO_3^*]-[H^+] \qquad (3-19)$$

与碱度相反，酸度(acidity)是指水中能与强碱发生中和作用的全部物质，亦即放出 H^+ 或经过水解能产生 H^+ 的物质的总量。组成水中酸度的物质也可归纳为三类：(i) 强酸，如 HCl，H_2SO_4，HNO_3 等；(ii) 弱酸，如 CO_2 及 H_2CO_3，H_2S，蛋白质以及各种有机酸类；(iii) 强酸弱碱盐，如 $FeCl_3$，$Al_2(SO_4)_3$ 等。

以强碱滴定含碳酸水溶液测定其酸度时，其反应过程与上述相反。以甲基橙为指示剂滴定到 pH=4.3，以酚酞为指示剂滴定到 pH=8.3，分别得到无机酸度及游离 CO_2 酸度。总酸度应在 pH=10.8 处得到。但此时滴定曲线无明显突跃，难以选择适合的指示剂，故一般以游离 CO_2 作为酸度主要指标。同样也可根据溶液质子平衡条件，得到酸度的表示式：

$$总酸度=[H^+]+[HCO_3^-]+2[H_2CO_3^*]-[OH^-] \qquad (3-20)$$

$$CO_2 \text{酸度}=[H^+]+[H_2CO_3^*]-[CO_3^{2-}]-[OH^-] \qquad (3-21)$$

$$无机酸度=[H^+]-[HCO_3^-]-2[CO_3^{2-}]-[OH^-] \qquad (3-22)$$

如果用总碳酸量(c_T)和相应的分布系数(α)来表示，则有

$$总碱度=c_T(\alpha_1+2\alpha_2)+K_w/[H^+]-[H^+] \qquad (3-23)$$

$$酚酞碱度=c_T(\alpha_2-\alpha_0)+K_w/[H^+]-[H^+] \qquad (3-24)$$

$$苛性碱度=-c_T(\alpha_1+2\alpha_0)+K_w/[H^+]-[H^+] \qquad (3-25)$$

$$总酸度=c_T(\alpha_1+2\alpha_0)+[H^+]-K_w/[H^+] \qquad (3-26)$$

$$CO_2 \text{酸度}=c_T(\alpha_0-\alpha_2)+[H^+]-K_w/[H^+] \qquad (3-27)$$

$$无机酸度=-c_T(\alpha_1+2\alpha_2)+[H^+]-K_w/[H^+] \qquad (3-28)$$

此时，如果已知水体的 pH、碱度及相应的平衡常数，就可算出 $H_2CO_3^*$，HCO_3^-，CO_3^{2-} 及 OH^- 在水中的浓度(假定其他各种形态对碱度的贡献可以忽略)。例如，某水体的 pH 为 8.00，碱度为 1.00×10^{-3} mol/L 时，就可算出上述各种形态物质的浓度。当 pH=8.00 时，CO_3^{2-} 的浓度与 HCO_3^- 的浓度相比可以忽略，此时碱度全部由 HCO_3^- 贡献。

$$[HCO_3^-]=碱度=1.00\times10^{-3} \text{ mol/L}$$
$$[OH^-]=1.00\times10^{-6} \text{ mol/L}$$

根据酸的解离常数 K_1，可以计算出 $H_2CO_3^*$ 的浓度：

$$[H_2CO_3^*] = [H^+][HCO_3^-]/K_1$$
$$= [1.00 \times 10^{-8} \times 1.00 \times 10^{-3}/(4.45 \times 10^{-7})] \text{ mol/L}$$
$$= 2.25 \times 10^{-5} \text{ mol/L}$$

代入 K_2 的表示式计算 $[CO_3^{2-}]$：

$$[CO_3^{2-}] = K_2[HCO_3^-]/[H^+]$$
$$= [4.69 \times 10^{-11} \times 1.00 \times 10^{-3}/(1.00 \times 10^{-8})] \text{mol/L}$$
$$= 4.69 \times 10^{-6} \text{ mol/L}$$

若水体的 pH 为 10.0，碱度仍为 1.00×10^{-3} mol/L 时，如何求上述各形态物质的浓度？在这种情况下，对碱度的贡献是由 CO_3^{2-} 及 OH^- 同时提供，总碱度可表示如下：

$$总碱度 = [HCO_3^-] + 2[CO_3^{2-}] + [OH^-]$$

再以 $[OH^-] = 1.00 \times 10^{-4}$ mol/L 代入 K_2 表示式，就得出 $[HCO_3^-] = 4.64 \times 10^{-4}$ mol/L 及 $[CO_3^{2-}] = 2.18 \times 10^{-4}$ mol/L。可以看出，对总碱度的贡献 HCO_3^- 为 4.64×10^{-4} mol/L，CO_3^{2-} 为 $2 \times 2.18 \times 10^{-4}$ mol/L，OH^- 为 1.00×10^{-4} mol/L。总碱度为三者之和，即 1.00×10^{-3} mol/L。这些结果可用于显示水体的碱度与通过藻类活动产生的生命体的能力之间的关系。

这里需要特别注意的是，在封闭体系中加入强酸或强碱，总碳酸量 c_T 不受影响，而加入 $[CO_2]$ 时，总碱度值并不发生变化。这时溶液 pH 和各碳酸化合态浓度虽然发生变化，但它们的代数综合值仍保持不变。因此总碳酸量 c_T 和总碱度在一定条件下具有守恒特性。

在环境水化学及水处理工艺过程中，常常会遇到向碳酸体系加入酸或碱而调整原有的 pH 的问题，例如水的酸化和碱化问题。

[例] 若一个天然水的 pH 为 7.0，碱度为 1.4 mmol/L，求需加多少酸才能把水体的 pH 降低到 6.0？

解：
$$总碱度 = c_T(\alpha_1 + 2\alpha_2) + K_w/[H^+] - [H^+]$$
$$c_T = \frac{1}{\alpha_1 + 2\alpha_2}\{总碱度 + [H^+] - [OH^-]\} \tag{3-29}$$

令
$$\alpha = \frac{1}{\alpha_1 + 2\alpha_2}$$

当 pH 在 5～9 范围内、碱度 $\geqslant 10^{-3}$ mol/L 或 pH 在 6～8 范围内、碱度 $\geqslant 10^{-4}$ mol/L 时，$[H^+]$，$[OH^-]$ 项可忽略不计，得到简化式：

$$c_T = \alpha \times 碱度 \tag{3-30}$$

当 pH＝7.0 时,查表 3-4 得 $\alpha_1=0.816\,2$,$\alpha_2=3.828\times10^{-4}$,则 $\alpha=1.224$,$c_T=\alpha\times$碱度＝1.224×1.4 mmol/L＝1.71 mmol/L,若加强酸将水的 pH 降低到 6.0,其 c_T 值并不变化,而查表 3-4 知 α 为 3.247,可得:

$$碱度=\frac{c_T}{\alpha}=\frac{1.71\ \text{mmol/L}}{3.247}=0.527\ \text{mmol/L}$$

碱度降低值就是应加入酸量:

$$\Delta A=(1.4-0.527)\ \text{mmol/L}=0.873\ \text{mmol/L}$$

碱化时的计算与此类似。

表 3-4　碳酸平衡系数(25 ℃)

pH	α_0	α_1	α_2	α
4.5	0.986 1	0.013 88	2.053×10^{-8}	72.062
4.6	0.982 6	0.017 41	3.250×10^{-8}	57.447
4.7	0.978 2	0.021 82	5.128×10^{-8}	45.837
4.8	0.972 7	0.027 31	8.082×10^{-8}	36.615
4.9	0.965 9	0.034 14	1.272×10^{-7}	29.290
5.0	0.957 4	0.042 60	1.998×10^{-7}	23.472
5.1	0.946 9	0.053 05	3.132×10^{-7}	18.850
5.2	0.934 1	0.065 88	4.897×10^{-7}	15.179
5.3	0.918 5	0.081 55	7.631×10^{-7}	12.262
5.4	0.899 5	0.100 5	1.184×10^{-6}	9.946
5.5	0.876 6	0.123 4	1.830×10^{-6}	8.106
5.6	0.849 5	0.150 5	2.810×10^{-6}	6.644
5.7	0.817 6	0.182 4	4.286×10^{-6}	5.484
5.8	0.780 8	0.219 2	6.487×10^{-6}	4.561
5.9	0.738 8	0.261 2	9.729×10^{-6}	3.823
6.0	0.692 0	0.308 0	1.444×10^{-5}	3.247
6.1	0.640 9	0.359 1	2.120×10^{-5}	2.785
6.2	0.586 4	0.413 6	3.074×10^{-5}	2.418
6.3	0.529 7	0.470 3	4.401×10^{-5}	2.126
6.4	0.472 2	0.527 8	6.218×10^{-5}	1.894
6.5	0.415 4	0.584 5	8.669×10^{-5}	1.710
6.6	0.360 8	0.639 1	1.193×10^{-4}	1.564
6.7	0.309 5	0.690 3	1.623×10^{-4}	1.448
6.8	0.262 6	0.737 2	2.182×10^{-4}	1.356
6.9	0.220 5	0.779 3	2.903×10^{-4}	1.282
7.0	0.183 4	0.816 2	3.828×10^{-4}	1.224
7.1	0.151 4	0.848 1	5.008×10^{-4}	1.178

pH	α_0	α_1	α_2	α
7.2	0.124 1	0.875 2	6.506×10^{-4}	1.141
7.3	0.101 1	0.898 0	8.403×10^{-4}	1.111
7.4	0.082 03	0.916 9	1.080×10^{-3}	1.088
7.5	0.066 26	0.932 4	1.383×10^{-3}	1.069
7.6	0.053 34	0.944 9	1.764×10^{-3}	1.054
7.7	0.042 82	0.954 9	2.245×10^{-3}	1.042
7.8	0.034 29	0.962 9	2.849×10^{-3}	1.032
7.9	0.027 41	0.969 0	3.610×10^{-3}	1.024
8.0	0.021 88	0.973 6	4.566×10^{-3}	1.018
8.1	0.017 44	0.976 8	5.767×10^{-3}	1.012
8.2	0.013 88	0.978 8	7.276×10^{-3}	1.007
8.3	0.011 04	0.979 8	9.169×10^{-3}	1.002
8.4	$0.874 6 \times 10^{-2}$	0.979 7	1.154×10^{-2}	0.997 2
8.5	$0.695 4 \times 10^{-2}$	0.978 5	1.451×10^{-2}	0.992 5
8.6	$0.551 1 \times 10^{-2}$	0.976 3	1.823×10^{-2}	0.987 4
8.7	$0.436 1 \times 10^{-2}$	0.972 7	2.287×10^{-2}	0.981 8
8.8	$0.344 7 \times 10^{-2}$	0.967 9	2.864×10^{-2}	0.975 4
8.9	$0.272 0 \times 10^{-2}$	0.961 5	3.582×10^{-2}	0.968 0
9.0	$0.214 2 \times 10^{-2}$	0.953 2	4.470×10^{-2}	0.959 2
9.1	$0.168 3 \times 10^{-2}$	0.942 7	5.566×10^{-2}	0.948 8
9.2	$0.131 8 \times 10^{-2}$	0.929 5	6.910×10^{-2}	0.936 5
9.3	$0.102 9 \times 10^{-2}$	0.913 5	8.548×10^{-2}	0.922 1
9.4	$0.799 7 \times 10^{-3}$	0.893 9	0.105 3	0.905 4
9.5	$0.618 5 \times 10^{-3}$	0.870 3	0.129 1	0.886 2
9.6	$0.475 4 \times 10^{-3}$	0.842 3	0.157 3	0.864 5
9.7	$0.362 9 \times 10^{-3}$	0.809 4	0.190 3	0.840 4
9.8	$0.274 8 \times 10^{-3}$	0.771 4	0.228 3	0.814 3
9.9	$0.206 1 \times 10^{-3}$	0.728 4	0.271 4	0.786 7
10.0	$0.153 0 \times 10^{-3}$	0.680 6	0.319 2	0.758 1
10.1	$0.112 2 \times 10^{-3}$	0.628 6	0.371 2	0.729 3
10.2	$0.813 3 \times 10^{-4}$	0.573 5	0.426 3	0.701 1
10.3	$0.581 8 \times 10^{-4}$	0.516 6	0.483 4	0.674 2
10.4	$0.410 7 \times 10^{-4}$	0.459 1	0.540 9	0.649 0
10.5	$0.286 1 \times 10^{-4}$	0.402 7	0.597 3	0.626 1
10.6	$0.196 9 \times 10^{-4}$	0.348 8	0.651 2	0.605 6
10.7	$0.133 8 \times 10^{-4}$	0.298 5	0.701 5	0.587 7
10.8	$0.899 6 \times 10^{-5}$	0.252 6	0.747 4	0.572 3

pH	α_0	α_1	α_2	α
10.9	$0.598\,6\times10^{-5}$	0.211 6	0.788 4	0.559 2
11.0	$0.394\,9\times10^{-5}$	0.175 7	0.824 2	0.548 2

注:本表摘自汤鸿霄,1979。

　　(3)天然水体的缓冲能力　天然水体的 pH 一般为 6~9,而且对于某一水体,其 pH 几乎保持不变,这表明天然水体具有一定的缓冲能力,是一个缓冲体系。一般认为,各种碳酸化合物是控制水体 pH 的主要因素,并使水体具有缓冲作用。但最近研究表明,水体与周围环境之间的多种物理、化学和生物反应,对水体的 pH 也有着重要作用。但无论如何,碳酸化合物仍是水体缓冲作用的重要因素。因而,人们时常根据它的存在情况来估算水体的缓冲能力。

　　对于碳酸水体系,当 pH<8.3 时,可以只考虑一级碳酸平衡,故其 pH 可由下式确定:

$$pH=pK_1-\lg\frac{[H_2CO_3^*]}{[HCO_3^-]}$$

　　如果向水体投入 ΔB 量的碱性废水时,相应有 ΔB 量 $H_2CO_3^*$ 转化为 HCO_3^-,水体 pH 升高为 pH',则

$$pH'=pK_1-\lg\frac{[H_2CO_3^*]-\Delta B}{[HCO_3^-]+\Delta B}$$

　　水体中 pH 变化为 $\Delta pH=pH'-pH$,即

$$\Delta pH=-\lg\frac{[H_2CO_3^*]-\Delta B}{[HCO_3^-]+\Delta B}+\lg\frac{[H_2CO_3^*]}{[HCO_3^-]}$$

　　若把 $[HCO_3^-]$ 作为水的碱度,$[H_2CO_3^*]$ 作为水中游离碳酸 $[CO_2]$,就可推出:

$$\Delta B=碱度\times[10^{\Delta pH}-1]/(1+K_1\times10^{pH+\Delta pH}) \tag{3-31}$$

　　ΔpH 即为相应改变的 pH。在投入酸量 ΔA 时,只要把 ΔpH 作为负值,$\Delta A=-\Delta B$,也可以进行类似计算。

二、水中污染物的分布和存在形态

　　20 世纪 60 年代美国学者曾把水中污染物大体划分为八类:(i) 耗氧污染物(一些能够较快被微生物降解成为二氧化碳和水的有机物);(ii) 致病污染物(一些可使人类和动物患病的病原微生物与细菌);(iii) 合成有机物;(iv) 植物营养物;(v) 无机物及矿物质;(vi) 由土壤、岩石等冲刷下来的沉积物;(vii) 放射性物质;(viii) 热污染。这些污染物进入水体后通常以可溶态或悬浮态存在,其在水体中的迁移转化及生物可利用性均直接与污染物存在形态相关。重金属对鱼类和其他水生生物的毒性,不是与溶液中重金属总浓度相关,而是主要取决于游

离(水合)的金属离子,对镉则主要取决于游离 Cd^{2+} 浓度,对铜则取决于游离 Cu^{2+} 及其氢氧化物。而大部分稳定配合物及其与胶体颗粒结合的形态则是低毒的,不过脂溶性金属配合物是例外,因为它们能迅速透过生物膜,并对细胞产生很大的破坏作用。

　　近年来的研究表明,通过各种途径进入水体中的金属,绝大部分将迅速转入沉积物或悬浮物内,因此许多研究者都把沉积物作为金属污染水体的研究对象。目前已基本明确了水体固相中金属结合形态通过吸附、沉淀、共沉淀等的化学转化过程及某些生物、物理因素的影响。由于金属污染源依然存在,水体中金属形态多变,转化过程及其生态效应复杂,因此金属形态及其转化过程的生物可利用性研究仍是环境化学的一个研究热点。

　　水环境中有机污染物的种类繁多,其环境化学行为一直受到人们的关注,特别是多环芳烃、多氯联苯等持久性有机污染物(POPs),它们在环境中难以降解,蓄积性强,能长距离迁移到达偏远的极地地区,并通过食物链对人类健康和生态环境造成危害,因而引起各国政府、学术界、工业界及公众的广泛重视。这些有机物往往含量低、毒性大、异构体多、毒性大小差别悬殊。例如四氯二噁英,有 22 种异构体,如将其按毒性大小排列,则排在首位的结构式与排在第二位的结构式,其毒性竟然相差 1 000 倍。此外,有机污染物本身的物理化学性质如溶解度、分子的极性、蒸气压、电子效应、空间效应等同样影响到有机污染物在水环境中的归趋及生物可利用性。下面简要叙述难降解有机物和金属污染物在水环境中的分布和存在形态。

　　1. 有机污染物

　　(1) 农药　　水中常见的农药概括起来,主要为有机氯和有机磷农药,此外还有氨基甲酸酯类农药。它们通过喷施农药、地表径流及农药工厂的废水排入水体中。

　　有机氯农药由于难以被化学降解和生物降解,因此,在环境中的滞留时间很长,由于其具有较低的水溶性和高的辛醇水分配系数,故很大一部分被分配到沉积物有机质和生物脂肪中。在世界各地区土壤、沉积物和水生生物中都已发现这类污染物,并有相当高的含量。与沉积物和生物体中的含量相比,水中农药的含量是很低的。目前,有机氯农药如滴滴涕(DDT)由于它的持久性和通过食物链的累积性,已被许多国家禁用。一些污染较为严重的地区,淡水体系中有机氯农药的污染已经得到一定程度的遏制。我国部分地区水域中有机氯农药的污染水平如表 3-5 所示。由表中可看出,水体中仍然能检测有机氯农药残留的存在,且有一定的空间差异。

表 3-5 我国部分地区水域中有机氯农药的污染水平(以 DDT 为例)

水域	监测时间	备注	监测物质	总 DDT 质量浓度/$(ng \cdot L^{-1})$
第二松花江	1982		DDT,HCH,PCBs	71
辽河中下游	1998.12		DDT,$\alpha-(\beta-,\gamma-)$HCH	ND* ～4.16
辽河中下游	1998.5		DDT,狄氏剂,异狄氏剂,七氯	17.5～63.2
长江南京段	1998.5		HCB,HCH,DDT,五氯苯	1.57～1.79(67)
长江南京段	1998—1999		HCB,HCH,DDT,氯丹,甲氧滴滴涕等	0.43～1.79
辽河	1998—2000		DDT,$\alpha-(\beta-,\gamma-)$HCH,狄氏剂,异狄氏剂,七氯	7.04
长江	1998—2000		HCB,HCH,DDT,氯丹,甲氧滴滴涕	1.68
珠江口	1994.11	表层海水	$\alpha-,\beta-,\gamma-,\delta-$HCH	ND～236(87)
珠江口	1998.7	底层海水	$o,p'-$DDT/$p,p'-$DDT/DDD/DDE	ND～1 220(506)
厦门港	1999	表层水	$p,p'-$DDT/DDD/DDE,七氯,艾氏剂,狄氏剂,异狄氏剂,硫丹等	0.95～2.2(1.45)
九龙江口	1999	表层水	DDT,HCH,甲氧滴滴涕,硫丹,狄氏剂等 18 种有机氯农药	0.2～63(12.8)
九龙江口	1999	间隙水		1.00～193(31.1)
九龙江口	2000	表层水	DDT,HCH,甲氧滴滴涕,硫丹,狄氏剂等 18 种有机氯农药	19.24～96.64
闽江口	1999		DDT,HCH,七氯,硫丹等	0.95～2.2(1.45)
大亚湾	1999.8	0.5 m	DDT,HCH,七氯,艾氏剂,狄氏剂,异狄氏剂,硫丹等	26.8～975.9(188.4)
大亚湾	1999.8	表层海水		0.53～2.02(1.01)
大连湾	1999.7	微表层水	DDT,HCH,HCB,七氯和艾氏剂等	0.80～7.77(3.16)
辽东湾		表层海水		ND～36.16(8.19)
金沙江攀枝花段	2002.8	表层水	DDT,七氯,艾氏剂,狄氏剂,异狄氏剂等 18 种有机氯农药	ND～8.43
珠江干流河口	2001.4, 2001.8	表层水	DDT,七氯,艾氏剂,狄氏剂,异狄氏剂等 21 种有机氯农药	0.52～1.13(洪季), 5.85～9.53(枯季)

续表

水域	监测时间	备注	监测物质	总 DDT 质量浓度/ $(ng \cdot L^{-1})$
澳门港	2001.4	表层水面下不同深度和底层	DDT,HCH,七氯,艾氏剂,狄氏剂,异狄氏剂等有机氯农药	8.76~29.76
北京通惠河	2002	表层水	DDT,七氯,艾氏剂,狄氏剂,异狄氏剂等 18 种有机氯农药	18.79~663.3
国家海水水质标准	1997			DDT<50 HCH<1 000
渔业水质标准	1989			DDT<1 000 Γ-HCH<2 000
生活饮用水水质标准	1985			DDT<1 000 Γ-HCH<5 000
地面水质量标准	2002			DDT≤1 000

注:本表摘自戴树桂.环境化学进展,2005。

　　* ND 表示未检出。

　　有机磷农药和氨基甲酸酯农药与有机氯农药相比,较易被生物降解,它们在环境中的滞留时间较短。在土壤和地表水中降解速率较快,杀虫力较高,常用来消灭那些不能被有机氯杀虫剂有效控制的害虫。对于大多数氨基甲酸酯类和有机磷杀虫剂来说,由于它们的溶解度较大,其沉积物吸附和生物累积过程是次要的,然而当它们在水中含量较高时,有机质含量高的沉积物和脂质含量高的水生生物也会吸收相当量的该类污染物。目前在地表水中能检出的不多,污染范围较小。

　　此外,近年来除草剂的使用量逐渐增加,可用来杀死杂草和水生植物。它们具有较高的水溶解度和低的蒸气压,通常不易发生生物富集、沉积物吸附和从溶液中挥发等反应。根据它们的结构性质,主要分为有机氯除草剂、氮取代物、脲基取代物和二硝基苯胺除草剂四个类型。这类化合物的残留物通常存在于地表水体中,除草剂及其中间产物是污染土壤、地下水以及周围环境的主要污染物。

　　(2) 多氯联苯(PCBs)　PCBs 是联苯经氯化而成。氯原子在联苯的不同位置取代 1~10 个氢原子,可以合成 210 种化合物,通常获得的为混合物。由于它的化学稳定性和热稳定性较好,被广泛用于作为变压器和电容器的冷却剂、绝缘材料、耐腐蚀的涂料等。PCBs 极难溶于水,不易分解,但易溶于有机溶剂和脂肪,具有高的辛醇-水分配系数,能强烈地分配到沉积物有机质和生物脂肪中,因此,即使它在水中含量很低时,在水生生物体内和沉积物中的含量仍然可以很高,表 3-6 列出国内外部分地区沉积物中 PCBs 的污染水平。由于 PCBs 在环境中的持久性及对人体健康的危害,1973 年以后,各国陆续开始减少或停止生产。

表 3-6　国内外部分地区沉积物中 PCBs 的污染水平

表层沉积物来源	监测时间	总 PCBs 含量/(ng·g^{-1})
澳大利亚	20 世纪七八十年代	ND~1 300
印度东部沿海河口	1996	ND~1.4
Oder 河口	1994—1996	<0.13~9.55
科威特	1998	0.05~24.5
沙特阿拉伯		<0.008~0.19
卡特尔		0.02
阿拉伯联合酋长国		0.013~0.13
阿曼	2000	0.004~0.139
第二松花江	1982	25.4~3 373
浙江受污染河流	1994	691
珠江广州段	1999	12.88~65.31
淮河信阳段和淮南段		6.34~8.24
大连湾		0.040~3.230(2.141)
大连湾	1999	0.85~27.37
闽江口	1999.11	15.14~57.93
北京通惠河	2002	1.58~344.9

注:本表摘自戴树桂.环境化学进展,2005。

(3) 卤代脂肪烃　大多数卤代脂肪烃属挥发性化合物,可以挥发至大气,并进行光解。对于这些高挥发性化合物,在地表水中能进行生物或化学降解,但与挥发速率相比,其降解速率是很慢的。卤代脂肪烃类化合物在水中的溶解度高,因而其辛醇-水分配系数低。在沉积物有机质或生物脂肪层中的分配的趋势较弱,大多通过测定其在水中的含量来确定分配系数。

此外,六氯环戊二烯和六氯丁二烯在底泥中是长效剂,能被生物积累,而二氯溴甲烷、氯二溴甲烷和三溴甲烷等化合物在水环境中的最终归宿,目前还不清楚。

(4) 醚类　有七种醚类化合物属美国联邦环境保护局(EPA)优先污染物,它们在水中的性质及存在形式各不相同。其中五种,即双-(氯甲基)醚、双-(2-氯甲基)醚、双-(2-氯异丙基)醚、2-氯乙基乙烯基醚及双-(2-氯乙氧基)甲烷大多存在于水中,辛醇-水分配系数很低,因此它的潜在生物积累和在底泥上的吸附能力都低。4-氯苯苯基醚和4-溴苯苯基醚的辛醇-水分配系数较高,因此有可能在底泥有机质和生物体内累积。

（5）单环芳香族化合物　多数单环芳香族化合物也与卤代脂肪烃一样,在地表水中主要是挥发,然后是光解。它们在沉积物有机质或生物脂肪层中的分配趋势较弱。在优先污染物中已发现六种化合物,即氯苯、1,2-二氯苯、1,3-二氯苯、1,4-二氯苯、1,2,4-三氯苯和六氯苯,可被生物累积。但总的来说,单环芳香族化合物在地表水中不是持久性污染物,其生物降解和化学降解速率均比挥发速率低(个别除外),因此,对这类化合物吸附和生物富集均不是重要的迁移转化过程。

（6）苯酚类和甲酚类　酚类化合物具有高的水溶性、低辛醇-水分配系数等性质,因此,大多数酚并不能在沉积物和生物脂肪中发生富集,主要残留在水中。然而,苯酚分子氯代程度增高时,则其化合物溶解度下降,辛醇-水分配系数增加,例如五氯苯酚等就易被生物累积。酚类化合物的主要迁移、转化过程是生物降解和光解,它在自然沉积物中的吸附及生物富集作用通常很小(高氯代酚除外),挥发、水解和非光解氯化作用通常也不很重要。

（7）酞酸酯类　有六种列入优先污染物,除双-(2-甲基己基)酞酯外,其他化合物的资料都比较少,这类化合物由于在水中的溶解度小,辛醇-水分配系数高,因此主要富集在沉积物有机质和生物脂肪体中。

（8）多环芳烃类(PAH)　多环芳烃在水中溶解度很小,辛醇-水分配系数高,是地表水中滞留性污染物,主要累积在沉积物、生物体内和溶解的有机质中。已有证据表明多环芳烃化合物可以发生光解反应,其最终归趋可能是吸附到沉积物中,然后进行缓慢的生物降解。多环芳烃的挥发过程与水解过程均不是重要的迁移转化过程,显然,沉积物是多环芳烃的蓄积库,在地表水体中其浓度通常较低。

（9）亚硝胺和其他化合物　优先污染物中2-甲基亚硝胺和2-正丙基亚硝胺可能是水中长效剂,二苯基亚硝胺、3,3-二氯联苯胺、1,2-二苯基肼、联苯胺和丙烯腈五种化合物主要残留在沉积物中,有的也可在生物体中累积。丙烯腈生物累积可能性不大,但可长久存在于沉积物和水中。

2. 金属污染物

（1）镉　工业含镉废水的排放,大气镉尘的沉降和雨水对地面的冲刷,都可使镉进入水体。镉是水迁移性元素,除了硫化镉外,其他镉的化合物均能溶于水。在水体中镉主要以 Cd^{2+} 状态存在。进入水体的镉还可与无机和有机配体生成多种可溶性配合物如 $CdOH^+$,$Cd(OH)_2$,$HCdO_2^-$,CdO_2^{2-},$CdCl^+$,$CdCl_2$,$CdCl_3^-$,$CdCl_4^{2-}$,$Cd(NH_3)^{2+}$,$Cd(NH_3)_2^{2+}$,$Cd(NH_3)_3^{2+}$,$Cd(NH_3)_4^{2+}$,$Cd(NH_3)_5^{2+}$,$Cd(HCO_3)_2$,$CdHCO_3^+$,$CdCO_3$,$CdHSO_4^+$,$CdSO_4$ 等。实际上天

然水中镉的溶解度受碳酸根或羟基浓度所制约。

水体中悬浮物和沉积物对镉有较强的吸附能力。已有研究表明,悬浮物和沉积物中镉的含量占水体总镉量的 90% 以上。

水生生物对镉有很强的富集能力。据 Fassett 报道,对 32 种淡水植物的测定表明,所含镉的平均浓度可高出邻接水相 1 000 多倍。因此,水生生物吸附、富集是水体中重金属迁移转化的一种形式,通过食物链的作用可对人类造成严重威胁。众所周知,日本的痛痛病就是由于长期食用含镉量高的稻米所引起的中毒。

（2）汞　天然水体中汞的含量很低,一般不超过 1.0 $\mu g/L$。水体汞的污染主要来自生产汞的厂矿、有色金属冶炼以及使用汞的生产部门排出的工业废水。尤以化工生产中汞的排放为主要污染来源。

水体中汞以 Hg^{2+}, $Hg(OH)_2$, CH_3Hg^+, $CH_3Hg(OH)$, CH_3HgCl, $C_6H_5Hg^+$ 为主要形态。在悬浮物和沉积物中主要以 Hg^{2+}, HgO, HgS, $CH_3Hg(SR)$, $(CH_3Hg)_2S$ 为主要形态。在生物相中,汞以 Hg^{2+}, CH_3Hg^+, CH_3HgCH_3 为主要形态。汞与其他元素等形成配合物是汞能随水流迁移的主要因素之一。当天然水体中含氧量减少时,水体氧化还原电位可能降至 50～200 mV,从而使 Hg^{2+} 易被水中有机质、微生物或其他还原剂还原为 Hg,即形成气态汞,并由水体逸散到大气中。Lerman 认为,溶解在水中的汞约有 1%～10% 转入大气中。

水体中的悬浮物和底质对汞有强烈的吸附作用。水中悬浮物能大量摄取溶解性汞,使其最终沉降到沉积物中。水体中汞的生物迁移在数量上是有限的,但由于微生物的作用,沉积物中的无机汞能转变成剧毒的甲基汞而不断释放至水体中,甲基汞有很强的亲脂性,极易被水生生物吸收,通过食物链逐级富集最终对人类造成严重威胁,它与无机汞的迁移不同,是一种危害人体健康与威胁人类安全的生物地球化学迁移。日本著名的水俣病就是食用含有甲基汞的鱼造成的。

（3）铅　由于人类活动及工业的发展,几乎在地球上每个角落都能检测出铅。矿山开采、金属冶炼、汽车废气、燃煤、油漆、涂料等都是环境中铅的主要来源。岩石风化及人类的生产活动,使铅不断由岩石向大气、水、土壤、生物转移,从而对人体的健康构成潜在威胁。

淡水中铅的含量为 0.06～120 $\mu g/L$,中值为 3 $\mu g/L$。天然水中铅主要以 Pb^{2+} 状态存在,其含量和形态明显地受 CO_3^{2-}, SO_4^{2-}, OH^- 和 Cl^- 等含量的影响,铅可以 $PbOH^+$, $Pb(OH)_2$, $Pb(OH)_3^-$, $PbCl^+$, $PbCl_2$ 等多种形态存在。在中性和弱碱性的水中,铅的含量受氢氧化铅所限制。水中铅含量取决于

$Pb(OH)_2$ 的溶度积。在偏酸性天然水中,水中 Pb^{2+} 含量被硫化铅所限制。

　　水体中悬浮颗粒物和沉积物对铅有强烈的吸附作用,因此铅化合物的溶解度和水中固体物质对铅的吸附作用是导致天然水中铅含量低、迁移能力小的重要因素。

　　(4) 砷　岩石风化、土壤侵蚀、火山作用以及人类活动都能使砷进入天然水中。淡水中砷含量为 $0.2\sim230\ \mu g/L$,平均为 $1.0\ \mu g/L$。天然水中砷可以 H_3AsO_3,$H_2AsO_3^-$,H_3AsO_4,$H_2AsO_4^-$,$HAsO_4^{2-}$,AsO_4^{3-} 等形态存在,在适中的氧化还原电位(E_h)值和 pH 呈中性的水中,砷主要以 H_3AsO_3 为主。但在中性或弱酸性富氧水体环境中则以 $H_2AsO_4^-$,$HAsO_4^{2-}$ 为主。

　　砷可被颗粒物吸附、共沉淀而沉积到底部沉积物中。水生生物能很好富集水体中无机和有机砷化合物。水体无机砷化合物还可被环境中厌氧细菌还原而产生甲基化,形成有机砷化合物。但一般认为甲基胂及二甲基胂的毒性仅为砷酸钠的 1/200,因此,砷的生物有机化过程,亦可认为是自然界的解毒过程。

　　(5) 铬　铬是广泛存在于环境中的元素。冶炼、电镀、制革、印染等工业将含铬废水排入水体,均会使水体受到污染。天然水中铬的含量在 $1\sim40\ \mu g/L$。主要以 Cr^{3+},CrO_2^-,CrO_4^{2-},$Cr_2O_7^{2-}$ 四种离子形态存在,因此水体中铬主要以三价和六价铬的化合物为主。铬存在形态决定着其在水体的迁移能力,三价铬大多数被底泥吸附转入固相,少量溶于水,迁移能力弱。六价铬在碱性水体中较为稳定并以溶解状态存在,迁移能力强。因此,水体中若三价铬占优势,可在中性或弱碱性水体中水解,生成不溶的氢氧化铬和水解产物或被悬浮颗粒物强烈吸附,主要存在于沉积物中。若六价铬占优势则多溶于水中。

　　六价铬毒性比三价铬大。它可被还原为三价铬,还原作用的强弱主要取决于 DO、五日生化需氧量(BOD_5)、化学需氧量(COD)值。DO 值越小,BOD_5 值和 COD 值越高,则还原作用越强。因此,水中六价铬,可先被有机物还原成三价铬,然后被悬浮物强烈吸附而沉降至底部颗粒物中。这也是水体中六价铬的主要净化机制之一。由于三价铬和六价铬之间能相互转化,所以近年来又倾向考虑以总铬量作为水质标准。

　　(6) 铜　冶炼、金属加工、机器制造、有机合成及其他工业排放含铜废水是造成水体铜污染的重要原因。水生生物对铜特别敏感,故渔业用水铜的容许含量为 $0.01\ mg/L$,是饮用水容许含量的百分之一。淡水中铜的含量平均为 $3\ \mu g/L$,其水体中铜的含量与形态都明显地与 OH^-,CO_3^{2-} 和 Cl^- 等含量有关,同时受 pH 的影响。如 pH 为 $5\sim7$ 时,以碱式碳酸铜 $Cu_2(OH)_2CO_3$ 溶解度最大,二价铜离子存在较多;当 pH>8 时,则 $Cu(OH)_2$,$Cu(OH)_3^-$,$CuCO_3$ 及 $Cu(CO_3)_2^{2-}$ 等铜形态逐渐增多。

　　水体中大量无机和有机颗粒物,能强烈地吸附或螯合铜离子,使铜最终进入底部沉积物中,因此,河流对铜有明显的自净能力。

　　(7) 锌　天然水中锌含量为 $2\sim330\ \mu g/L$,但不同地区和不同水源的水体,锌含量有很大差异。各种工业废水的排放是引起水体锌污染的主要原因。天然水中锌以二价离子状态存在,但在天然水的 pH 范围内,锌都能水解生成多核羟基配合物 $Zn(OH)_n^{n-2}$,还可与水中的 Cl^-、有机酸和氨基酸等形成可溶性配合物。锌可被水体中悬浮颗粒物吸附或生成化学沉积物向底部沉积物迁移,沉积物中锌含量为水中的 1 万倍。水生生物对锌有很强的吸收能力,因而可使锌向生物体内迁移,富集倍数达 $10^3\sim10^5$ 倍。

　　(8) 铊　铊是分散元素,大部分铊以分散状态的同晶形杂质存在于铅、锌、铁、铜等硫化物和硅酸盐矿物中。铊在矿物中替代了钾和铷。黄铁矿和白铁矿中有最大的含铊量。目前,铊主要从处理硫化矿时所得到的烟道灰中制取。

　　天然水中铊含量为 $1.0\ \mu g/L$,但受采矿废水污染的河水含铊量可达 $80\ \mu g/L$,水中的铊可被黏土矿物吸附迁移到底部沉积物中,使水中铊含量降低。环境中一价铊化合物比三价铊化合物稳定性要大得多。Tl_2O 溶于水,生成水合物 $TlOH$,其溶解度很高,并且有很强的碱性。Tl_2O_3 几乎不溶于水,但可溶于酸。铊对人体和动植物都是有毒元素。

　　(9) 镍　岩石风化,镍矿的开采、冶炼及使用镍化合物的各个工业部门排放废水等,均可导致水体镍污染。天然水中镍含量约为 $1.0\ \mu g/L$,常以卤化物、硝酸盐、硫酸盐以及某些无机和有机配合物的形式溶解于水。水中可溶性离子能与水结合形成水合离子 $[Ni(H_2O)_6]^{2+}$,与氨基酸、胱氨酸、富里酸等形成可溶性有机配合离子随水流迁移。

　　水中镍可被水中悬浮颗粒物吸附、沉淀和共沉淀,最终迁移到底部沉积物中,沉积物中镍含量为水中含量的 $3.8\sim9.2$ 万倍。水体中的水生生物也能富集镍。

　　(10) 铍　目前铍只是局部污染。主要来自生产铍的矿山、冶炼及加工厂排放的废水和粉尘。天然水中铍的含量很低,为 $0.005\sim2.0\ \mu g/L$。溶解态的 Be^{2+} 可水解为 $Be(OH)^+$,$Be_3(OH)_3^{3+}$ 等羟基或多核羟基配合离子;难溶态的铍主要为 BeO 和 $Be(OH)_2$。天然水中铍的含量和形态取决于水的化学特征,一般来说,铍在接近中性或酸性的天然水中以 Be^{2+} 形态存在为主,当水体 pH > 7.8 时,则主要以不溶的 $Be(OH)_2$ 形态存在,并聚集在悬浮物表面,沉降至底部沉积物中。

　　随着工业技术的发展,目前世界上化学品销售已达 $7\sim8$ 万种,且每年有 $1\,000\sim1\,600$ 种新化学品进入市场。除少数品种外,人们对进入环境中的绝大部分化学物质,特别是有毒有机化学物质在环境中的行为(光解、水解、微生物降解、挥发、生物富集、吸附、淋溶等)及其可能产生的潜在危害至今尚无所知或知之甚微。然而,一次次严重的有毒化学物质污染事件的发生,使人们的环境意识不断得到提高。但是由于有毒物质品种繁多,不可能对每一种污染物都制定控制标准,因而提出在众多污染物中筛选出潜在危险大的作为优先研究和控制对象,称之为优先污染物。美国是最早开展优先监测的国家,早在 20 世纪 70 年代中期,就在"清洁水法"中明确规定了 129 种优先污染物,其中有 114 种是有毒有机污染物。日本于1986 年底,由环境厅公布了 1974—1985 年间对 600 种优先有毒化学品环境安全性综合调查,其中检出率高的有毒污染物为 189 种。前苏联 1975 年公布了 496 种有机污染物在综合用水中的极限容许含量,1985 年公布了在此基础上进行修改后的 561 种有机污染物在水中的极限容许含量。前联邦德国于 1980 年公布了 120 种水中有毒污染物名单,并按毒性大小分类。欧洲经济共同体在"关于水质项目的排放标准"的技术报告中,也列出了"黑名单"和"灰名单"。由于 POPs 对全球环境及人类健康的巨大危害,经过国际社会的共同努力,127 个国家的政府代表于 2001 年签署了《关于持久性有机污染物的斯德哥尔摩公约》(《POPs 公约》),该公约提出艾试剂、狄试剂、异狄试剂、DDT、氯丹、六氯苯、灭蚁灵、毒杀芬、七氯、多氯联苯、多氯代二苯并二噁英和多氯代二苯并呋喃 12 种化学物质为首批采取国际行动的物质。总之,有毒化学物质的污染问题越来越受到世界各国的重视和关注。

我国已把环境保护作为一项基本国策,有毒化学物质污染防治工作已经列入国家环境保护科技计划,开展了大量研究工作。为了更好地控制有毒污染物排放,近年来我国也开展了水中优先污染物筛选工作,提出初筛名单 249 种,通过多次专家研讨会,初步提出我国的水中优先控制污染物黑名单 68 种(见表 3-7),将为我国优先污染物控制和监测提供依据。

表 3-7 我国水中优先控制污染物黑名单

1. 挥发性卤代烃类	二氯甲烷、三氯甲烷、四氯化碳、1,2-二氯乙烷、1,1,1-二氯乙烷、1,1,2-三氯乙烷、1,1,2,2-四氯乙烷、三氯乙烯、四氯乙烯、三溴甲烷(溴仿),计 10 个
2. 苯系物	苯、甲苯、乙苯、邻二甲苯、间二甲苯、对二甲苯,计 6 个
3. 氯代苯类	氯苯、邻二氯苯、对二氯苯、六氯苯,计 4 个
4. 多氯联苯	1 个
5. 酚类	苯酚、间甲酚、2,4-二氯酚、2,4,6-三氯酚、五氯酚、对硝基酚,计 6 个
6. 硝基苯类	硝基苯、对硝基甲苯、2,4-二硝基甲苯、三硝基甲苯、对硝基氯苯、2,4-二硝基氯苯,计 6 个
7. 苯胺类	苯胺、二硝基苯胺、对硝基苯胺、2,6-二氯硝基苯胺,计 4 个
8. 多环芳烃类	萘、荧蒽、苯并[b]荧蒽、苯并[k]荧蒽、苯并[a]芘、茚并[1,2,3-c,d]芘、苯并[ghi]芘,计 7 个
9. 酞酸酯类	酞酸二甲酯、酞酸二丁酯、酞酸二辛酯,计 3 个
10. 农药	六六六、滴滴涕、敌敌畏、乐果、对硫磷、甲基对硫磷、除草醚、敌百虫,计 8 个
11. 丙烯腈	1 个
12. 亚硝胺类	N-亚硝基二甲胺、N-亚硝基二正丙胺,计 2 个

续表

13. 氰化物	1个	
14. 重金属及其化合物	砷及其化合物、铍及其化合物、镉及其化合物、铬及其化合物、汞及其化合物、镍及其化合物、铊及其化合物、铜及其化合物、铅及其化合物,计9类	

注:本表摘自周文敏等,1991。

三、水中营养元素及水体富营养化

1. 水中营养元素

水中的 N,P,C,O 和微量元素如 Fe,Mn,Zn 是湖泊等水体中生物的必需元素。营养元素丰富的水体通过光合作用,产生大量的植物生命体和少量的动物生命体。近年来的研究表明,湖泊水质恶化和富营养化的发展,与湖体内积累营养物有着非常直接的关系。以太湖为例,进入太湖的主要营养物总磷(TP),总氮(TN),Fe,Mn 和 Zn 是进入太湖污染物中总量较大的一类,年入湖量 32 751.8 吨,其中 TN 占 85.8%,TP 和 Fe 各约占 6% 和 2.1%,Mn 占 0.3%。近 30 年来,营养元素特别是 TN,TP 的含量都有明显的增加。

通常使用 N/P 值的大小来判断湖泊的富营养化状况。当 N/P 值大于 100 时,属贫营养湖泊状况。当 N/P 值小于 10 时,则认为属富营养状况。如果假定 N/P 值超过 15,生物生长率不受氮限制的话,那么有 70% 的湖泊属磷限制。随着研究工作的深入,人们已逐渐认识到,湖泊的营养类型,除了营养物质的量度外,还应包括某些化学、生物甚至物理感官等多个项目的综合反映的结果。

2. 水体富营养化

富营养化是指生物所需的氮、磷等营养物质大量进入湖泊、河口、海湾等缓流水体,引起藻类及其他浮游生物迅速繁殖,水体溶解氧量下降,鱼类及其他生物大量死亡的现象。在受影响的湖泊、缓流河段或某些水域增加了营养物,由于光合作用使藻的个数迅速增加,种类逐渐减少,水体中原是以硅藻和绿藻为主的藻类,变成以蓝藻为主暴发性繁殖。在自然状况下,这一过程是很缓慢地发生,但在人类活动作用下,可加速这一过程的进行。

目前我国主要湖泊的氮、磷污染严重,富营养化问题突出,已有 75% 的湖泊出现不同程度的富营养化,五大淡水湖泊水体中营养盐浓度远远超过富营养化发生浓度,中型湖泊大部分均已处于富营养化状态。城市湖泊大多处于极富和重富营养化状况,一些水库也进入富营养化状况。污染物大量进入湖泊、人为活动对湖泊生态环境的严重破坏、湖泊内源污染严重是我国湖泊富营养化发生的主要原因。大量研究表明,富营养化发生主要机理如下。

（1）流域污染物排入湖泊是湖泊富营养化发生最关键的因素之一　目前，我国城市生活污水大约有 80% 未经处理直接排放。据统计每年排入滇池、太湖、巢湖的 TP，TN 和 COD 量，是湖泊最大允许量的 3～10 倍，破坏了湖泊生源物质的平衡，造成水质恶化。

（2）富营养化湖泊中水化学平衡发生变化　湖泊水体中 pH，DO 和碳的平衡是维持湖泊生态系统良性循环的保障。大量污染物进入湖泊后造成湖水 pH 上升。pH 上升有利于水华藻类的生长，而藻类大量繁殖又进一步提高湖水的 pH，进而为水华藻类如微囊藻等的疯长提供了适宜的生长环境。水体 DO 值下降有利于蓝藻的生长，而对其他藻类生长不利。CO_2 在水中溶解度随水温升高而降低，当湖水氮、磷对藻类生成已达到饱和情况下，碳也有可能成为限制性因子，此时水体增加碳有利于水华藻类的生长。

（3）湖泊生态遭到严重破坏，生物群落发生明显变化　湖泊生物多样性在维持湖泊生态系统-能量循环、湖泊自净过程、资源再生利用及作为物种基因库方面有重要意义。富营养化所带来的低 DO，低透明度及基质还原性强等从根本上改变了湖泊生态系统健康运转的初级生产力结构，导致水生植被特别是沉水植物的衰退和消失，浅水湖泊生态系统的主要初级生产者从以大型水生植物为主转变为以藻类为主。

（4）湖泊内源营养物质的释放　沉积物是污染物及营养物质的蓄积库。当外源得到有效控制后，沉积物中的营养物质再释放也是导致湖泊富营养化的一个重要原因。据估计，若滇池点源得到有效控制后，沉积物释放的磷仍可维持滇池水体目前富营养化水平达 63 年。由于湖泊沉积物有时表现以释放磷为主，有时却表现以吸附磷为主，目前尚不清楚控制磷从沉积物中释放或吸附的关键因素。

第二节　水中无机污染物的迁移转化

无机污染物，特别是重金属和准金属等污染物，一旦进入水环境，均不能被生物降解，主要通过沉淀-溶解、氧化还原、配合作用、胶体形成、吸附-解吸等一系列物理化学作用进行迁移转化，参与和干扰各种环境化学过程和物质循环过程，最终以一种或多种形态长期存留在环境中，造成永久性的潜在危害。本节将侧重介绍重金属污染物在水环境中迁移转化的基本原理。

一、颗粒物与水之间的迁移

1. 水中颗粒物的类别

　　天然水中颗粒物主要包括各类矿物微粒,含有铝、铁、锰、硅水合氧化物等无机高分子,含有腐殖质、蛋白质等有机高分子。此外还有油滴、气泡构成的乳状液和泡沫、表面活性剂等半胶体以及藻类、细菌、病毒等生物胶体。下面分别叙述天然水体中颗粒物的类别。

　　(1) 矿物微粒和黏土矿物　天然水中常见矿物微粒为石英(SiO_2)、长石($KAlSi_3O_8$)、云母及黏土矿物等硅酸盐矿物。石英、长石等不易碎裂,颗粒较粗,缺乏黏结性。云母、蒙脱石、高岭石等黏土矿物则是层状结构,易于碎裂,颗粒较细,具有黏结性,可以生成稳定的聚集体。

　　天然水中具有显著胶体化学特性的微粒是黏土矿物。黏土矿物是由其他矿物经化学风化作用而生成,主要为铝或镁的硅酸盐,它具有晶体层状结构,种类很多,可以按照其结构特征和成分加以分类。

　　(2) 金属水合氧化物　铝、铁、锰、硅等金属的水合氧化物在天然水中以无机高分子及溶胶等形态存在,在水环境中发挥重要的胶体化学作用。

　　铝在岩石和土壤中是丰量元素。但在天然水中浓度较低,一般不超过0.1 mg/L。铝在水中水解,主要形态是 Al^{3+},$Al(OH)^{2+}$,$Al_2(OH)_2^{4+}$,$Al(OH)_2^+$,$Al(OH)_3$ 和 $Al(OH)_4^-$ 等,并随 pH 的变化而改变形态浓度的比例。实际上,铝在一定条件下会发生聚合反应,生成多核配合物或无机高分子,最终生成 $[Al(OH)_3]_\infty$ 的无定形沉淀物。

　　铁也是广泛分布的丰量元素,它的水解反应和形态与铝有类似的情况。在不同 pH 下,Fe(Ⅲ)的存在形态是 Fe^{3+},$Fe(OH)^{2+}$,$Fe(OH)_2^+$,$Fe_2(OH)_2^{4+}$ 和 $Fe(OH)_3$ 等。固体沉淀物可转化为 FeOOH 的不同晶形物。同样,它也可以聚合成为无机高分子和溶胶。

　　锰与铁类似,其丰度虽然不如铁,但溶解度比铁高,因而也是常见的水合金属氧化物。

　　硅酸的单体 H_4SiO_4,若写成 $Si(OH)_4$,则类似于多价金属,是一种弱酸,过量的硅酸将会生成聚合物,并可生成胶体以至沉淀物。硅酸的聚合相当于缩聚反应:

$$2Si(OH)_4 \Longleftrightarrow H_6Si_2O_7 + H_2O$$

所生成的硅酸聚合物,也可认为是无机高分子,一般分子式为 $Si_nO_{2n-m}(OH)_{2m}$。

　　所有的金属水合氧化物都能结合水中微量物质,同时其本身又趋向于结合在矿物微粒和有机物的界面上。

　　(3) 腐殖质　腐殖质是一种带负电的高分子弱电解质,其形态构型与官能团的解离程度有关。在 pH 较高的碱性溶液中或离子强度低的条件下,羟基和羧基大多解离,沿高分子呈现的负电荷相互排斥,构型伸展,亲水性强,因而趋于溶解。在 pH 较低的酸性溶液中,或有较高浓度的金属阳离子存在时,各官能团难于解离而电荷减少,高分子趋于卷缩成团,亲水性弱,因而趋于沉淀或凝聚,富里酸因相对分子质量低受构型影响小,故仍溶解,腐殖酸则变为不溶的胶体沉淀物。

(4) 水体悬浮沉积物　天然水体中各种环境胶体物质往往并非单独存在,而是相互作用结合成为某种聚集体,即成为水中悬浮沉积物,它们可以沉降进入水体底部,也可重新再悬浮进入水中。

悬浮沉积物的结构组成并不是固定的,它随着水质和水体组成物质及水动力条件而变化。一般来说,悬浮沉积物是以矿物微粒,特别是黏土矿物为核心骨架,有机物和金属水合氧化物结合在矿物微粒表面上,成为各微粒间的粘附架桥物质,把若干微粒组合成絮状聚集体(聚集体在水体中的悬浮颗粒粒度一般在数十微米以下),经絮凝成为较粗颗粒而沉积到水体底部。

(5) 其他　湖泊中的藻类,污水中的细菌、病毒,废水排出的表面活性剂、油滴等,也都有类似的胶体化学表现,起类似的作用。

2. 水环境中颗粒物的吸附作用

水环境中胶体颗粒的吸附作用大体可分为表面吸附、离子交换吸附和专属吸附等。首先,由于胶体具有巨大的比表面和表面能,因此固液界面存在表面吸附作用,胶体表面积愈大,所产生的表面吸附能也愈大,胶体的吸附作用也就愈强,它属于物理吸附。其次,由于环境中大部分胶体带负电荷,容易吸附各种阳离子,在吸附过程中,胶体每吸附一部分阳离子,同时也放出等量的其他阳离子,因此把这种吸附称为离子交换吸附,它属于物理化学吸附。这种吸附是一种可逆反应,而且能够迅速地达到可逆平衡。该反应不受温度影响,在酸碱条件下均可进行,其交换吸附能力与溶质的性质、浓度及吸附剂性质等有关。对于那些具有可变电荷表面的胶体,当体系 pH 高时,也带负电荷并能进行交换吸附。离子交换吸附对于从概念上解释胶体颗粒表面对水合金属离子的吸附是有用的,但是对于那些在吸附过程中表面电荷改变符号,甚至可使离子化合物吸附在同号电荷的表面上的现象无法解释。因此,近年来有学者提出了专属吸附作用。

所谓专属吸附是指吸附过程中,除了化学键的作用外,尚有加强的憎水键和 van der Waals 力或氢键在起作用。专属吸附作用不但可使表面电荷改变符号,而且可使离子化合物吸附在同号电荷的表面上。在水环境中,配合离子、有机离子、有机高分子和无机高分子的专属吸附作用特别强烈。例如,简单的 Al^{3+},Fe^{3+} 等高价离子并不能使胶体电荷因吸附而变号,但其水解产物却可达到这点。这就是发生专属吸附的结果。

水合氧化物胶体对重金属离子有较强的专属吸附作用,这种吸附作用发生在胶体双电层的 Stern 层中,被吸附的金属离子进入 Stern 层后,不能被通常提取交换性阳离子的提取剂提取,只能被亲和力更强的金属离子取代,或在强酸性条件下解吸。专属吸附的另一特点是它在中性表面甚至在与吸附离子带相同电荷符号的表面也能进行吸附作用。例如,水锰矿对碱金属(K,Na)及过渡金属(Co,Cu,Ni)离子的吸附特性就很不相同。对于碱金属离子,在低浓度时,当体系 pH 在水锰矿零电位点(ZPC)以上时,发生吸附作用。这表明该吸附作用属于离子交换吸附。而对于 Co,Cu,Ni 等离子的吸附则不相同,当体系 pH 在 ZPC 处或小于 ZPC 时,都能进行吸附作用,这表明水锰矿不带电荷或带正电荷均能吸附过渡金属元素。表 3-8 列出水合氧化物对金属离子的专属吸附与非专属吸附的区别。

表 3-8 水合氧化物对金属离子的专属吸附与非专属吸附的区别

项 目	非专属吸附	专属吸附
发生吸附的表面净电荷的符号	—	—,0,+
金属离子所起的作用	反离子	配位离子
吸附时所发生的反应	阳离子交换	配体交换
发生吸附时要求体系的 pH	>零电位点	任意值
吸附发生的位置	扩散层	内层
对表面电荷的影响	无	负电荷减少,正电荷增加

注:本表摘自陈静生,1987。

(1)吸附等温线和等温式 吸附是指溶液中的溶质在界面层浓度升高的现象。水体中颗粒物对溶质的吸附是一个动态平衡过程,在固定的温度条件下,当吸附达到平衡时,颗粒物表面上的吸附量(G)与溶液中溶质平衡浓度(c)之间的关系,可用吸附等温线来表达。水体中常见的吸附等温线有三类,即 Henry 型,Freundlich 型和 Langmuir 型。简称为 H 型,F 型和 L 型,见图 3-3。

H 型等温线为直线形,其等温式为

$$G = kc \tag{3-32}$$

式中:k——分配系数。

该等温式表明溶质在吸附剂与溶液之间按固定比值分配。

F 型等温式为

$$G = kc^{1/n} \tag{3-33}$$

若两侧取对数,则有

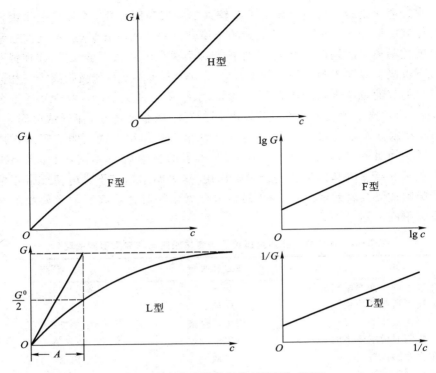

图 3-3   常见吸附等温线(汤鸿霄,1984)

$$\lg G = \lg k + \frac{1}{n}\lg c \qquad\qquad (3-34)$$

以 $\lg G$ 对 $\lg c$ 做图可得一直线,$\lg k$ 为截距,因此,k 值是 $\lg c = 0$ 时的吸附量,它可以大致表示吸附能力的强弱。$\frac{1}{n}$ 为斜率,它表示吸附量随浓度增长的强度。该等温线不能给出饱和吸附量。

L 型等温式为

$$G = G^0 c / (A+c) \qquad\qquad (3-35)$$

式中:G^0——单位表面上达到饱和时间的最大吸附量;

   A——常数。

G 对 c 做图得到一条双曲线,其渐近线为 $G = G^0$,即当 $c \rightarrow \infty$ 时,$G \rightarrow G^0$。在等温式中 A 为吸附量达到 $G^0/2$ 时溶液的平衡浓度。

将式(3-35)转化为

$$1/G = 1/G^0 + (A/G^0)(1/c) \tag{3-36}$$

以 $1/G$ 对 $1/c$ 做图,同样得到一直线。

等温线在一定程度上反映了吸附剂与吸附物的特性,其形式在许多情况下与实验所用溶质浓度区段有关。当溶质浓度甚低时,可能在初始区段中呈现 H 型,当浓度较高时,曲线可能表现为 F 型,但统一起来仍属于 L 型的不同区段。

影响吸附作用的因素很多,首先是溶液 pH 对吸附作用的影响。在一般情况下,颗粒物对重金属的吸附量随 pH 升高而增大。当溶液 pH 超过某元素的临界 pH 时,则该元素在溶液中的水解、沉淀起主要作用。表 3-9 为某些重金属的临界 pH 和最大吸附量。

表 3-9　重金属的临界 pH 和最大吸附量

元素	Zn	Co	Cu	Cd	Ni
临界 pH	7.6	9.0	7.9	8.4	9.0
最大吸附量/(mg·g^{-1})	6.7	3.3	3.9	8.2	2.2

注:本表摘自王晓蓉等,1983。

吸附量(G)与 pH、平衡浓度(c)之间的关系可用下式表示:

$$G = A \cdot c \cdot 10^{BpH} \tag{3-37}$$

式中:A,B——常数。

其次是颗粒物的粒度和浓度对重金属吸附量的影响。颗粒物对重金属的吸附量随粒度增大而减少,并且,当溶质浓度范围固定时,吸附量随颗粒物浓度增大而减少。此外,温度变化、几种离子共存时的竞争作用均对吸附产生影响。

(2)氧化物表面吸附的配合模式　在水环境中,硅、铝、铁的氧化物和氢氧化物是悬浮沉积物的主要成分,对这类物质表面上发生的吸附机理,特别是对金属离子的吸附,曾有许多学者提出过各种模型来说明,并试图建立定量计算规律,例如离子交换、水解吸附、表面沉淀等。20 世纪 70 年代初期,由 Stumm 和 Shindler 等人提出的表面配合模式,逐步得到了更多的承认和推广应用,目前已成为吸附中的主流理论之一,在水环境化学中发挥很大作用。

这一模式的基本点是把氧化物表面对 H^+,OH^-,金属离子,阴离子等的吸附看作是一种表面配合反应。金属氧化物表面都含有 $\equiv MeOH$ 基团,这是由于其表面离子的配位不饱和,在水溶液中与水配位,水发生解离吸附而生成羟基化表面。一般氧化物表面有 $4 \sim 10$ 个 OH^-/nm^2,其总量是可观的。

表面羟基在溶液中可发生质子迁移,其质子迁移平衡可具有相应的酸度常数,即表面配合常数。

$$\equiv MeOH_2^+ \rightleftharpoons \equiv MeOH + H^+$$

$$K_{a_1}^s = \frac{\{\equiv MeOH\}[H^+]}{\{\equiv MeOH_2^+\}}$$

$$\equiv MeOH \rightleftharpoons \equiv MeO^- + H^+$$

$$K_{a_2}^s = \frac{\{\equiv MeO^-\}[H^+]}{\{\equiv MeOH\}}$$

式中:[　]和{　}分别表示溶液中化合态的浓度和表面化合态的浓度。

　　表面的$\equiv MeOH$基团在溶液中可以与金属离子和阴离子生成表面配位配合物,表现出两性表面特性及相应的电荷变化。其相应的表面配合反应为

$$\equiv MeOH + M^{z+} \rightleftharpoons \equiv MeOM^{(z-1)+} + H^+ \qquad {}^*K_1^s$$

$$2\equiv MeOH + M^{z+} \rightleftharpoons (\equiv MeO)_2 M^{(z-2)+} + 2H^+ \qquad {}^*\beta_2^s$$

$$\equiv MeOH + A^{z-} \rightleftharpoons \equiv MeA^{(z-1)-} + OH^- \qquad K_1^s$$

$$2\equiv MeOH + A^{z-} \rightleftharpoons (\equiv Me)_2 A^{(z-2)-} + 2OH^- \qquad \beta_2^s$$

　　表面配合反应使其电荷随之变化增减,平衡常数则可反映出吸附程度及电荷与溶液 pH 和离子浓度的关系。如果可以求出平衡常数的数值,则由溶液 pH 和离子浓度可求得表面的吸附量和相应电荷。图 3-4 为氧化物表面配合模式。现在该模式的吸附剂被扩展到黏土矿物和有机物,吸附离子已被扩展到许多阳离子、阴离子、有机酸、高分子物等,成为广泛的吸附模式。

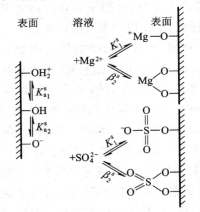

图 3-4　氧化物表面配合模式
(Stumm W,Morgan J J,1981)

　　表面配合模式的实质内容就是把具体表面看作一种聚合酸,其大量羟基可以发生表面配合反应,但在配合平衡过程中需将邻近基团的电荷影响考虑在内,由此区别于溶液中的配合反应。这种模式建立了一套实验和计算方法。可以求得各种固有平衡常数。这样就把原来以实验求得吸附等温式的吸附过程转化为可以定量计算的过程,使吸附从经验方法走向理论计算方法有了很大的进展。

　　求定表面配合常数是比较复杂而精密的实验与计算过程。为了考察表面配合常数与溶液中配合常数的相关性,有关

学者进行了一系列的实验。其实验结果如图 3-5 和图 3-6 所示。从图中可看出,无论对金属离子还是对有机阴离子的吸附,表面配合常数与溶液中的吸附常数之间都存在有较好的相关性。表面吸附中对金属离子的配合为

$$\equiv MeOH + M^{z+} \Longrightarrow \equiv MeOM^{(z-1)+} + H^+ \qquad {}^*K_1^s$$

它与溶液中金属离子的水解是相对应的:

$$H_2O + M^{z+} \Longrightarrow MOH^{(z-1)+} + H^+ \qquad {}^*K_1$$

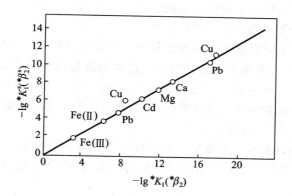

图 3-5　金属离子表面配合与溶液配合的比较

(汤鸿霄,1984)

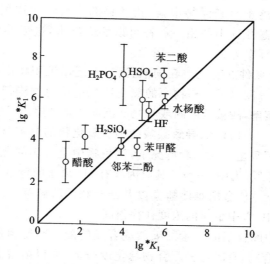

图 3-6　有机物表面配合与溶液配合的比较

(Stumm W,Morgan J J,1981)

图 3-5 表明，$-\lg {}^*K_1^s({}^*\beta_2)$ 与 $-\lg {}^*K_1({}^*\beta_2)$ 是线性相关的。同样，有机酸和无机酸的表面配合反应：

$$\equiv MeOH + H_2A \rightleftharpoons \equiv MeHA + H_2O \qquad {}^*K_1^s$$

与溶液中有机酸和无机酸的反应：

$$MeOH^{2+} + H_2A \rightleftharpoons MeHA^{2+} + H_2O \qquad {}^*K_1$$

也是相互对应的。图 3-6 中 $\lg {}^*K_1^s$ 与 $\lg {}^*K_1$ 也有明显的相关性。这样，就有可能近似地应用溶液中已求得的大量配合常数来求得表面配合常数，大大扩展了表面配合模式的数据库及应用的广泛性。

表面配合模式及其实验计算方面尽管存在着表面配合的固有平衡常数不能精确地确定，电荷与平衡常数之间的相关性难以清楚表述及实验时表面平衡难以达到或只能达到介稳状态等局限性，但应用此模式所得的结果可以半定量地反映吸附量和电荷随 pH 及溶液参数、表面积浓度等变化的关系。

3. 沉积物中重金属的释放

重金属从悬浮物或沉积物中重新释放属于二次污染问题，不仅对于水生生态系统，而且对于饮用水的供给都是很危险的。诱发释放的主要因素有如下几种。

(1) 盐浓度升高　碱金属和碱土金属阳离子可将被吸附在固体颗粒上的金属离子交换出来，这是金属从沉积物中释放出来的主要途径之一。例如水体中 Ca^{2+}，Na^+，Mg^{2+} 离子对悬浮物中铜、铅和锌的交换释放作用。在 0.5 mol/L Ca^{2+} 离子作用下，悬浮物中的铅、铜、锌可以解吸出来，这三种金属被钙离子交换的能力不同，其顺序为 Zn＞Cu＞Pb。

(2) 氧化还原条件的变化　在湖泊、河口及近岸沉积物中一般均有较多的耗氧物质，使一定深度以下沉积物中的氧化还原电位急剧降低，并将使铁、锰氧化物部分或全部溶解，故被其吸附或与之共沉淀的重金属离子也同时释放出来。

(3) 降低 pH　pH 降低，导致碳酸盐和氢氧化物的溶解，H^+ 的竞争作用增加了金属离子的解吸量。在一般情况下，沉积物中重金属的释放量随着反应体系 pH 的升高而降低（见图 3-7）。其原因既有 H^+ 离子的竞争吸附作用，也有金属在低 pH 条件下致使金属难溶盐类以及配合物的溶解等。因此，在受纳酸性废水排放的水体中，水中金属的浓度往往很高。

(4) 增加水中配合剂的含量　天然或合成的配合剂使用量增加，能和重金属形成可溶性配合物，有时这种配合物稳定度较大，可以溶解态形态存在，使重金属从固体颗粒上解吸下来。

除上述因素外，一些生物化学迁移过程也能引起金属的重新释放，从而引起

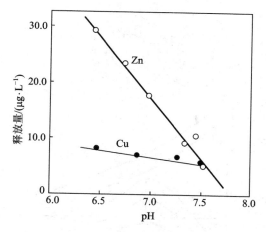

图 3-7　美国 White 河中 Zn 和 Cu 释放量与 pH 的关系(1982 年 7 月)

(金相灿.沉积物污染化学,1992)

重金属从沉积物中迁移到动、植物体内——可能沿着食物链进一步富集,或者直接进入水体,或者通过动植物残体的分解产物进入水体。

二、水中颗粒物的聚集

胶体颗粒的聚集亦可称为凝聚或絮凝。在讨论聚集的化学概念时,这两个名词时常交换使用。这里把由电介质促成的聚集称为凝聚,而由聚合物促成的聚集称为絮凝。胶体颗粒是长期处于分散状态还是相互作用聚集结合成为更粗粒子,将决定着水体中胶体颗粒及其上面的污染物的粒度分布变化规律,影响到其迁移输送和沉降归宿的距离和去向。

1. 胶体颗粒凝聚的基本原理和方式

典型胶体的相互作用是以胶体稳定性理论(DLVO 理论)为定量基础。DLVO 理论把 van der Waals 吸引力和扩散双电层排斥力考虑为仅有的作用因素,它适用于没有化学专属吸附作用的电解质溶液中,而且假设颗粒是粒度均等、球体形状的理想状态。这种颗粒在溶液中进行热运动,其平均动能为 $\frac{3}{2}kT$,两颗粒在相互接近时产生几种作用力,即多分子 van der Waals 力、静电排斥力和水化膜阻力。这几种力相互作用的综合位能随相隔距离所发生的变化,如图 3-8 所示。

总的综合作用位能为

$$V_T = V_R + V_A$$

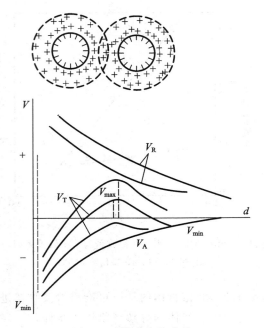

图 3−8　综合位能曲线

式中：V_A——由 van der Waals 力所产生的位能；

　　　V_R——由静电排斥力所产生的位能。

由图中曲线可见：(i) 不同溶液离子强度有不同 V_R 曲线，V_R 随颗粒间的距离按指数律下降。(ii) V_A 则只随颗粒间的距离变化，与溶液中离子强度无关。(iii) 不同溶液离子强度有不同的 V_T 曲线。在溶液离子强度较小时，综合位能曲线上出现较大位能峰（V_{max}），此时，排斥作用占较大优势，颗粒借助于热运动能量不能超越此位能峰，彼此无法接近，体系保持分散稳定状态。当离子强度增大到一定程度时，V_{max} 由于双电层被压缩而降低，则一部分颗粒有可能超越该位能峰。当离子强度相当高时，V_{max} 可以完全消失。

颗粒超过位能峰后，由于吸引力占优势，促使颗粒间继续接近，当其达到综合位能曲线上近距离的极小值（V_{min}）时，则两颗粒就可以结合在一起。不过，此时颗粒间尚隔有水化膜。在某些情况下，综合位能曲线上较远距离也会出现一个极小值（V_{min}），成为第二极小值，它有时也会使颗粒相互结合。

凝聚物理理论说明了凝聚作用的因素和机理，但它只适用于电解质浓度升高压缩扩散层造成颗粒聚集的典型情况，即一种理想化的最简单的体系，天然水或其他实际体系中的情况则要复杂得多。

异体凝聚理论适用于处理物质本性不同、粒径不等、电荷符号不同、电位高低不等之类的分散体系。异体凝聚理论的主要论点为:如果两个电荷符号相异的胶体微粒接近时,吸引力总是占优势;如果两颗粒电荷符号相同但电性强弱不等,则位能曲线上的能峰高度总是取决于荷电较弱而电位较低的一方。因此,在异体凝聚时,只要其中有一种胶体的稳定性甚低而电位达到临界状态,就可以发生快速凝聚,而不论另一种胶体的电位高低如何。天然水环境和水处理过程中所遇到的颗粒聚集方式,大体可概括如下。

(1) 压缩双电层凝聚　由于水中电解质浓度增大而离子强度升高,压缩扩散层,使颗粒相互吸引结合凝聚。

(2) 专属吸附凝聚　胶体颗粒专属吸附异电的离子化合态,降低表面电位,即产生电中和现象,使颗粒脱稳而凝聚。这种凝聚可以出现超荷状况,使胶体颗粒改变电荷符号后,又趋于稳定分散状况。

(3) 胶体相互凝聚　两种电荷符号相反的胶体相互中和而凝聚,或者其中一种荷电很低而相互凝聚,都属于异体凝聚。

(4) "边对面"絮凝　黏土矿物颗粒形状呈板状,其板面荷负电而边缘荷正电,各颗粒的边与面之间可由静电引力结合。这种聚集方式的结合力较弱,且具有可逆性,因而,往往生成松散的絮凝体,再加上"边对边"、"面对面"的结合,构成水中黏土颗粒自然絮凝的主要方式。

(5) 第二极小值絮凝　在一般情况下,位能综合曲线上的第二极小值较微弱,不足以发生颗粒间的结合,但若颗粒较粗或在某一维方向上较长,就有可能产生较深的第二极小值,使颗粒相互聚集。这种聚集属于较远距离的接触,颗粒本身并未完全脱稳,因而比较松散,具有可逆性。这种絮凝在实际体系中有时是存在的。

(6) 聚合物黏结架桥絮凝　胶体微粒吸附高分子电解质而凝聚,属于专属吸附类型,主要是异电中和作用。不过,即使负电胶体颗粒也可吸附非离子型高分子或弱阴离子型高分子,这也是异体凝聚作用。此外,聚合物具有链状分子,它也可以同时吸附在若干个胶体微粒上,在微粒之间架桥黏结,使它们聚集成团。这时,胶体颗粒可能并未完全脱稳,也是借助于第三者的絮凝现象。如果聚合物同时可发挥电中和及黏结架桥作用,就表现出较强的絮凝能力。

(7) 无机高分子的絮凝　无机高分子化合物的尺度远低于有机高分子,它们除对胶体颗粒有专属吸附电中和作用外,也可结合起来在较近距离起黏结架桥作用,当然,它们要求颗粒在适当脱稳后才能黏结架桥。

(8) 絮团卷扫絮凝　已经发生凝聚或絮凝的聚集体絮团物,在运动中以其巨大表面吸附卷带胶体微粒,生成更大絮团,使体系失去稳定而沉降。

（9）颗粒层吸附絮凝　水溶液透过颗粒层过滤时，由于颗粒表面的吸附作用，使水中胶体颗粒相互接近而发生凝聚或絮凝。吸附作用强烈时，可对凝聚过程起强化作用，使在溶液中不能凝聚的颗粒得到凝聚。

（10）生物絮凝　藻类、细菌等微小生物在水中也具有胶体性质，带有电荷，可以发生凝聚。特别是它们往往可以分泌出某种高分子物质，发挥絮凝作用，或形成胶团状物质。

在实际水环境中，上述种种凝聚、絮凝方式并不是单独存在的，往往是数种方式同时发生，综合发挥聚集作用。悬浮沉积物是最复杂的综合絮凝体，其中的矿物微粒和黏土矿物、水合金属氧化物和腐殖质、有机物等相互作用，几乎囊括了上述的十种聚集方式。

2. 胶体颗粒絮凝动力学

胶体颗粒通过扩散层压缩、表面电位降低、排斥力减小，使综合位能曲线上的能峰降低到必要的程度，或者，产生具有远距离吸引力以及存在黏结架桥物质等条件，均是发生凝聚和絮凝的前提，属于热力学因素。另一方面，要实现凝聚和絮凝，颗粒之间必须发生碰撞，同时存在动力学和动态学方面的条件。絮凝速率包含着这两方面的因素。

水环境中促成颗粒相互碰撞产生絮凝，至少存在以下三种不同机理。

（1）异向絮凝　由颗粒的热运动即 Brown 运动推动下发生碰撞而絮凝。在颗粒粒径均一的体系中，颗粒数目衰减的速率可以用二级速率公式来表示：

$$-\mathrm{d}N/\mathrm{d}t = k_\mathrm{p} N^2$$

或

$$\frac{1}{N} - \frac{1}{N_0} = k_\mathrm{p} t$$

式中：N——颗粒数目，个$/\mathrm{cm}^3$；

　　　k_p——速率常数。

按 von Smoluchowski 所给出的 k_p 表达式，可获得絮凝速率公式：

$$-\frac{\mathrm{d}N}{\mathrm{d}t} = \alpha_\mathrm{p} \frac{4kTN^2}{3\eta} \tag{3-38}$$

式中：α_p——有效碰撞系数；

　　　k——Boltzmann 常数，$1.38 \times 10^{-23}\,\mathrm{J/K}$；

　　　η——绝对黏度，$\mathrm{g/(cm \cdot s)}$。

由此可见，此时絮凝速率与颗粒数目的平方成比例。在 20 ℃水中，k_p 一般约为 $2 \times 10^{-12}\,\mathrm{cm}^3/\mathrm{s}$，当 $\alpha_\mathrm{p}=1$ 时，$N=10^6$ 个$/\mathrm{cm}^3$ 的浑浊水中，其半衰期大约为 $5 \times 10^5\,\mathrm{s}$，即 6 天。

（2）同向絮凝　在水流速率梯度（G）的剪切作用下，颗粒产生不同的速率而发生碰撞和絮凝。这时的絮凝速率为

$$-\frac{\mathrm{d}N}{\mathrm{d}t} = \frac{2}{3}\alpha_0 G d^3 N^2 = \frac{4}{\pi}\alpha_0 \varphi G N \tag{3-39}$$

其中
$$\varphi=\frac{\pi}{6}d^3N$$

式中：φ——体积分数；

$\quad\quad d$——颗粒粒径，μm。

如果颗粒数目仍为 10^6 个/cm^3，而 $d=1\ \mu m$，则 φ 约为 5×10^{-7}，设 $\alpha_0=1\ \mu m$，而 $G=5\ s^{-1}$，则半衰期约为 3.7 天。

当水中同时存在上述两种絮凝过程时，絮凝速率将为两者之和，即

$$-\frac{dN}{dt}=\alpha_{\rm p}\frac{4kTN^2}{3\eta}+\frac{4}{\pi}\alpha_0\varphi GN \quad\quad\quad (3-40)$$

当颗粒直径 $d>1\ \mu m$ 时，异向絮凝可忽略不计，而当粒径 $d<1\ \mu m$ 时，异向絮凝占有重要地位，若 $d=1\ \mu m$ 而 $G=10\ s^{-1}$，则两种速率相等。

（3）差速沉降絮凝　在重力作用下，沉降速率不同的颗粒会发生碰撞而絮凝，如果颗粒的密度和形状相同，则不同粒径的颗粒沉降速率不同。设溶液中粒径为 d_1 和 d_2 的颗粒数目分别为 N_1 和 N_2，则絮凝速率为

$$-\frac{dN}{dt}=\frac{\alpha_{\rm s}\pi g(\rho-1)}{72\gamma}(d_1+d_2)^3(d_1-d_2)N_1N_2 \quad\quad (3-41)$$

式中：g——重力加速度，cm/s^2；

$\quad\quad \rho$——颗粒密度，g/cm^3；

$\quad\quad \gamma$——动力黏度，cm^2/s。

在絮凝动力学中，颗粒的粒度起着很重要作用。上述三种絮凝机理在溶液中以哪种为主也取决于其粒径分布状况，对于粒径为 d_1,d_2 的颗粒，则三种絮凝的速率常数分别为

异向絮凝　$\quad k_{\rm b}=\dfrac{2kT(d_1+d_2)^2}{3\eta d_1 d_2}$

同向絮凝　$\quad k_{\rm sh}=\dfrac{1}{6}(d_1+d_2)^3G$

差速沉降絮凝　$\quad k_{\rm s}=\dfrac{1}{72\gamma}\pi g(\rho-1)(d_1+d_2)^3(d_1-d_2)$

凝聚和絮凝过程决定悬浮沉积物的粒度分布及其迁移沉降行为，从而也决定着污染物的迁移过程。不过，由于水体中环境胶体的种类复杂，形态多变，过程影响因素多，采样测定困难，因而深入研究有较大难度。目前，对水处理过程中的凝聚和絮凝有较系统的研究，而对天然水体中的絮凝过程尚缺乏深入的了解。Stumm 根据悬浊液在水相中的絮凝过程与透过颗粒层过滤而除去悬浊物的过程存在着许多相似性，但又自成体系，并存在相应的计算公式，认为这两者都是不同条件下的颗粒间相互作用，从而提出了统一的方程，建立了天然水体各种不同条件以及地下水渗流和水处理各种有关过程的共同规律。由于天然水体中的絮凝常以同向絮凝为主，由同向絮凝公式（3-39）可知，影响絮凝过程的主要参数是有效碰撞系数（α）、速率梯度（G）、颗粒体积分数（φ）。

图 3-9 是一个三向坐标图，分别以 α,G,φ 为变量，由此定出各种不同水体在坐标中的位

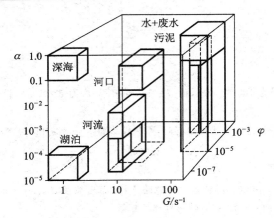

图 3-9　各种水体的絮凝条件

置,借以说明其絮凝条件。在淡水湖泊或水库中,水体相对平静而扰动少,其 G 值在 1 s^{-1} 左右,悬浮颗粒相应较少,φ 在 10^{-7} 左右,由于是淡水,含盐量低,α 值也较小,为 10^{-4}～10^{-5},即 1 万至 10 万次碰撞中只有一次可以达到结合絮凝,所以,湖泊中的絮凝在各种水体中处于最不利条件下。深海环境条件在 G 和 φ 方面与湖泊相似,但水的含盐量高,使 α 值达到 0.1～1.0 范围,故絮凝较湖泊容易进行。河流的 G 值达到 10 s^{-1} 左右,而 φ 为 10^{-7}～10^{-5},并且由于含盐量高于湖泊,α 值在 10^{-3} 左右,因此,其絮凝条件远超过湖泊。河口地区不但由于海潮回流,含盐量高而 α 值较大,而且 φ 也比一般河流高,因此,在天然水体中,它处于最佳的絮凝环境。在人工强化的水处理条件下可以造成最有利于絮凝的条件,如投加药剂提高 α 值,增强扰动加大 G 值等,对于污水特别是有较高污泥含量的污水,具有更显著的絮凝效果。对于所研究的水体,可在此图中找出其适当位置,确定其絮凝条件。

三、溶解和沉淀

溶解和沉淀是污染物在水环境中迁移的重要途径。一般金属化合物在水中迁移能力,可以直观地用溶解度来衡量。溶解度小者,迁移能力小。溶解度大者,迁移能力大。不过,溶解反应时常是一种多相化学反应,在固-液平衡体系中,一般需用溶度积来表征溶解度。天然水中各种矿物质的溶解度和沉淀作用也遵守溶度积原则。

在溶解和沉淀现象的研究中,平衡关系和反应速率两者都是重要的。知道平衡关系就可预测污染物溶解或沉淀作用的方向,并可以计算平衡时溶解或沉淀的量。但是经常发现用平衡计算所得结果与实际观测值相差甚远,造成这种差别的原因很多,但主要是自然环境中非均相沉淀溶解过程影响因素较为复杂所致。例如:(i) 某些非均相平衡进行得缓慢,在动态环境下不易达到平衡。(ii) 根据热力学对于一组给定条件预测的稳定固相不一定就是所形成的相。例如,硅在生物作用下可沉淀为蛋白石,它可进一步转变为更稳定的石英,但是这种反应进行得十分缓慢且常需要高温。(iii)可能存在过饱和现象,即出现物质的溶解量大于溶解度极限值的情况。(iv)固体溶解所产生的离子可能在溶液中进一步进行反应。(v)引自不同文献的平衡常数有差异等。

下面着重介绍金属氧化物、氢氧化物、硫化物、碳酸盐及多种成分共存时的溶解-沉淀平衡问题。

1. 氧化物和氢氧化物

金属氢氧化物沉淀有好几种形态,它们在水环境中的行为差别很大。氧化物可看成是氢氧化物脱水而成。由于这类化合物直接与 pH 有关,实际涉及水解和羟基配合物的平衡过程,该过程往往复杂多变,这里用强电解质的最简单关系式表述:

$$Me(OH)_n(s) \rightleftharpoons Me^{n+} + nOH^- \tag{3-42}$$

根据溶度积:

$$K_{sp} = [Me^{n+}][OH^-]^n$$

可转换为

$$[Me^{n+}] = K_{sp}/[OH^-]^n = K_{sp}[H^+]^n/K_w^n$$

$$-lg[Me^{n+}] = -lgK_{sp} - nlg[H^+] + nlgK_w$$

$$pc = pK_{sp} - npK_w + npH \tag{3-43}$$

根据式(3-43),可以给出溶液中金属离子饱和浓度对数值与 pH 的关系图(见图 3-10),直线斜率等于 n,即金属离子价。当离子价为 +3,+2,+1 时,则直线斜率分别为 -3,-2 和 -1。直线横轴截距是 $-lg[Me^{n+}] = 0$ 或 $[Me^{n+}] = 1.0$ mol/L 时的 pH:

$$pH = 14 - \frac{1}{n}pK_{sp} \tag{3-44}$$

各种金属氢氧化物的溶度积数值列于表 3-10。根据其中部分数据给出的对数浓度图(见图 3-10)可看出,同价金属离子的各线均有相同的斜率,靠图右边斜线代表的金属氢氧化物的溶解度大于靠图左边的溶解度。根据此图大致可查出各种金属离子在不同 pH 溶液中所能存在的最大饱和浓度。

不过图 3-10 和式(3-43)所表征的关系,并不能充分反映出氧化物或氢氧化物的溶解度,应该考虑这些固体还能与羟基金属离子配合物 $[Me(OH)_n^{z-n}]$ 处于平衡。如果考虑到羟基配合作用的情况,可以把金属氧化物或氢氧化物的溶

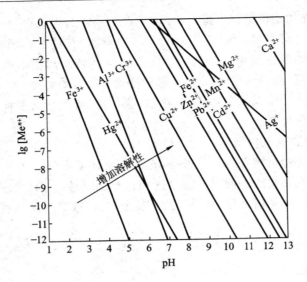

图 3-10　氢氧化物溶解度

解度（Me_T）表征如下：

$$Me_T = [Me^{z+}] + \sum_{1}^{n} [Me(OH)_n^{z-n}] \qquad (3-45)$$

表 3-10　金属氢氧化物溶度积

氢氧化物	K_{sp}	pK_{sp}	氢氧化物	K_{sp}	pK_{sp}
Ag(OH)	1.6×10^{-8}	7.80	Fe(OH)$_3$	3.2×10^{-38}	37.50
Ba(OH)$_2$	5×10^{-3}	2.3	Mg(OH)$_2$	1.8×10^{-11}	10.74
Ca(OH)$_2$	5.5×10^{-6}	5.26	Mn(OH)$_2$	1.1×10^{-13}	12.96
Al(OH)$_3$	1.3×10^{-33}	32.9	Hg(OH)$_2$	4.8×10^{-26}	25.32
Cd(OH)$_2$	2.2×10^{-14}	13.66	Ni(OH)$_2$	2.0×10^{-15}	14.70
Co(OH)$_2$	1.6×10^{-15}	14.80	Pb(OH)$_2$	1.2×10^{-15}	14.93
Cr(OH)$_3$	6.3×10^{-31}	30.2	Th(OH)$_4$	4.0×10^{-45}	44.4
Cu(OH)$_2$	5.0×10^{-20}	19.30	Ti(OH)$_3$	1×10^{-40}	40
Fe(OH)$_2$	1.0×10^{-15}	15.0	Zn(OH)$_2$	7.1×10^{-18}	17.15

注：转自汤鸿霄.用水废水化学基础,1979。

图 3-11 给出考虑到固相还能与羟基金属离子配合物处于平衡时溶解度的例子。在 25℃固相与溶质化合态之间所有可能的反应如下：

$$PbO(s) + 2H^+ \rightleftharpoons Pb^{2+} + H_2O \qquad lg^* K_{s_0} = 12.7 \qquad (3-46)$$

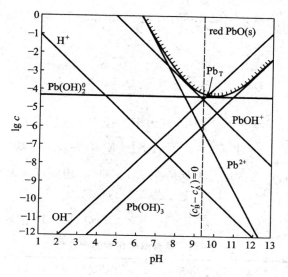

图 3-11 PbO 的溶解度

(Pankow J F. Aquatic Chemistry Concepts,1991)

$$PbO(s) + H^+ \rightleftharpoons PbOH^+ \qquad \lg {}^*K_{s_1} = 5.0 \qquad (3-47)$$

$$PbO(s) + H_2O \rightleftharpoons Pb(OH)_2^0 \qquad \lg K_{s_2} = -4.4 \qquad (3-48)$$

$$PbO(s) + 2H_2O \rightleftharpoons Pb(OH)_3^- + H^+ \qquad \lg {}^*K_{s_3} = -15.4 \qquad (3-49)$$

根据式(3-46)～式(3-49),Pb^{2+},$PbOH^+$,$Pb(OH)_2^0$ 和 $Pb(OH)_3^-$ 作为 pH 函数的特征线分别有斜率-2,-1,0 和+1,把所有化合态都结合起来,可以得到图 3-11 中包围着阴影区域的线。因此,$[Pb(II)_T]$ 在数值上可由下式得出:

$$[Pb(II)_T] = {}^*K_{s_0}[H^+]^2 + {}^*K_{s_1}[H^+] + K_{s_2} + {}^*K_{s_3}[H^+]^{-1} \qquad (3-50)$$

图 3-11 表明固体的氧化物和氢氧化物具有两性的特征。它们和质子或羟基离子都发生反应,存在有一个 pH,在此 pH 下溶解度为最小值,在碱性或酸性更强的 pH 区域内,溶解度都变得更大。

2. 硫化物

金属硫化物是比氢氧化物溶度积更小的一类难溶沉淀物,重金属硫化物在中性条件下实际上是不溶的,在盐酸中 Fe,Mn 和 Cd 的硫化物是可溶的,而 Ni 和 Co 的硫化物是难溶的。Cu,Hg 和 Pb 的硫化物只有在硝酸中才能溶解。表 3-11 列出重金属硫化物的溶度积。

由表 3-11 可看出,只要水环境中存在 S^{2-},几乎所有重金属均可从水体中

除去。因此,当水中有硫化氢气体存在时,溶于水中气体呈二元酸状态,其分级电离为

$$H_2S \rightleftharpoons H^+ + HS^- \qquad K_1 = 8.9 \times 10^{-8}$$
$$HS^- \rightleftharpoons H^+ + S^{2-} \qquad K_2 = 1.3 \times 10^{-15}$$

两者相加可得

$$H_2S \rightleftharpoons 2H^+ + S^{2-}$$

$$K_{1.2} = [H^+]^2 [S^{2-}]/[H_2S] = K_1 K_2 = 1.16 \times 10^{-22} \qquad (3-51)$$

在饱和水溶液中,H_2S 浓度总是保持在 $0.1\ mol/L$,因此可认为饱和溶液中 H_2S 分子浓度也保持 $0.1\ mol/L$,代入式(3-51)得

$$[H^+]^2 [S^{2-}] = 1.16 \times 10^{-22} \times 0.1 = 1.16 \times 10^{-23} = K'_{sp}$$

表 3-11　重金属硫化物的溶度积

分子式	K_{sp}	pK_{sp}	分子式	K_{sp}	pK_{sp}
Ag_2S	6.3×10^{-50}	49.20	HgS	4.0×10^{-53}	52.40
CdS	7.9×10^{-27}	26.10	MnS	2.5×10^{-13}	12.60
CoS	4.0×10^{-21}	20.40	NiS	3.2×10^{-19}	18.50
Cu_2S	2.5×10^{-48}	47.60	PbS	8×10^{-28}	27.90
CuS	6.3×10^{-36}	35.20	SnS	1×10^{-25}	25.00
FeS	3.3×10^{-18}	17.50	ZnS	1.6×10^{-24}	23.80
Hg_2S	1.0×10^{-45}	45.00	Al_2S_3	2×10^{-7}	6.70

注:转自汤鸿霄. 用水废水化学基础,1979。

因此可把 1.16×10^{-23} 看成是一个溶度积(K'_{sp}),在任何 pH 的 H_2S 饱和溶液中必须保持的一个常数。由于 H_2S 在纯水溶液中的二级电离甚微,故可根据一级电离,近似认为 $[H^+] = [HS^-]$,可求得此溶液中 $[S^{2-}]$:

$$[S^{2-}] = K'_{sp}/[H^+]^2 = [1.16 \times 10^{-23}/(8.9 \times 10^{-9})]\ mol/L = 1.3 \times 10^{-15}\ mol/L$$

在任一 pH 的水中,则

$$[S^{2-}] = K'_{sp}/[H^+]^2$$

溶液中促成硫化物沉淀的是 S^{2-},若溶液中存在二价金属离子 Me^{2+},则有

$$[Me^{2+}][S^{2-}] = K_{sp}$$

因此在硫化氢和硫化物均达到饱和的溶液中,可算出溶液中金属离子的饱和浓度为

$$[Me^{2+}] = K_{sp}/[S^{2-}] = K_{sp}[H^+]^2/K'_{sp} = K_{sp}[H^+]^2/(0.1 K_1 K_2) \qquad (3-52)$$

3. 碳酸盐

在 $Me^{2+}-H_2O-CO_2$ 体系中,碳酸盐作为固相时需要比氧化物、氢氧化物更稳定,而且与氢氧化物不同,它并不是由 OH^- 直接参与沉淀反应,同时 CO_2 还存在气相分压。因此,碳酸盐沉淀实际上是二元酸在三相中的平衡分布问题。在对待 $Me^{2+}-H_2O-CO_2$ 体系的多相平衡时,主要区别两种情况:(i)对大气封闭的体系(只考虑固相和液相,把 $H_2CO_3^*$ 当作不挥发酸类处理);(ii)除固相和液相外还包括气相(含 CO_2)的体系。由于方解石在天然水体系中的重要性,因此,下面将以 $CaCO_3$ 为例做介绍。

(1)封闭体系

① c_T = 常数时,$CaCO_3$ 的溶解度。

$$CaCO_3(s) \rightleftharpoons Ca^{2+} + CO_3^{2-} \qquad K_{sp} = [Ca^{2+}][CO_3^{2-}] = 10^{-8.32}$$

$$[Ca^{2+}] = K_{sp}/[CO_3^{2-}] = K_{sp}/(c_T\alpha_2) \qquad (3-53)$$

由于 α_2 对任何 pH 都是已知的,根据式(3-53),可以得出随 c_T 和 pH 变化的 Ca^{2+} 的饱和平衡值。对于任何与 $MeCO_3(s)$ 平衡时的 $[Me^{2+}]$ 都可以写出类似方程,并可给出 $lg[Me^{2+}]$ 对 pH 的曲线图(见图 3-12)。

图 3-12 基本上是由溶度积方程和碳酸平衡叠加而构成的,$[Ca^{2+}]$ 和 $[CO_3^{2-}]$ 的乘积必须是常数。因此,在 $pH > pK_2$ 这一高 pH 区时,$lg[CO_3^{2-}]$ 线斜率为零,$lg[Ca^{2+}]$ 线斜率也必为零,此时饱和浓度 $[Ca^{2+}] = K_{sp}/[CO_3^{2-}]$;当在 $pK_1 < pH < pK_2$ 区时,$lg[CO_3^{2-}]$ 的斜率为 +1,相应 $lg[Ca^{2+}]$ 的斜率为 -1;当在 $pH < pK_1$ 区时,$lg[CO_3^{2-}]$ 的斜率为 +2,为保持乘积 $[Ca^{2+}][CO_3^{2-}]$ 的恒定,$lg[Ca^{2+}]$ 必然斜率为 -2。图 3-12 是 $c_T = 3 \times 10^{-3}$ mol/L

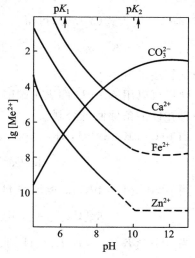

图 3-12 封闭体系中 c_T = 常数时,$MeCO_3(s)$ 的溶解度($c_T = 3 \times 10^{-3}$ mol/L)(Stumm W,Morgan J J,1981)

时一些金属碳酸盐的溶解度以及它们对 pH 的依赖关系。

② $CaCO_3(s)$ 在纯水中的溶解。溶液中的溶质为 Ca^{2+},$H_2CO_3^*$,HCO_3^-,CO_3^{2-},H^+ 和 OH^-,有六个未知数。所以在一定的压力和温度下,需要有相应方程限定溶液的组成。如果考虑所有溶解出来的 Ca^{2+} 在浓度上必然等于溶解碳

酸化合态的总和,就可得到方程:

$$[Ca^{2+}]=c_T \tag{3-54}$$

此外,溶液必须满足电中性条件:

$$2[Ca^{2+}]+[H^+]=[HCO_3^-]+2[CO_3^{2-}]+[OH^-] \tag{3-55}$$

达到平衡时,可以用$CaCO_3(s)$的溶度积来考虑:

$$[Ca^{2+}]=K_{sp}/[CO_3^{2-}]=K_{sp}/(c_T\alpha_2) \tag{3-56}$$

把式(3-56)和式(3-54)综合考虑,可得出下式:

$$[Ca^{2+}]=(K_{sp}/\alpha_2)^{1/2}$$

$$-\lg[Ca^{2+}]=0.5pK_{sp}-0.5p\alpha_2 \tag{3-57}$$

对于其他金属碳酸盐则可写为

$$-\lg[Me^{2+}]=0.5pK_{sp}-0.5p\alpha_2 \tag{3-58}$$

把式(3-56)代入式(3-55),可得

$$(K_{sp}/\alpha_2)^{0.5}(2-\alpha_1-2\alpha_2)+[H^+]-K_w/[H^+]=0 \tag{3-59}$$

可用试算法求解。

同样可以用$pc-pH$图表示碳酸钙溶解度与pH的关系,应用在不同pH区域中存在以下条件便可绘制。

当$pH>pK_2,\alpha_2\approx1$,则

$$\lg[Ca^{2+}]=0.5\lg K_{sp}$$

当$pK_1<pH<pK_2,\alpha_2\approx K_2/[H^+]$,则

$$\lg[Ca^{2+}]=0.5\lg K_{sp}-0.5\lg K_2-0.5pH$$

当$pH<pK_1,\alpha_2\approx K_2K_1/[H^+]^2$,则

$$\lg[Ca^{2+}]=0.5\lg K_{sp}-0.5\lg K_1K_2-pH$$

图3-13给出某些金属碳酸盐溶解度曲线图。

(2)开放体系　向纯水中加入$CaCO_3(s)$,并且将此溶液暴露于含有CO_2的气相中,因大气中CO_2分压固定,溶液中的CO_2浓度也相应固定,根据前面的讨论:

$$c_T=[CO_2]/\alpha_0=\frac{1}{\alpha_0}K_H p_{CO_2}$$

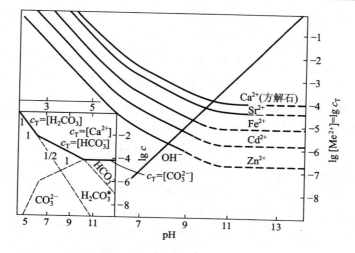

图 3-13　某些金属碳酸盐溶解度(Stumm W,Morgan J J,1981)

$$[CO_3^{2-}] = \frac{\alpha_2}{\alpha_0} K_H p_{CO_2}$$

由于要与气相中 CO_2 处于平衡,此时 $[Ca^{2+}]$ 就不再等于 c_T,但仍保持有同样的电中性条件:

$$2[Ca^{2+}] + [H^+] = c_T(\alpha_1 + 2\alpha_2) + [OH^-]$$

综合气-液平衡式和固-液平衡式,可以得到基本计算式:

$$[Ca^{2+}] = \frac{\alpha_0}{\alpha_2} \cdot \frac{K_{sp}}{K_H p_{CO_2}} \quad (3-60)$$

同样可将此关系推广到其他金属碳酸盐,绘出 pc-pH 图,如图 3-14 所示。

4. 水溶液中不同固相的稳定性

溶液中可能有几种固-液平衡同时存在时,按热力学观点,体系在一定条件下建立平衡状态时只能以一种固-液平衡占主导地位,因此,可在选定条件下,判断何种固体作为稳定相存在而占优势。下面以 Fe(Ⅱ) 为例,讨论在一定条件下,何种固体占优势。如在碳酸盐溶液中($c_T = 10^{-3}$ mol/L),可能发生 $FeCO_3$ 及 $Fe(OH)_2$ 沉淀,可以根据以下一些平衡式绘出

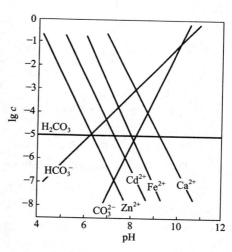

图 3-14　开放体系中的碳酸盐溶解度
(Stumm W,Morgan J J,1981)

两种沉淀的溶解区域图。

(1) $Fe(OH)_2(s) \Longrightarrow Fe^{2+} + 2OH^-$ 　　　　　　　$lgK_s = -14.5$

　　　$Fe(OH)_2(s) + 2H^+ \Longrightarrow Fe^{2+} + 2H_2O$ 　　　$lg^*K_s = 13.5$

$$p[Fe^{2+}] = -13.5 + 2pH \tag{3-61}$$

(2) $Fe(OH)_2(s) \Longrightarrow FeOH^+ + OH^-$ 　　　　　　$lgK_s = -9.4$

　　　$Fe(OH)_2(s) + H^+ \Longrightarrow FeOH^+ + H_2O$ 　　　$lg^*K_s = 4.6$

$$p[FeOH^+] = -4.6 + pH \tag{3-62}$$

(3) $Fe(OH)_2(s) + OH^- \Longrightarrow Fe(OH)_3^-$ 　　　　　$lgK_s = -5.1$

　　　$Fe(OH)_2(s) + H_2O \Longrightarrow Fe(OH)_3^- + H^+$ 　　$lg^*K_s = -19.1$

$$p[Fe(OH)_3^-] = 19.1 - pH \tag{3-63}$$

根据以上三式可以绘出 $Fe(OH)_2(s)$ 的溶解区域图,如图 3-15 右边部分。

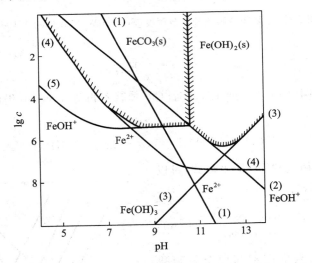

图 3-15　$FeCO_3$ 和 $Fe(OH)_2$ 的溶解区域图(Stumm W,Morgan J J,1981)

(4) $FeCO_3(s) \Longrightarrow Fe^{2+} + CO_3^{2-}$ 　　　　　　　$lgK_s = -10.7$

　　　$FeCO_3(s) + H^+ \Longrightarrow Fe^{2+} + HCO_3^-$ 　　　$lg^*K_s = -0.3$

$$p[Fe^{2+}] = 0.3 + pH + lg[HCO_3^-] \tag{3-64}$$

(5) $FeCO_3(s) + OH^- \Longrightarrow FeOH^+ + CO_3^{2-}$ 　　　$lgK_s = -5.6$

　　　$FeCO_3(s) + H_2O \Longrightarrow FeOH^+ + H^+ + CO_3^{2-}$ 　$lg^*K_s = -19.6$

$$p[FeOH^+] = 19.6 - pH + lg[CO_3^{2-}] \tag{3-65}$$

(6) $FeCO_3(s) + 3OH^- \Longrightarrow Fe(OH)_3^- + CO_3^{2-}$ 　　$lgK_s = -1.3$

　　　$FeCO_3(s) + 3H_2O \Longrightarrow Fe(OH)_3^- + 3H^+ + CO_3^{2-}$ 　$lg^*K_s = -43.3$

$$p[Fe(OH)_3^-]=43.3-3pH+lg[CO_3^{2-}] \tag{3-66}$$

以上三式可以绘出 $FeCO_3(s)$ 的溶解区域图,如图 3-15 左边部分,由图可看出,当 pH<10.5 时,$FeCO_3$ 优先发生沉淀,控制着溶液中 Fe(Ⅱ)的浓度;当 pH>10.5 以后,则转化为 $Fe(OH)_2$ 优先沉淀,控制着溶液中 Fe(Ⅱ)的浓度;而当 pH=10.5 时,则两种沉淀可同时发生。

四、氧化还原

氧化还原平衡对水环境中污染物的迁移转化具有重要意义。水体中氧化还原的类型、速率和平衡,在很大程度上决定了水中主要溶质的性质。例如,一个厌氧性湖泊,其湖下层的元素都将以还原形态存在:碳还原成-4 价形成 CH_4;氮形成 NH_4^+;硫形成 H_2S;铁形成可溶性 Fe^{2+}。而表层水由于可以被大气中的氧饱和。成为相对氧化性介质,如果达到热力学平衡时,上述元素将以氧化态存在:碳形成 CO_2;氮形成 NO_3^-;铁形成 $Fe(OH)_3$ 沉淀;硫形成 SO_4^{2-}。显然这种变化对水生生物和水质影响很大。

需要注意的是下面所介绍的体系都假定它们处于热力学平衡。实际上这种平衡在天然水或污水体系中是几乎不可能达到,这是因为许多氧化还原反应非常缓慢,很少达到平衡状态,即使达到平衡,往往也是在局部区域内,如海洋或湖泊中,在接触大气中氧气的表层与沉积物的最深层之间,氧化还原环境有着显著的差别。在两者之间有无数个局部的中间区域,它们是由于混合或扩散不充分以及各种生物活动所造成的。所以,实际体系中存在的是几种不同的氧化还原反应的混合行为。但这种平衡体系的设想,对于用一般方法去认识污染物在水体中发生化学变化趋向会有很大帮助,通过平衡计算,可提供体系必然发展趋向的边界条件。

1. 电子活度和氧化还原电位

(1)电子活度的概念　酸碱反应和氧化还原反应之间存在着概念上的相似性,酸和碱是用质子给予体和质子接受体来解释。故 pH 的定义为

$$pH=-lg(a_{H^+}) \tag{3-67}$$

式中:a_{H^+}——氢离子在水溶液中的活度,它衡量溶液接受或迁移质子的相对趋势。

与此相似,还原剂和氧化剂可以定义为电子给予体和电子接受体,同样可以定义 pE 为

$$pE=-lg(a_e) \tag{3-68}$$

式中:a_e——水溶液中电子的活度。

由于 a_{H^+} 可以在好几个数量级范围内变化,所以可以很方便地用 pH 来表示 a_{H^+}。同样,一个稳定的水系统的电子活度可以在 20 个数量级范围内变化,所以也可以很方便地用 pE 来表示 a_e。

pE 严格的热力学定义是由 Stumm 和 Morgan 提出的,基于下列反应:

$$2H^+(aq)+2e^- \Longrightarrow H_2(g) \tag{3-69}$$

当这个反应的全部组分都以 1 个单位活度存在时,该反应的自由能变化 ΔG 可定义为零。水中氧化还原反应的 ΔG 也是在溶液中全部离子的生成自由能的基础上定义的。

在离子的强度为零的介质中,$[H^+]=1.0\times10^{-7}$ mol/L,故 $a_{H^+}=1.0\times10^{-7}$,则 pH=7.0。但是,电子活度必须根据式(3-69)定义,当 $H^+(aq)$ 在 1 单位活度与 $1.013\,0\times10^5$ Pa H_2 平衡(同样活度也为 1)的介质中,电子活度才正确地为 1.00 及 pE=0.0。如果电子活度增加 10 倍[正如 $H^+(aq)$ 活度为 0.100 与活度为 $1.013\,0\times10^5$ Pa H_2 平衡时的情况],那么电子活度将为 10,并且 pE=-1.0。

因此,pE 是平衡状态下(假想)的电子活度,它衡量溶液接受或给出电子的相对趋势,在还原性很强的溶液中,其趋势是给出电子。从 pE 概念可知,pE 越小,电子浓度越高,体系给出电子的倾向就越强。反之,pE 越大,电子浓度越低,体系接受电子的倾向就越强。

(2) 氧化还原电位 E 和 pE 的关系   如有一个氧化还原半反应

$$Ox+ne^- \Longrightarrow Red \tag{3-70}$$

根据 Nernst 方程一般式,则上述反应可写成:

$$E=E^{\ominus}-\frac{2.303RT}{nF}\lg\frac{[Red]}{[Ox]}$$

当反应平衡时,

$$E^{\ominus}=\frac{2.303RT}{nF}\lg K$$

从理论上考虑亦可将式(3-70)的平衡常数(K)表示为

$$K=\frac{[Red]}{[Ox][e^-]^n}$$

$$[e^-]=\left\{\frac{[Red]}{K[Ox]}\right\}^{\frac{1}{n}}$$

根据 pE 的定义,则上式可改写为

$$pE = -\lg[e^-] = \frac{1}{n}\left\{\lg K - \lg\frac{[Red]}{[Ox]}\right\} = \frac{EF}{2.303RT} = \frac{1}{0.059V}E \quad (25\ ℃)$$

$$(3-71)$$

pE 是量纲为 1 的指标,它衡量溶液中可供给电子的水平。

同样　　　　$$pE^\ominus = \frac{E^\ominus F}{2.303RT} = \frac{1}{0.059V}E^\ominus \qquad (25\ ℃) \qquad (3-72)$$

因此,根据 Nernst 方程,pE 的一般表示形式为

$$pE = pE^\ominus + \frac{1}{n}\lg([反应物]/[生成物]) \qquad (3-73)$$

对于包含有 n 个电子的氧化还原反应,其平衡常数为

$$\lg K = \frac{nE^\ominus F}{2.303RT} = \frac{nE^\ominus}{0.059V} \quad (25\ ℃) \qquad (3-74)$$

此处 $E^\ominus$ 是整个反应的 $E^\ominus$ 值,故平衡常数:

$$\lg K = n(pE^\ominus) \qquad (3-75)$$

同样,对于一个包括 n 个电子的氧化还原反应,自由能变化可从以下两个方程中任一个给出:

$$\Delta G = -nFE$$
$$\Delta G = -2.303nRT(pE) \qquad (3-76)$$

若将 F 值 96 500 J/(V·mol) 代入,便可获得以 J/mol 为单位的自由能变化值。当所有反应组分都处于标准状态下(纯液体、纯固体、溶质的活度为 1.00):

$$\Delta G^\ominus = -nFE^\ominus \qquad (3-77)$$

$$\Delta G^\ominus = -2.303nRT(pE^\ominus) \qquad (3-78)$$

2. 天然水体的 pE-pH 图

在氧化还原体系中,往往有 H^+ 或 OH^- 离子参与转移,因此,pE 除了与氧化态和还原态浓度有关外,还受到体系 pH 的影响,这种关系可以用 pE-pH 图来表示。该图显示了水中各形态的稳定范围及边界线。由于水中可能存在物类状态繁多,于是会使这种图变得非常复杂。例如一个金属,可以有不同的金属氧化态、羟基配合物以及不同形式的固体金属氧化物或氢氧化物存在于用 pE-pH 图所描述的不同区域内,大部分水体中都含有碳酸盐并含有许多硫酸盐及硫化物,因此可以有各种金属的碳酸盐、硫酸盐及硫化物在各种不同区域中占主要地位。

（1）水的氧化还原限度　　在绘制 $pE-pH$ 图时,必须考虑几个边界情况。首先是水的氧化还原反应限定图中的区域边界。选作水氧化限度的边界条件是 $1.013\ 0\times10^5$ Pa 的氧分压,水还原限度的边界条件是 $1.013\ 0\times10^5$ Pa 的氢分压,由这些边界条件可获得把水的稳定边界与 pH 联系起来的方程。

水的氧化限度：

$$\frac{1}{4}O_2+H^++e^- \rightleftharpoons \frac{1}{2}H_2O \qquad pE^\ominus=+20.75$$

$$pE=pE^\ominus+\lg\{p_{O_2}^{1/4}[H^+]\} \qquad\qquad (3-79)$$

$$pE=20.75-pH$$

水的还原限度：

$$H^++e^- \rightleftharpoons \frac{1}{2}H_2 \qquad pE^\ominus=0.00$$

$$pE=pE^\ominus+\lg[H^+] \qquad\qquad (3-80)$$

$$pE=-pH$$

表明水的氧化限度以上的区域为 O_2 稳定区,还原限度以下的区域为 H_2 稳定区,在这两个限度之内的 H_2O 是稳定的,也是水质各化合态分布的区域。

（2）$pE-pH$ 图　　下面以 Fe 为例,讨论如何绘制 $pE-pH$ 图。假定溶液中溶解性铁的最大浓度为 1.0×10^{-7} mol/L,没有考虑 $Fe(OH)_2^+$ 及 $FeCO_3$ 等形态的生成,根据上面的讨论,Fe 的 $pE-pH$ 图必须落在水的氧化还原限度内。下面将根据各组分间的平衡方程把 $pE-pH$ 的边界逐一推导。

① $Fe(OH)_3(s)$ 和 $Fe(OH)_2(s)$ 的边界。$Fe(OH)_3(s)$ 和 $Fe(OH)_2(s)$ 的平衡方程为

$$Fe(OH)_3(s)+H^++e^- \rightleftharpoons Fe(OH)_2(s)+H_2O$$

$$\lg K=4.62$$

$$K=\frac{1}{[H^+][e^-]}$$

$$pE=4.62-pH \qquad\qquad (3-81)$$

以 pH 对 pE 做图可得图 3-16 中的①,斜线上方为 $Fe(OH)_3(s)$ 稳定区,斜线下方为 $Fe(OH)_2(s)$ 稳定区。

② $Fe(OH)_2(s)$ 和 $FeOH^+$ 的边界。根据平衡方程：

$$Fe(OH)_2(s)+H^+ \rightleftharpoons FeOH^++H_2O \qquad \lg K=4.6$$

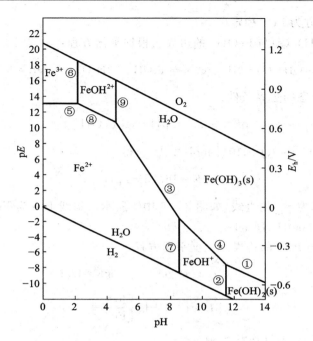

图 3-16 水中铁的 pE-pH 图（总可溶性铁浓度为 $1.0 \times 10^{-7} mol/L$）

可得这两种形态的边界条件：

$$pH = 4.6 - lg[FeOH^+]$$

将 $[FeOH^+] = 1.0 \times 10^{-7}$ mol/L 代入，得

$$pH = 11.6 \qquad (3-82)$$

故可画出一条平行 pE 轴的直线，如图 3-16 中②所示，表明与 pE 无关。直线左边为 $FeOH^+$ 稳定区，直线右边为 $Fe(OH)_2(s)$ 稳定区。

③ $Fe(OH)_3(s)$ 与 Fe^{2+} 的边界。根据平衡方程：

$$Fe(OH)_3(s) + 3H^+ + e^- \Longrightarrow Fe^{2+} + 3H_2O \qquad lgK = 17.9$$

可得这两种形态的边界条件：

$$pE = 17.9 - 3pH - lg[Fe^{2+}]$$

将 $[Fe^{2+}] = 1.0 \times 10^{-7}$ mol/L 代入，得

$$pE = 24.9 - 3pH \qquad (3-83)$$

得到一条斜率为 -3 的直线，如图 3-16 中③所示。斜线上方为 $Fe(OH)_3(s)$ 稳

定区,斜线下方为 Fe^{2+} 稳定区。

④ $Fe(OH)_3(s)$ 与 $FeOH^+$ 的边界。根据平衡方程:

$$Fe(OH)_3(s)+2H^++e^- \Longrightarrow FeOH^++2H_2O \qquad lgK=9.25$$

可得这两种形态的边界条件:

$$pE=9.25-2pH-lg[FeOH^+]$$

将 $[FeOH^+]=1.0\times10^{-7}$ mol/L 代入,得

$$pE=16.25-2pH \qquad\qquad (3-84)$$

得到一条斜率为 -2 的直线,如图 3-16 中④所示。斜线上方为 $Fe(OH)_3(s)$ 稳定区,下方为 $FeOH^+$ 稳定区。

⑤ Fe^{3+} 与 Fe^{2+} 的边界。根据平衡方程:

$$Fe^{3+}+e^- \Longrightarrow Fe^{2+} \qquad lgK=13.1$$

可得

$$pE=13.1+lg\frac{[Fe^{3+}]}{[Fe^{2+}]}$$

边界条件为 $[Fe^{3+}]=[Fe^{2+}]$,则

$$pE=13.1 \qquad\qquad (3-85)$$

因此,可绘出一条垂直于纵轴平行于 pH 轴的直线,如图 3-16 中⑤所示。表明与 pH 无关。

当 $pE>13.1$ 时,$[Fe^{3+}]>[Fe^{2+}]$;当 $pE<13.1$ 时,$[Fe^{3+}]<[Fe^{2+}]$。

⑥ Fe^{3+} 与 $FeOH^{2+}$ 的边界。根据平衡方程:

$$Fe^{3+}+H_2O \Longrightarrow FeOH^{2+}+H^+ \qquad lgK=-2.4$$

$$K=[FeOH^{2+}][H^+]/[Fe^{3+}]$$

边界条件为 $[Fe^{3+}]=[FeOH^{2+}]$,则

$$pH=2.4 \qquad\qquad (3-86)$$

故可画出一条平行于 pE 的直线,如图 3-16 中⑥所示。表明与 pE 无关,直线左边为 Fe^{3+} 稳定区,直线右边为 $FeOH^{2+}$ 稳定区。

⑦ Fe^{2+} 与 $FeOH^+$ 的边界。根据平衡方程:

$$Fe^{2+}+H_2O \Longrightarrow FeOH^++H^+ \qquad lgK=-8.6$$

$$K=[FeOH^+][H^+]/[Fe^{2+}]$$

边界条件为$[FeOH^+]=[Fe^{2+}]$,则

$$pH=8.6 \tag{3-87}$$

同样得到一条平行于 pE 的直线,如图 3-16 中⑦所示。直线左边为 Fe^{2+} 稳定区,直线右边为 $FeOH^+$ 稳定区。

⑧ Fe^{2+} 与 $FeOH^{2+}$ 的边界。根据平衡方程:

$$Fe^{2+}+H_2O \Longrightarrow FeOH^{2+}+H^++e^- \qquad lgK=-15.5$$

可得

$$pE=15.5+lg\frac{[FeOH^{2+}]}{[Fe^{2+}]}-pH$$

边界条件为$[FeOH^{2+}]=[Fe^{2+}]$,则

$$pE=15.5-pH \tag{3-88}$$

得到一条斜线,如图 3-16 中⑧所示。斜线上方为 $FeOH^{2+}$ 稳定区,斜线下方为 Fe^{2+} 稳定区。

⑨ $FeOH^{2+}$ 与 $Fe(OH)_3(s)$ 边界。根据平衡方程:

$$Fe(OH)_3(s)+2H^+ \Longrightarrow FeOH^{2+}+2H_2O \qquad lgK=2.4$$

$$K=[FeOH^{2+}]/[H^+]^2$$

边界条件$[FeOH^{2+}]=1.0\times10^{-7}$ mol/L 代入,得

$$pH=4.7 \tag{3-89}$$

可得一平行于 pE 的直线,如图 3-16 中⑨所示。表明与 pE 无关。当 $pH>4.7$ 时,$Fe(OH)_3(s)$ 将陆续析出。

至此,已导得制作 Fe 在水中的 $pE-pH$ 图所必需的全部边界方程,水中铁体系的 $pE-pH$ 图如图 3-16 所示。由图 3-16 可看出,当这个体系在一个相当高的 H^+ 活度及高的电子活度时(酸性还原介质),Fe^{2+} 是主要形态(在大多数天然水体系中,由于 FeS 或 $FeCO_3$ 的沉淀作用,Fe^{2+} 的可溶性范围是很窄的),在这种条件下,一些地下水中含有相当水平的 Fe^{2+};在很高的 H^+ 活度及低的电子活度时(酸性氧化介质),Fe^{3+} 是主要的;在低酸度的氧化介质中,固体 $Fe(OH)_3(s)$ 是主要的存在形态,最后在碱性的还原介质中,具有低的 H^+ 活度及高的电子活度,固体的 $Fe(OH)_2$ 是稳定的。注意,在通常的水体 pH 范围内(5~9),$Fe(OH)_3$ 或 Fe^{2+} 是主要的稳定形态。

3. 天然水的 pE 和决定电位

天然水中含有许多无机及有机氧化剂和还原剂。水中主要的氧化剂有溶解氧,Fe(Ⅲ),Mn(Ⅳ)和 S(Ⅵ),其作用后本身依次转变为 H_2O,Fe(Ⅱ),Mn(Ⅱ)

和S(－Ⅱ)。水中主要还原剂有种类繁多的有机物,Fe(Ⅱ),Mn(Ⅱ)和S(－Ⅱ),在还原物质的过程中,有机物本身的氧化产物是非常复杂的。

由于天然水是一个复杂的氧化还原混合体系,其 pE 应是介于其中各个单体系的电位之间,而且接近于含量较高的单体系的电位。若某个单体系的含量比其他体系高得多,则此时该单体系电位几乎等于混合复杂体系的 pE,称之为"决定电位"。在一般天然水环境中,溶解氧是"决定电位"物质,而在有机物累积的厌氧环境中,有机物是"决定电位"物质,介于两者之间者,则其"决定电位"为溶解氧体系和有机物体系的结合。

从这个概念出发,可以计算天然水中的 pE。

若水中 $p_{O_2}=0.21\times10^5$ Pa,以[H$^+$]＝1.0×10^{-7} mol/L 代入式(3–79),则

$$pE=20.75+\lg\{(p_{O_2}/1.013\times10^5\text{ Pa})^{0.25}\times[H^+]\}$$
$$=20.75+\lg\{[(0.21\times10^5)/(1.013\times10^5)]^{0.25}\times1.0\times10^{-7}\}$$
$$=13.58$$

说明这是一种好氧的水,这种水存在夺取电子的倾向。

若是有机物丰富的厌氧水,例如一个由微生物作用产生 CH_4 及 CO_2 的厌氧水,假定 $p_{CO_2}=p_{CH_4}$ 和 pH＝7.00,其相关的半反应为

$$\frac{1}{8}CO_2+H^++e^-\Longrightarrow\frac{1}{8}CH_4+\frac{1}{4}H_2O\qquad pE^\ominus=2.87$$

$$pE=pE^\ominus+\lg(p_{CO_2}^{0.125}[H^+]/p_{CH_4}^{0.125})$$
$$=2.87+\lg[H^+]$$
$$=-4.13$$

这个数值并没有超过水在 pH＝7.00 时还原极限－7.00,说明这是还原性环境,有提供电子的倾向。

从上面计算可以看到,天然水的 pE 随水中溶解氧的减少而降低,因而表层水呈氧化性环境,深层水及底泥呈还原性环境,同时天然水的 pE 随其 pH 减小而增大。

经过调查,各类天然水 pE 及 pH 情况如图 3–17 所示。此图反映了不同水质区域的氧化还原特性,氧化性最强的是上方同大气接触的富氧区,

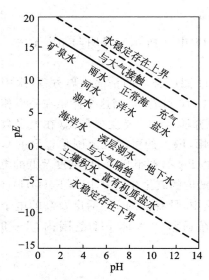

图 3–17　不同天然水在 pE–pH 图中的近似位置

这一区域代表大多数河流、湖泊和海洋水的表层情况,还原性最强的是下方富含有机物的缺氧区,这区域代表富含有机物的水体底泥和湖、海底层水情况。在这两个区域之间的是基本上不含氧、有机物比较丰富的沼泽水等。

4. 无机氮化物的氧化还原转化

水中氨主要以 NH_4^+ 或 NO_3^- 形态存在,在某些条件下,也可以有中间氧化态 NO_2^-。像许多水中的氧化还原反应那样,氨体系的转化反应是微生物的催化作用形成的。下面讨论中性天然水的 pE 变化对无机氮形态浓度的影响。

假设总氮浓度为 1.00×10^{-4} mol/L,水体 pH=7.00。

(1) 在较低的 pE 值时($pE < 5$),NH_4^+ 是主要形态。在这个 pE 范围内,NH_4^+ 的浓度对数则可表示为

$$\lg[NH_4^+] = -4.00 \tag{3-90}$$

$\lg[NO_2^-]$ 与 pE 的关系可以根据含有 NO_2^- 及 NH_4^+ 的半反应求得:

$$\frac{1}{6}NO_2^- + \frac{4}{3}H^+ + e^- \Longleftrightarrow \frac{1}{6}NH_4^+ + \frac{1}{3}H_2O \qquad pE^\ominus = 15.14$$

pH=7.00 时就可表达为

$$pE = 5.82 + \lg \frac{[NO_2^-]^{\frac{1}{6}}}{[NH_4^+]^{\frac{1}{6}}} \tag{3-91}$$

以 $[NH_4^+] = 1.00 \times 10^{-4}$ mol/L 代入,就可得到 $\lg[NO_2^-]$ 与 pE 的相关方程:

$$\lg[NO_2^-] = -38.92 + 6pE \tag{3-92}$$

在 NH_4^+ 是主要形态并有 1.00×10^{-4} mol/L 浓度时,$\lg[NO_3^-]$ 与 pE 的关系为

$$\frac{1}{8}NO_3^- + \frac{5}{4}H^+ + e^- \Longleftrightarrow \frac{1}{8}NH_4^+ + \frac{3}{8}H_2O \qquad pE^\ominus = 14.90$$

$$pE = 6.15 + \lg \frac{[NO_3^-]^{\frac{1}{8}}}{[NH_4^+]^{\frac{1}{8}}} \qquad (pH = 7.00) \tag{3-93}$$

$$\lg[NO_3^-] = -53.20 + 8pE \tag{3-94}$$

(2) 在一个狭窄的 pE 范围内,pE 为 6.5 左右,NO_2^- 是主要形态。在这个 pE 范围内,NO_2^- 的浓度对数根据方程可表示为

$$\lg[NO_2^-] = -4.00 \tag{3-95}$$

用 $[NO_2^-] = 1.00 \times 10^{-4}$ mol/L 代入式(3-91)中,得

$$pE = 5.82 + \lg \frac{(1.00 \times 10^{-4} \text{mol/L})^{\frac{1}{6}}}{[NH_4^+]^{\frac{1}{6}}}$$

$$\lg[NH_4^+] = 30.92 - 6pE \tag{3-96}$$

在 NO_2^- 占优势的范围内,$\lg[NO_3^-]$ 的方程可从下面的处理中得到:

$$\frac{1}{2}NO_3^- + H^+ + e^- \rightleftharpoons \frac{1}{2}NO_2^- + \frac{1}{2}H_2O \qquad pE^\ominus = 14.15$$

$$pE = 7.15 + \lg \frac{[NO_3^-]^{\frac{1}{2}}}{[NO_2^-]^{\frac{1}{2}}} \qquad (pH=7.00) \qquad\qquad (3-97)$$

当$[NO_2^-] = 1.00 \times 10^{-4}$ mol/L 时，

$$\lg[NO_3^-] = -18.30 + 2pE \qquad\qquad (3-98)$$

（3）当 $pE > 7$，溶液中氮的形态主要为 NO_3^-，此时，

$$\lg[NO_3^-] = -4.00 \qquad\qquad (3-99)$$

$\lg[NO_2^-]$ 的方程也可以在 $pE > 7$ 时获得，将$[NO_3^-] = 1.00 \times 10^{-4}$ mol/L 代入式(3-97)，得

$$pE = 7.15 + \lg \frac{(1.00 \times 10^{-4} \text{ mol/L})^{\frac{1}{2}}}{[NO_2^-]^{\frac{1}{2}}}$$

$$\lg[NO_2^-] = 10.30 - 2pE \qquad\qquad (3-100)$$

以此类推，代入式(3-93)给出在 NO_3^- 占优势区的 $\lg[NH_4^+]$ 的方程：

$$pE = 6.15 + \lg \frac{(1.00 \times 10^{-4} \text{ mol/L})^{\frac{1}{8}}}{[NH_4^+]^{\frac{1}{8}}}$$

$$\lg[NH_4^+] = 45.20 - 8pE \qquad\qquad (3-101)$$

至此，绘制水中氮系统的对数浓度图所需要的全部方程均已求得。以 pE 对$\lg[X]$做图，即可得到水中 $NH_4^+ - NO_2^- - NO_3^-$ 体系的对数浓度图（图 3-18）。由图可见，在低的 pE 范围，NH_4^+ 是主要的氮形态；在中间 pE 范围，NO_2^- 是主要形态；在高 pE 范围，NO_3^- 是主要形态。

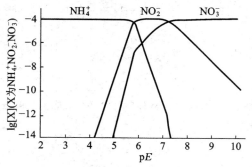

图 3-18　水中 $NH_4^+ - NO_2^- - NO_3^-$ 体系的对数浓度图
（pH=7.00,总氮浓度$=1.00 \times 10^{-4}$ mol/L）(Manahan S E,1984)

5. 无机铁的氧化还原转化

天然水中的铁主要以 $Fe(OH)_3(s)$ 或 Fe^{2+} 形态存在。铁在高 pE 水中将从低价态氧化成高价态或较高价态，而在低的 pE 水中将被还原成低价态或与其

中硫化氢反应形成难溶的硫化物。现以 $Fe^{3+}-Fe^{2+}-H_2O$ 体系为例,讨论不同 pE 对铁形态浓度的影响。

设总溶解铁浓度为 1.0×10^{-3} mol/L,

$$Fe^{3+} + e^- \Longleftrightarrow Fe^{2+} \qquad pE^\ominus = 13.05$$

$$pE = 13.05 + \frac{1}{n}\lg\frac{[Fe^{3+}]}{[Fe^{2+}]}$$

当 $pE \ll pE^\ominus$ 时,则 $[Fe^{3+}] \ll [Fe^{2+}]$,

$$[Fe^{2+}] = 1.0 \times 10^{-3} \text{ mol/L}$$

所以
$$\lg[Fe^{2+}] = -3.0 \qquad\qquad (3-102)$$

$$\lg[Fe^{3+}] = pE - 16.05 \qquad\qquad (3-103)$$

当 $pE \gg pE^\ominus$ 时,则 $[Fe^{3+}] \gg [Fe^{2+}]$,

$$[Fe^{3+}] = 1.0 \times 10^{-3} \text{ mol/L}$$

$$\lg[Fe^{3+}] = -3.0 \qquad\qquad (3-104)$$

$$\lg[Fe^{2+}] = 10.05 - pE \qquad\qquad (3-105)$$

以 pE 对 $\lg c$ 做图,即得图 3-19。由图中可看出,当 $pE < 12$ 时,$[Fe^{2+}]$ 占优势,当 $pE > 14$ 时,$[Fe^{3+}]$ 占优势。

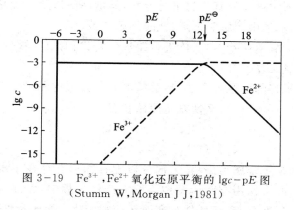

图 3-19 Fe^{3+},Fe^{2+} 氧化还原平衡的 $\lg c - pE$ 图
(Stumm W,Morgan J J,1981)

6. 水中有机物的氧化

水中有机物可以通过微生物的作用,而逐步降解转化为无机物。在有机物进入水体后,微生物利用水中的溶解氧对有机物进行有氧降解,其反应式可表示为

$$\{CH_2O\} + O_2 \xrightarrow{\text{微生物}} CO_2 + H_2O$$

如果进入水体有机物不多,其耗氧量没有超过水体中氧的补充量,则溶解氧始终保持在一定的水平上,这表明水体有自净能力,经过一段时间有机物分解后,水体可恢复至原有状态。如果进入水体有机物很多,溶解氧来不及补充,水体中溶解氧将迅速下降,甚至导致缺氧或无氧,有机物将变成缺氧分解。对于前者,有氧分解产物为 H_2O,CO_2,NO_3^-,SO_4^{2-} 等,不会造成水质恶化,而对于后者,缺氧分解产物为 NH_3,H_2S,CH_4 等,将会使水质进一步恶化。

一般向天然水体中加入有机物后,将引起水体溶解氧发生变化,可得到一氧下垂曲线(见图 3-20),把河流分成相应的几个区段。

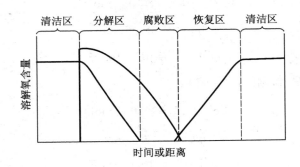

图 3-20 河流的氧下垂曲线(Manahan S E,1984)

清洁区:表明未被污染,氧及时得到补充。

分解区:细菌对排入的有机物进行分解,其消耗的溶解氧量超过通过大气补充的氧量,因此,水体中溶解氧下降,此时细菌个数增加。

腐败区:溶解氧消耗殆尽,水体进行缺氧分解,当有机物被分解完后,腐败区即告结束,溶解氧又复上升。

恢复区:有机物降解接近完成,溶解氧上升并接近饱和。

清洁区:水体环境改善,又恢复至原始状态。

五、配合作用

污染物特别是重金属污染物,大部分以配合物形态存在于水体,其迁移、转化及毒性等均与配合作用有密切关系。例如迁移过程中,大部分重金属在水体中可溶态是配合形态,随环境条件改变而运动和变化。至于毒性,自由铜离子的毒性大于配合态铜,甲基汞的毒性大于无机汞已是众所周知的。此外,已发现一些有机金属配合物增加水生生物的毒性,而有的则减少其毒性,因此,配合作用的实质问题是哪一种污染物的结合态更能为生物所利用。

天然水体中有许多阳离子,其中某些阳离子是良好的配合物中心体,某些阴离子则可作为配体,它们之间的配合作用和反应速率等概念与机制,可以应用配合物化学基本理论予以描述,如软硬酸碱理论,Owen–Williams 顺序等。

天然水体中重要的无机配体有 OH^-,Cl^-,CO_3^{2-},HCO_3^-,F^-,S^{2-} 等。以上离子除 S^{2-} 外,均属于 Lewis 硬碱,它们易与硬酸进行配合。如 OH^- 在水溶液中将优先与某些作为中心离子的硬酸结合(如 Fe^{3+},Mn^{3+} 等),形成羧基配合离子或氢氧化物沉淀,而 S^{2-} 离子则更易和重金属如 Hg^{2+},Ag^+ 等形成多硫配合离子或硫化物沉淀。按照这一规则,可以定性地判断某个金属离子在水体中的形态。

有机配体情况比较复杂,天然水体中包括动植物组织的天然降解产物,如氨基酸、糖、腐殖酸,以及生活废水中的洗涤剂,清洁剂,NTA,EDTA,农药和大分子环状化合物等。这些有机物相当一部分具有配合能力。

1. 配合物在溶液中的稳定性

配合物在溶液中的稳定性是指配合物在溶液中解离成中心离子(原子)和配体,当解离达到平衡时解离程度的大小。这是配合物特有的重要性质。为了讨论中心离子(原子)和配体性质对稳定性的影响,先简述配位化合物的形成特征。

水中金属离子,可以与电子供给体结合,形成一个配位化合物(或离子),例如,Cd^{2+} 和一个配体 CN^- 结合形成 $CdCN^+$ 配合离子:

$$Cd^{2+} + CN^- \longrightarrow CdCN^+$$

$CdCN^+$ 离子还可继续与 CN^- 结合逐渐形成稳定性变弱的配合物 $Cd(CN)_2$,$Cd(CN)_3^-$ 和 $Cd(CN)_4^{2-}$。在这个例子中,CN^- 是一个单齿配体,它仅有一个位置与 Cd^{2+} 成键,所形成的单齿配合物对于天然水的重要性并不大,更重要的是多齿配体。具有不止一个配位原子的配体,如甘氨酸、乙二胺是二齿配体,二乙基三胺是三齿配体,乙二胺四乙酸根是六齿配体,它们与中心原子形成环状配合物称为螯合物。例如,乙二胺与铬离子所形成的环状配合物即是螯合物,其结构如下:

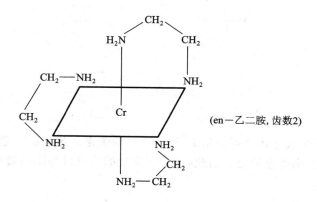

(en—乙二胺, 齿数2)

显然,螯合物比单齿配体所形成的配合物稳定性要大得多。

稳定常数是衡量配合物稳定性大小的尺度,例如 $ZnNH_3^{2+}$ 可由下面反应生成:

$$Zn^{2+} + NH_3 \rightleftharpoons ZnNH_3^{2+}$$

生成常数 K_1 为

$$K_1 = \frac{[ZnNH_3^{2+}]}{[Zn^{2+}][NH_3]} = 3.9 \times 10^2$$

在上述反应中为了简便起见,把水合水省略了,然后 $ZnNH_3^{2+}$ 继续与 NH_3 反应,生成 $Zn(NH_3)_2^{2+}$:

$$ZnNH_3^{2+} + NH_3 \rightleftharpoons Zn(NH_3)_2^{2+}$$

生成常数 K_2 为

$$K_2 = \frac{[Zn(NH_3)_2^{2+}]}{[ZnNH_3^{2+}][NH_3]} = 2.1 \times 10^2$$

K_1, K_2 称为逐级生成常数(或逐级稳定常数),表示 NH_3 加至中心 Zn^{2+} 上是一个逐步的过程。累积稳定常数是指几个配体加到中心金属离子过程的加和。例如 $Zn(NH_3)_2^{2+}$ 的生成可用下面反应式表示:

$$Zn^{2+} + 2NH_3 \rightleftharpoons Zn(NH_3)_2^{2+}$$

β_2 为累积稳定常数(或累积生成常数):

$$\beta_2 = \frac{[Zn(NH_3)_2^{2+}]}{[Zn^{2+}][NH_3]^2} = K_1 \cdot K_2 = 8.2 \times 10^4$$

同样,对于 $Zn(NH_3)_3^{2+}$ 的 $\beta_3 = K_1 \cdot K_2 \cdot K_3$,$Zn(NH_3)_4^{2+}$ 的 $\beta_4 = K_1 \cdot K_2 \cdot K_3 \cdot K_4$。

概括起来,配合物平衡反应相应的平衡常数可表示如下:

$$M \xrightarrow[K_1]{L} ML \xrightarrow[K_2]{L} ML_2 \cdots \xrightarrow[K_n]{L} ML_n$$
$$\xrightarrow{\beta_2}$$
$$\xrightarrow{\beta_n}$$

$$K_n = \frac{[ML_n]}{[ML_{n-1}][L]}, \quad \beta_n = \frac{[ML_n]}{[M][L]^n}$$

从上述两个表达式也可看出 K 和 β 之间的关系。K_n 或 β_n 越大,配合离子愈难解离,配合物也愈稳定。因此,从稳定常数的值可以算出溶液中各级配合离子的平衡浓度。

2. 羟基对重金属离子的配合作用

由于大多数重金属离子均能水解,其水解过程实际上就是羟基配合过程,它是影响一些重金属难溶盐溶解度的主要因素,因此,人们特别重视羟基对重金属的配合作用。现以 Me^{2+} 为例。

$$Me^{2+} + OH^- \rightleftharpoons MeOH^+$$

$$K_1 = \frac{[MeOH^+]}{[Me^{2+}][OH^-]}$$

$$MeOH^+ + OH^- \rightleftharpoons Me(OH)_2^0$$

$$K_2 = \frac{[Me(OH)_2^0]}{[MeOH^+][OH^-]}$$

$$Me(OH)_2^0 + OH^- \rightleftharpoons Me(OH)_3^-$$

$$K_3 = \frac{[Me(OH)_3^-]}{[Me(OH)_2^0][OH^-]}$$

$$Me(OH)_3^- + OH^- \rightleftharpoons Me(OH)_4^{2-}$$

$$K_4 = \frac{[Me(OH)_4^{2-}]}{[Me(OH)_3^-][OH^-]}$$

这里 K_1, K_2, K_3 和 K_4 为羟基配合物的逐级生成常数。在实际计算中,常用累积生成常数 $\beta_1, \beta_2, \beta_3, \cdots$ 表示。

$$Me^{2+} + OH^- \rightleftharpoons MeOH^+ \qquad \beta_1 = K_1$$

$$MeOH^+ + OH^- \rightleftharpoons Me(OH)_2^0 \qquad \beta_2 = K_1 \cdot K_2$$

$$Me(OH)_2^0 + OH^- \rightleftharpoons Me(OH)_3^- \qquad \beta_3 = K_1 \cdot K_2 \cdot K_3$$

$$Me(OH)_3^- + OH^- \rightleftharpoons Me(OH)_4^{2-} \qquad \beta_4 = K_1 \cdot K_2 \cdot K_3 \cdot K_4$$

以 β 代替 K,计算各种羟基配合物占金属总量的百分数(以 ϕ 表示),它与累积生成常数及 pH 有关,因为:

$$[Me]_T = [Me^{2+}] + [Me(OH)^+] + [Me(OH)_2^0] + [Me(OH)_3^-] + [Me(OH)_4^{2-}]$$

$$(3-106)$$

由以上五式可得

$$[Me]_T = [Me^{2+}]\{1 + \beta_1[OH^-] + \beta_2[OH^-]^2 + \beta_3[OH^-]^3 + \beta_4[OH^-]^4\}$$

$$(3-107)$$

设　　　　　$\alpha = 1 + \beta_1[OH^-] + \beta_2[OH^-]^2 + \beta_3[OH^-]^3 + \beta_4[OH^-]^4$

则　　　　　　　　　　$[Me]_T = [Me^{2+}] \cdot \alpha$

$$\phi_0 = [Me^{2+}]/[Me]_T = 1/\alpha$$

$$\psi_1 = [Me(OH)^+]/[Me]_T$$
$$= \beta_1[Me^{2+}][OH^-]/[Me]_T$$
$$= \psi_0\beta_1[OH^-]$$
$$\psi_2 = [Me(OH)_2^0]/[Me]_T = \psi_0\beta_2[OH^-]^2$$
$$\cdots\cdots$$
$$\psi_n = [Me(OH)_n^{n-2}]/[Me]_T$$
$$= \psi_0\beta_n[OH^-]^n$$

在一定温度下，$\beta_1, \beta_2, \cdots, \beta_n$ 等为定值，ψ 仅是 pH 的函数。图 3-21 表示了 $Cd^{2+}-OH^-$ 配合离子在不同 pH 下的分布。

由图 3-21 可看出：当 pH < 8 时，镉基本上以 Cd^{2+} 形态存在；pH = 8 时开始形成 $CdOH^+$ 配合离子；pH 约为 10 时，$CdOH^+$ 达到峰值；pH 至 11 时，$Cd(OH)_2^0$ 达到峰值；pH = 12 时，$Cd(OH)_3^-$ 达到峰值；当 pH > 13 时，则 $Cd(OH)_4^{2-}$ 占优势。

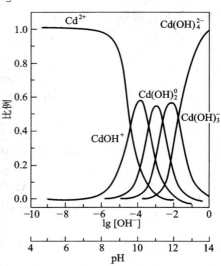

图 3-21　$Cd^{2+}-OH^-$ 配合离子在不同 pH 下的分布（陈静生，1987）

3. 氯离子对重金属的配合作用

水环境中氯离子与重金属的配合作用主要存在以下几种形态：

$$Me^{2+} + Cl^- \rightleftharpoons MeCl^+$$
$$Me^{2+} + 2Cl^- \rightleftharpoons MeCl_2^0$$
$$Me^{2+} + 3Cl^- \rightleftharpoons MeCl_3^-$$
$$Me^{2+} + 4Cl^- \rightleftharpoons MeCl_4^{2-}$$

氯离子与重金属的配合程度取决于 Cl^- 的浓度，也取决于重金属离子对 Cl^- 的亲和力。例如 Cd^{2+} 与 Cl^- 的逐级配合作用：

$$Cd^{2+} + Cl^- \rightleftharpoons CdCl^+ \qquad K_1 = 34.7, \qquad \beta_1 = 34.7$$
$$CdCl^+ + Cl^- \rightleftharpoons CdCl_2^0 \qquad K_2 = 4.57, \qquad \beta_2 = 158$$
$$CdCl_2^0 + Cl^- \rightleftharpoons CdCl_3^- \qquad\qquad\qquad \beta_3 = 200$$
$$CdCl_3^- + Cl^- \rightleftharpoons CdCl_4^{2-} \qquad\qquad\qquad \beta_4 = 40.0$$

同样，这里 K_1, K_2, K_3 和 K_4 为配合物的逐级生成常数。$\beta_1, \beta_2, \beta_3$ 和 β_4 为累积生成常数。当体系离子强度为 1.0 mol/L，在 25 ℃和 $1.013\,0 \times 10^5$ Pa 条件下，这些常数是适用的。如果限制体系 pH 低到 $CdOH^+$ 羟基配合物可忽略时，则可得

$$[Cd]_T = [Cd^{2+}] + [CdCl^+] + [CdCl_2^0] + [CdCl_3^-] + [CdCl_4^{2-}] \tag{3-108}$$

各种氯配合物占金属总量的百分数若以 ψ 表示,则可得与 pCl 有关的函数:

$$\psi_0=[Cd^{2+}]/[Cd]_T=1/\{1+\beta_1[Cl^-]+\beta_2[Cl^-]^2+\beta_3[Cl^-]^3+\beta_4[Cl^-]^4\}$$

$$\psi_1=[CdCl^+]/[Cd]_T=\psi_0\beta_1[Cl^-]$$

$$\psi_2=[CdCl_2^0]/[Cd]_T=\psi_0\beta_2[Cl^-]^2$$

$$\psi_3=[CdCl_3^-]/[Cd]_T=\psi_0\beta_3[Cl^-]^3$$

$$\psi_4=[CdCl_4^{2-}]/[Cd]_T=\psi_0\beta_4[Cl^-]^4$$

若以氯配合物的 ψ 或 $\lg\psi$ 与 pCl 做图(见图 3-22),就可观察到当 pCl 改变时,主要含镉的形态也发生相应的变化,在很低的 pCl 下,体系以 $CdCl_4^{2-}$ 形态为主,在高 pCl 条件下,则以 Cd^{2+} 为主。

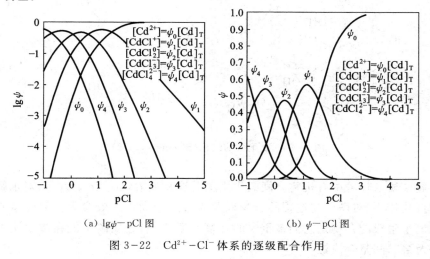

(a) $\lg\psi-$pCl 图　　　　(b) $\psi-$pCl 图

图 3-22　$Cd^{2+}-Cl^-$ 体系的逐级配合作用

4. 腐殖质的配合作用

天然水中对水质影响最大的有机物是腐殖质,它是由生物体物质在土壤、水和沉积物中转化而成。腐殖质是有机高分子物质,相对分子质量在 300～30 000 以上。一般根据其在碱和酸溶液中的溶解度划分为三类。(i) 腐殖酸(humic acid):可溶于稀碱液但不溶于酸的部分,相对分子质量由数千到数万;(ii) 富里酸(fulvic acid):可溶于酸又可溶于碱的部分,相对分子质量由数百到数千;(iii) 腐黑物(humin):不能被酸和碱提取的部分。

在腐殖酸和腐黑物中,碳含量为 50%～60%,氧含量为 30%～35%,氢含量为 4%～6%,氮含量为 2%～4%,而富里酸中碳和氮含量较少,分别为 44%～50% 和 1%～3%,氧含量较多,为 44%～50%,不同地区和不同来源的腐殖质其相对分子质量组成和元素组成都有区别。

腐殖质在结构上的显著特点是除含有大量苯环外,还含有大量羧基、醇基和酚基。富里酸单位质量含有的含氧官能团数量较多,因而亲水性也较强。富里酸的结构式如图 3−23 所示,这些官能团在水中可以解离并产生化学作用,因此腐殖质具有高分子电解质的特征,并表现为酸性。

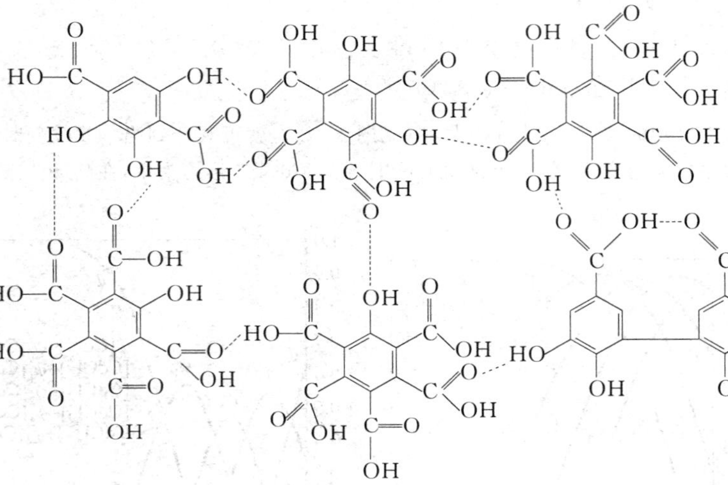

图 3−23   富里酸的结构(Schnitzer,1978)

腐殖质与环境中有机物之间的作用主要涉及吸附效应、溶解效应、对水解反应的催化作用、对微生物过程的影响以及光敏效应和猝灭效应等。但腐殖质与金属离子生成配合物是它们最重要的环境性质之一,金属离子能在腐殖质中的羧基及羟基间螯合成键:

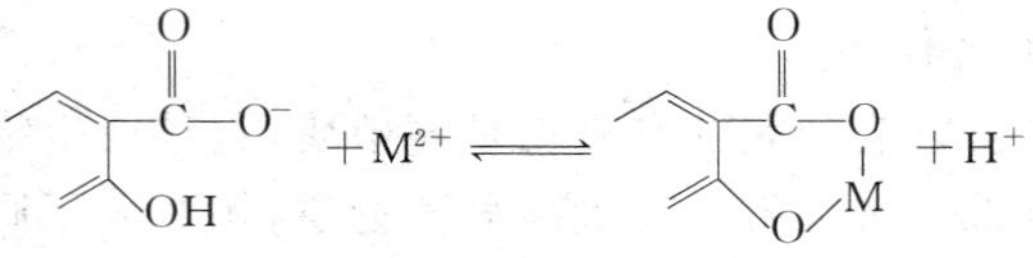

或者在两个羧基间螯合:

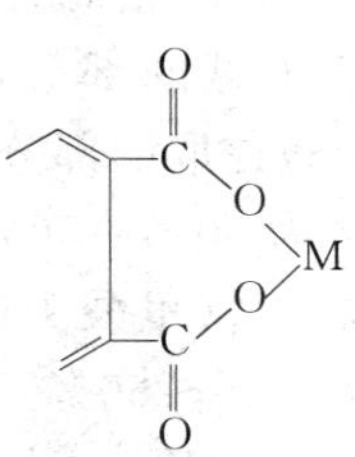

或者与一个羧基形成配合物:

$$\begin{array}{c} O \\ \parallel \\ C\!-\!O\!-\!M^+ \end{array}$$

许多研究表明:重金属在天然水体中主要以腐殖酸的配合物形式存在。Matson 等指出 Cd,Pb 和 Cu 在美洲的大湖(Great Lake)水中不存在游离离子,而是以腐殖酸配合物形式存在。重金属与水体中腐殖酸所形成的配合物稳定性,因水体腐殖酸来源和组分不同而有差别。表 3-12 列出不同来源腐殖酸与金属的配合稳定常数,并可看出,Hg 和 Cu 有较强的配合能力,在淡水中有大于90%的 Cu,Hg 与腐殖酸配合,这点对考虑重金属的水体污染具有很重要的意义。特别是 Hg,许多阳离子如 Li^+,Na^+,Co^{2+},Mn^{2+},Ba^{2+},Zn^{2+},Mg^{2+},La^{3+},Fe^{3+},Al^{3+},Ce^{3+},Th^{4+},都不能置换 Hg。水体的 pH,E_h 等都影响腐殖酸和重金属配合作用的稳定性。

表 3-12　腐殖酸配合物稳定常数

来源	lgK					
	Ca	Mg	Cu	Zn	Cd	Hg
泥煤	3.65	3.81	7.85	4.83	4.57	18.3
	—		8.29			
湖水						
Celyn 湖	3.95	4.00	9.83	5.14	4.57	19.4
Balal 湖	3.56	3.26	9.30	5.25	—	19.3
河水						
Dee 河	—	—	9.48	5.36		19.7
Conway 河	—	—	9.59	5.41		21.9
海湾	3.65	3.50	8.89		4.95	20.9
底泥	4.65	4.09	11.37	5.87		21.9
海湾污泥	3.60	3.50	8.89	5.27		18.1
土壤	3.4	2.2	4.0	3.7		—
						5.2
松花江水	—	—		2.68	2.54	16.02
	—	—		3.14	3.01	16.74
松花江泥				2.76	2.66	16.51
				3.13	3.00	16.39
蓟运河水、泥	—	—	—	—	—	16.38
	—	—	—	—	—	16.28
	—	—	—	—	—	16.41

注:本表摘自彭安,王文华,1981。

　　腐殖酸与金属配合作用对重金属在环境中的迁移转化有重要影响,特别表现在颗粒物吸附和难溶化合物溶解度方面。腐殖酸本身的吸附能力很强,这种吸附能力甚至不受其他配合作用的影响。国外有人研究,在腐殖质存在下,大大地改变了镉、铜和镍在水合氧化铁上的吸附,发现由于形成了溶解的铜-腐殖酸配合物的竞争控制着铜的吸附,这是由于腐殖酸也可以很容易吸附在天然颗粒物上,于是改变了颗粒的表面性质。国内彭安等曾研究了天津蓟运河中腐殖酸对汞的迁移转化的影响,结果表明腐殖酸对底泥中汞有显著的溶出影响,并对河水中溶解态汞的吸附和沉淀有抑制作用。配合作用还可抑制金属以碳酸盐、硫化物、氢氧化物形式的沉淀产生。在 pH 为 8.5 时,此影响对碳酸根及 S^{2-} 体系的影响特别明显。

　　腐殖酸对水体中重金属的配合作用还将影响重金属对水生生物的毒性。彭安等曾进行了蓟运河腐殖酸影响汞对藻类、浮游动物、鱼的毒性试验。在对藻类生长的实验中,腐殖酸可减弱汞对浮游植物的抑制作用,对浮游动物的效应同样是减轻了毒性,但不同生物富集汞的效应不同,腐殖酸增加了汞在鲤鱼和鲫鱼体内的富集,而降低了汞在软体动物棱螺体内的富集。与大多数聚羧酸一样,腐殖酸盐在有 Ca^{2+} 和 Mg^{2+} 存在时(浓度大于 $10^{-3} \, mol/L$)发生沉淀。

　　此外,从 1970 年以来,由于发现供应水中存在三卤甲烷,对腐殖质给予了特别的注意。一般认为,在用氯化作用消毒原始饮用水过程中,腐殖质的存在,可以形成可疑的致癌物质——三卤甲烷(THMS)。因此,在早期氯化作用中,用尽可能除去腐殖质的方法,可以减少 THMS 生成。

　　现在人们开始注意腐殖酸与阴离子的作用,它可以和水体中 NO_3^-,SO_4^{2-},PO_4^{3-} 和氨基三乙酸(NTA)等反应,这些构成了水体中各种阳离子、阴离子反应的复杂性。另外,腐殖酸对有机污染物的作用,诸如对其活性、行为和残留速率等影响已开始研究。它能键合水体中的有机物如 PCB,DDT 和 PAH,从而影响它们的迁移和分布。环境中的芳香胺能与腐殖酸共价键合,而另一类有机污染物如邻苯二甲酸二烷基酯能与腐殖酸形成水溶性配合物。

　　5. 有机配体对重金属迁移的影响

　　水溶液中共存的金属离子和有机配体经常生成金属配合物,这种配合物能够改变金属离子的特征,从而对重金属的迁移产生影响。

　　(1) 影响颗粒物(悬浮物或沉积物)对重金属的吸附　根据 Vuceta 解释,加入配体可能以下列方式影响吸附:(i) 由于和金属离子生成配合物,或与表面争夺可给吸附位,使吸附受到抑制;(ii) 如果配体能形成弱配合物,并且对固体表面亲和力很小,则不致引起吸附量的明显变化;(iii) 如果配体能生成强配合物,并同时对固体表面具有实际的亲和力,则可能会增大吸附量。

　　决定配体对金属吸附量影响的是配体本身的吸附行为。首先,配体是否可吸附,如果配体本身不可吸附,或者金属配合物是非吸附的,则由于配体与表面争夺金属离子,而使金属吸附受到抑制。例如,Vuceta 研究了柠檬酸和 EDTA 对 Cu(Ⅱ)和 Pb(Ⅱ)在 α-石英上吸附的影响(见图 3-24),表明配体的存在降低了 α-石英对 Cu(Ⅱ),Pb(Ⅱ)的吸附能力。

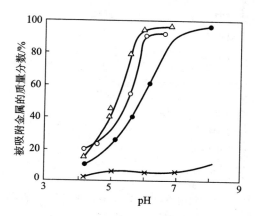

图 3-24　柠檬酸对 Cu(Ⅱ)和 Pb(Ⅱ)在二氧化硅/水界面上吸附的影响

△:Cu(Ⅱ); ○:Pb(Ⅱ); ×:Cu(Ⅱ)+5×10⁻⁶mol/L 柠檬酸;

●:Pb(Ⅱ)+5×10⁻⁶mol/L 柠檬酸

如果配体浓度低,配体和金属结合能力弱或配体本身不能吸附,那么配体的加入几乎不会对金属的吸附行为产生影响。Ducorsma 发现,只有异己氨酸的浓度大约是典型天然水浓度的 10^4 倍时,才能看到其对 Co(Ⅱ)和 Zn(Ⅱ)吸附的显著影响。Vuceta 等发现,异己氨酸存在下的蒙脱土和加入半胱氨酸的无定形氢氧化铁对 Hg(Ⅱ)的吸附能力几乎无影响。

若配体被吸附,又有一个强的配合官能团指向溶液,则明显提高颗粒物对痕量金属的吸附量。Davis 等研究了谷氨酸、皮考啉酸和吡啶-2,3-二羧酸(2,3-PDCA)存在时,Fe(OH)₃ 对 Cu(Ⅱ)吸附的影响。结果表明,谷氨酸和 2,3-PDCA 增加了 Fe(OH)₃ 对 Cu(Ⅱ)的吸附,而皮考啉酸实际上妨碍了溶液中因配合作用所致的铜迁移(见图 3-25)。

由图 3-25 可看出,皮考啉酸的表面配合可能涉及羧基和含氮杂原子的电子给予体。因此,配位基是无效的,吸附的皮考啉盐离子不能像配位基一样对金属发生作用,而谷氨酸和 2,3-PDCA 可作为表面配合剂在表面与 Cu(Ⅱ)形成 Cu(Ⅱ)-谷氨酸和 Cu(Ⅱ)-2,3-PDCA 配合物。由此可见,被颗粒物吸着的配体和金属配合物将对氧化物表面吸着痕量金属起重要作用。吸附的配体功能团可能是表面上的"新吸附点",因此,存在于溶液中的配体就改变了界面处的化学微观环境。目前,天然有机物在促进和阻止金属吸附方面所起的作用尚未完全清楚。

(2) 影响重金属化合物的溶解度　重金属和羟基的配合作用,提高了重金属氢氧化物的溶解度。例如氢氧化锌(汞),按溶度积计算,水中 Zn^{2+} 应为 0.861 mg/L,而 Hg^{2+} 应为 0.039 mg/L。但由于水解配合生成 $Zn(OH)_2^0$ 和 $Hg(OH)_2^0$ 配合物,水中溶解态锌总量达到 160 mg/L,溶解态汞总量达 107 mg/L。同样,氯离子也可提高氢氧化物的溶解度,当[Cl⁻]为 1 mol/L 时,

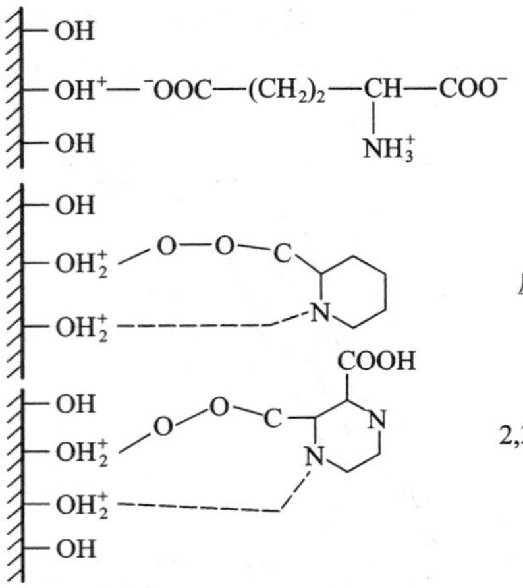

图 3-25　吸附谷氨酸盐、皮考啉酸和 2,3-PDCA
离子形成的表面配合物

Hg(OH)$_2$ 和 HgS 的溶解度分别提高了 10^5 和 3.6×10^7 倍。以上现象可解释在实际水体中为什么沉积物中重金属可再次释放至水体。同理,废水中配体的存在可使管道和含有重金属沉积物中的重金属重新溶解,降低去除金属污染的效率。

第三节　水中有机污染物的迁移转化

有机污染物在水环境中的迁移转化主要取决于有机污染物本身的性质以及水体的环境条件。有机污染物一般通过吸附作用、挥发作用、水解作用、光解作用、生物富集和生物降解作用等过程进行迁移转化,研究这些过程,将有助于阐明污染物的归趋和可能产生的危害。

一、分配作用

1. 分配理论

近 20 年来,国际上众多学者对有机物的吸附分配理论开展了广泛研究。Lambert 从美国各地收集了 25 种不同类型的土壤样品,测量两种农药(有机磷与氨基甲酸酯)在土壤-水间的分配,结果表明当土壤有机质含量在 0.5%～40%范围内,其分配系数与有机质含量成正比。Karickhoff 等研究了 10 种芳烃与氯烃在池塘和河流沉积物上的吸着,结果表明当各种沉积物的颗粒物大小一致时,其分配系数与沉积物中有机碳含量成正比。这些研究结果均表明,颗粒物(沉积物或土壤)从水中吸着憎水有机物的量与颗粒物中有机质含量密切相关。

Chiou进一步指出,当有机物在水中含量增高接近其溶解度时,憎水有机物在土壤上的吸附等温线仍为直线,见图3-26。表示这些非离子性有机物在土壤-水平衡的热熔变化在所研究的含量范围内是常数,而且发现土壤-水分配系数与水中这些溶质的溶解度成反比。

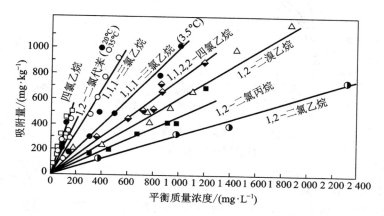

图3-26　一些非离子性有机物的吸附等

温线(土壤-水体系)(Chiou et al.,1979)

　　同时研究了用活性炭吸附上述的几种有机物,在相同溶质含量范围内所观察到的等温线是高度的非线性(图3-27),只有在低含量时,吸附量才与溶液中平衡质量浓度呈线性关系。由此提出了:在土壤-水体系中,土壤对非离子性有机物的吸着主要是溶质的分配过程(溶解)这一分配理论,即非离子性有机物可通过溶解作用分配到土壤有机质中,并经过一定时间达到分配平衡,此时有机物在土壤有机质和水中含量的比值称为分配系数。实际上,有机物在土壤(沉积物)中的吸着存在着两种主要机理:(i)分配作用,即在水溶液中,土壤有机质(包括水生生物脂肪以及植物有机质等)对有机物的溶解作用,而且在溶质的整个溶解范围内,吸附等温线都是线性的,与表面吸附位无关,只与有机物的溶解度相关。因而,放出的吸附热量小。(ii)吸附作用,即在非极性有机溶剂中,土壤矿物质对有机物的表面吸附作用或干土壤矿物质对有机物的表面吸附作用,前者主要靠van der Waals力,后者则是各种化学键力如氢键、离子偶极键、配位键及π键作用的结果。其吸附等温线是非线性的,并存在着竞争吸附,同时在吸附过程中往往要放出大量热,来补偿反应中熵的损失。必须强调的是,分配理论已被广泛接受和应用,但若有机物含量很低时,情况就不同了,分配似不起主要作用。因此,目前人们对分配理论仍存在争议。

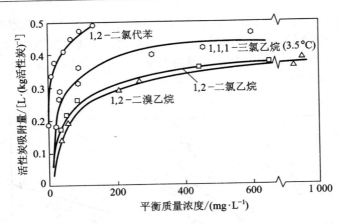

图 3-27　活性炭对一些非离子性有机化合物
的吸附等温线(Chiou,1981)

2. 标化分配系数

有机毒物在沉积物(或土壤)与水之间的分配,往往可用分配系数 K_p 表示:

$$K_p = \rho_a / \rho_w \tag{3-109}$$

式中:ρ_a,ρ_w——分别为有机毒物在沉积物中和水中的平衡质量浓度。

为了引入悬浮颗粒物的浓度,有机物在水与颗粒物之间平衡时总质量浓度可表示为

$$\rho_T = w_a \cdot \rho_p + \rho_w \tag{3-110}$$

式中:ρ_T——单位溶液体积内颗粒物上和水中有机毒物质量的总和,$\mu g/L$;

w_a——有机毒物在颗粒物上的质量分数,$\mu g/kg$;

ρ_p——单位溶液体积上颗粒物的质量,kg/L;

ρ_w——有机毒物在水中的平衡质量浓度,$\mu g/L$。

此时水中有机物的平衡质量浓度 ρ_w 为

$$\rho_w = \rho_T / (K_p \rho_p + 1) \tag{3-111}$$

为了在类型各异组分复杂的沉积物或土壤之间找到表征吸着的常数,引入标化的分配系数 K_{oc}:

$$K_{oc} = K_p / w_{oc} \tag{3-112}$$

式中:K_{oc}——标化的分配系数,即以有机碳为基础表示的分配系数;

w_{oc}——沉积物中有机碳的质量分数。

这样,对于每一种有机物可得到与沉积物特征无关的一个 K_{oc}。因此,某一有机物,不论遇到何种类型沉积物(或土壤),只要知道其有机质含量,便可求得相应的分配系数,若进一步考虑到颗粒物大小产生的影响,其分配系数 K_p 则可表示为

$$K_p = K_{oc}[0.2(1-w_f)w_{oc}^s + w_f w_{oc}^f] \qquad (3-113)$$

式中:w_f——细颗粒的质量分数($d < 50\ \mu m$);

w_{oc}^s——粗沉积物组分的有机碳含量;

w_{oc}^f——细沉积物组分的有机碳含量。

由于颗粒物对憎水有机物的吸着是分配机制,当 K_p 不易测得或测量值不可靠需加以验证时,可运用 K_{oc} 与水-有机溶剂间的分配系数的相关关系。此外,Karichoff 等(1979)揭示了 K_{oc} 与憎水有机物在辛醇-水分配系数 K_{ow} 的相关关系:

$$K_{oc} = 0.63 K_{ow} \qquad (3-114)$$

式中:K_{ow}——辛醇-水分配系数,即化学物质在辛醇中质量和在水中质量的比例。

Karichoff 和 Chiou 等(1977)曾广泛地研究化学物质包括脂肪烃、芳烃、芳香酸、有机氯和有机磷农药、多氯联苯等在内的辛醇-水分配系数和水中溶解度之间的关系,结果如图 3-28 所示,可适用于大小 8 个数量级的溶解度和 6 个数量级的辛醇-水分配系数。辛醇-水分配系数 K_{ow} 和溶解度的关系可表示为

$$\lg K_{ow} = 5.00 - 0.670\ \lg(s_w \times 10^3/M_r) \qquad (3-115)$$

式中:s_w——有机物在水中的溶解度,mg/L;

M_r——有机物的相对分子质量。

例如,某有机物的相对分子质量为 192,溶解在含有悬浮物的水体中,若悬浮物中 85% 为细颗粒,有机碳含量为 5%,其余粗颗粒物有机碳含量为 1%,已知该有机物在水中溶解度为 0.05 mg/L,那么,其分配系数(K_p)就可根据式(3-113)~式(3-115)计算出:

$$\lg K_{ow} = 5.00 - 0.670\ \lg(0.05 \times 10^3/192)$$

则

$$K_{ow} = 2.46 \times 10^5$$

$$K_{oc} = 0.63 \times 2.46 \times 10^5 = 1.55 \times 10^5$$

$$K_p = 1.55 \times 10^5[0.2(1-0.85) \times 0.01 + 0.85 \times 0.05]$$

$$= 6.63 \times 10^3$$

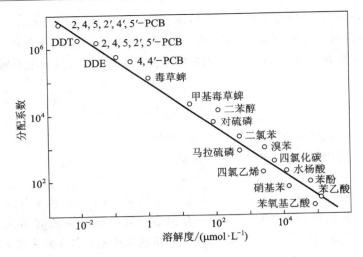

图 3-28　有机物在水中的溶解度和辛醇－水
分配系数的关系(Chiou,et al.,1977)

3. 生物浓缩因子(BCF)

有机毒物在生物体内浓度与水中该有机物浓度之比,定义为生物浓缩因子,用符号 BCF 或 K_B 表示。表面上看这也是一种分配的机制,然而生物浓缩有机物的过程是复杂的,在测量的技术上也由于化合物的浓度因其他过程,如水解、微生物降解、挥发等随时间而显著变化,这些因素将影响有机物与生物相互之间达到平衡,有机物向生物内部缓慢地扩散以及体内代谢有机物都可以延缓平衡的到达。然而在某些控制条件下所得平衡时的数据也是很有用的资料,可以看出不同有机物向各种生物内浓缩的相对趋势。一般采用平衡法和动力学方法来测量 BCF。

二、挥发作用

挥发作用是有机物质从溶解态转入气相的一种重要迁移过程。在自然环境中,需要考虑许多有毒物质的挥发作用。挥发速率依赖于有毒物质的性质和水体的特征。如果有毒物质具有"高挥发"性质,那么显然在影响有毒物质的迁移转化和归趋方面,挥发作用是一个重要的过程。然而,即使毒物的挥发较小时,挥发作用也不能忽视,这是由于毒物的归趋是多种过程的贡献。

对于有机毒物挥发速率的预测,可以根据以下关系得到:

$$\partial c/\partial t = -K_v(c-p/K_H)/Z = -K_v'(c-p/K_H) \tag{3-116}$$

式中：c——溶解相中有机毒物的浓度；

　　K_v——挥发速率常数；

　　K'_v——单位时间混合水体的挥发速率常数；

　　Z——水体的混合深度；

　　p——在所研究的水体上面，有机毒物在大气中的分压；

　　K_H——Henry 定律常数。

在许多情况下，化合物的大气分压是零，所以方程（3-116）可简化为

$$\partial c / \partial t = -K'_v c \qquad (3-117)$$

根据总污染物浓度（c_T）计算时，则式（3-117）可改写为

$$\partial c_T / \partial t = -K_{v,m} c_T \qquad (3-118)$$
$$K_{v,m} = -K_v \alpha_w / Z$$

式中：α_w——有机毒物可溶解相分数。

1. Henry 定律

Henry 定律是表示当一个化学物质在气-液相达到平衡时，溶解于水相的浓度与气相中化学物质浓度（或分压力）有关，Henry 定律的一般表示式为

$$p = K_H c_w \qquad (3-119)$$

式中：p——污染物在水面大气中的平衡分压，Pa；

　　c_w——污染物在水中平衡浓度，mol/m^3；

　　K_H——Henry 定律常数，$Pa \cdot m^3 / mol$。

在文献报道中，可以用很多方法确定 Henry 定律常数，常用的方法是

$$K'_H = c_a / c_w \qquad (3-120)$$

式中：c_a——有机毒物在空气中的摩尔浓度，mol/m^3；

　　K'_H——Henry 定律常数的替换形式，量纲为1。

根据式（3-119）和式（3-120）可得如下关系式：

$$K'_H = K_H / (RT) = K_H / [(8.314 \text{ J} \cdot mol^{-1} \cdot K^{-1}) T] = (4.1 \times 10^{-4} \text{ mol/J}) K_H \quad (\text{在 } 20\ ℃)$$
$$(3-121)$$

式中：T——水的热力学温度，K；

　　R——摩尔气体常数。

对于微溶化合物（摩尔分数$\leqslant 0.02$），Henry 定律常数的估算公式为

$$K_H = p_s \cdot M_w / \rho_w \qquad (3-122)$$

式中：p_s——纯化合物的饱和蒸气压，Pa；

M_w——化合物的摩尔质量，g/mol；

ρ_w——化合物在水中的质量浓度，mg/L。

也可将 K_H 转换为量纲为 1 形式，此时 Henry 定律常数则为

$$K_H'=\frac{0.12\, p_s M_w}{\rho_w T} \tag{3-123}$$

例如二氯乙烷的蒸气压为 2.4×10^4 Pa，20 ℃时在水中的质量浓度为 5 500 mg/L，根据式(3-122)和式(3-123)，可分别计算出 Henry 定律常数 K_H 或 K_H'：

$$K_H=(2.4\times10^4\times99/5\,500)\text{Pa·m}^3/\text{mol}=432\text{ Pa·m}^3/\text{mol}$$

$$K_H'=0.12\times2.4\times10^4\times99/(5\,500\times293)=0.18$$

必须注意的是，Henry 定律(摩尔分数≤0.02)所适用的质量浓度范围是 34 000～227 000 mg/L，化合物的摩尔质量相应在 30～200 g/mol，见表 3-13。

表 3-13   Henry 定律适用范围

摩尔质量/(g·mol^{-1})	摩尔分数为 0.02 时的质量浓度/(mg·L^{-1})
30	34 000
75	85 000
100	113 000
200	227 000

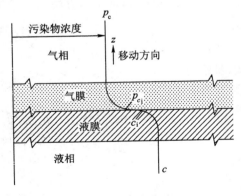

图 3-29   双膜理论示意图

2. 挥发作用的双膜理论

双膜理论是基于化学物质从水中挥发时必须克服来自近水表层和空气层的阻力而提出的。这种阻力控制着化学物质由水向空气迁移的速率。图 3-29 显示了某化学物质从水中挥发时的质量迁移过程。由图可见，化学物质在挥发过程中要分别通过一个薄的"液膜"和一个薄的"气膜"。在气膜和液膜的界面上，液相浓度为 c_i，气相分压则用 p_{c_i} 表示，假设化学物质在气液界面上达到平衡并且遵循 Henry 定律，则

$$p_{c_i}=K_H c_i \tag{3-124}$$

若在界面上不存在净积累，则一个相的质量通量必须等于另一相的质量通量。因此，化

学物质在 z 方向的通量 (F_z) 可表示为

$$F_z = -\frac{K_{gi}}{RT} \cdot (p_c - p_{c_i}) = K_{Li}(c - c_i) \qquad (3-125)$$

式中：　　K_{gi}——在气相通过气膜的传质系数，

　　　　　K_{Li}——在液相通过液膜的传质系数；

　　$(c - c_i)$——从液相挥发时存在的浓度梯度；

　　$(p_c - p_{c_i})$——在气相一侧存在一个气膜的浓度梯度。

　　根据式(3-125)可得

$$c_i = -\frac{K_{Li}c + K_{gi}p_c/(RT)}{K_{Li} + K_{gi}K_H/(RT)}$$

　　若以液相为主时，气相的浓度为零，将 c_i 代入后得

$$F_z = K_{Li}(c - c_i) = \frac{K_{Li}K_{gi}K_H/(RT)}{K_{Li} + K_{gi}K_H/(RT)} \cdot c$$

$$K_{vL} = \frac{K_{Li}K_{gi}K_H/(RT)}{K_{Li} + K_{gi}K_H/(RT)}$$

　　由于所分析的污染物是在水相，因而方程可写为

$$\frac{1}{K_v} = \frac{1}{K_L} + \frac{RT}{K_g K_H} \qquad (3-126)$$

或

$$\frac{1}{K_v} = \frac{1}{K_L} + \frac{1}{K_g K_H'} \qquad (3-127)$$

　　由此可以看出，挥发速率常数依赖于 K_L，K_H' 和 K_g。当 Henry 定律常数大于 1.013×10^2 Pa·m^3/mol 时，挥发作用主要受液膜控制，当 Henry 定律常数小于 1.013 Pa·m^3/mol 时，挥发作用主要受气膜控制，此时均可用 $K_v = K_L$ 或 $K_v = K_H' K_g$ 这个简化方程。如果 Henry 定律常数介于两者之间，则式中两项都是重要的。表 3-14 列出了地表水中污染物挥发速率的典型值。

表 3-14　地表水中污染物挥发速率的典型值

$K_H/(\text{Pa·m}^3\text{·mol}^{-1})$	K_H'	$K_v/(\text{cm·h}^{-1})$[①]	K_v/d^{-1}[②]	
1.013×10^5	41.6	20	4.8	
1.013×10^4	4.2	20	4.8	液膜控制
1.013×10^3	4.2×10^{-1}	19.7	4.7	
1.013×10^2	4.2×10^{-2}	17.3	4.2	
10.13	4.2×10^{-3}	1.7	1.8	
1.013	4.2×10^{-4}	1.2	0.3	
0.101 3	4.2×10^{-5}	0.1	0.02	
0.010 13	4.2×10^{-6}	0.01	0.02	气膜控制

注：① $K_g = 3\,000$ cm/h，$K_L = 20$ cm/h。② 水深 1 m。

根据双膜理论有两种方法可以用来估算挥发速率,第一种方法是一种比较简单的方法,使用"典型"的 K_L 和 K_g 值,仅 K_H 值是独立变量,允许至少有七个数量级的变化。第二种方法是分别求出 K_L 和 K_g,而不是用假定的典型值。Mills(1981)根据水的蒸发速率,找到气相迁移速率,Mills 提出:

$$K_g' = 700\, v \tag{3-128}$$

式中:K_g'——水蒸气的气体迁移速率,cm/h;

v——风速,m/s。

另外,Linsley 等(1979)对于水的蒸发作用,也从经验关系式推导出(3-128)表示式。Liss(1973)在一个实验测量时也发现:

$$K_g' = 1\,000\, v \tag{3-129}$$

式(3-128)和式(3-129)所使用的研究方法是不同的,但是它们吻合得很好。根据 Bird 等(1960)的渗透理论(penetration theory),K_g 和 K_g' 的相关性如下所示:

$$K_g = \left(\frac{D_a}{D_{wv}}\right)^{\frac{1}{2}} \cdot K_g' \tag{3-130}$$

式中:D_a——污染物在空气中的扩散系数;

D_{wv}——水蒸气在空气中的扩散系数。

扩散系数的数据可以在 Perry 和 Chilton(1973)的文献中找到,或者用 Wilke-Chang 的方法估算。在许多情况下,一个近似的扩散系数的比值可以采用:

$$\frac{D_a}{D_{wv}} = \left(\frac{18}{M_w}\right)^{\frac{1}{2}} \tag{3-131}$$

式中:M_w——污染物的相对分子质量。

表 3-15 显示出使用 Perry 和 Chilton 文献中的数据和使用式(3-131)所计算出的扩散数据的比值之间的差别,比值之间差别的百分数为 1%~27%,平均为 15%,这种一致性表明式(3-131)可以用来计算扩散系数的比值。

表 3-15 若干污染物扩散系数列出值和预测值的比较

污染物	相对分子质量	Perry 和 Chilton 扩散系数/($cm^2 \cdot s^{-1}$)	预测值/($cm^2 \cdot s^{-1}$)	Perry 和 Chilton $\left(\dfrac{D_a}{D_{wv}}\right)^{\frac{1}{2}}$	预测值 $\left(\dfrac{D_a}{D_{wv}}\right)^{\frac{1}{2}}$	相差的百分数/%
氯苯	113	0.075	0.088	0.58	0.63	9
甲苯	92	0.076	0.097	0.59	0.66	12
氯仿	119	0.091	0.086	0.64	0.63	1
萘	123	0.051	0.083	0.48	0.61	27
蒽	178	0.042	0.070	0.44	0.56	27
苯	78	0.077	0.106	0.59	0.69	17

把式(3-128),式(3-130)和式(3-131)合并,就可以得到 K_g 的最终表达式:

$$K_g = 700 \left(\frac{18}{M_w}\right)^{\frac{1}{4}} v \qquad (3-132)$$

这个表达式对于江、湖和河口都是适用的。

液相传质系数(K_L)可以根据该体系的复氧速率(K_a)来预测,Smith 等(1981)提出如下关系式:

$$K_L = \left(\frac{D_w}{D_{O_2}}\right)^n K_a' \qquad (0.5 \leqslant n \leqslant 1) \qquad (3-133)$$

式中:D_w——水中污染物的扩散系数;

$\quad D_{O_2}$——水中溶解氧的扩散系数;

$\quad K_a'$——溶解氧的表面迁移速率,单位和 K_L 相同。

$$K_a = K_a'/Z$$

式中:Z——水体的混合深度。

对于河流,混合深度就是总深度。对于河口,如果河口混合很好的话,混合深度就是总深度。对于湖泊,混合深度可以比总深度小,并且可以选择湖面层这个深度。

指数 n 随研究方法而变化,如果使用双膜理论,则 $n=0.5$。研究者们发现在所使用的实验方法中,n 在 $0.5\sim1.0$ 变化。由于天然水体中水的流动一般是扰动,可以选择 $n=0.5$。同样,根据近似的扩散系数比值,可以给出 K_L 的近似表达式为

$$K_L = \left(\frac{32}{M_w}\right)^{\frac{1}{4}} K_a' \qquad (3-134)$$

由上述可知,只要能求出 K_g 或 K_L,那么就可以算出挥发速率常散。

挥发作用的半衰期是指污染物浓度减少到一半所需的时间,通常用下式计算:

$$t_{1/2} = 0.693Z/K_v \qquad (3-135)$$

如果体系中有悬浮固体存在时,则式(1-135)可改写为

$$t_{1/2} = 0.693Z(1 + K_p c_p)/K_v \qquad (3-136)$$

式中:K_p——分配系数;

$\quad c_p$——悬浮物的浓度。

由于吸着至沉积物的有毒物质对挥发作用没有直接的可利用性,因此挥发的总通量减少甚微。

三、水解作用

水解作用是有机物与水之间最重要的反应。在反应中,有机物的官能团 X^- 和水中的 OH^- 发生交换,整个反应可表示为

$$RX + H_2O \Longrightarrow ROH + HX$$

　　　　反应步骤还可以包括一个或多个中间体的形成,有机物通过水解反应而改变了原化合物的化学结构。对于许多有机物来说,水解作用是其在环境中消失的重要途径。在环境条件下,可能发生水解的官能团类有烷基卤、酰胺、胺、氨基甲酸酯、羧酸酯、环氧化物、腈、膦酸酯、磷酸酯、磺酸酯、硫酸酯等。下面列出几类有机物可能的水解反应的产物:

$$CH_3-CH_2-\underset{\underset{Br}{|}}{CH}-CH_3 \xrightarrow{H_2O} CH_3CH_2-\underset{\underset{OH}{|}}{CH}-CH_3 + Br^- + H^+$$

2-溴丁烷

$$\underset{苯甲酸酯}{}\overset{\overset{O}{||}}{C}-OCH_3 \xrightarrow{H_2O} \underset{苯甲酸}{}\overset{\overset{O}{||}}{C}-OH + \underset{醇}{CH_3OH}$$

$$\underset{磷酸双酯}{CH_3\overset{\overset{O}{||}}{P}(OCH_3)_2} \xrightarrow{H_2O} \underset{磷酸单酯}{CH_3\overset{\overset{O}{||}}{\underset{\underset{OH}{|}}{P}}-OCH_3} + \underset{醇}{CH_3OH}$$

$$\underset{氨基甲酸酯}{CH_3O\overset{\overset{O}{||}}{C}NHC_6H_5} \xrightarrow{H_2O} \underset{醇}{CH_3OH} + CO_2 + \underset{苯胺}{C_6H_5NH_2}$$

$$\underset{环氧乙烷}{\triangle} \xrightarrow{H_2O} \underset{乙二醇}{HOCH_2CH_2OH}$$

$$\underset{苯乙腈}{}-CH_2C\equiv N \xrightarrow{2H_2O} \underset{苯乙酸}{}-CH_2COOH + NH_3$$

　　　　水解作用可以改变反应分子,但并不能总是生成低毒产物。例如2,4-D酯类的水解作用就生成毒性更大的2,4-D酸,而有些化合物的水解作用则生成低毒产物,例如:

$$ + H_2O \xrightarrow{OH^-} + H_2NCH_3 + CO_2$$

　　　　水解产物可能比原来化合物更易或更难挥发,与pH有关的离子化水解产物的挥发性可能是零,而且水解产物一般比原来的化合物更易为生物降解(虽然有少数例外)。通常测定水中有机物的水解是一级反应,RX 的消失速率正比于[RX],即

$$-\mathrm{d}[RX]/\mathrm{d}t = K_h[RX] \tag{3-137}$$

式中:K_h——水解速率常数。

一级反应有明显依属性,因为这意味着 RX 水解的半衰期与 RX 的浓度无关。所以,只要温度、pH 等反应条件不变,从高浓度 RX 得出的结果可外推出低浓度 RX 时的半衰期:

$$t_{1/2} = 0.693/K_h \tag{3-138}$$

实验表明,水解速率与 pH 有关。Mabey 等把水解速率归纳为由酸性催化、碱性催化和中性的过程,因而水解速率可表示为

$$R_H = K_h c = \{K_A[H^+] + K_N + K_B[OH^-]\}c \tag{3-139}$$

式中:K_A,K_B,K_N——分别为酸性催化、碱性催化和中性过程的二级反应水解速率常数。

　　　　K_h——在某一 pH 下准一级反应水解速率常数,又可写为

$$K_h = K_A[H^+] + K_N + K_B K_w/[H^+] \tag{3-140}$$

式中:K_w——水的离子积常数;K_A,K_B 和 K_N 可从实验求得。

改变 pH 可得一系列 K_h。在 lg K_h-pH 图(如图 3-30 所示)中,可得三个交点相对应于三个 pH(I_{AN},I_{AB} 和 I_{NB}),由此三值和以下三式可计算出 K_A,K_B 和 K_N。

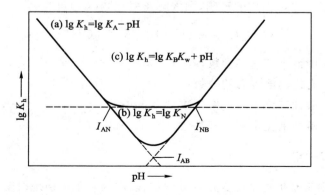

图 3-30　水解速率常数与 pH 的关系

$$I_{AN} = -\lg(K_N/K_A)$$

$$I_{NB} = -\lg(K_B K_w/K_N)$$

$$I_{AB} = -\frac{1}{2}\lg\frac{K_B K_w}{K_A} \tag{3-141}$$

Mabey 和 Mill 提出,pH-水解速率曲线可以呈现 U 形或 V 形(虚线),这取决于与特定酸、碱催化过程相比较的中性过程的水解速率常数的大小。I_{AN},I_{NB} 和 I_{AB} 为酸、碱催化和中性过程中对 K_h 有显著影响的 pH。如果某类有机物在 $\lg K_h$-pH 图中的交点落在 pH5～8 范围内,则在预言各水解反应速率时,必须考虑酸、碱催化作用的影响。表 3-16 列出了对有机官能团的酸、碱催化起重要作用的 pH 范围。

表 3-16 对有机官能团的酸、碱催化起重要作用的 pH 范围

种类	酸催化	碱催化
有机卤化物	无	>11
环氧化物	3.8①	>10
脂肪酸酯	1.2～3.1	5.2～7.1①
芳香酸酯	3.9～5.2①	3.9～5.0②
酰胺	4.9～7①	4.9～7②
氨基甲酸酯	<2	6.2～9②
磷酸酯	2.8～3.6	2.5～3.6

注:① 水环境 pH 范围为 5<pH<8,酸催化是主要的。② 水环境 pH 范围在 5<pH<8,碱催化是主要的。

应该指出,并不是一切水解过程都有三个速率常数,例如,当 $K_N=0$ 时,则图 3-30 中就只表现出 I_{AB}。

如果考虑到吸附作用的影响,则水解速率常数(K_h)可写为

$$K_h = [K_N + \alpha_w(K_A[H^+] + K_B[OH^-])] \tag{3-142}$$

式中:K_N——中性水解速率常数,s^{-1};

α_w——有机物溶解态的分数;

K_A——酸性催化水解速率常数,$L/(mol \cdot s)$;

K_B——碱性催化水解速率常数,$L/(mol \cdot s)$。

四、光解作用

光解作用是有机污染物真正的分解过程,因为它不可逆地改变了反应分子,强烈地影响水环境中某些污染物的归趋。一个有毒化合物的光化学分解的产物

可能还是有毒的。例如，辐照 DDT 反应产生的 DDE，它在环境中滞留时间比 DDT 还长。污染物的光解速率依赖于许多化学和环境因素。光的吸收性质和化合物的反应，天然水的光迁移特征以及阳光辐射强度均是影响环境光解作用的一些重要因素。光解过程可分为三类：第一类称为直接光解，这是化合物本身直接吸收了太阳能而进行分解反应；第二类称为敏化光解，水体中存在的天然物质（如腐殖质等）被阳光激发，又将其激发态的能量转移给化合物而导致的分解反应；第三类是氧化反应，天然物质被辐照而产生自由基或纯态氧（又称单一氧）等中间体，这些中间体又与化合物作用而生成转化的产物。第二类可以称是间接光解过程，第三类为氧化过程。下面就光解过程分别进行介绍。

1. 直接光解

根据 Grothus－Draper 定律，只有吸收辐射（以光子的形式）的那些分子才会进行光化学转化。这意味着光化学反应的先决条件应该是污染物的吸收光谱要与太阳发射光谱在水环境中可利用的部分相适应。为了了解水体中污染物对光子的平均吸收率，首先必须研究水环境中光的吸收作用。

（1）水环境中光的吸收作用　光以具有能量的光子与物质作用，物质分子能够吸收作为光子的光，如果光子的相应能量变化允许分子间隔能量级之间的迁移，则光的吸收是可能的。因此，光子被吸收的可能性强烈地随着光的波长而变化。一般来说，在紫外－可见光范围的波长的辐射作用，可以提供有效的能量给最初的光化学反应。下面首先讨论外来光强是如何到达水体表面的。

水环境中污染物光吸收作用仅来自太阳辐射可利用的能量，太阳发射几乎恒定强度的辐射和光谱分布，但是在地球表面上的气体和颗粒物通过散射和吸收作用，改变了太阳的辐射强度。阳光与大气相互作用改变了太阳辐射的光谱分布。

太阳辐射到水体表面的光强随波长而变化，特别是近紫外（290～320 nm）区光强变化很大，而这部分紫外光往往使许多有机物发生光解作用。其次。光强随太阳射角高度的降低而降低。此外，由于太阳光通过大气时，有一部分被散射，因而使地面接收的光线除一部分是直射光（I_d）外，还有一部分是从天空来的散射光（I_s），在近紫外区，散射光要占到 50% 以上。

当太阳光束射到水体表面，有一部分以与入射角 z 相等的角度反射回大气，从而减少光在水柱中的可利用性，一般情况下，这部分光的比例小于 10%，另一部分光由于被水体中颗粒物、可溶性物质和水本身散射，因而进入水体后发生折射从而改变方向（图 3-31）。

入射角 z（又称天顶角）与折射角 θ 的关系为

$$n = \sin z / \sin \theta$$

式中: n——折射率,对于大气与水, $n=1.34$。

在一个充分混合的水体中,根据
Lambert 定律,其单位时间吸收的光量为

$$I_\lambda = I_{0_\lambda}(1-10^{-\alpha_\lambda L}) \quad (3-143)$$

式中: I_{0_λ}——波长为 λ 的入射光强;

　　　L——光程,即光在水中走的距离;

　　　α_λ——吸收系数。

单位体积光的平均吸收率 (I_{a_λ}) :

$$I_{a_\lambda} = [I_{d_\lambda}(1-10^{-\alpha_\lambda L_d}) + I_{s_\lambda}(1-10^{-\alpha_\lambda L_s})]/D$$
$$(3-144)$$

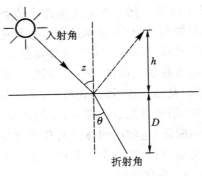

图 3-31　太阳光束从大气进入
水体的途径

式中: D——水体深度;

　　　L_d——直射光程, $L_d = D \cdot \sec\theta$;

　　　L_s——散射光程, $L_s = 2D \cdot n \cdot [n-(n^2-1)^{1/2}]$。

当水体加入污染物后,吸收系数由 α_λ 变为 $(\alpha_\lambda + E_\lambda c)$,其中 E_λ 为污染物的摩
尔消光系数, c 为污染物的浓度。光被污染物吸收的部分为 $E_\lambda c/(\alpha_\lambda + E_\lambda c)$。由
于污染物在水中的浓度很低, $E_\lambda c \ll \alpha_\lambda$,所以 $\alpha_\lambda + E_\lambda c \approx \alpha_\lambda$,因此,光被污染物吸收
的平均速率 (I'_{a_λ}) 为

$$I'_{a_\lambda} = I_{a_\lambda} \cdot \frac{E_\lambda c}{j \cdot \alpha_\lambda} \quad (3-145)$$

或　　　　　　　　　　　　$$I'_{a_\lambda} = K_{a_\lambda}c$$

$$K_{a_\lambda} = I_{a_\lambda}\frac{E_\lambda}{j \cdot \alpha_\lambda} \quad (3-146)$$

式中: j——光强单位转化为与 c 单位相适应的常数,例如, c 以 mol/L 和光强以
　　　光子/ $(cm^2 \cdot s)$ 为单位时, j 等于 6.02×10^{20}。

在下面两种情况下,方程可以简化:

① 如果 $\alpha_\lambda L_d$ 和 $\alpha_\lambda L_s$ 都大于 2,即意味着几乎所有担负光解的阳光都被体
系吸收, K_{a_λ} 表示式变为

$$K_{a_\lambda} = \frac{W_\lambda E_\lambda}{j \cdot D \cdot \alpha_\lambda} \quad (3-147)$$

$$W_\lambda = I_{d_\lambda} + I_{s_\lambda}$$

此式适用于水体深度大于透光层的情况,平均光解速率反比于水体深度。

② 如果 $\alpha_\lambda L_d$ 和 $\alpha_\lambda L_s$ 小于 0.02，那么 K_{a_λ} 变得与 α_λ 无关，表示式应变为

$$K_{a_\lambda} = \frac{2.303 E_\lambda (I_{d_\lambda} L_d + I_{s_\lambda} L_s)}{j \cdot D} \tag{3-148}$$

上式甚至适用于 $E_\lambda c$ 超过 α_λ 的情况，只要 $(\alpha_\lambda + E_\lambda c)$ 小于 0.02，即只有 5% 的光被吸收的体系就可用此式。当用光程 $L_d = D \cdot \sec\theta, L_s = 1.20D$ 代入式 (3-148)，则 K_{a_λ} 可变成下列形式：

$$K_{a_\lambda} = 2.303 E_\lambda Z_\lambda / j \tag{3-149}$$
$$Z_\lambda = I_{d_\lambda} \cdot \sec\theta + 1.20 I_{s_\lambda}$$

（2）光量子产率 虽然所有光化学反应都吸收光子，但不是每一个被吸收的光子均诱发产生一个化学反应，除了化学反应外，被激发的分子还可能产生包括磷光、荧光的再辐射，光子能量内转换为热能以及其他分子的激发作用等过程，见图 3-32。

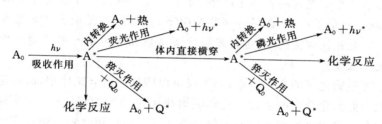

图 3-32 激发分子的光化学途径示意图

A_0 为基态时的反应分子；A^* 为激发态时的反应分子；Q_0 为基态时的猝灭分子；
Q^* 为激发态时的猝灭分子

从这个示意图可看出，激发态分子并不都是可诱发产生化学反应。因此，一个分子被活化是由体系吸收光量子或光子进行的。光解速率只正比于单位时间所吸收的光子数，而不是正比于吸收的总能量。分子被活化后，它可能进行光反应，也可能通过光辐射的形式进行"去活化"再回到基态，进行光化学反应的光子与吸收总光子数之比，称为光量子产率 (Φ)。

$$\Phi = \frac{生成或破坏的给定物种的物质的量}{体系吸收光子的物质的量}$$

在液相中，光化学反应的量子产率显示出简化它们使用的两种性质：(ⅰ) 光量子产率小于或等于 1；(ⅱ) 光量子产率与所吸收光子的波长无关。所以对于直接光解的光量子产率 (Φ_d)：

$$\Phi_d = \frac{-\dfrac{dc}{dt}}{I_{\lambda_d}} \qquad (3-150)$$

式中:c——化合物浓度;

I_{λ_d}——化合物吸收光的速率。

对于一个化合物来讲,Φ_d 是恒定的。对于许多化合物来说,在太阳光波长范围内,Φ 值基本上不随 λ 而改变,因此光解速率(R_p)除了考虑光被污染物吸收的平均速率($I'_{a_\lambda} = K_{a_\lambda} c$)外,还应把 Φ 和不同波长均考虑进去,可表示如下:

$$R_p = \sum K_{a_\lambda} \cdot \Phi \cdot c$$

若

$$K_a = \sum K_{a_\lambda}, \quad K_p = K_a \cdot \Phi$$

则

$$R_p = K_p \cdot c \qquad (3-151)$$

式中:K_p——光解速率常数。

环境条件影响光解的光量子产率,分子氧在一些光化学反应中的作用像是猝灭剂,减少光量子产率,在另外一些情况下,它不影响光量子产率甚至可能参加反应。因此在任何情况下,进行光解速率常数和光量子产率测量时均需说明水体中氧的浓度。

悬浮沉积物也影响光解速率,它不仅可以增加光的衰减作用,而且还改变吸附在它们上面的化合物的活性。化学吸附作用也影响光解速率,一种有机酸或碱的不同存在形式可能有不同的光量子产率以及出现化合物光解速率随 pH 变化等。

应用污染物光化学反应半衰期这个概念,有助于确定测量光解速率的简便方法,这个概念从光反应的量子产率得到,与水体的光学性质无关。半衰期可表示为

$$t_{1/2} = \frac{0.693}{K_d \Phi_d} = \frac{0.693\, j}{2.303\, \Phi \sum_\lambda E_\lambda Z_\lambda} \qquad (3-152)$$

式中:Z_λ——中心波长为 λ 的波长区间内,水体受太阳辐照的辐照度;

E_λ——λ 波长下的平均消光系数。

当污染物对光的吸收较水对光的吸收大得多的条件下,即 $\sum_\lambda E_\lambda c \geqslant \sum_\lambda \alpha_\lambda$,此时,如果所有的入射光全被吸收,那么光解反应在动力学上是零级反应,同时,半衰期变成与污染物的起始浓度(c)和水体深度(D)有关。即

$$t_{1/2} = \frac{j \cdot D \cdot c}{2\Phi \sum_\lambda W_\lambda} \qquad (3-153)$$

2. 敏化光解（间接光解）

除了直接光解外，光还可以用其他方法使水中有机污染物降解。一个光吸收分子可能将它的过剩能量转移到一个接受体分子，导致接受体反应，这种反应就是光敏化作用。2,5-二甲基呋喃就是可被光敏化作用降解的一个化合物，在蒸馏水中将其暴露于阳光中没有反应，但是它在含有天然腐殖质的水中降解很快，这是由于腐殖质可以强烈地吸收波长小于 500 nm 的光，并将部分能量转移给它，从而导致它的降解反应。

光敏化反应的光量子产率（Φ_s）的定义类似于直接光解的光量子产率：

$$\Phi_s = \frac{-\dfrac{\mathrm{d}c}{\mathrm{d}t}}{I_{s_\lambda}} \tag{3-154}$$

式中：c——污染物浓度；

　　　I_{s_λ}——敏化分子吸收光的速率。

然而，敏化光解的光量子产率不是常数，它与污染物的浓度有关。即

$$\Phi_s = Q_s \cdot c$$

式中：Q_s——常数。

这可能是由于敏化分子贡献它的能量至一个污染物分子时，与污染物分子的浓度成正比。

20 世纪 70 年代，Frank 等首次提出半导体材料可用于催化光解水中污染物，Mathews(1986)用 TiO_2/UV 催化法对水中有机污染物苯、苯酚、一氯苯、硝基苯、苯胺、邻苯二酚、苯甲酸、间苯二酚、对苯二酚、1,2-二氯苯、2-氯苯酚、4-氯苯酚、2,4-二氯苯酚、2,4,6-三氯苯酚、2-萘酚、氯仿、三氯乙烯、乙烯基二胺、二氯乙烷等进行研究，发现它们最终产物都是 CO_2，反应速率相差不大，表明大多数有机物都能被 TiO_2 催化而彻底光解。

3. 氧化反应

有机毒物在水环境中所常遇见的氧化剂有单重态氧（$^1O_2$），烷基过氧自由基（$RO_2\cdot$），烷氧自由基（$RO\cdot$）或羟自由基（$HO\cdot$）。这些自由基虽然是光化学的产物，但它们是与基态的有机物起作用的，所以把它们放在光化学反应以外，单独作为氧化反应这一类。

Mill 等认为被日照的天然水体的表层水中含 $RO_2\cdot$ 约 1×10^{-9} mol/L。与 $RO_2\cdot$ 的反应有如下几类：

$$RO_2\cdot + H{-}\overset{|}{\underset{|}{C}}{-} \longrightarrow RO_2H + \cdot\overset{|}{\underset{|}{C}}{-}$$

$$RO_2\cdot + \overset{|}{C}{=}\overset{|}{C} \longrightarrow RO_2{-}\overset{|}{\underset{|}{C}}{-}\overset{|}{C}\cdot$$

$$RO_2 \cdot + ArOH \longrightarrow RO_2H + ArO \cdot$$

$$RO_2 \cdot + ArNH_2 \longrightarrow RO_2H + Ar\overset{\cdot}{N}H$$

以上反应中后两个在环境中作用很快（$t_{1/2}$ 小于几天），其余两个则很慢，对于多数化合物是不重要的。

Zepp 等表明，日照的天然水中 $^1O_2$ 的浓度约为 1×10^{-12} mol/L，与 $^1O_2$ 作用最重要的化合物是那些含有双键的部分。

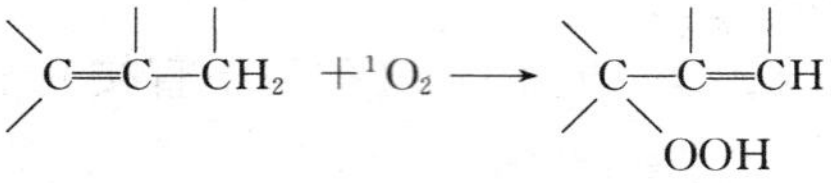

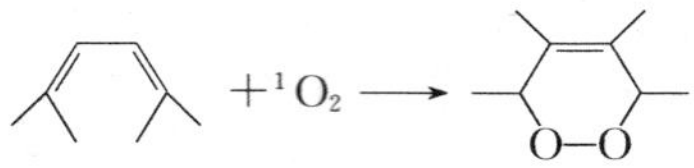

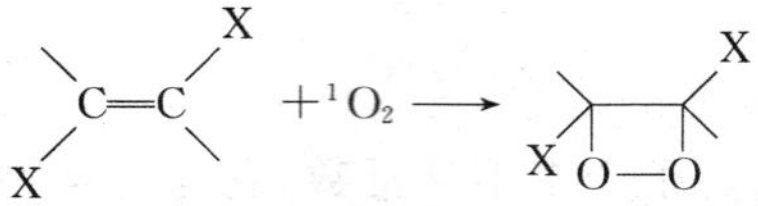

$$2R_2S + {}^1O_2 \xrightarrow{\text{硫化物}} 2R_2SO$$

$$ArOH + {}^1O_2 \longrightarrow ArO \cdot + HO_2 \cdot$$

在 Mill 的综述中列出了一些 $^1O_2$ 和 $RO_2 \cdot$ 的速率常数。有机物被氧化而消失的速率（R_{Ox}）为

$$R_{Ox} = K_{RO_2} \cdot [RO_2 \cdot]c + K^1{}_{O_2} [{}^1O_2]c + K_{Ox}[Ox] \cdot c$$

五、生物降解作用

生物降解是引起有机污染物分解的最重要的环境过程之一。水环境中化合物的生物降解依赖于微生物通过酶催化反应分解有机物。当微生物代谢时，一些有机污染物作为食物源提供能量和提供细胞生长所需的碳；另一些有机物，不能作为微生物的唯一碳源和能源，必须由另外的化合物提供。因此，有机物生物降解存在两种代谢模式：生长代谢（growth metabolism）和共代谢模式（cometabolism）。这两种代谢特征和降解速率极不相同，下面分别进行讨论。

1. 生长代谢

许多有毒物质可以像天然有机污染物那样作为微生物的生长基质。只要用这些有毒物质作为微生物的唯一碳源便可以鉴定是否属于生长代谢。在生长代谢过程中微生物可对有毒物质进行较彻底的降解或矿化，因而是解毒生长基质。去毒效应和相当快的生长基质代谢意味着与那些不能用这种方法降解的化合物相比，对环境威胁小。

一个化合物在开始使用之前，必须使微生物群落适应这种化学物质，在野外和室内试验表明,一般需要 2~50 天的滞后期,一旦微生物群体适应了它,生长基质的降解是相当快的。由于生长基质和生长浓度均随时间而变化,因而其动力学表达式相当复杂。Monod 方程是用来描述当化合物作为唯一碳源时,化合物的降解速率:

$$-\frac{dc}{dt}=\frac{1}{Y}\cdot\frac{dB}{dt}=\frac{\mu_{max}}{Y}\cdot\frac{Bc}{K_s+c} \tag{3-155}$$

式中:c——污染物浓度;

B——细菌含量;

Y——消耗一个单位碳所产生的生物量;

μ_{max}——最大的比生长速率;

K_s——半饱和常数,即在最大比生长速率 μ_{max} 一半时的基质浓度。

Monod 方程在实验中已成功地应用于唯一碳源的基质转化速率,而不论细菌菌株是单一种还是天然的混合的种群。Paris 等用不同来源的菌株,以马拉硫磷作唯一碳源进行生物降解(如图 3-33 所示)。分析菌株生长的情况和马拉硫磷的转化速率,可以得到 Monod 方程中的各种参数:$\mu_{max}=0.37h^{-1}$,$K_s=2.17\ \mu mol/L(0.716\ mg/L)$,$Y=4.1\times10^{10}\ cell/\mu mol(1.2\times10^{11}\ cell/mg)$。

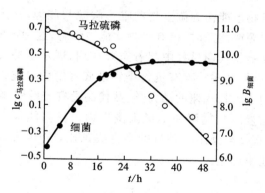

图 3-33　细菌生长与马拉硫磷浓度的降低

$c_{马拉硫磷}$ 的单位 $\mu mol/L$,$B_{细菌}$ 的单位是个/mg

Monod 方程是非线性的,但是在污染物浓度很低时,即 $K_s\gg c$,则式(3-155)可简化为

$$-\frac{dc}{dt}=K_{b_2}\cdot B\cdot c \tag{3-156}$$

式中:K_{b_2}——二级生物降解速率常数。

$$K_{b_2} = \frac{\mu_{\max}}{Y \cdot K_s}$$

Paris 等在实验室内用不同浓度(0.027 3~0.33 μmol/L)的马拉硫磷进行试验测得速率常数为(2.6±0.7)×10^{-12} L/(cell·h),而与按上述参数值计算出的 $\mu_{\max}/(Y \cdot K_s)$ 值 4.16×10^{-12} L/(cell·h)相差一倍,说明可以在浓度很低的情况下建立简化的动力学表达式(3-156)。

但是,如果将此式用于广泛生态系统,理论上是说不通的。在实际环境中并非被研究的化合物是微生物唯一碳源。一个天然微生物群落总是从大量各式各样的有机碎屑物质中获取能量并降解它们。即使当合成的化合物与天然基质的性质相近,连同合成化合物在内是作为一个整体被微生物降解。再者,当微生物量保持不变的情况下使化合物降解,那么 Y 的概念就失去意义。通常应用简单的一级动力学方程表示:

$$-\frac{dc}{dt} = K_b \cdot c$$

式中:K_b——一级生物降解速率常数。

2. 共代谢

某些有机污染物不能作为微生物的唯一碳源与能源,必须有另外的化合物存在提供微生物碳源或能源时,该有机物才能被降解,这种现象称为共代谢。它在那些难降解的化合物代谢过程中起着重要作用,展示了通过几种微生物的一系列共代谢作用,可使某些特殊有机污染物彻底降解的可能性。微生物共代谢的动力学明显不同于生长代谢的动力学,共代谢没有滞后期,降解速率一般比完全驯化的生长代谢慢。共代谢并不提供微生物体任何能量,不影响种群多少。然而,共代谢速率直接与微生物种群的多少成正比,Paris 等描述了微生物催化水解反应的二级速率定律:

$$-\frac{dc}{dt} = K_{b_2} \cdot B \cdot c \qquad\qquad (3-157)$$

由于微生物种群不依赖于共代谢速率,因而生物降解速率常数可以用 $K_b = K_{b_2} \cdot B$ 表示,从而使其简化为一级动力学方程。

用上述的二级生物降解的速率常数文献值时,需要估计细菌种群的多少,不同技术的细菌计数可能使结果发生高达几个数量级的变化,因此根据用于计算 K_{b_2} 的同一方法来估计 B 值是重要的。

总之,影响生物降解的主要因素是有机物本身的化学结构和微生物的种类。此外,一些环境因素如温度,pH,反应体系的溶解氧等也能影响生物降解有机物的速率。

第四节　水 质 模 型

　　污染物进入水环境后,由于物理、化学和生物作用的综合效应,其行为的变化是十分复杂的,很难直观地了解它们的变化和归趋。若借助水质模型,可较好描述污染物在水环境中的复杂规律及其影响因素之间的相互关系,因此水质模型是研究水环境的重要工具。

　　水质模型研究涉及水环境科学的许多基本理论问题和水污染控制的许多实际问题。它的产生和发展在很大程度上取决于污染物在水环境中迁移、转化和归趋研究的不断深入以及数学手段在水环境研究中应用程度的不断提高。反之,水环境中数学模型每向前发展一步,都对水环境科学的研究和水污染控制的实施做出积极的贡献。目前,水质模型的研究和应用都有了长足的进步。

　　水质模型的基本原理是根据质量守恒原理,污染物在水环境中的物理、化学和生物过程的各种模型,大体经历了三个发展阶段,即简单的氧平衡模型阶段,形态模型阶段和多介质环境结合生态模型阶段。这里仅介绍一些常见的水质模型。

一、氧平衡模型

1. Streeter-Phelps 模型(S-P 模型)

　　该模型是由美国 Streeter 和 Phelps 提出,他们假定河流的自净过程中存在着两个相反的过程,即有机污染物在水体中先发生氧化反应,消耗水体中的氧,其速率与其在水中的有机污染物浓度成正比,同时大气中的氧不断进入水体,其速率与水中的氧亏值成正比。根据质量守恒原理,提出一维稳态河流的 BOD-DO 耦合模型的基本方程如下:

$$u\frac{\partial L}{\partial x} = E_x\frac{\partial^2 L}{\partial x^2} - K_1 L \tag{3-158}$$

$$u\frac{\partial \rho}{\partial x} = E_x\frac{\partial^2 \rho}{\partial x^2} - K_1 L + K_2(\rho_s - \rho) \tag{3-159}$$

　　忽略河流的离散作用,式(3-158)和式(3-159)可改为

$$u\frac{\partial L}{\partial x} = -K_1 L \tag{3-160}$$

$$u\frac{\partial \rho}{\partial x} = -K_1 L + K_2(\rho_s - \rho) \tag{3-161}$$

则 S—P 模型为

$$
\left.
\begin{aligned}
L &= L_0 \exp\left(-\frac{K_1 x}{u}\right) \\
\rho &= \rho_s - (\rho_s - \rho_0)\exp\left(-\frac{K_2 x}{u}\right) + \frac{K_1 L_0}{K_1 - K_2}\left[\exp\left(-\frac{K_1 x}{u}\right) - \exp\left(-\frac{K_2 x}{u}\right)\right] \\
D &= D_0 \exp\left(-\frac{K_2 x}{u}\right) - \frac{K_1 L_0}{K_1 - K_2}\left[\exp\left(-\frac{K_1 x}{u}\right) - \exp\left(-\frac{K_2 x}{u}\right)\right]
\end{aligned}
\right\}
$$

(3—162)

式中：L, L_0——$x = x$ 和 $x = 0$ 处河水中 BOD，mg/L；

ρ, ρ_0——$x = x$ 和 $x = 0$ 处河水中 DO，mg/L；

D, D_0——$x = x$ 和 $x = 0$ 处河水中的氧亏，mg/L；

ρ_s——河水某温度的饱和溶解氧，mg/L；

x——顺河水流动方向的纵向距离，km；

u——河水平均流速，km/d；

K_1——耗氧系数，d^{-1}；

K_2——复氧系数，d^{-1}；

E_x——离散系数。

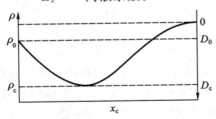

图 3—34 溶解氧沿河变化图

S—P 模型是描述污染物进入河流水体后，耗氧过程和复氧过程这两者的平衡状态。溶解氧在水中的变化过程为一下垂的曲线，如图 3—34 所示。溶解氧浓度有一个最低值，称为极限溶解氧 ρ_c。出现 ρ_c 的距离称为极限距离 x_c，在这一点，溶解氧变化率为零。用 S—P 方程即得溶解氧沿河变化图。

极限距离： $x_c = \dfrac{u}{K_2 - K_1}\ln\left\{\dfrac{K_2}{K_1}\left[1 - \dfrac{(\rho_s - \rho_0)(K_2 - K_1)}{L_0 K_1}\right]\right\}$ (3—163)

极限溶解氧

$$
\left.
\begin{aligned}
\rho_c &= \rho_s - \frac{K_1 L_0}{K_2}\exp\left(-\frac{K_1 x_c}{u}\right) \\
D_c &= \frac{K_1 L_0}{K_2}\exp\left(-\frac{K_1 x_c}{u}\right)
\end{aligned}
\right\}
$$

(3—164)

式中：D_c——极限氧亏，mg/L；

其他符号意义同前。

2. Thomas 模型(忽略离散作用)

在 S-P 模型的基础上,增加因悬浮物的沉淀和上浮引起的 BOD 的变化速率(K_3L_0),则

$$u\frac{\partial L}{\partial x} = -(K_1 + K_3)L \tag{3-165}$$

$$u\frac{\partial \rho}{\partial x} = -K_1 L + K_2(\rho_s - \rho) \tag{3-166}$$

当 $L = L_0$, $\rho = \rho_0$ 时,

$$\left.\begin{array}{l} L = L_0 \exp\left(-\dfrac{K_1 + K_3}{u}x\right) \\[3mm] \rho = \rho_s - (\rho_s - \rho_0)\exp\left(-\dfrac{K_2 x}{u}\right) + \dfrac{K_1 L_0}{K_1 + K_3 - K_2}\left[\exp\left(-\dfrac{K_1 + K_3}{u}x\right) - \exp\left(-\dfrac{K_2 x}{u}\right)\right] \\[3mm] D = D_0 \exp\left(-\dfrac{K_2 x}{u}\right) + \dfrac{K_1 L_0}{K_1 + K_3 - K_2}\left[\exp\left(-\dfrac{K_1 + K_3}{u}x\right) - \exp\left(-\dfrac{K_2 x}{u}\right)\right] \end{array}\right\}$$

$$\tag{3-167}$$

式中:K_3——BOD 沉浮系数;

其他符号意义同前。

这些模型最初被用于城市排水工程的设计和简单的水体自净作用的研究。

3. QUAL-Ⅱ水质模型

由于排入河流中的污染物质,特别是营养物质,对于水生生物的生存有密切的联系和影响,美国环境保护局特推荐使用 QUAL-Ⅱ水质模型,该模型是一种较复杂的氧平衡生态模型,模拟下面 13 种水质项目,即温度,DO,BOD,藻类(以叶绿素 a 计),PO_4^{3-},NH_3,NO_2^-,NO_3^-,大肠杆菌,一种可任选的可衰减物质和三种不衰减物质,并建立了差分法的求解技术。QUAL-Ⅱ水质模型既可用于研究入流污水的负荷(数量、质量和位置)对受纳河流水质的影响,也可用于研究非点源问题。它既可作为稳态模型使用,也可作为动态模型使用,用于研究藻类的生长和呼吸作用引起的 DO 的昼夜变化,或探索冲击负荷(如泄漏或季节性、周期性排污)的影响。因此,QUAL-Ⅱ水质模型是一个能较全面描述水生生态系统与水质组分之间联系的比较成功的例子。

模型包括 13 个相互关联的偏微分方程系统,其关系如图 3-35 所示。

对某个水质项目,模型的基本方程为

$$\frac{\partial c}{\partial t} + u\frac{\partial c}{\partial x} = E_x\frac{\partial^2 c}{\partial x^2} + S \tag{3-168}$$

式中:c——河水中污染物的浓度;

t——时间;

u——平均流速;

x——纵向坐标;

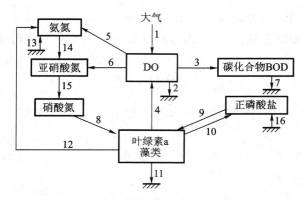

图 3-35　QUAL-Ⅱ模型主要水质项目关系图

图中:1. 复氧作用;2. 河底生物(包括底泥)的耗氧;3. 碳化合物 BOD 的降解耗氧;

4. 光合作用产氧;5. 氨氮氧化耗氧;6. 亚硝酸氮的氧化耗氧;7. 碳化合物 BOD 的沉淀;

8. 浮游植物对硝酸氮的吸收;9. 浮游植物对磷(磷酸盐)的吸收;10. 浮游植物呼吸产生磷(磷酸盐);11. 浮游植物的死亡、沉淀;12. 浮游植物呼吸产生氨氮;13. 底泥释放氨氮;

14. 氨氮转化成亚硝酸氮;15. 亚硝酸氮转化为硝酸氮;16. 底泥释放磷

E_x——纵向离散系数;

S——外部的来源和渗漏。

13 个水质项目的偏微分方程,除 S 项外,前几项均相同。描述各个水质项目的反应和相互作用的方程如下。

（1）叶绿素 a 的浓度

$$c = \alpha_0 c_A$$

式中:α_0——叶绿素的比值;

　　c_A——藻类生物量浓度。

（2）藻类生物量的增长率

$$dc_A/dt = \mu_A c_A - \rho c_A - \sigma_1 c_A/D_A - Mc_A - Q_L$$

式中:c_A——藻类生物量浓度;

　　ρ——藻类呼吸率;

　　D_A——平均河深;

　　Q_L——被鱼吃的藻类分量;

　　μ_A——藻类比生长率;

　　σ_1——藻类沉淀率;

　　M——藻类死亡率。

（3）藻类比生长率

$$\mu_A = \mu_{A,20} \theta^{(t/\text{℃}-20)} \frac{c_{NO_3^-}}{c_{NO_3^-} + K_{NO_3^-}} \times \frac{c_p}{c_p + K_p} \times \frac{c_c}{c_c + K_c} \times \frac{1}{\lambda D_A} \ln \frac{K_L + L}{K_L + L_e - \lambda D_A}$$

式中： $\mu_{A,20}$ ——20 ℃时藻类生物量比增长率；

　　　　θ ——温度系数（1.02～1.06）；

　　　　t ——实际温度，℃；

$c_{NO_3^-},c_p,c_c$ ——硝酸氮、磷酸盐磷和碳的浓度；

$K_{NO_3^-},K_p,K_c$ ——氮、磷和碳的半饱和系数；

　　　　L ——光密度；

　　　　K_L ——光的半饱和系数；

　　　　λ ——河流的消光系数。

（4）藻类呼吸率

$$\rho_t = \rho_{20}\theta^{(t/℃-20)}$$

式中：ρ_{20} ——20 ℃时藻类呼吸率；

　　　θ ——温度系数。

（5）藻类死亡率

$$M = M_N + \beta c$$

式中：M_N ——天然死亡率；

　　　β ——毒性系数；

　　　c ——河水的毒性含量。

（6）浮游生物的比增长率

$$\mu_z = \mu_{z,20}\theta^{(t/℃-20)}\cdot[c_A/(K_A+c_A)]$$

式中：$\mu_{z,20}$ ——20 ℃时浮游生物的比增长率；

　　　K_A ——藻类生物量半饱和系数。

（7）氨氮（NH_3）

$$dc_{NH_3}/dt = \alpha_1\rho c_A - \beta_1 c_{NH_3} + \sigma_3/A_x$$

式中：c_{NH_3} ——氨氮的浓度；

　　　c_A ——藻类生物量浓度；

　　　α_1 ——藻类生物量相当氨氮的部分，经验值为 0.08～0.09；

　　　σ_3 ——从底泥来源的氨氮，其数量变化比较大，难以确定；

　　　A_x ——在 x 处河流的平均断面积；

　　　ρ ——与温度有关的呼吸率，每天为 0.05～0.5；

　　　β_1 ——与温度有关的氨氮的生物氧化率，每天为 0.1～0.5。

（8）亚硝酸氮（NO_2^-）

$$dc_{NO_2^-}/dt = \beta_1 c_{NH_3} - \beta_2 c_{NO_3^-}$$

式中：$c_{NO_2^-}$ ——亚硝酸氮的浓度；

　　　β_1 ——从 NH_3 转换到 NO_2^- 的氧化率，每天为 0.1～0.5；

　　　β_2 ——从 NO_2^- 转换到 NO_3^- 的氧化率，每天为 0.5～2.0。

（9）硝酸氮（NO_3^-）

$$dc_{NO_3^-}/dt = \beta_2 c_{NO_2^-} - \alpha_1 \mu_A c_A$$

式中：β_2——从 NO_2^- 转换到 NO_3^- 的氧化率；

μ_A——藻类的生长率，每天为 1.0～3.0；

c_A——浮游植物的浓度；

α_1——藻类生物量相当于氨氮的部分。

（10）磷的变化率

$$dc_p/dt = \alpha_2 c_A(\rho - \mu) + \sigma_2/A_x$$

式中：$\alpha_2 c_A \rho$——藻类呼吸释放出来的 PO_4^{3-} 的量；

$\alpha_2 c_A \mu$——藻类生长需要的 PO_4^{3-} 的量；

σ_2/A_x——底泥中释放出的 PO_4^{3-} 的量；

α_2——比例系数，为 0.012～0.015。

（11）碳化合物 BOD

$$dc_{BOD}/dt = -K_1 c_{BOD} - K_3 c_{BOD}$$

式中：K_1——碳化合物 BOD 的降解率，每天为 0.1～2.0；

K_3——碳化合物 BOD 沉降（吸附）的递减率，每天为 0.0～0.1。

（12）底泥耗氧是固定的，与断面 A_x 有关：

$$dc_{BOD}/dt = K_b/A_x$$

式中：K_b——底泥耗氧率。

（13）溶解氧的平衡

$$dc_{DO}/dt = K_2 c_{DO} + (\alpha_3 \mu_A - \alpha_4 c_p)c_A - K_1 c_{BOD} - K_b/A_x - \alpha_5 \beta_1 c_{NH_3} - \alpha_6 \beta_2 c_{NO_2^-}$$

式中：α_3——藻类光合作用的产氧比例系数（因藻类的不同而异），1.4～1.8；

α_4——藻类呼吸时耗氧的比例系数，1.6～2.3；

α_5——NH_3-N 的耗氧比例系数，3.0～4.0；

α_6——NO_2^- 的耗氧比例系数，1.06～1.4；

K_2——复氧系数。

（14）大肠杆菌方程

$$dE/dt = -K_a E$$

式中：E——大肠杆菌数；

K_a——死亡率，每天为 0.4～0.5。

（15）放射性物质（R）方程

$$dc_R/dt = \gamma_r c_R - \gamma_a c_R$$

式中：c_R——放射性物质的浓度；

γ_r——放射性物质的降解衰减率；

γ_a——吸附率。

QUAL-Ⅱ水质模型中各参数的单位、数值范围见表3-17。

表3-17   QUAL-Ⅱ水质模型的参数

参数	单位	值的范围	是否随河段变	是否随温度变
α_0	$\mu g/mg$	50~100	是	否
α_1	mg/mg	0.08~0.09	否	否
α_2	mg/mg	0.012~0.015	否	是
α_3	mg/mg	1.4~1.6	否	否
α_4	mg/mg	1.6~2.3	否	否
α_5	mg/mg	3.0~4.0	否	否
α_6	mg/mg	1.0~1.14	否	否
μ_{max}	d^{-1}	1.0~3.0	否	是
ρ	d^{-1}	0.05~0.5	否	是
β_1	d^{-1}	0.1~0.5	是	是
β_2	d^{-1}	0.5~2.0	是	是
σ_1	0.3048 m/d	0.5~6.0	是	否
σ_2	$mg/(d \cdot m)$	变化很大	是	否
σ_3	$mg/(d \cdot m)$	变化很大	是	否
K_1	d^{-1}	0.1~2.0	是	是
K_2	d^{-1}	0.0~100	是	是
K_3	d^{-1}	变化很大	是	否
K_b	$mg/(d \cdot m)$	变化很大	是	否
K_a	d^{-1}	0.5~4.0	是	是
γ_r	d^{-1}	变化很大	否	否
γ_a	d^{-1}	变化很大	否	否
$K_{NO_3^-}$	mg/L	0.2~0.4	否	否
K_p	mg/L	0.03~0.05	否	否
K_L	$g \cdot J/(cm^2 \cdot d)$	260	否	否

二、湖泊富营养化预测模型

随着工农业的迅速发展和人民生活水平的提高。大量的工业废水、农业污水流入湖泊,使湖泊污染程度日益严重,已使一些著名的湖泊产生富营养化。因此湖泊水质污染预测模型,显然对于预测湖泊水质发展趋势及提出相应的防治对策有着重要的意义。

目前常采用的有多元相关模型、输入输出模型、富营养化预测模型和扩散模型。前三种模型实际上只能预测未来湖泊水质的平均发展趋势,而扩散模型可反映湖泊水质的空间变化,预测污水入湖口附近局部水域可能出现的严重污染程度。实际应用时可根据湖泊的污染特征和基础资料等情况选用相应模型。现以富营养化预测模型为例做简单介绍。

当入湖污染物为氮、磷等营养物时,根据质量守恒原理,湖水中污染物浓度的变化不仅与进出湖泊的数量有关,而且还受其沉降速率的影响。预测模型的基本表达式如下:

$$V\left(\frac{\mathrm{d}\rho}{\mathrm{d}t}\right)=q_{m,\mathrm{p}}-q_V \cdot \rho-\lambda_{\mathrm{p}} \cdot V \cdot \rho$$

简化后得

$$\mathrm{d}\rho/\mathrm{d}t=q_{m,\mathrm{p}}/V-(P_{\mathrm{w}}+\lambda_{\mathrm{p}}) \cdot \rho \tag{3-169}$$

式中:ρ——湖水年平均总磷质量浓度,mg/L;

$q_{m,\mathrm{p}}$——输入湖泊磷的质量流量,g/d;

P_{w}——水力冲刷系数,$P_{\mathrm{w}}=q_V/V$,d^{-1};

q_V——出湖河道流量,m^3/d;

V——湖泊容积,m^3;

λ_{p}——磷的沉降速率常数,d^{-1};

t——河水入湖时间,d。

该方程解为

$$\rho=\frac{q_{m,\mathrm{p}}}{V(P_{\mathrm{w}}+\lambda_{\mathrm{p}})}-\left[1-\frac{V(P_{\mathrm{w}}+\lambda_{\mathrm{p}})\rho_0}{q_{m,\mathrm{p}}}\right]\mathrm{e}^{-(P_{\mathrm{w}}+\lambda_{\mathrm{p}})t} \tag{3-170}$$

式中:ρ_0——入湖河水的磷质量浓度,mg/L;

其他符号的意义同前。

为了求得在均匀混合条件下,V 稳定时上述方程的解,Vollenweider,Dillon,合田健和经济合作与发展组织(OECD)还分别求得以下湖水总磷质量浓度的计算公式。

1. Vollenweider 公式

$$\rho=\rho_1(1+\sqrt{\overline{Z}/Q})^{-1} \tag{3-171}$$

式中:ρ——湖水按容积加权的年平均总磷质量浓度,mg/L;

ρ_1——流入湖泊水量按流量加权的年平均总磷质量浓度(包括入湖河道,湖区径流和湖面降水的总量),mg/L;

$\overline{Z}$——湖泊的平均水深,可用湖泊容积(V)除以湖泊相应的表面积求得,m;

Q——湖泊单位面积上的水量负荷，可用湖泊的年流入水量(q_m)除以湖泊的表面积(A)来求得，$t/(m^2 \cdot a)$。

2. Dillon 公式

$$\rho = \frac{L(1-R_p)}{\overline{Z} \cdot q_V / V} \qquad (3-172)$$

式中：ρ——湖水总磷的预测质量浓度，mg/L；

$\quad L$——湖泊单位面积上年度总磷的负荷量，$g/(m^2 \cdot a)$；

$\quad q_V$——年入湖水体积流量，m^3/a；

$\quad V$——湖泊的容积，m^3；

$\quad R_p$——磷的滞留系数，$R_p = 1 -$（年输出总磷量/年输入总磷量）。

3. 合田健公式

$$\rho = \frac{L}{\overline{Z}(q_V / V + \alpha)} \qquad (3-173)$$

式中：α——湖水中总磷的沉降系数，a^{-1}；

　其他符号的意义同前。

合田健根据日本 25 个湖泊的调查资料，求得总磷的沉降系数与平均水深之间的关系式为

$$\alpha = 10 / \overline{Z}$$

4. OECD 的计算公式

国际经济合作与发展组织在浅水湖泊总磷变化规律的研究中，提出了如下公式：

$$\rho = \rho_1 \left[1 + \frac{7}{\overline{Z}^{0.5}} \cdot \left(\frac{V}{q_V} \right)^{0.6} \right]^{-1} \qquad (3-174)$$

式中符号意义同前。

按照上述各方程要求，应用于玄武湖水质中总磷、总氮浓度的预测和验算，结果表明，用 Vollenweider 模型预测总磷、合田健模型预测总氮，预测精度最高。

三、有毒有机污染物的归趋模型

对于一种有机物，仅仅看它的毒性是不够的，还必须考察它进入环境分解为无害物的速率快慢如何。一个毒性大而分解快的有机物未必比毒性小而分解慢的有机物危害大，许多有毒有机物在受到控制（例如进行治理）的情况下未必绝对不能使用。只有那些持久性（难分

解)的优先污染物才在禁用或严格控制之列。其他有机物,如果控制处置得当,不但不是污染物,而且是工农业生产的资源。因此研究水、土环境中各种有机毒物的预测模型十分重要。它可以预测污染物在环境中浓度的时空分布及通过各种迁移转化过程后的归趋。

　　水质模型的研究已有很大的发展,但是对于迁移转化过程所取的参数,往往是经验性的,这种参数只适用于当地的同种污染物,不能适用于其他地区和其他污染物。如果设想在模型中只出现表征化合物固有性质的参数(这些参数可脱离具体环境而从实验室测得,如化合物的溶解度、蒸气压、辛醇-水分配系数、消光系数以及不随环境特征参数而变化的速率常数等)和表征环境特征所测量的参数(如水流量、流速、pH、沉积物和水的质量比、水温、风速、细菌总数、光强等),则该模型将可以适用于广泛的化合物和不同类型的环境。

　　要建立这种模型只有充分研究化合物的各种迁移转化过程的机理,并且要特别着重动力学的研究。图 3-36 显示了有机污染物在水环境中的迁移转化过程。可以把图中这些迁移、转化过程归纳为如下几个重要过程:

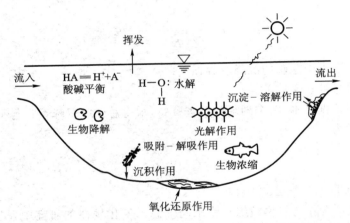

图 3-36　有机污染物在水环境中的迁移、转化过程

负载过程(输入过程)

　　污水排放速率、大气沉降以及地表径流引入有机毒物至天然水体均将直接影响污染物在水中的浓度。

形态过程

　　酸碱平衡:天然水中 pH 决定着有机酸或碱以中性态或离子态存在的分数,因而影响挥发及其他作用。

　　吸着作用:疏水有机物吸着至悬浮物上,由于悬浮物质的迁移而影响它们以后的归趋。

迁移过程

　　沉淀-溶解作用:污染物的溶解度范围可限制污染物在迁移、转化过程中的可利用性或者实质上改变其迁移速率。

　　对流作用:水力流动可迁移溶解的或者被悬浮物吸附的污染物进入或排出特定的水生生

态系统。

挥发作用:有机污染物可能从水体进入大气,因而减少其在水中的浓度。

沉积作用:污染物被吸附沉积于水体底部或从底部沉积物中解吸,均可改变污染物的浓度。

转化过程

生物降解作用:微生物代谢污染物并在代谢过程中改变它们的毒性。

光解作用:污染物对光的吸收有可能导致影响它们毒性的化学反应的发生。

水解作用:一个化合物与水作用通常产生较小的、简单的有机产物。

氧化还原作用:涉及减少或增加电子在内的有机污染物以及金属的反应都强烈地影响环境参数。对于有机污染物中几乎所有重要的氧化还原反应都是由微生物催化的。

生物累积过程

生物浓缩作用:通过可能的手段如鱼鳃的吸附作用,将有机污染物摄取至生物体。

生物放大作用:高营养级生物以消耗摄取有机毒物进入生物体的低营养级生物为食物,使生物体中有机毒物的浓度随营养级的提高而逐步增大。

了解水中有机物的这些主要迁移、转化过程后,就可讨论有机毒物的归趋模型的基本思路。其中包括一些假定。

首先,从研究单个的主要迁移转化过程着手,单个过程的模型是整个模型的基础。并认为各单个过程使某种化合物从水环境中消失速率之和是该化合物在水环境中消失的总速率。再假定每种过程速率都是一级反应过程,因而总速率也是一级反应。这基本上与在天然水环境中距离污染源较远、污染物浓度很低地方的实际情况是吻合的。

其次,模型中既要有化合物固有性质的参数,又要有表征环境特征的参数,这样似乎应为二级反应式。但如果一旦环境定下来了,则速率方程就又变成准一级反应式了。为此,假定有机物的存在并不改变环境参数,例如不会改变水体的 pH、对光的吸收系数和细菌总数等。由于污染物在水环境中的浓度很低,这个假定也是合乎实际情况的。

第三,假定吸着速率远大于挥发和各种转化的速率。但实际上吸着过程并不是瞬时完成的,虽然一般讲,它的过程比各转化过程快。因此这种模型不能适用于污染源附近的浓度分布,它只反映长时间的大范围的环境的情况。因此,这种模型只采用一维的和稳态的处理方法。

根据以上基本思路,用简单的公式叙述归趋模型,大体可分以下三个步骤:(i)计算有机物因挥发和转化过程而从水环境中消失的速率;(ii)吸着过程对有机物消失过程的影响;(iii)对于一个被研究的水生态系统,考虑有机物的输入、稀释及最终从系统中输出的速率,从而计算在系统内的浓度和半衰期。有机物从大气返回到水体包括在输入项内。

1. 有机物的消失速率

有机物由于各种转化过程和挥发过程消失的总速率(R_T)是各消失速率(R_i)的总和。

$$R_T = \sum R_i = c \sum (K_i \cdot E_i) \qquad (3-175)$$

式中:K_i——第 i 过程的速率常数;

E_i——对于第 i 过程在动力学上起重要作用的环境参数(例如,水体 pH,光强,细菌总数等);

c——化合物的浓度。

这里应该指出,有机物消失速率(R_T)的表示式是按有机物浓度的一级反应来描述的,这对于在环境浓度高度稀释的情况下,应该说是符合事实的。式(3−175)同时还要求环境参数也是一级的。这样 R_i 可当作是按二级反应动力学行为来处理,如果假定环境中有机物浓度很低,不对环境产生影响(即不改变环境 pH、生物量、溶解氧等),那么环境参数在一定的环境地区和时间内就保持不变,这样 $K_i(E_i)$ 就可以用准一级反应速率常数来表示,则

$$R_T = c\sum K_i \tag{3−176}$$

和

$$K_T = \sum K_i = K_{vm} + K_b + K_h + K_p \tag{3−177}$$

式中:K_T——污染物由于转化和挥发消失的总准一级反应速率常数;

$\quad K_{vm}$——挥发速率常数;

$\quad K_b$——生物降解速率常数;

$\quad K_h$——水解速率常数;

$\quad K_p$——光解速率常数。

由上述过程所造成的污染物消失的半衰期为

$$t_{1/2} = \frac{1}{K_T}\ln 2 \tag{3−178}$$

2. 吸着的影响

除了转化和挥发会使有机物消失外,在颗粒物上的吸着也能降低有机物在水中的浓度。颗粒物可以是悬浮的沉积物,也可以来源于生物。当然最终颗粒物将沉降至水体的底部。无论是悬浮的或底部的颗粒物,当溶液中的污染物在水柱中因转化或挥发而消失时,它们就可通过吸着−解吸的平衡过程作为化合物的一种来源向水中释放。如果在生物群(例如细菌、藻类或鱼类)中没有生物转化代谢,那么有机毒物又可在生物死亡或分解时重新返回溶液。至今对吸着在颗粒物上的生物转化过程了解的还很不充分。下面讨论的前提是,假定在颗粒物上不存在转化过程,而且吸着是完全可逆的,或比起溶液中的转化过程的速率快得多。

如前节的介绍,当有机物浓度很低时,它在水与颗粒物(沉积物或生物群)之间的分配,往往可用分配系数(K_p)来表示。因此,在一个水−颗粒物体系中有机物在水中的浓度(c_w)就可表达为

$$c_w = c_T/(K_p c_p + 1)$$

代入式(3−176)得

$$R_T = \frac{K_T c_T}{K_p c_p + 1} \tag{3−179}$$

这一关系说明,除非在颗粒物上有机物转化过程的速率大于水中的转化速率,吸着的净效应是降低有机毒物从水中消失的总速率,从式(3−179)还可以看到颗粒物的吸着将增加半衰期:

$$t_{1/2} = \frac{1}{K_T}\ln 2(c_p K_p + 1) \tag{3−180}$$

3. 稳态时的浓度

上述方程仅仅描述了水体没有输入和输出时有机毒物的归趋。实际上有机毒物总是以一定的速率(R_I)输入给水体的。这时,有机毒物在水环境中消失的总速率为 R_L,它是 R_T,稀释的速率(R_D)和输出的速率(R_O)之和。在一定范围的水体内,当 R_I 等于 R_L 时,有机毒物就达到了稳态浓度。

$$R_I = R_L = R_T + R_D + R_O \qquad (3-181)$$

$$R_I = [K_T / (K_p c_p + 1)] c_T + R_O + R_D \qquad (3-182)$$

那么有机物的稳态浓度即为

$$c_T = (R_I - R_O - R_D)(K_p c_p + 1) / K_T \qquad (3-183)$$

从式(3-183)可见,除了速率常数(K_T)外,起始浓度、吸着和稀释都决定水环境中有机毒物的最终浓度。化合物的持久性则往往以半衰期表示。对于一级过程来讲,此值与浓度无关。

美国环保局开发了一套名为 EXAMS 的计算程序。EXAMS 的意思是 Exposure Analysis Modeling System。下面介绍以邻苯二甲酸酯类五种化合物为例,利用 EXAMS 计算程序,预测其在不同类型水环境中的迁移和归趋情况。

五种化合物的名称是邻苯二甲酸二甲酯(DMP)、二乙酯(DEP)、二正丁酯(DNBP)、二正辛酯(DNOP)、二(α-乙基己基)酯(DEHP)。它们的生产量都比较大,在美国 1976 年总产量超过了 10×10^4 t。

为了比较不同类型的水体,把环境规定为在空间上均匀分布的水体,这些环境包括一个 1 ha 面积的池塘,水的停留时间为 80 d;一个贫营养化(弱热分层)和一个富营养化(分层)的湖泊。其面积均为 85 ha,其停留时间均为 200 d;另一水体为一河段,宽 100 m,长 8 km,停留时间为 1h。决定反应条件的环境参数选择为美国东南部夏季常见的数值。表 3-18 列举了一些物理、化学和生物特征的数据。

表 3-18　所用生态系统的一些物理、化学和生物特征值

项目	河流(3 km)	池塘	富营养湖泊	贫营养湖泊
体积/m³	9×10^5	2×10^4	8×10^6	8×10^6
水输出量/(m³·h⁻¹)	9×10^5	2.8×10^1	1.7×10^3	1.7×10^3
悬浮沉积物质量浓度/(mg·L⁻¹)	100	30	50	10
pH	7.0	8.0	8.0	6.0
细菌群体(水)含量/(cell·mL⁻¹)	1×10^3	1×10^3	1×10^5	1×10^2
细菌群体(沉积物)含量/[cell·(100 g 干土)⁻¹]	1×10^8	1×10^8	1×10^{10}	11×10^7
沉积物的有机碳含量/%	1	4	4	1

所有生态系统的天顶光衰减系数(α)均取 3.0 $\mathrm{m^{-1}}$。只有贫营养期取 0.3 $\mathrm{m^{-1}}$。光的分布函数(即水中光程与水深之比)对所有情况均取 1.19。用这些数据来计算因光解而使有机物浓度降低的百分数。各系统底部沉积物的密度都是 1.85 $\mathrm{g/cm^3}$,含水量 150%,能起作用

的深度为 5 cm。对于底部沉积物与上复水之间的平衡,底部停留时间除河段取 10 d 外,其余均取 75 d。吸着在底部沉积物或悬浮沉积物上的邻苯二甲酸酯假定可延缓转化过程。对所有水系水柱中的自由基浓度取 10^{-9} mol/L,并忽略其在底部沉积物中的浓度。对所有水系水面上 10 cm 处的风速均为 2 cm/s(此值相当于气相传质系数为 2291 cm/h)。复氧速率对池塘为 0.007 2 h^{-1},湖泊为 0.012 h^{-1},河段为 0.016 8 h^{-1}。邻苯二甲酸酯的挥发按双膜理论所推演出来的方法计算。富营养化湖泊斜温层之间混合的边界扩散系数取 0.08 m^2/h,用此值可算出下层滞水带的停留时间为 52 d。对用于弱分层的贫营养湖,从选取的边界扩散系数可以推算出下层滞水带的停留时间为 10 d。

表 3-19 列出了五种邻苯二甲酸酯的过程数据。五个酯的酸催化二级水解速率常数是假设的值,没有发现这些酯的中性水解转化途径。碱催化水解速率常数引自文献。直接光解速率常数(K_d)是由 Zeep 提供。自由基氧化速率常数是根据伯、仲、叔基与过氧自由基作用所报道的平均值加以估算的。用测量的溶解度蒸气压值计算出 Henry 常数。K_{oc} 及 K_B 均可以从 K_{ow} 算出来。

表 3-19　五种邻苯二甲酸酯归趋与迁移作用的常数

常数	DMP	DEP	DNBP	DNOP	DEHP
K_h/[L·(mol·h)$^{-1}$]	0.04	0.04	0.04	0.04	0.04
K_{OH}/[L·(mol·h)$^{-1}$]	2.5×10^2	7.9×10^1	8.8×10^1	5.8×10^1	4.0×10^1
K_d/h^{-1}	2×10^{-4}	2×10^{-4}	2×10^{-4}	2×10^{-4}	2×10^{-4}
K_b/[mL·(cell·h)$^{-1}$]	5.2×10^{-6}	8.2×10^{-9}	2.9×10^{-8}	3.1×10^{-10}	4.2×10^{-12}
K_{Ox}/[L·(mol·s)$^{-1}$]	18	18	18	18	18
K_H/(Pa·m^3·mol^{-1})	1.1×10^{-1}	2.0×10^{-3}	1.3×10^{-1}	5.1×10^{-1}	4.5×10^{-2}
K_B	2.6×10^1	7.3×10^1	8.0×10^3	2.9×10^3	8.9×10^3
K_{oc}	1.6×10^2	4.5×10^2	6.4×10^3	1.9×10^4	5.7×10^4
s_w/(mg·L^{-1})	4.3×10^3	8.9×10^2	1.3×10^1	3.0	4.0×10^{-1}

注:K_h 及 K_{OH} 为酸碱催化水解速率常数;K_d 为准一级直接光解速率常数;K_b 为生物转化速率常数;K_{Ox} 为氧化速率常数;K_H 为 Henry 常数;K_B 为生物-水间分配常数;s_w 为溶解度;K_{oc} 为沉积物-水间分配常数,中性水解反应速率很小,未列出。

污染负荷以各系统的水中含酯 0.1 mg/L 计算,用 EXAMS 计算了各有机物的稳态行为和外部负荷停止以后酯类逐渐消失的情形。计算结果列于表 3-20 和表 3-21。

表 3-20　五种邻苯二甲酸酯在四种水生环境中的归趋与迁移的计算模拟结果

化合物	生态系统	负荷降低值/%	积累因子/d	分配量/%		恢复时间
				水柱	底部沉积物	
DMP	河流	0.55	0.04	99.99	0.01	3 h
	池塘	80.5	5.3	99.98	0.02	20 d
	富营养湖	100.0	0.08	100.0	0.0	6.7 h
	贫营养湖	73.2	52.0	100.0	0.0	184 d

续表

化合物	生态系统	负荷降低值 /%	积累因子 /d	分配量/%		恢复时间
				水柱	底部沉积物	
DEP	河流	0.01	0.05	91.8	8.2	67 h
	池塘	9.9	39.0	69.7	30.3	7 个月
	富营养湖	62.4	65.0	99.8	0.2	8 个月
	贫营养湖	14.8	174.0	98.3	1.7	20 个月
DNBP	河流	0.07	0.09	45.7	54.3	18 d
	池塘	42.4	130.0	13.3	86.7	19 个月
	富营养湖	93.3	11.7	96.4	3.6	40d
	贫营养湖	24.7	186.0	81.0	19.0	23 个月
DNOP	河流	0.04	0.20	20.7	79.3	30 d
	池塘	27.4	521.0	4.2	95.8	67 个月
	富营养湖	51.0	316.0	28.3	71.7	47 个月
	贫营养湖	33.3	235.0	57.2	42.8	32 个月
DEHP	河流	0.0	0.50	8.3	91.7	35d
	池塘	4.8	1910.0	1.5	98.5	19 a
	富营养湖	11.4	1564.0	11.2	88.8	19 a
	贫营养湖	16.0	544.0	31.0	69.0	6 a

注:所有结果都是以输入负荷大小无关的方式来表示,这是为了有利于在各酯类之间、各生态系统之间进行比较。

在畅通的河流中由水载带的负荷稳态消失最少,其消失百分数对任何一个酯类化合物都不超过 0.6%。因此,河流负荷的 99% 以上流至下游。具有较长停留时间的系统(池塘与湖泊)正如所预料的那样,其污染负荷消失显著。污染负荷的消失与停留时间并不是简单的正比关系。在一些情况下。如对于 DMP,DNBP,池塘系统(停留时间 30 d)消耗的负荷较贫营养湖泊(停留时间 200 d)多。

这些生态系统被邻苯二甲酸酯污染程度的大小以积累因子来表示。用积累因子(单位为 d)乘以每日质量负荷(即 kg/d)就得到在达到稳态系统内残留的总量(见表 3—20)。有两个因素可以有效地限制污染的程度:一个是快速的冲刷(河流),另一个是大量的降解。例如,在富营养湖中预报 DMP 和 DNBP 分别衰减 100% 和 93.3%,因此它们的积累因子最小(0.08 和 11.7),但是积累因子与底部沉积物对酯类的亲和力有关,K_{oc} 增加使底部沉积物中存留的污染负荷比例增高。例如,在池塘生态系统中 DEHP 的积累因子最大(1910),在那里,有 4.8% 的负荷被降解,98.5% 的污染物存于底部沉积物中。

被污染的生态环境的恢复时间是用 5 倍于准一级反应的半衰期来估算。对于底部沉积物和水载带部分的半衰期是分开计算的,然后按照酯类在水柱与底部沉积物之间分配的比例来加权计算整个系统的准一级反应的半衰期。恢复时间一般是与积累因子的大小有关。对于池塘和富营养化湖泊中 DEHP 的污染,其恢复的时间长达 19 年。

　　对于每一个生态系统,在总的消失负荷中,各个酯类化合物的水解、光解、生物降解和挥发过程所占的比例列于表 3-21。酯类的氧化在所有的情况下所占比例很小,只占负荷的 0.01% 或更小,因而没有把它列于表内。

表 3-21　在四种水系中邻苯二甲酸酯的转化与挥发在稳态时所占输入负荷的百分数

化合物	生态系统	水解量/%	光解量/%	生物降解量/%	挥发量/%
DMP	河　　流	0.0	0.0	0.5	0.0
	池　　塘	3.5	0.4	74.5	2.2
	富营养湖	0.1	0.0	99.9	0.0
	贫营养湖	0.3	4.6	65.6	2.7
DEP	河　　流	0.0	0.0	0.0	0.0
	池　　塘	2.8	1.8	5.1	0.2
	富营养湖	6.7	0.7	55.0	0.1
	贫营养湖	0.2	13.9	0.6	0.1
DNBP	河　　流	0.0	0.0	0.1	0.0
	池　　塘	3.3	1.2	31.8	6.2
	富营养湖	2.1	0.2	89.1	0.9
	贫营养湖	0.3	12.3	4.9	7.2
DNOP	河　　流	0.0	0.0	0.0	0.0
	池　　塘	1.4	1.4	0.5	24.0
	富营养湖	5.6	0.8	28.6	16.0
	贫营养湖	0.1	11.0		22.2
DEHP	河　　流	0.0	0.0	0.0	0.0
	池　　塘	0.0	1.8	0.1	2.8
	富营养湖	0.2	1.4	7.7	2.2
	贫营养湖	0.0	13.7	0.0	2.3

　　注:表内四个百分数相加即为负荷消失的总百分数,剩余的为由水载带输出的百分数。

　　由表可见,在多数情况下,生物降解是消失污染负荷的主要过程。光解虽然慢,但是在贫营养湖中,除 DMP 以外,光解却是主要过程。在这些情况下,它可在稳态时分解负荷的 10% ～ 15%。DNOP 是易挥发的化合物,在有较大停留时间的系统,可以挥发掉 20% 左右的负荷。对于其他的酯,只有 DNBP 有较多的挥发,但这也只限于生物降解和冲刷比较少的系统(池塘与贫营养化湖泊)。与生物降解相比,水解速率一般很慢,虽然有些例外(即池塘系统中的 DEP 和 DNOP)。

　　这些结果表明,对于邻苯二甲酸酯类的降解几乎没有一个通用的规律(以 DNOP 和 DEHP 为例,它们是一对异构体,其 Henry 常数都在同一数量级之内,但从池塘和湖泊挥发的 DNOP 约占总负荷消失的 20%,而 DEHP 却只占 2% 左右),而且每一种转化过程的速率强烈地受环境条件和参数之间相互作用的影响。由此可见,水解、光解、生物降解、挥发和从生态系统输出这几个过程是相互竞争的,具体情况将取决于有机物和生态系统的性质。一般来讲,相对分子质量大的酯,其转化过程可能不易进行,而负荷消失的主要过程是从一个生态系统向另一个系统输出。

四、多介质环境数学模型

生态环境是一个复杂的多介质环境体系,当污染物进入环境后,弄清其在各界面间的传输、迁移、转化、归趋的过程,对于污染物环境影响的早期评估和安全管理十分重要。多介质环境数学模型是研究污染物在多介质环境中介质内和介质单元间的迁移、转化和归趋的定量关系的数学表达式,它可以将各种不同的环境介质单元同导致污染物跨介质单元边界的各种过程相连接,在不同模型结构上对这些过程实现公式化和定量化。多介质环境数学模型主要类型有研究模型和管理模型、确定模型和随机模型、箱式模型和矩阵模型、稳态模型和动态模型、分布模型和集总模型、线性模型和非线性模型、因果模型和黑箱模型等,下面简要介绍几种多介质环境模型的应用。

1. 有机污染物多介质环境的稳态平衡模型

该模型是描述污染物进入环境后,经过一系列的迁移、转化,最终存在于大气、水、水生生物和沉积物等的模型,图 3-37 显示了多介质环境模型模拟系统的示意图。

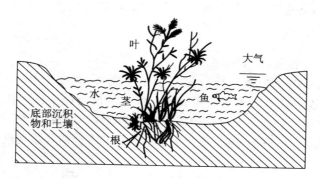

图 3-37　多介质环境模型模拟系统的示意图(叶常明,1997)

模拟系统中污染物的质量平衡方程可写为

$$\sum_i^n V_i \frac{\mathrm{d}c_i}{\mathrm{d}t} = \sum_i^n \sum_j^m k_{ij} A_{ij} (c_{ij} - c_i) + \sum_i^n V_i K_{i} \alpha_i c_i +$$

$$\sum_i^n \sum_j^m q_{V,ji} c_j - \sum_i^n \sum_j^m q_{V,ij} c_j + \sum_i S_i$$

$$(3-184)$$

式中：c_i——单元 i 中的污染物的浓度，mol/m^3。

　S_i——单元 i 中污染物源强，mol/h。

　k_{ij}——以单元 i 为基础，污染物在单元 i 与单元 j 之间质量交换的迁移系数，m/h。

　A_{ij}——相应单元间的交界面积，m^2。

　V_i——单元 i 的体积，m^3。

　c_{ij}——在与单元 j 处于平衡时，单元 i 中的污染物浓度，并有 $c_{ij} = c_i H_{ij}$，H_{ij} 是从单元 i 到 j 的分配系数。

　K_i——单元 i 中发生反应的速率常数，h^{-1}。

　α_i——符号指示，当反应是降解时，$\alpha_i = -1$，当反应生成污染物时，$\alpha_i = 1$；$q_{V,ji}, q_{V,ij}$ 是相应的对流体流量，m^3/h。

稳态时，方程（3-184）可写成式（3-185）：

$$\sum_i^n S_i = \sum_i^n \sum_j^m q_{V,ij} c_i - \sum_i^n \sum_j^m q_{V,ji} c_{ij} - \sum_i^n V_i K_i \alpha_i c_i \qquad (3-185)$$

　为了简化模型的计算，Mackay 等人（1983）将逸度概念引入多介质环境数学模型中，用逸度代替浓度进行模型计算，即为多介质环境的逸度模型，根据逸度定义，此时污染物浓度 c 和逸度 f 之间可表达为

$$c = fZ$$

式中：Z——逸度容量，$mol/(cm^3 \cdot Pa)$。

　当污染物在两个相邻环境介质间处于平衡时，逸度相等，即 $c_1/c_2 = fZ_1/fZ_2 = Z_1/Z_2$，表示在平衡体系中相邻两介质的浓度与逸度成正比，逸度容量 Z 可以通过污染物的物理化学参数和某些环境参数计算获得，若假设 $S = \sum S_i$，并将 $c = fZ$ 代入式（3-185），则可变成以逸度表示的多介质环境逸度模型：

$$S = \sum_i^n \sum_j^m q_{V,ij} Z_i f_i - \sum_i^n \sum_j^m q_{V,ji} Z_j f_j - \sum_j^m V_i K_i \alpha_i Z_i f_i \qquad (3-186)$$

　如果只考虑污染物在各介质单位间的分布，反应过程与迁移相比可以忽略的话，式（3-186）还可以简化为

$$S = \sum_i^n \sum_j^m q_{V,ij} Z_i f_i - \sum_i^n \sum_j^m q_{V,ji} Z_j f_j \qquad (3-187)$$

　在稳态平衡条件下，$f_j = f_i$，$q_{V,ij} = q_{V,ji} = V_i$，式（3-187）可进一步改写为

$$S = \sum_{i}^{n} f_i Z_i V_i \tag{3-188}$$

这时 Z_j 已包括在 Z_i 之内。

　　根据模型的要求,需提供参数:辛醇-水分配系数(K_{ow}),蒸气压 p_V,水中溶解度 s,沉积物吸附系数 K_{oc},生物富集系数 BCF,以及在水($Z_水$),大气($Z_{大气}$),沉积物($Z_{沉积物}$),植物根($Z_根$)、茎($Z_茎$)、叶($Z_叶$)和鱼体($Z_鱼$)逸度容量。以单甲脒等有机污染物为例,理化参数和逸度容量计算结果如表 3-22 和表 3-23 所示。

表 3-22　单甲脒等有机污染物的理化参数

化合物	相对分子质量	K_{ow}	$\dfrac{p_v}{Pa}$	$\dfrac{s}{mg \cdot L^{-1}}$	K_{oc}	BCF（鱼体内）
单甲脒	162.22	912	3.0×10^{-4}	21.8	3.7×10^2	1.05×10^2
单甲脒盐酸盐	198.74	0.071	6.2×10^{-2}	1.7×10^5	2.9×10^{-2}	7.9×10^{-2}
DDT	354.49	8.13×10^5	1.9×10^{-7}	5.5×10^{-3}	3.9×10^6	1.83×10^4
DMP	194.19	93.3	4.2×10^{-3}	5×10^3	1.74×10	18.5

注:本表摘自叶常明.多介质环境污染研究,1997。

表 3-23　单甲脒等有机污染物的逸度容量和 f 值

逸度容量/$[mol \cdot (cm^3 \cdot Pa)^{-1}]$	单甲脒	单甲脒盐酸盐	DDT	DMP
$Z_水 = s/p_v$	3.4	104	0.61	46
$Z_{大气} = 1/(RT)$	4.2×10^{-4}	4.1×10^{-4}	4.1×10^{-4}	4.1×10^{-4}
$Z_{沉积物} = 0.0015\rho_E K_{oc} Z_水$	4.66	2.3×10^{-3}	8.9×10^3	3.00
$Z_根 = (0.82+0.014K_{ow})\rho_R Z_水$	37.9	70.5	5.8×10^3	81.2
$Z_茎 = (0.82+0.0065K_{ow})\rho_S Z_水$	18.8	70.5	6.8×10^3	54.5
$Z_叶 = 0.018Z_{大气}+0.80Z_水+0.02K_{ow}$	64	82.9	9.9×10^3	4.5×10^2
$Z_鱼 = BCF\rho_F Z_水$	3.53	8.18	8.9×10^3	8.5×10^2
f	0.001	0.029	7.6×10^{-7}	4.1×10^{-5}

注:本表摘自叶常明.多介质环境污染研究,1997。表中 $\rho_E = 2.5$ g/mL,$\rho_R = 0.83$ g/mL,$\rho_S = 0.83$ g/mL,分别代表沉积物、植物根和茎的密度。

　　根据表 3-22 和表 3-23 所列数据,利用稳态模型,就可计算出单甲脒类有机污染物在各种环境介质中的含量分布(见表 3-24),由表 3-24 可看出,在稳态平衡条件下,该模型可有效预测有机污染物在多介质环境中的含量分布,并与实际环境规律相吻合,这种含量分布不仅与污染物本身的理化性质有关,还与环境介质的特征有关。

表 3-24　　单甲脒等有机污染物多介质模型的含量计算值

化合物	水	大气	沉积物	植物根	植物茎	植物叶	鱼
单甲脒	0.545	6.7×10^{-5}	0.756	57.3	6.15	3.05	10.4
单甲脒盐酸盐	6.0×10^{2}	2.4×10^{-3}	5.8×10^{-2}	47.1	4.06×10^{2}	7.1×10^{2}	4.8×10^{2}
DDT	1.6×10^{-4}	1.1×10^{-7}	2.39	3.00	1.54	1.83	2.66
DMP	0.363	3.2×10^{-6}	2.4×10^{-2}	6.71	0.641	0.43	3.58

注:本表摘自叶常明. 多介质环境污染研究,1997。表中水和大气的单位分别是 mg/L,g/m³,其他的单位均为 mg/kg。

2. 有机污染物多介质环境的稳态非平衡模型

叶常明等在上述研究基础上,对模型的结构与性能做了进一步的改进,提出有机污染物多介质环境的稳态非平衡模型,该模型接受污染物排放的相单元可以是一相,亦可以是多相,可用于预测污染物在环境中的变化和归趋。模型的基本结构如图 3-38 所示。

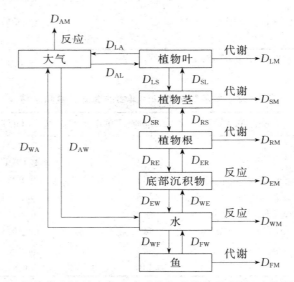

图 3-38　　污染物在池塘水生生态系统中的传输示意图(叶常明,1997)

图 3-38 中 D_{ij} 表示污染物在各个环境单元间传输能力的参数,是由污染物的理化参数、逸度容量和各种环境参数(如温度、体积、密度、流量等)计算而得,是逸度模型计算的关键参数,根据图中物质传输示意图,提出了用 D 参数和逸度 f_i 表示的模型:

$$df_W/dt = q_{m,W} + c_{WI}V_W + D_{AW}f_A + D_{EW}f_E + D_{FW}f_F - (D_{WM} + D_{WA} + D_{WE} + D_{WF})f_W$$

$$= q_{m,W} + c_{WI}V_W + D_{AW}f_A + D_{EW}f_E + D_{FW}f_F - D_W f_W$$

$$df_A/dt = c_{AN}q_{V,AI} + D_{WA}f_W + D_{LA}f_L - (D_{AA} + D_{AM} + D_{AW} + D_{AL})f_A$$

$$= c_{AN}q_{V,AI} + D_{WA}f_W + D_{LA}f_L - (D_{AA} + D_A)f_A$$

$$\mathrm{d}f_\mathrm{F}/\mathrm{d}t = D_\mathrm{WF}f_\mathrm{W} - (D_\mathrm{FM} + D_\mathrm{FW})f_\mathrm{F}$$
$$= D_\mathrm{WF}f_\mathrm{W} - D_\mathrm{F}f_\mathrm{F}$$
$$\mathrm{d}f_\mathrm{L}/\mathrm{d}t = D_\mathrm{AL}f_\mathrm{A} + D_\mathrm{SL}f_\mathrm{S} - (D_\mathrm{LM} + D_\mathrm{LA} + D_\mathrm{LS})f_\mathrm{L}$$
$$= D_\mathrm{AL}f_\mathrm{A} + D_\mathrm{SL}f_\mathrm{S} - D_\mathrm{L}f_\mathrm{L}$$
$$\mathrm{d}f_\mathrm{S}/\mathrm{d}t = D_\mathrm{RS}f_\mathrm{R} + D_\mathrm{LS}f_\mathrm{L} - (D_\mathrm{SM} + D_\mathrm{SL} + D_\mathrm{SR})f_\mathrm{S}$$
$$= D_\mathrm{RS}f_\mathrm{R} + D_\mathrm{LS}f_\mathrm{L} - D_\mathrm{S}f_\mathrm{S}$$
$$\mathrm{d}f_\mathrm{R}/\mathrm{d}t = D_\mathrm{SR}f_\mathrm{S} + D_\mathrm{ER}f_\mathrm{E} - (D_\mathrm{RM} + D_\mathrm{RS} + D_\mathrm{RE})f_\mathrm{R}$$
$$= D_\mathrm{SR}f_\mathrm{S} + D_\mathrm{ER}f_\mathrm{E} - D_\mathrm{R}f_\mathrm{R}$$
$$\mathrm{d}f_\mathrm{E}/\mathrm{d}t = D_\mathrm{RE}f_\mathrm{R} + D_\mathrm{WE}f_\mathrm{W} - (D_\mathrm{EM} + D_\mathrm{ER} + D_\mathrm{EW})f_\mathrm{E}$$
$$= D_\mathrm{RE}f_\mathrm{R} + D_\mathrm{WE}f_\mathrm{W} - D_\mathrm{E}f_\mathrm{E}$$

式中：$q_{m,\mathrm{W}}$——向水相排放污染物的质量流量，kg/a；

c_WI——水中污染物的本底值，$\mathrm{mol/m^3}$；

c_AN——大气中污染物的本底值，$\mathrm{mol/m^3}$；

V_W——水相体积，$\mathrm{m^3}$；

$q_{V,\mathrm{AI}}$——大气流入和流出的体积流量，$\mathrm{m^3/h}$。

在稳态条件下，上述方程整理后，即可改写为

$$f_\mathrm{E} = B_\mathrm{EW}f_\mathrm{W} + B_\mathrm{EA}f_\mathrm{A}$$
$$f_\mathrm{R} = B_\mathrm{RW}f_\mathrm{W} + B_\mathrm{RA}f_\mathrm{A}$$
$$f_\mathrm{S} = B_\mathrm{SW}f_\mathrm{W} + B_\mathrm{SA}f_\mathrm{A}$$
$$f_\mathrm{L} = B_\mathrm{LW}f_\mathrm{W} + B_\mathrm{LA}f_\mathrm{A}$$
$$f_\mathrm{F} = B_\mathrm{FW}f_\mathrm{W} + B_\mathrm{FA}f_\mathrm{A}$$
$$f_\mathrm{A} = q_{V,\mathrm{AI}}c_\mathrm{AN} + (D_\mathrm{WA} + D_\mathrm{LA}B_\mathrm{LW})f_\mathrm{W}/(D_\mathrm{A} + D_\mathrm{AA} - D_\mathrm{LA}B_\mathrm{LA})$$
$$f_\mathrm{W} = (E_\mathrm{W} + c_\mathrm{WI}V_\mathrm{W} + M_\mathrm{M})(D_\mathrm{LA} + B_\mathrm{LA} - D_\mathrm{A} - D_\mathrm{AA})/[(D_\mathrm{AW} + D_\mathrm{EW}B_\mathrm{EA} + D_\mathrm{FW}B_\mathrm{FA})(D_\mathrm{WA} + D_\mathrm{LA}$$
$$B_\mathrm{LW}) + (D_\mathrm{EW}B_\mathrm{EW} + D_\mathrm{FW}B_\mathrm{FW} - D_\mathrm{W})(D_\mathrm{LA}B_\mathrm{LA} - D_\mathrm{A} - D_\mathrm{AA})]$$

其中：

$$B_\mathrm{EW} = D_\mathrm{WE}[D_\mathrm{R}(D_\mathrm{S}D_\mathrm{L} - D_\mathrm{LS}D_\mathrm{SL}) - D_\mathrm{SR}D_\mathrm{L}D_\mathrm{RS}]/X$$

$$B_\mathrm{EA} = D_\mathrm{RE}D_\mathrm{SR}D_\mathrm{LS}D_\mathrm{LA}/X$$

$$B_\mathrm{RW} = D_\mathrm{WE}D_\mathrm{ER}(D_\mathrm{S}D_\mathrm{L} - D_\mathrm{LS}D_\mathrm{SL})/X$$

$$B_\mathrm{RA} = [D_\mathrm{SR}D_\mathrm{LS}D_\mathrm{LA}X + D_\mathrm{ER}D_\mathrm{RE}D_\mathrm{SR}D_\mathrm{LS}D_\mathrm{AL}(D_\mathrm{S}D_\mathrm{L} - D_\mathrm{SL}D_\mathrm{LS})]/[D_\mathrm{R}(D_\mathrm{S}D_\mathrm{L} - D_\mathrm{LS}D_\mathrm{SL}) -$$
$$D_\mathrm{SR}D_\mathrm{L}D_\mathrm{RS}]$$

$$B_\mathrm{SW} = D_\mathrm{WE}D_\mathrm{ER}D_\mathrm{RS}D_\mathrm{L}/X$$

$$B_\mathrm{SA} = (D_\mathrm{L}D_\mathrm{RS}D_\mathrm{ER}D_\mathrm{RE}D_\mathrm{SR}D_\mathrm{LS}D_\mathrm{AL} + D_\mathrm{R}D_\mathrm{LS}D_\mathrm{AL}X)/\{[D_\mathrm{R}(D_\mathrm{S}D_\mathrm{L} - D_\mathrm{LS}D_\mathrm{SL}) - D_\mathrm{SR}D_\mathrm{L}D_\mathrm{RS}]X\}$$

$$B_\mathrm{LW} = D_\mathrm{WE}D_\mathrm{ER}D_\mathrm{RS}D_\mathrm{SL}/X$$

$$B_\mathrm{LA} = D_\mathrm{AL}[D_\mathrm{RS}D_\mathrm{SR}D_\mathrm{ER}D_\mathrm{RE}D_\mathrm{LS}D_\mathrm{SL} + (D_\mathrm{R}D_\mathrm{S} - D_\mathrm{SR}D_\mathrm{RS})X]/[D_\mathrm{L}(D_\mathrm{R}D_\mathrm{S} - D_\mathrm{SR}D_\mathrm{RS}) -$$
$$D_\mathrm{R}D_\mathrm{LS}D_\mathrm{SL}X]$$

$$B_\mathrm{FW} = D_\mathrm{WF}/D_\mathrm{F}$$

$$B_\mathrm{FA} = 0$$

$$M_M = c_{AN}(D_{AW} + D_{EW}B_{EW}B_{EA} + D_{FW}B_{FA})/(D_A + D_{AA} - D_{LA}B_{LA})$$

$$X = D_E[D_R(D_SD_L - D_{LS}D_{SL}) - D_{SR}D_LD_{RS}] - D_{RE}D_{ER}(D_SD_L - D_{SL}D_{LS})$$

式中：B_{ij}——联系各个相关环境单元逸度的综合参数。

表 3-25 和表 3-26 列出所研究的四种有机污染物的 D 参数和反应速率常数，利用这些数据通过模型计算就可获得这四种有机污染物在七个环境单元中的含量分布（见表 3-27）。从表 3-27 可看出，四种有机污染物在沉积物中的含量最高，其次是植物根部有明显的规律性，若环境介质相同，其分布特征与污染物的性质相关。

表 3-25　D 参数的计算结果[单位：mol/(h·Pa)]

D_{ij}	DDT	DMP	单甲脒	单甲脒盐酸盐
$D_{1.2}$	42.1	42.2	77.5	54.9
$D_{1.3}$	1 810	1 300	1 450	3 650
$D_{1.7}$	0.003 7	0.058	0.010 6	0.621
$D_{2.1}$	47.7	452	41.7	901
$D_{2.6}$	2 230	135	27.1	238
$D_{3.1}$	6.29	4.43	2.81	0.001 2
$D_{3.4}$	6.12	24.2	17.6	0.054 4
$D_{4.3}$	0.292	11.5	16.8	25.9
$D_{4.5}$	5.83	230	17.6	518
$D_{5.4}$	0.292	11.5	16.8	25.9
$D_{5.6}$	5.83	230	0.84	518
$D_{6.2}$	2 230	135	27.1	238
$D_{6.5}$	0.292	11.5	0.84	25.9
$D_{7.1}$	3.63	1.75	0.016	9.01

注：本表摘自叶常明．多介质环境污染研究，1997．

表 3-26　模型计算所用的反应速率常数

环境单元	反应或代谢速率常数/h^{-1}			
	DDT	DMP	单甲脒	单甲脒盐酸盐
水	9.55×10^{-6}	5.21×10^{-2}	5.20×10^{-4}	4.90×10^{-2}
大气	4.13×10^{-7}	5.02×10^{-2}	5.00×10^{-7}	5.10×10^{-6}
沉积物	5.42×10^{-6}	2.52×10^{-2}	2.50×10^{-4}	2.40×10^{-2}
植物根	3.01×10^{-4}	1.73×10^{-2}	1.70×10^{-4}	1.60×10^{-3}
植物茎	1.73×10^{-4}	7.70×10^{-3}	7.20×10^{-6}	6.50×10^{-5}
植物叶	3.85×10^{-3}	1.16×10^{-1}	1.30×10^{-2}	1.50×10^{-2}
鱼	3.33×10^{-2}	8.34×10^{-4}	8.30×10^{-5}	7.00×10^{-5}

注：本表摘自叶常明．多介质环境污染研究，1997．

表 3−27　模型计算结果

化合物	单元	逸度/Pa	浓度*	总含量/kg	含量的百分数/%
DDT	水	2.22×10^{-7}	9.17×10^{-5}	7.34×10^{-4}	3.50×10^{-4}
	大气	6.74×10^{-9}	1.01×10^{-3}	6.05×10^{-5}	2.89×10^{-5}
	沉积物	1.28×10^{-6}	8.74×10^5	2.10×10^2	99.99
	植物根	9.28×10^{-8}	5.13×10^2	8.52×10^{-3}	4.06×10^{-3}
	植物茎	4.49×10^{-9}	11.5	1.05×10^{-3}	5.02×10^{-4}
	植物叶	2.70×10^{-9}	2.6	8.31×10^{-4}	3.96×10^{-4}
	鱼	2.29×10^{-16}	1.73×10^{-3}	8.66×10^{-9}	4.13×10^{-9}
DMP	水	4.52×10^{-9}	4.04×10^{-5}	3.23×10^{-4}	7.07×10^{-1}
	大气	5.09×10^{-10}	4.17×10^{-5}	2.50×10^{-6}	5.48×10^{-3}
	沉积物	7.14×10^{-8}	189	4.53×10^{-2}	99.04
	植物根	6.62×10^{-8}	1.26	2.09×10^{-5}	4.57×10^{-2}
	植物茎	5.32×10^{-8}	6.79×10^{-1}	6.19×10^{-5}	1.35×10^{-1}
	植物叶	5.61×10^{-9}	6.04×10^{-1}	1.93×10^{-5}	4.23×10^{-1}
	鱼	1.44×10^{-15}	2.38×10^{-4}	1.19×10^{-9}	2.60×10^{-6}
单甲脒	水	4.91×10^{-8}	2.68×10^{-2}	2.14×10^{-4}	6.20×10^{-2}
	大气	6.76×10^{-7}	4.63×10^{-5}	2.78×10^{-4}	4.78×10^{-3}
	沉积物	9.89×10^{-6}	1.86×10^4	4.47	99.8
	植物根	1.03×10^{-5}	76.1	1.27×10^{-3}	2.82×10^{-2}
	植物茎	9.91×10^{-6}	36.4	3.33×10^{-3}	7.42×10^{-2}
	植物叶	5.54×10^{-6}	44.2	1.41×10^{-3}	3.16×10^{-2}
	鱼	2.51×10^{-12}	1.44×10^{-1}	7.18×10^{-7}	1.60×10^{-5}
单甲脒盐酸盐	水	2.11×10^{-9}	4.35×10^{-3}	3.48×10^{-4}	3.14×10^{-1}
	大气	2.22×10^{-6}	1.89×10^{-5}	1.13×10^{-2}	10.2
	沉积物	1.28×10^{-6}	1.36×10^5	3.27×10^{-3}	3.00
	植物根	9.28×10^{-5}	2.50×10^2	4.14×10^{-3}	3.74
	植物茎	4.49×10^{-5}	24.6	2.25×10^{-2}	20.3
	植物叶	2.70×10^{-5}	21.6	6.91×10^{-4}	62.5
	鱼	2.29×10^{-10}	7.78×10^{-2}	3.89×10^{-7}	2.51×10^{-4}

注:本表摘自叶常明.多介质环境污染研究,1997。

* 对大气:g/m^3;水:mg/L;其他:mg/g。

3. 有机污染物的多介质环境动态模型

由于稳态模型无法解决污染物进入环境后其在介质间分布和含量随时间变化的规律方面的问题,因此,建立动态模型十分必要。动态模型是用于描述污染物在环境中非平衡、非稳态行为的数学模型,它可以给出环境系统对污染物排放的响应时间,这种模型对于污染物在多介质环境中随时间变化的迁移、归趋和暴露研究有较强的预报能力。

　　该模型以质量守恒原理和非平衡热力学理论为依据,根据所研究的环境系统的特征确定模型的结构。一般来说,当污染物随时间变化进入某一或某几个环境介质之后,可能会发生污染物在各相邻环境介质单元之间的迁移分配和单元内的衰减损失,因此,污染物在每个环境介质单元内随时间的变化可用一般微分方程来描述,同样采用逸度来代替浓度的方式建立有机污染物多介质环境的动态模型。由于每个微分方程中都含有至少两个以上的变量,而且许多变量在各方程中互相穿插,必须采用数值解的方法求解它们。现仍以单甲脒等四个有机污染物为例。应用动态模型进行计算,计算中,假定污染物只向水中排放,排放量为 100 kg/a,污染物在各个环境介质单元的本底值近似于零,单甲脒、单甲脒盐酸盐、邻苯二甲酸二甲酯和 DDT 在各介质的浓度随时间的变化如图 3-39～图 3-42 所示。

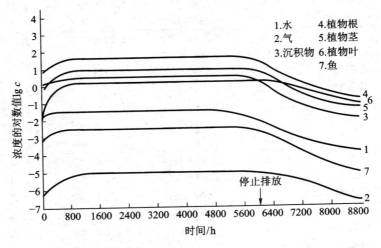

图 3-39　单甲脒在各介质的浓度随时间变化(叶常明,1997)

　　从图 3-39～图 3-42 中可看出:四种污染物进入水体后,其在各介质间的浓度均随时间的增长而增加,而当污染物进入介质的速率和消失速率相等时,污染物在各介质的浓度基本保持恒定;当污染物停止排放后,其浓度将逐渐降低。环境介质和污染物的理化性质均对其浓度变化率产生影响。如在沉积物环境介质中,污染物浓度变化率的顺序为邻苯二甲酸二甲酯＞单甲脒盐酸盐＞单甲脒＞DDT,而同一种化合物如单甲脒浓度降低速率的顺序则是水＞沉积物＞鱼＞植物根＞植物茎＞植物叶＞大气。而单甲脒盐酸盐在各介质中的浓度降

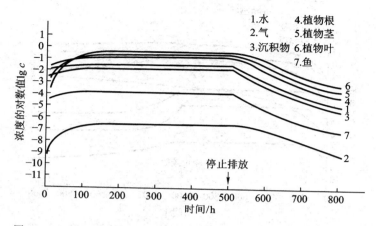

图 3-40　单甲脒盐酸盐在各介质的浓度随时间变化(叶常明,1997)

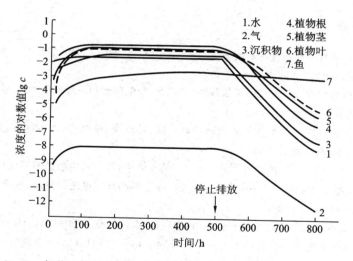

图 3-41　邻苯二甲酸二甲酯在各介质的浓度随时间变化(叶常明,1997)

低速率顺序则为沉积物＞鱼＞植物根＞水＞植物茎＞植物叶＞大气,且浓度降低速率明显大于单甲脒。表明该模型可较好反映污染物进入水体后,在多环境介质间迁移、归趋随时间变化的过程,以及停止排放后系统中污染物降低到最低水平所需时间,因而可用于预测污染物在水体各介质中的分配、变化过程和最终归宿。

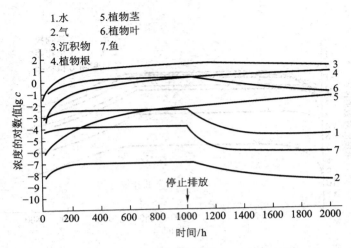

1. 水　　5. 植物茎
2. 气　　6. 植物叶
3. 沉积物　7. 鱼
4. 植物根

图 3-42　DDT 在各介质的浓度随时间变化（叶常明，1997）

思考题与习题

1. 请推导出封闭和开放体系碳酸平衡中 $[H_2CO_3^*]$，$[HCO_3^-]$ 和 $[CO_3^{2-}]$ 的表达式，并讨论这两个体系之间的区别。

2. 请导出总酸度、CO_2 酸度、无机酸度、总碱度、酚酞碱度和苛性碱度的表达式作为总碳酸量和分布系数（α）的函数。

3. 向某一含有碳酸的水体加入重碳酸盐。问：总酸度、总碱度、无机酸度、酚酞碱度和 CO_2 酸度是增加、减少还是不变？

4. 在一个 pH 为 6.5，碱度为 1.6 mmol/L 的水体中，若加入碳酸钠使其碱化，问每升中需加多少的碳酸钠才能使水体 pH 上升至 8.0。若用 NaOH 强碱进行碱化，每升中需加多少碱？（1.07 mmol，1.08 mmol）

5. 具有 2.00×10^{-3} mol/L 碱度的水，pH 为 7.00，请计算 $[H_2CO_3^*]$，$[HCO_3^-]$，$[CO_3^{2-}]$ 和 $[OH^-]$ 的浓度各是多少？（$[OH^-] = 1.00 \times 10^{-7}$ mol/L，$[HCO_3^-] = 2.00 \times 10^{-3}$ mol/L，$[CO_3^{2-}] = 9.38 \times 10^{-7}$ mol/L，$[H_2CO_3^*] = 4.49 \times 10^{-4}$ mol/L）

6. 若有水 A，pH 为 7.5，其碱度为 6.38 mmol/L，水 B 的 pH 为 9.0，碱度为 0.80 mol/L，若以等体积混合，问混合后的 pH 是多少？（pH＝7.58）

7. 溶解 1.00×10^{-4} mol/L 的 $Fe(NO_3)_3$ 于 1 L 具有防止发生固体 $Fe(OH)_3$ 沉淀作用所需最小 $[H^+]$ 的水中。假定溶液中仅形成 $Fe(OH)_2^+$ 和 $Fe(OH)^{2+}$ 而没有形成 $Fe_2(OH)_2^{4+}$。请计算平衡时该溶液中 $[Fe^{3+}]$，$[Fe(OH)^{2+}]$，$[Fe(OH)_2^+]$，$[H^+]$ 和 pH。（$[Fe(OH)_2^+] = 8.47 \times 10^{-6}$ mol/L，$[Fe(OH)^{2+}] = 2.29 \times 10^{-5}$ mol/L，$[Fe^{3+}] = 6.24 \times 10^{-5}$ mol/L，pH＝2.72）

8. 请叙述水中主要有机和无机污染物的分布和存在形态。

9. 什么叫优先污染物,我国优先控制的污染物包括哪几类?

10. 请叙述天然水体中存在哪几类颗粒物。

11. 什么是表面吸附作用、离子交换吸附作用和专属吸附作用?并说明水合氧化物对金属离子的专属吸附和非专属吸附的区别。

12. 请叙述氧化物表面吸附配合模型的基本原理以及与溶液中配合反应的区别。

13. 用 Langmuir 方程描述悬浮物对溶质的吸附作用,假设溶液平衡浓度为 3.00×10^{-3} mol/L,溶液中每克悬浮物固体吸附溶质为 0.50×10^{-3} mol/L,当平衡浓度降至 1.00×10^{-3} mol/L 时,每克吸附剂吸附溶质为 0.25×10^{-3} mol/L,问每克吸附剂可以吸附溶质的限量是多少? [1.00×10^{-3} mol/(L·g)]

14. 请说明胶体的凝聚和絮凝之间的区别。

15. 请叙述水中颗粒物可以哪些方式进行聚集。

16. 请叙述水环境中促成颗粒物絮凝的机理。

17. 含镉废水通入 H_2S 达到饱和并调整 pH 为 8.0,请算出水中剩余镉离子浓度(已知 CdS 的溶度积为 7.9×10^{-27})。($[Cd^{2+}]6.8 \times 10^{-20}$ mol/L)

18. 已知 Fe^{3+} 与水反应生成的主要配合物及平衡常数如下:

$$Fe^{3+} + H_2O \Longrightarrow Fe(OH)^{2+} + H^+ \qquad\qquad \lg K_1 = -2.16$$
$$Fe^{3+} + 2H_2O \Longrightarrow Fe(OH)_2^+ + 2H^+ \qquad\qquad \lg K_2 = -6.74$$
$$Fe(OH)_3(s) \Longrightarrow Fe^{3+} + 3OH^- \qquad\qquad \lg K_3 = -38$$
$$Fe^{3+} + 4H_2O \Longrightarrow Fe(OH)_4^- + 4H^+ \qquad\qquad \lg K_4 = -23$$
$$2Fe^{3+} + 2H_2O \Longrightarrow Fe_2(OH)_2^{4+} + 2H^+ \qquad\qquad \lg K_1 = -2.91$$

请用 pc-pH 图表示 $Fe(OH)_3(s)$ 在纯水中的溶解度与 pH 的关系。

($p[Fe^{3+}] = 3pH - 4$,$p[Fe(OH)^{2+}] = -1.84 + 2pH$,$p[Fe(OH)_2^+] = 2.74 + pH$,$p[Fe(OH)_4^-] = 19 - pH$,$p[Fe_2(OH)_2^{4+}] = 2pH - 5.1$)

19. 已知 $Hg^{2+} + 2H_2O \Longrightarrow Hg(OH)_2^0 + 2H^+$,$\lg K = -6.3$。溶液中存在 $[H^+]$,$[OH^-]$,$[Hg^{2+}]$,$[Hg(OH)_2^0]$ 和 $[ClO_4^-]$ 等形态,且忽略 $[Hg(OH)^+]$ 和离子强度效应,求 1.00×10^{-5} mol/L 的 $Hg(ClO_4)_2$ 溶液在 25 ℃时的 pH。(pH=4.7)

20. 请叙述腐殖质的分类及其在环境中的作用。

21. 在 pH=7.00 和 $[HCO_3^-] = 1.25 \times 10^{-3}$ mol/L 的介质中,HT^{2-} 与固体 $PbCO_3(s)$ 平衡,其反应如下:

$$PbCO_3(s) + HT^{2-} \Longrightarrow PbT^- + HCO_3^-, \qquad K = 4.06 \times 10^{-2}$$

求作为 $[HT^{2-}]$ 形态占 NTA 的分数。(2.99%)

22. 请叙述有机配体对重金属迁移的影响。

23. 什么是电子活度 pE?它与 pH 有何区别?

24. 有一个垂直湖水,pE 随湖的深度增加将起什么变化?

25. 从湖水中取出深层水,其 pH=7.0,含溶解氧质量浓度为 0.32 mg/L,请计算 pE 和 E_h。($pE = 13.2$,$E_h = 0.78$ V)

26. 在厌氧消化池中和 pH=7.0 的水接触的气体含 65% 的 CH_4 和 35% 的 CO_2，请计算 pE 和 E_h。（pE=-4.16，E_h=-0.25 V）

27. 在一个 pH 为 10.0 的 SO_4^{2-}-HS^- 体系中（25 ℃），其反应为

$$SO_4^{2-} + 9H^+ + 8e^- \rightleftharpoons HS^- + 4H_2O(l)$$

已知其标准自由能 $G_f^\ominus$ 值 SO_4^{2-}：-742.0 kJ/mol；HS^-：12.6 kJ/mol；$H_2O(l)$：-237.1 kJ/mol。水溶液中质子和电子的 $G_f^\ominus$ 值为零。

(1) 请给出该体系的 $pE^\ominus$。（$pE^\ominus$=4.25）

(2) 如果体系化合物的总浓度为 1.00×10^{-4} mol/L，那么请给出下图中(1)，(2)，(3)和(4)的 lgc-pE 关系式。（当 $pE \ll pE^\ominus$，$lg[HS^-]=-4.0$，$lg[SO_4^{2-}]=8pE+52$；当 $pE \gg pE^\ominus$，$lg[HS^-]=-60-8pE$，$lg[SO_4^{2-}]=-4.0$）

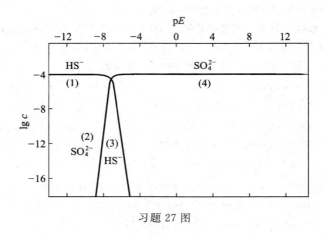

习题 27 图

28. 解释下列名词：分配系数；标化分配系数；辛醇-水分配系数；生物浓缩因子；Henry 定律常数；水解速率；直接光解；间接光解；光量子产率；生长物质代谢和共代谢。

29. 某水体中含有 300 mg/L 的悬浮颗粒物，其中 70% 为细颗粒（$d<50$ μm），有机碳含量为 10%，其余的粗颗粒有机碳含量为 5%。已知苯并[a]芘的 K_{ow} 为 10^6。请计算该有机物的分配系数。（K_p=4.6×10⁴）

30. 一个有毒化合物排入 pH=8.4，t=25 ℃ 水体中，90% 的有毒物质被悬浮物所吸着，已知酸性水解速率常数 K_a=0，碱性催化水解速率常数 K_b=4.9×10⁻⁷ L/(d·mol)，中性水解速率常数 K_n=1.6d⁻¹，请计算化合物的水解速率常数。（K_h=1.6 d⁻¹。）

31. 某有机污染物排入 pH=8.0，t=20 ℃ 的江水中，该江水中含悬浮颗粒物500 mg/L，其有机碳含量为 10%。

(1) 若该污染物相对分子质量为 129，溶解度为 611 mg/L，饱和蒸气压为 1.21 Pa(20 ℃)，请计算该化合物的 Henry 定律常数，并判断挥发速率是受液膜控制还是受气膜控制。（K_H=2.60×10⁻¹ Pa·m³/mol，受气膜控制）

(2) 假定 $K_g = 3\,000$ cm/h,求该污染物在水深 1.5 m 处挥发速率常数(K_v)。($K_v = 0.05$ d^{-1})

32. 某有机污染物溶解在一个含有 200 mg/L 悬浮物,pH $= 8.0$ 和 $t = 20$ ℃的水体中,悬浮物中细颗粒为 70%,有机碳含量为 5%,粗颗粒有机碳含量为 2%,已知此时该污染物的中性水解速率常数 $K_n = 0.05$ d^{-1},酸性催化水解速率常数 $K_a = 1.7$ L/(d·mol),碱性催化水解速率常数 $K_b = 2.6 \times 10^6$ L/(d·mol),光解速率常数 $K_p = 0.02$ h^{-1},污染物的辛醇-水分配系数 $K_{ow} = 3.0 \times 10^5$。并从表中查到生物降解速率常数 $K_B = 0.20$ d^{-1},忽略颗粒物存在对挥发速率和生物降解速率的影响,求该有机污染物在水体中的总转化速率常数。($K_T = 1.76$ d^{-1})

33. 某河段流量 $q_v = 2\,160\,000$ m^3/d,流速为 46 km/d,$t = 13.6$ ℃,耗氧系数 $K_1 = 0.94$ d^{-1},复氧系数 $K_2 = 1.82$ d^{-1},BOD 沉浮系数 $K_3 = 0.17$ d^{-1},起始断面排污口排放的废水约为 10×10^4 m^3/d,废水中 BOD$_5$ 为 500 mg/L,溶解氧为 0 mg/L,上游河水 BOD$_5$ 为 0 mg/L,溶解氧为 8.95 mg/L,求排污口下游 6 km 处河水的 BOD$_5$ 和 DO。(BOD$_5 = 20.0$ mg/L,DO $= 3.7$ mg/L)

34. 说明湖泊富营养化预测模型的基本原理。

35. 叙述有机物在水环境中的迁移、转化存在哪些重要过程。

36. 叙述有机物水环境归趋模式的基本原理。

主要参考文献

[1] 叶常明,王春霞,金龙珠.21 世纪的环境化学.北京:科学出版社,2004.

[2] 戴树桂.环境化学进展.北京:化学工业出版社,2005.

[3] 叶常明.多介质环境污染研究.北京:科学出版社,1997.

[4] 黄漪平.太湖水环境及其污染控制.北京:科学出版社,2001.

[5] 汤鸿霄.环境水化学纲要.环境科学丛刊,1986.9(2):1-74.

[6] 王晓蓉.环境化学.南京:南京大学出版社,1993.

[7] 陈静生.水环境化学.北京:高等教育出版社,1987.

[8] 廖自基.微量元素的环境化学及生物效应.北京:中国环境科学出版社,1992.

[9] 周文敏,傅德黔,孙崇光.水中优先控制污染物黑名单.中国环境监测,1990.6(4):1-3.

[10] 赫茨英格 O.环境化学手册第四分册.反应和过程(二).北京:中国环境科学出版社,1989.

[11] 王晓蓉等.金沙江颗粒物对重金属的吸附.环境化学,1983.2(1):23-32.

[12] 金相灿.有机化合物污染化学——有毒有机污染化学.北京:清华大学出版社,1990.

[13] 方子云.水资源保护工作手册.南京:河海大学出版社,1988.

［14］Stumm W,Morgan J J. Aquatic Chemistry. John Wiley & Sons. Inc. ,1981.

［15］Manahan S E. Environmental Chemistry. 4th ed. Boston：Willard Grant Press，1984.

［16］Zeep R G,Cline D M. Rates of direct photolysis in aquatic environmental. Environmental Science & Technology,1977. 11(4):359-366.

［17］Stumm W. Chemistry of the Solid-Water interface. John Wiley & Sons. Inc. , 1992：243-288.

第四章　土壤环境化学

内容提要及重点要求

本章主要介绍土壤的组成及性质；污染物在土壤−植物体系中的迁移和它的作用机制及主要农药和重金属在土壤中的迁移、转化与归趋。要求了解土壤的组成与性质，土壤的粒级与质地分组特性；了解污染物在土壤−植物体系中迁移的特点、影响因素及作用机制。掌握土壤的吸附、酸碱和氧化还原特性，重金属离子和农药在土壤中的迁移原理与主要影响因素，以及主要农药和重金属离子在土壤中的转化规律与效应。

土壤是自然环境要素的重要组成之一，它是处于岩石圈最外面的一层疏松的部分，具有支持植物和微生物生长繁殖的能力，被称为土壤圈。土壤圈是处于大气圈、岩石圈、水圈和生物圈之间的过渡地带，是联系有机界和无机界的中心环节。它与地球的直径相比，只不过相当于一张薄纸，但它是农业生产的基础，是人类生活的一项极其宝贵的自然资源。土壤还具有同化和代谢外界进入土壤的物质的能力，所以土壤又是保护环境的重要净化剂。这就是土壤的两个重要的功能。

土壤曾被认为具有无限抵抗人类活动干扰的能力。其实，土壤也是很脆弱又容易被人类活动所损害的环境要素。例如，每年数十亿吨地下矿藏（包括煤）被采掘出来，造成的土壤污染是显而易见的。大量化石燃料的燃烧，造成大气 CO_2 过量而引起的全球气温变暖；全球雨量分布发生变化，使肥沃的土壤变得干旱荒芜；将土地变成有毒化学品的堆放地；大量农药和化肥施入土壤，不仅造成土壤污染，而且造成地下水和地表水污染，直接危及人类的健康。因此，为了使土壤圈永远成为适于人类生存的良好环境，保护土壤环境是每个人义不容辞的责任，也是环境化学要研究的关键问题之一。土壤环境污染化学就是研究和掌握污染物在土壤中的分布、迁移、转化与归趋的规律，为防治土壤污染奠定理论基础。

第一节　土壤的组成与性质

一、土壤组成

土壤是由固体、液体和气体三相共同组成的多相体系。土壤溶质的种类和含量导致土壤溶液组成成分和浓度的变化,并影响土壤溶液和土壤的性质。

土壤固相包括土壤矿物质和土壤有机质。土壤矿物质占土壤的绝大部分,约占土壤固体总质量的90%以上。土壤有机质约占固体总质量的1%~10%,一般在可耕性土壤中约占5%,且绝大部分在土壤表层。土壤液相是指土壤中水分及其水溶物。土壤有无数孔隙充满空气,即土壤气相,典型土壤约有35%的体积是充满空气的孔隙。所以土壤具有疏松的结构(如图4-1所示)。

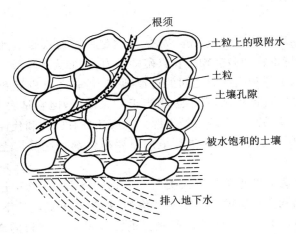

图4-1　土壤中固、液、气相结构图(Manahan S F,1984)

典型土壤随深度呈现不同的层次(如图4-2所示)。最上层为覆盖层(A_0),由地面上的枯枝落叶等所构成。第二层为淋溶层(A),是土壤中生物最活跃的一层,土壤有机质大部分在这一层,金属离子和黏土颗粒在此层被淋溶得最显著。第三层为淀积层(B),它接纳来自上一层淋溶出来的有机物、盐类和黏土颗粒类物质。C层也叫母质层,是由风化的成土母岩构成。母质层下面为未风化的基岩,常用D层表示。

1. 土壤矿物质

土壤矿物质是岩石经过物理风化和化学风化形成的。按其成因类型可将土

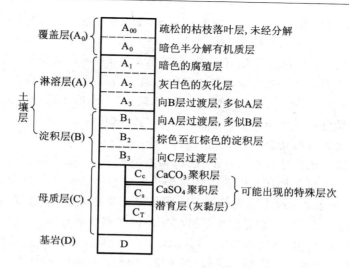

图 4-2　自然土壤的综合剖面图（南京大学等合编,1980）

壤矿物分成两类:一类是原生矿物,它们是各种岩石(主要是岩浆岩)受到程度不同的物理风化而未经化学风化的碎屑物,其原来的化学组成和结晶结构都没有改变;另一类是次生矿物,它们大多数是由原生矿物经化学风化后形成的新矿物,其化学组成和晶体结构都有所改变。在土壤形成过程中,原生矿物以不同的数量与次生矿物混合成为土壤矿物质。

(1) 原生矿物　原生矿物主要有石英、长石类、云母类、辉石、角闪石、黑云母、橄榄石、赤铁矿、磁铁矿、磷灰石、黄铁矿等。其中前五种最常见。土壤中原生矿物的种类和含量随母质的类型、风化强度和成土过程的不同而异。土壤中 $0.001\sim 1$ mm 的砂和粉砂几乎全部是原生矿物。在原生矿物中,石英最难风化,长石次之,辉石、角闪石、黑云母易风化。因而石英常成为较粗的颗粒,遗留在土壤中,构成土壤的砂粒部分;辉石、角闪石和黑云母在土壤中残留较少,一般都被风化为次生矿物。

岩石化学风化主要分为三个历程,即氧化、水解和酸性水解。

氧化:以橄榄石为例,其化学组成为 $(Mg,Fe)SiO_4$,其中 $Fe(II)$ 可以氧化为 $Fe(III)$。

$$2(Mg,Fe)SiO_4(s)+\frac{1}{2}O_2(g)+5H_2O \longrightarrow Fe_2O_3 \cdot 3H_2O(s)+Mg_2SiO_4(s)+H_4SiO_4(aq)$$

水解:

$$2(Mg,Fe)SiO_4(s)+4H_2O \longrightarrow 2Mg^{2+}(aq)+4OH^-(aq)+Fe_2SiO_4(s)+H_4SiO_4(aq)$$

酸性水解:

$$(Mg,Fe)SiO_4(s)+4H^+(aq) \longrightarrow Mg^{2+}(aq)+Fe^{2+}(aq)+H_4SiO_4(aq)$$

风化反应释放出来的 Fe^{2+}，Mg^{2+} 等离子，一部分被植物吸收；一部分则随水迁移，最后进入海洋。$Fe_2O_3 \cdot 3H_2O$ 形成新矿；SiO_4^{4-} 也可与某些阳离子形成新矿。

土壤中最主要的原生矿物有四类：硅酸盐类矿物、氧化物类矿物、硫化物类矿物和磷酸盐类矿物。其中硅酸盐类矿物占岩浆岩质量的 80% 以上。

（2）次生矿物　土壤中次生矿物的种类很多，不同的土壤所含的次生矿物的种类和数量也不尽相同。通常根据其性质与结构可分为三类：简单盐类、三氧化物类和次生铝硅酸盐类。

次生矿物中的简单盐类属水溶性盐，易淋溶流失，一般土壤中较少，多存在于盐渍土中。三氧化物和次生铝硅酸盐是土壤矿物中最细小的部分，粒径小于 0.25 μm，一般称之为次生黏土矿物。土壤很多重要物理、化学过程和性质都和土壤所含的黏土矿物，特别是次生铝硅酸盐的种类和数量有关。

① 简单盐类：如方解石（$CaCO_3$）、白云石[$(Ca,Mg)(CO_3)_2$]、石膏（$CaSO_4 \cdot 2H_2O$）、泻盐（$MgSO_4 \cdot 7H_2O$）、岩盐（$NaCl$）、芒硝（$Na_2SO_4 \cdot 10H_2O$）、水氯镁石（$MgCl_2 \cdot 6H_2O$）等。它们都是原生矿物经化学风化后的最终产物，结晶结构也较简单，常见于干旱和半干旱地区的土壤中。

② 三氧化物类：如针铁矿（$Fe_2O_3 \cdot H_2O$）、褐铁矿（$2Fe_2O_3 \cdot 3H_2O$）、三水铝石（$Al_2O_3 \cdot 3H_2O$）等，它们是硅酸盐矿物彻底风化后的产物，结晶结构较简单，常见于湿热的热带和亚热带地区的土壤中，特别是基性岩（玄武岩、安山岩、石灰岩）上发育的土壤中含量最多。

③ 次生铝硅酸盐类：这类矿物在土壤中普遍存在，种类很多，是由长石等原生硅酸盐矿物风化后形成。它们是构成土壤的重要成分，故又称为黏土矿物或黏粒矿物。由于母岩和环境条件的不同，使岩石风化处在不同的阶段，在不同的风化阶段所形成的次生黏土矿物的种类和数量也不同。但其最终产物都是铁铝氧化物。例如，在干旱和半干旱的气候条件下，风化程度较低，处于脱盐基初期阶段，主要形成伊利石；在温暖湿润或半湿润的气候条件下，脱盐基作用增强，多形成蒙脱石和蛭石；在湿热气候条件下，原生矿物迅速脱盐基、脱硅，主要形成高岭石。再进一步脱硅的结果，矿物质彻底分解，造成铁铝氧化物的富集（即红土化作用）。所以土壤中次生硅酸盐可分为三大类，即伊利石、蒙脱石和高岭石。

伊利石（或水云母）[$(OH)_4K_y(Al_4 \cdot Fe_4 \cdot Mg_4 \cdot Mg_6)(Si_{8-y} \cdot Al_y)O_{20}$]是一种风化程度较低的矿物，一般土壤中均有分布，但以温带干旱地区的土壤含量最多。其颗粒直径小于 2 μm，膨胀性较小，具有较高的阳离子交换量，并富含钾（K_2O 4%～7%）。

蒙脱石[$Al_4Si_8O_{20}(OH)_8$]为伊利石进一步风化的产物，是基性岩在碱性环境下形成的，在温带干旱地区的土壤中含量较高。其颗粒直径小于 1 μm，阳离子代换量极高。它所吸收的水分植物难以利用，因此富含蒙脱石的土壤，植物易感水分缺乏，同时干裂现象严重，不利于植物的生长。

高岭石[$Al_4Si_4O_{10}(OH)_8$]为风化程度较高的矿物,主要见于湿热的热带地区的土壤中,在花岗岩残积母质上发育的土壤含量也较高。其颗粒直径较大,为 $0.1\sim5.0~\mu m$,膨胀性小,阳离子代换量亦低,植物易感养分不足。

伊利石、蒙脱石和高岭石所表现的土壤性质上的差异与它们的晶体结构有密切关系。虽然它们均属片层状结构,即由硅氧原子层(又称硅氧片,由硅氧四面体连接而成)和铝氢氧原子层(又称水铝片,由铝氢氧八面体连接而成)所构成的晶层相重叠而成,但是由于重叠的情况各不相同,所以性质不同。

2. 土壤有机质

土壤有机质是土壤中含碳有机物的总称。一般占土壤固相总质量的 10% 以下,却是土壤的重要组成部分,是土壤形成的主要标志,对土壤性质有很大的影响。

土壤有机质主要来源于动植物和微生物残体。可以分为两大类,一类是组成有机体的各种有机物,称为非腐殖物质,如蛋白质、糖、树脂、有机酸等;另一类是称为腐殖质的特殊有机物,它不属于有机化学中的任何一类,它包括腐殖酸、富里酸和腐黑物等。

3. 土壤水分

土壤水分是土壤的重要组成部分,主要来自大气降水和灌溉。在地下水位接近地面(2~3 m)的情况下,地下水也是上层土壤水分的重要来源。此外,空气中水蒸气遇冷凝成为土壤水分。

水进入土壤以后,由于土壤颗粒表面的吸附力和微细孔隙的毛细管力,可将一部分水保持住。但不同土壤保持水分的能力不同。砂土由于土质疏松,孔隙大,水分容易渗漏流失;黏土土质细密,孔隙小,水分不容易渗漏流失。气候条件对土壤水分含量影响也很大。

土壤水分并非纯水,实际上是土壤中各种水分和污染物溶解形成的溶液,即土壤溶液。由于土壤水分既是植物养分的主要来源,也是进入土壤的各种污染物向其他环境圈层(如水圈、生物圈等)迁移的媒介。

4. 土壤中的空气

土壤空气组成与大气基本相似,主要成分都是 N_2,O_2 和 CO_2。其差异是:① 土壤空气存在于相互隔离的土壤孔隙中,是一个不连续的体系;② 在 O_2 和 CO_2 含量上有很大的差异。土壤空气中 CO_2 含量比大气中高得多。大气中 CO_2 含量为 $0.02\%\sim0.03\%$,而土壤空气中 CO_2 含量一般为 $0.15\%\sim0.65\%$,甚至高达 5%,这主要是因为生物呼吸作用和有机物分解产生。氧的含量低于大气,而水蒸气的含量比大气中高得多。土壤空气中还含有少量还原性气体,如 CH_4,H_2S,H_2,NH_3 等。如果是被污染的土壤,其空气中还可能存在污染物。

二、土壤的粒级分组与质地分组

1. 土壤矿物质的粒级划分

土壤矿物质是以大小不同的颗粒状态存在的。不同粒径的土壤矿物质颗粒（即土粒），其性质和成分都不一样。为了研究方便，人们按粒径的大小将土粒分为若干组，称为粒组或粒级，同组土粒的成分和性质基本一致，组间则有明显差异。

中国科学院南京土壤研究所和西北水土保持生物土壤研究所，总结了我国的经验，拟订了我国的土壤粒级划分标准（供讨论试行），如表4-1所示。

表 4-1　我国土粒分级标准

颗粒名称	粒径/mm	颗粒名称	粒径/mm
石块	>10	粉粒	
石砾		粗粉粒	0.05~0.01
粗砾	10~3	细粉粒	0.01~0.005
细砾	3~1	黏粒	
砂粒		粗黏粒	0.005~0.001
粗砂砾	1~0.25	细黏粒	<0.001
细砂砾	0.25~0.05		

2. 粒级的主要矿物成分和理化特性

由于各种矿物抵抗风化的能力不同，它们经受风化后，在各粒级中分布的多少也不相同。石英抗风化的能力很强，故常以粗的土粒存在，而云母、角闪石等易于风化，故多以较细的土粒存在（如表4-2所示）。矿物的粒级不同，其化学成分有较大的差异。在较细的土粒中，钙、镁、磷、钾等元素含量增加。一般地说，土粒越细，所含养分越多，反之，则越少（如表4-3所示）。

表 4-2　各级土粒的矿物组成

粒径/mm	含量/%				
	石英	长石	云母	角闪石	其他
1~0.25	86	14	—	—	—
0.25~0.05	81	12	—	4	3
0.05~0.01	74	15	7	3	3
0.01~0.005	63	8	21	5	3
<0.005	10	10	66	7	7

表 4-3　不同粒径土粒的化学组成

粒径/mm	含量/%						
	SiO$_2$	Al$_2$O$_3$	Fe$_2$O$_3$	CaO	MgO	K$_2$O	P$_2$O$_5$
1.0~0.2	93.6	1.6	1.2	0.4	0.6	0.8	0.05
0.2~0.04	94.0	2.0	1.2	0.5	0.1	1.5	0.1
0.04~0.01	89.4	5.0	1.5	0.8	0.3	2.3	0.2
0.01~0.002	74.2	13.2	5.1	1.6	0.3	4.2	0.1
<0.002	53.2	21.5	13.2	1.6	1.0	4.9	0.4

由于土粒大小不同,矿物成分和化学组成也不同,各级所表现出来的物理化学性质和肥力特征差异很大。

(1) 石块和石砾　多为岩石碎块,直径大于 1 mm。山区土壤和河漫滩土壤中常见。土壤中含石块和石砾多时,其孔隙过大,水和养分易流失。

(2) 砂砾　主要为原生矿物,大多为石英、长石、云母、角闪石等,其中以石英为主,粒径为 1~0.05 mm,在冲积平原土壤中常见。土壤含砂砾多时,孔隙大,通气和透水性强,毛细管水上升高度很低(小于 33 cm),保水保肥能力弱,营养元素含量少。

(3) 黏粒　主要为次生矿物,粒径小于 0.001 mm。含黏粒多的土壤,营养元素含量丰富,团聚能力较强,有良好的保水保肥能力,但土壤的通气和透水性较差。

(4) 粉粒　也称作面砂,是原生矿物与次生矿物的混合体,原生矿物有云母、长石、角闪石等,其中白云母较多;次生矿物有次生石英、高岭石、含水氧化铁、铝,其中次生石英较多。粒径为 0.05~0.005 mm,在黄土中含量较多。粉粒的物理及化学性状介于砂粒与黏粒之间,团聚、胶结性差,分散性强,保水保肥能力较好。

3. 土壤质地分类及其特性

由不同的粒级混合在一起所表现出来的土壤粗细状况,称为土壤质地(或土壤机械组成)。

土壤质地分类是以土壤中各级粒级的相对百分比作标准的。我国 1975 年由中国科学院南京土壤所和西北水土保持生物土壤研究所拟订了我国土壤质地分类方案(如表 4-4 所示)。

表 4-4　我国土壤质地分类标准(暂行方案,1975 年)

质地组	质地号	质地名称	各粒级含量/%		
			砂粒 (1~0.05 mm)	粗粉粒 (0.05~0.001 mm)	胶粒 (<0.001 mm)
砂土组	1 2 3	粗砂粒 细砂土 面砂土	>70 60~70 50~60	— — —	— <30 —

续表

质地组	质地号	质地名称	各粒级含量/%		
			砂粒 （1～0.05 mm）	粗粉粒 （0.05～0.001 mm）	胶粒 （<0.001 mm）
两合土组	4 5 6 7	砂性两合土 小粉土 两合土 胶性两合土	＞20 ＜20 ＞20 ＜20	＞40 ＞40 ＜40 ＜40	＜30 ＜30 ＜30 ＜30
黏土	8 9 10	粉黏土 壤黏土 黏土	— — —	— — —	30～35 35～40 ＞40

土壤质地可在一定程度上反映土壤矿物组成和化学组成,同时土壤颗粒大小与土壤的物理性质有密切关系,并且影响土壤孔隙状况,因此对土壤水分、空气、热量的运动和养分转化均有很大的影响。质地不同的土壤表现出不同的性状,如表4-5所示。由表可见,壤土兼有砂土和黏土的优点,而克服了两者的缺点,是理想的土壤质地。

表4-5　土壤质地与土壤性状

土壤性状	土壤质地		
	砂土	壤土	黏土
比表面积	小	中等	大
紧密性	小	中等	大
孔隙状况	大孔隙多	中等	细孔隙多
通透性	大	中等	小
有效含水量	低	中等	高
保肥能力	小	中等	大
保水分能力	低	中等	高
触觉	砂	滑	黏

三、土壤吸附性

土壤中两个最活跃的组分是土壤胶体和土壤微生物,它们对污染物在土壤中的迁移、转化有重要作用。土壤胶体以其巨大的比表面积和带电性,而使土壤具有吸附性。

1. 土壤胶体的性质

（1）土壤胶体具有巨大的比表面和表面能　比表面是单位质量物质的表面积。一定体积的物质被分割时,随着颗粒数的增多,比表面也显著地增大。

物体表面的分子与该物体内部的分子所处的条件是不相同的。物体内部的分子在各方面都与它相同的分子相接触,受到的吸引力相等;而处于表面的分子所受到的吸引力是不相等的,表面分子具有一定的自由能,即表面能。物质的比表面越大,表面能也越大。

(2) 土壤胶体的电性 土壤胶体微粒具有双电层,微粒的内部称微粒核,一般带负电荷,形成一个负离子层(即决定电位离子层),其外部由于电性吸引,而形成一个正离子层(又称反离子层,包括非活动性离子层和扩散层),即合称为双电层。决定电位层与液体间的电位差通常叫做热力电位,在一定的胶体系统内它是不变的。在非活动性离子层与液体间的电位差叫电动电位,它的大小视扩散层厚度而定,随扩散层厚度增大而增大。扩散层厚度取决于补偿离子的性质和电荷数量多少,而水化程度大的补偿离子(如 Na^+),形成的扩散层较厚;反之,扩散层较薄。

(3) 土壤胶体的凝聚性和分散性 由于胶体的比表面和表面能都很大,为减少表面能,胶体具有互相吸引、凝聚的趋势,这就是胶体的凝聚性。但是在土壤溶液中,胶体常带负电荷,即具有负的电动电位,所以胶体微粒又因相同电荷而相互排斥,电动电位越高,相互排斥力越强,胶体微粒呈现出的分散性也越强。

影响土壤凝聚性能的主要因素是土壤胶体的电动电位和扩散层厚度,例如,当土壤溶液中阳离子增多,由于土壤胶体表面负电荷被中和,从而加强了土壤的凝聚。阳离子改变土壤凝聚作用的能力与其种类和浓度有关。一般地,土壤溶液中常见阳离子的凝聚作用能力顺序如下:$Na^+ < K^+ < NH_4^+ < H^+ < Mg^{2+} < Ca^{2+} < Al^{3+} < Fe^{3+}$。此外,土壤溶液中电解质浓度、pH 也将影响其凝聚性能。

2. 土壤胶体的离子交换吸附

在土壤胶体双电层的扩散层中,补偿离子可以和溶液中相同电荷的离子以离子价为依据作等价交换,称为离子交换(或代换)。离子交换作用包括阳离子交换吸附作用和阴离子交换吸附作用。

(1) 土壤胶体的阳离子交换吸附 土壤胶体吸附的阳离子,可与土壤溶液中的阳离子进行交换,其交换反应如下:

$$土壤胶体 {\Bigl[}_{Na^+}^{Na^+} + Ca^{2+} \rightleftharpoons 土壤胶体 {\Bigl[} Ca^{2+} + 2Na^+$$

土壤胶体阳离子交换过程除以离子价为依据进行等价交换和质量作用定律支配外,各种阳离子交换能力的强弱,主要依赖于以下因素。

① 电荷数:离子电荷数越高,阳离子交换能力越强。

② 离子半径及水化程度:同价离子中,离子半径越大,水化离子半径就越

小,因而具有较强的交换能力。土壤中一些常见阳离子的交换能力顺序如下:

$$Fe^{3+}>Al^{3+}>H^+>Ba^{2+}>Sr^{2+}>Ca^{2+}>Mg^{2+}>Cs^+>Rb^+$$
$$>NH_4^+>K^+>Na^+>Li^+$$

每千克干土中所含全部阳离子总量,称阳离子交换量,以(cmol/kg 土)表示。(i) 不同土壤的阳离子交换量不同。不同种类胶体的阳离子交换量的顺序为:有机胶体>蒙脱石>水化云母>高岭土>含水氧化铁、铝。(ii) 土壤质地越细,阳离子交换量越高。(iii) 土壤胶体中 SiO_2/R_2O_3 值越大,其阳离子交换量越大,当 SiO_2/R_2O_3 小于 2,阳离子交换量显著降低。(iv) 因为胶体表面—OH基团的解离受 pH 的影响,所以 pH 下降,土壤负电荷减少,阳离子交换量降低;反之交换量增大。

土壤的可交换性阳离子有两类:一类是致酸离子,包括 H^+ 和 Al^{3+};另一类是盐基离子,包括 Ca^{2+},Mg^{2+},K^+,Na^+ 和 NH_4^+ 等。当土壤胶体上吸附的阳离子均为盐基离子,且已达到吸附饱和时的土壤,称为盐基饱和土壤。当土壤胶体上吸附的阳离子有一部分为致酸离子,则这种土壤为盐基不饱和土壤。在土壤交换性阳离子中盐基离子所占的百分数称为土壤盐基饱和度:

$$盐基饱和度 = \frac{交换性盐基总量(cmol/kg)}{阳离子交换量(cmol/kg)} \times 100\%$$

土壤盐基饱和度与土壤母质、气候等因素有关。

(2) 土壤胶体的阴离子交换吸附   土壤中阴离子交换吸附是指带正电荷的胶体所吸附的阴离子与溶液中阴离子的交换作用。阴离子的交换吸附比较复杂,它可与胶体微粒(如酸性条件下带正电荷的含水氧化铁、铝)或溶液中阳离子(Ca^{2+},Al^{3+},Fe^{3+})形成难溶性沉淀而被强烈地吸附。如 PO_4^{3-},HPO_4^{2-} 与 Ca^{2+},Fe^{3+},Al^{3+} 可形成 $CaHPO_4 \cdot 2H_2O$,$Ca_3(PO_4)_2$,$FePO_4$,$AlPO_4$ 难溶性沉淀。由于 Cl^-,NO_3^-,NO_2^- 等离子不能形成难溶盐,故它们不被或很少被土壤吸附。各种阴离子被土壤胶体吸附的顺序如下:$F^->$草酸根>柠檬酸根>$PO_4^{3-} \geqslant$$AsO_4^{3-} \geqslant$硅酸根 $> HCO_3^- > H_2BO_3^- > CH_3COO^- > SCN^- > SO_4^{2-} > Cl^- >$$NO_3^-$。

四、土壤酸碱性

由于土壤是一个复杂的体系,其中存在着各种化学和生物化学反应,因而使土壤表现出不同的酸性或碱性。根据土壤的酸度可以将其划分为九个等级(如表 4−6 所示)。

表 4-6 土壤酸碱度分级

酸碱度分级	pH	酸碱度分级	pH
极强酸性	<4.5	弱碱性	7.0~7.5
强酸性	4.5~5.5	碱性	7.5~8.5
酸性	5.5~6.0	强碱性	8.5~9.5
弱酸性	6.0~6.5	极强碱性	>9.5
中性	6.5~7.0		

我国土壤的 pH 大多在 4.5~8.5 范围内,并有由南向北 pH 递增的规律性,长江(北纬 33°)以南的土壤多为酸性和强酸性,如华南、西南地区广泛分布的红壤、黄壤,pH 大多在 4.5~5.5,有少数低至 3.6~3.8;华中、华东地区的红壤,pH 在 5.5~6.5。长江以北的土壤多为中性或碱性,如华北、西北的土壤大多含 $CaCO_3$,pH 一般在 7.5~8.5,少数强碱性土壤的 pH 高达 10.5。

1. 土壤酸度

根据土壤中 H^+ 离子的存在方式,土壤酸度可分为两大类。

(1) 活性酸度　土壤的活性酸度是土壤中氢离子浓度的直接反映,又称为有效酸度,通常用 pH 表示。

土壤溶液中氢离子的来源,主要是土壤中 CO_2 溶于水形成的碳酸和有机物质分解产生的有机酸,以及土壤中矿物质氧化产生的无机酸,如硝酸、硫酸和磷酸等。此外,由于大气污染形成的大气酸沉降,也会使土壤酸化,所以它也是土壤活性酸度的一个重要来源。

(2) 潜性酸度:土壤潜性酸度的来源是土壤胶体吸附的可代换性 H^+ 和 Al^{3+}。当这些离子处于吸附状态时,是不显酸性的,但当它们通过离子交换作用进入土壤溶液之后,即可增加土壤溶液的 H^+ 浓度,使土壤 pH 降低。只有盐基不饱和土壤才有潜性酸度,其大小与土壤代换量和盐基饱和度有关。

根据测定土壤潜性酸度所用的提取液,可以把潜性酸度分为代换性酸度和水解酸度。

① 代换性酸度。用过量中性盐(如 NaCl 或 KCl)溶液淋洗土壤,溶液中金属离子与土壤中 H^+ 和 Al^{3+} 发生离子交换作用,而表现出的酸度,称为代换性酸度。即

$$\boxed{土壤胶体}—H^+ + KCl \rightleftharpoons \boxed{土壤胶体}—K^+ + HCl$$

由于土壤矿物质胶体释放出的氢离子是很少的,只有土壤腐殖质中的腐殖酸才可产生较多的氢离子:

$$R—COOH + KCl \rightleftharpoons RCOOK + H^+ + Cl^-$$

近代研究已经确认,代换性 Al^{3+} 是矿物质中潜性酸度的主要来源。例如,红壤的潜性酸度 95% 以上是代换性 Al^{3+} 产生的。由于土壤酸度过高,造成铝硅酸盐晶格内铝氢氧八面体的破裂,使晶格中的 Al^{3+} 释放出来,变成代换性 Al^{3+}。

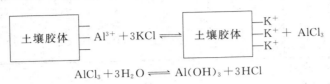

$$AlCl_3 + 3H_2O \rightleftharpoons Al(OH)_3 + 3HCl$$

② 水解性酸度。用弱酸强碱盐(如醋酸钠)淋洗土壤,溶液中金属离子可以将土壤胶体吸附的 H^+,Al^{3+} 代换出来,同时生成某弱酸(醋酸)。此时,所测定出的该弱酸的酸度称为水解性酸度。其化学反应分几步进行。首先,醋酸钠水解:

$$CH_3COONa + H_2O \longrightarrow CH_3COOH + Na^+ + OH^-$$

由于生成的醋酸分子解离度很小,而氢氧化钠可以完全解离。氢氧化钠解离后,所生成的钠离子浓度很高,可以代换出绝大部分吸附的 H^+ 和 Al^{3+},其反应如下:

$$H^+ \boxed{土壤胶体} Al^{3+} + 4CH_3COONa \xrightarrow{3H_2O}$$

$$Na^+ \boxed{土壤胶体} \begin{matrix} Na^+ \\ Na^+ \\ Na^+ \end{matrix} + Al(OH)_3 + 4CH_3COOH$$

水解性酸度一般比代换性酸度高。由于中性盐所测出的代换性酸度只是水解性酸度的一部分,当土壤溶液碱性增大时,土壤胶体上吸附的 H^+ 较多地被代换出来,所以水解酸度较大。但在红壤和灰化土中,由于胶体中 OH^- 离子中和醋酸,且对醋酸分子有吸附作用,因此,水解性酸度接近于或低于代换性酸度。

③ 活性酸度与潜性酸度的关系。土壤的活性酸度与潜性酸度是同一个平衡体系的两种酸度。两者可以相互转化,在一定条件下处于暂时平衡状态。土壤活性酸度是土壤酸度的根本起点和现实表现。土壤胶体是 H^+ 和 Al^{3+} 的贮存库,潜性酸度是活性酸度的储备。

土壤的潜性酸度往往比活性酸度大得多,两者的比例,在砂土中约为 1 000;在有机质丰富的黏土中则可高达 $5 \times 10^4 \sim 1 \times 10^5$。

2. 土壤碱度

土壤溶液中 OH^- 离子的主要来源,是 CO_3^{2-} 和 HCO_3^- 的碱金属(Na,K)及碱土金属(Ca,Mg)的盐类。碳酸盐碱度和重碳酸盐碱度的总和称为总碱度。可用中和滴定法测定。不同溶解度的碳酸盐和重碳酸盐对土壤碱性的贡献不同，$CaCO_3$ 和 $MgCO_3$ 的溶解度很小，在正常的 CO_2 分压下，它们在土壤溶液中的浓度很低，故富含 $CaCO_3$ 和 $MgCO_3$ 的石灰性土壤呈弱碱性（pH7.5～8.5）；Na_2CO_3，$NaHCO_3$ 及 $Ca(HCO_3)_2$ 等都是水溶性盐类，可以大量出现在土壤溶液中，使土壤溶液中的总碱度很高，从土壤 pH 来看，含 Na_2CO_3 的土壤，其 pH 一般较高，可达 10 以上，而含 $NaHCO_3$ 和 $Ca(HCO_3)_2$ 的土壤，其 pH 常在 7.5～8.5，碱性较弱。

当土壤胶体上吸附的 Na^+，K^+，Mg^{2+}（主要是 Na^+）等离子的饱和度增加到一定程度时，会引起交换性阳离子的水解作用：

$$\boxed{土壤胶体} - xNa^+ + yH_2O \rightleftharpoons \boxed{土壤胶体} \genfrac{}{}{0pt}{}{-(x-y)Na^+}{-yH^+} + yNaOH$$

结果在土壤溶液中产生 NaOH，使土壤呈碱性。此时 Na^+ 离子饱和度亦称为土壤碱化度。

胶体上吸附的盐基离子不同，对土壤 pH 或土壤碱度的影响也不同，如表 4-7 所示。

表 4-7　不同盐基离子完全饱和吸附于黑钙土时的 pH

吸附性盐基离子	黑钙土的 pH	吸附性盐基离子	黑钙土的 pH
Li^+	9.00	Ca^{2+}	7.84
Na^+	8.04	Mg^{2+}	7.59
K^+	8.00	Ba^{2+}	7.35

3. 土壤的缓冲性能

土壤的缓冲性能是指土壤具有缓和其酸碱度发生激烈变化的能力，它可以保持土壤反应的相对稳定，为植物生长和土壤生物的活动创造比较稳定的生活环境，所以土壤的缓冲性能是土壤的重要性质之一。

（1）土壤溶液的缓冲作用　土壤溶液中含有碳酸、硅酸、磷酸、腐殖酸和其他有机酸等弱酸及其盐类，构成一个良好的缓冲体系，对酸碱具有缓冲作用。以碳酸及其钠盐为例，当加入盐酸时，碳酸钠与它作用，生成中性盐和碳酸，大大抑制了土壤酸度的提高。

$$Na_2CO_3 + 2HCl \rightleftharpoons 2NaCl + H_2CO_3$$

当加入 $Ca(OH)_2$ 时，碳酸与它作用，生成溶解度较小的碳酸钙，也限制了土壤碱度的变化范围。

$$H_2CO_3 + Ca(OH)_2 \rightleftharpoons CaCO_3 + 2H_2O$$

土壤中的某些有机酸(如氨基酸、胡敏酸等)是两性物质,具有缓冲作用,如氨基酸含氨基和羧基可分别中和酸和碱,从而对酸和碱都具有缓冲能力。

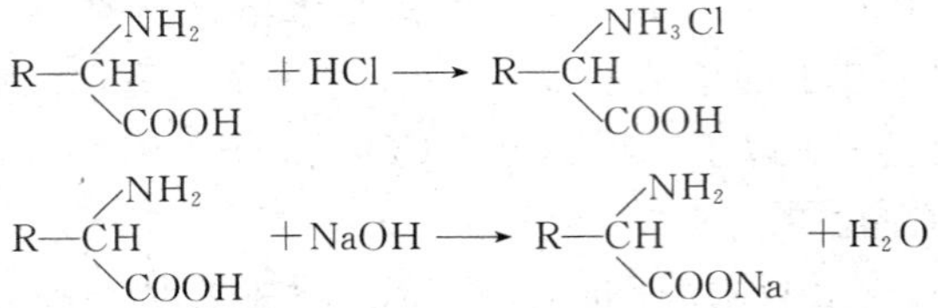

$$R—\underset{\underset{COOH}{|}}{\overset{\overset{NH_2}{|}}{CH}} + HCl \longrightarrow R—\underset{\underset{COOH}{|}}{\overset{\overset{NH_3Cl}{|}}{CH}}$$

$$R—\underset{\underset{COOH}{|}}{\overset{\overset{NH_2}{|}}{CH}} + NaOH \longrightarrow R—\underset{\underset{COONa}{|}}{\overset{\overset{NH_2}{|}}{CH}} + H_2O$$

(2)土壤的缓冲作用 土壤胶体吸附有各种阳离子,其中盐基离子和氢离子能分别对酸和碱起缓冲作用。

① 对酸的缓冲作用(以 M 代表盐基离子):

$$\boxed{土壤胶体}—M + HCl \Longrightarrow \boxed{土壤胶体}—H + MCl$$

② 对碱的缓冲作用:

$$\boxed{土壤胶体}—H + MOH \Longrightarrow \boxed{土壤胶体}—M + H_2O$$

土壤胶体的数量和盐基代换量越大,土壤的缓冲性能就越强。因此,砂土掺黏土及施用各种有机肥料,都是提高土壤缓冲性能的有效措施。在代换量相等的条件下,盐基饱和度愈高,土壤对酸的缓冲能力愈大;反之,盐基饱和度愈低,土壤对碱的缓冲能力愈大。

③ 铝离子对碱的缓冲作用:pH$<$5 的酸性土壤里,土壤溶液中 Al^{3+} 有 6 个水分子围绕着,当加入碱类使土壤溶液中 OH^- 离子增多时,铝离子周围的 6 个水分子中有一两个水分子解离出 H^+,与加入的 OH^- 中和,并发生如下反应:

$$2Al(H_2O)_6^{3+} + 2OH^- \Longrightarrow [Al_2(OH)_2(H_2O)_8]^{4+} + 4H_2O$$

水分子解离出来的 OH^- 则留在铝离子周围,这种带有 OH^- 离子的铝离子很不稳定,它们要聚合成更大的离子团,如图 4-3 所示,可多达数十个铝离子相互聚合成离子团。聚合的铝离子团越大,解离出的 H^+ 离子越多,对碱的缓冲能力就越强。

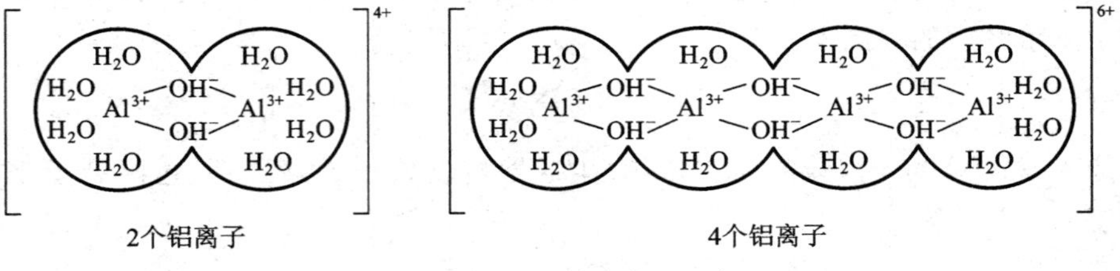

图 4-3 铝离子缓冲作用示意图

在 pH＞5.5 时,铝离子开始形成 Al(OH)$_3$ 沉淀,而失去缓冲能力。
一般土壤缓冲能力的大小顺序是:腐殖质土＞黏土＞砂土。

五、土壤的氧化还原性

氧化还原反应是土壤中无机物和有机物发生迁移转化,并对土壤生态系统产生重要影响的化学过程。

土壤中的主要氧化剂有:土壤中氧气,NO$_3^-$ 离子和高价金属离子,如 Fe(Ⅲ),Mn(Ⅳ),V(Ⅴ),Ti(Ⅳ) 等。土壤中的主要还原剂有:有机质和低价金属离子。此外,土壤中的根系和土壤生物也是土壤发生氧化还原反应的重要参与者(表 4-8)。

表 4-8　主要氧化还原体系

体系	氧化态	还原态	体系	氧化态	还原态
铁体系	Fe(Ⅲ)	Fe(Ⅱ)		NO$_3^-$	NO$_2^-$
锰体系	Mn(Ⅳ)	Mn(Ⅱ)	氮体系	NO$_3^-$	N$_2$
硫体系	SO$_4^{2-}$	H$_2$S		NO$_3^-$	NH$_4^+$
有机碳体系	CO$_2$	CH$_4$			

土壤氧化还原能力的大小可以用土壤的氧化还原电位(E_h)来衡量,其值是以氧化态物质与还原态物质的相对浓度比为依据的。由于土壤中氧化态物质与还原态物质的组成十分复杂,因此计算土壤的实际 E_h 很困难。主要以实际测量的土壤 E_h 衡量土壤的氧化还原性。一般旱地土壤的 E_h 为 ＋400～＋700 mV;水田的 E_h 在 －200～＋300 mV。根据土壤的 E_h 值可以确定土壤中有机物和无机物可能发生的氧化还原反应和环境行为。

当土壤的 E_h＞700 mV 时,土壤完全处于氧化条件下,有机物质会迅速分解;当 E_h 值在 400～700 mV 时,土壤中氮素主要以 NO$_3^-$ 形式存在;当 E_h＜400 mV 时,反硝化开始发生;当 E_h＜200 mV 时,NO$_3^-$ 开始消失,出现大量的 NH$_4^+$。当土壤渍水时,E_h 值降至 －100 mV,Fe^{2+} 浓度已经超过 Fe^{3+};E_h 值再降低,小于 －200 mV 时,H$_2$S 大量产生,Fe^{2+} 就会变成 FeS 沉淀,其迁移能力降低。其他变价金属离子在土壤中不同氧化还原条件下的迁移转化行为与水环境相似。

第二节　重金属在土壤－植物体系中的迁移及其机制

众所周知,植物在生长、发育过程中所必需的一切养分来自土壤,其中重金属元素(如 Cu,Zn,Mo,Fe,Mn 等)在植物体内主要作为酶催化剂。但是,如果在土壤中存在过量的重金属,就会限制植物的正常生长、发育和繁衍,以致改变植物的群落结构。如铜是植物生长必需的元素之一,但当土壤含铜量大于50 μg/g时,柑橘幼苗生长就受到阻碍;含铜量达到 200 μg/g 时,小麦会枯死;含铜量为 250 μg/g 时,水稻也会枯死。

近年来研究发现,在重金属含量较高的土壤中,有些植物呈现出较大的耐受性,从而形成耐性群落;或者一些原本不具有耐性的植物群落,由于长期生长在受污染的土壤中,而产生适应性,形成了耐性生态型(或称耐性品种)。如日本发现小犬蕨对重金属有很强的耐受性,其叶片可富集 1 000 mg/kg 的镉,2 000 mg/kg 的锌,而仍能生长良好。在日本还发现了一种“矿毒不知”的大麦品种,它可以在其他麦类均不能生长的铜污染地区生长。最近我国学者研究证明,在含铝高的南方土壤中不同品种的大豆、玉米的耐铝能力不同。耐铝能力低的大豆或玉米品种的根系发育不好,活性低,产量也低得多。说明重金属在不同耐性植物品种的迁移行为及其机制是不同的。

一、影响重金属在土壤-植物体系中迁移的因素

重金属在土壤-植物体系中的迁移、转化机制非常复杂,影响因素很多,主要有土壤的理化性质,重金属的种类、浓度及在土壤中的存在形态,植物种类、生长发育期,复合污染,施肥等。

1. 土壤的理化性质

土壤的理化性质主要通过影响重金属在土壤中存在形态而影响重金属的生物有效性。土壤的理化性质主要包括 pH、土壤质地、土壤的氧化还原电位、土壤中有机质含量等。

(1) pH　pH 的大小显著影响土壤中重金属的存在形态和土壤对重金属的吸附量。由于土壤胶体一般带负电荷,而重金属在土壤-植物体系中大多以阳离子的形式存在,因此,一般来说,土壤 pH 越低,H$^+$ 越多,重金属被解吸得越多,其活动性就越强,从而加大了土壤中的重金属向生物体内迁移的数量。但对部分主要以阴离子状态存在的重金属来说,情况正好相反。如砷,在土壤中砷主要是通过阴离子交换机制而被专性吸附,当体系的 pH 升高时,有利于砷的解吸。pH 升高,土壤对重金属的吸附量增加。如 pH=4 时,土壤中镉的溶出率超过 50%;当 pH 达到 7.5 时,镉就很难溶出;pH>7.5 时,94% 以上的水溶态镉进入土壤中,这时的镉主要以黏土矿物和氧化物结合态及残留态形式存在。

(2) 土壤质地　土壤质地影响着土壤颗粒对重金属的吸附。一般来说,质地黏重的土壤对重金属的吸附力强,降低了重金属的迁移转化能力。如小麦盆栽试验结果表明,随着土壤质地的改变,砂壤→轻壤→中壤→重壤→黏土,麦粒

对汞的吸收率呈规律性减少。土壤黏性越重,吸收砷的能力越强,水稻受害程度越轻。

（3）土壤的氧化还原电位　土壤的氧化还原电位影响重金属的存在形态,从而影响重金属化学行为、迁移能力及对生物的有效性。一般来说,在还原条件下,很多重金属易产生难溶性的硫化物,而在氧化条件下,溶解态和交换态含量增加。以镉为例,CdS 是难溶物质,但在氧化条件下 $CdSO_4$ 的溶解度要大很多。但主要以阴离子状态存在的砷的情况正好相反,对砷而言,在还原条件下,一方面,As^{5+} 被还原为 As^{3+},而亚砷酸盐的溶解度大于砷酸盐,从而增加了土壤中溶解的砷浓度,使砷的迁移能力增强。对某些重金属来说,在不同的氧化还原条件下,有不同的价态,其化合物的溶解度和毒性显著不同。

（4）土壤中有机质含量　土壤中有机质含量影响土壤颗粒对重金属的吸附能力和重金属的存在形态,有机质含量较高的土壤对重金属的吸附能力高于有机质含量低的土壤。对于有机质是否影响重金属在土壤中的存在形态却有不同的观点。研究表明,土壤中各种元素的含量都与有机质含量呈正相关,但重金属各组分占全量的比例一般与有机质含量的大小没有密切关系。如土壤剖面中,水溶性硒含量随剖面深度的增加而迅速降低,与有机质变化趋势一致。

2. 重金属的种类、浓度及在土壤中的存在形态

重金属对植物的毒害程度,首先取决于土壤中重金属的存在形态,其次才取决于该元素的数量。而不同种类的重金属,由于其物理化学行为和生物有效性的差异,在土壤-植物体系中迁移转化规律明显不同。

对重金属在土壤中的含量和植物吸收积累研究的结果为:Cd,As 较易被植物吸收;Cu,Mn,Se,Zn 等次之;Co,Pb,Ni 等难于被吸收;Cr 极难被吸收。研究春麦受重金属污染状况后发现,Cd 是强积累性元素,而 Pb 的迁移性则相对较弱;Cr 和 Pb 是生物不易积累的元素。

从总量上看,随着土壤中重金属含量的增加,植物体内各部分的积累量也相应增加。而不同形态的重金属在土壤中的转化能力不同,对植物的生物有效性亦不同。重金属的存在形态,可分为交换态、碳酸盐结合态、铁锰氧化物结合态、有机结合态和残渣态。交换态的重金属（包括溶解态的重金属）迁移能力最强,具有生物有效性（又称有效态）。

3. 植物的种类、生长发育期

重金属进入土壤-植物体系后,除了物理化学因素影响其相互迁移外,植物起着特殊的作用。植物种类和生长发育期影响着重金属在土壤-植物体系中的迁移转化。植物种类不同,其对重金属的富集规律不同;植物生长发育期不同,其对重金属的富集量也不同。

4. 复合污染

重金属复合污染的机制十分复杂,在复合污染状况下,影响重金属迁移转化的因素涉及污染物因素(包括污染物的种类、性质、浓度、比例和时序性)、环境因素(包括光,温度,pH,氧化还原条件等)和生物种类、发育阶段及所选择指标等。在其他条件相同,仅考虑污染物的情况下,某一元素在植物体内的积累,除元素本身性质的影响外,首先是环境中该元素的存在量,其次是共存元素的性质与浓度的影响。元素的联合作用分为协同、竞争、加和、屏蔽和独立等作用。

在土壤−植物体系中,重金属的复合污染效应使得重金属的迁移转化十分复杂。受实验条件和所选择重金属种类的差异,不同学者得出的结论也不同;重金属浓度不同,复合污染效应亦不同。

5. 施肥

施肥可以改变土壤的理化性质和重金属的存在形态,并因此而影响重金属的迁移转化。由于肥料、植物和重金属种类的多样性以及重金属行为的复杂性,施肥对土壤−植物体系中重金属迁移转化的影响机制十分复杂,结论也不尽相同。以施用磷肥为例,如磷酸根能与 Cd 形成共沉淀而降低 Cd 的有效性,用磷肥可以抑制土壤 Cd 污染。而对 As,由于 P 和 As 是同族元素,两者之间存在竞争吸附,施用磷肥能有效地促进土壤 As 的释放和迁移,有利于 As 在土壤−植物体系中的迁移转化;但正是两者之间的竞争吸附,As 不易富集在植物的根际土壤中,从而降低了 As 的生物有效性。

二、重金属在土壤−植物体系中的迁移转化规律

1. 植物对土壤中重金属的富集规律

从植物对重金属吸收富集的总趋势来看,土壤中重金属含量越高,植物体内的重金属含量也越高,土壤中的有效态重金属含量越大,植物籽实中的重金属含量越高。

不同的植物由于生物学特性不同,对重金属的吸收积累有明显的种间差异,一般顺序为豆类＞小麦＞水稻＞玉米。重金属在植物体内分布的一般规律为:根＞茎叶＞颖壳＞籽实。

2. 重金属在土壤剖面中的迁移转化规律

进入土壤中的重金属大部分被土壤颗粒所吸附。土壤柱淋溶实验发现淋溶液中 95％以上的 Hg,Cd,As,Pb 被土壤吸附。在土壤剖面中,重金属无论是其总量还是存在形态,均表现出明显的垂直分布规律,其中可耕层成为重金属的富集层。

土壤中的重金属有向根际土壤迁移的趋势,且根际土壤中重金属的有效态

含量高于土体,主要是由于根际生理活动引起根-土界面微区环境变化而引起的,可能与植物根系的特性和分泌物有关。

3. 土壤对重金属离子的吸附固定原理

土壤胶体对金属离子的吸附能力与金属离子的性质及胶体的种类有关。同一类型的土壤胶体对阳离子的吸附与阳离子的价态及离子半径有关。阳离子的价态越高,电荷越多,土壤胶体与阳离子之间的静电作用越大,吸附力也越大。具有相同价态的阳离子,离子半径越大,其水合半径相对越小,较易被土壤胶体所吸附。

土壤中各类胶体对重金属的吸附影响极大,以 Cu^{2+} 为例,土壤中各类胶体的吸附顺序为:氧化锰>有机质>氧化铁>伊利石>蒙脱石>高岭石。因此,土壤胶体中对吸附贡献大的除有机质外,主要是锰、铁等氧化物。

三、主要重金属在土壤中的积累和迁移转化

一般来说,进入土壤的重金属主要停留在土壤的上层,然后通过植物根系的吸收并迁移到植物体内,也可以随水流等向土壤下层流动。几种主要重金属在土壤-植物体系中的积累和迁移状况如下。

1. 镉

镉一般在土壤表层 $0 \sim 15$ cm 处积累。在土壤中,镉主要以 $CdCO_3$,$Cd_3(PO_4)_2$ 和 $Cd(OH)_2$ 的形态存在,其中以 $CdCO_3$ 为主,尤其在碱性土壤中。大多数土壤对镉的吸附率为 $80\% \sim 95\%$。不同土壤吸附顺序为:腐殖质土>重壤质土>壤质土>砂质冲积土。因此镉的吸附与土壤中胶体的性质有关。

2. 铜

土壤中铜含量为 $2 \sim 100$ mg/kg,平均含量为 20 mg/kg。污染土壤中的铜主要在表层积累,并沿土壤的纵深垂直分布递减,这是由于进入土壤的铜被表层土壤的黏土矿物吸附,同时,表层土壤的有机质与铜结合形成螯合物,使铜离子不易向下层移动。但在酸性土壤中,由于土壤对铜的吸附减弱,被土壤固定的铜易被解吸出来,因而使铜容易淋溶迁移。铜在植物各部分的积累分布多数是根>茎、叶>果实。

3. 铅

土壤中铅主要以 $Pb(OH)_2$,$PbCO_3$ 和 $PbSO_4$ 固体形式存在,土壤溶液中可溶性铅含量很低,Pb^{2+} 也可以置换黏土矿物上吸附的 Ca^{2+},因此在土壤中很少移动。土壤的 pH 增加,使铅的可溶性和移动性降低,影响植物对铅的吸收。大气中的铅一部分经雨水淋洗进入土壤,一部分落在叶面上,经张开的气孔进入叶内。因此在公路两旁的植物,铅一般积累在叶和根部,花、果部位较少。藓类植

物具有从大气中被动吸收积累高浓度铅的能力,现已被确定为铅污染和积累的指示植物。

4. 锌

岩石圈中土壤锌的含量为 $10\sim300$ mg/kg,平均含量为 50 mg/kg。我国土壤的全锌含量为 $3\sim709$ mg/kg,平均值为 100 mg/kg,比世界土壤的平均锌含量高出一倍。土壤中锌含量主要受成土母质的影响。我国土壤中的全锌含量以南方的石灰(岩)土最高,平均在 200 mg/kg 以上;其次是华南的砖红壤、褐红壤、红壤和黄壤,东北的棕色针叶林土,平均在 150 mg/kg 以上;再次是南方的赤草甸土、水稻土、黄棕壤,东北的暗棕壤、灰色森林土、白浆土、草甸土、黑钙土等,平均在 100 mg/kg 左右;东北的风砂土、盐碱土和四川的紫色土及华中丘陵区的红壤等锌含量最低。

通过各种途径进入土壤中的锌,按其形态可分为有机态锌和无机态锌,其中,无机态锌又包括矿物态、代换态和土壤溶液中的锌,各种形态的锌之间可以相互转化。各种形态的锌在不同土壤中含量有明显差异。对大多数酸性土壤而言,代换态锌含量较高,而无定形铁结合态低;中性土壤中紧结有机态锌及无定形铁结合态锌含量较高;而石灰性土壤则以碳酸盐结合态、无定形铁结合态及松结有机态锌含量较高。土壤各种形态锌的含量主要取决于土壤 pH 及全锌量和土壤中地球化学组分对锌的富集能力。

由于土壤中有效锌大多为胶体吸附而成代换态,溶液中的锌离子数量很少,土壤中锌主要靠扩散作用供应给植物根系。锌主要以二价阳离子(Zn^{2+})被植物吸收,少量的 $Zn(OH)_2$ 形态及与某些有机物螯合态锌也可为植物吸收。植物对锌的吸收量与介质供锌浓度之间呈较好的线性关系。

5. 汞

汞在自然界含量很少,岩石圈中汞含量约为 0.1 mg/kg。土壤中汞的含量为 $0.01\sim0.3$ mg/kg,平均为 0.03 mg/kg。由于土壤的黏土矿物和有机质对汞的强烈吸附作用,汞进入土壤后,95%以上能被土壤迅速吸附或固定,因此汞容易在表层积累。

植物能直接通过根系吸收汞。在很多情况下,汞化合物在土壤中先转化为金属汞或甲基汞后才被植物吸收。植物吸收和积累汞与汞的形态有关,其顺序是:氧化甲基汞>氯化乙基汞>醋酸苯汞>氯化汞>氧化汞>硫化汞。从这个顺序也可看出,挥发性高、溶解度大的汞化合物容易被植物吸收。汞在植物各部分的分布是根>茎、叶>种子。这种趋势是由于汞被植物吸收后,常与根中的蛋白质反应沉积于根上,阻碍了向地上部分的运输。

四、植物对重金属污染产生耐性的几种机制

植物对重金属污染产生耐性由植物的生态学特性、遗传学特性和重金属的理化性质等因素所决定,不同种类的植物对重金属污染的耐性不同;同种植物由于其分布和生长的环境各异,长期受不同环境条件的影响,在植物的生态适应过程中,可能表现出对某种重金属有明显的耐性。因此,人们从不同的侧面研究探讨了植物对重金属的耐性机制。

1. 植物根系的作用

植物根系通过改变根际化学性状、原生质泌溢等作用限制重金属离子跨膜吸收。

Lolkema 曾用水耕法对采自铜矿山遗址的具有耐性的石竹科麦瓶草属植物和非耐性系列植物进行了对比研究,其结果表明,耐性植物根中 Cu 浓度明显地比非耐性系列低,由此可以推断耐性系列植物具有降低植物根系对铜的吸收的机制。

已经证实,某些植物对重金属离子吸收能力的降低可以通过根际分泌螯合剂而减少重金属的跨膜吸收。如 Zn 停留于细胞膜外。还可以通过形成跨根际的氧化还原电位梯度和 pH 梯度等来抑制对重金属的吸收。

2. 重金属与植物的细胞壁结合

在调查植物体内 Zn 的分布时发现,耐性植物中 Zn 向其地上部分移动的量要比非耐性植物少得多,Zn 在细胞各部分的分布,以细胞壁中最多,占 60%。Nishizono 等人研究了蹄盖蕨属根细胞壁中重金属的分布、状态与作用,结果表明,该类植物吸收 Cu,Zn,Cd 总量的 70%～90% 位于细胞壁,大部分以离子形式存在或与细胞壁中的纤维素、木质素结合。由于金属离子被局限于细胞壁上,而不能进入细胞质影响细胞内的代谢活动,使植物对重金属表现出耐性。只有当重金属与细胞壁结合达到饱和时,多余的金属离子才会进入细胞质。不同金属与细胞壁的结合能力不同,经过对 Cu,Zn,Cd 的研究证明,Cu 的结合能力大于 Zn 和 Cd。此外,不同植物的细胞壁对金属离子的结合能力也是不同的。所以细胞壁对金属离子的固定作用不是植物的一个普遍耐性机制。也就是说,不是所有的耐性植物都表现为将金属离子固定在细胞壁上。如 Weigel 等研究了 Cd 在豆科植物亚细胞中的分布,结果发现 70% 以上的 Cd 位于细胞质中,只有 8%～14% 的 Cd 位于细胞壁。杨居荣等研究了 Cd 和 Pb 在黄瓜和菠菜细胞各组分的分布,发现 77%～89% 的 Pb 沉积于细胞壁上,而 Cd 则有 45%～69% 存在于细胞质中。

3. 酶系统的作用

　　一些研究发现,耐性植物中有几种酶的活性在重金属含量增加时仍能维持正常水平,而非耐性植物的酶活性在重金属含量增加时明显降低。此外,在耐性植物中还发现另一些酶可以被激活,从而使耐性植物在受重金属污染时保持正常的代谢过程。如在重金属 Cu,Cd,Zn 对膀胱麦瓶草生长影响的研究中发现耐性不同的品种体内的磷酸还原酶、葡萄糖-6-磷酸脱氢酶、异柠檬酸脱氢酶及苹果酸脱氢酶等的活性明显不同,耐性品种中硝酸还原酶被显著激活,而不具耐性或耐性差的品种这些酶则完全被抑制。因此可以认为耐性品种或植株中有保护酶活性的机制。

　　4. 形成重金属硫蛋白或植物络合素

　　1957 年 Margoshes 等首次由马的肾脏中提取出一种结合蛋白,命名为“金属硫蛋白”(简称 MT),经对其性质、结构进行分析发现,能大量合成 MT 的细胞对重金属有明显的抗性。而丧失 MT 合成能力的细胞对重金属有高度敏感性。现已证明,MT 是动物及人体最主要的重金属解毒剂。Caterlin 等首次从大豆根中分离出富含 Cd 的复合物。由于其表观相对分子质量和其他性质与动物体内的 MT 极为相似,故称为类 MT。后来从水稻、玉米、卷心菜和烟叶等植物中分离得到了 Cd 诱导产生的结合蛋白,其性质与动物体内的 Cd-MT 类似。1991 年何笃修等利用反相高效液相色谱法从玉米根中分离纯化得到镉结合蛋白,其半胱氨酸含量为 29.0%,每个蛋白质分子结合大约 3 个 Cd 原子,Cd 与半胱氨酸的比值为 1:2.5。由于其性质与动物的 MT 相似,认为 Cd 在玉米中诱导产生的是植物类 MT。

　　1985 年 Grill 从经过重金属诱导的蛇根木悬浮细胞中提取分离了一组重金属络合肽,其相对分子质量、氨基酸组成、紫外吸收光谱等性质都不同于动物体内的 MT,所以不是植物的类 MT,而将其命名为植物络合素(简称 PC),其结构通式为 $(\gamma\text{-Glu-Cys})_n\text{-Gly}(n=3\sim7)$。可视为线性多聚体。它可被重金属 Cd,Cu,Hg,Pb 和 Zn 等诱导合成。未经重金属离子处理过的细胞中则不存在这种络合素。后来人们又从向日葵、山芋、马铃薯和小麦中分离得到了类似性质的镉化合物。

　　研究证明,重金属 Cd 在植物体内也可诱导产生其他的金属结合肽。有些植物中重金属结合蛋白质的问题还有许多研究工作需要进行。但无论植物体内存在的金属结合蛋白是类 MT 还是植物络合素或者其他的未知的金属结合肽,它们的作用都是与进入植物细胞内的重金属结合,使其以不具生物活性的无毒的螯合物形式存在,降低金属离子的活性,从而减轻或解除其毒害作用。当重金属含量超过金属结合蛋白的最大束缚能力时,金属才以自由状态存在或与酶结合,引起细胞代谢紊乱,出现中毒现象。人们认为植物耐重金属污染的重要机制之一是结合蛋白的解毒作用。

第三节 土壤中农药的迁移转化

农药是一种泛指的术语,它不仅包括杀虫剂,还包括除草剂、杀菌剂、防治啮齿类动物的药物,以及动、植物生长调节剂等。其中主要是除草剂、杀虫剂和杀菌剂。到 1988 年止,我国已批准登记的农药产品和正在试验的农药新产品,共有 248 种,435 个产品。全世界生产的农药品种就更多了,在世界各国注册的农药品种已有 1 500 多种,年产量约为 200×10^4 t。据估计,全世界农业由于病、虫、草三害,每年使粮食损失占总产量的 35%。使用农药大概可夺回其中的30%~40%,从防治虫害和提高农作物产量需要的角度看,使用农药确实取得了显著的效果。但由于化学农药在环境中的残留和持久性、高毒性、高生物活性等特性,尤其像 DDT 类农药对生态环境产生了许多有害的作用与影响,如降低浮游生物的光合作用,使鸟类不能正常生长繁殖,使害虫获得了抗药能力,而益鸟、益虫却大量减少,等等。所以,农药污染现已成为全球性的环境问题,并引起人们的高度关注。

一、土壤中农药的迁移

化学农药在土壤中的迁移是指农药挥发到气相的移动以及在土壤溶液中和吸附在土粒上的扩散、迁移,是农药从土壤进入大气、水体和生物体的重要过程,主要方式是通过扩散和质体流动等。在这两个过程中,农药的迁移运动可以蒸气的和非蒸气的形式进行。

1. 扩散

扩散是由于热能引起分子的不规则运动而使物质分子发生转移的过程。不规则的分子运动使分子不均匀地分布在系统中,因而引起分子由浓度高的地方向浓度低的地方迁移运动。扩散既能以气态发生,也能以非气态发生。非气态扩散可以发生于溶液中、气-液或气-固界面上。

研究均质稳定扩散的 Fick 第一定律和非稳定扩散的 Fick 第二定律,由于以均质系统和扩散系数与物质的浓度无关为前提,所以它们不能解决土壤这个非均质体系的复杂的扩散问题。土壤系统的复杂性包括:(i)扩散物质通常可被土壤吸附;(ii)扩散系数取决于土壤的特性,如矿物组成、有机质含量、水分含量、紧实度和温度;(iii)有机农药通过土壤系统的扩散,可以蒸气和非蒸气的形式进行;(iv)不能假设扩散系数与浓度无关等。Shearer 等根据农药在土壤系统扩散特性提出了农药在土壤中的扩散方程。

$$\frac{\partial w}{\partial t} = D_{vs} \frac{\partial^2 w}{\partial x^2}$$

$$D_{VS} = \left[\frac{D_V P^{\frac{7}{3}}}{P_T^2(R+1)} + \frac{R}{R+1} \right] \times \left(\frac{D_S + D_A K'\beta + \beta D_1 R'}{\beta K' + \theta + \beta R'} \right)$$

式中：w——土壤中农药的质量分数，g/g 土；

D_V——空气中农药蒸气的扩散系数，cm^2/s；

P, P_T——分别为土壤的充气孔隙度和总孔隙度，cm^3/cm^3；

R——农药蒸气密度和土壤中农药浓度之间的平衡系数；

D_A——吸附在液-固界面分子的表观扩散系数，cm^2/s；

D_S——表观液相扩散系数，cm^2/s；

K'——溶液浓度和液-固界面的浓度之间的平衡系数，cm^3/g；

β——土壤容重（即紧实度），g/cm^3；

R'——溶液浓度和气-液界面浓度之间的平衡系数，cm^3/g；

D_1——吸附在液-气界面的分子表观扩散系数，cm^2/s；

θ——容积水重（即土壤水分含量），cm^3/cm^3；

D_{VS}——总表观扩散系数，cm^2/s。

Shearer 等指出，D_S 与自由溶液扩散系数（D_0）之间的关系近似于：

$$D_S = \left(\frac{\theta}{P_T} \right)^2 \theta^{\frac{4}{3}} D_0$$

由于扩散程度受许多土壤和农药特性的影响。其中一些特性能够计算，而另一些不能计算，如 D_A，D_1。所以目前对土壤中农药扩散的定量测量尚在积极探讨之中。

影响农药在土壤中扩散的因素主要是土壤水分含量、吸附、孔隙度和温度及农药本身的性质等。

（1）土壤水分含量 Shearer 等曾对林丹在基拉粉砂壤土中的扩散做过详细的研究。测定了不同水分含量条件下林丹的气态和非气态扩散情况，并计算了发生在溶液中和水-气与液-固界面的扩散量。结果如图 4-4 所示。

由图可见：(i) 农药在土壤中的扩散确实存在气态和非气态两种扩散形式。在水分含量为 4%～20% 气态扩散占 50% 以上；当水分含量超过 30%，主要为非气态扩散。(ii) 在干燥土壤中没有发生扩散。(iii) 扩散随水分含量增加而变化。在水分含量为 4% 时，无论总扩散或非气态扩散都是最大的；在 4% 以下，随水分含量增大，两种扩散都增大；大于 4%，总扩散则随水分含量增加而减少；非气态扩散，在 4%～16%，随水分含量增加而减少；在 16% 以上，随水分含量增加而增大。

上述研究结果也被其他研究者所证实。

Guenzi 和 Beard 研究了林丹和 DDT 在四种不同性质的土壤和不同含水量条件下的挥发。图 4-5 为土壤中林丹的挥发量。由图可见，当土壤含单分子层

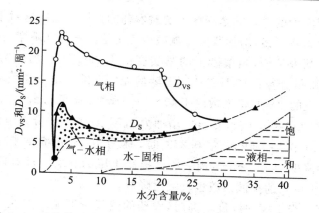

图 4-4 基拉粉砂壤土中林丹的不同转移途径(Shearer 等,1973)

水时,农药就不再挥发了。因此,在水分含量为 1/3Pa 水吸力到大约一单分子层水范围内,挥发取决于水分含量。DDT 也有类似情况。

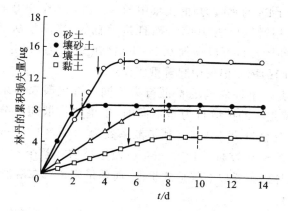

图 4-5 30 ℃时一个干燥循环周期土壤中林丹的挥发量

(箭头表示 15×10^5 Pa 吸力时的水分;垂直虚线表示土壤水分为一单分子层水)

（2）吸附 许多研究证明吸附对农药在土壤中的扩散是有影响的。

百草枯、敌草快等阳离子型农药,易溶于水并在水中完全离子化而很快吸附在黏土矿物上;弱碱性的农药,如氯化均三氮杂苯等,可以接受质子而带正电荷,从而吸附在黏土矿物或有机质的表面;酸性农药在水溶液中可解离成有机阴离子,而土壤胶体通常为负电荷,故酸性农药的吸附比碱性农药要弱,其吸附主要是 van der Waals 力和其他物理作用的结果。

（3）土壤的紧实度 土壤的紧实度是影响土壤孔隙率和界面特性的参数。

增加土壤的紧实度的总影响是降低土壤对农药的扩散系数。这对于以蒸气形式进行扩散的化合物来说，增加紧实度就减少了土壤的充气孔隙率，扩散系数也就自然降低了。研究证明，当壤砂土的紧实度由 1.39 g/cm³ 增加为 1.62 g/cm³（水分含量的质量分数保持不变）时，土壤的充气孔隙率由 0.302 减小为 0.189，结果使二溴乙烷的表观扩散系数由 4.49×10^{-4} cm²/s 降低为 2.67×10^{-4} cm²/s。当基拉粉砂的紧实度由 1.00 g/cm³ 增加为 1.55 g/cm³，水分含量保持在 10％，充气孔隙率由 0.515 降低为 0.263 时，林丹在该土壤的扩散系数则由 16.5 mm²/周降低为 7.5 mm²/周。所以提高土壤的紧实度就是降低土壤的孔隙率，农药在土壤中的扩散系数也就随之降低。

（4）温度　当土壤的温度增高时，农药的蒸气密度显著增大。温度增高的总效应是扩散系数增大。如林丹的总扩散系数增大 10 倍。

（5）气流速度　气流速度可直接或间接地影响农药的挥发。如果空气的相对湿度不是 100％，那么增加气流就促进土壤表面水分含量降低，可以使农药蒸气更快地离开土壤表面，同时使农药蒸气向土壤表面运动的速度加快。狄氏剂在含量为 1％（即 1 Pa 的水吸力）的土壤中的挥发就是一个很好的例证。当土壤上空气的气流的相对湿度为 100％，而且是垂直的，气流量从 2 mL/s 增加到 8 mL/s，狄氏剂的挥发量可以增加 0.5～1 倍（在 20 ℃）。风速、湍流和相对湿度在造成农药田间的挥发损失中起着重要作用。

（6）农药种类　不同农药的扩散行为不同。有机磷农药乐果和乙拌磷在 Broadbalk 粉砂壤土中的扩散行为是不同的，乐果的扩散随水分含量增加而迅速增大。如在水分含量为 10％时，其扩散系数为 3.31×10^{-8} cm²/s；水分含量为 43％时，扩散系数为 1.41×10^{-6} cm²/s；而乙拌磷在整个含水范围内扩散系数变化很小。乙拌磷主要以蒸气形式扩散，而乐果则主要在溶液中扩散。

2. 质体流动

物质的质体流动是由水或土壤微粒或是两者共同作用所致，如农药，既能溶于水中，也能悬浮于水中，或者以气态存在，或者吸附于土壤固体物质上，或存在于土壤有机质中，而使它们能随水和土壤微粒一起发生质体流动（这里讨论的质体流动不包括机械耕作和地表径流引起的土壤表面侵蚀）。

预测在稳定的土壤－水流状况下，化学品通过多孔介质移动的一般方程为

$$\frac{\partial \rho}{\partial t} = D' \frac{\partial^2 \rho}{\partial x^2} - v_0 \frac{\partial \rho}{\partial x} - \beta \frac{\partial w}{\theta \partial t}$$

式中：D'——分散系数，cm²/s；

ρ——溶液中化学品的质量浓度，g/cm³；

v_0——平均孔隙水流速度,cm/s;

β——土壤容重,g/cm^3;

θ——容积水量,cm^3/cm^3;

w——吸附在土壤上的化学品质量分数,g/g。

虽然许多因素对农药在土壤中的质体流动转移有影响,但许多研究表明,最重要的是农药与土壤之间的吸附。下列几种农药在土壤中的移动距离大小顺序为:非草隆>灭草隆>敌草隆>草不隆,而它们的吸附系数大小顺序则相反,草不隆>敌草隆>灭草隆>非草隆。即吸附最强者移动最困难,反之亦然。

土壤有机质含量增加,农药在土壤中渗透深度减小。另外,增加土壤黏土矿物的含量,也可以减少农药的渗透深度。

不同农药在土壤中通过质体流动转移的深度不同。测定林丹和DDT在四种不同土壤中的质体流动转移距离时发现,DDT只能在土壤中移动3 cm,而林丹则比DDT移动的距离长。人们认为这是由于DDT的水溶性非常低的缘故。

二、非离子型农药与土壤有机质的作用

吸附是农药与土壤相互作用的一个主要过程,对农药在土壤中的环境行为和毒性均有较大影响,例如,它使农药大量积累在土壤表层。

农药可以分为离子型和非离子型农药,应用品种、数量最多的是非离子型农药,如有机氯、有机磷和氨基甲酸酯等类农药。自20世纪50年代以来,有不少研究表明,非离子型农药在土壤中的吸附行为有较明显的特征。Beall 和 Nash 等指出,DDT在土壤中的残留和活性与土壤有机质含量有密切的关系。Pierce 等进一步指出,非离子型农药与土壤有机质的结合,主要是它与类酯物相互作用的结果。

近年来不少学者对非离子型有机物和农药在土壤-水体系中的吸附进行了深入系统的研究,提出非离子型有机物在土壤-水体系中的吸附主要是分配作用。

1. 非离子型有机物在土壤-水体系的分配作用

（1）吸附等温线呈线性　土壤胶体是主要的吸附剂,农药在其上的吸附机理很复杂,包括静电吸附、离子交换吸附、van der Waals 力吸附、有机物之间的疏水结合和氢键结合、配位交换等。多数情况下土壤对农药的吸附可用 Freundlich 和 Langmuir 吸附等温式描述。物质在吸附剂（包括土壤）上吸附,其吸附等温线通常是非线性的,可以用 Langmuir 吸附等温线或者 Freundlich 等温线来描述,而非离子型有机物在土壤-水体系中的吸附等温线呈直线。如图 4-6 所示。

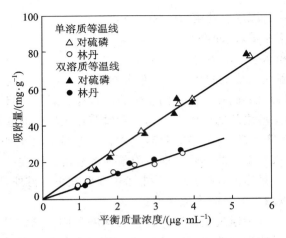

图 4-6　对硫磷和林丹单独吸附和共同吸附时的等温线

（金相灿，1990）（在 Woodburn 土壤－水体系中）

1980—1983 年，Kenaga 和 Goring 研究得到不同土壤上的 K_{oc} 相差 $3\sim4$ 倍；Mingelgrin 和 Gerstl 的研究表明，杀虫剂在土壤上的 K_{oc} 差异最大达 10 倍；1998 年，Chiou 等研究发现萘、菲、芘在沉积物上的分配系数 K_{oc} 为土壤上的 2 倍，并以 ^{13}C-NMR 进一步估计了沉积物有机质中芳香性组成高于土壤。通过近 20 年的研究，认为有机污染物在土壤上的 K_{oc} 值并不是常数，而与土壤的来源和有机质的腐殖化程度，特别是有机质的组成与结构有关；另外，K_{oc} 变化与土壤中存在溶解性有机质的含量有关。

近 15 年来，研究发现低浓度有机物在土壤上呈非线性吸附，分配理论不能解释此现象，进而提出各种概念和模型来解释非线性的原因。Young(1995) 和 Weber(1996) 认为 SOM 有橡胶态和玻璃态两种形式，它们对有机物具有不同的吸附速率：橡胶态对有机物吸附速率较慢，呈线性、非竞争吸附；而玻璃态对有机物吸附速率较快，呈非线性、竞争吸附。总体上说，低浓度有机物在土壤上的等温吸附线呈非线性的原因归纳如下：高表面积炭黑（HSACM）存在及与 SOM 的特殊作用，SOM 提供了内孔表面吸附位，SOM 的限定活性位点，矿物质某些部位没有被水抑制。至今，有关低浓度时等温线呈非线性问题的研究还存在较大分歧。通过非线性现象的研究，发现吸附作用包括分配作用和表面吸附外，还存在特殊吸附作用（specific interaction），有关特殊吸附作用逐渐成为人们关注的焦点。

（2）不存在竞争吸附　在土壤－水体系中土壤矿物表面除吸附离子型物质外，还与水分子发生偶极作用，它们几乎占据了剩余的全部吸附位，使非离子型有机物很难吸附在矿物质表面的吸附位上。由于非离子型有机物难溶于水,易溶于土壤有机质(类似于有机溶剂从水中萃取非离子型有机物),所以当多种非离子型有机物在土壤有机质中分配时,它们都服从溶解平衡原理,当然也不存在竞争吸附现象了,各溶质的吸附量和吸附等温线也不会有变化,见图 4-6。此外,分配过程放出的热量比吸附过程小,这进一步证明非离子型有机物在土壤-水体系中的吸附主要是分配作用。

(3) 分配作用与溶解度的关系　Chiou 研究证明,非离子型有机物在土壤-水体系中的分配系数随其水中溶解度减小而增大,如图 4-7 所示。

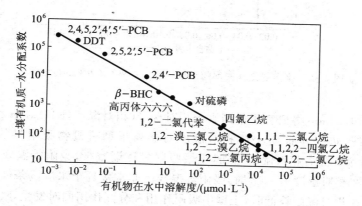

图 4-7　一些非离子型有机物的水溶解度和土壤
有机质-水分配系数的相关关系图(Chiou,1979)

2. 土壤湿度对分配过程的影响

土壤湿度(即土壤含水量)是影响非离子型有机物在土壤中吸附行为的关键因素之一。Spencer 等测定狄氏剂和林丹在不同水分土壤中的平衡气相浓度表明:当土壤水分含量小于 2.2% 时,在 Gila 粉砂沃土(0.6% 有机质)中,林丹(大约吸附量为 50 mg/kg 土)和狄氏剂(为 100 mg/kg 土)的平衡蒸气密度明显低于纯化合物的饱和蒸气密度;当土壤含水量增加到 3.9% 以上时,其平衡蒸气密度剧烈增加,与纯化合物的饱和蒸气密度相等,而且当水分增加达到当地饱和水含量(17%)时,其值保持不变。狄氏剂在 30 ℃ 和 40 ℃ 时的蒸气密度随土壤含水量的变化如图 4-8 所示。当土壤水分低时,加入 100 mg/kg 狄氏剂和 50 mg/kg 林丹,其平衡蒸气浓度接近该温度下的饱和蒸气浓度。这说明,在干土壤(即土壤含水量低)时,由于土壤矿物质表面强烈的吸附作用,使狄氏剂和林丹大量吸附在土壤中;相反,在土壤潮湿时,由于水分子的竞争作用,土壤中农药的吸附量减少,蒸气浓度增加。

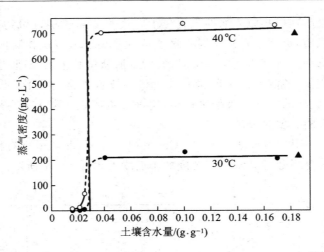

图 4-8　狄氏剂蒸气密度随土壤含水量的变化（由 Chiou 提供）

1985 年 Chiou 等研究了不同水分相对含量（相对湿度，RH）对 m-二氯苯的吸附等温线，进一步证明土壤相对湿度对非离子型有机物吸附量的影响，如图 4-9 所示。随着相对湿度增加，土壤吸附量逐渐减少，吸附等温线也逐渐接近直线。在相对湿度为 90％时，吸附等温线已非常接近于水溶液条件下的吸附等温线。在相对湿度较低时，土壤中吸附作用和分配作用同时发生，吸附等温线为非线性的；在相对湿度在 50％以上时，由于水分子强烈竞争矿物质表面的吸附位，使非离子型有机物在矿物质表面的吸附量迅速降低，分配作用占据主导地位。吸附等温线接近线性。

图 4-10 为干燥（无水）土壤对不同蒸气含量有机物的吸附量。由图可见，干土壤对苯、氯苯、p-二氯苯、m-二氯苯、1,2,4-三氯苯以及水蒸气都表现出很强的吸附性，吸附等温线为非线性的，与非离子型有机物在土壤-水体系中的吸附特性完全不同。由于在干土壤中，没有水分子与非离子型有机物竞争，所以这些有机物都可以被土壤矿物质表面所吸附。当然吸附的强弱程度与吸附质的极性有关。极性越大者吸附量越大。在此土壤中有机质对非极性有机物的分配作用也同时发生，因此非离子型有机物在干土壤中表现为强吸附剂和高分配的特征，是土壤对有机物吸附量最大的情况，且表面吸附作用要比分配作用大得多。例如二氯苯在干燥土壤表面得吸附量为 45 mg/g，为同样条件下从水溶液中吸附的 100 倍。

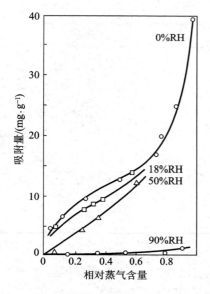
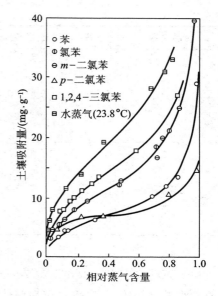

图 4-9 不同水分相对含量(相对湿度,R H)对 m-二氯苯被 Woodburn 土壤(在 20 ℃时)吸附的影响

(引自美国环境科学和技术,1985,No19,1199)

图 4-10 干燥 Woodburn 土壤(在 20 ℃时)对有机物的吸附

(引自美国环境科学和技术,1985,No19,1198)

三、典型农药在土壤中的迁移转化

1. 有机氯农药

有机氯农药大部分是含有一个或几个苯环的氯的衍生物。其特点是化学性质稳定,残留期长,易溶于脂肪,并在其中积累。有机氯农药是目前造成污染的主要农药。美国已于 1973 年停止使用,我国也于 1984 年停止使用。其主要品种如表 4-9 所示。

表 4-9 几种主要有机氯农药

商品名称	化学名称	分子结构
DDT	p,p'-二氯二苯基三氯乙烷	
六六六 γ-六六六(林丹)	六氯环己烷	

续表

商品名称	化学名称	分子结构
氯丹	八氯六氢化甲基茚	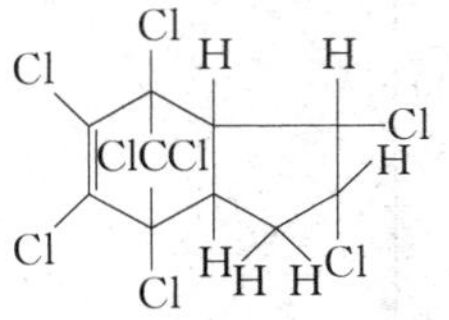
毒杀芬	八氯莰烯	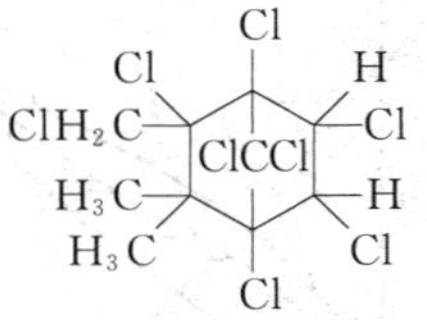

（1）DDT　DDT 在 20 世纪 70 年代中期以前是全世界最常用的杀虫剂。它有若干种异构体,其中仅对位异构体（$p,p'-$DDT）有强烈的杀虫性能。工业品中的对位异构体含量在 70% 以上。DDT 为无色结晶,在 115～120 ℃加热 15 h 性质仍很稳定,在 190 ℃以上开始分解。DDT 挥发性小,不溶于水,易溶于有机溶剂和脂肪。

DDT 在土壤中挥发性不大,由于其易被土壤胶体吸附,故它在土壤中移动也不明显。但是 DDT 可通过植物根际渗入植物体内,它在叶片中积累量最大,在果实中较少。这是由于土壤中大部分水分是通过植物叶片蒸发的,因此形成 DDT 的积累。由于 DDT 是持久性农药,分解很慢,据预测,即使 DDT 现在已停止使用,鱼体中 DDT 的浓度到本世纪仍然可能相当高。DDT 可通过食物链进入人体,据 1963—1972 年在美国、日本、英国、法国、德国等 20 多个国家的调查发现在人体脂肪中都含有一定数量的 DDT 和 DDE（含量范围在 2.32～26.0 mg/kg）。土壤中 DDT 的降解主要是靠微生物的作用。在缺氧（如土壤灌溉后）和温度较高时,DDT 的降解速率较快。南方土壤中,DDT 降解最快,而在北方土壤中的 DDT 可保持 10 年以上。

DDT 在土壤中生物降解主要按还原、氧化和脱氯化氢等机理进行;DDT 的另一个降解途径是光解。空气中 $p,p'-$DDT 在 290～310 nm 的紫外光照射下,可转化为 $p,p'-$DDE 及 DDD,$p,p'-$DDE 进一步光解,形成 $p,p'-$二氯二苯甲酮及若干二、三、四氯联苯,其光解历程如下:

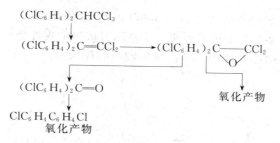

（2）林丹　六六六有多种异构体，其中只有丙体六六六具有杀虫效果。含丙体六六六 99％以上的六六六称为林丹。林丹为白色或稍带淡黄色的粉末状结晶。它在 60～70 ℃以下不易分解。在日光和酸性条件下很稳定，但遇碱会发生分解，失去杀虫作用。由于六六六的蒸气压比 DDT 大，因此它较 DDT 易挥发，而进入大气。1961 年伦敦大气中六六六的含量为 0.01 $\mu g/m^3$，东京大气中六六六的含量为 0.249 $\mu g/m^3$。据计算，20 ℃时林丹在大气中最大可能含量为 5 $\mu g/m^3$，40 ℃时几乎可高出 12 倍。由于林丹的挥发性强，它在水、土壤和其他环境对象中积累较少。这种杀虫剂在土壤底层移动相当缓慢。

六六六易溶于水（在 20 ℃时为 7.3 mg/L），故六六六可从土壤和空气中进入水体。由于挥发性较强，它亦可随水蒸发，又进入大气。

此外，六六六还能在土壤生物（如蚯蚓）体内积累。表 4-10 为土壤及不同植物体中六六六的含量。

表 4-10　六六六的各种异构体在土壤及不同植物体中的含量（日本）

对象	含量/(mg·kg^{-1})				
	α-六六六	β-六六六	γ-六六六	δ-六六六	各种异构体合计
稻田土壤	0.539	1.029	0.231	0.220	2.019
稻　草	1.914	8.146	0.989	3.635	14.684
稻　谷	0.152	0.079	0.044	0.097	0.372
西红柿	0.234	0.061	0.105	0.026	0.426
牛　奶	0.055	0.229	0.002	0.006	0.292

从表中数据可以看出，植物能从土壤中吸附积累相当量的六六六，且不同植物积累量不同。另外，对于不同的六六六异构体，植物吸收积累的数量也不同。如稻草积累 β-六六六最多，西红柿则积累 α-六六六最多。而 γ-六六六在各种植物体中含量最少。由此可见，为了避免六六六在植物中积累，最好使用纯品 γ-六六六。

1961—1967 年，在英、法、意、印度等国调查人体脂肪中六六六含量发现，人体脂肪中六六六含量为 $0.07 \sim 1.43$ mg/kg,比 DDT 低得多。

　　林丹对于大多数鱼类的毒性低于 DDT,对成鱼的毒性更低。

　　林丹及其异构体在植物、昆虫、微生物中的代谢如图 4-11 所示。

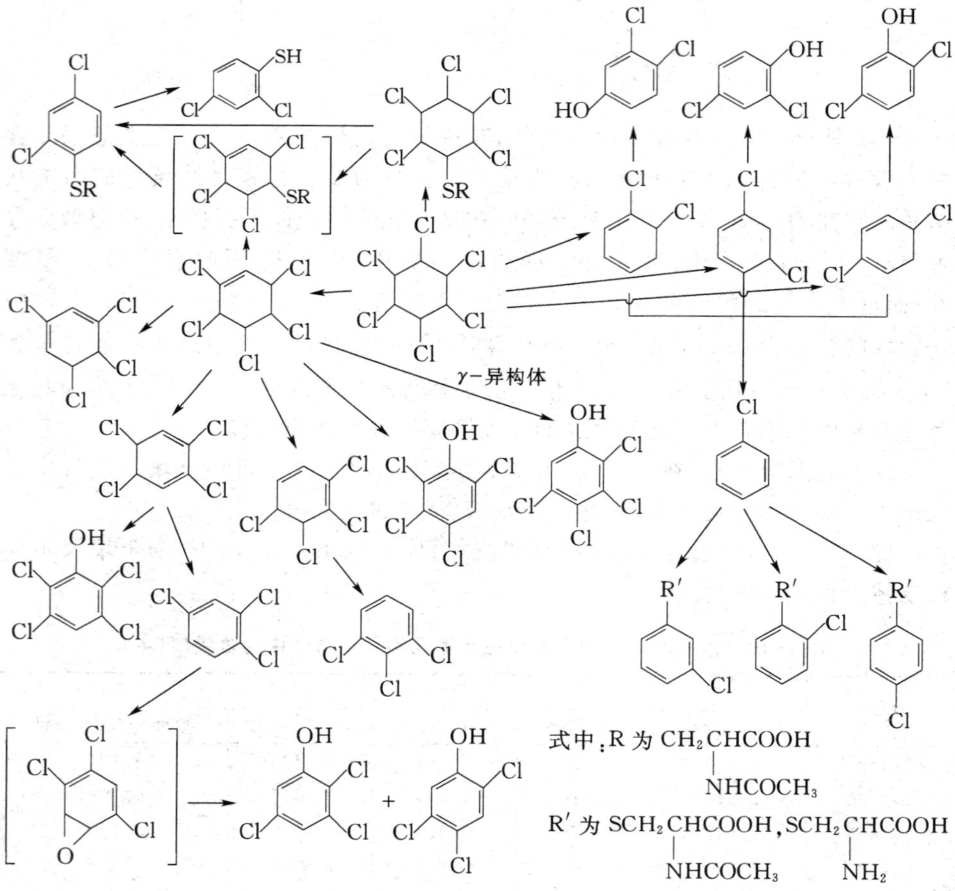

图 4-11　林丹在各种环境对象中的转化

　　在大多数情况下,六六六代谢的最初产物是无氯环己烯,它以几种异构体形式被分离出来。在微生物影响下,六六六可以形成酚类,在土壤中它们还要进一步降解。在动物(大鼠)体内,可以生成二氯、三氯和四氯苯酚的各种异构体。

　　因此,与 DDT 相比,六六六具有较低的积累性和持久性。但为了防止它们在环境中的积累,应尽快削减其使用量,采用纯的 γ-六六六,并与其他杀虫剂交替使用。

2. 有机磷农药

有机磷农药大部分是磷酸的酯类或酰胺类化合物。按结构可分为磷酸酯、硫代磷酸酯、膦酸酯和硫代膦酸酯类、磷酰胺和硫代磷酰胺类。

① 磷酸酯。磷酸中的三个氢原子被有机基团置换所生成的化合物，如敌敌畏、二溴磷等。

② 硫代磷酸酯。硫代磷酸分解的氢原子被甲基等基团所置换而形成的化合物硫代磷酸酯，如对硫磷、马拉硫磷、乐果等。

③ 膦酸酯和硫代膦酸酯类。磷酸中一个羟基被有机基团置换，即在分子中形成 C—P 键，称为膦酸。如果膦酸中羟基的氢原子再被有机基团取代，即形成膦酸酯，如敌百虫。如果膦酸酯中的氧原子被硫原子取代，即为硫代膦酸酯。

④ 磷酰胺和硫代磷酰胺类。磷酸分子中羟基被氨基取代的化合物，为磷酰胺。而磷酰胺分子中的氧原子被硫原子所取代，即成为硫代磷酰胺，如甲胺磷等。

几种常用有机磷农药的分子结构及产品名如表 4-11 所示。

表 4-11　几种常用有机磷农药的分子结构

分　类	商品名称	化学名称	分子结构
磷酸酯	敌敌畏	O,O-二甲基-O-(2,2-二氯乙烯基)磷酸酯	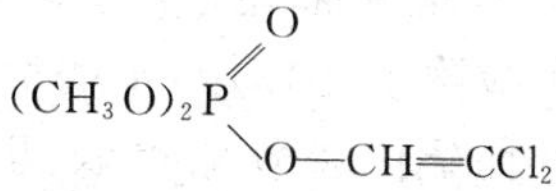 $(CH_3O)_2P$，双键O，$O—CH=CCl_2$
硫代磷酸酯（即硫逐磷酸酯）	甲基对硫磷	O,O-二甲基-O-对硝基苯基硫代磷酸酯	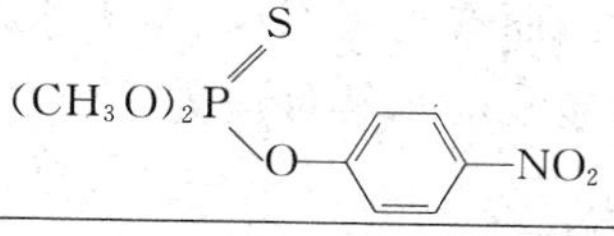 $(CH_3O)_2P$，双键S，O—苯基—NO_2
二硫代磷酸酯	马拉硫磷	O,O-二甲基-S-(1,2-二乙氧酰基乙基)二硫代磷酸酯	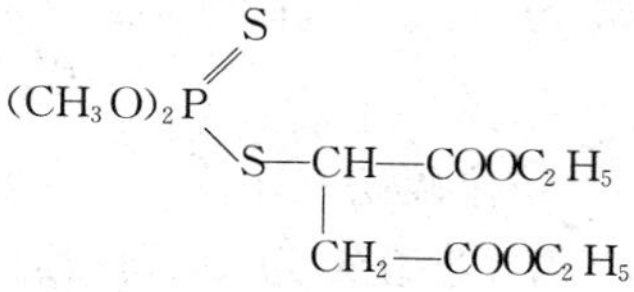 $(CH_3O)_2P$，双键S，$S—CH—COOC_2H_5$，$CH_2—COOC_2H_5$
	乐果	O,O-二甲基-S-(N-甲氨甲酰甲基)二硫代磷酸酯	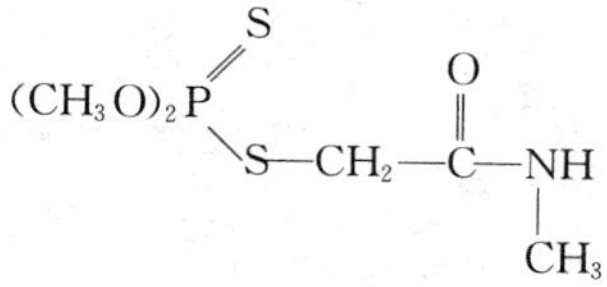 $(CH_3O)_2P$，双键S，$S—CH_2—C(=O)—NH—CH_3$
膦酸酯	敌百虫	O,O-二甲基-(2,2,2-三氯-1-羟基乙基)膦酸酯	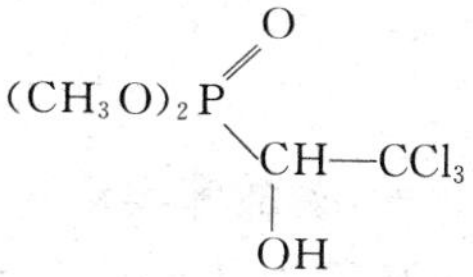 $(CH_3O)_2P$，双键O，$CH—CCl_3$，OH

分　类	商品名称	化学名称	分子结构
硫代磷酰胺	乙酰甲胺磷	$O,S-$二甲基$-N-$乙酰基硫代磷酰胺	$\begin{array}{c} CH_3O \quad\quad O \\ \diagdown \quad \diagup \\ P \\ \diagup \quad \diagdown \\ CH_3S \quad NHCOCH_3 \end{array}$

有机磷农药是为取代有机氯农药而发展起来的,目前已得到广泛应用,仅 1982 年有机磷农药一项全世界年产销量就达 150×10^4 t,品种超过 150 种。由于有机磷农药比有机氯农药容易降解,故它对自然环境的污染及对生态系统的危害和残留都没有有机氯农药那么普遍和突出。但有机磷农药毒性较高,大部分对生物体内胆碱酯酶有抑制作用。

有机磷农药多为液体,除少数品种(如乐果、敌百虫)外,一般都难溶于水,而易溶于乙醇、丙酮、氯仿等有机溶剂中。不同的有机磷农药挥发性差别很大。如在 20 ℃时,敌敌畏在大气中蒸气质量浓度为 145 mg/m³,乐果则为 0.107 mg/m³。

(1) 有机磷农药的非生物降解过程

① 吸附催化水解。吸附催化水解是有机磷农药在土壤中降解的主要途径。由于吸附催化作用,水解反应在有土壤存在的体系中比在无土壤存在的体系中快。如硫代磷酸酯类农药地亚农在 pH=6 条件下,于无土体系中每天水解 2%,而有土体系中,每天水解 11%,它们的水解产物是相同的。地亚农等硫代磷酸酯的水解反应如下:

$$(RO)_2P{\overset{S}{\diagup}}{\underset{OR'}{}} \xrightarrow[\text{(H}^+\text{或 OH}^-\text{)}]{+H_2O} (RO)_2P{\overset{S}{\diagup}}{\underset{OH}{}} + R'-OH$$

马拉硫磷在 pH=7 的土壤体系中,水解半衰期为 6～8 h;在 pH=9 的无土体系中,半衰期为 20 天,其反应过程如下:

$$(RO)_2P{\overset{S}{\diagup}}{\underset{S-CH-COOR'}{}}\;\overset{|}{\underset{CH_2-COOR'}{}} \xrightarrow[\text{(OH}^-\text{)}]{+H_2O} (RO)_2P{\overset{S}{\diagup}}{\underset{OH}{}} + \begin{array}{c} HS-CH-COOR' \\ | \\ CH_2-COOR' \end{array}$$

$$\begin{array}{c} HS-CH-COOR' \\ | \\ CH_2-COOR' \end{array} \xrightarrow[\text{(OH}^-\text{)}]{2H_2O} \begin{array}{c} HS-CH-COOH \\ | \\ CH_2-COOH \end{array} + 2R'OH$$

此外,磷酸酯类农药丁烯磷的水解也有类似情况,在 pH=7 的土壤体系中,降解半衰期为 2 h,而在 pH=6 的无土体系中,其降解半衰期为 14 天。

② 光降解。有机磷农药可发生光降解反应,如马拉硫酸在大气中可以逐步发生光化学分解,并在水和臭氧存在下加速分解。在有机磷的光降解过程中,有可能生成比其自身毒性更强的中间产物。如乐果在潮湿空气中可较快地发生光化学降解,但其第一步氧化产物——氧化乐果比乐果本身对温血动物的毒性更大。又如辛硫磷在 253.7 nm 的紫外光下照射 30 h,其光降解产物如下:

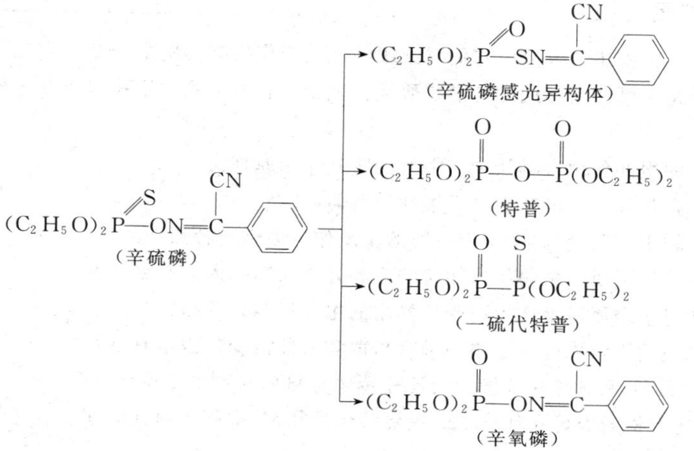

经鉴定一硫代特普的毒性较高,照射 80 h 后,一硫代特普又逐渐光降解消失。

（2）有机磷农药的生物降解　　有机磷农药在土壤中被微生物降解是它们转化的另一条重要途径。化学农药对土壤微生物有抑制作用。同时,土壤微生物也会利用有机农药为能源,在体内酶或分泌酶的作用下,使农药发生降解作用,彻底分解为 CO_2 和 H_2O。如有机氯农药可发生脱氯或氧化作用。如马拉硫磷可被两种土壤微生物——绿色木霉和假单胞菌——以不同的方式降解,其反应如下:

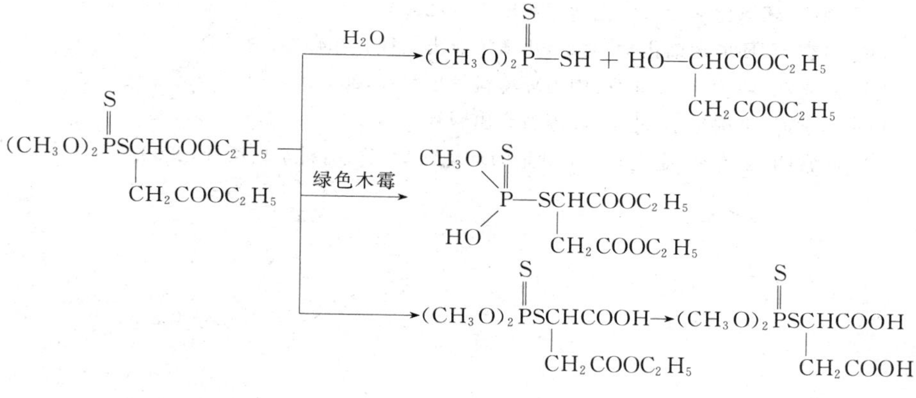

马拉硫磷的羧酸衍生物是代谢产物的主要组成部分,能使马拉硫磷水解成为羧酸衍生物的可溶性酯酶,可从微生物中分离出来。某些绿色木霉的培养变种也有高效脱甲基作用。

思考题与习题

1. 土壤有哪些主要成分?它们对土壤的性质与作用有哪些影响?

2. 什么是土壤的活性酸度与潜在酸度?试用两者的关系讨论我国南方土壤酸度偏高的原因。

3. 土壤的缓冲作用有哪几种?举例说明其作用原理。

4. 什么是盐基饱和度?它对土壤性质有何影响?

5. 试比较土壤阳、阴离子交换吸附的主要作用原理与特点。

6. 土壤中重金属向植物体内转移的主要方式及影响因素有哪些?

7. 植物对重金属污染产生耐受性作用的主要机制是什么?

8. 举例说明影响农药在土壤中进行扩散和质体流动的因素有哪些?

9. 比较 DDT 和林丹在环境中的迁移转化与归趋的主要途径与特点。

10. 试述有机磷农药在环境中的主要转化途径,并举例说明其原理。

主要参考文献

[1] 宋巧书,吴欢,黄胜勇.重金属在土壤-农作物中的迁移转化规律研究.广西师院学报,1999,16:86-91.

[2] 戴树桂.环境化学.北京:高等教育出版社,1996.

[3] 汪群慧,王雨泽,姚杰.环境化学.哈尔滨:哈尔滨工业大学出版社,2004.

[4] 刘兆荣,陈忠明,赵广英.环境化学教程.北京:化学工业出版社,2003.

[5] 刘绮.环境化学.北京:化学工业出版社,2004.

[6] 赵睿新.环境污染化学.北京:化学工业出版社,2004.

[7] 夏立江.环境化学.北京:中国环境科学出版社,2003.

[8] 李学垣.土壤化学.北京:高等教育出版社,2001.

[9] 叶常明,王春霞,金龙珠.21世纪的环境化学.北京:科学出版社,2003.

第五章　生物体内污染物质的运动过程及毒性

内容提要及重点要求

　　本章主要介绍污染物质与生物机体之间的相互作用,涉及机体对污染物质的吸收、分布、转化、排泄等过程和污染物质对机体毒性两方面的内容,要求掌握污染物质的生物富集、放大和积累;耗氧和有毒有机污染物质的微生物降解;若干元素的微生物转化;微生物对污染物质的转化速率;毒物的毒性、联合作用和致突变、致癌及抑制酶活性等作用;定量构效关系中几种应用的分析方法。要求了解有关重要辅酶的功能;有毒有机污染物质生物转化的类型。

第一节　物质通过生物膜的方式

一、生物膜的结构

　　污染物在生物体内的各个过程,大多涉及其必须首先通过机体的各种生物膜。如图 5-1 所示,生物膜主要是由磷脂双分子层和蛋白质镶嵌组成的、厚度为 7.5～10 nm 的流动变动复杂体。在磷脂双分子层中,亲水的极性基团排列于内外两面,疏水的烷链端伸向内侧,所以,在双分子层中央存在一个疏水区,生物膜是类脂层屏障。膜上镶嵌的蛋白质,有附着在磷脂双分子层表面的表在蛋白,有深埋或贯穿磷脂双分子层的内在蛋白,但它们亲水端也都露在双分子层的外表面。这些蛋白质各具一定的生理功能,或是转运膜内外物质的载体,或是起

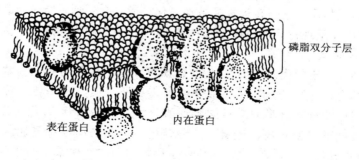

图 5-1　细胞膜脂质双层结构示意图

催化作用的酶,或是能量转换器等。在生物膜中还间以带极性、常含有水的微小孔道,称为膜孔。

二、物质通过生物膜的方式

物质通过生物膜的方式根据机制可分为以下五类。

1. 膜孔滤过

直径小于膜孔的水溶性物质,可借助膜两侧静水压及渗透压经膜孔滤过。

2. 被动扩散

脂溶性物质从高浓度侧向低浓度侧,即顺浓度梯度扩散通过有类脂层屏障的生物膜。扩散速率服从 Fick 定律:

$$\frac{dQ}{dt} = -DA\frac{\Delta c}{\Delta x} \tag{5-1}$$

式中:$\dfrac{dQ}{dt}$——物质膜扩散速率,即 dt 间隔时间内垂直向扩散通过膜的物质

的量;

Δx——膜厚度;

Δc——膜两侧物质的浓度梯度;

A——扩散面积;

D——扩散系数。

扩散系数取决于通过物质和膜的性质。

一般,脂/水分配系数越大,分子越小,或在体液 pH 条件下解离越少的物质,扩散系数也越大,而容易扩散通过生物膜。被动扩散不需耗能,不需载体参与,因而不会出现特异性选择、竞争性抑制及饱和现象。

3. 被动易化扩散

有些物质可在高浓度侧与膜上特异性蛋白质载体结合,通过生物膜,至低浓度侧解离出原物质。这一转运称为被动易化扩散。它受到膜特异性载体及其数量的制约,因而呈现特异性选择,类似物质竞争性抑制和饱和现象。

4. 主动转运

在需消耗一定的代谢能量下,一些物质可在低浓度侧与膜上高浓度特异性蛋白载体结合,通过生物膜,至高浓度侧解离出原物质。这一转运称为主动转运。所需代谢能量来自膜的三磷酸腺苷酶分解三磷酸腺苷(ATP)成二磷酸腺苷(ADP)和磷酸时所释放的能量。这种转运还与膜的高度特异性载体及其数量有关,而具有特异性选择,类似物质竞争性抑制和饱和现象。如钾离子在细胞内外的浓度分布为[K$^+$]$_{细胞内}$≫[K$^+$]$_{细胞外}$。这一奇特的浓度分布是由相应的主

动转运造成的,即低浓度侧钾离子易与膜上磷酸蛋白 P(磷酸根与丝氨酸相结合的产物)结合为 KP,而后在膜中扩散并与膜的三磷酸腺苷发生磷化,将结合的钾离子释放至高浓度侧,如下列反应所示:

$$K^+ + P \longrightarrow KP$$
$$(膜外)$$
$$KP + ATP \longrightarrow PP + ADP + K^+$$
$$(膜内)$$

5. 胞吞和胞饮

少数物质与膜上某种蛋白质有特殊亲和力,当其与膜接触后,可改变这部分膜的表面张力,引起膜的外包或内陷而被包围进入膜内,固体物质的这一转运称为胞吞,而液态物质的这一转运称为胞饮。

总之,物质以何种方式通过生物膜,主要取决于机体各组织生物膜的特性和物质的结构、理化性质。物质理化性质包括脂溶性、水溶性、解离度、分子大小等。被动易化扩散和主动转运,是正常的营养物质及其代谢物通过生物膜的主要方式。除与前者类似的物质以这样方式通过膜外,大多数物质一般以被动扩散方式通过生物膜。膜孔滤过和胞吞、胞饮在一些物质通过膜的过程中发挥作用。

第二节　污染物质在机体内的转运

污染物质在机体内的运动过程包括吸收、分布、排泄和生物转化。前三者统称转运,而排泄与生物转化又称为消除。下面介绍污染物质在人体内的转运。有关内容基本适用于哺乳动物,而涉及的一般原理也适用于其他生物,如鱼类等。

一、吸收

吸收是污染物质从机体外,通过各种途径通透体膜进入血液的过程。吸收途径主要是机体的消化道、呼吸道和皮肤。

消化道是吸收污染物质最主要的途径。从口腔摄入的食物和饮水中的污染物质,主要通过被动扩散被消化道吸收,主动转运较少。消化道的主要吸收部位在小肠,其次是胃。小肠最内层是黏膜,黏膜向肠腔内形成许多突起,称为小肠绒毛,黏膜内布满毛细血管。进入小肠的污染物大多以被动扩散通过肠黏膜再转入血液,因而污染物质的脂溶性越强及在小肠内浓度越高,被小肠吸收也越快。此外,血液流速也是影响机体对污染物质吸收的因素之一。血流速度越大,则膜两侧污染物质的浓度梯度越大,机体对污染物质的吸收速率也越大。由于脂溶性污染物质经膜通透性好,因此它被小肠吸收的速率受到血流速度的限制。相反,一些极性污染物质,因其脂溶性小,在被小肠吸收时经膜扩散成了限速因素,而对血流影响不敏感。小肠液的酸性($pH \approx 6.6$)明显低于胃液($pH \approx 2$),有机弱碱在小肠和胃液中分别以未解离型和解离型占优势,未解离型易于扩散通过膜,因此有机弱碱在小肠中的吸收比在胃中的吸收快。反之,有机酸在小肠中主要呈解离型,对吸收不利。但是,因为小肠的吸收总面积达 200 m^2,血流速度为 1 L/min,而胃的相应数据仅分别为 1 m^2 和 0.15 L/min,所以小肠对有机弱酸的吸收一般还是比胃快。促进胃排空,也常可加速小肠对污染物质的吸收。

呼吸道是吸收大气污染物的主要途径。其主要吸收部位是肺泡。肺泡的膜很薄,数量众多,四周布满壁膜极薄、结构疏松的毛细血管。因此,吸收的气态和液态气溶胶污染物质,可以被动扩散和滤过方式,分别迅速通过肺泡和毛细血管膜进入血液。固态气溶胶和粉尘污染物质吸进呼吸道后,可在气管、支气管及肺泡表面沉积。到达肺泡的固态颗粒很小,粒径小于 5 μm。其中,易溶微粒在溶于肺泡表面体液后,按上述过程被吸收,而难溶微粒往往在吞噬作用下被吸收。

皮肤吸收是不少污染物质进入机体的途径。皮肤接触的污染物质,常以被动扩散相继通过皮肤的表皮及真皮,再滤过真皮中毛细血管壁膜进入血液。一般,相对分子质量低于 300,处于液态或溶解态,呈非极性的脂溶性污染物质,最容易被皮肤吸收,如酚、尼古丁、马钱子碱等。

二、分布

分布是指污染物质被吸收后或其代谢转化物质形成后,由血液转送至机体各组织,与组织成分结合,从组织返回血液,以及再反复等过程。在污染物质的分布过程中,污染物质的转运以被动扩散为主。

脂溶性污染物质易于通过生物膜,此时,经膜通透性对其分布影响不大,组织血流速度是分布的限速因素。因此,它们在血流丰富的组织(如肺、肝、肾)的分布,远比血流少的组织(如皮肤、肌肉、脂肪)中迅速。

与一般器官组织的多孔性毛细血管壁不同,中枢神经系统的毛细血管壁内皮细胞互相紧密相连,几乎无空隙。当污染物质由血液进入脑部时,必须穿过这一毛细血管壁内皮的血脑屏障。此时,污染物质的经膜通透性成为其转运的限速因素。高脂溶性低解离度的污染物质经膜通透性好,容易通过血脑屏障,由血液进入脑部,如甲基汞化合物。非脂溶性污染物质很难入脑,如无机汞化合物。污染物质由母体转运到胎儿体内,必须通过由数层生物膜组成的胎盘,称为胎盘屏障,也同样受到经膜通透性的限制。

污染物质常与血液中的血浆蛋白质结合。这种结合呈可逆性,结合与解离处于动态平衡。只有未与蛋白结合的污染物质才能在体内组织进行分布。因此，与蛋白结合率高的污染物质，在低浓度下几乎全部与蛋白结合，存留在血浆内；但当其浓度达到一定水平，未被结合的污染物质剧增，快速向机体组织转运，组织中该污染物质的分布显著增加。而与蛋白结合率低的污染物质，随浓度增加，血液中未被结合的污染物质也逐渐增加，故对污染物质在体内分布的影响不大。由于亲和力不同，污染物质与血浆蛋白的结合受到其他污染物质及机体内源性代谢物质的置换竞争影响。该影响显著时，会使污染物质在机体内的分布有较大的改变。

有些污染物质可与血液的红细胞或血管外组织蛋白相结合，也会明显影响它们在体内的分布。如肝、肾细胞内有一类含巯基氨基酸的蛋白，易与锌、镉、汞、铅等重金属结合成复合物，称为金属硫蛋白。因而肝、肾中这些污染物质的浓度，可以远远超过其血中浓度的数百倍。在肝细胞内还有一种 Y 蛋白，易与很多有机阴离子相结合，对于有机阴离子转运进入肝细胞起着重要作用。

三、排泄

排泄是污染物质及其代谢物质向机体外的转运过程。排泄器官有肾、肝胆、肠、肺、外分泌腺等，而以肾和肝胆为主。

肾排泄是污染物质通过肾随尿而排出的过程。肾小球毛细血管壁有许多较大的膜孔，大部分污染物质都能从肾小球滤过；但是，相对分子质量过大的或与血浆蛋白结合的污染物质，不能滤过仍留在血液内。肾的近曲小管具有有机酸及有机碱的主动转运系统，能分别分泌有机酸（如羧酸、磺酸、尿酸、磺酰胺）和有机碱（如胺、季铵）。通过这两个转运，使污染物质进入肾管腔从尿中排出。与之相反，肾的远曲小管对滤过肾小球溶液中的污染物质，可以被动扩散进行重吸收，使之在不同程度上又返回血液。肾小管膜的类脂特性与机体其他部位的生物膜相同，因此脂溶性污染物质容易被重吸收。另外，肾小管液的 pH 对重吸收也有影响。肾小管液呈酸性时，有机弱酸解离少易被重吸收，而有机弱碱解离多难被重吸收。肾小管液呈碱性时，恰好与前相反。总之，肾排泄污染物质的效率是肾小球滤过，近曲小管主动分泌和远曲小管被动重吸收的综合结果。一般来说，肾排泄是污染物质的一个主要排泄途径。

污染物质的另一个重要排泄途径，是肝胆系统的胆汁排泄。胆汁排泄是指主要由消化道及其他途径吸收的污染物质，经血液到达肝脏后，以原物或其代谢物并胆汁一起分泌至十二指肠，经小肠至大肠内，再排出体外的过程。污染物质在肝脏的分泌主要是主动转运，被动扩散较少；其中，少数是原形物质，多数是原形物质在肝脏经代谢转化而形成的产物，所以胆汁排泄是原形污染物质排出体外的一个次要途径,但为污染物质代谢物的主要排出途径。一般地,相对分子质量在 300 以上、分子中具有强极性基团的化合物,即水溶性大、脂溶性小的化合物,胆汁排泄良好。

值得注意的是有些物质由胆汁排泄,在肠道运行中又重新被吸收,该现象称为肠肝循环。这些物质呈高脂溶性,包含胆汁中的原形污染物或污染物代谢结合物在肠道经代谢转化而复得的原形污染物。能进行肠肝循环的污染物,通常在体内停留时间较长。如高脂溶性甲基汞化合物主要通过胆汁从肠道排出,由于肠肝循环,使其生物半衰期平均达 70 天,排除甚慢。

四、蓄积

机体长期接触某污染物质,若吸收超过排泄及其代谢转化,则会出现该污染物质在体内逐增的现象,称为生物蓄积。蓄积量是吸收、分布、代谢转化和排泄各量的代数和。蓄积时,污染物质的体内分布,常表现为相对集中的方式,主要集中在机体的某些部位。

机体的主要蓄积部位是血浆蛋白、脂肪组织和骨骼。污染物质常与血浆蛋白结合而蓄积。许多有机污染物质及其代谢脂溶性产物,通过分配作用,溶解集中于脂肪组织,如苯、多氯联苯等。氟及钡、锶、铍、镭等金属,经离子交换吸附,进入骨骼组织的无机羟磷灰盐中而蓄积。

有些污染物质的蓄积部位与毒性作用部位相同。如百草枯在肺及一氧化碳在红细胞中血红蛋白的集中就属于这类情形。但是有些污染物质的蓄积部位与毒性作用部位不相一致。如 DDT 在脂肪组织中蓄积,而毒性作用部位是神经系统及其他脏器;铅集中于骨骼,而毒性作用部位在造血系统、神经系统及胃肠道等。

蓄积部位中的污染物质,常同血浆中游离型污染物质保持相对稳定的平衡。当污染物质从体内排出或机体不与之接触时,血浆中污染物质即减少,蓄积部位就会释放该物质,以维持上述平衡。因此,在污染物质蓄积和毒性作用的部位不相一致时,蓄积部位可成为污染物质内在的二次接触源,有可能引起机体慢性中毒。

第三节　污染物质的生物富集、放大和积累

一、生物富集

生物富集是指生物通过非吞食方式,从周围环境(水、土壤、大气)蓄积某种

元素或难降解的物质,使其在机体内浓度超过周围环境中浓度的现象。生物富集用生物浓缩系数表示,即

$$BCF = c_b/c_e \qquad (5-2)$$

式中:BCF——生物浓缩系数;

c_b——某种元素或难降解物质在机体中的浓度;

c_e——某种元素或难降解物质在机体周围环境中的浓度。

生物浓缩系数可以是个位到万位级,甚至更高。其大小与下列三个方面的影响因素有关。在物质性质方面的主要影响因素是降解性、脂溶性和水溶性。一般,降解性小、脂溶性高、水溶性低的物质,生物浓缩系数高;反之,则低。如虹鳟对 $2,2'$-四氯联苯和 $4,4'$-四氯联苯的浓缩系数为 12 400,而对四氯化碳的浓缩系数是 17.7。在生物特征方面的影响因素有生物种类、大小、性别、器官、生物发育阶段等。如金枪鱼和海绵对铜的浓缩系数,分别是 100 和 1 400。在环境条件方面的影响因素包括温度、盐度、水硬度、pH、氧含量和光照状况等。如翻车鱼对多氯联苯浓缩系数在水温 5 ℃时为 6.0×10^3,而在 15 ℃时为 5.0×10^4,水温升高,相差显著。一般地,重金属元素和许多氯化碳氢化合物,稠环、杂环等有机化合物具有很高的生物浓缩系数。

从动力学观点来看,水生生物对水中难降解物质的富集速率,是生物对其吸收速率、消除速率及由生物机体质量增长引起的物质稀释速率的代数和。吸收速率(R_a)、消除速率(R_e)及稀释速率(R_g)的表示式为

$$R_a = k_a c_w \qquad (5-3)$$

$$R_e = -k_e c_f \qquad (5-4)$$

$$R_g = -k_g c_f \qquad (5-5)$$

式中:k_a, k_e, k_g——水生生物吸收、消除、生长的速率常数;

c_w, c_f——水及生物体内的瞬时物质浓度。

于是水生生物富集速率微分方程为

$$\frac{dc_f}{dt} = k_a c_w - k_e c_f - k_g c_f \qquad (5-6)$$

如果富集过程中生物质量增长不明显,则 k_g 可忽略不计,式(5-6)简化成

$$\frac{dc_f}{dt} = k_a c_w - k_e c_f \qquad (5-7)$$

通常,水体足够大,水中的物质浓度(c_w)可视为恒定。又设 $t=0$ 时,$c_f(0)=0$。

在此条件下求解式(5-6),式(5-7),水生生物富集速率方程为

$$c_f = \frac{k_a c_w}{k_e + k_g} [1 - \exp(-k_e - k_g)t] \qquad (5-8)$$

$$c_f = \frac{k_a c_w}{k_e} [1 - \exp(-k_e)t] \qquad (5-9)$$

从式(5-8),式(5-9)可看出,水生生物浓缩系数(c_f/c_w)随时间延续而增大,先期增大比后期迅速,当 $t \to \infty$ 时,生物浓缩系数依次为

$$\text{BCF} = \frac{c_f}{c_w} = \frac{k_a}{k_e + k_g} \qquad (5-10)$$

$$\text{BCF} = \frac{c_f}{c_w} = \frac{k_a}{k_e} \qquad (5-11)$$

说明在一定条件下生物浓缩系数有一阈值。此时,水生生物富集达到动态平衡。生物浓缩系数常指生物富集到达平衡时的 BCF 值,并可由实验得到。在控制条件下的实验中,可用平衡方法测定水生生物体内及水中的物质浓度,也可用动力学方法测定 k_a, k_e 和 k_g,然后用式(5-10)或式(5-11)算得 BCF 值。

水生生物对水中物质的富集是一个复杂过程。但是对于有较高脂溶性和较低水溶性的、以被动扩散通过生物膜的难降解有机物质,这一过程的机理可简示为该类物质在水和生物脂肪组织两相间的分配作用。如鱼类通过呼吸,在短时间内有大量的水流经鳃膜;水中溶解的该类有机物质,易于被动扩散通过极薄的鳃膜,随血流转运,相继经过富含血管的组织,除少许被消除外,主要输至脂肪组织中蓄积,显示其在水-脂肪体系中的分配特征。人们以正辛醇作为水生生物脂肪组织代用品,发现这些有机物质在辛醇-水两相分配系数的对数($\lg K_{ow}$)与其在水生生物体中浓缩系数的对数($\lg \text{BCF}$)之间有良好的线性正相关关系。其通式为

$$\lg \text{BCF} = a \lg K_{ow} + b \qquad (5-12)$$

如 Neeley W B 等报道,8 种有机物质的 $\lg K_{ow}$ 和它们在虹鳟体中的 $\lg \text{BCF}$ 之间相关系数为 0.948,回归方程为

$$\lg \text{BCF} = 0.542 \lg K_{ow} + 0.124 \qquad (5-13)$$

这一可类比性为上述有机物质生物富集的分配机理提供了验证。式(5-12)中的回归系数 a, b 与有机物质和水生生物的种类及水体条件有关。据此选用已建

成的回归方程,代入 K_{ow} 值,便可估算相应有机物质的 BCF 值。

二、生物放大

生物放大是指在同一食物链上的高营养级生物,通过吞食低营养级生物蓄积某种元素或难降解物质,使其在机体内的浓度随营养级数提高而增大的现象。生物放大的程度也用生物浓缩系数表示。生物放大的结果,可使食物链上高营养级生物体内这种元素或物质的浓度超过周围环境中的浓度。如 1966 年有人报道,美国图尔湖和克拉斯南部自然保护区内生物群落受到 DDT 的污染,在位于食物链顶级、以鱼类为食的水鸟体中 DDT 浓度,比当地湖水高出约 $1.0 \times 10^5 \sim 1.2 \times 10^5$ 倍。在北极地区地衣→北美驯鹿→狼的食物链上,明显存在着 ^{137}Cs 生物放大现象。

但是,生物放大并不是在所有条件下都能发生。据文献报道,有些物质只能沿食物链传递,不能沿食物链放大;有些物质既不能沿食物链传递,也不能沿食物链放大。这是因为影响生物放大的因素是多方面的。如食物链往往都十分复杂,相互交织成网状,同一种生物在发育的不同阶段或相同阶段,有可能隶属于不同的营养级而具有多种食物来源,这就扰乱了生物放大。不同生物或同一生物在不同的条件下,对物质的吸收、消除等均有可能不同,也会影响生物放大状况。

三、生物积累

生物放大或生物富集是属于生物积累的一种情况。所谓生物积累,就是生物从周围环境(水、土壤、大气)和食物链蓄积某种元素或难降解物质,使其在机体中的浓度超过周围环境中浓度的现象。生物积累也用生物浓缩系数表示。

以水生生物对某物质的生物积累而论,其微分速率方程可以表示为

$$\frac{dc_i}{dt} = k_{a_i} c_w + \alpha_{i,i-1} \cdot W_{i,i-1} c_{i-1} - (k_{e_i} + k_{g_i}) c_i \tag{5-14}$$

式中:c_w——生物生存水中某物质浓度;

c_i——食物链 i 级生物中该物质浓度;

c_{i-1}——食物链 $i-1$ 级生物中该物质浓度;

$W_{i,i-1}$——i 级生物对 $i-1$ 级生物的摄食率;

$\alpha_{i,i-1}$——i 级生物对 $i-1$ 级生物中该物质的同化率;

k_{a_i}——i 级生物对该物质的吸收速率常数;

k_{e_i}——i 级生物体中该物质消除速率常数;

k_{g_i} ——i 级生物的生长速率常数。

此式表明,食物链上水生生物对某物质的积累速率等于从水中的吸收速率,从食物链上的吸收速率及其本身消除、稀释速率的代数和。

当生物积累达到平衡时 $dc_i/dt=0$,式(5-14)成为

$$c_i=\left(\frac{k_{a_i}}{k_{e_i}+k_{g_i}}\right)c_w+\left(\frac{\alpha_{i,i-1}\cdot W_{i,i-1}}{k_{e_i}+k_{g_i}}\right)c_{i-1} \qquad (5-15\mathrm{a})$$

式中右端两项依次以 c_{w_i} 和 c_{ϕ_i} 表示,则可改写成

$$c_i=c_{w_i}+c_{\phi_i} \qquad (5-15\mathrm{b})$$

上列式子表明,生物积累的物质浓度中,一项是从水中摄得的浓度,另一项是从食物链传递得到的浓度。这两项的对比,反映出相应的生物富集和生物放大在生物积累达到平衡时的贡献大小。另外,可知 c_{ϕ_i} 与 c_{i-1} 的关系为

$$\frac{c_{\phi_i}}{c_{i-1}}=\frac{\alpha_{i,i-1}\cdot W_{i,i-1}}{k_{e_i}+k_{g_i}} \qquad (5-16)$$

显然,只有在式(5-16)的右端项大于 1 时,食物链上从饵料生物至捕食生物才会呈现生物放大。通常 $W_{i,i-1}>k_{g_i}$,因而对于同种生物来说,k_{e_i} 越小和 $\alpha_{i,i-1}$ 越大的物质,生物放大也越显著。

综上所述,不难想到生物积累、放大和富集可在不同侧面为探讨环境中污染物质的迁移、排放标准和可能造成的危害,以及利用生物对环境进行监测和净化,提供重要的科学依据。

第四节　污染物质的生物转化

物质在生物作用下经受的化学变化,称为生物转化或代谢(转化)。生物转化、化学转化和光化学转化构成了污染物质在环境中的三大主要转化类型。通过生物转化,污染物质的毒性也随之改变。对于污染物质在环境中的生物转化,微生物起着关键作用。这是因为它们大量存在于自然界,生物转化呈多样性,又具有大的表面/体积值,繁殖非常迅速,对环境条件适应性强等特点。因此,了解污染物质的生物转化,尤其是微生物转化,有助于深入认识污染物质在环境中的分布与转化规律,为保护生态提供理论依据;并可有的放矢采取污染控制及治理的措施,开发无污染新工艺,而具有重要实用价值。

本节中首先介绍生物转化中的酶学和氢传递过程的基础内容,以便于了解污染物质的生物转化。其次,论及耗氧和有毒有机污染物质的微生物降解,若干

重金属和非金属元素的微生物转化。最后叙述污染物质的生物转化速率。

一、生物转化中的酶

绝大多数的生物转化是在机体的酶参与和控制下进行的。酶是一类由细胞制造和分泌的、以蛋白质为主要成分的、具有催化活性的生物催化剂。其中,在酶催化下发生转化的物质称为底物或基质;底物所发生的转化称为酶促反应。

酶催化作用的特点在于:第一,催化专一性高。一种酶只能对一种底物或一类底物起催化作用,而促进一定的反应,生成一定的代谢产物。如脲酶仅能催化尿素水解:

$$O=C\underset{NH_2}{\overset{NH_2}{\big\langle}} +H_2O \xrightarrow{\text{脲酶}} 2NH_3+CO_2 \tag{5-17}$$

但对包括结构与尿素非常相似的甲基尿素($CH_3NHCONH_2$)在内的其他底物均无催化作用。蛋白酶只能催化蛋白质水解,而不能催化淀粉水解。第二,酶催化效率高。例如,蔗糖酶催化蔗糖水解的速率较强酸催化速率高 2×10^{12} 倍。0 ℃时过氧化氢酶催化过氧化氢分解的速率高于铁离子催化速率 1×10^{10} 倍。一般地,酶催化反应的速率比化学催化剂高 $10^7\sim10^{13}$ 倍。第三,酶催化需要温和的外界条件。我们知道,化学催化剂在一定条件下会因中毒失去催化能力。酶的本质为蛋白质,比化学催化剂更容易受到外界条件的影响,而变质失去催化效能。诸如强酸、强碱、高温等激烈的条件都能使酶丧失催化效能。酶催化作用一般要求温和的外界条件,如常温、常压、接近中性的酸碱度等。

酶的种类很多,已知的酶有 2×10^3 多种。根据起催化作用的场所,酶分为胞外酶和胞内酶两大类。这两类都在细胞中产生,但是胞外酶能通过细胞膜,在细胞外对底物起催化作用,通常是催化底物水解;而胞内酶不能通过细胞膜,仅能在细胞内发挥各种催化作用。

酶根据催化反应类型,分成六大类:氧化还原酶(催化氧化还原反应)、转移酶(催化化学基团转移反应)、水解酶(催化水解反应)、裂解酶(催化底物分子某些键非水解性断裂反应)、异构酶(催化异构反应)、合成酶(与高能磷酸化合物分解相耦联,催化两种底物结合的反应)。

酶按照成分,分为单成分酶和双成分酶两大类。单成分酶只含有蛋白质,如脲酶、蛋白酶。双成分酶除含蛋白质外,还含有非蛋白质部分,前者称酶蛋白,后者称辅基或辅酶。辅基同酶蛋白的结合比较牢固,不易分离。辅酶与酶蛋白结合松弛，易于分离。所以，两者区别仅在于同酶蛋白结合的牢固程度不同，而无严格的界线。为了简便起见，在下面叙述中均用辅酶称呼。

在双成分酶催化反应时，一般是辅酶起着传递电子、原子或某些化学基团的功能，酶蛋白起着决定催化专一性和催化高效率的功能。因此，只有双成分酶的整体才具有酶的催化活性，而当酶蛋白与辅酶经分离后各自单独存在时则均失去相应作用。

辅酶的成分是金属离子、含金属的有机化合物或小分子的复杂有机化合物。已经发现的辅酶有30余种。同一辅酶可以结合不同的酶蛋白，构成许多种双成分酶，可对不同底物进行相同反应。因此，知道辅酶对电子、原子或某些化学基团的传递功能，是了解双成分酶催化反应的关键。

二、若干重要辅酶的功能

1. FMN 和 FAD

辅酶 FMN 和 FAD 分别是黄素单核苷酸和黄素腺嘌呤二核苷酸的缩写，结构式如图 5-2 所示。

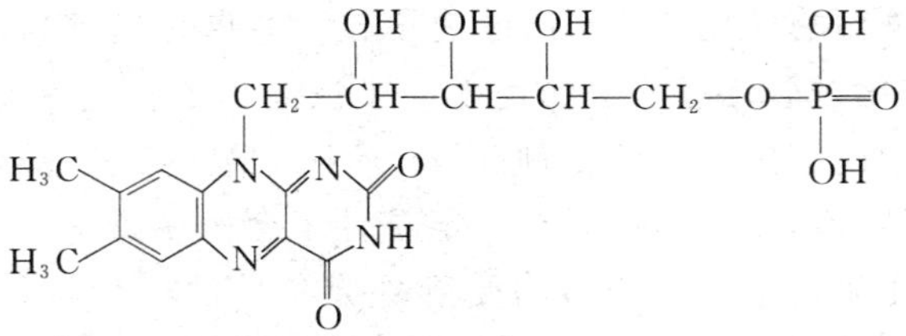

FMN(黄素单核苷酸)

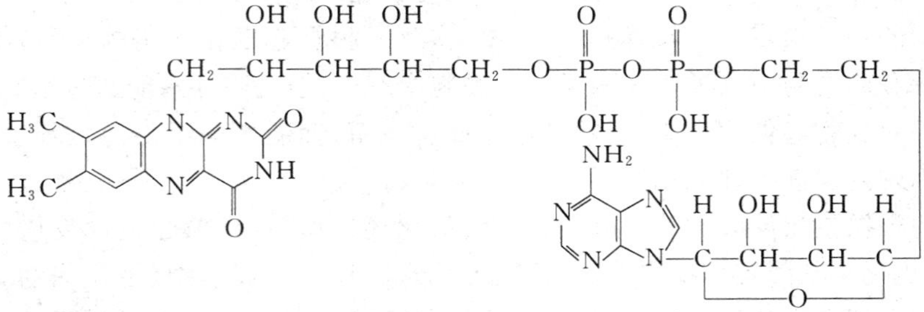

FAD(黄素腺嘌呤二核苷酸)

图 5-2　FMN 和 FAD 的结构式

FMN 或 FAD 是一些氧化还原酶的辅酶，在酶促反应中具有传递氢原子的功能，示于式(5-18)中。

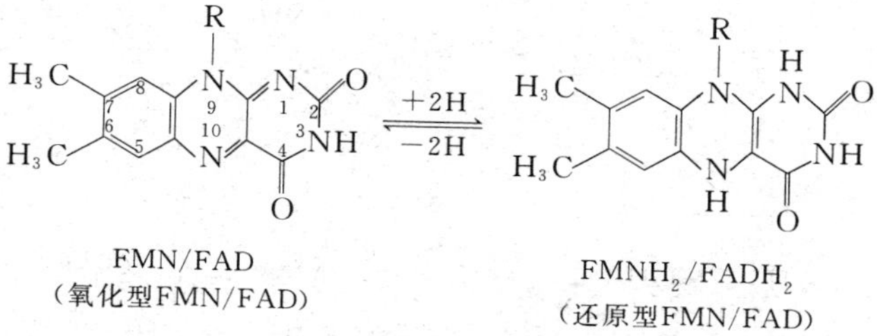

$$+2H \atop -2H$$

(5-18)

FMN/FAD
（氧化型 FMN/FAD）

FMNH$_2$/FADH$_2$
（还原型 FMN/FAD）

（R—FMN/FAD 的其余部分）

式(5-18)表明，从底物上脱落下来的两个氢原子，由辅酶 FMN 或 FAD 分子中的异咯嗪基进行传递。两个氢原子分别加到异咯嗪基中标号为 1 和 10 的氮上，于是 FMN/FAD 变为 FMNH$_2$/FADH$_2$。随后按式(5-18)逆反应，将氢传递于不同底物，又恢复为 FMN/FAD。

2. NAD$^+$ 和 NADP$^+$

辅酶 NAD$^+$ 和 DADP$^+$ 又分别称为辅酶 Ⅰ 和辅酶 Ⅱ，依次是烟酰胺腺嘌呤二核苷酸和烟酰胺腺嘌呤二核苷酸磷酸的缩写，结构式如图 5-3 所示。NAD$^+$ 和 NADP$^+$ 是一些氧化还原酶的辅酶，在酶促反应中起着传递氢的作用，如式(5-19)所示，从底物上脱落下来的两个氢原子，由辅酶分子中烟酰胺基团进行传递。其中，一个加到此基团中氮对位的碳上；另一个氢（H$^+$＋e$^-$）中的电子加到基团环的氮上，使之由＋5 价变为＋3 价，剩下的 H$^+$ 游离于细胞液中备用。这样，NAD$^+$/NADP$^+$ 转变为 NADH＋H$^+$ 或 NADPH＋H$^+$。它们随后按式(5-19)逆反应，把氢传递于不同底物，又复原为 NAD$^+$/NADP$^+$。

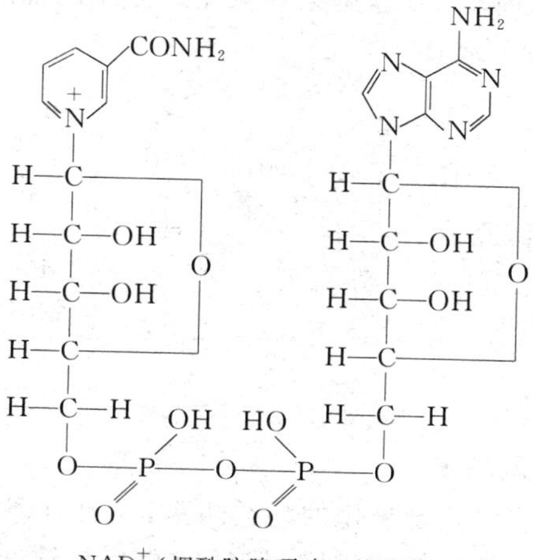

NAD$^+$（烟酰胺腺嘌呤二核苷酸）

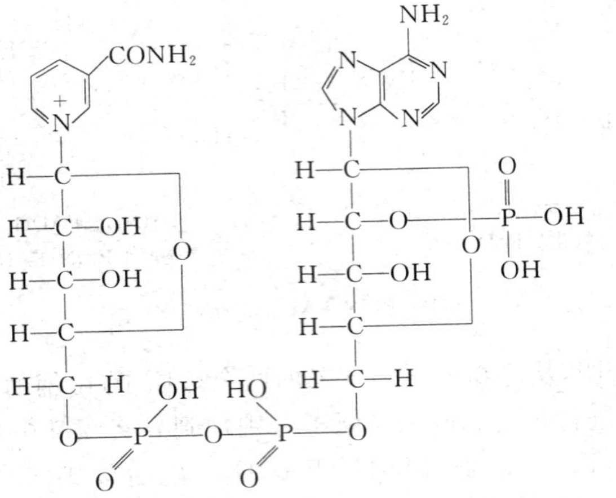

NADP$^+$（烟酰胺腺嘌呤二核苷酸磷酸）

图 5-3　NAD$^+$ 和 NADP$^+$ 的结构式

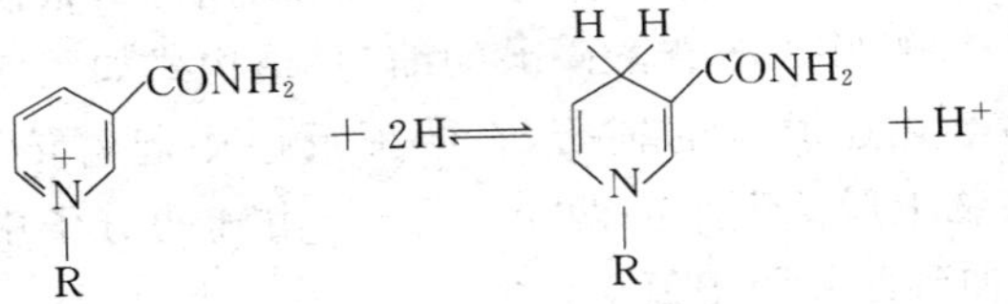

$$(5-19)$$

NAD$^+$/NADP$^+$　　　　　　　NADH/NADPH
（氧化型NAD$^+$/NADP$^+$）　　（还原型NAD$^+$/NADP$^+$）

（R—NAD$^+$/NADP$^+$ 的其余部分）

3. 辅酶 Q

辅酶 Q 又称泛醌,简写 CoQ,是某些氧化还原酶的辅酶,在酶促反应中担任递氢任务,如式(5-20)所示。

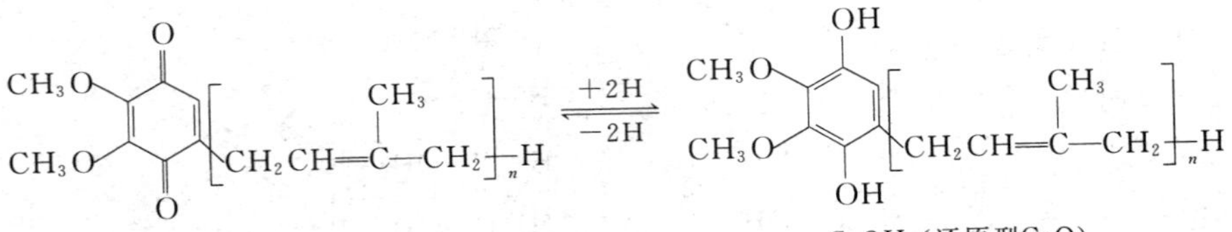

CoQ（氧化型CoQ）　　　　　　CoQH$_2$（还原型CoQ）
（$n=6\sim10$）

$$(5-20)$$

4. 细胞色素酶系的辅酶

细胞色素酶系是催化底物氧化的一类酶系,主要有细胞色素 b,c$_1$,c,a 和 a$_3$ 等几种。它们的酶蛋白部分各不相同,但是辅酶都是铁卟啉。在酶促反应时辅酶铁卟啉中的铁不断地进行氧化还原,当铁获得电子时从+3 价还原为+2 价,在后者把电子传递出去后又氧化为+3 价,从而起到传递电子作用,如式(5—21)所示。

$$cyt_n Fe^{3+} \underset{-e^-}{\overset{+e^-}{\rightleftharpoons}} cyt_n Fe^{2+} \tag{5—21}$$

式中:cyt——细胞色素酶系;

$\quad n$——b,c_1,c,a 和 a_3。

5. 辅酶 A

辅酶 A 是泛酸的一个衍生物,简写为 CoASH,结构式如下:

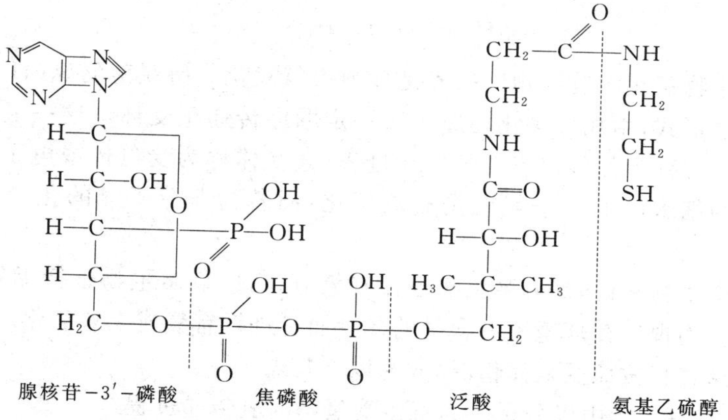

腺核苷-3′-磷酸　　焦磷酸　　泛酸　　氨基乙硫醇

辅酶 A(CoASH)

辅酶 A 是一种转移酶的辅酶,所含的巯基与酰基形成硫酯,而在酶促反应中起着传递酰基的功能,式(5—22)是其传递乙酰基的反应。

$$CoASH + CH_3CO^+ \rightleftharpoons CH_3CO—SCoA + H^+ \tag{5—22}$$

三、生物氧化中的氢传递过程

生物氧化是指有机物质在机体细胞内的氧化,并伴随有能量释放。放出的能量主要通过二磷酸腺苷与正磷酸合成三磷酸腺苷而被暂时存放。这是因为三磷酸腺苷比二磷酸腺苷多含有一个高能磷酸键,见式(5—23)。在三磷酸腺苷分解为二磷酸腺苷时再放出相应能量,用作机体进行吸能反应。

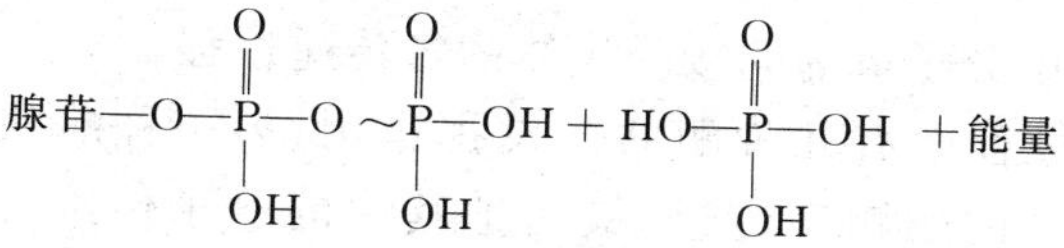

腺苷—O—P—O~P—OH + HO—P—OH ＋能量

$$\Longrightarrow 腺苷—O—\underset{OH}{\overset{O}{P}}—O\sim\underset{OH}{\overset{O}{P}}—O\sim\underset{OH}{\overset{O}{P}}—OH + H_2O \qquad (5-23)$$

式中:符号"$\sim$"——高能磷酸键。

腺苷部分的结构如下:

在生物氧化中有机物质的氧化多为去氢氧化。所脱落的氢($H^+ + e^-$)以原子或电子形式,由相应氧化还原酶按一定顺序传递至受体。这一氢原子或电子的传递过程称为氢传递或电子传递过程,其受体称为受氢体或电子受体。受氢体如果为细胞内的分子氧就是有氧氧化,而若为非分子氧的化合物则是无氧氧化。

就微生物来说,好氧微生物进行有氧氧化,厌氧微生物进行无氧氧化,兼性厌氧微生物视生存环境中氧含量的多少而可进行有氧或无氧氧化。其中所涉及的氢传递过程按照受氢体情况,分为以下几类。

1. 有氧氧化中以分子氧为直接受氢体的氢传递过程

这类氢传递过程中只有一种酶作用于有机底物,脱落底物的氢($H^+ + e^-$),其中的电子由该酶辅酶直接传递给分子氧,形成激活态 O^{2-},与脱落氢剩下的 H^+ 化合成水,如图 5-4 所示。

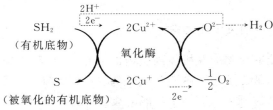

图 5-4   分子氧作为直接受氢体的氢传递过程举例

2. 有氧氧化中分子氧为间接受氢体的氢传递过程

这类氢传递过程中有几种酶共同发挥作用,第一种酶从有机底物脱落氢($H^+ + e^-$),由其余的酶顺序传递,最后把其中的电子传给分子氧形成激活态

O^{2-}，并与脱落氢中剩下的 H^+ 结合为水。此类氢传递一般过程示于图 5-5。

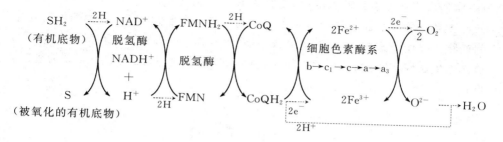

图 5-5　分子氧作为间接受氢体的氢传递一般过程

图 5-5 中各辅酶顺序传递氢的反应为式(5-24)～式(5-29)。

$$SH_2 + NAD^+ \longrightarrow S + NADH + H^+ \tag{5-24}$$

$$NADH + H^+ + FMN \longrightarrow NAD^+ + FMNH_2 \tag{5-25}$$

$$FMNH_2 + CoQ \longrightarrow FMN + CoQH_2 \tag{5-26}$$

$$CoQH_2 + 2cyt_b Fe^{3+} \longrightarrow CoQ + 2cyt_b Fe^{2+} + 2H^+ \tag{5-27}$$

$$2cyt_n Fe^{2+} + 2cyt_{n'} Fe^{3+} \rightleftharpoons 2cyt_n Fe^{3+} + 2cyt_{n'} Fe^{2+} \tag{5-28}$$

（n 依次是 b, c_1, c, a；n' 依次是 c_1, c, a, a_3）

$$2cyt_{a_3} Fe^{2+} + \frac{1}{2}O_2 \longrightarrow 2cyt_{a_3} Fe^{3+} + O^{2-} \tag{5-29}$$

上述氢传递过程得到多方面实验结果的支持。如测得过程中各步反应的氧化还原电位（表 5-1，pH7）基本上呈现逐增的趋势，以 $NAD^+/(NADH + H^+)$ 的 $E^{\ominus}$ 最小，而以 O_2/H_2O 的 $E^{\ominus}$ 最大。这较好表明氢传递方向是从 NAD^+ 到分子氧。

表 5-1　生物去氢氧化中各反应的电极电位(pH=7)

电　对	$E^{\ominus}/V$	电　对	$E^{\ominus}/V$
$NAD^+/(NADH + H^+)$	-0.32	$2cyt_{c_1}(2Fe^{3+}/2Fe^{2+})$	$+0.22$
$FMN/FMNH_2$	-0.12	$2cyt_c(2Fe^{3+}/2Fe^{2+})$	$+0.26$
$CoQ/CoQH_2$	$+0.10$	$2cyt_{a_3}(2Fe^{3+}/2Fe^{2+})$	$+0.28$
$2cyt_b(2Fe^{3+}/2Fe^{2+})$	$+0.05$	O_2/H_2O	$+0.82$

3. 无氧氧化中有机底物转化中间产物作受氢体的氢传递过程

　　这类氢传递过程有一种或一种以上的酶参与,最后常由脱氢酶辅酶 NADH＋H$^+$ 将所含来源于有机底物的氢,传给该底物生物转化的相应中间产物。例如,兼性厌氧的酵母菌在无分子氧存在下以葡萄糖为生长底物时,用葡萄糖转化中间产物乙醛作受氢体,乙醛被还原成乙醇,见式(5−30);厌氧的乳酸菌在以葡萄糖作为生长底物时,糖转化的中间产物丙酮酸是受氢体,丙酮酸被还原为乳酸,见式(5−31)。

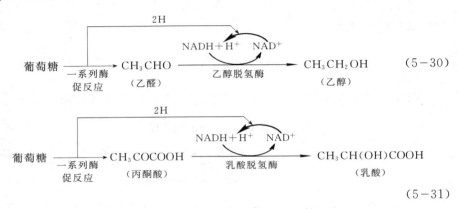

$$(5-30)$$

$$(5-31)$$

　　4. 无氧氧化中某些无机含氧化合物作受氢体的氢传递过程

　　在这类氢传递过程中最常见的受氢体是硝酸根、硫酸根和二氧化碳。它们接受来源于有机底物由酶传递来的氢,而被分别还原为分子氮(或一氧化二氮)、硫化氢和甲烷。例如:

$$10[H]+2NO_3^-+2H^+ \xrightarrow[\text{反硝化菌}]{\text{兼性厌氧}} N_2+6H_2O \qquad (5-32)$$

$$24[H]+3H_2SO_4 \xrightarrow[\text{硫酸还原菌}]{\text{兼性厌氧}} 3H_2S+12H_2O \qquad (5-33)$$

$$8[H]+CO_2 \xrightarrow{\text{厌氧甲烷菌}} CH_4+2H_2O \qquad (5-34)$$

四、耗氧有机污染物质的微生物降解

　　有机物质通过生物氧化以及其他的生物转化,可以变成更小、更简单的分子。这一过程称为有机物质的生物降解。如果有机物质降解成二氧化碳、水等简单无机化合物,为彻底降解;否则,则为不彻底降解。

　　耗氧有机污染物质是生物残体、排放废水和废弃物中的糖类、脂肪和蛋白质等较易生物降解的有机物质。耗氧有机污染物质的微生物降解,广泛地发生于土壤和水体之中。

1. 糖类的微生物降解

糖类通式为 $C_x(H_2O)_y$，分成单糖、二糖和多糖三类。单糖中以戊糖和己糖最重要，通式分别为 $C_5H_{10}O_5$ 和 $C_6H_{12}O_6$，主要戊糖是木糖及阿拉伯糖，主要己糖是葡萄糖、半乳糖、甘露糖及果糖。二糖是由两个己糖缩合而成，通式 $C_{12}H_{22}O_{11}$，主要有蔗糖、乳糖和麦芽糖。多糖是己糖自身或其与另一单糖的高度缩合产物，葡萄糖和木糖是最常见的缩合单体。多糖中以淀粉、纤维素和半纤维素最受环境工作者的关注。

微生物降解糖类的基本途径如下：

（1）多糖水解成单糖　多糖在胞外水解酶催化下水解成二糖和单糖，而后才能被微生物摄取进入细胞内。二糖在细胞内经胞内水解酶催化，继续水解成为单糖。多糖水解成的单糖产物以葡萄糖为主（图 5-6）。

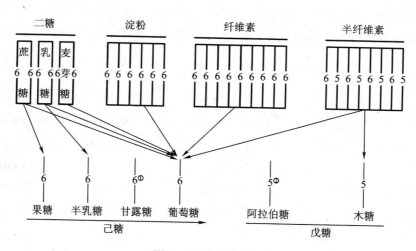

图 5-6　糖类的水解

① 由牙果和椰子水解成甘露糖，同时生成葡萄糖；

② 可由阿拉伯胶或麦糠水解成阿拉伯糖

（2）单糖酵解成丙酮酸　细胞内单糖不论在有氧氧化或在无氧氧化条件下，都可经过相应的一系列酶促反应形成丙酮酸。这一过程称为单糖酵解。葡萄糖酵解的总反应示于式（5-35）。

$$C_6H_{12}O_6 + 2NAD^+ \longrightarrow 2CH_3COCOOH + 2NADH + 2H^+ \qquad (5-35)$$

（3）丙酮酸的转化　在有氧氧化条件下，丙酮酸通过酶促反应转化成乙酰辅酶 A，总反应示于式（5-36）。乙酰辅酶 A 与草酰乙酸经式（5-37）酶促反应转成柠檬酸。柠檬酸通过图 5-7 所示酶促反应途径,最后形成草酰乙酸,又与上述丙酮酸持续转变成的乙酰辅酶 A 生成柠檬酸,再进行新一轮的转化。这种生物转化的循环途径称为三羧酸循环或柠檬酸循环,简称 TCA 循环。

$$CH_3COCOOH + NAD^+ + CoASH \longrightarrow CH_3COSCoA + NADH + H^+ + CO_2$$

$$(5-36)$$

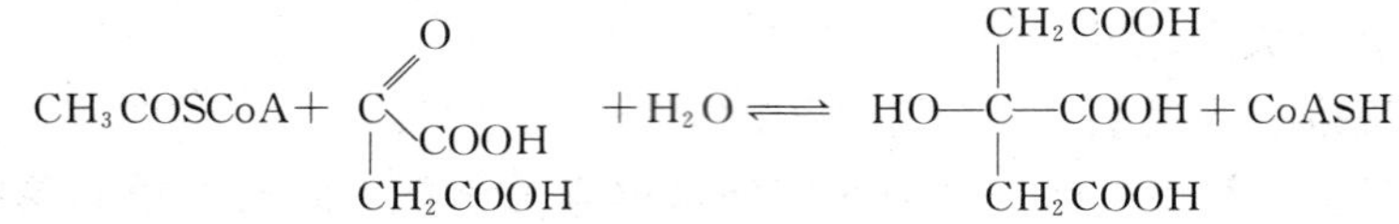

$$CH_3COSCoA + \underset{CH_2COOH}{\overset{O}{\underset{|}{\overset{\|}{C}}-COOH}} + H_2O \rightleftharpoons HO-\underset{CH_2COOH}{\overset{CH_2COOH}{\underset{|}{\overset{|}{C}}-COOH}} + CoASH \quad (5-37)$$

在三羧酸循环中脱落的氢,是由有氧氧化中氢传递过程来完成的。从上面叙述可知,1 分子丙酮酸经过式(5-36),式(5-37)和三羧酸循环后,共脱羧(即去二氧化碳)3 次,脱氢 5 次每次 2 个,与分子氧受氢体化合共生成 5 个水分子,而过程中其他转变所需净水分子数为 3。因此,丙酮酸受到完全氧化,总反应为

$$CH_3COCOOH + \frac{5}{2}O_2 \longrightarrow 3CO_2 + 2H_2O \qquad (5-38)$$

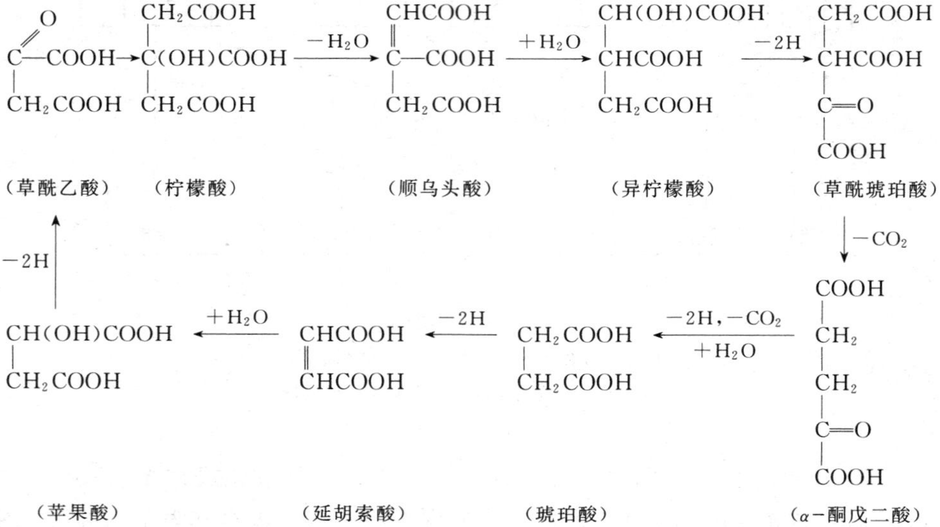

图 5-7   三羧酸循环

至于在无氧氧化条件下丙酮酸通过酶促反应,往往以其本身作受氢体而被还原为乳酸,见式(5-39),或以其转化的中间产物作受氢体,发生不完全氧化生成低级的有机酸、醇及二氧化碳等,见式(5-40)。

$$CH_3COCOOH+2[H] \xrightarrow[\text{乳酸菌}]{\text{厌氧}} CH_3CH(OH)COOH \qquad (5-39)$$

$$CH_3COCOOH \longrightarrow CO_2+CH_3CHO$$

$$CH_3CHO+2[H] \longrightarrow CH_3CH_2OH$$

$$CH_3COCOOH+2[H] \xrightarrow[\text{酵母菌}]{\text{兼性厌氧}} CO_2+CH_3CH_2OH \qquad (5-40)$$

　　综上所述,糖类通过微生物作用,在有氧氧化下能被完全氧化为二氧化碳和水,降解彻底;在无氧氧化下通常是氧化不完全,生成简单有机酸、醇及二氧化碳等,降解不能彻底。后一过程因有大量简单有机酸生成,体系 pH 下降,所以归属于酸性发酵。发酵的具体产物取决于产酸菌种类和外界条件。

　　2. 脂肪的微生物降解

　　脂肪是由脂肪酸和甘油合成的酯。常温下呈固态的是脂,多来自动物;而呈液态的是油,多来自植物。微生物降解脂肪的基本途径如下:

　　(1) 脂肪水解成脂肪酸和甘油　脂肪在胞外水解酶催化下水解为脂肪酸及甘油,见式(5-41)。生成的脂肪酸链长大多为 12~20 个碳原子,其中以偶碳原子数的饱和酸为主,另外,还有含双键的不饱和酸。脂肪酸及甘油能被微生物摄入细胞内继续转化。

$$
\begin{array}{l}
CH_2OOCR_1 \\
| \\
CHOOCR_2 \\
| \\
CH_2OOCR_3
\end{array}
+3H_2O \longrightarrow
\begin{array}{l}
CH_2OH \\
| \\
CHOH \\
| \\
CH_2OH
\end{array}
+
\begin{array}{l}
R_1COOH \\
R_2COOH \\
R_3COOH
\end{array}
\qquad (5-41)
$$

　　(2) 甘油的转化　甘油在有氧或无氧氧化条件下,均能被相应的一系列酶促反应转变成丙酮酸,总反应示于式(5-42)。丙酮酸的进一步转化在前面已经叙及。简言之,在有氧氧化条件下是变成二氧化碳和水,而在无氧氧化条件下通常是转变为简单有机酸、醇和二氧化碳等。

$$
\begin{array}{l}
CH_2OH \\
| \\
CHOH \\
| \\
CH_2OH
\end{array}
\longrightarrow CH_3COCOOH+4[H] \qquad (5-42)
$$

　　(3) 脂肪酸的转化　在有氧氧化条件下,饱和脂肪酸通常经过酶促 β-氧化途径(图 5-8)变成脂酰辅酶 A 和乙酰辅酶 A。乙酰辅酶 A 进入三羧酸循环,使其中的乙酰基氧化成二氧化碳和水,并将辅酶 A 复原。而脂酰辅酶 A 又经 β-氧化途径进行转化。如果原酸碳原子数为偶数,则脂酰辅酶 A 陆续转变为乙酰辅酶 A,而后按上述过程转化。如果原酸碳原子数为奇数,则在脂酰辅酶 A 最

后一轮 β-氧化途径产物中,除乙酰辅酶 A 外,还有甲酰辅酶 A。甲酰辅酶 A 通过相应转化,所含的甲酰基经甲酸而氧化成二氧化碳和水,并使辅酶 A 复原。总之,饱和脂肪酸一般通过 β-氧化途径进入三羧酸循环,最后完全氧化生成二氧化碳和水,式(5-43)是硬脂酸氧化总反应。至于脂肪水解成的含双键不饱和脂肪酸,也经过类似于图 5-8 的 β-氧化途径进入三羧酸循环,最终产物与饱和脂肪酸相同。

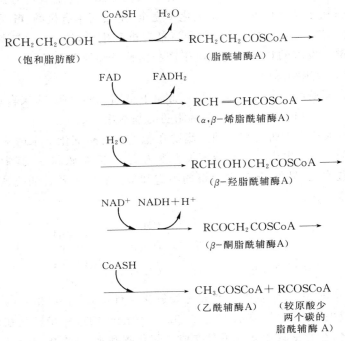

图 5-8　饱和脂肪酸 β-氧化途径简要图示

$$CH_3(CH_2)_{16}COOH + 26O_2 \longrightarrow 18CO_2 + 18H_2O \qquad (5-43)$$

在无氧氧化条件下,脂肪酸通过酶促反应,往往以其转化的中间产物作受氢体而被不完全氧化,形成低级的有机酸、醇和二氧化碳等。

综上所述,脂肪通过微生物作用,在有氧氧化下能被完全氧化成二氧化碳和水,降解彻底;而在无氧氧化下常进行酸性发酵,形成简单有机酸、醇和二氧化碳等,降解不彻底。

3. 蛋白质的微生物降解

蛋白质的主要组成元素是碳、氢、氧和氮,有些还含有硫、磷等元素。蛋白质是一类由 α-氨基酸通过肽键联结成的大分子化合物。在蛋白质中有 20 多种 α-氨基酸。由一个氨基酸的羧基与另一个氨基酸的氨基脱水形成的酰胺键

($\overset{\displaystyle O\ H}{-\overset{|}{C}-\overset{|}{N}-}$)就是肽键。通过肽键,由两个、三个或三个以上氨基酸的结合,依次称为二肽、三肽和多肽。多肽分子中氨基酸首尾相互衔接,形成的大分子长链称为肽链。多肽与蛋白质的主要区别,不在于多肽相对分子质量(<10 000)小于蛋白质,而是多肽中肽链没有一定的空间结构,蛋白质分子的长链却卷曲折叠成各种不同的形态,呈现各种特有的空间结构。

微生物降解蛋白质的基本途径如下:

(1) 蛋白质水解成氨基酸　蛋白质由胞外水解酶催化水解,经多肽至二肽或氨基酸而被微生物摄入细胞内。二肽在细胞内可继续水解形成氨基酸。

根据氨基酸中取代基,将其分成脂族和芳香族氨基酸两类。下面主要介绍脂族氨基酸的转化。

(2) 氨基酸脱氨脱羧成脂肪酸　氨基酸在细胞内的转化由于不同酶的作用而有多种途径,其中以脱氨脱羧形成脂肪酸为主。例如,在有氧氧化条件下,氨基酸脱氨形成与原酸有相同碳原子数的 α-羟基脂肪酸,见式(5-44),氨基酸脱氨脱羧变成比原酸少一个碳的饱和脂肪酸,见式(5-45);而在无氧氧化条件下,氨基酸脱氨成为饱和或不饱和的脂肪酸,如式(5-46)和式(5-47)所示。

$$R-\overset{\displaystyle NH_2}{\underset{\displaystyle H}{C}}-COOH + H_2O \longrightarrow R-\overset{\displaystyle OH}{\underset{\displaystyle H}{C}}-COOH + NH_3 \qquad (5-44)$$

$$R-\overset{\displaystyle NH_2}{\underset{\displaystyle H}{C}}-COOH + O_2 \longrightarrow RCOOH + NH_3 + CO_2 \qquad (5-45)$$

$$R-\overset{\displaystyle NH_2}{\underset{\displaystyle H}{C}}-COOH + 2[H] \longrightarrow RCH_2COOH + NH_3 \qquad (5-46)$$

$$RCH_2-\overset{\displaystyle NH_2}{\underset{\displaystyle H}{C}}-COOH \longrightarrow RCH{=}CHCOOH + NH_3 \qquad (5-47)$$

上述各种脂肪酸继续转化的最终产物如前所述。总而言之,蛋白质通过微生物作用,在有氧氧化下可被彻底降解成为二氧化碳、水和氨(或铵离子),而在无氧氧化下通常是酸性发酵,生成简单有机酸、醇和二氧化碳等,降解不彻底。应当指出,蛋白质中含有硫的氨基酸有半胱氨酸、胱氨酸和蛋氨酸,它们在有氧氧化下还可形成硫酸,在无氧氧化下还有硫化氢产生。

4. 甲烷发酵

如前所述,在无氧氧化条件下糖类、脂肪和蛋白质都可借助产酸菌的作用降解成简单的有机酸、醇等化合物。如果条件允许,这些有机化合物在产氢菌和产乙酸菌作用下,可被转化为乙酸、甲酸、氢气和二氧化碳,进而经产甲烷菌作用产生甲烷。复杂有机物质降解的这一总过程,称为甲烷发酵或沼气发酵。在甲烷发酵中,一般以糖类的降解率和降解速率最高,脂肪次之,蛋白质最低。

产甲烷菌产生甲烷的主要途径如式(5−48)和式(5−49)所示。

$$CH_3COOH \longrightarrow CH_4 + CO_2 \tag{5−48}$$

$$CO_2 + 4H_2 \longrightarrow CH_4 + 2H_2O \tag{5−49}$$

甲烷发酵需要满足产酸菌、产氢菌、产乙酸菌和产甲烷菌等各种菌种所需的生活条件,它只能在适宜环境条件下进行。产甲烷菌是专一性厌氧菌,因此甲烷发酵必须处于无氧条件下。产甲烷菌生长还要求弱碱性环境,故需控制发酵的适宜 pH 范围,一般 pH 为 7~8。微生物具有每利用 30 份碳就需要 1 份氮的营养要求,因而发酵有机物质的适宜碳氮比为 30 左右。发酵的其余重要条件还有温度、菌种分布、发酵有机物质的浓度等。

五、有毒有机污染物质生物转化类型

进入生物机体的有毒有机污染物质,一般在细胞或体液内进行酶促转化生成代谢物,但其在机体中的转化部位不尽相同。在人及动物中主要转化部位是肝脏,很多有机毒物是肝细胞中一组专一性较低酶的底物。此外,肾、肺、肠黏膜、血浆、神经组织、皮肤、胎盘等也含有相当量酶,对有机毒物也具有不同程度的转化功能。生物转化的结果,一方面往往使有机毒物水溶性和极性增加易于排出体外;另一方面也会改变有机毒物的毒性,多数是毒性减小,少数毒性反而增大。

有机毒物的生物转化途径复杂多样,但其反应类型主要是氧化、还原、水解和结合反应四种。通过前三种反应将活泼的极性基团引入亲脂的有机毒物分子中,使之不仅具有比原毒物较高的水溶性及极性,而且还能与机体内某些内源性

物质进行结合反应,形成水溶性更高的结合物,而容易排出体外。因此,把氧化、还原和水解反应称为有机毒物生物转化的第一阶段反应,而将第一阶段反应的产物或具有适宜功能基团的原毒物所进行的结合反应称为第二阶段反应。

有毒有机物质生物转化的主要反应类型情况如下。

1. 氧化反应类型

(1) 混合功能氧化酶加氧氧化　混合功能氧化酶又称单加氧酶。它广泛存在于各种生物机体中,并呈现规律性分布,对于人及动物,以肝细胞的内质网膜中含量最高。

混合功能氧化酶的功能是利用细胞内分子氧,将其中的一个氧原子与有机底物结合,使之氧化,而使另一个氧原子与氢原子结合形成水。在这一催化底物的氧化过程中,混合功能氧化酶的成分之一————细胞色素 p450 酶————起着关键作用。p450 酶的活性部位是铁卟啉的铁原子,它在 +2 与 +3 价态间进行变换。如图 5-9 所示,在酶促反应过程中,首先是氧化型 $p450(Fe^{3+})$ 结合底物(S),再接受从混合功能氧化酶中 $NADPH + H^+$ 传来的一个电子,成为底物-还原型 p450 结合物。后者与被激活的分子氧形成底物-还原型 p450-氧三体结合物。此三体结合物接受 $NADPH + H^+$ 传来的第二个电子,使所结合的分子氧中一个氧原子得到电子成为 O^{2-},与辅酶 Ⅱ 游离出来的 H^+ 结成水,并使另一氧原子转于底物形成含氧底物。在水和含氧底物相继析出之后,三体结合物又恢复为氧化型 $p450(Fe^{3+})$,重新催化新来底物的氧化。

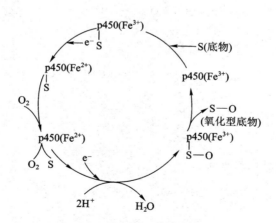

图 5-9　p450 对底物催化氧化

混合功能氧化酶的专一性较差,能催化许多有机毒物氧化,包括如下几种:

碳双键环氧化

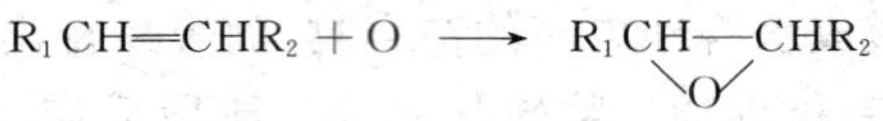

$$R_1CH\!=\!CHR_2 + O \longrightarrow R_1CH\underset{O}{-}CHR_2 \tag{5-50}$$

$$\tag{5-51}$$

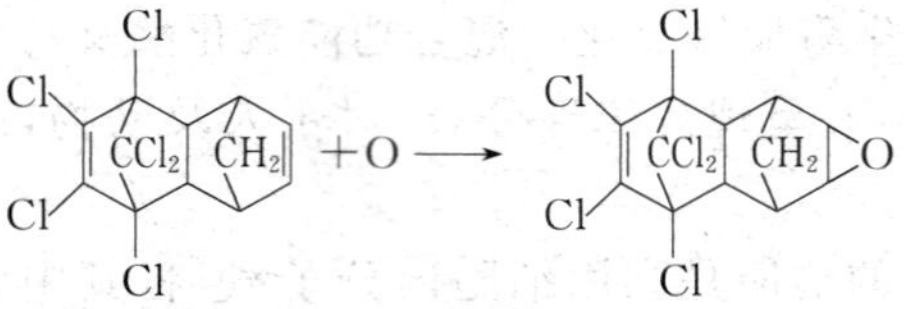

（艾氏剂）　　　　　　　（狄氏剂）
$$\tag{5-52}$$

碳羟基化

$$CH_3(CH_2)_nCH_3 + O \longrightarrow CH_3(CH_2)_nCH_2OH \tag{5-53}$$

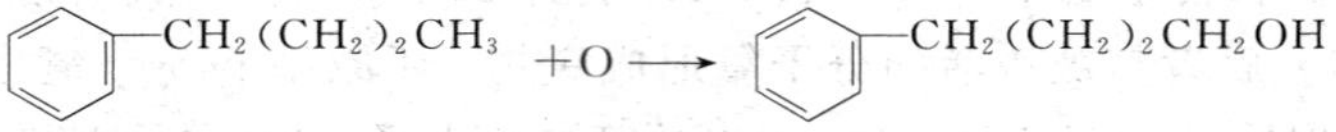

$$\tag{5-54}$$

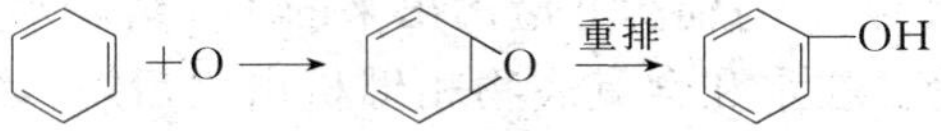

$$\tag{5-55}$$

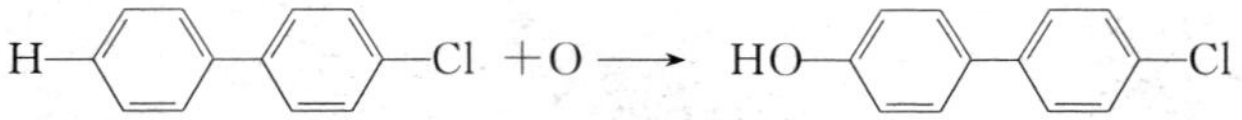

$$\tag{5-56}$$

氧脱烃

$$R\!-\!O\!-\!CH_3 + O \longrightarrow ROH + HCHO \tag{5-57}$$

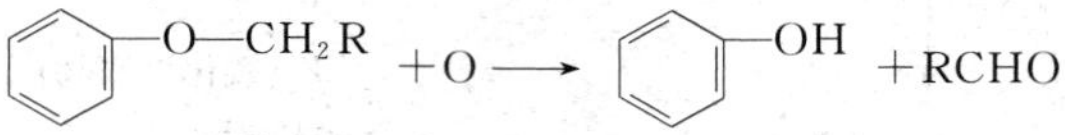

$$\tag{5-58}$$

硫脱烃、硫-氧化及脱硫

$$R\!-\!S\!-\!CH_3 + O \longrightarrow R\!-\!SH + HCHO \tag{5-59}$$

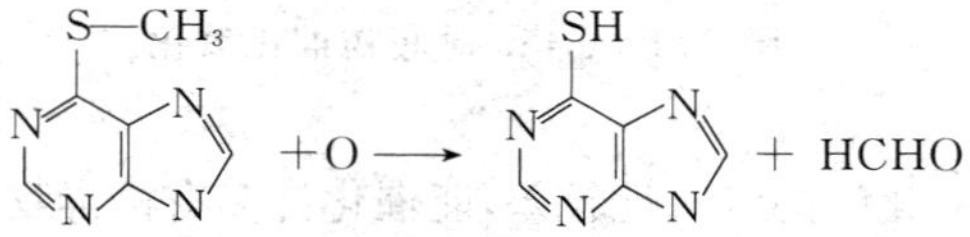

$$\tag{5-60}$$

（6-甲巯基嘌呤）　　　　　（6-巯基嘌呤）

$$R_1—S—R_2 + O \longrightarrow R_1—\overset{\displaystyle O}{\underset{\displaystyle }{S}}—R_2$$

$$\overset{\displaystyle +O}{\longrightarrow} \quad R_1—\overset{\displaystyle O}{\underset{\displaystyle O}{S}}—R_2 \qquad (5-61)$$

$$\begin{matrix} C_2H_5O \\ C_2H_5O \end{matrix} \overset{\displaystyle S}{\underset{}{P}}—O—\!\!\!\!\bigcirc\!\!\!\!—NO_2 + O \longrightarrow \begin{matrix} C_2H_5O \\ C_2H_5O \end{matrix} \overset{\displaystyle O}{\underset{}{P}}—O—\!\!\!\!\bigcirc\!\!\!\!—NO_2 + S$$

（对硫磷）　　　　　　　　　　　　　　　（对氧磷）

$$(5-62)$$

氮脱烃、氮－氧化及脱氮

$$RNH—CH_3 + O \longrightarrow RNH_2 + HCHO \qquad (5-63)$$

$$\begin{matrix} R_1 \\ R_2 \end{matrix}\!\!N—CH_2R_3 + O \longrightarrow \begin{matrix} R_1 \\ R_2 \end{matrix}\!\!NH + R_3CHO \qquad (5-64)$$

$$(5-65)$$

$$\bigcirc\!\!\!—N\!\!\begin{matrix} R_1 \\ R_2 \end{matrix} + O \longrightarrow \bigcirc\!\!\!—\overset{+}{N}\!\!\begin{matrix} R_1 \\ R_2 \end{matrix} \qquad (5-66)$$

$$\bigcirc\!\!\!—NH—R + O \longrightarrow \bigcirc\!\!\!—N\!\!\begin{matrix} OH \\ R \end{matrix} \qquad (5-67)$$

$$\begin{matrix} R_1 \\ R_2 \end{matrix}\!\!CH—NH_2 + 2O \longrightarrow \begin{matrix} R_1 \\ R_2 \end{matrix}\!\!C\!=\!NOH + H_2O \qquad (5-68)$$

$$\begin{matrix} R_1 \\ R_2 \end{matrix}\!\!CH—NH_2 + O \longrightarrow \begin{matrix} R_1 \\ R_2 \end{matrix}\!\!C\!=\!O + NH_3 \qquad (5-69)$$

$$RCH_2NH_2 + O \longrightarrow RCHO + NH_3 \qquad (5-70)$$

（2）脱氢酶脱氢氧化 脱氢酶是伴随有氢原子或电子转移，以非分子氧化合物为受氢体的酶类。脱氢酶能使相应的底物脱氢氧化。例如：

醇氧化成醛

$$RCH_2OH \longrightarrow RCHO + 2H \tag{5-71}$$

醇氧化成酮

$$R_1CHOHR_2 \longrightarrow R_1COR_2 + 2H \tag{5-72}$$

醛氧化成羧酸

$$RCHO + H_2O \longrightarrow RCOOH + 2H \tag{5-73}$$

（3）氧化酶氧化 氧化酶是伴随有氢原子或电子转移，以分子氧为直接受氢体的酶类。氧化酶使相应底物氧化。例如：

$$RCH_2NH_2 + H_2O \longrightarrow RCHO + NH_3 + 2H \tag{5-74}$$

2. 还原反应类型

（1）可逆脱氢酶加氢还原 可逆脱氢酶是指起逆向作用的脱氢酶类，能使相应的底物加氢还原。例如：

$$\begin{array}{c} R_1 \\ \\ R_2 \end{array}\!\!C{=}O \ \ +2H \longrightarrow \begin{array}{c} R_1 \\ \\ R_2 \end{array}\!\!CH{-}OH \tag{5-75}$$

（2）硝基还原酶还原 硝基还原酶能使硝基化合物还原，生成相应的胺。例如：

$$\text{⬡—NO}_2 \xrightarrow[-H_2O]{2H} \text{⬡—NO} \xrightarrow{2H} \text{⬡—NH—OH} \xrightarrow[-H_2O]{2H} \text{⬡—NH}_2$$

$$\tag{5-76}$$

（3）偶氮还原酶还原 偶氮还原酶能使偶氮化合物还原成相应的胺。例如：

$$\text{⬡—N{=}N—⬡} \xrightarrow{2H} \text{⬡—}\!\!\!\!\overset{\text{H H}}{\underset{}{N\!-\!N}}\!\!\!\!\text{—⬡} \xrightarrow{2H} 2\,\text{⬡—NH}_2 \tag{5-77}$$

（4）还原脱氯酶还原 还原脱氯酶能使含氯化合物脱氯（用氢置换氯）或脱

氯化氢而被还原。例如：

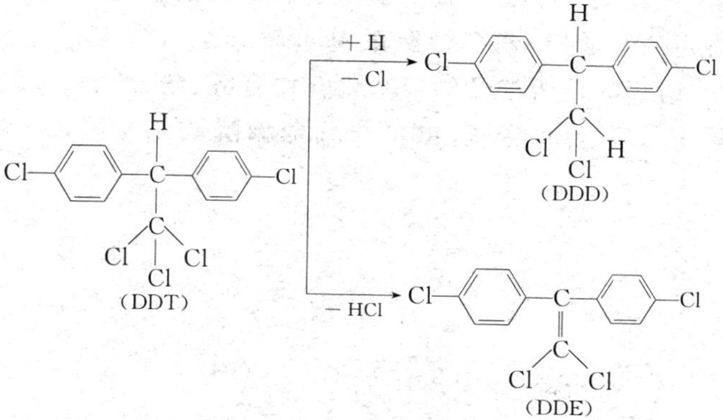

（5-78）

（5-79）

3. 水解反应类型

（1）羧酸酯酶使脂肪族酯水解

$$RCOOR' + H_2O \longrightarrow RCOOH + R'OH \tag{5-80}$$

（2）芳香酯酶使芳香族酯水解

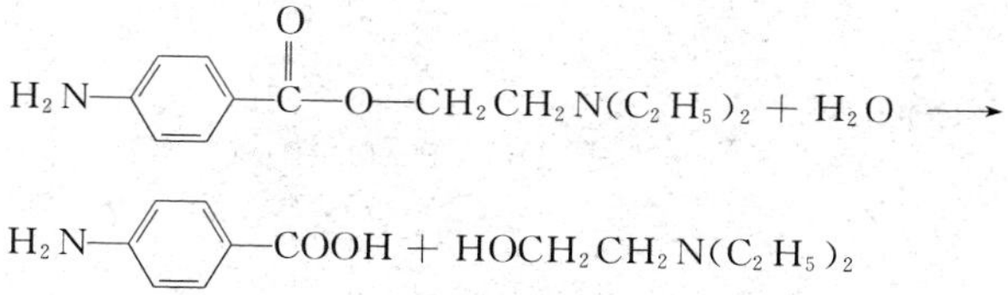

（5-81）

（3）磷酸酯酶使磷酸酯水解

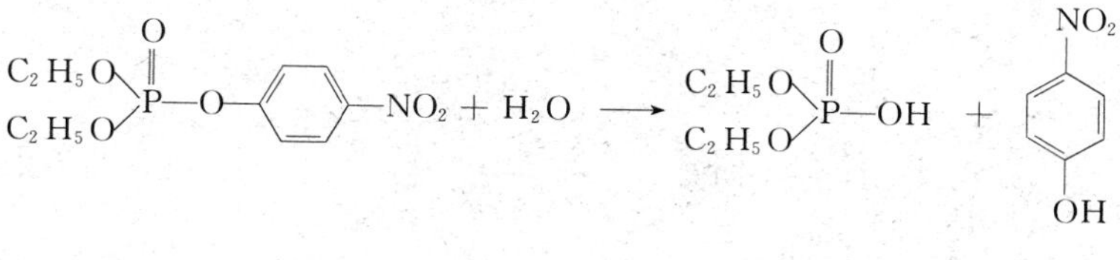

（5-82）

（4）酰胺酶使酰胺水解

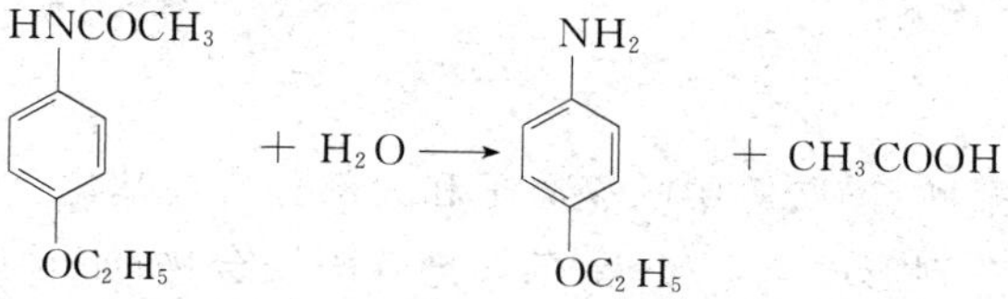

（5-83）

4. 若干重要结合反应类型

（1）葡萄糖醛酸结合　在葡萄糖醛酸基转移酶的作用下，生物体内尿嘧啶核苷二磷酸葡萄糖醛酸中，葡萄糖醛酸基可转移至含羟基的化合物上，形成 O-葡萄糖苷酸结合物。所涉及的羟基化合物有醇、酚、烯醇、羟酰胺、羟胺等。芳香及脂肪酸中羧基上的羟基，也可与葡萄糖醛酸结合成 O-葡萄糖苷酸。例如：

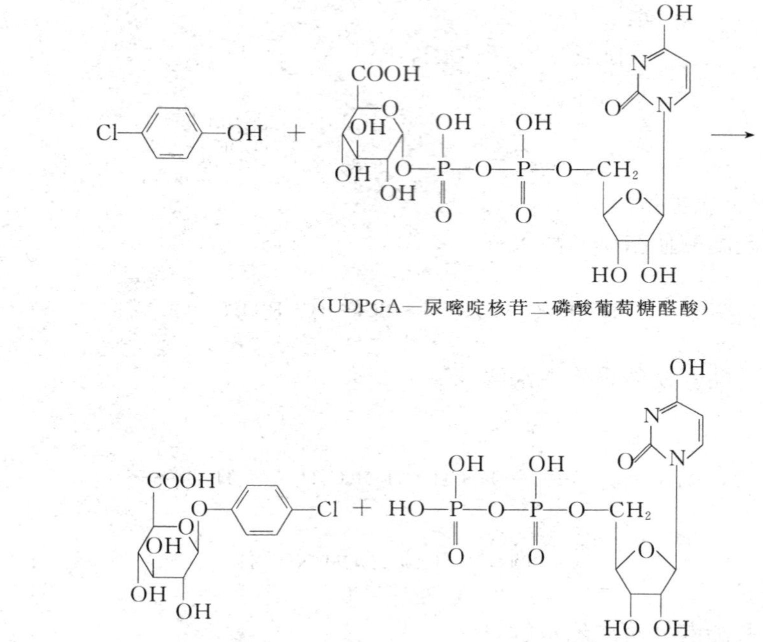

（UDPGA—尿嘧啶核苷二磷酸葡萄糖醛酸）

（5-84）

（对氯苯酚葡萄糖苷酸）　　　（UDP—尿嘧啶核苷二磷酸）

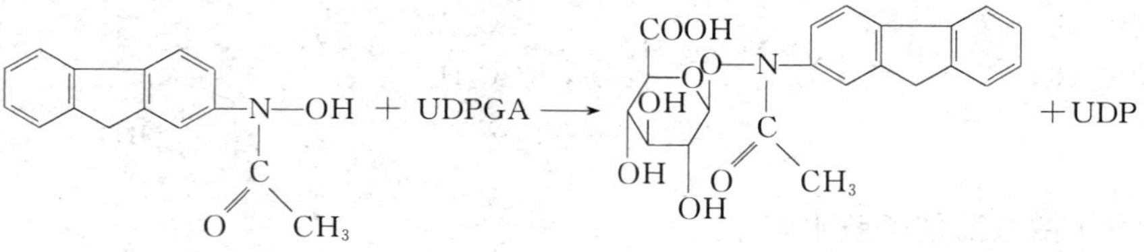

（N-羟基乙酰氨基芴）　　　　　　（N-羟基乙酰氨基芴葡萄糖苷酸）

（5-85）

此外，伯胺、酰胺、磺胺等中的氮原子和大部分含巯基化合物中硫原子，也都能与葡萄糖醛酸分别形成 N- 和 S-葡萄糖苷酸结合物，如下所示：

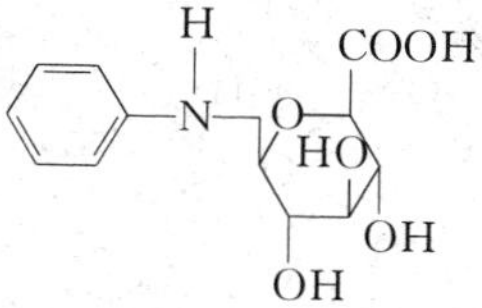

（苯胺葡萄糖苷酸） 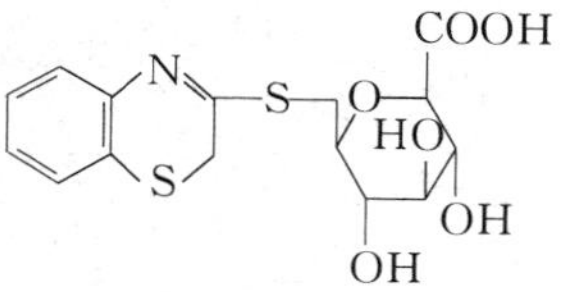　　　　（2-巯基噻唑-S-葡萄糖苷酸）

该结合反应在生物中很常见，也很重要。由于葡萄糖醛酸具有羧基（$pK_a=3.2$）及多个羟基，所以结合物呈现高度的水溶性，而有利于自体内排出。葡萄糖苷酸结合物的生成，可避免许多有机毒物对 RNA，DNA 等生物大分子的损伤，而起到解毒作用。但也有少数结合物的毒性比原有机物质更强。如与 2-巯基噻唑相比，其葡萄糖苷酸结合物的致癌性更强。

（2）硫酸结合　在硫酸基转移酶的催化下，可将 $3'$-磷酸-$5'$-磷硫酸腺苷中硫酸基转移到酚或醇的羟基上，形成硫酸酯结合物。例如：

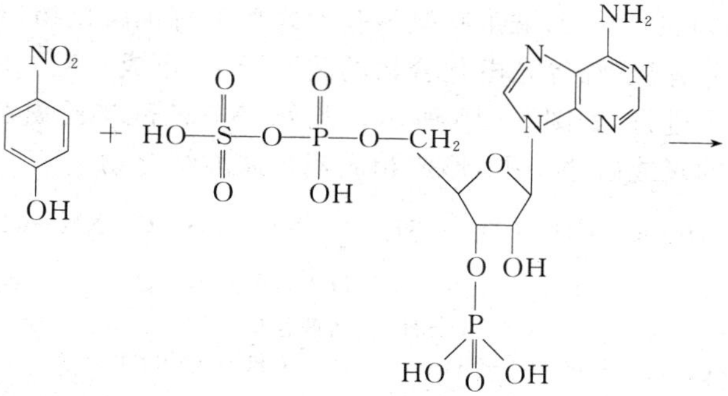

（PAPS——$3'$-磷酸-$5'$-磷硫酸腺苷）

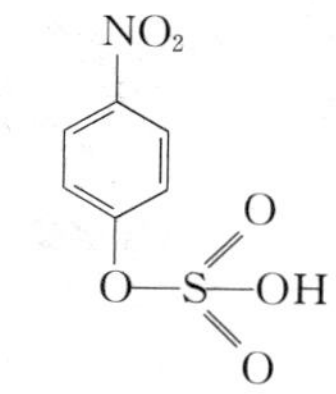

$$(5-86)$$

（对硝基苯基硫酸酯）

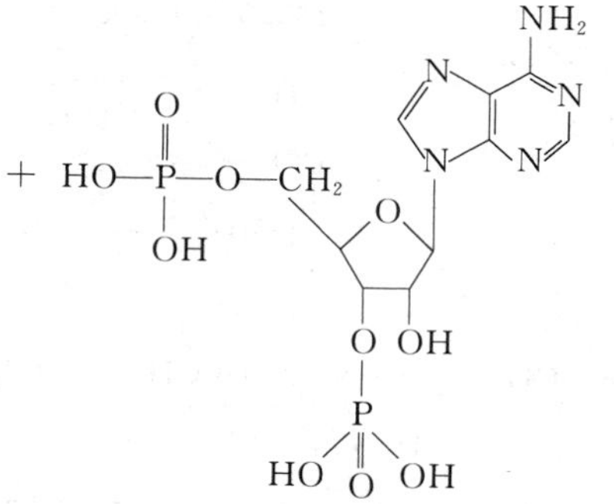

（PAP——$3'$-磷酸-$5'$-磷酸腺苷）

此外，N-羟基芳香胺或 N-羟基芳香酰胺中的羟基，以及芳香胺中的氮原子，都可形成硫酸酯结合物。例如：

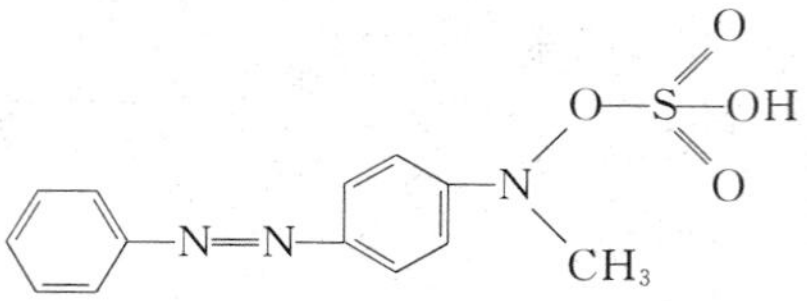

　　一般地,形成硫酸酯后的结合物极性增加,而容易排出体外,实际上起到解毒作用。但是有些 N-羟基芳胺或 N-羟基芳酰胺与硫酸结合后毒性增加,如上举出的结合物可与核酸相结合而具有致癌性。

　　虽然有较多的有机物质可与硫酸成酯,但是这一结合不如葡萄糖醛酸结合重要。因为有不少内源性化合物需要硫酸盐进行反应,体内硫酸盐库不能提供足量的硫酸盐来与外来有机物质相结合;体内葡萄糖醛酸丰富,有力地争夺可与硫酸结合的有机物质(如酚)。此外,体内硫酸酯酶的活性较强,形成的硫酸酯结合物较易被酶解而脱去硫酸盐。

　　(3) 谷胱甘肽结合　在相应转移酶催化下谷胱甘肽中的半胱氨酸及乙酰辅酶 A 的乙酰基,将以 N-乙酰半胱氨酸基形式加到有机卤化物(氟除外)、环氧化合物、强酸酯、芳香烃、烯等亲电化合物的碳原子上,形成巯基尿酸结合物。这种结合反应分四步进行,如图 5-10 所示。此外, N-乙酰半胱氨酸基也可转至某些亲电化合物的氧或硫原子上,形成相应巯基尿酸结合物。

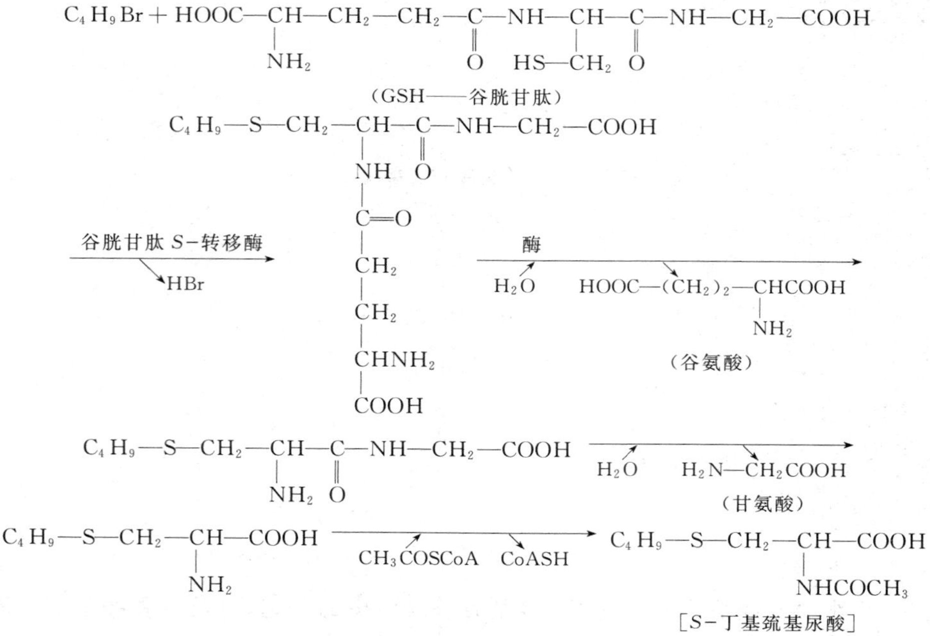

图 5-10　谷胱甘肽结合反应

亲电化合物如果与细胞蛋白或核酸上亲核基团结合,常可引起细胞坏死、肿瘤、血液功能紊乱和过敏现象。谷胱甘肽的结合,有力地解除了对机体有害亲电化合物的毒性。

六、有毒有机污染物质的微生物降解

从物质生物转化反应类型,机体内酶的种类、分布和外界影响条件等方面考虑,可以对有机毒物的生物降解途径做出一定的估计。然而,每种物质的生物转化途径一般都包含着一系列连续反应,转化途径也往往多样且可交错,要做出确切判定,只能通过实验确定。下面介绍几种有机毒物微生物降解的途径。

1. 烃类

烃类的微生物降解,在解除碳氢化合物环境污染方面起着重要的作用。在环境中烃类微生物降解以有氧氧化条件占绝对优势,相应降解途径扼要叙述于下。

碳原子数大于 1 的正烷烃,其降解途径有三种:通过烷烃的末端氧化,或次末端氧化,或双端氧化,逐步生成醇、醛及脂肪酸,而后经 β-氧化进入 TCA 循环,最终降解成二氧化碳和水。其中,以烷烃末端氧化最为常见。末端氧化的降解过程如图 5-11 所示。至于甲烷降解途径,一般认为是

$$CH_4 \longrightarrow CH_3OH \longrightarrow HCHO \longrightarrow HCOOH \longrightarrow CO_2 + H_2O$$

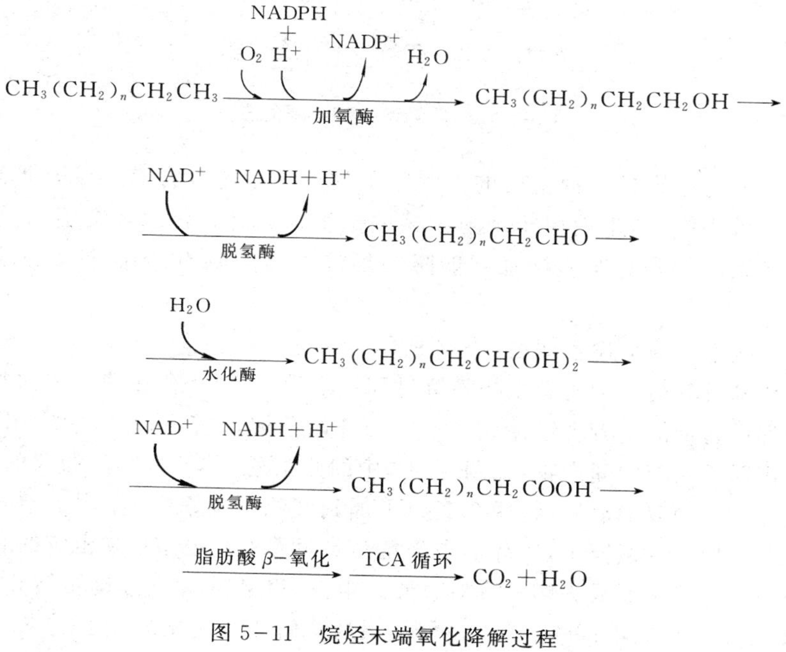

图 5-11 烷烃末端氧化降解过程

　　许多微生物都能降解碳原子数大于 1 的正烷烃。而能降解甲烷的是一群专一性微生物,如好氧型的甲基孢囊菌、甲基单胞菌、甲基球菌、甲基杆菌等。

　　烯烃的微生物降解途径主要是烯烃的饱和末端氧化,再经与正烷烃(碳数>1)相同的途径成为不饱和脂肪酸;或者是烯烃的不饱和末端双键环氧化成为环氧化合物,再经开环所成的二醇至饱和脂肪酸。然后,脂肪酸通过 β-氧化进入 TCA 循环,降解成二氧化碳及水。以上过程如图 5-12 所示。

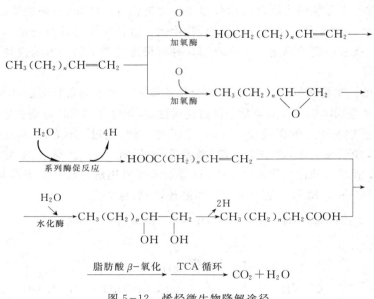

图 5-12　烯烃微生物降解途径

　　烯烃中的乙烯是一种主要的大气污染物。汽车尾气含有乙烯。地球上乙烯被大量散入空中,幸而由于环境中某些微生物具有转化乙烯的能力,致使大气中乙烯浓度并未见明显增加。能降解烯烃的微生物有蜡小球菌、铜绿色板毛菌等。

　　苯的微生物降解途径如图 5-13 所示。

　　虽然苯及其衍生物的微生物降解过程各不相同,但是存在着一定的共性:第一,降解前期,带侧链芳香烃往往先从侧链开始分解,并在单加氧酶作用下使芳环羟基化形成双醇中间产物,如图 5-13 中的儿茶酚。第二,形成的双酚化合物在高度专一性的双加氧酶(将两个氧原子加到底物的加氧酶)作用下,环的两个碳原子上各加一个氧原子,使环键在邻酚位或间酚位分裂,形成相应的有机酸。如儿茶酚邻酚位断裂成为顺-顺黏康酸。第三,得到的有机酸逐步转化为乙酰辅酶 A、琥珀酸等,从而进入 TCA 循环,最后降解成二氧化碳和水。

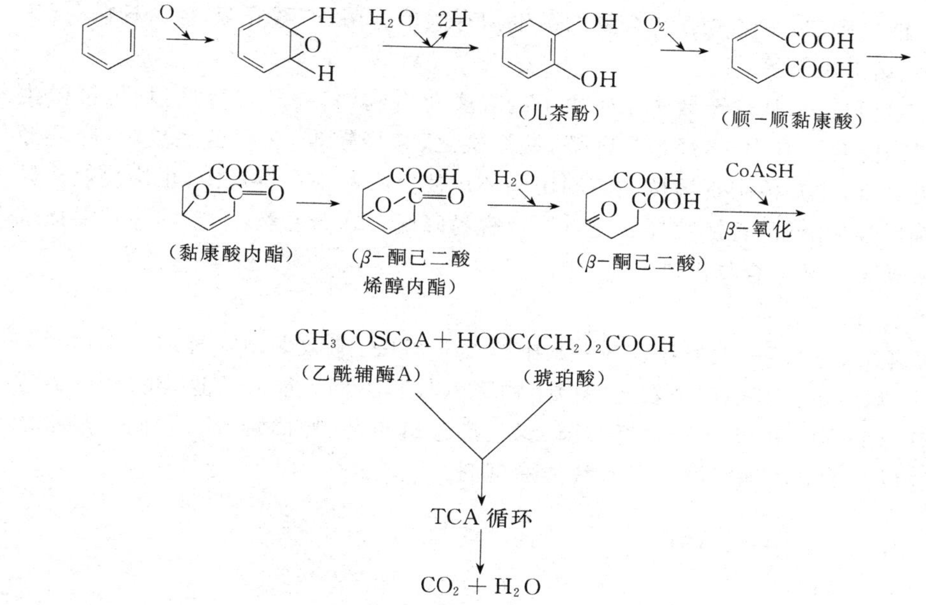
（儿茶酚）
（顺－顺黏康酸）
（黏康酸内酯）
（β－酮己二酸烯醇内酯）
（β－酮己二酸）
CoASH
β－氧化
CH₃COSCoA＋HOOC(CH₂)₂COOH
（乙酰辅酶A）
（琥珀酸）
TCA 循环
CO₂ ＋ H₂O

图 5-13　苯的微生物降解途径

苯系化合物能被假单胞菌、分支杆菌、不动杆菌、节杆菌、芽孢杆菌、诺卡氏菌等氧化降解。

萘、蒽、菲等二环和三环芳香化合物，其微生物降解是先经过包括单加氧酶作用在内的若干步骤生成双酚化合物，再在双加氧酶作用下逐一开环形成侧链，而后按直链化合物方式转化，最终分解为二氧化碳和水。总过程中的前几步降解粗框架如下：

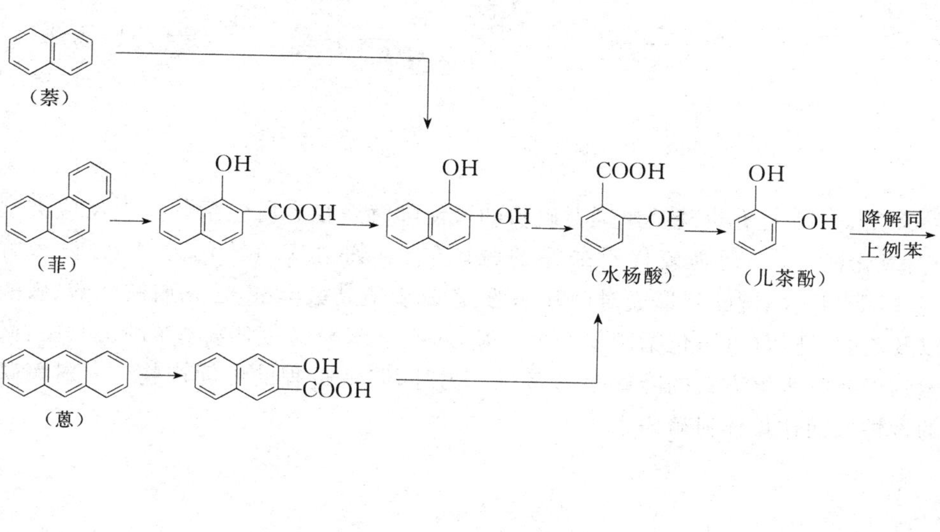
（萘）
（菲）
（水杨酸）
（儿茶酚）
降解同
上例苯
（蒽）

　　能分解二、三环芳香化合物的微生物有假单胞菌、产碱杆菌、棒状杆菌、气单胞菌、诺卡氏菌等。

　　总而言之,从一至数十个碳原子的烃类化合物,只要条件合适,均可被微生物代谢降解。其中,烯烃最易降解,烷烃次之,芳烃较难,多环芳烃更难,脂环烃最为困难,已知极个别菌株能够利用脂环烃使之降解。在烷烃中,正构烷烃比异构烷烃容易降解,直链烷烃比支链烷烃容易降解。在芳香类中,苯的降解要比烷基苯类及多环化合物困难。

　　2. 农药

　　苯氧乙酸是一大类除草剂。其中的 2,4-D 乙酯微生物降解的基本途径如图 5-14 所示。其他此类农药的微生物降解与其类同。能降解这类农药的微生物有球形节杆菌、聚生孢噬纤维菌、绿色产色链霉菌、黑曲霉等。它们一般都能彻底或几乎彻底地降解苯氧乙酸类除草剂。

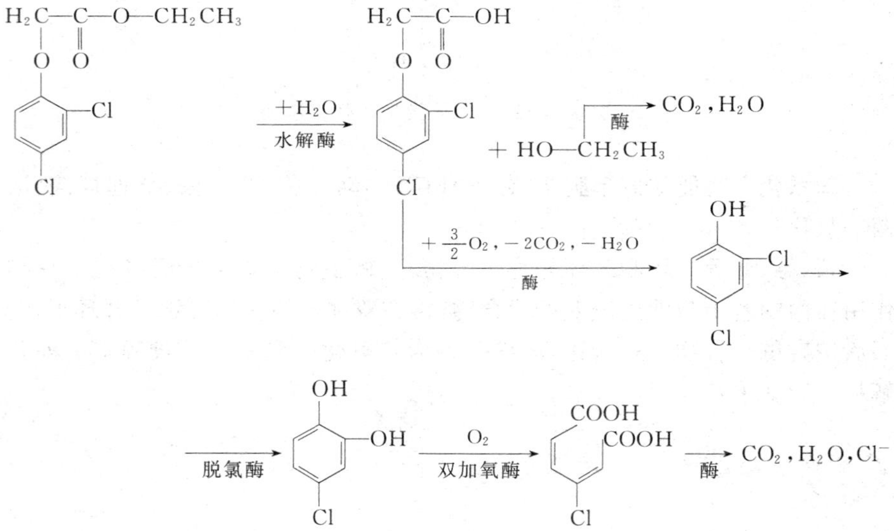

图 5-14　微生物降解 2,4-D 乙酯基本途径

　　图 5-15 是有机磷杀虫剂对硫磷的可能降解途径。所包括的酶促反应类型有:氧化(Ⅰ),表现为硫代磷酸酯的脱硫氧化,如对硫磷转化为对氧磷;水解(Ⅱ),即相应酯键断裂形成对硝基苯酚、乙基硫酮磷酸酯酸、乙基磷酸酯酸、磷酸以及乙醇;还原(Ⅲ),包括硝基变为氨基,对硝基苯酚变为对氨基苯酚。其中,微生物以酯酶水解方式的降解最为常见。另外,降解过程的中间产物——对氧磷的毒性反而比母体对硫磷大。

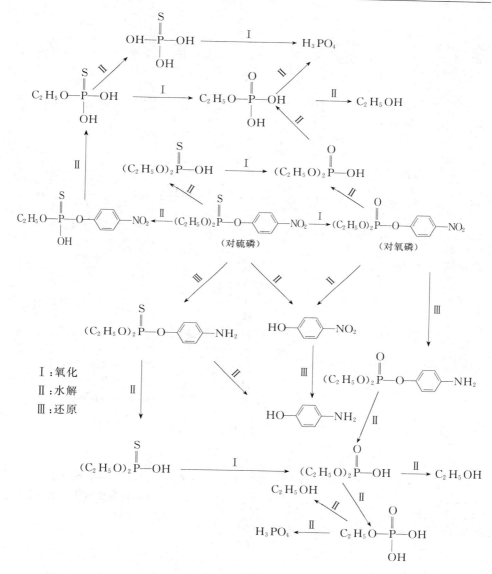

图 5-15 对硫磷生物降解

图 5-16 是土壤中已知的各种微生物降解 DDT 过程的简要概括。DDT 由于分子中特定位置上的氯原子而难于降解。因此,在微生物还原脱氯酶作用下,脱氯和脱氯化氢成为 DDT 降解的主要途径。如图所示,DDT 转变为 DDE 及 DDD 是其最通常的降解产物。DDE 极其稳定。DDD 还可通过上面提及的途

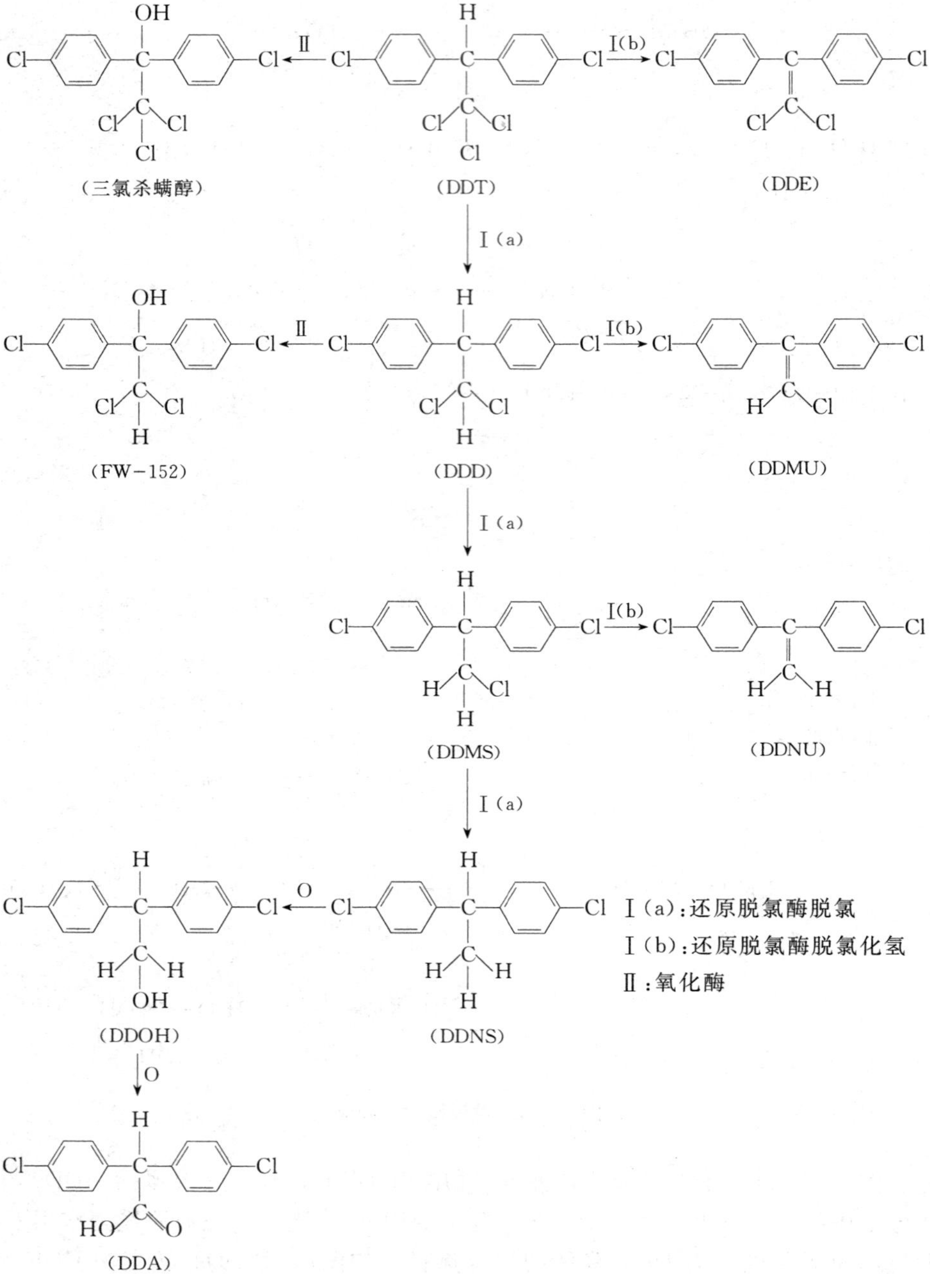

图 5-16 微生物降解 DDT 的简要图示

径,形成一系列脱氯型化合物,如 DDNS,DDNU 等。另外,又可由微生物氧化酶作用使 DDT 和 DDD 羟基化,分别形成三氯杀螨醇和 FW-152。至少已有 20 种 DDT 不完全降解产物被分离出来。DDT 在厌氧条件下降解较快。可降解 DDT 的微生物有互生毛霉、镰孢霉、木霉、产气气杆菌等。一般来说,有机氯农药较有机氮和有机磷农药要难降解得多。

七、氮及硫的微生物转化

1. 氮的微生物转化

氮是构成生物机体的必需元素。氮在环境中的主要形态有三种。第一种,空气中的分子氮。第二种,生物体内的蛋白质、核酸等有机氮化合物,以及生物残体变成的各种有机氮化合物。第三种,铵盐、硝酸盐等无机氮化合物。这三种氮形态在自然界中通过生物作用,尤其是微生物作用不断地相互转化。其中,主要的转化是同化、氨化、硝化、反硝化和固氮。

绿色植物和微生物吸收硝态氮和铵态氮,组成机体中蛋白质、核酸等含氮有机物质的过程称为同化。反之,所有生物残体中的有机氮化合物,经微生物分解成氨态氮的过程则称为氨化。关于蛋白质的氨化已在本节之四中提及。

氨在有氧条件下通过微生物作用,氧化成硝酸盐的过程称为硝化。硝化分两个阶段进行,即

$$2NH_3 + 3O_2 \longrightarrow 2H^+ + 2NO_2^- + 2H_2O + 能量 \qquad (5-87)$$

$$2NO_2^- + O_2 \longrightarrow 2NO_3^- + 能量 \qquad (5-88)$$

式(5-87)主要由亚硝化单胞菌属引起,式(5-88)主要由硝化杆菌属引起。这些细菌分别从氧化氨至亚硝酸盐和氧化亚硝酸盐至硝酸盐过程中取得能量,均以二氧化碳为碳源进行生活的化能自养型细菌。它们对环境条件呈现高度敏感性:严格要求高水平的氧;需要中性至微碱性条件,当 pH=9.5 以上时硝化细菌受到抑制,而在 pH=6.0 以下时亚硝化细菌被抑制;最适宜温度为 30 ℃,低于 5 ℃或高于 40 ℃时便不能活动;参与硝化的微生物虽为自养型细菌,但在自然环境中必须在有机物质存在条件下才能活动。

硝化在自然界和污水处理中很重要。如植物摄取氮的最为普遍形态是硝酸盐。水稻等植物可利用氨态氮,然而这一氮形态对其他植物是有毒的。当肥料以铵盐或氨形态施入土壤时,上述微生物将它们转变成一般植物可利用的硝态氮。

硝酸盐在通气不良条件下,通过微生物作用而还原的过程称为反硝化。反硝化通常有三种情形。

第一种情形,包括细菌、真菌和放线菌在内的多种微生物,能将硝酸盐还原为亚硝酸。

$$HNO_3 + 2H \longrightarrow HNO_2 + H_2O \tag{5-89}$$

第二种情形,兼性厌氧假单胞菌属、色杆菌属等能使硝酸盐还原成氮气,其基本过程为

$$2HNO_3 \xrightarrow[-2H_2O]{4H} 2HNO_2 \xrightarrow[-2H_2O]{4H} 2HNO \begin{array}{c} \xrightarrow[-2H_2O]{2H} N_2\uparrow(逸至大气) \\ \updownarrow {2H \atop -H_2O} \\ \xrightarrow{-H_2O} N_2O\uparrow(逸至大气) \end{array} \tag{5-90}$$

这些菌分布较广,在土壤、污水、厩肥中都存在。

第三种情形,梭状芽孢杆菌等常将硝酸盐还原成亚硝酸盐和氨,其基本过程为

$$HNO_3 \xrightarrow[-H_2O]{2H} HNO_2 \xrightarrow[-H_2O]{2H} HNO \xrightarrow{2H \atop H_2O} NH(OH)_2 \xrightarrow[-H_2O]{2H} NH_2OH \xrightarrow[-H_2O]{2H} NH_3 \tag{5-91}$$

但是所形成的氨,被菌体进而合成自身的氨基酸等含氮物质。

微生物进行反硝化的重要条件是厌氧环境,环境氧分压愈低,反硝化愈强。但是在某些通气情况下,例如在疏松土壤或曝气的活性污泥池中,除有硝化外,也可以见到反硝化发生。这两种作用常联在一起发生,很可能是环境中的氧气分布不均匀所致。反硝化要求的其他条件是:有丰富的有机物作为碳源和能源;硝酸盐作为氮源;pH 一般是中性至微碱性;温度多为 25 ℃ 左右。

反硝化过程中所形成的 N_2,N_2O 等气态无机氮的情况是造成土壤氮素损失、土肥力下降的重要原因之一。但在污水处理工程中却常增设反硝化装置使气态无机氮逸出,以防止出水硝酸盐含量高而在排入水体后引起水体富营养化。

通过微生物的作用把分子氮转化为氨的过程称为固氮。此时,氨不释放到环境中,而是继续在机体内进行转化,合成氨基酸,组成自身蛋白质等。固氮必须在固氮酶催化下进行,其总反应可表示为

$$3\{CH_2O\} + 2N_2 + 3H_2O + 4H^+ \longrightarrow 3CO_2 + 4NH_4^+ \tag{5-92}$$

环境中进行固氮作用的微生物以好氧根瘤菌最重要。它与豆科植物共生,

丰富了土壤的氮素营养。除根瘤菌等这类共生固氮微生物外,还有一类自生固氮微生物。如厌气的梭状芽孢杆菌属,是土壤某些厌氧区中主要的固氮者;光合型固氮微生物中的蓝细菌,在光照厌氧条件下能进行旺盛的固氮作用,是水稻土及水体中的重要固氮者。

微生物的固氮作用,为农业生产提供了丰富的氮素营养,在维持全球氮良性循环方面具有独特的生态学意义。但是合成无机氮肥的大量使用,在促进农业迅速发展的同时,由于施入土壤的氮肥约有 1/3 以上的氮素未被植物利用而进入生物圈,这就严重干扰了氮的自然循环,给环境带来不利影响。如过量的无机氮经地表或地下水进入水体,造成不少水体富营养化和硝酸盐污染;地表高水平硝酸盐经反硝化产生的过剩氧化二氮,使一些环境科学家担心其上升至同温层,可能会引起大气臭氧层的耗损。

2. 硫的微生物转化

硫是生命所必需的元素。硫在环境中有单质硫、无机硫化合物和有机硫化合物三种存在形态。这些硫形态可在微生物及其他生物作用下进行相互转化。

环境中的含硫有机物质有含硫的氨基酸、磺氨酸等。许多微生物都能降解含硫有机物质,其降解产物在好氧条件下是硫酸,在厌氧条件下是硫化氢。下面为微生物降解半胱氨酸的反应:

$$\underset{\underset{NH_2}{|}}{HS-CH_2-CH-COOH} \xrightarrow[\text{细菌(好氧条件)}]{4O,H^+,H_2O} \underset{\underset{O}{\|}}{CH_3-C-COOH} + H_2SO_4 + NH_4^+$$

$$(5-93)$$

$$\underset{\underset{NH_2}{|}}{HS-CH_2-CH-COOH} \xrightarrow[\text{细菌(厌氧条件)}]{H_2O} \underset{\underset{O}{\|}}{CH_3-C-COOH} + H_2S + NH_3$$

$$(5-94)$$

在含硫有机物质降解不彻底时,可形成硫醇(如硫甲醇)而被菌体暂时积累再转化为硫化氢。

硫化氢、单质硫等在微生物作用下进行氧化,最后生成硫酸的过程称为硫化。硫化可增加土壤中植物硫素营养,消除环境中的硫化氢危害,生成的硫酸可以促进土中矿物质的溶解。在硫化作用中以硫杆菌和硫磺菌最为重要。

硫杆菌广泛分布于土壤、天然水及矿山排水中,它们绝大多数是好氧菌,有的能氧化硫化氢至硫,有的能氧化硫至硫酸,总反应式为

$$2H_2S + O_2 \longrightarrow 2H_2O + 2S$$

$$(5-95)$$

$$2S+3O_2+2H_2O \longrightarrow 2H_2SO_4 \tag{5-96}$$

但是它们均可氧化硫代硫酸盐至硫酸,总反应式为

$$Na_2S_2O_3+2O_2+H_2O \longrightarrow Na_2SO_4+H_2SO_4 \tag{5-97}$$

丝状硫磺细菌广泛分布在深湖表面、污水池塘和矿泉水中,在生活污水和含硫工业废水生物处理过程中也会出现。它们是好氧或微量好氧菌,都能氧化硫化氢至单质硫,再至硫酸。

硫酸盐、亚硫酸盐等,在微生物作用下进行还原,最后生成硫化氢的过程称为反硫化。其中,以脱硫弧菌最重要。此菌适于生长在缺氧的水体和土壤淹水及污泥中,利用硫酸根作为氧化有机物质的受氢体,显示反硫化作用,其总式可以表示为

$$C_6H_{12}O_6+3H_2SO_4 \longrightarrow 6CO_2+6H_2O+3H_2S \tag{5-98}$$
（葡萄糖）

$$2CH_3CH(OH)COOH+H_2SO_4 \longrightarrow 2CH_3COOH+H_2S+2H_2O+2CO_2 \tag{5-99}$$
（乳酸）

由于海水中硫酸盐浓度较高,所以由硫酸盐经细菌作用还原为硫化氢,是海水中硫化氢的主要来源。严重时,会在一些沿海地区引起硫化氢污染问题。而在淡水中硫酸盐浓度低,反硫化不占重要地位,水中硫化氢主要来源于体系内含硫有机物质的厌氧降解。

八、重金属元素的微生物转化

1. 汞

汞在环境中的存在形态有金属汞、无机汞化合物和有机汞化合物三种。各形态的汞一般均具有毒性,但毒性大小不同,按无机汞、金属汞、有机汞的顺序递增,其中烷基汞是已知毒性最大的汞化合物。甲基汞的毒性比无机汞大50～100倍。1953—1961年间在日本流行的水俣病,就是甲基汞中毒症。当时,甲基汞是由该地排海废水中无机汞盐被颗粒物吸着沉入底泥,主要是通过细菌作用转变而成。甲基汞脂溶性大,化学性质稳定,容易被生物吸收,难以代谢消除,能在食物链中逐级传递放大,最后由食用鱼进入当地居民体内而致毒。

微生物参与汞形态转化的主要方式是甲基化作用和还原作用。

在好氧或厌氧条件下,水体底质中某些微生物能使二价无机汞盐转变为甲基汞和二甲基汞的过程,称汞的生物甲基化。这些微生物是利用机体内的甲基钴氨蛋氨酸转移酶来实现汞甲基化的。该酶的辅酶是甲基钴氨素（甲基维生素

B_{12}),属于含三价钴离子的一种咕啉衍生物,结构式示于图 5—17 中。其中钴离子位于由四个氢化吡咯相继连接成的咕啉环的中心。它有六个配体,即咕啉环上的四个氮原子、咕啉 D 环支链上二甲基苯并咪唑(Bz)的一个氮原子和一甲基负离子(CH_3^-)。甲基钴氨素简式见图 5—18。

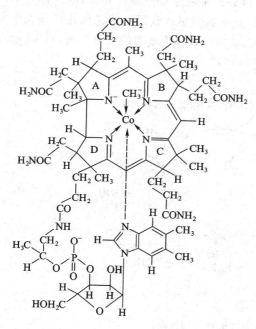

图 5—17 甲基钴氨素结构式

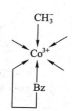

图 5—18 甲基钴氨素简式

汞的生物甲基化途径可由此辅酶把甲基负离子传递给汞离子形成甲基汞(CH_3Hg^+),本身变为水合钴氨素。后者由于其中的钴被辅酶 $FADH_2$ 还原,并失去水而转变为五个氮配位的一价钴氨素。最后,辅酶甲基四叶氢酸将甲基正离子转于五配位钴氨素,并从其一价钴上取得两个电子,以甲基负离子与之络合,完成甲基钴氨素的再生,使汞的甲基化能够继续进行(图 5—19)。同理,在上述过程中以甲基汞取代汞离子的位置,便可形成二甲基汞[$(CH_3)_2Hg$]。二甲基汞的生成速率约为甲基汞的 $1/(6 \times 10^3)$。二甲基汞化合物挥发性很大,容易从水体逸至大气。

多种厌氧和好氧微生物都具有生成甲基汞的能力。前者中有某些甲烷菌、匙形梭菌等,后者中有荧光假单胞菌、草分支杆菌等。

在水体底质中还可存在一类抗汞微生物,能使甲基汞或无机化合物变成金属汞,这是微生物以还原作用转化汞的途径。例如:

$$CH_3HgCl + 2H \longrightarrow Hg + CH_4 + HCl \tag{5-100}$$

$$(CH_3)_2Hg + 2H \longrightarrow Hg + 2CH_4 \tag{5-101}$$

$$HgCl_2 + 2H \longrightarrow Hg + 2HCl \tag{5-102}$$

式(5-100)和式(5-101)的反应方向恰好与汞的生物甲基化相反,故又称为汞的生物去甲基化。常见的抗汞微生物是假单胞菌属。我国从第二松花江底泥中分离出三株可使甲基汞还原的假单胞菌,其清除氯化甲基汞的效率较高,对 1 mg/L 和 5 mg/L 的氯化甲基汞清除率接近 100%。

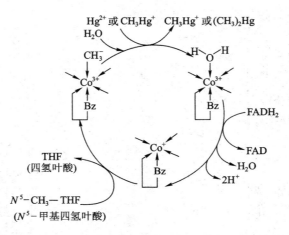

图 5-19   汞的生物甲基化途径

2. 砷

砷在环境中的重要存在形态有五价无机砷化合物[As(Ⅴ)]、三价无机砷化合物[As(Ⅲ)]、一甲基胂酸[$CH_3AsO(OH)_2$]及其盐、二甲基胂酸[$(CH_3)_2AsO(OH)$]及其盐、三甲基胂氧化物[$(CH_3)_3AsO$]、三甲基胂[$(CH_3)_3As$]、砷胆碱[$(CH_3)_3As^+CH_2CH_2OH$]、砷甜菜碱[$(CH_3)_3As^+CH_2COO^-$]、砷糖等。砷糖结构式表示如下:

砷糖结构式

其中 R 代表有几种形式的脂肪族取代基,如—$CH_2CH(OH)CH_2OH$。

砷是一种毒性很强的元素,但是不同形态的砷毒性可以有较大差异。一般地,毒性以 As(Ⅲ)最大,As(Ⅴ)次之,甲基砷化合物再次之,大致呈现砷化合物甲基数递增毒性递减的规律性。如鼠的毒性试验表明,下列砷化合物毒性顺序是

$$As_2O_3 \gg CH_3AsO(OH)_2 \approx (CH_3)_2AsO(OH) > (CH_3)_3AsO \approx (CH_3)_3As^+CH_2COO^-$$
（高毒）　　（毒）　　　　（毒）　　　　（无毒）　　　　（无毒）

上述规律的例外情况较少。最典型的例外是三甲基胂具有高毒性。在国外曾有过报道,一些含有无机砷化合物的糊墙纸在潮湿季节生长霉菌产生三甲基胂气体,引起了在 19 世纪初期流行于英、德等国居室砷中毒事件。这一事件说明,砷也同汞那样能发生微生物甲基化。

砷的微生物甲基化的基本途径示于图 5-20。其中,甲基供体是相应转移酶的辅酶 S-腺苷甲硫氨酸(结构式示于图 5-21),它起着传递甲基正离子的作用。甲基正离子先进攻由砷酸盐还原得到的亚砷酸盐中砷,取得其外层独对电子,以甲基负离子与之结合,形成砷为五价的一甲基胂酸盐。以此类推,依次生成二甲基胂酸盐和三甲基胂氧化物,后者进一步还原成三甲基胂。另外,也可由二甲基胂酸盐还原成二甲基胂。

$$H_3AsO_4 \xrightarrow{2e^-} H_3AsO_3 \xrightarrow{CH_3^+} CH_3AsO(OH)_2 \xrightarrow{2e^-} CH_3As(OH)_2 \xrightarrow{CH_3^+}$$

$$(CH_3)_2AsO(OH) \xrightarrow{2e^-} (CH_3)_2AsOH \xrightarrow{CH_3^+} (CH_3)_3AsO \xrightarrow{2e^-} (CH_3)_3As$$

图 5-20 砷的生物甲基化途径

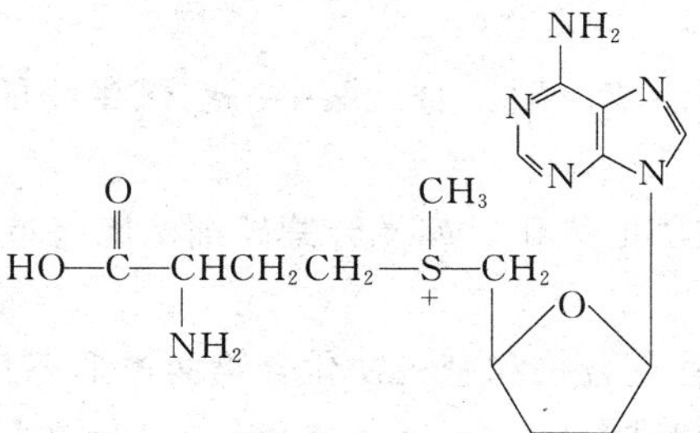

图 5-21 S-腺苷甲硫氨酸结构式

环境中砷的微生物甲基化在厌氧或好氧条件下都可发生,主要场所是水体和土壤。有不少微生物能使砷甲基化,如帚霉属中的一些将砷酸盐转化为三甲基胂,甲烷杆菌把砷酸盐变成二甲基胂。

最近,人们通过一系列试验发现,在培养液中,若干微生物能将砷甜菜碱转变为二甲基胂酸盐或一甲基胂酸盐甚至转变成无机砷(Ⅲ或Ⅴ)化合物,表明了微生物也能使砷去甲基化。尽管试验条件与实际环境有一定差异,但可以认为在某些环境中也很可能存在着砷的微生物去甲基化的作用。

微生物还可参与As(Ⅲ)及As(Ⅴ)之间的转化。许多微生物,如无色杆菌、假单胞菌、黄杆菌等,都能将亚砷酸盐氧化成砷酸盐,如式(5-103)所示。至于能使砷酸盐还原为亚砷酸盐的微生物就更多了,如甲烷菌、脱硫弧菌、微球菌等。

$$2NaAsO_2 + O_2 + 2H_2O \xrightarrow{\text{土壤}} 2NaH_2AsO_4 \qquad (5-103)$$

3. 硒

硒是人体及许多生物所必需的一个微量元素,但是所需硒的最适宜浓度范围却很窄,摄入机体的硒稍有不足或略微过量,都会产生毒害作用。在有毒的硒化合物中,以亚硒酸及其盐和酯的毒性最大。

环境中除有亚硒酸盐外,硒还以硒酸盐、单质硒及有机硒化合物等形态存在。微生物参与硒的转化有以下几种情况:

第一种情况,有机硒化合物转化为无机硒化合物。如土壤中植物残体释放的硒蛋氨酸$[CH_3SeCH_2CH_2CH(NH_2)COOH]$及硒-甲硒半胱氨酸$[CH_3SeCH_2CH(NH_2)COOH]$,均可被某些微生物转变为硒酸盐或亚硒酸盐。

第二种情况,硒化合物甲基化,最重要的产物是二甲基硒和三甲基硒离子。如土壤及湖底淤泥中的亚硒酸、硒酸盐、硒蛋氨酸、硒-甲硒半胱氨酸等无机及有机硒化合物,能被一些微生物转变成稳定、高挥发性的二甲基硒$[(CH_3)_2Se]$,随即释放至大气。

第三种情况,还原成单质硒。如土壤中一些微生物能使硒酸盐还原为单质硒,使菌体呈现硒的鲜红色。

第四种情况,单质硒的氧化。如光合紫硫细菌能将单质硒氧化成硒酸盐。

4. 铁

环境中铁以无机铁化合物和有机铁化合物两类形态存在。无机铁化合物主要有溶解性二价亚铁和难溶性三价铁。二价铁、三价铁与含铁有机物之间的相互转化,同微生物的活动有关。

铁细菌能把二价铁氧化为三价铁,如式(5-104)所示,从中获得该菌代谢所需的能量。铁细菌中有的碳源不是有机物质而是二氧化碳,就是说,是自养菌,如氧化亚铁硫杆菌。

$$4Fe^{2+} + 4H^+ + O_2 \longrightarrow 4Fe^{3+} + 2H_2O + \text{能量} \qquad (5-104)$$

　　由于上面反应产生的能量较小，据估算铁细菌用之合成 1 g 细胞碳的同时，约有 430 g 氢氧化铁伴随产生。氢氧化铁以水溶胶态分泌于细胞体外，成凝胶而沉积。因此，当铁细菌生活在铁管中时，常因管内有酸性水而将化学氧化为溶解的二价铁转化为三价铁并沉积于管壁上，以致阻塞水管造成损失。

　　铁细菌作用带来的另一个环境问题是酸性矿水的形成。在此形成过程中，先是煤矿及一些无机矿床内所含黄铁矿，暴露于空气后发生化学氧化：

$$2FeS_2 + 2H_2O + 7O_2 \longrightarrow 4H^+ + 4SO_4^{2-} + 2Fe^{2+} \tag{5-105}$$

使采矿地排出水（矿水）变酸性，一般 pH 为 2.5～4.5。在此 pH 范围，发生下列化学氧化反应：

$$4Fe^{2+} + O_2 + 4H^+ \longrightarrow 4Fe^{3+} + 2H_2O \tag{5-106}$$

此反应可被耐酸铁细菌催化而大大加快。铁细菌包括在 pH<3.5 起作用的氧化亚铁硫杆菌，在 pH3.5～4.5 起作用的各种生金菌等。生成的铁离子进一步氧化黄铁矿：

$$FeS_2 + 14Fe^{3+} + 8H_2O \longrightarrow 15Fe^{2+} + 2SO_4^{2-} + 16H^+ \tag{5-107}$$

式(5-106)与式(5-107)联合构成一个由铁细菌发挥重大作用的溶解黄铁矿的循环过程，生成大量硫酸，加剧了矿水的酸化，有时能使 pH 下降至 0.5。

　　此外，在环境中通过微生物代谢产生的酸类，可使难溶性三价铁化合物溶解，或通过微生物分解有机质降低了环境氧化还原电位，使三价铁化合物还原成亚铁化合物而溶解。这些反应容易在通气不良的条件下发生。有机铁化合物也可被一些微生物分解，将无机态铁释放出来。

九、污染物质的生物转化速率

　　至此，已介绍了几类具有代表性的污染物质的微生物转化反应和降解途径，这是一个重要的方面。另一个重要方面是微生物对污染物质的反应速率。显然，后者与体外的酶促反应速率有密切关系。同时，由于微生物体内含有多种酶，其酶促反应在不同程度上相互影响，并与微生物的生理活动有联系，而使微生物对物质的反应速率与体外酶促反应速率又有相当差别。

　　1. 酶促反应的速率

　　（1）米氏方程　污染物质在环境中的生物转化，绝大多数都是酶促反应。酶促反应机理，一般认为是底物（S）与酶（E）形成复合物（ES），再分离出产物（P），即如下式所示：

$$E + S \underset{k_2}{\overset{k_1}{\rightleftharpoons}} ES \overset{k_3}{\longrightarrow} E + P$$

式中：k_1，k_2，k_3——相应单元反应速率常数。

令[E]$_0$ 为酶的总浓度；[S]为底物浓度；[ES]为底物－酶复合物浓度。则ES形成与分解的速率微分方程依次为

$$\frac{d[ES]}{dt} = k_1 \{[E]_0 - [ES]\} \cdot [S] \tag{5-108}$$

$$-\frac{d[ES]}{dt} = k_2[ES] + k_3[ES] \tag{5-109}$$

假定酶促反应体系处于动态平衡，则

$$k_1 \{[E]_0 - [ES]\} \cdot [S] = k_2[ES] + k_3[ES]$$

令 $K_M = (k_2 + k_3)/k_1$，将上式整理成

$$[ES] = \frac{[E]_0[S]}{K_M + [S]} \tag{5-110}$$

产物 P 的生成速率，即酶促反应的速率(v)为

$$v = k_3[ES] \tag{5-111}$$

将式(5-110)代入式(5-111)，得

$$v = k_3 \frac{[E]_0[S]}{K_M + [S]} \tag{5-112}$$

当底物浓度很高时所有的酶转变成 ES 复合物，就是说，在[ES]＝[E]$_0$ 时酶促反应达到最大速率(v_{max})，所以：

$$v_{max} = k_3[ES] = k_3[E]_0$$

而式(5-112)可改写成

$$v = \frac{v_{max}[S]}{K_M + [S]} \tag{5-113}$$

式(5-113)或式(5-112)就是底物酶促反应速率方程，常称为米氏方程。方程中 K_M 称为米氏常数。米氏方程表明，在已知 K_M 及 v_{max} 下，酶促反应速率与底物浓度之间的定量关系。

从米氏方程可知，当[S]$\ll K_M$ 时，方程右端分母中[S]值与 K_M 值相比可以

忽略不计,于是 $v \approx v_{max}[S]/K_M$,酶促反应速率与底物浓度呈线性比例关系,显示动力学一级反应特征。这是米氏方程曲线(图 5-22)的第一阶段情形。当 $[S] \gg K_M$ 时,则 $v = v_{max}$,酶促反应速率接近最大速率,并与底物浓度无关,相对于底物 S 来说,呈现动力学零级反应特征。这是该曲线的第三阶段情形。而在 $[S]$ 与 K_M 数值相差不多时,v 由米氏方程原形式表达,酶促反应速率随底物浓度而变动于零级和一级反应之间,反映出该曲线的第二阶段情形。

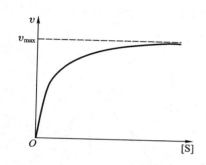

图 5-22　酶浓度一定时酶促反应速率
与底物浓度关系

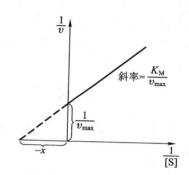

图 5-23　式(5-114)图示

K_M 及 v_{max} 值通过实验-做图法求得。如可将米氏方程两边取倒数,改写成式(5-114)。把实验得到的 $[S]$ 和 v,以 $1/v$ 为纵坐标、$1/[S]$ 为横坐标做图,如图 5-23 所示,由其斜率 K_M/v_{max} 及截距 $1/v_{max}$ 算出 K_M 及 v_{max} 值。

$$\frac{1}{v} = \frac{K_M}{v_{max}} \cdot \frac{1}{[S]} + \frac{1}{v_{max}} \qquad (5-114)$$

从米氏方程可知,当酶促反应速率 $v = \frac{1}{2}v_{max}$ 时,$K_M = [S]$,即 K_M 值是在酶促反应速率达到最大反应速率一半时的底物浓度,其单位与底物浓度的单位相同;K_M 值越大,达到最大反应速率一半所需要的底物浓度越大,说明酶对底物的亲和力越小,反之,K_M 值越小,说明酶与底物的亲和力越大。这就依次显露出 K_M 值的物理意义和酶学意义。

K_M 值是酶反应的一个特征常数。不同的酶,K_M 值不同。如果一个酶有几种底物,则对每一种底物各有相应的 K_M 值。另外,K_M 值还随 pH、温度、离子强度等反应条件而变化。大多数酶的 K_M 在 $10^{-1} \sim 10^{-6}$ mol/L 区间。由此可知,米氏方程正是通过 K_M 部分地描述了酶促反应性质、反应条件对酶促反应速率的影响。

（2）影响酶促反应速率的因素   pH 对酶促反应的速率有显著影响。从图 5-24 看出,酶促反应速率与 pH 的关系一般表现为近于钟形的曲线关系,在一定 pH 下酶反应具有最大的速率,高于或低于此 pH,反应速率便明显下降。这是因为在 pH 改变不很剧烈时,酶虽不变性,但酶和底物分子结合的有关基团解离状态会发生改变,使酶的活性随着酶促反应速率由最大值而明显降低。酶促反应速率最大时的 pH 称为酶的最适 pH。各种酶的最适 pH 一般在 5～8 范围内。最适 pH 有时因底物种类、浓度和缓冲液成分的不同而改变。因此,酶的最适 pH 并不是一个常数,只是在一定条件下才有意义。另外,酶在试管反应中的最适 pH 与它所在正常细胞生理 pH 也并不一定相同。

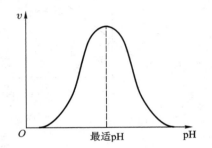
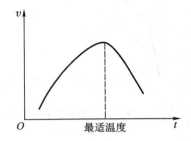

图 5-24   pH 对大部分酶促反应速率的影响   图 5-25   温度对酶促反应速率影响

温度对酶促反应速率的影响很大。如图 5-25 所示,随着温度上升,酶促反应速率显著增加,直至最高点,以后由于酶的热致变性速率也随之增大,而使酶促反应速率显著减小。酶促反应速率达到最高点时的温度,称为酶的最适温度。在最适温度前每提高 10 ℃,对于许多酶促反应来说,速率增加 1～2 倍。各种酶的最适温度常在 35～50 ℃ 区间。一般地,当温度接近 70～80 ℃ 时酶会变性损坏,失去催化作用。就同种酶来说,其最适温度也会因酶作用时间增长而向温度降低方向移动。因此,仅在酶促反应时间规定之下,才有特定的最适温度。应当指出,酶在干燥状态下对温度的耐受力比在潮湿状态下高。这对于指导酶的保藏具有重要意义。

污染物质的酶促反应速率,还常与抑制剂的存在有密切关系。抑制剂就是能减小或消除酶活性,而使酶的反应速率变慢或停止的物质。其中,以比较牢固的共价键同酶结合,不能用渗析、超滤等物理方法来恢复酶活性的抑制剂,称为不可逆抑制剂。它所起的作用称为不可逆抑制作用。如杀虫剂对硫磷抑制胆碱酯酶,其作用如下:

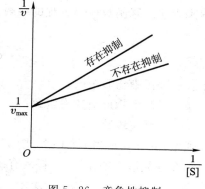

（对硫磷）　　　　　（胆碱酯酶）

（失去催化活性的
磷酰化胆碱酯酶）

　　另一部分抑制剂是同酶的结合处于可逆平衡状态，可用渗析法除去而恢复酶活性的物质，称为可逆抑制剂。其所起的作用称为可逆抑制作用。在可逆抑制作用中以竞争性抑制和非竞争性抑制最为重要。

　　竞争性抑制的酶促反应机理如下：

$$E+S \rightleftharpoons ES \longrightarrow E+P$$

即底物 S 和与底物结构类似的抑制剂 I，在酶的活性中心上竞争，并能分别形成酶与底物复合物 ES 及酶与抑制剂复合物 EI；ES 可分解成产物 P，而 EI 不能分解成产物 P，酶促反应速率因此下降。如丙二酸对于琥珀酸脱氢酶催化其正常底物琥珀酸的脱氢便呈现竞争性抑制。竞争性抑制可通过增加底物浓度来解除。这种抑制的 $1/v$ 表达式为

$$\frac{1}{v} = \frac{K_M}{v_{max}}\left(1+\frac{[I]}{K_i}\right)\frac{1}{[S]} + \frac{1}{v_{max}}$$

$$(5-115)$$

式中：K_i——$k_{i,2}/k_{i,1}$，即 EI 解离常数。

　　比较式（5-115）和式（5-114），可知有竞争性抑制与无抑制的酶促反应之间主要区别在于：前者的斜率大，增加为后者的 $(1+[I]/K_i)$ 倍，而它们的截距是完全相同的（图 5-26）。

图 5-26　竞争性抑制

非竞争性抑制的酶促反应机理如下:

$$
\begin{array}{ccc}
\text{E+S} & \rightleftharpoons \text{ES} & \longrightarrow \text{E+P} \\
+ & + & \\
\text{I} & \text{I} & \\
\big\Updownarrow & \big\Updownarrow K_1 & \\
\text{EI+S} & \rightleftharpoons \text{EIS} &
\end{array}
$$

即底物 S 和抑制剂 I 分别在酶的活性中心及其之外部位与酶结合,彼此无争;所形成的 ES 和 EI 可分别再与抑制剂和底物结合成 EIS;但是中间产物 EIS 不能进一步分解为产物 P,因此酶促反应速率降低。例如,大部分非竞争性抑制都是由一些金属离子化合物与酶的活性中心之外的巯基进行可逆结合而引起的。这种抑制不能通过加大底物浓度来解除。非竞争性抑制的 $1/v$ 表达式为

$$
\frac{1}{v} = \frac{K_M}{v_{max}}\left(1+\frac{[\text{I}]}{K_1}\right)\frac{1}{[\text{S}]} + \frac{1}{v_{max}}\left(1+\frac{[\text{I}]}{K_1}\right) \tag{5-116}
$$

式中:K_1——EIS 的解离常数。

比较式(5-116)和式(5-114)可知,非竞争性抑制与无抑制的酶促反应,其主要不同在于:前者的斜率和截距都增加为后者的$(1+[\text{I}]/K_1)$倍(图 5-27)。

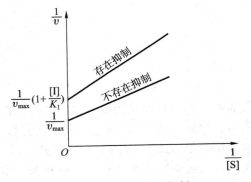

图 5-27 非竞争性抑制

2. 微生物反应的速率

(1)微生物反应速率方程 微生物对污染物质的转化速率,往往可用幂函数速率方程或二级反应速率方程来表述。幂函数速率方程的一般微分形式为

$$
-\frac{dc}{dt} = kc^n \tag{5-117}
$$

式中:c——污染物质浓度;

k——微生物反应速率常数;

n——反应级数。

通常,$0 < n \leqslant 1$,当 $n=1$ 时,式(5-117)即为一级反应速率微分方程。

如在好氧微生物作用下,耗氧有机污染物质在水中的生物耗氧总反应为

$$
10C_aH_bO_c + (5a+2.5b-5c)O_2 + aNH_3 \longrightarrow
$$

$$a\mathrm{C_5H_7NO_2} + 5a\mathrm{CO_2} - (2a-5b)\mathrm{H_2O} \tag{5-118}$$

式中：$\mathrm{C_aH_bO_c}$——作为微生物碳源和能源的耗氧有机物质的分子通式；

$\mathrm{C_5H_7NO_2}$——生物细胞粗略组成。

这一反应的速率常用一级反应速率微分方程描述：

$$-\frac{\mathrm{d}\rho}{\mathrm{d}t} = k\rho \tag{5-119}$$

积分得

$$\rho = \rho_0 \mathrm{e}^{-kt} \tag{5-120}$$

式中：ρ——t 瞬时耗氧有机物质在水中的质量浓度；

ρ_0——耗氧有机物质在水中的起始质量浓度；

k——耗氧有机物质的微生物反应速率常数。

又如 James J 等人通过实验，提出水体沉积物中汞生物甲基化的幂函数速率方程为

$$\mathrm{NSMR} = \gamma(\beta \cdot \rho_\mathrm{T})^n \tag{5-121}$$

式中：NSMR——沉积物中汞的净甲基化速率，即沉积物活性测量值 VSS 为 1 g 时，1 天合成甲基汞及二甲基汞所相当的汞量，$\mu\mathrm{g/d}$；

γ——沉积物中呈甲基化作用的微生物的活性系数；

ρ_T——沉积物中的无机汞总质量浓度，$\mathrm{mg/L}$；

β——总汞中汞离子的有效系数；

n——微生物甲基化反应级数（通常沉积物在好氧条件下为 0.28，在厌氧条件下为 0.15）。

大多数有机污染物质和某些无机污染物质在水中的微生物转化速率，都遵守二级反应动力学规律，其微分方程为

$$-\frac{\mathrm{d}[\mathrm{S}]}{\mathrm{d}t} = k_\mathrm{b}[\mathrm{B}][\mathrm{S}] \tag{5-122}$$

式中：$[\mathrm{S}]$——水中污染物质浓度；

$[\mathrm{B}]$——水中微生物浓度；

k_b——二级反应速率常数。

若水中微生物浓度在一定时间内比较稳定，可以其数量平均值作为$[\mathrm{B}]$，则 $k_\mathrm{b}[\mathrm{B}] = k_1$，$k_1$ 称准一级反应速率常数，于是式（5-122）变成准一级反应速率微分方程：

$$-\frac{\mathrm{d}[S]}{\mathrm{d}t}=k_1[S] \qquad (5-123)$$

如有人通过模拟试验,发现 EDTA 在美国伊利湖水中的微生物降解速率符合准一级反应过程,速率方程为

$$[S]=[S]_0 e^{-k_1 t} \qquad (5-124)$$

式中:[S]——该湖水中 EDTA 的浓度;

　　[S]$_0$——该湖水中 EDTA 的起始浓度。

k_1 的测算值为 0.973×10^{-4} h^{-1},从而算得伊利湖水中 EDTA 微生物降解半衰期为 295 d,与美国其他几个湖里 EDTA 相应半衰期范围 335~526 d 相比,或接近,或较短。

又如可用式(5-122)描述河段水中氨氮的硝化速率:

$$\frac{\mathrm{d}[Y]}{\mathrm{d}t}=-\frac{\mathrm{d}[S]}{\mathrm{d}t}=k_b[B][S] \qquad (5-125)$$

式中:t——河段水横断面沿程时间;

　　[Y]——河段水横断面中被硝化的氨氮浓度;

　　[S]——河段水横断面中氨氮浓度;

　　[B]——河段水横断面中起硝化作用的微生物浓度;

　　k_b——相应的二级反应速率常数。

假定河段起始横断面的氨氮和微生物浓度分别是[S]$_0$和[B]$_0$,则可认为

$$[S]=[S]_0-[Y] \qquad (5-126)$$
$$[B]=k[Y]+[B]_0 \qquad (5-127)$$

式中:k——有关的速率常数。

通常,$k[Y]\gg[B]_0$,则式(5-127)简化成

$$[B]=k[Y] \qquad (5-128)$$

将式(5-126),式(5-128)代入式(5-125),得

$$\frac{\mathrm{d}[Y]}{\mathrm{d}t}=k_b k[Y]([S]_0-[Y])$$

积分求解,得

$$\ln\frac{[Y]}{[S]_0-[Y]}=[S]_0 k_b kt-[S]_0 k_b kt_{1/2} \qquad (5-129)$$

这里,$t_{1/2}$是[Y]$=\frac{1}{2}$[S]$_0$ 时,河段水横断面沿程时间。在一具体河段中[S]$_0$,

k_b, k 及 $t_{1/2}$ 均可视为常数。令 $a = [S]_0 k_b k, b = [S]_0 k_b k t_{1/2}$，则式（5-129）可改写成

$$\ln \frac{[Y]}{[S]_0 - [Y]} = at - b \tag{5-130}$$

此式为稳态，扩散可以忽略不计的河段的氨氮硝化数学模式。式中参数 a, b 值可用两点法确定。

（2）影响微生物反应速率的因素　环境中污染物质的微生物转化速率，取决于物质的结构特征和微生物本身的特性，同时也与环境条件有关。就有机污染物质微生物降解速率来说，有机物质化学结构的影响呈现如下若干定性规律。

链长规律：是指脂肪酸、脂族碳氢化合物和烷基苯等有机物质，在一定范围内碳链越长，降解也越快的现象，以及有机聚合物降解速率随分子的增大呈现减小趋势的现象。

链分支规律：是指烷基苯磺酸盐、烷基化合物（$R_n CH_{4-n}$）等有机物质中，烷基支链越多，分支程度越大，降解也越慢的现象。

取代规律：是指取代基的种类、位置及数量对有机物质降解速率的影响规律。以芳香族化合物来说，羟基、羧基、氨基等取代基的存在会加快其降解，而硝基、磺酸基、氯基等取代基的存在则使其降解变慢；一氯苯降解快于二氯苯，二氯苯降解快于三氯苯，随取代基增加，降解速率下降；苯酚的一氯取代物中，邻、对位的降解比间位的快，取代基位置不同，对降解速率产生的影响不尽相同。

不同微生物的体内含有不同的酶。这些酶具有不同的催化活性，从而造成了微生物对各种有机污染物质的不同降解速率。另外，某些有机污染物质虽然不能作为微生物的唯一碳源与能源而被分解，但在有另外的化合物存在提供碳源或能源时，或者在先经结构相似物质对微生物诱导驯化，使其机体内产生诱导酶后，该有机物质也能被降解，这种现象称为微生物的共代谢。例如，直肠梭菌需有蛋白胨类物质存在提供能源时，才能降解丙体六六六；邻苯二甲酸酯类是增塑剂的主要品种，不被生物降解，已在环境中广泛扩散，对人体有害。研究发现，个别菌株预先用邻苯二酸诱导驯化后，即能降解邻苯二甲酸双乙酯。实践表明，微生物的共代谢在促进难降解有机物质转化中起着特别重要的作用。

环境条件关系到微生物的生长、代谢等生理活动，对于微生物降解有机污染物质的速率也有很大的影响。环境条件包括温度、pH、营养物质、溶解氧、共存物质等。

各种微生物有其适宜生长的温度范围。如果温度超过这一范围，微生物生长不利，乃至死亡，于是有机物质的降解速率便急剧下降，直至为零。而若温度在此范围内适当升高，增加了反应活化能，则能加速有机物质降解。此时，温度

改变对降解速率常数的影响,可用 Arrhenius 关系式来表示,即

$$K_T = K_{T_1} \theta^{(T-T_1)} \tag{5-131}$$

式中:K_T, K_{T_1}——温度 T, T_1 时微生物对有机物质的降解速率常数;

　　　　θ——温度系数,温度系数通过实验测定,一般有机耗氧反应的温度
　　　　系数为 1.047。

　　不同的微生物有其合适生长的 pH 范围,通常是在 pH5~9。显然,pH 超过这一范围,有机污染物质降解速率一般将会减小。鉴于微生物生长的合适 pH 条件不一定就是微生物的作用酶催化有机底物降解的恰当条件,在目前缺少有关的预测方法下,可通过试验在微生物生长合适的 pH 范围内进行最佳选定。如在 BOD 测定中反应介质 pH 经选定须保持在 7.0~8.0。

　　厌氧、好氧及兼性厌氧微生物,对溶解氧需求性是不同的。我们知道,当 pH 一定时可用所测得的体系氧化还原电位(E_h)求得相应的溶解氧浓度(DO)。采用 E_h 值表示 DO 值的方法,能够克服一般氧电极无法检测较低 DO 值的困难。各种微生物生长所需的 E_h 值不一样。一般地,好氧微生物在 E_h 值为 +0.1 V 以上均可生长,以 +0.3~+0.4 V 时为宜。厌氧微生物只能在 E_h 值小于 +0.1 V 以下生长。兼性厌氧微生物在 E_h 值 +0.1 V 上下都能生长。如前所述,好氧微生物降解有机物质的途径不同于厌氧微生物。另外,前者降解速率显著大于后者。

　　环境中与有机污染物质共存的其他物质,往往会在不同程度上影响微生物对该有机物质的降解速率。如据报道,几种重金属离子对河水 BOD 反应速率常数有显著影响(表 5-2)。

表 5-2   含 1.0 mg/L 不同重金属下 BOD 反应速率常数

金 属 离 子	(原河水)	Pb^{2+}	Cr^{6+}	Cd^{2+}	Cu^{2+}	Hg^{2+}
反应速率常数/d^{-1}	0.314	0.252	0.242	0.158	0.137	0.012

第五节   污染物质的毒性

一、毒物

　　大多数环境污染物质都是毒物。毒物是进入生物机体后能使体液和组织发生生物化学的变化,干扰或破坏机体的正常生理功能,并引起暂时性或持久性的

病理损害,甚至危及生命的物质。这一定义受到多种因素的限制。如进入机体的物质数量、生物种类、生物暴露于毒物的方式等。限制因素的改变,有可能使毒物成为非毒物,反之亦然。所以毒物与非毒物之间并不存在绝对的界限。例如,钙是人及生物所必需的一种营养元素,但是它在人体血清中的最适营养质量浓度范围为 90～95 mg/L。如果高于这一范围,便会引起生理病理的反应,当血清中钙高于 105 mg/L 时发生钙过多症,主要症状是肾功能失常。而若低于这一范围,又将发生钙缺乏症,引起肌肉的痉挛、局部麻痹等。其他为人体及生物所必需的营养元素也有这种相似情形,只不过各具有最适的营养质量浓度范围。

　　毒物的种类按作用于机体的主要部位,可分为作用于神经系统、造血系统、心血管系统、呼吸系统、肝、肾、眼、皮肤的毒物等。根据作用性质,毒物可分为刺激性、腐蚀性、窒息性、致突变、致癌、致畸、致敏的毒物等。此外,还有其他的毒物分类方法。

二、毒物的毒性

　　不同毒物或同一毒物在不同条件下的毒性,常有显著的差异。影响毒物毒性的因素很多,而且很复杂。概括来说,有毒物的化学结构及理化性质(如毒物的分子立体构型、分子大小、官能团、溶解度、电离度、脂溶性等);毒物所处的基体因素(如基体的组成、性质等);机体暴露于毒物的状况(如毒物剂量,浓度,机体暴露的持续时间、频率、总时间,机体暴露的部位及途径等);生物因素(如生物种属差异、年龄、体重、性别、遗传及免疫情况、营养及健康状况等);生物所处的环境(如温度、湿度、气压、季节及昼夜节律的变化、光照、噪声等)。其中,关键因素之一是毒物的剂量(浓度)。这是因为毒物毒性在很大程度上取决于毒物进入机体的数量,而后者又与毒物剂量(浓度)紧密相关。

　　毒理学把毒物剂量(浓度)与引起个体生物学的变化,如脑电、心电、血象、免疫功能、酶活性等的变化称为效应;把引起群体的变化,如肿瘤或其他损害的发生率、死亡率等变化称为反应。研究表明,毒物剂量(浓度)与反(效)应变化之间存在着一定的关系,称为剂量-反(效)应关系。大多数的剂量-反(效)应关系曲线呈 S 形(图 5-28),即在剂量开始增加时,反(效)应变化不明显,随着剂量的继续增加,反(效)应变化趋于明显,到一定程度后,变化又不明显。

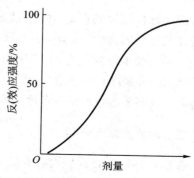

图 5-28　剂量-反(效)应曲线

　　毒物剂量(浓度)关系到毒物毒作用的快慢。根据剂量(浓度)大小所引起毒作用快慢的不同,将毒作用分为急性、慢性和亚急(或亚慢)性三种。高剂量(浓度)毒物在短时间内进入机体致毒为急性毒作用。低剂量(浓度)毒物长期逐渐进入机体,积累到一定程度后而致毒为慢性毒作用。由甲基汞引起的水俣病和由镉引起的痛痛病便是环境污染物质慢性毒作用的两个典型例子。情况介于上述两者之间的为亚急(或亚慢)性毒作用。

　　急性毒作用一般以半数有效剂量(ED_{50})或半数有效浓度(EC_{50})来表示。ED_{50}和EC_{50}分别是毒物引起一群受试生物的半数产生同一毒作用所需的毒物剂量和毒物浓度。显然,ED_{50}或EC_{50}数值越小,受试物质的毒性越高,反之,则毒性越低。半数有效剂量或半数有效浓度,若以死亡率作为毒作用的观察指标,则称为半数致死剂量(LD_{50})或半数致死浓度(LC_{50})。

　　物质的急性毒性根据半数致死剂量,一般分为4或5级。表5-3是1978年我国工业企业设计卫生标准科研协作会议提出的分级建议。半数致死剂量是通过由急性毒性试验得到的一套剂量和死亡率的数据,把其中的剂量换算成对数剂量,把死亡率经查表换成概率单位表示,而使S形剂量与反应(死亡)曲线直线化,然后用直线内插方法求出。

表 5-3　化学物质急性毒性分级

毒 性 分 级	小鼠一次经口 LD_{50} 量/ [mg·(kg 小鼠)$^{-1}$]	小鼠吸入染毒 2 h LD_{50} 量/[mg·(kg 小鼠)$^{-1}$]	兔经皮 LD_{50} 量/ [mg·(kg 兔)$^{-1}$]
剧　　毒	≤10	≤50	≤10
高　　毒	11~100	51~500	11~50
中 等 毒	101~1 000	501~5 000	51~500
低　　毒	1 001~10 000	5 001~50 000	501~5 000
微　　毒	>10 000	>50 000	>5 000

　　慢性毒作用以阈剂量(浓度)或最高允许剂量(浓度)来表示。阈剂量(浓度)是指在长期暴露毒物下,会引起机体受损害的最低剂量(浓度)。最高允许剂量(浓度)是指长期暴露在毒物下,不引起机体受损害的最高剂量(浓度)。显然,阈剂量(浓度)或最高允许剂量(浓度)越小,受试物质的慢性毒性越高,反之,慢性毒性越小。这两个参数由慢性毒性试验来确定,或由亚急性毒性试验做出初步估计。

三、毒物的联合作用

　　在实际环境中往往同时存在着多种污染物质,它们对机体同时产生的毒性,有别于其中任一单个污染物质对机体引起的毒性。两种或两种以上的毒物,同时作用于机体所产生的综合毒性称为毒物的联合作用。毒物的联合作用通常分为四类。

1. 协同作用

协同作用是指联合作用的毒性大于其中各毒物成分单独作用毒性的总和。就是说,其中某一毒物成分能促进机体对其他毒物成分的吸收加强、降解受阻、排泄迟缓、蓄积增多或产生高毒代谢物等,使混合物毒性增加。如四氯化碳与乙醇,臭氧与硫酸气溶胶等。若以死亡率作为毒性的观察指标,两种毒物单独作用的死亡率分别为 M_1 和 M_2,则其协同作用的死亡率为 $M > M_1 + M_2$。

2. 相加作用

相加作用是指联合作用的毒性等于其中各毒物成分单独作用毒性的总和,即其中各毒物成分之间均可按比例取代另一毒物成分,而混合物毒性均无改变。当各毒物成分的化学结构相近、性质相似、对机体作用的部位及机理相同时,其联合的结果往往呈现毒性相加作用。如丙烯腈与乙腈,稻瘟净与乐果等。如果以死亡率为毒性指标,两种毒物单独作用的死亡率分别是 M_1 和 M_2,则其相加作用的死亡率为 $M = M_1 + M_2$。

3. 独立作用

独立作用是指各毒物对机体的侵入途径、作用部位、作用机理等均不相同,因而在其联合作用中各毒物生物学效应彼此无关、互不影响。即独立作用的毒性低于相加作用,但高于其中单项毒物的毒性。如苯巴比妥与二甲苯。如果以死亡率作为毒性指标,两种毒物单独作用的死亡率依次是 M_1 和 M_2,则其独立作用的死亡率 $M = M_1 + M_2(1 - M_1)$。

4. 拮抗作用

拮抗作用是指联合作用的毒性小于其中各毒物成分单独作用毒性的总和。

就是说,其中某一毒物成分能促进机体对其他毒物成分的降解加速、排泄加快、吸收减少或产生低毒代谢物等,使混合物毒性降低。如二氯乙烷与乙醇,亚硝酸与氰化物,硒与汞,硒与镉等。如果用死亡率作为毒性指标,两种毒物单独作用的死亡率分别为 M_1 和 M_2,则其拮抗作用的死亡率为 $M < M_1 + M_2$。

有数种方法可以确定毒物联合作用的类型。其中,等效应图法是以半数致死

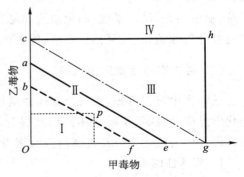

图 5-29 确定毒物联合作用类型等效应图
(Ⅰ、Ⅱ、Ⅲ、Ⅳ分别为协同、相加、独立、拮抗作用区)

剂量(浓度)作为等效应计量,绘图评定联合作用类型的方法。如图5-29所示,a点是单个乙毒物的LD_{50},c点和b点是该LD_{50}可信限剂量;e点是单个甲毒物的LD_{50},f点和g点是该LD_{50}可信限剂量。它们的相应连线把图分为标记Ⅰ~Ⅳ的四个区。将试验得到的这两种毒物联合LD_{50}中的各自百分含量,分别利用a点(即100%的乙毒物)和e点(即100%甲毒物)的关系,换算成相应的剂量,标在纵、横坐标轴上,并垂直于轴延伸相交于一点。此点(如图中的p点)若落在Ⅱ区内,则这两种毒物的联合作用类型为相加作用;而若落在Ⅰ,Ⅲ或Ⅳ区内,则联合作用类型顺次为协同作用、独立作用或拮抗作用。

四、毒作用的过程

自机体暴露于某一毒物至其出现毒性,一般要经过以下三个过程。

过程1,毒物被机体吸收进入体液后,经分布、代谢转化,并有某一程度的排泄。其间,毒物或被解毒,即转化为无毒或低毒代谢物(非活性代谢产物)而陆续排出体外;或被增毒,即转化为更毒的代谢物(活性代谢产物)而至其靶器官中的受体;或不被转化,直接以原形毒物而至其靶器官中的受体。靶器官是毒物首先在机体中达到毒作用临界浓度的器官。受体是靶器官中相应毒物分子的专一性作用部位。受体成分几乎都是蛋白质类分子,通常是酶,非酶的受体有鸦片类型受体(或称神经受体)等。显然,这一过程对毒物毒作用具有重要影响。

过程2,毒物或活性代谢产物与其受体进行原发反应,使受体改性,随后引起生物化学效应。如酶活性受到抑制、细胞膜破裂、干扰蛋白质合成、破坏脂肪和糖的代谢、抑制呼吸等。

过程3,接着引起一系列病理、生理的继发反应,出现在整体条件下可观察到的毒作用的生理和(或)行为的反应,即致毒症状。对人和动物来说,有机体体温增高或降低、脉搏加快、减慢或不规则,呼吸速率增加或减小,血压升高或降低,中枢神经系统出现幻觉、痉挛、昏迷、动作机能不协调、瘫痪等症状,以及呼吸系统、血液系统、循环系统、消化系统和泌尿系统等方面的症状。对于植物来说,则有叶片失绿黄化,及至枯焦脱落,使生长发育受到阻碍等症状。

五、毒作用的生物化学机制

从毒作用过程可知,毒物及其代谢活性产物与机体靶器官中受体之间的生物化学反应及机制,是毒作用的启动过程,在毒理学和毒理化学中占有重要地位。毒作用的生化反应及机制的内容相当多,下面做简要介绍。

1. 酶活性的抑制

酶在构成机体生命基础的生化过程中起着重大的作用。毒物进入机体后,一方面在酶催化下进行代谢转化;另一方面也可干扰酶的正常作用,包括酶的活

性、数量等,从而有可能导致机体的损害。在干扰酶的作用中最常见的是对酶活性的抑制。例如:

其一是有些有机物与酶的共价结合。这种结合往往是通过酶活性内羟基来进行的。一个典型例子是有机磷酸酯和氨基甲酸酯对胆碱酯酶的结合:

$$(C_3H_7O)_2\overset{\displaystyle O}{\overset{\|}{P}}-F + HO-E \longrightarrow HF + (C_3H_7O)_2\overset{\displaystyle O}{\overset{\|}{P}}-OE \qquad (5-132)$$

（二异丙基磷酰氟）　　（乙酰胆碱酯酶）　　　　　（磷酰化的乙酰
　　　　　　　　　　　　　　　　　　　　　　　胆碱酯酶,无活性）

[N-甲基(α-萘氧基)甲酰胺]　　　　（乙酰胆碱酯酶）

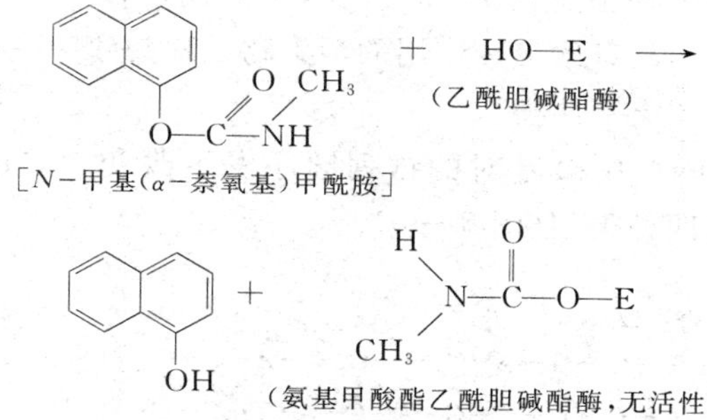

$$(5-133)$$

（氨基甲酸酯乙酰胆碱酯酶,无活性）

这一结合对乙酰胆碱酯酶活性造成不可逆的抑制,再也不能执行原有催化乙酰胆碱水解的功能,见式(5-134)。乙酰胆碱是一神经传递物质,在神经冲动的传递中起着重要作用。在正常的神经冲动中,不可缺少的步骤之一是其休止。这就需要通过式(5-134)水解乙酰胆碱。所以,有机磷酸酯和氨基甲酸酯对乙酰胆碱酯酶抑制所造成的乙酰胆碱积累,将使神经过分刺激,而引起机体痉挛、瘫痪等一系列神经中毒病症,甚至死亡。

$$(CH_3)_3\overset{+}{N}CH_2CH_2O-\overset{\displaystyle O}{\overset{\|}{C}}CH_3 + H_2O \xrightarrow{\text{乙酰胆碱酯酶}}$$

（乙酰胆碱）

$$(CH_3)_3\overset{+}{N}CH_2CH_2OH + CH_3COOH \qquad (5-134)$$

（胆碱）

其二是有些重金属离子与含巯基的酶强烈结合。涉及的重金属离子有 Pb^{2+},Hg^{2+},Cd^{2+},Ag^+ 等。此酶巯基常在酶的活性中心之外,帮助维持酶分子的构象,对于酶活性来说也是很重要的。因而,重金属离子与含巯基的酶进行可逆非竞争性的结合如式(5-135),会使酶失去活性。

$$Hg^{2+} + E\overset{SH}{\underset{SH}{\big\langle}} \rightleftharpoons E\overset{S}{\underset{S}{\big\langle}}Hg + 2H^+ \qquad (5-135)$$

这些重金属离子也能抑制巯基在酶活性中心之内的酶,可能也是通过重金属离子与巯基结合来实现的。

其三是某些金属取代金属酶中的不同金属。金属酶是金属离子为辅酶或为辅酶一个成分的酶类。一个有关的例子是 Cd(Ⅱ)可以取代锌酶中的 Zn(Ⅱ)。这是因为两者性质和离子半径都很相近的缘故。碱性磷酸酶、醇脱氢酶和碳酸酐酶等一些锌酶被 Cd^{2+} 取代后,活性便受到抑制。

2. 致突变作用

致突变作用是指生物细胞内 DNA 改变,引起的遗传特性突变的作用。这一突变可以传至后代。具有致突变作用的污染物质称为致突变物。致突变作用分为基因突变和染色体突变两类。

基因突变是指 DNA 中碱基对的排列顺序发生改变。它包含碱基对的转换、颠换、插入和缺失四种类型(图 5−30)。

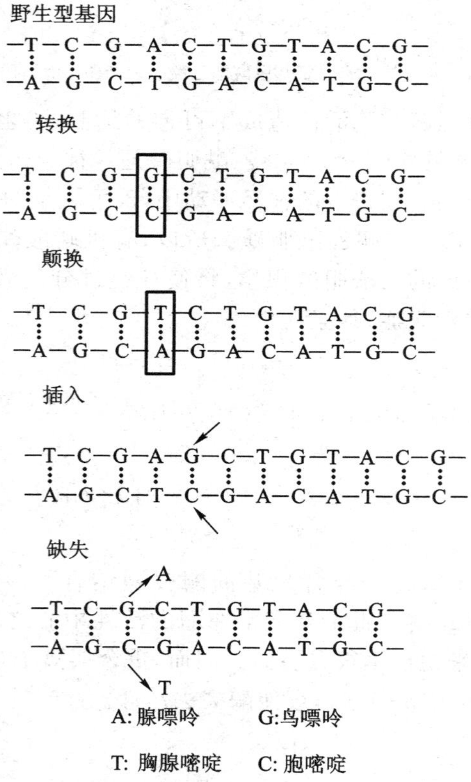

野生型基因
```
—T—C—G—A—C—T—G—T—A—C—G—
⋮   ⋮   ⋮   ⋮   ⋮   ⋮   ⋮   ⋮   ⋮   ⋮   ⋮
—A—G—C—T—G—A—C—A—T—G—C—
```

转换
```
—T—C—G—│G│—C—T—G—T—A—C—G—
⋮   ⋮   ⋮   │C│   ⋮   ⋮   ⋮   ⋮   ⋮   ⋮   ⋮
—A—G—C—│ │—G—A—C—A—T—G—C—
```

颠换
```
—T—C—G—│T│—C—T—G—T—A—C—G—
⋮   ⋮   ⋮   │A│   ⋮   ⋮   ⋮   ⋮   ⋮   ⋮   ⋮
—A—G—C—│ │—G—A—C—A—T—G—C—
```

插入
```
—T—C—G—A↗—C—T—G—T—A—C—G—
⋮   ⋮   ⋮   ⋮       ⋮   ⋮   ⋮   ⋮   ⋮   ⋮
—A—G—C—T—C—G—A—C—A—T—G—C—
          ↗
```

缺失
```
        ↗A
—T—C—G—C—T—G—T—A—C—G—
⋮   ⋮   ⋮   ⋮   ⋮   ⋮   ⋮   ⋮   ⋮   ⋮
—A—G—C—G—A—C—A—T—G—C—
        ↘T
```

A: 腺嘌呤　　　G:鸟嘌呤

T: 胸腺嘧啶　　C: 胞嘧啶

图 5−30　基因突变的类型

转换是同型碱基之间的置换,即嘌呤碱被另一嘌呤碱取代,嘧啶碱被另一嘧啶碱取代。如亚硝酸可使带氨基的碱基 A,G 或 C 脱氨而变成带酮基的碱基:

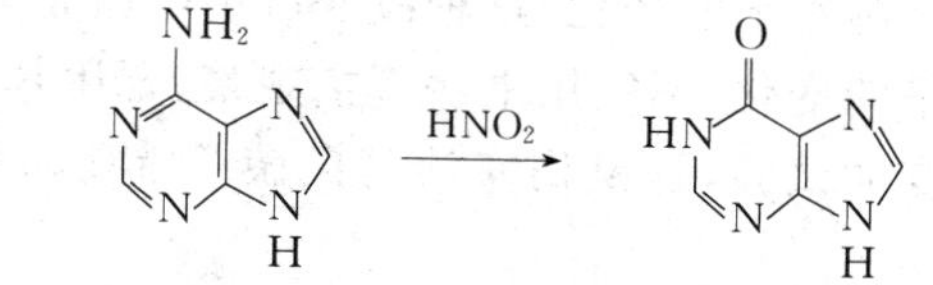

（腺嘌呤） $\xrightarrow{HNO_2}$ （次黄嘌呤HX）

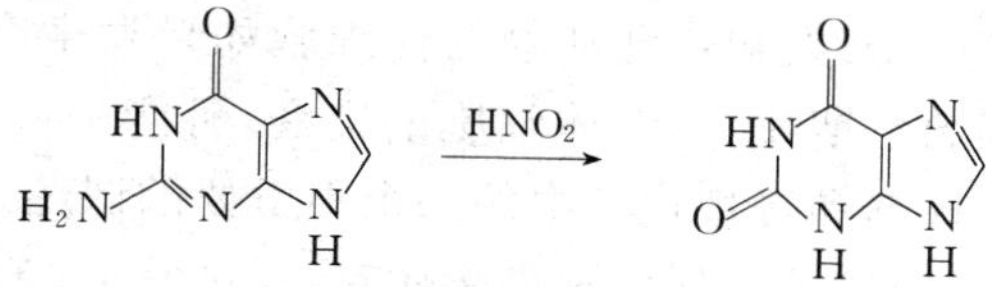

（鸟嘌呤） $\xrightarrow{HNO_2}$ （黄嘌呤）

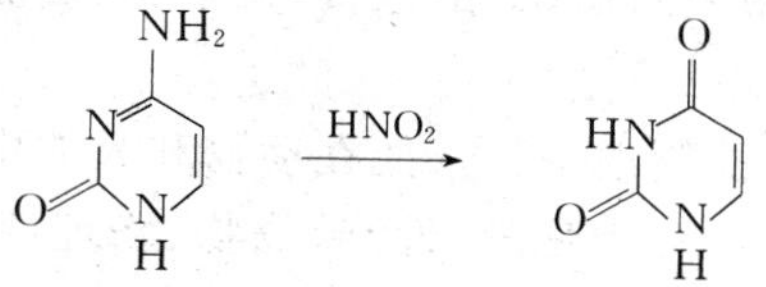

（胞嘧啶） $\xrightarrow{HNO_2}$ （尿嘧啶）

于是可以引起一种如下的碱基对转换:

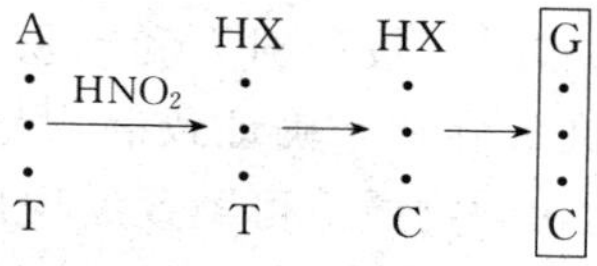

其中 A,G,T,C 意义同图 5-30,HX 为次黄嘌呤。即在 DNA 复制时 A 被 HX 取代,而后因 HX 较易同 C 配对及 C 又更易与 G 配对,所以进一步复制时就出现图 5-30 中转换部分所示的 G…C 对。

颠换是异型碱基之间的置换,就是嘌呤碱基为嘧啶碱基取代,反之亦然。颠换和转换统称碱型置换,所致突变称为碱型置换突变。

插入和缺失分别是 DNA 碱基对顺序中增加和减少一对碱基或几对碱基,使遗传读码格式发生改变,自该突变点之后的一系列遗传密码都发生错误。这两种突变统称为移码突变。如吖啶类染料处理细胞时,很容易发生移码突变。

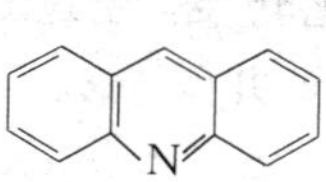

（吖啶）

细胞内染色体是一种复杂的核蛋白结构,主要成分是 DNA。在染色体上排列着很多基因。若其改变只限于基因范围，就是上述的基因突变。而若涉及整个染色体，呈现染色体结构或数目的改变，则称为染色体畸变。

染色体畸变属于细胞水平的变化，这种改变可用普通光学显微镜直接观察。基因突变属于分子水平的变化，不能用上法直接观察，要用其他方法来鉴定。一个常用的鉴定基因突变的试验，是鼠伤寒沙门氏菌－哺乳动物肝微粒体酶试验（Ames 试验）。

突变本来是人类及生物界的一种自然现象，是生物进化的基础，但对于大多数机体个体往往有害。如人和哺乳动物的性细胞如果发生突变，可以影响妊娠过程，导致不孕和胚胎早期死亡等；体细胞的突变，可能是形成癌肿的基础。因此，致突变作用是毒理学和毒理化学中的一个很重要的课题。

常见的具有致突变作用的环境污染物质有：亚硝胺类、苯并[a]芘、甲醛、苯、砷、铅、烷基汞化合物、甲基对硫磷、敌敌畏、百草枯、黄曲霉毒素 B_1 等。

3. 致癌作用

致癌是体细胞不受控制地生长。能在动物和人体中引起致癌的物质称为致癌物。致癌物根据性质可分为化学（性）致癌物、物理性致癌物（如 X 射线、放射性核素氡）和生物性致癌物（如某些致癌病毒）。据估计，人类癌症 $80\% \sim 85\%$ 与化学致癌物有关，在化学致癌物中又以合成化学物质为主。因此，化学品与人类癌症的关系密切，受到多门学科和公众的极大关注。

化学致癌物的分类方法很多。按照对人和动物致癌作用的不同，可分为确证致癌物、可疑致癌物和潜在致癌物。确证致癌物是经人群流行病调查和动物实验均已确定有致癌作用的化学物质。可疑致癌物是已确定对试验动物有致癌作用，而对人致癌性证据尚不充分的化学物质。潜在致癌物是对试验动物致癌，但无任何资料表明对人有致癌作用的化学物质。到 1978 年为止，确定为动物致癌的化学物质达到 3 000 种，以后每年都有数以百计的新致癌物被发现。目前，确认为对人类有致癌作用的化学物质有 20 多种，如苯并[a]芘、二甲基亚硝胺、2－萘胺、砷及其化合物、石棉等。

化学致癌物根据作用机理，可分为遗传毒性致癌物和非遗传毒性致癌物。遗传毒性致癌物细分为：(i) 直接致癌物，即能直接与 DNA 反应引起 DNA 基因突变的致癌物，如双氯甲醚；(ii) 间接致癌物，又称前致癌物，它们不能直接与 DNA 反应，而需要机体代谢活化转变，经过近致癌物至终致癌物后，才能与 DNA 反应导致遗传密码修改，如苯并[a]芘、二甲基亚硝胺等。大多数目前已知的致癌物都是间接致癌物。

非遗传毒性致癌物不与 DNA 反应，而是通过其他机制，影响或呈现致癌作用的物质。包括：(i) 促癌物，可使已经癌变细胞不断增殖而形成瘤块，如巴豆油中的巴豆醇二酯、雌性激素乙烯雌酚等,免疫抑制剂硝基咪唑硫嘌呤等;(ii)助致癌物,可加速细胞癌变和已癌变细胞增殖成瘤块,如二氧化硫、乙醇、儿茶酚、十二烷等,促癌物巴豆醇二酯同时也是助致癌物;(iii)固体致癌物,如石棉、塑料、玻璃等可诱发机体间质的肿瘤。

此外,还有其他种类致癌物。例如,铬、镍、砷等若干重金属的单质及其无机化合物对动物是致癌的,有的对人也是致癌的。根据临床病例及流行病学研究结果,无论是服用大量砷进行治疗,还是职业上的接触者,砷化合物都可引起皮肤癌。

化学致癌物的致癌机制非常复杂,仍在研讨之中。关于遗传毒性致癌物的致癌机制,一般认为有两个阶段。第一是引发阶段,即致癌物与 DNA 反应,引起基因突变,导致遗传密码改变。大部分环境致癌物都是间接致癌物,需通过机体代谢活化,经近致癌物至终致癌物,由后者来引发。如果细胞中原有修复机制对 DNA 损伤不能修复或修而不复,则正常细胞便转变成突变细胞。第二是促长阶段,主要是突变细胞改变了遗传信息的表达,增殖成为肿瘤,其中恶性肿瘤还会向机体其他部位扩展。

在引发阶段中直接致癌物或间接致癌物的终致癌物,都是亲电的性质活泼物质,能通过烷基化、芳基化等作用与 DNA 碱基中富电的氮(或氧)原子,以共价相结合而引起 DNA 基因突变。这是引发阶段的始发机制。如可以认为,二甲基亚硝胺通过混合功能氧化酶催化氧化成活性中间产物 N-亚硝基-N-羟甲基甲胺,再经几步化学转化失去甲醛,最后产生活泼的亲电甲基碳正离子 CH_3^+,而与 DNA 碱基中富电的氮(或氧)原子相结合,使之烷基化,导致 DNA 基因突变,见式(5-136)。关于苯并[a]芘致癌的始发机制,可认为主要是经混合功能氧化酶催化氧化成相应的 7,8-环氧化物,再由水化酶作用形成相应的 7,8-二氢二醇,而后酶促氧化成 7,8-二氢二醇-9,10-环氧化合物,经开环形成相应芳基碳正离子,与 DNA 碱基中氮(或氧)相结合,使之芳基化,导致 DNA 基因突变,见式(5-137)。

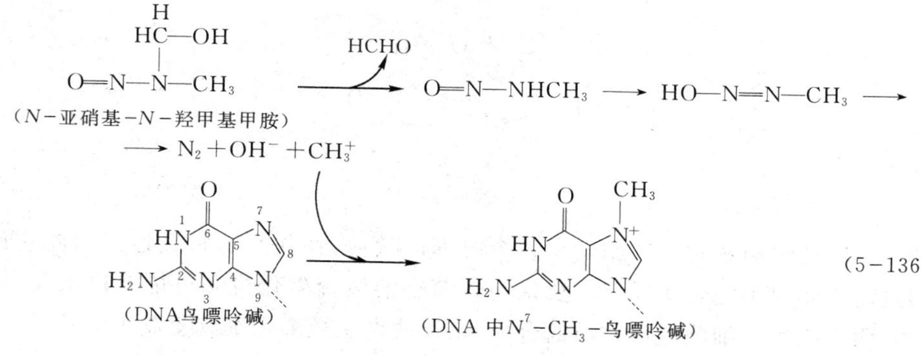

$$\tag{5-136}$$

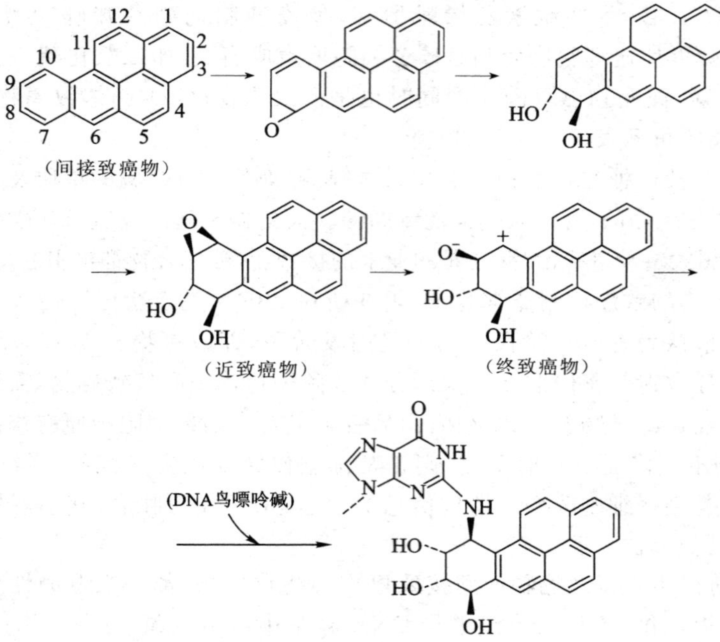

（间接致癌物）

（近致癌物）　　　　　（终致癌物）

(DNA鸟嘌呤碱)

（5-137）

4. 致畸作用

人或动物在胚胎发育过程中由于各种原因所形成的形态结构异常,称为先天性畸形或畸胎。遗传因素、物理因素（如电离辐射）、化学因素、生物因素（如某些病毒）、母体营养缺乏或内分泌障碍等都可引起先天性畸形,并称为致畸作用。

具有致畸作用的污染物质称为致畸物。截止到 20 世纪 80 年代初期,已知对人的致畸物约有 25 种,对动物的致畸物约有 800 种。其中,声名最为狼藉的人类致畸物是"反应停"。它曾于 20 世纪 60 年代初在欧洲及日本被用作人们妊娠早期安眠镇静药物,结果导致约 10^4 名产儿四肢不完全或四肢严重短小。另外,甲基汞对人致畸作用也是大家熟知的。

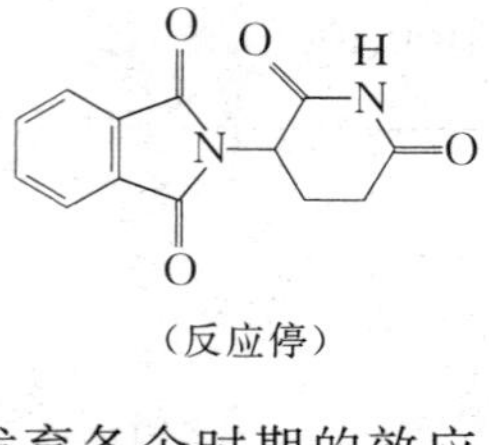

（反应停）

不同的致畸物对于胚胎发育各个时期的效应,往往具有特异性。因此它们的致畸机制也不完全相同。一般认为致畸物的致畸生化机制可能有以下几种:致畸物干扰生殖细胞遗传物质的合成,从而改变了核酸在细胞复制中的功能;致畸物引起了染色体数目缺少或过多;致畸物抑制了酶的活性;致畸物使胎儿失去必需的物质(如维生素),从而干扰了向胎儿的能量供给或改变了胎盘细胞膜的通透性。

第六节　有机物的定量结构与活性关系

一、概述

应用统计模型方法或模式识别方法,描述有机物的活性和结构关系,称为定量结构与活性关系或定量构效关系(QSAR)。这里,结构和活性都系广义的概念。结构包括化合物的分子、官能团、分子碎片等在结构方面的各种特征,且以有关的结构参数或物理化学参数表示。活性是指化合物的生物活性,如毒性和药效性,还可指化合物的理化性质,如水溶性、挥发性、分配、吸附、水解、光解、生物降解等。

模型方法是 QSAR 研究中的主要方法,根据 QSAR 研究,建立符合统计验证要求的模型,可以预测未知物的生物活性与理化性质,有利于化学品安全评价和筛选,可提供污染物风险评价所需的相应基础知识,有助于探讨化合物对生物作用的机理及其在环境中的迁移转化规律,并为安全、高效新化学品的设计和污染物的防治技术及其风险消减技术,提供理论指导。

早在 19 世纪,当人们对化合物的结构有了初步了解后,就有人开始设法建立化合物的生物活性和结构的关系。Hansch-Fujita 与 Free-Wilson 在 20 世纪 60 年代先后为有机物 QSAR 做出了重要的贡献。他们采用统计方法并借助于计算机技术建立的结构与活性关系表达式,标志着 QSAR 时代的开始,在这之后有许多新方法相继提出,目前沿着从描述性向推理性、从宏观向微观和从二维向多维的 QSAR 的方向正在迅速进展之中。

二、Hansch 分析法

1. Hansch 分析法含义

Hansch 等认为一系列具有同一骨架、不同取代基的有机类似化合物,其生物活性取决于分子(整体)或取代基的疏水性及取代基的电性和立体效应。

化合物随着其疏水性增加,越来越容易通过生物膜,活性增大。但当疏水性过大时,化合物在生物体液中的传输受到妨碍,不容易到达生物受体作用部位,活性反而减小。

取代基的电性效应,包括诱导与共轭效应,会引起分子中电子密度的特定分布。若此分布同受体作用部位电子密度分布相适应,则有利于分子与受体作用部位间的结合,使化合物的活性增加。否则,会导致化合物活性减小。

取代基的立体效应表现在体积大的取代基不利于同受体作用部位的适当匹配,从而减小化合物活性。然而有时又可以迫使分子采取与受体作用部位结合所需的构象异构体,而使化合物活性增加。

反映上面理化性质的有关参数,可同化合物生物活性建立多元回归相关方程(Hansch 方程),即为在 QSAR 研究中的 Hansch 分析法。

2. Hansch 分析法常用参数

(1)疏水性参数 有机化合物的疏水性参数,系指化合物在生物体内脂相与水相间的脂-水分配系数(P)的对数($\lg P$),具体是采用相应化合物在正辛醇-水体系中的分配系数的对数表示,其值由实验测得。

此外,还有化合物取代基的疏水性参数(π),定义为基团(X)取代骨架中的氢原子(H)后所引起的母体化合物 $\lg P$ 的变化值,即

$$\pi = \lg P_X - \lg P_H \qquad (5-138)$$

可见,取代基疏水性大于氢原子时,π 为正值;否则,π 为负值。

当同一骨架上由数个(i 个)取代基时,各取代基疏水性参数之和的定义为

$$\sum \pi = \lg P_i - \lg P_H \qquad (5-139)$$

取代基疏水性参数反映出分子结构中特殊部位疏水性对生物活性的影响,故可作为疏水性的一种独立参数,同活性相关连。另外,通过式(5-138)和式(5-139)可从 π 值计算同一骨架的各种化合物的疏水性参数,而可免做实验逐一测定。

(2)电性参数 芳香族化合物的取代基电性参数系为 Hammet 参数(σ),通过实验从下式得到:

$$\sigma = \lg K_X - \lg K_H \qquad (5-140)$$

式中:K_H——苯甲酸酸性解离常数;

K_X——苯甲酸在环上氢被基团 X 取代后的酸性解离常数。

吸电子取代基(如硝基)会增大苯甲酸酸性解离常数,故 σ 为正值。供电子取代基(如甲基)会减小该酸性解离常数,故 σ 为负值。取代基的 σ 值还与其在芳香环上的位置和数目有关。

脂肪族化合物的取代基电性参数采用 Talf 电性参数(σ^*),通过实验可从下式得到:

$$\sigma^* = \frac{1}{2.48}\left[\lg\left(\frac{k}{k_0}\right)_B - \lg\left(\frac{k}{k_0}\right)_A\right] \tag{5-141}$$

式中：$\left(\frac{k}{k_0}\right)_B$——碱催化(B)下,乙酸乙酯在酰基被基团取代后的水解速率常数

(k)对原酯水解速率常数(k_0)之比;

$\left(\frac{k}{k_0}\right)_A$——酸催化(A)下的上述之比。

该式表明,吸电子取代基的σ^*为正值,供电子取代基的σ^*为负值。

(3) 立体参数　化合物取代基的立体参数采用 Talf 立体参数(E_s),通过实验可由下式求得：

$$E_s = \lg\left(\frac{k}{k_0}\right)_A \tag{5-142}$$

式中：$\left(\frac{k}{k_0}\right)_A$——酸催化下取代乙酸甲酯水解速率常数$(k)$对原酯水解速率常数

(k_0)之比。

立体参数还可用摩尔折射度(R)来表示,其值由下式得到：

$$R = \frac{n^2-1}{n^2+1}\cdot\frac{M}{\rho} \tag{5-143}$$

式中：n、M 和 ρ 分别为取代基的折射率、摩尔质量和密度。

需要指出,为了试探和改善 QSAR,在 Hansch 方程中还可采用其他相应参数进行替代。此外,在方程中有时还伴随使用指示变量(I)作为参数,以表示化合物分子的特定结构部分的存在与否对化合物生物活性的影响。如果存在,则可指定$I=1$,I的系数可为正或负,从而表达出该结构部分的存在是增加或降低了多少生物活性。如果不存在该结构部分,则指定$I=0$,显示对活性值没有影响。

3. Hansch 分析法的应用

Hansch 分析法曾在 QSAR 研究中获得了广泛的应用,目前仍是一个常用的方法。在生物体外与体内,经典的 Hansch 方程分别为

$$\lg\frac{1}{c} = a(\lg P) + b\sigma + cE_s + d \tag{5-144}$$

$$\lg\frac{1}{c} = -a(\lg P)^2 + b(\lg P) + c\sigma + dE_s + e \tag{5-145}$$

式中：$\lg\frac{1}{c}$——化合物产生特定的生物活性浓度的负对数。

如式(5-145)所示,化合物在体内的活性与疏水性之间为抛物线形关系,当疏水性不大时$(\lg P)$项对活性的影响大于$(\lg P)^2$项,但当疏水性过大时$(\lg P)^2$项的影响大于$(\lg P)$。式(5-144)和式(5-145)的右边各项并不都是必需的,可以根据具体情况进行取舍或改用其他有关的参数。

Craig 总结了 102 个 β-氨基-α-羟乙基菲衍生物(图 5-31)的抗疟活性规律,建立起下面的方程:

$$\lg \frac{1}{c} = 0.31\pi_{X+Y} + 0.78\sigma_{X+Y} + 0.13\sum\pi - 0.015(\sum\pi)^2 + 2.35 \qquad (5-146)$$

$$(n=102,\text{方程相关系数 } r=0.908,\text{标准偏差 } S=0.263)$$

式中:π_{X+Y}——取代基 X,Y 的疏水参数 π 之和;

σ_{X+Y}——取代基 X,Y 的电性参数 σ 之和;

$\sum\pi$——取代基 X,Y,R,R′的疏水参数 π 之和。

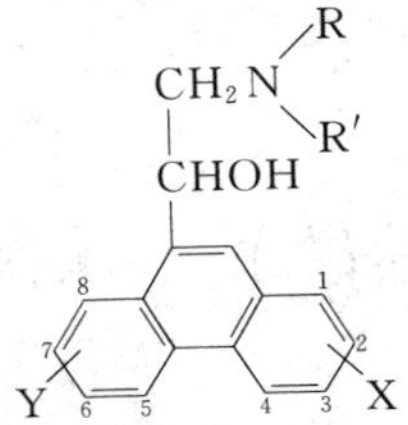

从该式可以看出,σ_{X+Y}的系数数值最大,它对活性具有重要的影响,且系数符号为正,故 σ_{X+Y}越正,即取代基 X,Y 的吸电性越强,对活性提高越有利;X,Y 的疏水性的适宜增大,有利于活性提高;但是取代基 R和 R′对活性大小的影响甚微,无论 R 和 R′变化多大,如

图 5-31　β-氨基-α-羟乙基菲衍生物结构

从丁基到辛基,从含杂原子基团到不饱和基团,对活性大小都无关紧要。所得结果对于如何进行结构改造以及设计新的抗疟活性更高的此类衍生物,指明了方向。

Hansch 分析法要求被研究的化合物应该具有相同的活性中心与作用机制,只适用于类似化合物的 QSAR 研究,并且参数通常需要实验测定,而使该法的应用范围受到限制。

三、分子连接性指数法

1. 分子连接性指数法含义

从分子结构图的某一矩阵,经过各种特定计算转化成数值,称为分子拓扑指数。此类指数包含着分子结构信息,用作结构参数,同化合物活性建立相关模型,即为 QSAR 研究中的拓扑指数方法。其中,应用较多的是分子连接性指数法。该法指数有简单分子连接性指数和价分子连接性指数两种,它们都是从分子结构图形的邻接矩阵通过计算而得到的。

2. 分子连接性指数计算

(1)简单分子连接性指数计算　　计算过程的第一步,对有机分子结构式进行变换,去掉式中碳骨架上的氢原子,分别用顶点和边表示式中的非氢原子和化学键,从而把结构式转变为分子隐氢图[如图 5-32(b)所示]。

第二步，隐氢图分解成所需的指定部分，得到分子碎片子图。在子图中，从一个顶点至另一个顶点所经历的边构成所谓的路径，几条边共同一个顶点的叫做簇[图 5-32(c)]，始、末边相接的称为链环。

CH_3
CH
CH_2
CH_3
CH
CH_3
CH_3
边
顶点
路径
簇

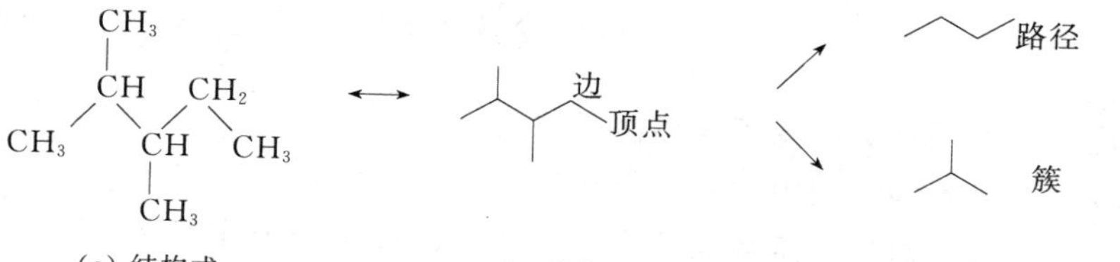

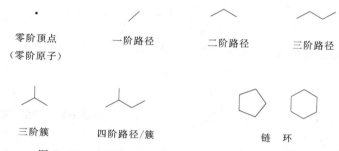

(a) 结构式　(b) 隐氢图　(c) 分子碎片子图

图 5-32　2,3-二甲基戊烷

分子碎片子图的种类取决于它的类型与阶数。类型(t)由子图所含的路径(p)、簇(c)和链环(CH)的情况来决定。阶数由子图所含的键数而定，不含有键的子图为零阶，含一个键的为一阶，以此类推。常用子图的种类如图 5-33 所示。

零阶顶点
(零阶原子)
一阶路径
二阶路径
三阶路径
三阶簇
四阶路径/簇
链　环

图 5-33　分子连接性指数应用中的常用分子碎片子图

第三步，计算分子隐氢图中各个非氢原子的点价，即 δ 值，其算式为

$$\delta=\sigma-h \tag{5-147}$$

式中：σ——隐氢图中某个非氢原子与其他非氢原子或氢原子按照 σ 键结合所提供的电子数；

h——该非氢原子上结合的氢原子数。

图 5-34 是 2,3-二甲基戊烷隐氢图中各非氢原子(各顶点)的 δ 值。

1
3
3
2
1
1
1

图 5-34　2,3-二甲基戊烷隐氢图中各非氢原子的 δ 值

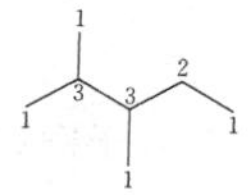

第四步，按照隐氢图的碎片子图所属种类，计算子图中各顶点 δ 值乘积平方根的倒数，求出分子连接性子图项，再将所有子图项相加，得到对应

于该种子图的化合物的简单分子连接性指数,如下面两式所示:

$$C_i = \prod_{k=1}^{m+1} (\delta_k)^{-\frac{1}{2}} \qquad (5-148)$$

$$^mX_t = \sum_{i=1}^{N_s} C_i \qquad (5-149)$$

式中:C_i——采用种类的分子连接性子图项;

k,m——分别为子图中的顶点数和阶数;

^mX_t——分子对应于阶数 m 和类型 t 子图的简单分子连接性指数;

N_s——分子中子图项数目。

例1 计算 2,3-二甲基戊烷的 5 种常用子图的简单分子连接性指数。

解:其一,零阶顶点子图($N_s=7,m=0$)。从图 5-34 可知,子图顶点 δ 值各为 1,3,1,3,1,2,1。根据式(5-148)和式(5-149)求得 2,3-二甲基戊烷对应零阶顶点子图的简单分子连接性指数为

$$^0X = \sum_{i=1}^{N_s} C_i = \frac{1}{\sqrt{1}} + \frac{1}{\sqrt{3}} + \frac{1}{\sqrt{1}} + \frac{1}{\sqrt{3}} + \frac{1}{\sqrt{1}} + \frac{1}{\sqrt{2}} + \frac{1}{\sqrt{1}} = 5.861\ 8$$

其二,一阶路径子图($N_s=6,m=1,t$ 为 p)。从式(5-147)可知,子图各顶点 δ 值为

则据式(5-148)和式(5-149),算得该戊烷对应一阶路径子图的简单分子连接性指数为

$$^1X_p = \sum_{i=1}^{N_s} C_i = \frac{1}{\sqrt{1\times3}} + \frac{1}{\sqrt{1\times3}} + \frac{1}{\sqrt{3\times3}} + \frac{1}{\sqrt{1\times3}} + \frac{1}{\sqrt{3\times2}} + \frac{1}{\sqrt{2\times1}} = 3.180\ 6$$

其三,二阶路径子图($N_s=7,m=2,t$ 为 p)。子图各顶点 δ 值如下:

于是 $^2X_p = \sum_{i=1}^{N_s} C_i = \frac{1}{\sqrt{1\times3\times1}} + \frac{3}{\sqrt{1\times3\times3}} + \frac{1}{\sqrt{3\times3\times2}} + \frac{2}{\sqrt{2\times3\times1}} = 2.629\ 4$

其四,三阶簇子图($N_s=2,m=3,t$ 为 c)。子图各顶点 δ 值如下:

于是
$$^3X_c = \sum_{i=1}^{N_s} C_i = \frac{1}{\sqrt{1\times3\times3\times1}} + \frac{1}{\sqrt{1\times3\times3\times2}} = 0.569\,0$$

其五,四阶路径/簇子图($N_s=5, m=4$, t 为 pc)。子图各顶点 δ 值如下:

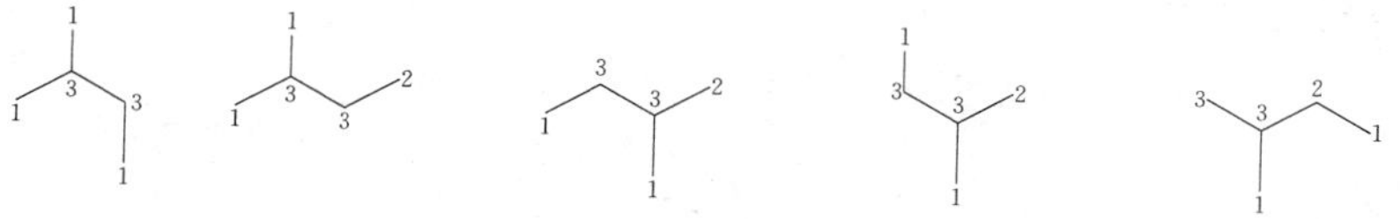

于是
$$^4X_{pc} = \sum_{i=1}^{N_s} C_i = \frac{1}{\sqrt{1\times3\times1\times3\times1}} + \frac{4}{\sqrt{1\times3\times3\times2\times1}} = 1.276\,1$$

简单分子连接性指数的关键在于点阶数值体现了分子中非氢原子的 σ 键结合状态,而使该指数能够充分地用来表达饱和烃类化合物的结构特征(如分子的大小、分支)。然而,定义中没有考虑到非氢原子的 π 键结合,也没有考虑到分子中杂原子(如氧、硫、氮、磷、卤素)与碳原子在键合方面的差异性,因而该指数不能区分原子种类较多、化学键既有单键又有不饱和键的复杂分子的结构特征(如分子的不饱和度、环的状况、杂原子状况)。要反映上述复杂分子的结构特征,可以用价分子连接性指数来表达。

(2)价分子连接性指数计算　其计算过程与简单分子连接性指数相似。只是要将隐氢图中非氢原子的点价扩展为价点价,即 δ^v 值,其一般定义为

$$\delta^v = \frac{Z^v - h}{Z - Z^v - 1} \tag{5-150}$$

式中:Z^v, Z——分别为隐氢图中非氢原子的最外层价电子数和核外电子总数;

h 的意义同前。

然后,通过与上述类似的算式,求得价分子连接性子图项(C_i^v)和价分子连接性指数($^mX_t^v$),即

$$C_i^v = \prod_{k=1}^{m+1} (\delta_k^v)^{-\frac{1}{2}} \tag{5-151}$$

$$^mX_t^v = \sum_{i=1}^{N_s} C_i^v \tag{5-152}$$

例 2　计算 2-氯苯胺的三种价分子连接性指数。

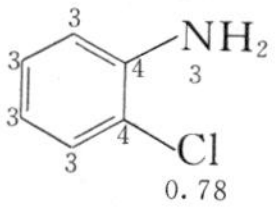

解:分子中的非氢原子有碳、氮和氯,价电子数(Z^v)分别为 4,5 和 7;核外电子总数(Z)分别为 6,7 和 17;所处

键合状态:碳有—CH = 与 $\cdot$C≡ ,氮为—NH$_2$,氯为—Cl (见图 5-35),应用式(5-150)求出相应的非氢原子的 δ^v

图 5-35　2-氯苯胺结构式及各非氢原子 δ^v 值

值,即

$$\delta^v(-CH=) = \frac{Z^v - h}{Z - Z^v - 1} = \frac{4-1}{6-4-1} = 3$$

$$\delta^v\left(\cdot\overset{\mid}{C}=\right) = \frac{Z^v - h}{Z - Z^v - 1} = \frac{4-0}{6-4-1} = 4$$

$$\delta^v(-NH_2) = \frac{Z^v - h}{Z - Z^v - 1} = \frac{5-2}{7-5-1} = 3$$

$$\delta^v(-Cl) = \frac{Z^v - h}{Z - Z^v - 1} = \frac{7-0}{17-7-1} = 0.78$$

对于零阶顶点子图($N_s = 8, m = 0$),顶点 δ^v 值各为 $3,3,3,3,4,3,4,0.78$(见图 5-35),则由式(5-151)和式(5-152)算得 2-氯苯胺对应零阶顶点子图的价分子连接性指数为

$$^0X^v = \sum_{i=1}^{N_s} C_i^v = \frac{1}{\sqrt{3}} + \frac{1}{\sqrt{3}} + \frac{1}{\sqrt{3}} + \frac{1}{\sqrt{3}} + \frac{1}{\sqrt{4}} + \frac{1}{\sqrt{3}} + \frac{1}{\sqrt{4}} + \frac{1}{\sqrt{0.78}} = 5.0188$$

对于一阶路径子图($N_s = 8, m = 1$,t 为 p),各顶点 δ^v 值如下:

(注意,在上面子图中故意显示出双键,而没有按照隐氢图的要求并为一边,旨在更清楚表示子图分解过程,下同。)

则由式(5-151)和式(5-152)算得该氯苯胺对应一阶路径子图的价分子连接性指数为

$$^1X_p^v = \sum_{i=1}^{N_s} C_i^v = \frac{3}{\sqrt{3 \times 3}} + \frac{3}{\sqrt{4 \times 3}} + \frac{1}{\sqrt{4 \times 4}} + \frac{1}{\sqrt{4 \times 0.78}} = 2.6821$$

对于四阶路径/簇子图($N_s = 6, m = 4$,t 为 pc),各顶点 δ^v 如下:

于是算得该氯苯胺对应四阶路径/簇子图的价分子连接性指数为

$$^4X_{pc}^v = \sum_{i=1}^{N_s} C_i^v = \frac{2}{\sqrt{3 \times 3 \times 3 \times 4 \times 4}} + \frac{4}{\sqrt{3 \times 3 \times 4 \times 4 \times 0.78}} = 0.4736$$

从上面的叙述可以知道,由于价点价的定义是将分子隐氢图中非氢原子的 σ 电子扩展为价电子,更全面地反映各种非氢原子在分子中的键合状态,且又引

入非氢原子核外电子总数,来区分位于同一主族不同周期的非氢原子,致使价分子连接性指数较之简单分子连接性指数,更能够充分表征化合物分子的结构信息。

3. 分子连接性指数法的应用

分子连接性指数,尤其是价分子连接性指数,可同化合物的微生物毒性、生物的吸收、降解及积累、水溶解度、分配系数、土壤吸附系数等建立相关性良好的回归方程,已在环境毒理学、环境化学等研究领域获得了广泛的应用。

例如,Murray 等研究了 45 种烃,49 种醇,12 种醚,16 种酮,9 种羧酸,11 种酯,28 种胺在内的共计 183 种有机化合物在正辛醇-水体系中的分配系数与分子连接性指数的关系。发现该系数的对数($\lg P$)与各类化合物的一阶路径分子连接性指数($^1X^v$)具有良好的相关关系。其中,45 种包括烷烃、烯烃、炔烃、取代苯、萘和菲等烃类化合物的回归方程为

$$\lg P = 0.406 + 0.884\,^1X^v \tag{5-153}$$

方程的相关系数(r)为 0.975,标准偏差(S)为 0.160。对于上述这种含有单键、双键、三键、共轭双键、芳香环等多类化学键的分子体系来说,方程的相关性是满意的。

廖宜勇等应用分子连接性指数拟合化合物对酵母菌的毒性,获得相关性良好的回归方程。

对于苯胺类化合物:

$$\lg \frac{1}{c_{\min}} = 0.95\,^3X_p^v - 1.15 \tag{5-154}$$

$$(n = 11, r = 0.995, S = 0.1, 方差比\ F = 54.5)$$

对于卤代苯类化合物:

$$\lg \frac{1}{c_{\min}} = 0.31\,^0X^v + 0.68\,^1X - 2.70 \tag{5-155}$$

$$(n = 19, r = 0.989, S = 0.07, 方差比\ F = 413)$$

其中,$c_{\min}$ 表示化合物对酵母菌的最小产生清晰抑菌圈的浓度。

分子连接性指数不需要做任何试验,仅靠计算就可以得到,有利于 QSAR 研究的进行。然而,分子连接性指数的物理意义还不甚明确;不能区分有机物的几何、对映和构象的异构体,限制了它在 QSAR 研究中的应用范围。

四、量化参数在 QSAR 研究中的应用

1. 量化参数简介

　　量子化学认为分子轨道能量是整个分子最基本的结构因素,通过对化合物结构进行量子化学计算,主要是采用半经验的算法及适用于小分子的非经验的从头算法,可以获得有关分子的电子结构的诸多信息。这些信息作为结构参数(量化参数),能够充分表达有机化合物的生物活性和性质,且其物理意义明确,有利于探讨在构效关系中的作用机理,因而在 QSAR 研究中获得了广泛的应用。

　　目前,应用于 QSAR 研究中的量化参数主要是涉及原子电荷、分子轨道能量、前线轨道电子密度、超离域度、极化率、极性和能量等方面的各种量化参数。

　　2. 量化参数在 QSAR 研究中的应用举例

　　杜娟等应用量化参数,研究了具有抗艾滋病毒 HIV 活性的黄酮类化合物的结构与毒性的定量关系,为研发安全的该类药物提供了重要的参考。研究中选取 33 种有关的黄酮类衍生物,其母体结构包括 4 类(图 5-36)。化合物毒性数据采用半数细胞中毒浓度的对数($\lg c_{50}$)表示,其值取自有关文献(Tuppurainen K,1994)。

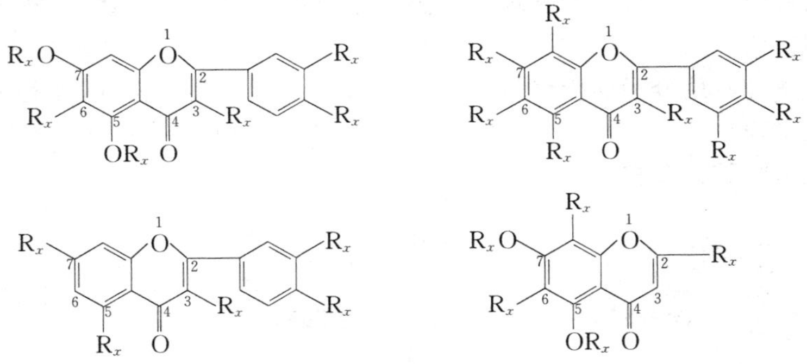

图 5-36　黄酮类化合物的母体结构

(R_x 表示不同取代位置上的相应基团)

　　使用量子化学从头算法计算 14 种量化参数,研究发现,其中 5 种量化参数与黄酮类药物毒性存在显著的相关关系,由偏最小二乘法(PLS)回归分析,得到最佳主成分数为 2 时的 QSAR 方程:

$$\lg c_{50} = 14.880\ 2E_{LUMO} - 2.028\ 0\eta + 0.065\ 6\alpha + 0.025\ 6\mu - 0.515\ 4Q_7$$

$$(5-156)$$

式中:E_{LUMO}——化合物分子的最低未占据分子轨道能量,表示分子接受电子的能力或受到亲核(性)反应物攻击的敏感程度,其值越小,分子的这种能力或敏感程度越大(与之含义相反的参数 E_{HOMO} 是化合

物分子的最高占据分子轨道能量,其值越大,表示分子给出电子
的能力或受到亲电(性)反应物攻击的敏感程度越大);

η——分子硬度,$\eta=(E_{LUMO}-E_{HOMO})/2$,表示分子的稳定性,$\eta$ 值越
大,分子稳定性越好,亦即分子反应活性越差;

α,μ——分子的极化率、偶极矩;

Q_7——图 5-36 中 7 号碳原子上的净电荷,原子净电荷由其总电荷减
去属于该原子的共价电荷得到,它表示分子通过该原子与反应
物对应部位之间静电相互作用所呈现的反应活性。

方程非交叉验证的相关系数平方 r^2 为 0.94,标准偏差 S 范围为$-0.010\,0\sim$
$0.479\,3$,方差比 F 为 42.86,表明方程具有强的估计能力;方程交叉验证的相关
系数 q 为 0.84,剩余平方和(PRESS)为 1.718\,7,显示方程稳定性高,综合说明
方程可具有较好的预测能力。

从方程看出,E_{LUMO},η 和 Q_7 是影响抗 HIV 黄酮类化合物毒性的主要因素,
但是影响程度依次明显减小。E_{LUMO} 项系数为正值,表明 E_{LUMO} 值增加,会减小
化合物毒性;η 和 Q_7 项系数为负值,表明 η 和 Q_7 值降低,会减小化合物毒性。

事实表明,溶剂化效应对于溶质在溶液中的理化和生化过程起着关键的作
用。Wilson 和 Famini 等在线性溶剂化能相关(LSER)理论及模型的基础上,提
出完全应用量化参数表达溶液中有机化合物活性的理论线性溶剂化能相关
(TLSER)模型:

$$P=aV_{mc}+b\pi_I+c\varepsilon_\beta+dq^-+e\varepsilon_a+fq^++P_0 \qquad (5-157)$$

式中:P——化合物生物活性或理化性质。

V_{mc}——化合物分子摩尔体积的 1%,表示分子溶剂化时进入溶剂中所需空
穴大小。

π_I——化合物极化率,表示溶质分子的电子转移能力,$\pi_I=\alpha/V_{mc}$;

ε_β,q^-——氢键碱性,表示溶质分子作为氢原子的受体形成氢键的能力,包括
共价碱性(ε_β)和静电碱性(q^-),$\varepsilon_\beta=0.01[E_{LUMO(H_2O)}-E_{HOMO}]$,
E_{HOMO} 是溶质分子最高占据分子轨道能,$E_{LUMO(H_2O)}$ 是水分子最低未
占据分子轨道能,q^- 是溶质分子中原子最负净电荷。

ε_a,q^+——氢键酸性,表示溶质分子作为氢原子的供体形成氢键的能力,包括
共价酸性(ε_a)和静电酸性(q^+),$\varepsilon_a=0.01[E_{LUMO}-E_{HOMO(H_2O)}]$,
E_{LUMO} 是溶质分子最低未占据分子轨道能,$E_{HOMO(H_2O)}$ 是水分子最高
占据分子轨道能,q^+ 是溶质分子中氢原子最正净电荷。

P_0——常数项。

　　TLSER 模型已成功地应用于有机化合物生物活性与理化性质的拟合与预测。例如，Wilson 和 Famini 应用量子化学半经验算法，计算部分烷烃、醇类和取代芳烃类有机污染物同模型有关的量化参数，将其与上述化合物对发光菌（photobaoterium phosphoreum）、金鱼（leuciscus idus melanotus）、虹鳉（poecilia reticulata）、蛙（rana pipiens）及蝌蚪的毒性，按照 TLSER 模型进行回归分析，结果列于表 5-4。

表 5-4　TLSER 对毒性的拟合结果

$$P = aV_{mc} + b\pi_1 + c\varepsilon_\beta + dq^- + e\varepsilon_\alpha + fq^+ + P_0$$

毒性参数	受试生物	P_0	a	b	c	d	e	f	n	r	S	F
EC_{50}	发光菌	11.7	-3.11	-49.3	n/s	3.72	n/s	-4.28	41	0.970	0.41	141
LC_{50}	金鱼	7.63	-2.63	-49.4	n/s	4.18	n/s	-1.90	31	0.975	0.24	124
LC_{50}	虹鳉	22.2	-1.78	-97.9	-39.6	n/s	n/s	n/s	28	0.992	0.21	477
MBC	蛙	5.68	-2.58	-11.5	n/s	n/s	n/s	n/s	21	0.976	0.24	171
C	蝌蚪	7.46	-2.16	-42.0	-25.2	4.11	n/s	n/s	41	0.970	0.29	141

注：n/s 表示不存在。

　　从表 5-4 可看出，对于五种生物而言，TLSER 方程均有满意的验证统计量，表明方程对毒性的拟合能力强。化合物极化率是各方程中不可缺少的、影响毒性最为重要的因素，其系数符号为负，极化率的增加将会增大化合物毒性，这反映出极化率较大的有机分子，尽管倾向于溶解水中而不利于在细胞膜上的分配，但还不能抵消由于增强了与膜上极性部位间的相互作用而使毒性增大的效应。分子体积也是各方程中必有的、对毒性具有显著影响的因素。其余同氢键碱性或酸性有关的参数，随着不同的受试生物，除在一个方程中全部缺项外，还有部分项对毒性有显著影响。

　　应当指出，量化参数还不是完全通用的，并且依赖于化合物的结构或其参与过程的性质，因而可能有严重的缺陷。最需注意的一个情况是，量化参数由于在计算时受到假定的物理状态等条件的制约，而在理论上不能表征熵和温度的效应。当这些效应在给定性质或过程中具有主要作用时，量化参数描述的状况将与现实不符，任何因此得到的构效相关关系只能认为是偶然的。总起来说，只要对量化参数的使用进行严格分析，从被研究的化合物活性做出判断，并针对存在的问题，对参数进行研究扩展，量子化学方法便可以在 QSAR 的研究中得到更为广泛的应用。

五、比较分子力场分析方法

1. 方法简介

　　经典的定量结构与生物活性关系,由于其结构参数都是基于有机分子二维结构得到的,而为二维构效关系(2D-QSAR)。然而,有机化合物和生物受体的相互作用是在三维空间实现的,并对分子的构象有严格的要求。因此,需要研究使用有机分子三维结构图像,提取表征结构特点的参数,建立更加合理的结构与活性的相关模型(3D-QSAR),以便更准确、全面地表达化合物与受体间的相互作用,深入探讨化合物的活性和分子结构的相互关系,合理设计新的化合物并预测其活性强度。随着计算机化学和分子图形学的发展,3D-QSAR研究取得了很大的进展,已成为达到上述研究目标的有力工具。迄今为止,已有多种方法提出,其中应用较多的是比较分子力场分析(C$_0$MFA)方法(Gramer等,1988)。

　　C$_0$MFA方法的依据为:具有生物活性的化合物与生物受体之间,在分子水平上的相互作用主要是可逆性的非共价作用力,如 van der Waals 相互作用、静电相互作用、氢键相互作用和疏水相互作用。一系列化合物作用于同一受体,上述化合物分子与受体间的各种相互作用应该具有一定的相似性,且可用分子的势场来描述。于是在不了解受体结构的情况下,研究这些化合物分子周围势场的分布,并与化合物生物活性联系起来,既可推测受体的某些性质,又可根据所建立的模型设计新的化合物,预测其生物活性强度。

　　在 C$_0$MFA 中化合物分子周围的势场,分别由描述 van der Waals 相互作用和静电相互作用的立体势场和静电势场两部分组成。场能(值)分布是按一定的要求,计算合适的探针原子或基团在空间网格各格点上移动时,与化合物分子中各原子有关作用之和而得到的。

　　其中,立体势场能的计算采用 Lennard-Jones 势能函数:

$$E_{vdw} = \sum_{i=1}^{n} (A_i r_{ij}^{-12} - C_i r_{ij}^{-6}) \qquad (5-158)$$

式中:E_{vdw}——化合物分子的立体势场能量;

　　　　r_{ij}——分子中原子 i 与位于网格格点 j 上的探针之间的距离;

　　　A_i,C_i——取决于相应原子 van der Waals 半径的常数;

　　　　n——分子中的原子个数。

　　静电势场能的计算是采用 Coulomb 势能函数:

$$E_c = \sum_{i=1}^{n} \frac{q_i q_j}{D r_{ij}} \qquad (5-159)$$

式中:E_c——化合物分子的静电势场能量;

　　　q_i——分子中原子 i 的电荷;

　　　q_j——探针的电荷;

D——介电常数；

r_{ij}——分子中原子 i 与位于网格点 j 上的探针之间的距离；

n——分子中原子的个数。

C$_o$MFA 方法由下面几部分组成：

（1）构建各个被研究的化合物分子的三维结构，计算其优势（活性）构象；按照合理的叠合原则，把它们的优势构象叠合在一个设定的能容纳所有分子的空间网格内（图 5-37 中网格示意）。

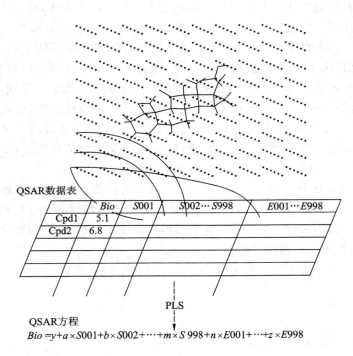

图 5-37　C$_o$MFA 计算基本步骤图示

（2）选择合适的探针，经常采用 sp^3 杂化的一价碳正离子，在网格点上逐一移动，分别计算与各分子之间的 van der Waals 作用力和 Coulomb 作用力，确定分子周围立体势场和静电势场能量的空间分布。由此得到与网格内各分子相应的上千至数千个场能值，连同各化合物的生物活性测量值，构成 C$_o$MFA 方法的 QSAR 数据表（图 5-37 中数据表）。

（3）应用偏最小二乘法（PLS）进行结构与活性关系的回归分析，以克服大量势场参数带来的共线性问题，确定最佳主成分数和建立 3D-QSAR 模型（图 5-37 中的方程）。进行统计学验证，评价模型质量。

（4）将所得模型中的立体势场和静电势场能的系数，分别用等高图显示出来，解释分子结构因素对生物活性的影响，并对未知化合物的活性进行预测，以及推测生物受体的某些性质。

2. 方法应用实例

谷妍等应用 C_oMFA 方法分别研究了 112 种含氟农药的抗小麦赤霉病活性和对小麦生长的毒性，为研究设计新的更高效、安全的含氟农药提供了有益的参考。

所有农药母体结构示于图 5-38，其中 R^1，R^2，R^3 和 R^4 表示不同的供电基团和吸电基团（至少包含一个硝基）。农药的活性和毒性以抑制率的测量值表示。

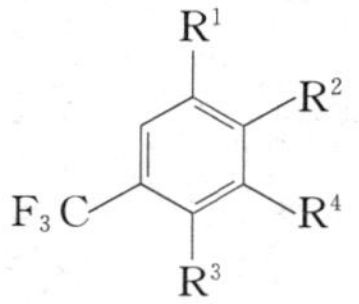

采用标准键长、键角构建所有化合物分子的初始三维结构；通过计算，在对能量进行优化后选择各分子最低能量构象为其可能的优势构象，并确定后者中各原子净电荷。选取 78 个化合物作为训练集建立 C_oMFA 模型，余下 34 个化合物为测试集，检验所建模型对化合物的活性与毒性的预测能力。

图 5-38　含氟化合物
母体结构

将训练集所有分子的优势构象，在共有的特征点组合上，即在共有的对受体结合、活性及在空间的相对位置所需的重要官能团上叠合起来，置于一个设定的三维网格内，结果如图 5-39 所示。选用 sp^3 杂化的一价碳正离子作为探针，沿该网格格点移动，计算各分子周围立体势场和静电势场的能值分布，连同对应的活性与毒性测量数据，分别进行偏最小二乘法回归分析，建立有关活性与毒性的两个 C_oMFA 模型，评价模型质量，用等高图形显示模型的结果（图 5-40 和图 5-41）。

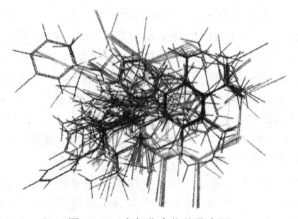

图 5-39　含氟化合物的叠合图

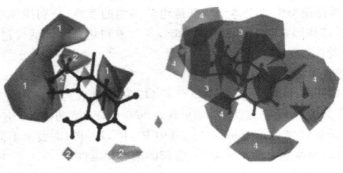

（a）立体势场　　　　　　（b）静电势场

图 5-40　活性的 C_oMFA 等高图

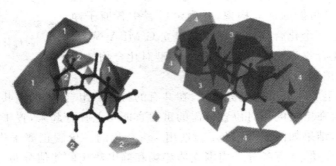

（a）立体势场　　　　　　（b）静电势场

图 5-41　毒性的 C_oMFA 等高图

以偏最小二乘法回归分析的结果来看,活性与毒性模型通过交叉验证,其最佳主成分数均为 8,相关系数平方(q^2)分别为 0.652 和 0.611(>0.4),标准偏差(S)分别为 2.091 和 0.4115,表明两个模型都具有显著的稳定性;在该主成分数时两个模型非交叉验证的相关系数平方(r^2)依次是 0.982 和 0.977,标准偏差(S)对活性与毒性极差的比值依次为 3.6% 和 2.9%,方差比 $F(8,69)$ 依次为 463.6 和 362.9,置信度都大于 99%,表明两个模型均有良好的估计能力。在活性模型中立体势场贡献占 60.4%,静电势场贡献占 39.6%;在毒性模型中立体势场贡献占 59.2%,静电势场贡献占 40.8%,对于活性和毒性而言,含氟化合物的立体势场是更为重要的影响因素。

图 5-40 和图 5-41 分别是活性与毒性模型的立体势场与静电势场分布的等高图。在立体势场分布中,区域 1 显示有利于立体效应的区域,即在该区域,如果有体积大的取代基,将会增加含氟化合物的活性和毒性数值。区域 2 显示

不利于立体效应的区域,若在该区域有较大的取代基,则会减小化合物的活性和毒性。在静电势场分布中,区域 3 指出带正电荷取代基的存在,会利于含氟化合物活性和毒性的提高。区域 4 指出带负电荷取代基的存在,会利于化合物活性和毒性的提高。

与测试集 34 个含氟化合物的活性与毒性测量值相比较,两个模型预测的标准偏差对极差之比分别是 10.4% 和 6.4%,都具有良好的预测能力。

C_oMFA 方法存在一些局限性,主要是没有彻底解决化合物分子的优势(活性)构象及其叠合的选择问题,而在这方面的任何细小的误差,将对结果产生重要的影响;也没有考虑在分子与受体的结合过程中,受体结合区域与分子间存在着一个诱导适应、增强两者亲和的过程,因此该法很难模拟生物体内受体与分子结合过程,而只能用于一般体外生物活性的研究。

思考题与习题

1. 在试验水中某鱼体从水中吸收有机污染物质 A 的速率常数为 18.76 h^{-1},鱼体消除 A 的速率常数为 2.38×10^{-2} h^{-1};设 A 在鱼体内起始浓度为零,在水中的浓度可视作不变。计算 A 在该鱼体内的浓缩系数及其浓度达到稳态浓度 95% 时所需的时间。(788.2,5.24d)

2. 在通常天然水中微生物降解丙氨酸的过程如下,在其括号内填写有关的化学式和生物转化途径名称,并说明这一转化过程将对水质带来什么影响。

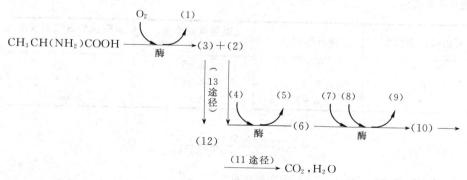

3. 比较下列各对化合物中微生物降解的快慢,指出所依据的定性判别规律。

(1) 苯—NO_2 , 苯—OH

(2) $CH_3—(CH_2)_5—CH_3$, $CH_3CH_2CH_3$

(3) NaO_3S—苯—$CH(CH_3)—(CH_2)_9—CH_3$,

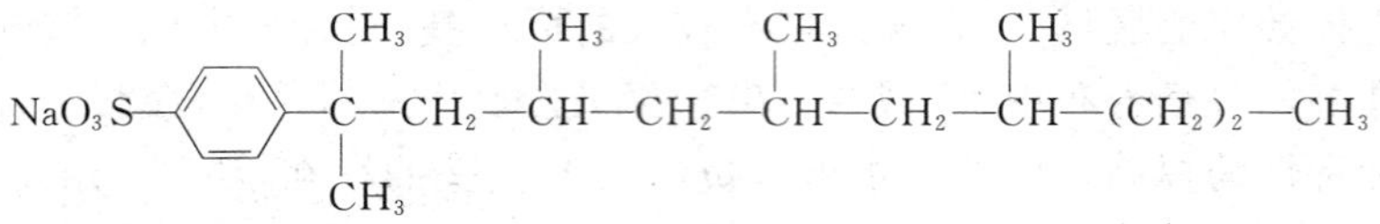

$$NaO_3S \underset{\underset{CH_3}{|}}{\overset{\overset{CH_3}{|}}{-C-}}CH_2-\underset{\underset{CH_3}{}}{CH}-CH_2-\underset{\underset{CH_3}{}}{CH}-CH_2-\underset{\underset{CH_3}{}}{CH}-(CH_2)_2-CH_3$$

4. 在下列微生物降解烷基叔胺过程的括号内,填写有关的酶名、化学式或转化途径名称。

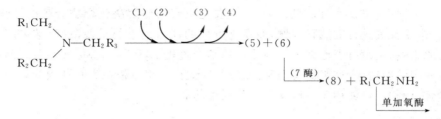

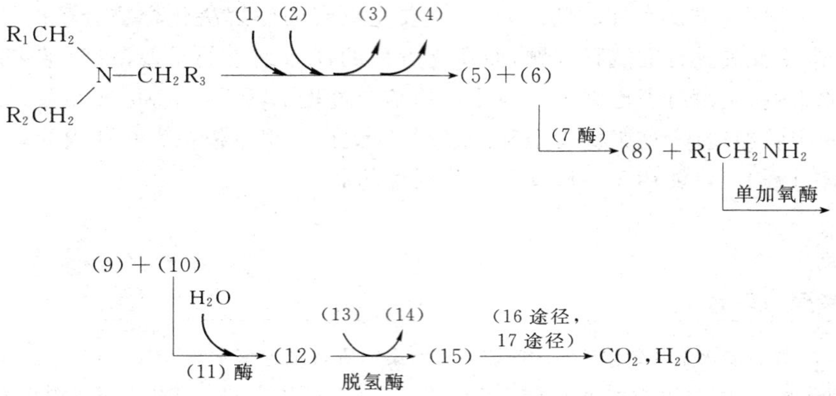

5. 已知氨氮硝化数学模式适用于某一河段,试从下表中该河段的有关数据,写出这一模式的具体形式。

河段设置的断面	流经时间/h	氨氮质量浓度/ $(mg \cdot L^{-1})$	被硝化的氨氮质量浓度/ $(mg \cdot L^{-1})$
I	0	2.86	0
II	2.37	2.04	0.63
III	8.77	0.15	2.65

$$\left[Y = \frac{2.86 \exp(0.594t - 2.674)}{1 + \exp(0.594t - 2.674)} \right]$$

6. 用查阅到的新资料,说明毒物的联合作用。

7. 试说明化学物质致突变、致癌和抑制酶活性的生物化学作用机理。

8. 解释下列名词概念:

① 被动扩散;② 主动转运;③ 肠肝循环;④ 血脑屏障;⑤ 半数有效剂量(浓度);⑥ 阈剂量(浓度);⑦ 助致癌物;⑧ 促癌物;⑨ 酶的可逆和不可逆抑制剂。

9. 在水体底泥中有下图所示反应发生,填写图中和有关光分解反应中所缺的化学式或辅酶简式。图中的转化对汞的毒性有何影响?

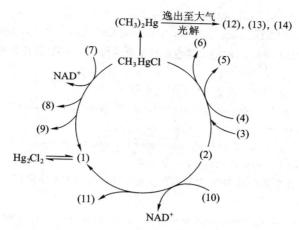

10. 试简要说明氯乙烯致癌的生化机制和在一定程度上防御致癌的解毒转化途径。（提示：H_2C—$CHCl$ 在氯乙烯致癌机制中起重要作用。）
    $\underset{O}{}$

11. 举出一个新的研究实例,说明比较分子力场分析法在 QSAR 中的应用。

主要参考文献

[1] 戴树桂.环境化学.北京:高等教育出版社,1987.

[2] 王晓蓉.环境化学.南京:南京大学出版社,1993.

[3] 王俊主.化学污染物与生态效应.北京:中国环境科学出版社,1993.

[4] 沈同等.生物化学.北京:人民教育出版社,1980.

[5] Conn & Stumpt.生物化学纲要.刘骊生等合译.北京:人民教育出版社,1982.

[6] 宋振玉.药物代谢研究——意义、方法、应用.北京:人民卫生出版社,1990.

[7] 张毓琪.环境生物毒理学.天津:天津大学出版社,1993.

[8] 王家玲.环境微生物学.北京:高等教育出版社,1988.

[9] 曲格平.环境科学基础知识(中国大百科全书环境科学卷选编).北京:中国环境科学出版社,1984.

[10] 叶常明.水体有机污染的原理研究、方法及应用.北京:海洋出版社,1990.

[11] 金相灿.有机化合物污染化学——有毒有机污染物污染化学.北京:清华大学出版社,1990.

[12] Manahan S E. 环境化学.陈甫华等译.戴树桂校.天津:南开大学出版社,1993.

[13] Robert V T. Bioaccumalation Model of Organic Chemical Distribution in Aquatic Food Chains. Environ. Sci. Technol. ,1989,23:699-707.

[14] Bodek I. Environmental Inoganic Chemistry. Pergamon Press Inc. , 1988.

［15］Tyagi O D. Environmental Chemistry. Anmol Publications，1990.

［16］Manahan S E. Toxicological Chemistry. 2nd Ed. ，Lewis Press，1992.

［17］王连生. 有机污染化学(第二篇有机污染物结构——性质/活性相关). 北京:高等教育出版社,2004.

［18］徐文方. 新药设计与开发. 北京:科学出版社,2001.

［19］Murray W J. Molecular connectivity Ⅲ. Relationship to partition coefficients. J. Pharm. Sci. ,1975,64:1978-1981.

［20］Liao Y Y. Toxicity QSAR of substituted benzene to yeast saccharomyces cerevisiae. Bull. Environ. Contam. ,1996,56(4):460.

［21］杜娟. 量化参数在抗 HIV 黄酮类化合物毒性的构效关系中的应用. 华西药物杂志,2005,20(2):95-98.

［22］Wilson L. Using theoretical descriptors in quantitative structure−activity relationship:some toxicological indices. J. Med. Chem. 1991,34:1668-1674.

［23］谷妍. 含氟农药的比较分子力场分析研究. 化学学报,2000,58(12):1540-1545.

第六章　典型污染物在环境各圈层中的转归与效应

内容提要及重点要求

本章主要介绍了以重金属、持久性有机污染物(persistent organic pollu-tants,POPs)为代表的持久性有毒污染物(persistent toxic substances,PTS)等典型污染物在各圈层中的转归与效应。要求了解这些典型污染物的来源、用途和基本性质,掌握它们在环境中的基本转化、归趋规律与效应。

第一节　污染物在多介质多界面环境中的传输

地球环境是一个由大气、水体、土壤、岩石和生物等圈层组成的多介质体系,建立描述污染物在多介质环境中的迁移、转化和归趋规律,弄清化学污染物在这些介质中的浓度、持久性、反应活性以及分配的倾向,是研究污染物转归与效应的重要内容。

污染物在多介质环境中的过程研究主要包括以下几个方向:

(1) 水/气界面的物质传输　主要研究污染物从水中的挥发、大气复氧以及污染物在水体表面微层的富集行为。

(2) 土壤/大气界面的物质传输　主要研究污染物从土壤的挥发和干、湿沉降污染物由大气向土壤的传输两部分。

(3) 水/沉积物界面的物质传输　在多介质环境问题研究中,水/沉积物界面是比水/气界面更为复杂的界面,它是水体中水相与沉积物相之间的转换区,是底栖生物栖息的地带。水/沉积物界面的物质传输,不仅涉及污染物的传输,而且还涉及水和沉积物本身的传输。因此,污染物在该区域的积累和传输,在很大程度上影响着该污染物的物理、化学和生物行为。概括来说,水/沉积物界面的化学物质传输是通过沉降、扩散、弥散、吸附、解吸、化学反应和底栖生物的作用等过程完成的。

污染物进入环境系统后,经过一系列的迁移转化,最后在各个环境介质单元之间达到动态的平衡,此时各环境介质单元可近似看作不同的"相"。为了研究污染物在各"相"的分配平衡,借用物理化学中"逸度"的概念来简化环境过程的模拟。

多介质环境中,逸度可以定义为物质从某一相逸出的倾向,化学物的浓度 c 和逸度 f 之间的联系是通过参数 Z(称为逸度容量)来实现的。其表达式是

$$c = fZ$$

当化学物在两个相邻的环境介质间处于平衡状态时,它们的逸度应相等,即有 $f_1 = f_2$,这时有如下的关系式成立:

$$c_1/c_2 = fZ_1/fZ_2 = Z_1/Z_2$$

式中:c_1,c_2——化学物在介质 1 和介质 2 中的浓度,mol/m^3;

　　　Z_1,Z_2——介质 1 和介质 2 的逸度容量。

上式表示在平衡体系中相邻两个介质间的浓度与逸度成正比。由于逸度是以热力学原理为基础的,所以对于多介质环境,逸度容量 Z 可以通过物质的物理、化学性质和环境的某些参数来计算。

第二节　重金属元素

重金属是具有潜在危害的重要污染物。重金属污染的威胁在于它不能被微生物分解。相反,生物体可以富集重金属,并且能将某些重金属转化为毒性更强的金属－有机化合物。自从 20 世纪 50 年代在日本出现水俣病和痛痛病,并且查明这是由于汞污染和镉污染所引起的"公害病"以后,重金属的环境污染问题受到人们极大的关注。

重金属元素在环境污染领域中其概念与范围并不是很严格。一般是指对生物有显著毒性的元素,如汞、镉、铅、铬、锌、铜、钴、镍、锡、钡、锑等,从毒性这一角度通常把砷、铍、锂、硒、硼、铝等也包括在内。目前,最引人们注意的是汞、砷、铜、铅、铬等。

一、汞

1. 环境中汞的来源、分布与迁移

汞在自然界的含量不高,但分布很广。地球岩石圈内汞的含量为 $0.03\ \mu g/g$。汞在自然环境中的本底值不高,在森林土壤中为 $0.029\sim0.10\ \mu g/g$,耕作土壤中为 $0.03\sim0.07\ \mu g/g$,黏质土壤中为 $0.030\sim0.034\ \mu g/g$。水体中汞的含量更低,例如,河水中约为 $1.0\ \mu g/L$,海水中约为 $0.3\ \mu g/L$,雨水中约为 $0.2\ \mu g/L$,某些泉水中可达 $80\ \mu g/L$ 以上。大气中汞的本底值为 $(0.5\sim5)\times10^{-3}\ \mu g/m^3$。

19 世纪以来,随着工业的发展,汞的用途越来越广,生产量急剧增加,从而

使大量汞由于人类活动而进入环境。据统计,目前全世界每年开采应用的汞量约在 $1×10^4$ t 以上,其中绝大部分最终以三废的形式进入环境。据计算,在氯碱工业中每生产 1 t 氯,要流失 $100\sim200$ g 汞;生产 1 t 乙醛,需用 $100\sim300$ g 汞,以损耗 5% 计,年产 $10×10^4$ t 乙醛就有 $500\sim1\,500$ kg 汞排入环境。

与其他金属相比,汞的重要特点在于能以零价形态存在于大气、土壤和天然水中,这是因为汞具有很高的电离势,故转化为离子的倾向小于其他金属。汞及其化合物特别容易挥发。无论是可溶或不可溶的汞化合物,都有一部分汞挥发到大气中去。其挥发程度与化合物的形态及在水中的溶解度、表面吸附、大气的相对湿度(RH)等因素密切相关,见表 6-1。由表可以看出,不管汞以何种形态存在,都有不同程度的挥发性。一般有机汞的挥发性大于无机汞,有机汞中又以甲基汞和苯基汞的挥发性最大。无机汞中以碘化汞挥发性最大,硫化汞最小。

表 6-1　汞化合物的挥发性

化 合 物	条 件	大气中汞质量浓度/$(\mu g \cdot m^{-3})$
硫化物	干空气中,RH≤1%	0.1
硫化物	湿空气中,RH 接近饱和	5.0
氧化物	干空气中,RH<1%	2.0
碘化物	干空气中	150
氟化物	RH<1%	8
氟化物	RH=70%	20
氯化甲基汞(液体)	0.06% 的 0.1 mol/L 磷酸盐缓冲液,pH=5	900
双氰胺甲基汞(液体)	0.04% 的 0.1 mol/L 磷酸盐缓冲液,pH=5	140
醋酸苯基汞(固体)	在 RH<10% 的干空气中	22
醋酸苯基汞(固体)	在 RH=30% 的空气中	140
硝酸苯基汞(固体)	在 RH<1% 的干空气中	4
硝酸苯基汞(固体)	在 RH=30% 的空气中	27
半胱氨酸汞络合物(固体)	湿空气中,RH 饱和	13
	干空气中,RH<1%	2

另外,在潮湿空气中汞的挥发性比在干空气中大得多。由于汞化合物的高度挥发性,所以它可以通过土壤和植物的蒸腾作用而被释放到大气中去。事实

上,空气中的汞就是由汞的化合物挥发产生的。而且空气中汞含量的大部分吸附在颗粒物上。气相汞的最后归趋是进入土壤和海底沉积物。在天然水体中,汞主要与水中存在的悬浮微粒相结合,最后沉降进入水底沉积物。

在土壤中由于假单胞细菌属的某种菌种可以将 Hg(Ⅱ) 还原为 Hg(0),所以这一过程被认为是汞从土壤中挥发的基础。

有机汞化合物曾作为一种农药,特别是作为一种杀真菌剂而获得广泛应用。这类化合物包括芳基汞(如二硫代二甲氨基甲酸苯基汞,在造纸工业中用作杀黏菌剂和纸张霉菌抑制剂)和烷基汞制剂(如氯化乙基汞 C_2H_5HgCl,用作种子杀真菌剂等)。

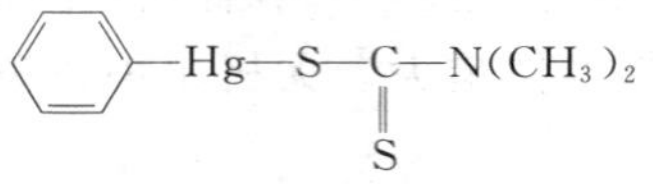

$$\text{〈苯环〉}-Hg-S-\underset{\underset{S}{\|}}{C}-N(CH_3)_2$$

(二硫代二甲氨基甲酸苯基汞)

无机汞化合物在生物体内一般容易排泄。但当汞与生物体内的高分子结合,形成稳定的有机汞络合物,就很难排出体外。由表 6-2 中所列出的甲基汞和汞的某些络合物稳定常数可以看出,其中半胱氨酸和白蛋白与甲基汞和汞的络合物相当稳定。

表 6-2　甲基汞和汞的某些络合物的稳定常数

配　体	pK	
	CH_3Hg^+	Hg^{2+}
—OH	9.5	10.3
组氨酸	8.8	10
半胱氨酸	15.7	14
白蛋白	22.0	13

如果存在亲和力更强或者浓度很大的配体,重金属难溶盐就会发生转化,这是一个普遍规律。例如,在 $Hg(OH)_2$ 与 HgS 溶液中,从计算可知,Hg 的质量浓度仅为 0.039 mg/L,但当环境中 Cl^- 离子浓度为 0.001 mol/L 时,$Hg(OH)_2$ 和 HgS 的溶解度可以分别增加 44 和 408 倍;如果 Cl^- 离子浓度为 1 mol/L 时,则它们的溶解度分别增加 10^5 和 10^7 倍。这是因为高浓度的 Cl^- 离子与 Hg^{2+} 离子发生强的络合作用。因此,河流中悬浮物和沉积物中的汞,进入海洋后会发生解吸,使河口沉积物中汞含量显著减少。

汞在环境中的迁移、转化与环境(特别是水环境)的电位和 pH 有关。从

图 6-1 可以看出,液态汞和某些无机汞化合物(Hg^{2+},$Hg(OH)_2$ 等),在较宽的 pH 和电位条件下,是稳定的。在地壳中常常有熔岩热水存在,由于硅酸盐的水解,加上环境中缺氧(即环境电位很低),就有可能发生如下反应:

$$HS^- + OH^- \longrightarrow S^{2-} + H_2O$$

$$Hg^{2+} + S^{2-} \longrightarrow HgS$$

$$HgS + S^{2-} \longrightarrow HgS_2^{2-}$$

结果使沉积物上的汞就慢慢溶解进入水体,该过程主要取决于 S^{2-} 的浓度。由于自然水体中 pHS 常比 pH 高几个数量级,因此实际上 pH 是 HgS 溶解度最敏感的因素。当 pH 变小和降低温度时,就可以看到珠砂(即 HgS)沉淀。

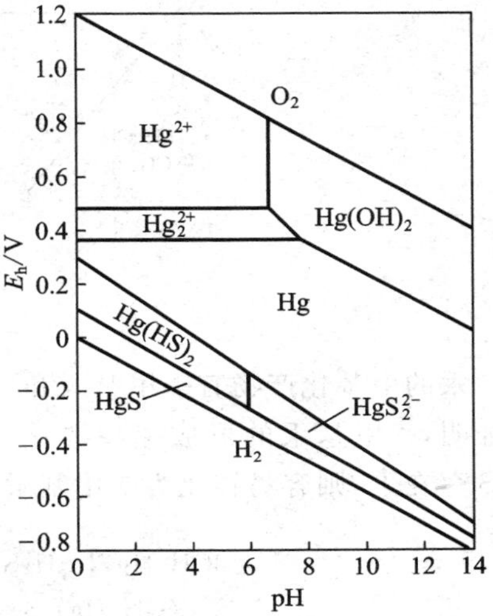

图 6-1　各种形态汞在水中稳定范围

2. 水俣病和汞的甲基化

1953 年在日本熊本县水俣湾附近的渔村,发现一种中枢神经性疾患的公害病,称为水俣病。经过 10 年研究,于 1963 年从水俣湾的鱼、贝中分离出 CH_3HgCl 结晶。并用纯 CH_3HgCl 结晶喂猫进行试验,出现了与水俣病完全一致的症状。1968 年日本政府确认水俣病是由水俣湾附近的化工厂在生产乙醛时排放的汞和甲基汞废水造成的。这是世界历史上首次出现的重大重金属污染事件。

甲基钴氨素是金属甲基化过程中甲基基团的重要生物来源。当含汞废水排入水体后,无机汞被颗粒物吸着沉入水底,通过微生物体内的甲基钴氨酸转移酶进行汞的甲基化转变。此时汞以氧化态出现,故甲基钴氨素为二价汞离子提供的甲基基团只能是甲基负离子 CH_3^-,其反应如下(其详细机理见第五章第四节):

$$CH_3CoB_{12} + Hg^{2+} + H_2O \longrightarrow H_2OCoB_{12}^+ + CH_3Hg^+$$
$$\text{(水合钴氨素)}$$

水合钴氨素($H_2OCoB_{12}^+$)被辅酶 $FADH_2$ 还原,使其中钴由三价降为一价,然后辅酶甲基四氢叶酸($THFA-CH_3$)将正离子 CH_3^+ 转移给钴,并从钴上取得两个电子,以 CH_3^- 与钴结合,完成了甲基钴氨素的再生,使汞的甲基化能够继续进行。其循环反应过程如下:

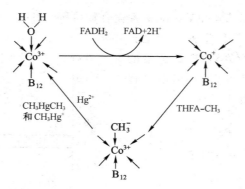

汞的甲基化产物有一甲基汞和二甲基汞。用甲基钴氨素进行非生物模拟试验证明，一甲基汞的形成速率要比二甲基汞的形成速率大 6 000 倍。但是在 H_2S 存在下，则容易转化为二甲基汞，其反应为

$$2CH_3HgCl + H_2S \longrightarrow (CH_3Hg)_2S + 2HCl$$

$$(CH_3Hg)_2S \longrightarrow (CH_3)_2Hg + HgS$$

这一过程可使不饱和的甲基金属完全甲基化。例如，能使 $(CH_3)_3Pb^+$ 转化为 $(CH_3)_4Pb$。一甲基汞可因氯化物浓度和 pH 不同而形成氯化甲基汞或氢氧化甲基汞：

$$CH_3Hg^+ + Cl^- \rightleftharpoons CH_3HgCl$$

$$CH_3HgCl + H_2O \rightleftharpoons CH_3HgOH + Cl^- + H^+$$

在中性和酸性条件下，氯化甲基汞是主要形态。在 pH=8，氯离子质量浓度低于 400 mg/L 时，则氢氧化甲基汞占优势；在 pH=8，氯离子质量浓度为 18 000 mg/L（即正常海水）的条件下，CH_3HgCl 约占 98%，CH_3HgOH 占 2%，CH_3Hg^+ 可以忽略不计。

在烷基汞中，只有甲基汞、乙基汞和丙基汞三种烷基汞为水俣病的致病性物质。它们存在的形态主要是烷基汞氯化物，其次是烷基汞溴化物和碘化物，一般以 CH_3HgX 表示。有趣的是具有 4 个碳原子以上的烷基汞并不是水俣病的致病物质，也没有发现它们具有直接毒性。

汞的甲基化既可在厌氧条件下发生，也可在好氧条件下发生。在厌氧条件下。主要转化为二甲基汞。二甲基汞难溶于水，有挥发性，易散逸到大气中。但二甲基汞容易被光解为甲烷、乙烷和汞，故大气中二甲基汞存在量很少。在好氧条件下，主要转化为一甲基汞。在弱酸性水体（pH4～5）中，二甲基汞也可以转化为一甲基汞。一甲基汞为水溶性物质，易被生物吸收而进入食物链。

3. 甲基汞脱甲基化与汞离子还原

湖底沉积物中甲基汞可被某些细菌降解而转化为甲烷和汞。也可将 Hg^{2+} 还原为金属汞。

$$CH_3Hg^+ + 2H \longrightarrow Hg + CH_4 + H^+$$
$$HgCl_2 + 2H \longrightarrow Hg + 2HCl$$

这些细菌经鉴定为假单胞菌属。日本分离得到的 K62 假单胞菌是典型的抗汞菌。我国吉林医学院等单位从第二松花江底泥中也分离出三株可使甲基汞脱甲基化的细菌,其清除氯化甲基汞的效率较高,对 1 mg/L 和 5 mg/L 的 CH_3HgCl 的清除率为 100%。汞在环境中的循环如图 6−2 和图 6−3 所示。

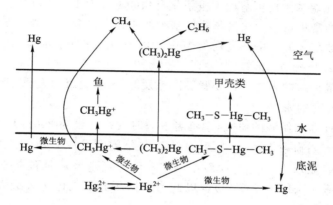

图 6−2　汞的生物循环(马文漪等,1998)

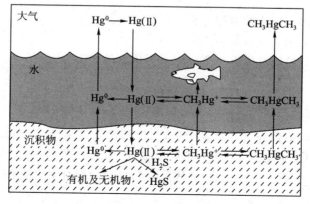

图 6−3　淡水湖泊中的汞循环(Winfrey M R 等,1990)

4. 汞的生物效应

甲基汞能与许多有机配体基团结合，如 —COOH，—NH$_2$，—SH，

$$\underset{\underset{|}{\overset{|}{C}}}{|}\underset{\underset{|}{\overset{|}{S}}}{|}\underset{\underset{|}{\overset{|}{C}}}{|}\ ，—OH\ 等。例如在蛋氨酸\ CH_3SCH_2CH_2\underset{\underset{NH_2}{|}}{C}HCOOH\ 分子结构中，就$$

有三个潜在的键联点：硫醚基、氨基和羧基。在 pH$<$2 的强酸性情况下，CH$_3$Hg$^+$ 会键合在蛋氨酸分子的硫醚基上；当 pH$>$2 时，CH$_3$Hg$^+$ 将键合在羧基上；当 pH$>$8 时，则键合在氨基上。CH$_3$Hg$^+$ 除能被束缚到碱基上外，还能直接键合到核糖上去。所以甲基汞非常容易和蛋白质、氨基酸类物质起作用。

由于烷基汞具有高脂溶性，且它在生物体内分解速率缓慢（其分解半衰期约为 70 d），因此烷基汞比可溶性无机汞化合物的毒性大 10～100 倍。

水生生物富集烷基汞比富集非烷基汞的能力大很多。一般鱼类对氯化甲基汞的浓缩系数是 3 000，甲壳类则为 100～100 000。在日本水俣湾的鱼肉中，汞的含量可达 2.1～8.7 μg/g。

消除汞最活跃的人体部位是肾、肝、毛发等，一个健康的人，每天从尿中可排出 10～20 μg/g 的汞。

根据对日本水俣病的研究，中毒者发病时发汞含量为 200～1 000 μg/g，最低值为 50 μg/g；血汞为 0.2～2.0 μg/mL；红细胞中为 0.4 μg/g。因此，可以把发汞 50 μg/g，血汞 0.2 μg/mL，红细胞中汞 0.4 μg/g 看成是对甲基汞最敏感的人中毒的阈值。Binke（1987 年）曾以此为根据研究了人体每天最大摄汞量，并确立了下列关系式：

$$y=1.4x+0.003$$

式中：y——红细胞中汞的含量，μg/g；

x——汞的摄入量，mg/d。

日本的小岛后来又提出一个以发汞为依据的经验公式：

$$y'=150x+1.66$$

式中：y'——发汞含量，μg/g。

将前面的阈值代入这两个式子中，可以算出 x 均为 0.30 mg/d。因此可以把 0.3 mg/d 作为人体摄入甲基汞中毒的阈值。若按安全系数为 10，则 0.03 mg/（人·d）或 0.5 μg/（d·kg 体重），可以认为是人体对甲基汞的最大耐受量。

二、镉

1. 痛痛病事件

在重金属污染造成的严重事件中,除水俣病之外,就属痛痛病了。1955 年首次发现于日本富山县神通川流域,是积累性镉中毒造成的。患者初发病时,腰、背、手、脚、膝关节感到疼痛,以后逐渐加重,上下楼梯时全身疼痛,行动困难,持续几年后,出现骨萎缩、骨弯曲、骨软化等症状,进而发生自然骨折,甚至咳嗽都能引起多发性骨折,直至最后死亡。经过调查,发现是由于神通川上游锌矿冶炼排出的含镉废水污染了神通川,用河水灌溉农田,又使镉进入稻田被水稻吸收,致使当地居民因长期饮用被镉污染的河水和食用被镉污染的稻米而引起的慢性镉中毒。此病潜伏期一般为 2~8 年,长者可达 10~30 年。直到这一事件发生之后,镉污染问题才引起了人们普遍的关注。

2. 镉的环境分布和污染来源

地壳中镉的丰度仅为 20 ng/g,通常与锌共生,最早发现镉元素就是在 $ZnCO_3$ 矿中。在 Zn–Pb–Cu 矿中含镉浓度最高,所以炼锌过程是环境中镉的主要来源。在冶炼 Pb 和 Cu 时也会排放出镉。

镉的工业用途很广,主要用于电镀、增塑剂、颜料生产、Ni–Cd 电池生产等。电镀厂在更换镀液时,常将含镉量高达 2 200 mg/L 的废镀液排入周围水体中。另外,在磷肥、污泥和矿物燃料中也含有少量镉。

3. 镉污染的特点

镉在环境中易形成各种配合物或螯合物,Cd^{2+} 与各种无机配体组成的配合物的稳定性顺序大致为

$$HS^- > CN^- > P_3O_{10}^{5-} > P_2O_7^{4-} > CO_3^{2-} > OH^- > PO_4^{3-} >$$
$$NH_3 > SO_4^{2-} > I^- > Br^- > Cl^- > F^-$$

与有机配体形成螯合物的稳定性顺序大致为

$$巯基乙胺 > 乙二胺 > 氨基乙酸 > 乙二酸$$

与含氧配体形成配合物的稳定性顺序为

$$氨三乙酸盐 > 水杨酸盐 > 柠檬酸盐 > 酞酸盐 > 草酸盐 > 醋酸盐$$

镉在环境中的存在形态和转化规律在很大程度上受到上述稳定性顺序的制约。

镉污染的另一个特点是价态总是保持在 +2 价,随着水体环境氧化还原性和 pH 的变化,受影响的只是与 $Cd(Ⅱ)$ 相结合的基团:在氧化性淡水体中,主要以 Cd^{2+} 形式存在;在海水中主要以 $CdCl_x^{2-x}$ 形态存在;当 pH>9 时,$CdCO_3$ 是主要存在形式;而在厌氧的水体环境中,大多都转化为难溶的 CdS 了。

水体底泥对镉同样存在着较强的吸附作用,浓缩系数可达 500~50 000,所

以水中的镉大部分沉积在底泥中。但镉的这种吸附作用不如汞，而且镉化合物的溶解度比相应的汞化合物大，因而镉在水中的迁移比汞容易，在沿岸浅水区域，镉的滞留时间一般为 3 周左右，而汞长达 17 周。

4. 镉的毒害性

镉和汞一样，是人体不需要的元素。许多植物如水稻、小麦等对镉的富集能力很强，使镉及其化合物能通过食物链进入人体，另外饮用镉含量高的水，也是导致镉中毒的一个重要途径。其实，在有镉污染的地区，粮食、蔬菜、鱼体内都检测出了较高浓度的镉，这些都是致病因素。镉的生物半衰期长，从体内排出的速率十分缓慢，容易在体内的肾脏、肝脏等部位积聚，对人体的肾脏、肝脏、骨骼、血液系统等都有较大的损害作用，还能破坏人体的新陈代谢功能。成年人若每天平均摄取镉 0.3 mg 以上，经过二三十年的积累就会发病，而一旦发病便无可挽救。

在我国山西省的一个偏远山村，连续 18 年全村妇女没有一个生男婴，婴儿降世全部都是"千斤"，令村民忧心忡忡。外面也盛传其为"女儿村"。经过长期调查，终于揭开了只生女不生男之谜。原来，当地的饮用水中镉含量非常高，高镉水不仅使男子精子减少，活动能力低，而且对 Y 染色体具有很严重的损害作用，因而该村的妇女生育率低，且受孕后也只生女婴。

镉对骨质的破坏作用在于它阻碍了钙（Ca）的吸收，导致骨质松软。Cd^{2+} 半径为 0.097 nm，Ca^{2+} 半径为 0.099 nm，两者非常接近，很容易发生置换作用，骨骼中钙的位置被镉占据，就会造成骨质变软，痛痛病就是由此引起的。此外，Cd^{2+} 与 Zn^{2+} 和 Cu^{2+} 的外层电子结构相似，半径也相近，因此在生物体内也存在着铜和锌被镉置换取代的现象。铜和锌均为人体必需元素，由于受到镉污染而造成人体缺铜和缺锌，都会破坏正常的新陈代谢功能。

镉对肾脏的损害作用主要是由于其蓄积在肾表皮中导致输尿管排出蛋白尿。当肾表皮含镉量达到 200 mg/kg 时，就会出现肾管机能失调。镉中毒致死的人体解剖结果发现肾脏含大量的镉，甚至骨灰中的含镉量高达 2%。

有研究表明，硒（Se）对镉的毒性有一定的拮抗作用。这可能与硒是硫族元素，镉与硒能较稳定地结合在一起，使镉失去活性有关。

镉与锌同属，地球化学性质很相似。在天然水体中，镉与锌都以二价的阳离子形式存在，不过，镉形成共价键的趋势比锌大，较容易形成稳定络合物。

镉在金属电镀工业中有广泛的应用，水中镉的污染物主要来源于工业废水和采矿废物。

镉是剧毒性金属，急性镉中毒会给人体造成严重的损害，体征表现在高血压、肾损伤、睾丸组织和红血球细胞破坏等。

锌在生物菌中具有重要作用,由于镉与锌的化学性质相似,一旦镉摄入体内后,生物酶中的锌可能被镉置换出来,从而导致酶的空间结构和酶的催化活性受到了破坏,最终诱发各种疾病,有鉴于此,镉已被公认为最危险的水污染物之一。

在被工业设施包围的港湾、河口地区,天然水体的底泥经常可以发现有镉和锌的污染物存在。据有关调查报告资料显示,一些受镉工业废水污染的港湾底泥中,镉的含量达 130 $\mu g/g$,即使港口外海湾沉积物中,镉的含量也有 1.9 $\mu g/g$。另外还发现,水中镉的浓度分布呈现随水的深度增加而下降的规律,在含氧的表层水中,含有较高浓度的可溶性离子 $CdCl^+$。在缺氧的底层水域中,镉的含量明显减少,因为,厌氧微生物利用 SO_4^{2-} 作硫源,把其还原成负二价的硫:

$$2\{CH_2O\} + SO_4^{2-} + H^+ \longrightarrow 2CO_2 + HS^- + 2H_2O$$

继而与镉作用生成难溶的硫化镉沉淀:

$$CdCl^+ + HS^- \longrightarrow CdS(s) + H^+ + Cl^-$$

冬天,强劲的风力把河口和海湾的水充分搅混,含氧的海湾水把河口底泥中的镉解吸出来,溶解的镉随波逐流被带入海洋。

三、铬

与前面几种金属不同的是,三价铬是人体必需的微量元素。它参与正常的糖代谢和胆固醇代谢的过程,促进胰岛素的功能,人体缺铬会导致血糖升高,产生糖尿,还会引起动脉粥样硬化症。但六价铬又对人体有严重的毒害作用,吸入可引起急性支气管炎和哮喘;入口则可刺激和腐蚀消化道,引起恶心、呕吐、胃烧灼痛、腹泻、便血、肾脏损害,严重时会导致休克昏迷。另外,长时间地与高浓度六价铬接触,还会损害皮肤,引起皮炎和湿疹,甚至产生溃疡(称为铬疮)。六价铬对黏膜的刺激和伤害也很严重,空气中质量浓度为 0.15～0.3 mg/m^3 时可导致鼻中铬穿孔。六价铬的致癌作用也已被确认。另外,三价铬的摄入也不应过量,否则同样会对人体产生有害作用。

铬在环境中的分布是微量级的。大气中约 1 ng/m^3,天然水中 1～40 $\mu g/L$,海水中的正常含量是 0.05 $\mu g/L$,但在海洋生物体内铬的含量达 50～500 $\mu g/kg$,说明生物体对铬有较强的富集作用。

电镀、皮革、染料和金属酸洗等工业均是环境中铬的污染来源。对我国某电镀厂周围环境的监测结果发现,该电镀厂下游方向的地下水、土壤和农作物都受到不同程度的六价铬的污染,且离厂区越近,污染越严重。电镀厂附近居民的血、尿、发中的六价铬水平均超过了正常水平。另外,重铬酸钾和浓硫酸配制成的溶液曾被广泛用作实验室的洗液,自从六价铬的毒性被确认后,这种洗液现在已经被禁用了。

进入自然水体中的 Cr^{3+},在低 pH 条件下易被腐殖质吸附形成稳定的配合物,当 pH$>$4 时,Cr^{3+} 开始沉淀。接近中性时可沉淀完全。天然水体的 pH 在 6.5～8.5,在这种条件下,大部分的 Cr^{3+} 都进入到底泥中了。在强碱性介质中,遇有氧化性物质,Cr(Ⅲ)会向 Cr(Ⅵ)转化;而在酸性条件下,Cr(Ⅵ)可以被水体中的 Fe^{2+},硫化物和其他还原性物质还原为 Cr(Ⅲ)。在天然水体环境中经常发生三价铬和六价铬之间的这种相互转化。

铬的生物半衰期相对比较短,容易从排泄系统排出体外,因而与前面几类金属相比,铬污染的危害性相对小一些。

四、砷

有毒元素在环境化学中的重要性很少有人怀疑,然而研究者普遍关注的只是汞、铅和镉。对于过渡金属:锰、镍、钴、镉和铜等,由于它们在代谢和酶催化过程中的作用,它们的环境化学行为一直在进行研究。但是从环境和毒理学的观点看,砷、硒、铍和钒将会变得日趋重要。

1. 砷在环境中的来源与分布

(1) 天然来源   砷是一个广泛存在并具有准金属特性的元素。它多以无机砷形态分布于许多矿物中,主要含砷矿物有砷黄铁矿($FeAsS$)、雄黄矿(As_4S_4)与雌黄矿(As_2S_3)。地壳中砷的含量为 1.5～2 mg/kg,比其他元素的含量高 20 倍。土壤中砷的本底值在 0.2～40 mg/kg,而受醇污染的土壤中含砷量则高达 550 mg/kg。

在某些煤中也含有较高浓度的砷。如美国煤的平均含砷量为 1～10 mg/kg;捷克斯洛伐克的一些煤中砷含量可高达 1 500 mg/kg。

空气中砷的自然本底值为每立方米几纳克。其中甲基胂含量约占总砷量的 20%。

地面水中砷的含量很低,如德国境内河水中砷含量的平均值为 0.003 mg/L,湖水中为 0.004 mg/L。地面水中三价砷与五价砷的含量比范围为 0.06～6.7。

海水含砷量范围为 0.001～0.008 mg/L,其中主要为砷酸根离子,但亚砷酸根含量仍占总砷量的三分之一。

某些地下水水源的含砷量极高(224～280 mg/L),且 50% 为三价砷。温泉活动地区的水源含砷量,如新西兰温泉水的含砷量高达 8.5 mg/L,温泉孔内,水中 90% 以上为三价砷。日本地热水含砷量为 1.8～6.4 mg/L。

在从未经含砷农药处理过的土地上生长的植物,其含砷量变动范围为 0.01～5 mg/kg 干重。但在砷污染的土壤中生长的植物可含相当高水平的砷,尤其是根部。海藻与海草的砷含量相当高，为 $10 \sim 100$ mg/kg 干重，其浓缩倍数为 $1\,500 \sim 5\,000$ 倍。

（2）人为来源　环境中砷污染主要来自以砷化物为主要成分的农药。如砷酸铅、乙酰亚砷酸铜、亚砷酸钠、砷酸钙和有机砷酸盐。大量甲胂酸和二甲次胂酸用作具有选择性的除莠剂。二甲次胂酸还在越南作为落叶剂用于军事目的（即所谓蓝色剂）。它还可以在林业上用作杀虫剂。

铬砷合剂、砷酸钠与砷酸锌用作木材防腐剂，防止霉菌与昆虫的破坏。

某些苯胂酸化合物，如对氨基苯基胂酸，作为饲料添加剂用于家禽和猪，也用于治疗小鸡的某些疾病。

此外，砷还可用于冶金工业和半导体工业，如砷化镓与砷化铜。所以，工厂和矿山含砷废水、废渣的排放，以及矿物燃料燃烧等也是造成砷污染的重要来源。

2. 砷在环境中的迁移与转化

在天然水体中，砷的存在形态为 $H_2AsO_4^-$，$HAsO_4^{2-}$，H_3AsO_3 和 $H_2AsO_3^-$。在天然水的表层中，由于溶解氧浓度高，pE 值高，pH 在 $4 \sim 9$，砷主要以五价的 $H_2AsO_4^-$ 和 $HAsO_4^{2-}$ 形式存在。在 pH >12.5 的碱性水环境中，砷主要以 AsO_4^{3-} 形式存在。在 $pE < 0.2$，pH > 4 的水环境中，则主要以三价的 H_3AsO_3 和 $H_2AsO_3^-$ 形式存在。以上这些形态的砷都是水溶性的，它们容易随水发生迁移。

在土壤中，砷主要与铁、铝水合氧化物以胶体结合的形态存在，水溶态含量极少。据报道，美国土壤中水溶态砷只占总砷的 $5\% \sim 10\%$，日本土壤中水溶态砷仅占总砷的 5%。土壤中砷的迁移试验研究也发现，以 AsO_4^{3-} 和 AsO_3^{3-} 存在的砷容易被带正电荷的土壤胶体所吸附。像 PO_4^{3-} 一样，AsO_4^{3-} 和 AsO_3^{3-} 也容易与 Fe^{3+}，Al^{3+}，Ca^{2+} 生成难溶化合物。因此土壤固定砷的能力与土壤中游离氧化铁的含量有关，随着氧化铁含量增加，砷的吸附量增加。$Fe(OH)_3$ 对砷的吸附能力约为 $Al(OH)_3$ 的两倍。

土壤的氧化还原电位（E_h）和 pH 对土壤中砷的溶解度有很大的影响。土壤的 E_h 降低，pH 升高，砷的溶解度增大。这是由于 E_h 降低，AsO_4^{3-} 逐渐被还原为 AsO_3^{3-}，溶解度增大。同时 pH 升高，土壤胶体所带的正电荷减少，对砷的吸附能力降低，所以浸水土壤中可溶态砷含量比旱地土壤中高。植物比较容易吸收 AsO_3^{3-}，在浸水土壤中生长的作物的砷含量也较高。

砷的生物甲基化反应和生物还原反应是它在环境中转化的一个重要过程。因为它们能产生一些可在空气和水中运动并相当稳定的有机金属化合物。但生物甲基化所产生的砷化合物易被氧化和细菌脱甲基化，结果又使它们回到无机砷化合物的形式。砷在环境中的转化模式如下：

$$
\begin{array}{ccc}
HAsO_4^{2-} & AsH_3 & CH_3AsH_2 \\
-H^+ \updownarrow +H^+ & \uparrow 还原 & \uparrow 还原 \\
H_2AsO_4^- \xrightarrow[\;+O_2\;]{生物还原} HAsO_2 & \xrightleftharpoons[细菌]{+CH_3^+} CH_3AsO(OH)_2 & \xrightleftharpoons[细菌]{+CH_3^+} \\
-H^+ \updownarrow +H^+ & +H^+ \updownarrow -H^+ & +H^+ \updownarrow -H^+ \\
H_3AsO_4 & AsO_2^- &
\end{array}
$$

$$
CH_3-As \overset{O}{\underset{O^-}{\diagup}} OH
$$

$$
\begin{array}{ccc}
(CH_3)_2AsH & & (CH_3)_3As \\
\uparrow 还原 & & 生物还原 \updownarrow +\tfrac{1}{2}O_2 \\
(CH_3)_2AsO(OH) & \xrightarrow{\;+CH_3^+\;} & (CH_3)_3AsO \\
+H^+ \updownarrow -H^+ & & \\
(CH_3)_2As-O^- & & \\
\quad\quad\;\; O & &
\end{array}
$$

砷与产甲烷菌作用或与甲基钴氨素及 L-甲硫氨酸甲基-d_3 反应均可使砷甲基化。在厌氧菌作用下主要产生二甲基胂，而好氧的甲基化反应则产生三甲基胂。Challenger 与 McBride 等认为砷酸盐甲基化的机制如下：

$$
AsO_4^{3-} \xrightarrow[-O]{2e^-} AsO_3^{3-} \xrightarrow{CH_3^+} CH_3AsO_3^{2-} \xrightarrow[-O]{2e^-}
$$

$$
CH_3AsO_2^{2-} \xrightarrow{CH_3^+} (CH_3)_2AsO_2^- \xrightarrow[-O]{2e^-} (CH_3)_2AsO^- \xrightarrow{CH_3^+}
$$

$$
(CH_3)_3AsO \xrightarrow[-O]{2e^-} (CH_3)_3As
$$

该机制指出，As(Ⅴ)必须在甲基化前还原成 As(Ⅲ)。

在水溶液中二甲基胂和三甲基胂可以氧化为相应的甲胂酸。这些化合物与其他较大分子的有机砷化合物，如含砷甜菜碱和含砷胆碱，都极不容易化学降解。

甲胂酸为二元酸，其 pK_{a_1} 为 4.1，pK_{a_2} 为 8.7，它能与碱金属形成可溶性盐类。二甲次胂酸为一元弱酸，其 pK_a 为 6.2，也能形成溶解度相当大的碱金属盐。一些烷基胂酸能还原成相应的胂。它们与硫化氢及一些巯基链烷反应生成含硫的衍生物，如 $(CH_3)_2AsSSH$。因此，二甲次胂酸的还原反应及其与巯基间的继发反应很可能是它参与生物活性的关键所在。

3. 砷的毒性与生物效应

三价无机砷毒性高于五价砷。也有证据表明,溶解砷比不溶性砷毒性高。可能是因为前者较易吸收。据报道,摄入 As_2O_3 剂量为 $70\sim180$ mg 时,可使人致死。

无机砷可抑制酶的活性,三价无机砷还可与蛋白质的巯基反应。三价砷对线粒体呼吸作用有明显的抑制作用,已经证明,亚砷酸盐可减弱线粒体氧化磷酸化反应,或使之不能偶联。这一现象与线粒体三磷酸腺苷酶(ATP 酶)的激活有关,它本身又往往是线粒体膜扭曲变形的一个因素。

长期接触无机砷会对人和动物体内的许多器官产生影响,如造成肝功能异常等。体内与体外两方面的研究都表明,无机砷影响人的染色体。在服药接触砷(主要是三价砷)的人群中发现染色体畸变率增加。可靠的流行病学证据表明,在含砷杀虫剂的生产工业中,呼吸系统的癌症主要与接触无机砷有关。还有一些研究指出,无机砷影响 DNA 的修复机制。

第三节　有机污染物

近年来,持久性有毒污染物(PTS)污染及其对人体健康和生态系统的危害越来越被人们所认识。其中持久性有机污染物由于大多具有"三致"(致癌、致畸、致突变)效应和遗传毒性,能干扰人体内分泌系统引起"雌性化"现象,并且在全球范围的各种环境介质(大气、江河、海洋、底泥、土壤等)以及动植物组织器官和人体中广泛存在,已经引起了各国政府、学术界、工业界和公众的广泛关注,成为一个新的全球性环境问题。2001 年 5 月 23 日,在瑞典首都斯德哥尔摩 127 个国家的环境部长或高级官员代表各自政府签署《关于持久性有机污染物的斯德哥尔摩公约》(简称《公约》),从而正式启动了人类向持久性有机污染物宣战的进程。

一、持久性有机污染物

持久性有机污染物(POPs)是指通过各种环境介质(大气、水、生物体等)能够长距离迁移并长期存在于环境,具有长期残留性、生物蓄积性、半挥发性和高毒性,对人类健康和环境具有严重危害的天然或人工合成的有机污染物质。近年来,POPs 对人体和环境带来的危害已成为世界各国关注的环境焦点。

根据 POPs 的定义,国际上公认 POPs 具有下列 4 个重要的特性:

(1) 能在环境中持久地存在;

(2) 能蓄积在食物链中对有较高营养等级的生物造成影响;

（3）能够经过长距离迁移到达偏远的极地地区；

（4）在相应环境浓度下会对接触该物质的生物造成有害或有毒效应。

POPs 一般都具有毒性，包括致癌性、生殖毒性、神经毒性、内分泌干扰特性等，它严重危害生物体，并且由于其持久性，这种危害一般都会持续一段时间。更为严重的是，一方面 POPs 具有很强的亲脂憎水性，能够在生物器官的脂肪组织内产生生物积累，沿着食物链逐级放大，从而使在大气、水、土壤中低浓度存在的污染物经过食物链的放大作用，而对处于最高营养级的人类的健康造成严重的负面影响；另一方面，POPs 具有半挥发性，能够在大气环境中长距离迁移并通过所谓的"全球蒸馏效应"和"蚱蜢跳效应"沉积到地球的偏远极地地区，从而导致全球范围的污染传播。

符合上述定义的 POPs 物质有数千种之多，它们通常是具有某些特殊化学结构的同系物或异构体。联合国环境规划署（UNEP）国际公约中首批控制的12 种 POPs 是艾氏剂、狄氏剂、异狄氏剂、DDT、氯丹、六氯苯、灭蚁灵、毒杀芬、七氯、多氯联苯（PCBs）、二噁英和苯并呋喃（PCDD/Fs）。其中前 9 种属于有机氯农药，多氯联苯是精细化工产品，后 2 种是化学产品的衍生物杂质和含氯废物焚烧所产生的次生污染物。1998 年 6 月在丹麦奥尔胡斯召开的泛欧环境部长会议上，美国、加拿大和欧洲 32 个国家正式签署了关于长距离越境空气污染物公约，提出了 16 种（类）加以控制的 POPs，除了 UNEP 提出的 12 种物质之外，还有六溴联苯、林丹（即 99.5％的六六六丙体制剂）、多环芳烃和五氯酚。

自然环境和生物体都不同程度地受到了 POPs 污染。POPs 最初是通过大气或者水体而进入整个生态环境中，并且在低纬度地区和极地地区的大气、水体、土壤中都能检测到 POPs。

（1）大气/颗粒物中的 POPs　　在大气中 POPs 或者以气体的形式存在，或者吸附在悬浮颗粒物上，发生扩散和迁移，导致 POPs 的全球性污染。在德国，每天从空气中沉积落地的颗粒物中的二噁英含量在 $5\sim36$ pg TEQ/m^3（TEQ 为总毒性当量）。农村和城市空气中 PCDD/Fs 的污染状况不同，大气和 PCDD/Fs 的长距离迁移可导致农村 PCDD/Fs 浓度的增加。

汽油和柴油引擎汽车的尾气颗粒物中都存在 PCDD/Fs。在希腊北部，每天沉积落地的大气颗粒中 PCDD/Fs 和 PCBs 的平均值分别为 0.52 pg TEQ/m^3 和 0.59 pg TEQ/m^3。在城市地区颗粒物的 PCBs 达到 242 pg/m^3，而半农业地区的 PCBs 为 74 pg/m^3。这些 PCDD/Fs 成分主要由火灾和汽车尾气带入大气。

（2）水体/沉积物中的 POPs　　水和沉积物是 POPs 聚集的主要场所之一，城市污水、水库、江河和湖海都存在 POPs。POPs 从水和沉积物通过食物链发生生物积累并逐级放大。检测分析水体中 POPs 的成分、来源和存在形态是防治其污染的关键。研究表明,城市污水的来源不同,成分也存在差异。在德国,城市污水中都存在 PCDD/Fs,城市的街道流出物中的 PCDD/Fs 含量在 1～11 pg TEQ/L,屋檐水中小于 17 pg TEQ/L,生活污水中达到 14 pg TEQ/L。

POPs 具有强亲脂性,在下水道或者污水处理中,POPs 会转移到城市污泥。英国 14 个污水处理厂的嗜温厌氧消化污泥中都存在 PCDD/Fs 和 PCBs。污泥中二噁英主要为七氯和八氯二噁英,表明 PCDD/Fs 的污染与工业的带入有关。

当前,在世界绝大多数的江湖水体中都不同程度地受到 POPs 的污染。在威尼斯湖表面沉积物中,二噁英和呋喃的含量分别在 16～13 642 ng/kg 和49～12 561 ng/kg,对环境造成了威胁。我国东海岸三个出海口闽江、九龙江和珠江的沉积物中也都存在较高浓度的 POPs,其中 DDT 的浓度可能已影响到深海生物。

(3)土壤中的 POPs 土壤是植物和一些生物的营养来源,土壤中的 POPs无疑会导致 POPs 在食物链上发生传递和迁移。在世界各国土壤中都发现了POPs。莱比锡地区废弃工厂旁的农地土壤中存在 HCHs,DDX,PCBs 和 HCB等物质。在西班牙土壤中同样存在 PCDD/Fs,且在工业地区的二噁英含量大于控制地区。

(4)生物体中 POPs POPs 通过食物链得到积累和富积,使得目前无论海洋生物还是陆地物种,无论是低等的浮游生物或动物,还是人类自身,都遭受到POPs 的污染和威胁。日本北海道的黑尾鸥体内存在 PCDD/Fs,PCBs,DDTs,HCHs 和 HCB 等多种 POPs。北极的一些动物种群体内多氯联苯等 POPs 的浓度很高。北极熊、北极狐、绿灰色鸥体内的多氯联苯的浓度超过最低可见负面影响水平,其生殖系统受到了影响。水体生物也都不同程度地受到 POPs 的污染。如欧洲 Ladoga 湖中鱼的脂肪内 HCB 和总 PCBs 的含量分别为 0.07～0.15 mg/kg 和 0.65～1.0 mg/kg。海豹体内的 PCB 和 DDT 浓度比它食用的鱼高 12～29 倍,在食物链上都得到了生物富积和放大。南极的海洋食物链中最重要的生物种类中的 POPs,含量达到中度污染水平。北极的高级肉食动物海豹、鲸类和北极熊也有着相当大的 POPs 浓度。北极人主要以海生哺乳动物为食,从而受到了 POPs 的威胁。而母乳中存在 POPs 可能会威胁到婴儿的健康。在西班牙的有害物焚烧炉附近地区,母乳中的 PCDD/Fs 含量为 162～498 pgTEQ/L,平均值达 310.8 pg TEQ/L。在韩国母乳中也存在 PCDD/Fs 和PCBs。按照母乳的相应含量计算,母亲体内 PCDD/Fs 和 PCBs 总负荷达 268～622 ng TEQ,一周岁婴儿每天估计摄入量为 85 pg TEQ/kg。二噁英对人和动物的暴露途径如图 6-4 所示;表 6-3 列出了我国需要开展的 POPs 研究。

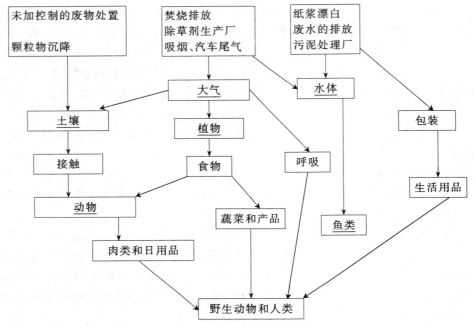

图 6-4 二噁英对野生动物和人类的暴露途径

表 6-3 我国需要开展的 POPs 研究

	研究目的	需要开展的研究
控制对象	1. 现有化学物质的登记及信息数据库 2. 新化学物质的风险评价及嫌疑物的筛选 3. 化学物质生产、使用及排放情况清单 4. 化学物质在我国环境介质中的存在状况	1. 化学物质登记制度及相应法律的研究制订 2. 基于网络的全国化学物质登记与监控信息平台研制 3. 化学物质理化与毒性数据库建设及风险评价方法研究 4. POPs 嫌疑物质筛选策略及高通量计算机辅助工具研制的限制和消除对我国的影响，并提出应对策略 5. 分析有可能增加的 POPs 嫌疑物质，如第 13,14 种 POPs 的限制和消除对我国的影响，并提出应对策略 6. 监测分析技术及环境调查方法的建立完善 7. 筛选出典型区域、典型行业进行系统地环境调查
控制策略	1. 基础性研究 2. POPs 的"源"控制技术研究,指污染物进入环境之前的控制技术	1. POPs 的迁移、转化及环境归趋研究 2. POPs 在天然及人工强化条件下的降解行为研究 3. 中国典型气候、地理条件下 POPs 的环境行

续表

研究目的	需要开展的研究
控制策略	3. POPs 的"汇"控制技术研究,指污染物进入环境后的控制技术,即环境修复技术 4. 法学、经济学研究	为特征 4. POPs 物质结构与其环境行为之间的定量关系 5. POPs 生产工艺的清洁生产改造 6. POPs 相关产品的取代产品研制,尤其是我国防治白蚁的氯丹、防治血吸虫病的含二噁英物质的五氯酚钠等在我国当前具有特殊地位的化学物质 7. 含 POPs 废水、废渣的处理技术研究 8. 物化修复技术研究:特别是需要注意经济技术可行性要求 9. 生物修复技术研究:一方面需要筛选或研制对于毒性较大的 POPs 具有较好耐受能力和较强降解能力的微生物或者基因工程菌;另一方面需要注意生物的环境安全性问题 10. 与 POPs 管理、控制相配套的法律法规及行业规章研究 11. 《公约》履约国家行动方案制订及分解细化研究

二、有机卤代物

有机卤代物包括卤代烃、多氯联苯、多氯代二噁英、有机氯农药等,这里主要介绍卤代烃、多氯联苯、多氯代二苯并二噁英和多氯代二苯并呋喃。

1. 卤代烃

大量卤代烃通过天然或人为途径释放到大气中。由于天然卤代烃的年排放量基本固定不变,所以人为排放是当今大气中卤代烃含量不断增加的原因。

（1）卤代烃的种类及分布　对流层大气中存在的卤代烃及其寿命等列于表 6-4。

表 6-4　卤代烃在对流层中的含量

名　　称	对流层聚积量/Mt	大气中的寿命/a
CH_3Cl	5.2	2~3
CCl_2F_2	6.1	105~169
CCl_3F	4.0	55~93
CCl_4	3.7	60~100
CH_3CCl_3	2.9	5.7~10

名　　称	对流层聚积量/Mt	大气中的寿命/a
$CHClF_2$	0.9	12~20
CF_4	1.0	10 000
CH_2Cl_2	0.5	0.5
$CHCl_3$	0.6	0.3~0.6
$CCl_2=CCl_2$	0.7	0.4
CCl_3CF_3	0.6	63~122
CH_3Br	0.2	1.7
$CClF_2CClF_2$	0.3	126~310
$CHCl=CCl_2$	0.2	0.02
$CClF_2CF_3$	0.1	230~550
CF_3CF_3	0.1	500~1 000
$CClF_3$	0.07	180~450
CH_3I	0.05	0.01
$CHCl_2F$	0.03	2~3
CF_3Br	0.02	62~112

注:表内所有数据均为 1980 年的水平。

表中前 6 种卤代烃占大气中卤代烃总量的 88%,其他卤代烃占 12%。由表中各卤代烃在大气中的寿命可以大体看出其对大气污染的贡献。如 CH_2Cl_2,$CHCl_3$,$CCl_2=CCl_2$ 和 $CHCl=CCl_2$ 在大气中的寿命非常短。它们在对流层几乎全部被分解,其分解产物可被降雨所消除。而被卤素完全取代的卤代烃,如 CFC－113(即 $CCl_2F-CClF_2$),CFC－114(即 $CClF_2-CClF_2$),CFC－115(即 $CClF_2-CF_3$)和 CFC－13(即 $CClF_3$)虽然只占对流层中卤代烃总量的 3%,但是由于它们具有相当长的寿命,所以它们对平流层氯的积累贡献不容忽视。

(2) 主要卤代烃的来源　近年来,大气中卤代烃的含量不断增加,除少数天然来源外,主要来源于其被大量合成用于工业制品等过程。现简述如下:

氯甲烷(CH_3Cl):天然来源主要来自海洋。人为来源主要来自城市汽车排放的废气和聚氯乙烯塑料、农作物等废物的燃烧。

CFC－11(CCl_3F)和 CFC－12(CCl_2F_2):除火山爆发释放少量之外。主要来源于人为排放。由于它们被广泛用作制冷剂、飞机推动剂、塑料发泡剂等,故它们已在大气对流层中大量积累。如美国化工学会根据 CCl_3F 和 CCl_2F_2 总产量计算出它们的年排放量分别为 2.7×10^5 t 和 3.9×10^5 t。它们在对流层不能被分解,当它们进入平流层后将对平流层的臭氧层产生破坏作用。

四氯化碳(CCl_4):主要来源于人为排放。它被广泛用作工业溶剂、灭火剂、干洗剂,也是氟里昂的主要原料。

甲基氯仿(CH_3CCl_3):甲基氯仿没有天然来源。它最初用来作为工业去油剂和干洗剂,从 1950 年以来,排放到大气中的量逐年增加,现在每年的排放量是 CFC-11 和 CFC-12 的两倍多,平均每年增长 16%。

CFC-22(CHF_2Cl):它也是人工合成的卤代烃,是一种主要的工业氟里昂产品,主要用作制冷剂和发泡剂。

(3)卤代烃在大气中的转化 下面分别介绍卤代烃在对流层及平流层中的转化。

① 对流层中的转化。含氢卤代烃与 $HO\cdot$ 自由基的反应是它们在对流层中消除的主要途径。

卤代烃消除途径的起始反应是脱氢。如氯仿与 $HO\cdot$ 的反应为

$$CHCl_3 + HO\cdot \longrightarrow H_2O + \cdot CCl_3$$

$\cdot CCl_3$ 自由基再与氧气反应生成碳酰氯(光气)和 $ClO\cdot$:

$$\cdot CCl_3 + O_2 \longrightarrow COCl_2 + ClO\cdot$$

光气在被雨水冲刷或清除之前,将一直完整地保留着,如果冲刷或清除速率很慢,大部分的光气将向上扩散,在平流层下部发生光解;如果冲刷或清除速率很快,光气对平流层的影响就小。

$ClO\cdot$ 可氧化其他分子并产生氯原子。在对流层中,NO 和 H_2O 可能是参与反应的物质:

$$ClO\cdot + NO \longrightarrow Cl\cdot + NO_2$$
$$3ClO\cdot + H_2O \longrightarrow 3Cl\cdot + 2HO\cdot + O_2$$

多数氯原子迅速和甲烷作用:

$$Cl\cdot + CH_4 \longrightarrow HCl + \cdot CH_3$$

氯代乙烯与 $HO\cdot$ 基反应将打开双键,让氧加成进去。如全氯乙烯可转化成三氯乙酰氯:

$$C_2Cl_4 + [O] \longrightarrow CCl_3COCl$$

上述产物的水解速率和冲刷清除速率还在研究之中。

② 平流层中的转化。进入平流层的卤代烃污染物,都受到高能光子的攻击而被破坏。例如,四氯化碳分子吸收光子后脱去一个氯原子。

$$CCl_4 + h\nu \longrightarrow \cdot CCl_3 + Cl\cdot$$

$\cdot CCl_3$ 基团与对流层中氯仿的情况相同,被氧化成光气。随后产生的 $Cl\cdot$ 不直接

生成 HCl,而是参与破坏臭氧的链式反应:

$$Cl\cdot + O_3 \longrightarrow ClO\cdot + O_2$$

O_3 吸收高能光子发生光解反应,生成 O_2 和 $O\cdot$,$O\cdot$ 再与 $ClO\cdot$ 反应,将其又转化为 $Cl\cdot$:

$$O_3 + h\nu \longrightarrow O_2 + O\cdot$$

$$O\cdot + ClO\cdot \longrightarrow Cl\cdot + O_2$$

在上述链式反应中除去了两个臭氧分子后,又再次提供了除去另外两个臭氧分子的氯原子。这种循环将继续下去,直到氯原子与甲烷或某些其他的含氢类化合物反应,全部变成氯化氢为止:

$$Cl\cdot + CH_4 \longrightarrow HCl + \cdot CH_3$$

HCl 可与 HO·自由基反应重新生成 $Cl\cdot$:

$$HO\cdot + HCl \longrightarrow H_2O + Cl\cdot$$

这个氯原子是游离的,可以再次参与使臭氧破坏的链式反应,在氯原子扩散出平流层之前,它在链式反应中进出的活动将发生 10 次以上。一个氯原子进入链反应能破坏数以千计的臭氧分子,直至氯化氢到达对流层,并在降雨时被清除。

2. 多氯联苯

(1) 多氯联苯(PCBs)的结构与性质　PCBs 是一组由多个氯原子取代联苯分子中氢原子而形成的氯代芳烃类化合物。由于 PCBs 理化性质稳定,用途广泛,已成为全球性环境污染物,而引起人们的关注。

联苯和 PCBs 的结构式如下:

联苯　　　　　　　　　　　PCBs

$(1 \leqslant m+n \leqslant 10)$

按联苯分子中的氢原子被氯取代的位置和数目不同,从理论上计算,一氯化物应有 3 个异构体,二氯化物应有 12 个异构体,三氯化物应有 21 个异构体等。PCBs 的全部异构体有 210 个。目前已鉴定出 102 个。

PCBs 各国的商品名各异,美国的为 Aroclor,法国的为 Phenochlor,德国的为 Clophcn,日本的为 Kcnechlor,前苏联的为 Sovol 等。在美国还使用号码数字命名,用开头两个数字代表多氯联苯分子类,如 12 代表氯代联苯,用后两个数字代表氯的百分含量,如 Aroclor1242 表示一种含氯为 42% 的氯代联苯。

PCBs 的纯化合物为晶体,混合物则为油状液体,一般工业产品均为混合物。低氯代物呈液态,流动性好,随着氯原子数增加,黏稠度也相应增大,而呈糖浆或树脂状。PCBs 的物理化学性质高度稳定,耐酸、耐碱、耐腐蚀和抗氧化,对金属无腐蚀、耐热和绝缘性能好。加热到 1 000~1 400 ℃才完全分解。除一氯、二氯代物外,均为不可燃物质。PCBs 难溶于水,如 PCBs1254 在水中的溶解度为 53 $\mu g/L$。纯 PCBs 的溶解度在很大程度上取决于分子中取代的氯原子数,随氯原子数的增加,溶解度降低,如表 6-5 所示。

表 6-5 不同 PCBs 在水中的溶解度(25 ℃)

PCBs	溶解度/($\mu g \cdot L^{-1}$)
2,4'-二氯联苯	773
2,5,2'-三氯联苯	307
2,5,2',5'-四氯联苯	38.5
2,4,5,2',5'-五氯联苯	11.7
2,4,5,2',4',5'-六氯联苯	1.3

常温下 PCBs 的蒸气压很小,属难挥发物质。但 PCBs 的蒸气压受温度的影响很大,例如在 150 ℃时,PCBs1254 的蒸气压为 50 Pa。研究证明,PCBs1254 在 26 ℃时,每天每平方厘米挥发损失量为 2×10^{-6} g,但其挥发损失量与时间无明显的相关性。在 60 ℃时,它每天每平方厘米的挥发损失量为 8.6×10^{-5} g,其挥发损失量与时间呈线性相关,即随时间增长而增大。如图 6-5 所示。PCBs 的蒸气压还与其分子中氯的含量有关,氯含量越高,蒸气压越小,其挥发量越小,

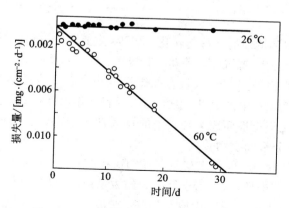

图 6-5 PCBs1254 挥发损失与时间的关系

如图 6-6 所示。

（2）PCBs 的来源与分布
PCBs 被广泛用于工业和商业等
方面已有 40 多年的历史。它可
作为变压器和电容器内的绝缘流
体；在热传导系统和水力系统中
作介质；在配制润滑油、切削油、
农药、油漆、油墨、复写纸、胶粘
剂、封闭剂等中作添加剂；在塑料
中作增塑剂。

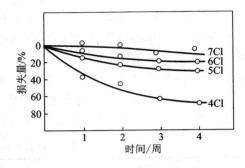

图 6-6　不同 PCBs 挥发损失量与时间的关系

由于 PCBs 挥发性和水中溶解度较小，故其在大气和水中的含量较少。如
美国大气中 PCBs 质量浓度通常在 $1\sim10$ ng/L；PCBs 在水中最大残留量很少超
过 2 ng/L。近期报道的数据表明，在地下水中发现 PCBs 的概率与地表水中相
当。此外，由于 PCBs 易被颗粒物所吸附，故在废水流入河口附近的沉积物中，
PCBs 含量可高达 $2\,000\sim5\,000$ $\mu g/kg$。

水生植物通常可从水中快速吸收 PCBs，其富集系数为 $1\times10^4\sim1\times10^5$。通
过食物链的传递，鱼体中 PCBs 的含量在 $1\sim7$ mg/kg 范围内（湿重）。在某些国
家的人乳中也检出一定量的 PCBs，如表 6-6 所示。

表 6-6　某些国家人乳中 PCBs 含量

国家	美国	英国	德国	瑞典	日本
PCBs 含量/$(mg\cdot L^{-1})$	0.03	0.06	0.013	0.016	0.08

（3）PCBs 在环境中的迁移与转化　　PCBs 主要在使用和处理过程中，通过挥
发进入大气，然后经干、湿沉降转入湖泊和海洋。转入水体的 PCBs 极易被颗粒物
所吸附，沉入沉积物，使 PCBs 大量存在于沉积物中。虽然近年来 PCBs 的使用
量大大减少，但沉积物中的 PCBs 仍然是今后若干年内食物链污染的主要来源。

PCBs 由于化学惰性而成为环境中的持久性污染物。它在环境中的主要转
化途径是光化学分解和生物转化。

① 光化学分解。Safe 等人研究了 PCBs 在波长 $280\sim320$ nm 的紫外光下
的光化学分解及其机理，认为由于紫外光的激发使碳氯键断裂，而产生芳基自由
基和氯自由基，自由基从介质中取得质子，或者发生二聚反应。他们还观察到
$2,2',6,6'$ 邻位上碳氯键断裂会优先发生。这是由于联苯分子的共轭平面几何
结构，在受光激发后，氯原子的空间效应破坏了联苯的平面结构，使其激态分子

变得不稳定,邻位碳氯键断裂后,恢复了联苯分子的共轭平面结构,故邻位碳氯键优先断裂。

PCBs 的光化学分解过程及主要产物以 2,2′-,4,4′-,6,6′-六氯联苯为例说明如下:

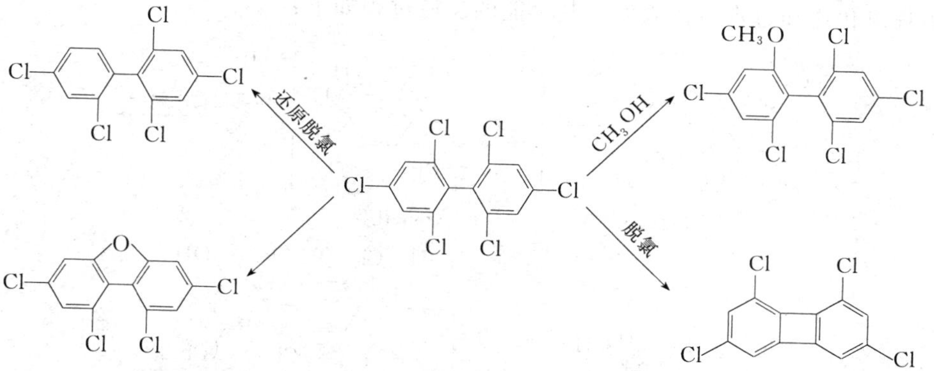

PCBs 的光化学分解反应与溶剂有关,加 PCBs 用甲醇作溶剂光化学分解时,除生成脱氯产物外,还有氯原子被甲氧基取代的产物生成,而用环己烷作溶剂时,只有脱氯的产物。此外,PCBs 光化学分解时,还发现有氯化氧芴和脱氯偶联产物生成。

② 生物转化。经研究表明,PCBs 的细菌降解顺序为联苯＞PCBs1221＞PCBs1016＞PCBs1254。从此可以看出从单氯到四氯代联苯均可被微生物降解。高取代的 PCBs 不易被生物降解。有研究认为,PCBs 的生物降解性能主要取决于化合物中碳氢键数量。相应的未氯化碳原子数越多,也就是含氯原子数量越少,越容易被生物降解。

另外,研究发现,从活性污泥中分离出来的假单胞菌属 7509 降解 PCBs1221 的速率比单纯用污水降解快 10 倍。而且该菌种即使在 4 ℃时也可氧化降解 PCBs1221,氮、磷营养物的存在不影响微生物的降解。

PCBs 除了可在动物体内积累外,还可以通过代谢作用发生转化。其转化速率随分子中氯原子的增多而降低。含四个氯以下的低氯代 PCBs 几乎都可被代谢为相应的单酚,其中一部分可进一步形成二酚。例如:

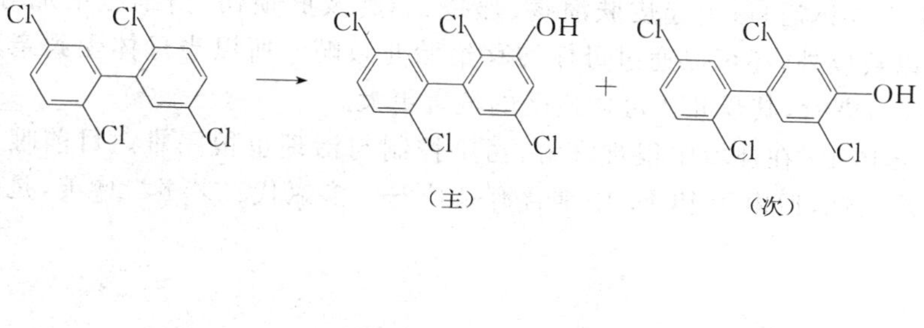

（主）　　　　　　　　　（次）

含五氯或六氯 PCBs 同样可被氧化为单酚,但速率相当慢。含七个氯以上的高氯 PCBs 则几乎不被代谢转化。

此外,PCBs 代谢物中还发现了除酚以外的多种物质。如 $2,5,2',5'$-四氯联苯在兔子尿中的代谢物,除单酚以外,还发现有反式 $3,4$-二氢二酚,它可能是由环氧化物经过水解而来的。其可能的反应过程如下:

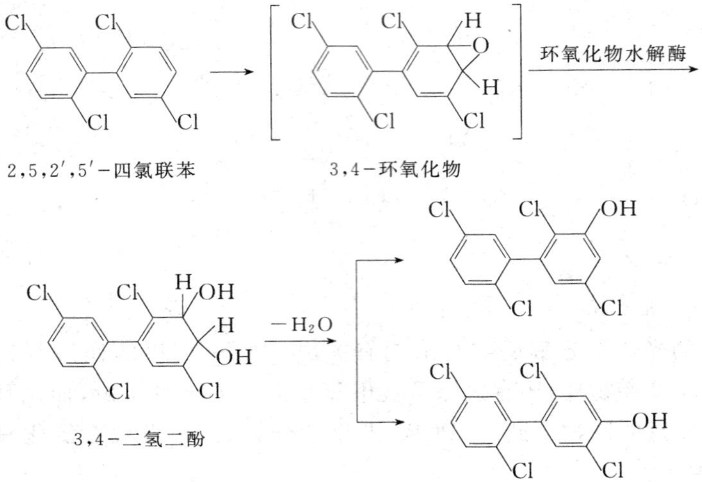

$2,5,2'5'$-四氯联苯　　　　　　　　$3,4$-环氧化物

$3,4$-二氢二酚

(4) PCBs 的毒性与效应　水中 PCBs 质量浓度为 $10\sim100\ \mu g/L$ 时,便会抑制水生植物的生长;质量浓度为 $0.1\sim1.0\ \mu g/L$ 时,会引起光合作用减少。而较低浓度的 PCBs 就可改变物种的群落结构和自然海藻的总体组成。不同 PCBs 对不同物种的毒性不同,如 PCBs1242 对淡水藻类显示出特别的毒性。

大多数鱼种在其生长的各个阶段对 PCBs 都很敏感。黑头鲹鱼与 PCBs1260 接触 30 天,其半致死量为 $3.3\ \mu g/L$;而与 PCBsl248 接触 30 天,其半致死量为 $4.7\ \mu g/L$。尽管在 PCBs 质量浓度为 $3\ \mu g/L$ 时仍可繁殖,但其第二代鱼只要接触低含量 PCBs($0.4\ \mu g/L$)便会死亡。

鸟类吸收 PCBs 后可引起肾、肝的扩大和损坏,内部出血,脾脏衰弱等。PCBs 还可使水中的家禽的蛋壳厚度变薄。

PCBs 对哺乳动物的肝脏可诱导出一系列症状,如腺瘤及癌症的发展。PCBs 进入人体后,可引起皮肤溃疡、痤疮、囊肿及肝损伤、白细胞增加等症,而且除可以致癌外,还可以通过母体转移给胎儿致畸。所以当母体受到亲脂性毒物 PCBs 污染时,其婴儿比母体遭受的危害更大。

由于 PCBs 在环境中很难降解,污染控制与治理也很困难。目前唯一的处理方法是焚烧,但由于 PCBs 中常含有杂质——多氯代二苯并二噁英,是目前公认的强致癌物质，而焚烧 PCBs 可以产生多氯代二苯并二噁英，所以焚烧处理亦并非良策。

3. 多氯代二苯并二噁英和多氯代二苯并呋喃

（1）多氯代二苯并二噁英（PCDD）和多氯代二苯并呋喃（PCDF）的结构与性质　PCDD 和 PCDF 是目前已知的毒性最大的有机氯化合物。它们是两个系列的多氯化物。其结构式如下：

PCDD　　　　　　　　　　　PCDF

由于氯原子可以占据环上 8 个不同的位置，从而可以形成 75 种 PCDD 异构体和 135 种 PCDF 异构体。PCDD 和 PCDF 的毒性强烈地依赖于氯原子在苯环上取代的位置和数量。不同异构体的毒性相差很大，其中 2，3，7，8 - 四氯二苯并二噁英（即 2，3，7，8 - TCDD）是目前已知的有机物中毒性最强的化合物。其他具有高生物活性和强烈毒性的异构体是 2，3，7，8 位置被取代的含 4～7 个氯原子的化合物，如表 6-7 所示。

表 6-7　强毒性 PCDD 和 PCDF 的异构体

PCDD	PCDF
2，3，7，8 - TCDD	2，3，7，8 - TCDF
1，2，3，7，8 - P_5 CDD	1，2，3，7，8 - P_5 CDF
	2，3，4，7，8 - P_5 CDF
1，2，3，7，8，9 - P_6 CDD	1，2，3，7，8，9 - P_6 CDF
1，2，3，6，7，8 - P_6 CDD	1，2，3，6，7，8 - P_6 CDF
1，2，3，4，7，8 - P_6 CDD	1，2，3，4，7，8 - P_6 CDF
	2，3，4，6，7，8 - P_6 CDF
1，2，3，4，6，7，8 - P_7 CDD	1，2，3，4，6，7，8 - P_7 CDF
	1，2，3，4，7，8，9 - P_7 CDF

由于 PCDD 和 PCDF 具有相对稳定的芳香环，并且其在环境中的稳定性、亲脂性、热稳定性以及对酸、碱、氧化剂和还原剂的抵抗能力随分子中卤素含量的增加而加大，使它们在环境中可以广泛存在。

（2）PCDD 和 PCDF 的来源与分布　PCDD 和 PCDF 主要是在某些物质的生产、冶炼、燃烧及使用和处理过程中进入环境。

① 苯氧酸除草剂。2，4，5 - 三氯苯氧乙酸（2，4，5 - T）和 2，4 - 二氯苯氧乙酸（2，4 - D）是主要用于森林的苯氧酸除草剂。其中含有 $0.02\sim5\ \mu g/g$ 的 2，3，7，8 - TCDD 异构体。因此随着它的使用，PCDD 进入了环境。在越南战争中，常用 2，4，5 - T 作落叶剂的地方，曾出现过大量的死胎、胎盘肿瘤和畸形。

②　氯酚。PCDD 和 PCDF 是氯酚生产中的副产物。20 世纪 30 年代以来,氯酚被广泛用作杀菌剂、木材防腐剂,在亚洲、非洲和南美洲还用于血吸虫的防治。血吸虫病在我国十多个省、市、自治区存在,我国年产近万吨五氯酚钠。其中 PCDD 和 PCDF 的含量约在 200~2 000 mg/kg,即使以 1 000 mg/kg 计算,每年进入环境的 PCDD 和 PCDF 的含量可达 10^6 g。由于它们强烈吸附于底泥中,所以 PCDD 和 PCDF 对土壤、水体底泥及在生物中的污染应引起重视。最近分析测定国产五氯酚钠中 PCDD 和 PCDF 的结果表明,含 2,3,7,8-TCDD 为 0.05 μg/g。

③　PCBs 产品。1970 年在欧洲的 PCBs 产品中首次检测出 PCDF,并发现 PCBs 的毒性与 PCDF 的含量有关。进一步研究发现,PCDF 的浓度和异构体的比例随 PCBs 的类型与来源有所不同。其中 2,3,7,8-TCDF 是主要异构体。

④　化学废弃物。在生产苯氧酸除草剂、氯酚、PCBs 的化学废渣中 PCDD 和 PCDF 含量更高。Hagenrain 等在分析氯酚钠废渣中,就发现 PCDD 和 PCDF 含量以百分数计。我国包志成、丁香兰等在分析五氯酚钠废渣中发现 PCDD 和 PCDF 的含量占残渣总量的 40%,毒性最大的 2,3,7,8-TCDD 含量高达 400 μg/g。

⑤　其他。近几年发现造纸废水中含有 2,3,7,8-TCDD,其质量浓度在每升微克级以下甚至每升纳克级,而在污泥中较高。

此外,工业化学废弃物和废汽车处理、钢铁冶炼以及木材燃烧都会产生少量 PCDD 和 PCDF。

PCDD 和 PCDF 在环境中的分布通常与特殊的工业排放和大量杀虫剂、除草剂的使用有密切关系。如 1976 年在意大利塞文斯工业区大气尘埃中测得 TCDD 含量为 0.06~2.1 ng/g。在美国密执安州某化工厂的大气尘埃中 TCDD 的含量为 1~4 ng/g。在塞文斯莱某化工厂附近土壤中 TCDD 的含量为 1~120 μg/kg。在三氯苯酚厂附近土壤中 TCDD 的含量高达 559 μg/kg。而该地区城市和农村土壤中的 TCDD 含量则低得多。分别为 0.03 μg/kg 和 0.005 μg/kg。在北美 Ontario 湖和 Erie 湖中 PCDD 的质量浓度一般低于 1 pg/L,而在工业区水域中则可发现相当高浓度的 PCDD,如美国纳拉甘西特湾工业区水域悬浮颗粒物中的 2,4,8-三氯二苯并呋喃平均质量浓度为 0.25 ng/L。由于 PCDD 和 PCDF 在水中的溶解度很小,如 2,3,7,8-TCDD 在水中的溶解度为 0.2 μg/L,所以大气颗粒物、土壤和沉积物是它们存在的主要巢穴。

(3) PCDD 和 PCDF 在环境中的迁移　地表径流及生物体富集是水体中 PCDD 和 PCDF 的重要迁移方式。在越南南部,由于 2,4,5-T 的大量使用,西贡内陆河鱼中 TCDD 平均含量为 70~810 ng/kg(湿重)。在沿海的无脊椎动物和鱼中的含量分别为 420 ng/kg(湿重)和 180 ng/kg(湿重),鱼体对 TCDD 的生物浓缩系数为 5 400~33 500。

(4) PCDD 和 PCDF 在环境中的转化　光化学分解是 PCDD 和 PCDF 在环境中转化的主要途径。其产物为氯化程度较低的同系物。

TCDD 的光化学分解与环境条件有很大的关系。TCDD 光化学分解除必须有紫外光外,一般还应有质子给予体和光传导层存在。例如,在水体悬浮物中或干(湿)泥土中,2,3,7,8-TCDD 的光化学分解由于缺乏质子给予体可以忽略不计。但是,在乙醇溶液中,无论是以实验光源或自然光照射,TCDD 都可很快分解。

PCDD 是高度抗微生物降解的物质,仅有 5% 的微生物菌种能够分解 TCDD,其微生物降解半衰期为 230~320 d,而且与细菌有关。苯氧酸除草剂的微生物降解过程,见第五章第四节。

TCDD 在动物体内的代谢很慢,其半衰期为 13~30 d。Guenthner 等认为在动物体内它被 P_1-450(P-488)酶体系分解代谢为 TCDD 的芳烃氧化物,并很快与蛋白质结合,使其毒性变得更加剧烈。

Poiger 等发现大鼠可以使低于六个氯的 PCDF 发生代谢转化,主要是发生氧化、脱氯和重排反应。而对六氯代和七氯代 PCDF 则不发生反应。

TCDD 在人体中的代谢与动物中不同。1968 年发生的日本米糠油事件使上千人受到影响,米糠油中有 40 多种三氯代~六氯代 PCDF,18 个月后,分析患者的脂肪样品,PCDF 的大多数异构体已在采样期间消化和排泄掉,但留下的却是有毒的 2,3,7,8-TCDD,而且它排泄非常慢,11 年后仍可检测到。

(5) PCDD 和 PCDF 的毒性及生物效应　2,3,7,8-PCDD 是已知的最毒的几种环境污染物之一。0.1 ng/L 即可抑制蛋的发育。当鳄鱼暴露在含 TCDD 为 2.3 mg/kg 的饵料中 71 天后,平均死亡率高达 88%。PCDD 的同系物和衍生物对鱼类的毒性比 2,3,7,8-TCDD 小得多。

TCDD 对哺乳动物也具有毒性,表现出急性、慢性和次慢性效应。在急性发作期间,肝是主要受害器官。据 Dewse 研究,TCDD 的诱导作用比 3-甲基胆黄对芳烃羟化酶(AHH)的诱导作用还要强 3×10^4 倍。AHH 所产生的化学中间体对寄生有机体具有强烈致癌作用。

三、多环芳烃

多环芳烃是一大类广泛存在于环境中的有机污染物,也是最早被发现和研究的化学致癌物。1930 年 Kennaway 第一个提纯了二苯并[a,h]蒽,并确定了它的致癌性。1933 年 Cook 等从煤焦油中分离了多种多环芳烃,其中包括致癌性很强的苯并[a]芘。1950 年 Waller 从伦敦市大气中分离出了苯并[a]芘。后来又陆续分离、鉴定出多种致癌的多环芳烃。

1. 多环芳烃的结构与性质

多环芳烃即 PAH 是指两个以上苯环连在一起的化合物。两个以上的苯环连在一起可以有两种方式:一种是非稠环型,即苯环与苯环之间各由一个碳原子相连,如联苯、联三苯等;另一种是稠环型,即两个碳原子为两个苯环所共有,如萘、蒽等。

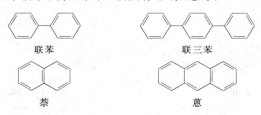

联苯　　　　　　　　　　联三苯

萘　　　　　　　　　　蒽

　　本小节介绍的多环芳烃都是含有三个苯环以上的稠环型化合物,确切的名称应叫做稠环芳烃或稠环烃。由于国内很多文献都把它们叫做多环芳烃,因而也沿用这个名称。常见多环芳烃母体如下:

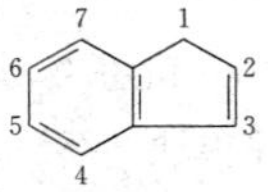

茚(indene)

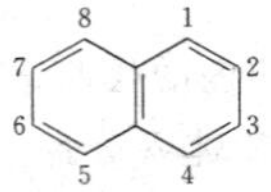

萘(naphthalene)

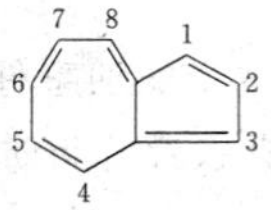

薁(azulene)

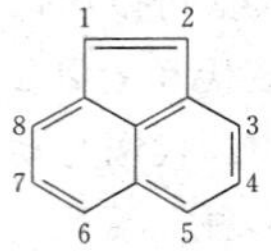

苊(acenaphehylene)

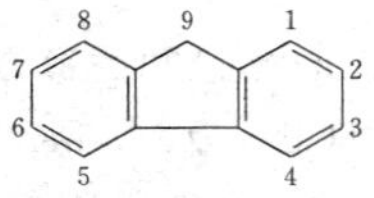

芴(fluorene)

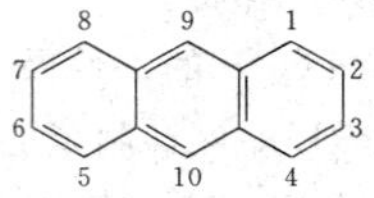

蒽(anthracene)

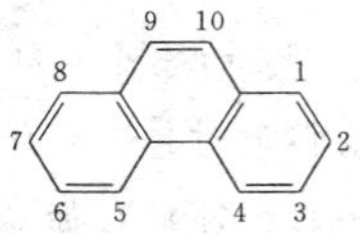

菲(phenanthrene)

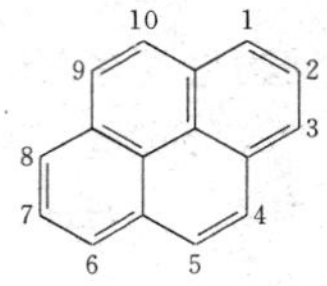

芘(pyrene)

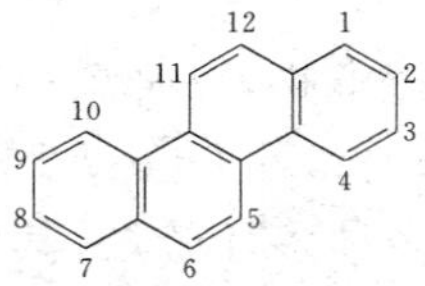

䓛(chrysene)

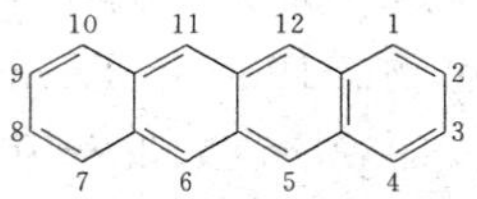

并四苯(naphthacene)

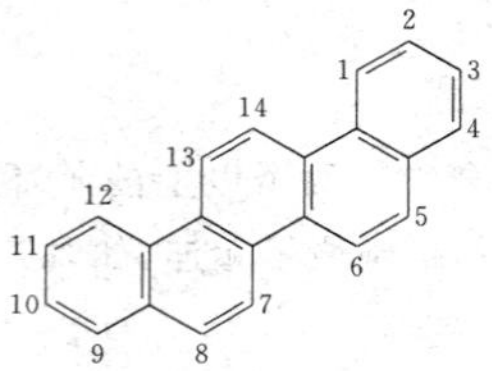

苉(picene)

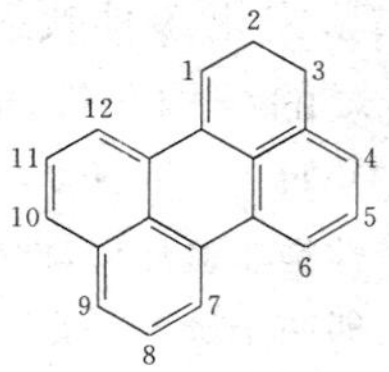

苝(perylene)

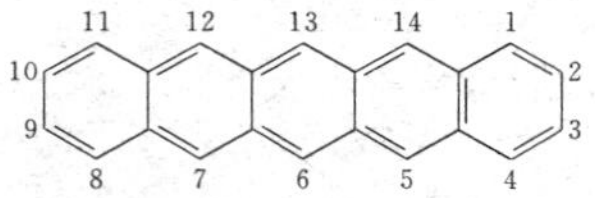

并五苯(pentacene)

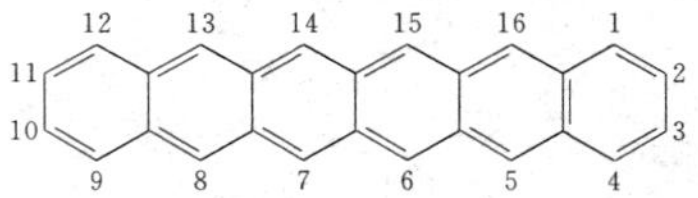

并六苯(hexacene)

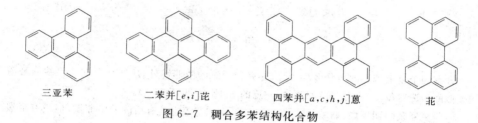

蔻(coronene)　　　　　　卵苯(ovalene)

并七苯(heptacene)

多环芳烃的基本单位虽然是苯环,但其化学性质与苯并不完全相同。按其性质可分为下列几种:

三亚苯　　　二苯并[e,i]芘　　　四苯并[a,c,h,j]蒽　　　苝

图 6-7　稠合多苯结构化合物

(1) 具有稠合多苯结构的化合物　如三亚苯、二苯并[e,i]芘、四苯并[a,c,h,j]蒽等,具有与苯相似的化学性质。这说明 π 电子在这些多环芳烃中的分布是与苯类似的。而苝的性质则与萘相似。这可从图 6-7 和图 6-8 看出。

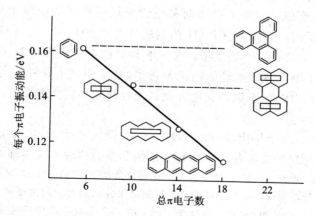

图 6-8　PAH 的每个电子振动能与总 π 电子数相关性

（2）呈直线排列的多环芳烃   如蒽、并四苯、并五苯，它们具有较活泼的化学性质，且反应活性随着环的增加而增强。这是由于总 π 电子数增加，每个 π 电子的振动能降低（图 6-8），所以反应活性增强。并七苯的化学性质非常活泼，几乎得不到纯品。上述化合物的化学反应常常在蒽中间的苯环相对的碳位（简称中蒽位）上发生。

（3）成角状排列的多环芳烃   如菲、苯并[a]蒽等，它们的反应活性总的来看要比相应的成直线排列的同分异构体小，它们在发生加合反应时，往往在相当于菲的中间苯环的双键部位，即菲的 9,10 位键（简称中菲键）上进行。如图 6-9 所示。

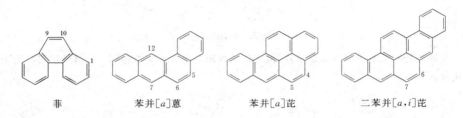

菲   苯并[a]蒽   苯并[a]芘   二苯并[a,i]芘

图 6-9   角状多环芳烃

含有四个以上苯环的角状多环芳烃，除有较活泼的中菲键外，还往往存在与直线多环芳烃类似的活泼对位——中蒽位，如苯并[a]蒽的 7,12 位（见图 6-9）。

一些更复杂的稠环烃，如苯并[a]芘、二苯并[a,i]芘等也具有活泼的中菲键，但没有活泼的对位（见图 6-9）。这类多环芳烃中有不少具有致癌性。

2. 多环芳烃的来源与分布

（1）天然来源   在人类出现以前，自然界就已存在多环芳烃。它们来源于陆地和水生植物、微生物的生物合成，森林、草原的天然火灾，以及火山活动，构成了 PAH 的天然本底值。由于细菌活动和植物腐烂所形成的土壤 PAH 本底值为 $100 \sim 1\,000\ \mu g/kg$。地下水中 PAH 的本底值为 $0.001 \sim 0.01\ \mu g/L$。淡水湖泊中的本底值为 $0.01 \sim 0.025\ \mu g/L$。大气中 BaP 的本底值为 $0.1 \sim 0.5\ ng/m^3$。

（2）人为来源   多环芳烃的污染源很多，它主要是由各种矿物燃料（如煤、石油、天然气等）、木材、纸以及其他含碳氢化合物的不完全燃烧或在还原气氛下热解形成的。

在 20 世纪五六十年代，Badger 和 Lang 等研究证明，简单烃类和芳烃在高温热解过程中可以形成大量的 PAH，如乙炔和萘等热解形成多环芳烃。

Badger 根据实验结果，提出了在热解过程中形成苯并[a]芘的机理，如图 6-10 所示。

上述机理是用放射性同位素示踪实验获得的结果并从热力学的角度考察推断出来的。机理表明简单烃类（包括甲烷）在热解过程中产生的 BaP 是由一系列不同链长的自由基形成：在燃烧热解过程中所形成的自由基与 BaP 的结构越相近，产生的 BaP 就越多。自由基的寿命越长，BaP 的生成率也就越高。另外发现，燃烧正丁基苯时，中间体 Ⅱ、Ⅲ、Ⅳ 的浓度增大，

BaP 的生成率也越高。

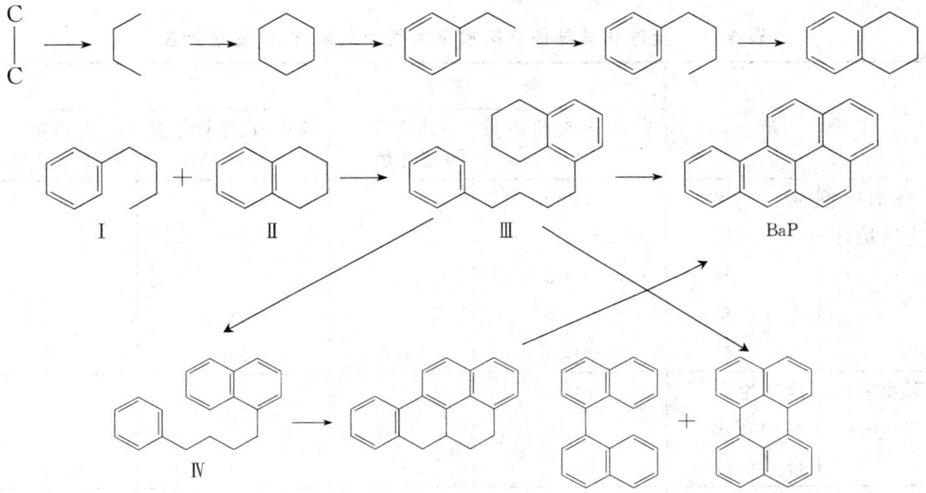

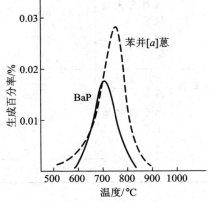

图 6-10　苯并[a]芘(BaP)形成机理

　　实验证明,燃烧或热解温度是影响 PAH 生成率的重要因素。由图 6-11 可以看出,在 600~900 ℃燃烧正丁基苯可生成 BaP 和苯并[a]蒽,其中 700~800 ℃生成率最高。

　　乏氧是生成多环芳烃的另一个必要条件。但乏氧并不是完全缺氧,有人在纯氮中进行焦化(800 ℃),结果所得的产物几乎全是联苯。而在少氧的条件下进行,则生成的产物有酚和一系列多环芳烃的混合物。

　　表 6-8 为全球和美国各行业排放苯并[a]芘的估计量,这种以 BaP 为代表说明多环芳烃的污染来源和污染量的数据,虽然不一定准确,但可以看出它的污染来源广泛,总量也是相当大的。应该特别指出的是家用炉灶排放的烟气中多环芳烃成分更多,污染更为严重,如表 6-9 所示。此外,烟草焦油中亦含有相当数量的 PAH,一些国家和组织,对肺癌产生的两个可能因素——吸烟和大气污染进行了调查研究,初步认为吸烟比大气污染对肺癌的增长具有更加直接的关系。用 GC/MS 分析

图 6-11　燃烧正丁基苯生成 BaP 和苯并[a]蒽的百分率与温度的关系

烟草焦油中的多环芳烃有 150 多种,其中致癌性的多环芳烃有 10 多种,如苯并[a]芘、苯并[b]荧蒽、二苯并[a,h]蒽、苯并[j]荧蒽、苯并[a]蒽等,如表 6-10 所示。

表 6-8   全球和美国每年排放至大气中的苯并[a]芘估计量

来　源		全　球		美　国	
		苯并[a]芘排放量 /(t·a^{-1})	占总量 的百分数/%	苯并[a]芘排放量 /(t·a^{-1})	占总量 的百分数/%
工业锅炉和 生活炉灶	烧　煤	2 376		420	33.7
	油	5		—	
	气	3		—	
	木　柴	220		40	3.2
	合　计	2 604	51.6	460	36.9
工业生产	焦炭生产	1 033			
	石油裂解	12			
	合　计	1 045	20.7	200	16.1
垃圾焚化 及失火	商业及工业 垃圾	69			
	其他垃圾	33			
	煤堆失火	680			
	森林失火及 烧荒	520			
	其他失火	148			
	合　计	1 350	26.8	563	45.2
机动车辆	卡车及公共 汽车	29			
	轿车及其他 车	16			
	合　计	45	0.9	22	1.8
总　计		5 044	100	1 245	100.0

表 6-9   工业锅炉与家用炉灶排放的烟气中 PAH 的比较(单位:μg/m³)

多环芳烃	家用炉灶	工业锅炉
吖啶	111	3.30
苯并[f]喹啉	57	96
苯并[h]喹啉	38	200

续表

多环芳烃	家用炉灶	工业锅炉
菲啶	32	200
苯并[a]吖啶	26	7.7
苯并[c]吖啶	15	18
苗并[1,2,3-i,j]异喹啉	17	—
苗并[1,2-b]喹啉	24	0.17
二苯并[a,h]吖啶	17	0.12
二苯并[a,j]吖啶	2	0.15
蒽	780	250
菲	1 800	910
苯并[a]蒽	1 300	—
䓛	720	—
荧蒽	2 900	—
芘	2 200	1 400
苯并[a]芘	1 000	1 200
苯并[e]芘	500	1 200
苝	120	100
苯并[g,h,i]苝	760	740
蒽菲蒽	190	45
晕苯	30	—
总　　计	12 639	6 370.44

表 6-10　烟草焦油中致癌性多环芳烃

PAH	含量/[μg·(100 支)$^{-1}$]	PAH	含量/[μg·(100 支)$^{-1}$]
苯并[a]蒽	0.3～0.6	苯并[c]菲	痕量
䓛	4.0～6.0	苯并[b]荧蒽	0.3
1,2,3-甲基䓛及 6-甲基䓛	2.0	苯并[j]荧蒽	0.6
		苗并[1,2,3-c,d]芘	0.4
5-甲基䓛	0.06	二苯并[a,i]芘	痕量
二苯并[a,h]蒽	0.4	二苯并[a,l]芘	痕量
苯并[a]芘	3.0～4.0	二苯并[c,g]咔唑	～0.07
2-甲基荧蒽	0.2	二苯并[a,h]吖啶	0.01
3-甲基荧蒽	0.2	二苯并[a,j]吖啶	0.27～1.0

　　此外,据研究,食品经过炸、炒、烘烤、熏等加工之后也会生成多环芳烃。如北欧冰岛人胃癌发生率很高,与居民爱吃烟熏食品有一定的关系,当地烟熏食品

中苯并[a]芘的含量,有的每千克高达数十微克,如表 6-11 所示。

表 6-11 烟熏食品中苯并[a]芘含量

食 品	苯并[a]芘含量 /(μg·kg⁻¹)	食 品	苯并[a]芘含量 /(μg·kg⁻¹)
香肠、腊肠	$1.0\sim10.5$	烤牛肉	$3.3\sim11.1$
熏鱼	$1.7\sim7.5$	油煎肉饼	7.9
烤羊肉	$1\sim20$	直接在火上烤肉排	50.4
烤禽鸟	$26\sim99$	烤焦的鱼皮	$5.3\sim760$

3. 多环芳烃在环境中的迁移、转化

由于 PAH 主要来源于各种矿物燃料及其他有机物的不完全燃烧和热解过程。这些高温过程(包括天然的燃烧、火山爆发)形成的 PAH 大多随着烟尘、废气被排放到大气中。释放到大气中的 PAH,总是和各种类型的固体颗粒物及气溶胶结合在一起。因此,大气中 PAH 的分布,滞留时间,迁移,转化,进行干、湿沉降等都受其粒径大小、大气物理和气象条件的支配。在较低层的大气中直径小于 1 μm 的粒子可以滞留几天到几周,而直径为 $1\sim10$ μm 的粒子则最多只能滞留几天,大气中 PAH 通过干、湿沉降进入土壤和水体以及沉积物中,并进入生物圈,如图 6-12 所示。

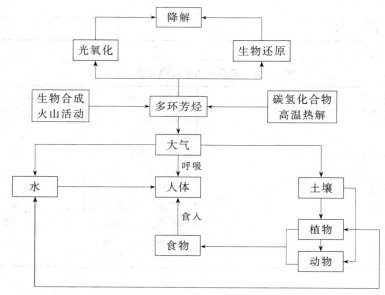

图 6-12 多环芳烃在环境中的迁移、转化

多环芳烃在紫外光(300 nm)照射下很易光解和氧化,如苯并[a]芘在光和氧的作用下,可在大气中形成 1,6-,3,6- 和 6,12-醌苯并芘,即

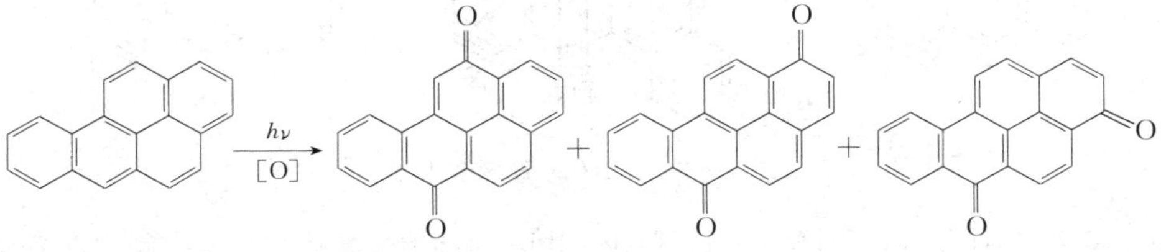

苯并[a]芘　　　　6,12-醌苯并芘　　　1,6-醌苯并芘　　　3,6-醌苯并芘

多环芳烃也可以被微生物降解,例如苯并[a]芘被微生物氧化可以生成 7,8-二羟基-7,8-二氢苯并[a]芘及 9,10-二羟基-9,10-二氢苯并[a]芘。多环芳烃在沉积物中的消除途径主要靠微生物降解。微生物的生长速率与多环芳烃的溶解度密切相关。

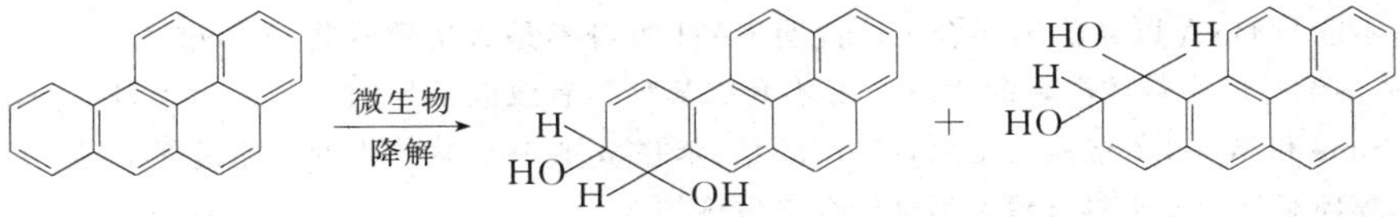

4. 多环芳烃的结构与致癌性

近几十年来,为了弄清 PAH 与其致癌性之间的关系,科学工作者进行了大量的研究,并提出了不少理论,其中影响较大的有"K 区理论"、"湾区理论"和"双区理论"。现分述如下。

(1) K 区理论　人们在研究中发现,凡是 PAH 分子中具有致癌活性的,大多含有菲环结构,其显著特征是相当于菲环 9,10 位的区域有明显的双键性,即具有较大的电子密度。因此,认为 PAH 的致癌性与这个区域的电子密度大小有关。所以 PAH 中相当于菲环 9,10 位的区域叫做 K 区,K 是德文 Krebs(肿瘤)的缩写。

1955 年 Pullman 提出用 PAH 分子的定域能值作为衡量 PAH 致癌性大小的标准,并计算了 37 种 PAH 的定域能,经过分析提出了"K 区理论"。其要点如下:

① PAH 分子中存在两类活性区域。一类是相当于菲环的 9,10 位的区域,称之为 K 区;另一类是相当于蒽环的 9,10 位的区域,称之为 L 区。如图 6-13 所示。

② PAH 的 K 区在致癌过程中起主要作用,而 L 区则起副作用(即脱毒作用)。K 区愈活泼,L 区愈不活泼的 PAH 致癌性愈强。

③ PAH 分子的 K 区复合定域能(邻位定域能①+碳定域能②)若小于或等于 13.58β(β 为共振积分单位,kJ/mol)者,则有致癌性。

---

① 指 π 体系中一对 π 电子定域在邻位后 π 体系的能量损失。

② 将一对电子定域在某一碳原子上所需的能量。

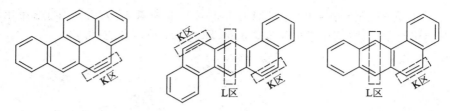

图 6-13　PAH 的 K 区和 L 区

④ 若 PAH 分子中同时存在 K 区和 L 区，则 L 区的复合定域能（对位定域能[①]＋碳定域能）必须大于或等于 23.68β，PAH 才具有致癌性。

⑤ 推测 PAH 的致癌机理，可能是由于 PAH 分子 K 区具有较大的电子密度，因此 DNA 可与之发生亲电加成反应，从而影响了细胞的生化过程，导致癌症发生。

K 区理论虽然能够解释一些 PAH 分子的致癌性，但由于它只考虑 PAH 本身的电子结构，而缺乏 PAH 在生物体内实际代谢过程的充分资料，因而具有较大的局限性。

（2）湾区理论　1969 年 Grover 和 Sims 等在实验中发现，PAH 不经过代谢活化，在试管中并不能与 DNA 以共价键结合。这说明 PAH 本身不是直接致癌物，它可能是在生物（或人）体内经过肝微粒体酶系的代谢作用才变成某种具有致癌活性的物质。后来，Booth，Borgen，Sims 和 Wood 等经实验证明，苯并[a]蒽、苯并[a]芘在生物体内的代谢过程中，生成的二氢二醇环氧化物才是具有致癌活性的最终致癌物。

Jerina 等在立足于 PAH 在生物体内代谢实验的基础上，提出了"湾区理论"，他们把 PAH 分子结构中的不同位置划分为"湾区"，A 区，B 区和 K 区，如图 6-14 所示。

图 6-14　PAH 的湾区

A 区是最先被氧化的区域；B 区是最终被氧化的区域；K 区的位置与"K 区理论"中的 K 区相同。湾区理论要点如下：

① PAH 分子中存在"湾区"，是其具有致癌性的主要原因。

② 在"湾区"的角环（B 区）容易形成环氧化物，它能自发地转变成"湾区碳正离子"。

③ "湾区碳正离子"是 PAH 的"最终致癌形式"，其稳定性可用微扰分子轨道（PMO）法计算其离域能的大小来定量估计。离域能越大，碳正离子越稳定，其致癌性越强。

④ B 区碳上的 π 电荷密度大小也是衡量 PAH 的致癌性强弱的条件，B 区碳上的电荷密

---

① 指 π 体系中一对 π 电子被定域在处于对位的两个碳原子上时，该 π 体系的能量损失。

度愈小,则 PAH 的致癌性愈强。

⑤ "湾区理论"认为 PAH 的致癌机理是:"湾区碳正离子"具有很强亲电性,它可以与生物大分子 DNA 的负电中心结合,生成共价化合物,导致基因突变,形成癌症。"湾区理论"是建立在 PAH 在生物体内代谢实验基础上的,它解释了除苯并[a]蒽和苯并[a]芘之外,多数 PAH 如二苯并[a]蒽、䓛、3-甲基胆蒽等的致癌性,证明了"湾区环氧化物"在致癌过程中起了重要作用。但是,"湾区理论"没有提出 PAH 致癌活性的定量判据,因而缺乏预测能力。

(3)双区理论 戴乾圜等在总结"K 区理论"、"湾区理论"的基础上,用 PMO 法计算了 49 个 PAH 的 K 区碳原子和湾区碳原子的离域能及分子中各个碳原子的 Dewar 指数,并以 PAH 在生物体内的代谢实验资料为依据,对计算数据进行数学处理,提出了"双区理论"。其要点是:

① PAH 分子具有致癌性的必要和充分条件是在其分子内存在着两个亲电活性区域,并把 PAH 分子分为 M 区、E 区、L 区、K 区和角环、次角环,如图 6-15 所示。图中 M 区为首先发生代谢活化的位置(代谢活化区);E 区为发生亲电反应的理论位置(亲电活化区);L 区为脱毒区;K 区为双重性区域,在某些情况下可以起亲电活性区的作用,也可起脱毒区的作用;M 区和 E 区所在的环称为角环;次角环为如图 6-15 中标出的环。

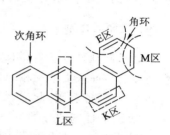

图 6-15 PAH 的区域划分图

② PAH 致癌活性的定量计算公式为

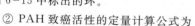

$$\lg K = 4.751\Delta E_1 \Delta E_2^3 - 0.051\, 2n\Delta E_2^{-3}$$

(活化项)　　　　　(脱毒项)

式中:　　　　K——结构与致癌性的关系指数;

ΔE_1 和 ΔE_2——分别为 PAH 两个活性中心相应的碳正离子的离域能;

n——脱毒区总数;

4.751 和 0.051 2——关系式的系数。

③ 确定了 K 值与致癌性的关系,如表 6-12 所示。

表 6-12 **K 值与致癌性的关系**

K 值	致 癌 性	说 明
$K < 6$	—	不致癌
$6 < K < 15$	+	微弱致癌
$15 < K < 45$	++	致癌
$45 < K < 75$	+++	显著致癌
$K > 75$	++++	强力致癌

④ 提出了 PAH 致癌机理的假说:PAH 分子中的两个亲电中心与 DNA 互补碱基之间的两个亲核中心进行横向交联,引起移码型突变,导致癌症发生,两个亲电中心的最优致癌距

离为 280~300 pm。而这正好与 DNA 双螺旋结构的互补碱基之间两个亲核中心的实测距离(280~292 pm)接近。

戴乾圜等用上述公式先计算了 49 个 PAH,结果与实验的符合率高达 98%。后来又对已有完整致癌实验数据的 150 个 PAH 进行了计算,结果与实验的符合率也高达 95%。说明"双区理论"较合理地考虑了 PAH 分子中各关键区域的作用,所提出的理论模型更加接近实际。目前"双区理论"已成功地推广应用于取代的 PAH、偶氮苯体系、芳胺和亚硝胺类化合物中,受到了国内外的重视。

"双区理论"也存在不足之处。按"双区理论"的定量公式计算的 PAH 中有 4 个与实验不符,其偏差有一级至二级。如苯并[c]菲的 $K=5.55$,应无致癌性(一),而实际上有较强的致癌性(++);三苯并[a,e,h]芘的 $K=61.17$,应有显著的致癌性(+++),而实际上只有较强的致癌性(++);三苯并[a,c,j]四苯的 $K=17.32$,应有较强致癌性(++),而实际上只有弱致癌性(+);三苯并[a,c,j]蒽的 $K=8.09$,应有弱致癌性(+),而实际上没有致癌性(一)。

四、表面活性剂

表面活性剂是分子中同时具有亲水性基团和疏水性基团的物质。它能显著改变液体的表面张力或两相间界面的张力,具有良好的乳化或破乳,润湿、渗透或反润湿,分散或凝聚,起泡、稳泡和增加溶解力等作用。

1. 表面活性剂的分类

表面活性剂的疏水基团主要是含碳氢键的直链烷基、支链烷基、烷基苯基以及烷基萘基等,其性能差别较小,其亲水基团部分差别较大。表面活性剂按亲水基团结构和类型可分为四种:阴离子表面活性剂、阳离子表面活性剂、两性表面活性剂和非离子表面活性剂。

(1)阴离子表面活性剂　溶于水时,与憎水基相连的亲水基是阴离子,其类型如下:

羧酸盐　如肥皂 RCOONa;

磺酸盐　如烷基苯磺酸钠 R—⟨苯环⟩—SO₃Na ;

硫酸酯盐　如硫酸月桂酯钠 $C_{12}H_{25}OSO_3Na$;

磷酸酯盐　如烷基磷酸钠 $RO-P\!\!\begin{array}{c}ONa\\=O\\ONa\end{array}$ 。

(2)阳离子表面活性剂　溶于水时,与憎水基相连的亲水基是阳离子,主要类型是有机胺的衍生物,常用的是季铵盐,如溴化十六烷基三甲基铵:

$$C_{16}H_{33}-\underset{\underset{CH_3}{|}}{\overset{\overset{CH_3}{|}}{N}}{}^{+}-CH_3Br^{-}$$

阳离子表面活性剂有一个与众不同的特点,即它的水溶液具有很强的杀菌能力,因此常用作消毒灭菌剂。

（3）两性表面活性剂 指由阴、阳两种离子组成的表面活性剂,其分子结构和氨基酸相似,在分子内部易形成内盐。典型化合物如 $R\overset{+}{N}H_2CH_2CH_2COO^-$,$R\overset{+}{N}(CH_3)_2CH_2COO^-$ 等,它们在水溶液中的性质随溶液 pH 不同而改变。

（4）非离子表面活性剂 其亲水基团为醚基和羟基。主要类型如下:

脂肪醇聚氧乙烯醚 如 $R-O-(C_2H_4O)_n-H$;

脂肪酸聚氧乙烯酯 如 $RCOO-(C_2H_4O)_n-H$;

烷基苯酚聚氧乙烯醚 如 $R-\langle\!\!\!\!\bigcirc\!\!\!\!\rangle-O-(C_2H_4O)_n-H$;

聚氧乙烯烷基胺 如 $\begin{matrix}R\\ \end{matrix}N(C_2H_4O)_n-H$;

聚氧乙烯烷基酰胺 如 $RCONH-(C_2H_4O)_n-H$;

多醇表面活性剂 如 $C_{11}H_{23}COOCH_2-\underset{OH}{CHCH_2}OCH_2\underset{OH}{CHCH_2}OH$ 。

2. 表面活性剂的结构和性质

表面活性剂的性质依赖于化学结构,即表面活性剂分子中亲水基团的性质及在分子中的相对位置,分子中亲油基团（即疏水基团）的性质等对其化学性质也有明显影响。

（1）表面活性剂的亲水性 表面活性剂的亲油、亲水平衡比值称为亲水性（HLB 值）,可表示如下:

$$HLB=亲水基的亲水性/疏水基的疏水性$$

测定 HLB 值的实验不仅时间长,而且很麻烦。Davies 将 HLB 值作为结构因子的总和来处理。把表面活性剂结构分解为一些基团,根据每一个基团对 HLB 值的贡献,按照下面公式,即可求出该分子的 HLB 值:

$$HLB=7+\Sigma\ 亲水基团\ HLB\ 值-\Sigma\ 疏水基团\ HLB\ 值$$

常见基团的 HLB 值列于表 6-13。一般表面活性剂的疏水基团为碳氢链,从表 6-13 中可查出疏水基团的 HLB 值为 0.475,则 Σ 疏水基团 HLB 值 $=0.475\times m$,其中 m 为碳原子数。

表 6-13 常见基团的 HLB 值

亲水基团的 HLB 值		疏水基团的 HLB 值	
—SO₄Na	38.7	—CH—	
—COOK	21.1	—CH₂—	
—COONa	19.1	—CH₃	0.475
—SO₃Na	11	=CH—	

续表

亲水基团的 HLB 值		疏水基团的 HLB 值	
—N(叔胺)	9.4	—(C_3H_6O)—(氧丙烯基)	0.15
酯(失水山梨醇环)	6.8	—CF_2—	0.870
酯(自由)	2.4	—CF_3	
—COOH	2.1		
—OH(自由)	1.9		
—O—	1.3		
—OH(失水山梨醇环)	0.5		
—(C_2H_4O)—	0.33		

（2）表面活性剂亲水基团的相对位置对其性质的影响　一般情况下,亲水基团在分子中间者比在末端的润湿性能强。例如:

$$C_4H_9CHCH_2OCOCH_2CHCOOCH_2CHC_4H_9$$
$$\underset{C_2H_5}{|} \quad \underset{SO_3Na}{|} \quad \underset{C_2H_5}{|}$$

是有名的渗透剂,亲水基团在分子末端的比在中间的去污能力好。例如:

$$C_{16}H_{33}OCOCH_2CHCOOH$$
$$\underset{SO_3Na}{|}$$

的去污能力较强。

（3）表面活性剂分子大小对其性质的影响　表面活性剂分子的大小对其性质的影响比较显著:同一品种的表面活性剂,随疏水基团中碳原子数目的增加,其溶解度有规律地减少;而降低水的表面张力的能力有明显的增长。一般规律是:表面活性剂分子较小的,其润湿性、渗透作用比较好;分子较大的,其洗涤作用、分散作用等较为优良。例如在烷基硫酸钠类表面活性剂中,洗涤性能的顺序是 $C_{16}H_{33}SO_4Na > C_{14}H_{29}SO_4Na > C_{12}H_{25}SO_4Na$;但在润湿性能方面则相反。不同品种的表面活性剂中大致以相对分子质量较大的洗涤能力较好。

（4）表面活性剂疏水基团对其性质的影响　如果表面活性剂的种类相同,分子大小相同,则一般有支链结构的表面活性剂有较好的润湿、渗透性能。具有不同疏水性基团的表面活性剂分子其亲脂能力也有差别,大致顺序为:脂肪族烷烃≥环烷烃＞脂肪族烯烃＞脂肪族芳烃＞芳香烃＞带弱亲水基团的烃基。

疏水基中带弱亲水基团的表面活性剂,起泡能力弱。利用该特点可改善工业生产中由于泡沫而带来的工艺上的难度。

3. 表面活性剂的来源、迁移与转化

由于表面活性剂具有显著改变液体和固体表面的各种性质的能力,而被广泛用于纤维、造纸、塑料、日用化工、医药、金属加工、选矿、石油、煤炭等各行各业,仅合成洗涤剂一项,年产量已超过 130×10^4 t。它主要以各种废水进入水体,是造成水污染的最普遍、最大量的污染物之一。由于它含有很强的亲水基团,不仅本身亲水,也使其他不溶于水的物质分散于水体,并可长期分散于水中,而随水流迁移。只有当它与水体悬浮物结合凝聚时才沉入水底。

4. 表面活性剂的降解

表面活性剂进入水体后,主要靠微生物降解来消除。但是表面活性剂的结构对生物降解有很大影响。

① 阴离子表面活性剂。Swisher 研究了疏水基结构不同的烷基苯磺酸钠(即 ABS)的降解性,结果如图 6—16 所示。由图可见,其微生物降解顺序为:直链烷烃＞端基有支链取代的烷烃＞三甲基的烷烃。对于直链烷基苯磺酸钠(LAS),链长为 $C_6 \sim C_{12}$ 烷基链长的比烷基链短的降解速率快。对于苯基在末端,而磺酸基位置在对位的降解速率较快,即使有甲基侧链存在也是如此。

② 非离子表面活性剂。由于非离子表面活性剂的种类繁多,Bars 等将其分为很硬、硬、软、很软四类。带有支链和直链的烷基酚乙氧基化合物属于很硬和硬两类,而

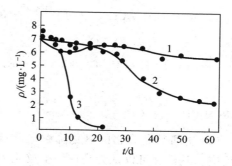

图 6—16　三种 ABS 的降解性(河水)

1. $(CH_3)_3C(CH_2)_7C_6H_4SO_3Na$
2. $(CH_3)_2CH(CH_2CH)_3C_6H_4SO_3Na$;
                            CH_3
3. $CH_3(CH_2)_{11}C_6H_4SO_3Na$

仲醇乙氧基化合物和伯醇乙氧基化合物则属于软和很软两类。生物降解试验表明:直链伯、仲醇乙氧基化合物在活性污泥中的微生物作用下能有效地进行代谢。

③ 阳离子和两性表面活性剂。由于阳离子表面活性剂具有杀菌能力,所以在研究这类表面活性剂的微生物降解时必须注意负荷量和微生物的驯化。

Fenger 等根据德国法定的活性污泥法,研究了氯化十四烷基二甲基苄基铵(TDBA)的降解性与负荷量、溶解氧的浓度、温度的影响,并比较了驯化与未驯化的情况。结果表明驯化后的平均降解率为 73%,TDBA 对未驯化污泥中的微生物的生长抑制作用很大,降解率很低。而对驯化的污泥中的微生物的生长抑制较小,说明驯化的作用是很明显的。其降解中间产物为安息香酸、醋酸、十四烷基二甲基胺,未检出伯胺和仲胺。除季铵类表面活性剂对微生物降解有明显影响外,其他胺类表面活性剂未发现有明显影响。

表面活性剂的生物降解机理主要是烷基链上的甲基氧化(ω-氧化)、β-氧

化、芳香族化合物的氧化降解和脱磺化。

(1) 甲基氧化   表面活性剂的甲基氧化,主要是疏水基团末端的甲基氧化为羧基的过程:

$$RCH_2CH_2CH_3 \longrightarrow RCH_2CH_2CH_2OH \longrightarrow RCH_2CH_2CHO \longrightarrow RCH_2CH_2C\overset{O}{\underset{OH}{\diagdown}}$$

(2) β-氧化   表面活性剂的 β-氧化是其分子中的羧酸在辅酶 A(HSCoA)作用下被氧化,使末端第二个碳键断裂的过程:

$$RCH_2(CH_2)_2CH_2C\overset{O}{-}OH \xrightarrow[-H_2O]{HSCoA} RCH_2(CH_2)_2CH_2C\overset{O}{-}SCoA \xrightarrow{-2H}$$

$$RCH_2CH_2CH{=}CH{-}C\overset{O}{-}SCoA \xrightarrow{H_2O} RCH_2CH_2CH{-}CH_2{-}C\overset{O}{-}SCoA \xrightarrow{-2H}$$

$$RCH_2CH_2{-}C{-}CH_2{-}C{-}SCoA \xrightarrow{HSCoA} RCH_2CH_2{-}C{-}SCoA + CH_3{-}C{-}SCoA$$

(3) 芳香族化合物的氧化降解   此过程一般是苯酚、水杨酸等化合物的开环反应。其机理可以认为是首先生成儿茶酚,然后在两个羟基中开裂,经过二羧酸,最后降解消失:

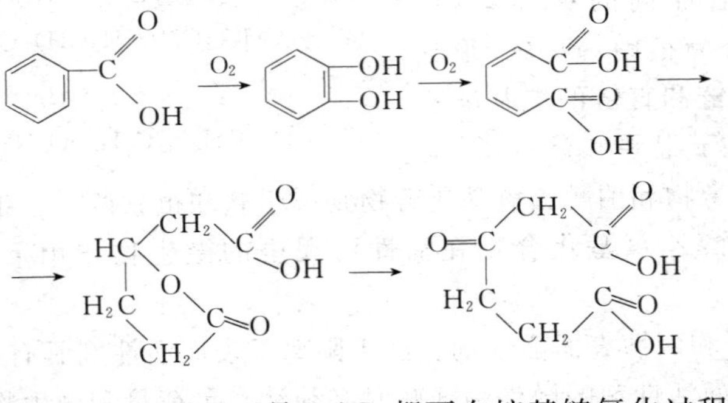

(4) 脱磺化   无论是 ABS 还是 LAS,都可在烷基链氧化过程中伴随着脱磺酸基的反应过程,即

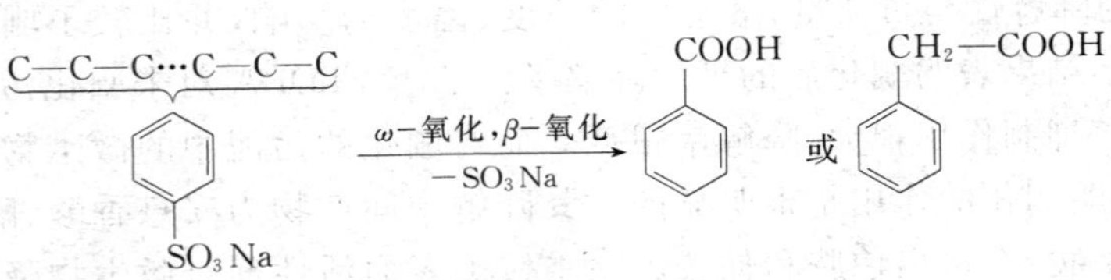

5. 表面活性剂对环境的污染与效应

表面活性剂是洗涤剂的主要原料,特别是早期使用最多的烷基苯磺酸钠

（ABS），由于它在水环境中难降解，造成地表水的严重污染。

首先，它使水的感观状况受到影响，如 1963 年发生在美国俄亥俄河上曾覆盖厚达 0.6 m 的泡沫，就是洗涤剂污染的结果。有研究报道，当水体中洗涤剂质量浓度在 0.7～1 mg/L 时，就可能出现持久性泡沫。洗涤剂污染了水源后，用一般方法不易清除。所以在水源受洗涤剂严重污染的地方，自来水中也出现大量泡沫。

其次，由于洗涤剂中含有大量的聚磷酸盐作为增净剂，因此使废水中含有大量的磷，这是造成水体富营养化的重要原因。据估计，工业发达国家天然水体中总磷含量的 16％～35％是来自合成洗涤剂。

再次，表面活性剂可以促进水体中石油和多氯联苯等不溶性有机物的乳化、分散，增加废水处理的困难。

最后，由于阳离子表面活性剂具有一定的杀菌能力，在浓度高时，可能破坏水体微生物的群落。据试验，氯化烷基二甲基苄基铵对鼷鼠一次经口的致死量为 340 mg，而人经 24 h 后和 7 天后的致死量分别为 640 mg 和 550 mg。经两年的慢性中毒试验表明，即使饮料中仅有 0.063％的氯化烷基二甲基苄基铵也能抑制发育；当其含量为 0.5％时，会出现食欲不振，并且有死亡事例发生。但只限于最初的 10 周以内，10 周以后未再出现。共同病理现象是下痢、腹部浮肿、消化道有褐色黏性物、盲肠充盈、胃出血性坏死等。

洗涤剂对油性物质有很强的溶解能力，能使鱼的味觉器官遭到破坏，使鱼类丧失避开毒物和觅食的能力。据报道，水中洗涤剂的质量浓度超过 10 mg/L 时，鱼类就难以生存。

思考题与习题

1. 为什么 Hg^{2+} 和 CH_3Hg^+ 在人体内能长期滞留？举例说明它们可形成哪些化合物。
2. 砷在环境中存在的主要化学形态有哪些？其主要转化途径有哪些？
3. PCDD 是一类具有什么化学结构的化合物？并说明其主要污染来源。
4. 简述多氯联苯(PCBs)在环境中的主要分布、迁移与转化规律。
5. 根据多环芳烃形成的基本原理，分析讨论多环芳烃产生与污染的来源有哪些。
6. 表面活性剂有哪些类型？它对环境和人体健康有何危害？

主要参考文献

[1] 赫茨英格.环境化学手册.夏堃堡，吕瑞兰，译.北京:中国环境科学出版社，1987(1);

1988(6).

　　[2] 王连生.有机污染物化学,下册.北京:科学出版社,1991.

　　[3] 汪玉庭,黄载福.环境有机化学.香港:香港中华科技(国际)出版社,1992.

　　[4] 樊邦棠.环境化学.杭州:浙江大学出版社,1991.

　　[5] 周明耀.环境有机污染与致癌物质.成都:四川大学出版社,1992.

　　[6] 王晓蓉.环境化学.南京:南京大学出版社,1993.

　　[7] 联合国环境规划署.环境卫生基准(1).北京:中国环境科学出版社,1990.

　　[8] 联合国环境规划署.砷的环境卫生标准.北京:中国环境科学出版社,1981.

第七章　受污染环境的修复

内容提要及重点要求

　　本章主要介绍了目前几种常见修复技术,微生物修复、植物修复、化学氧化、电动力学修复、活性反应格栅,以及表面活性剂等技术的基本概念及原理、子技术类型及污染物得以去除的化学原理、环境影响因素、各技术的优缺点及适用范围等。要求掌握主要修复技术的基本原理、修复过程中污染物的降解和消除过程以及影响因素,还要了解各技术适用的污染物及介质。

　　修复是指采取人为或自然过程,使环境介质中的污染物去除或无害化,使受污染场址恢复原有功能的技术。它是当今环境科学的热点领域,也是最具有挑战性的研究方向之一,与环境化学研究领域互有交叉,可以作为环境化学的一个重要分支。修复的介质可以包括土壤及地下水、地表淡水及近海岸。修复的主体是污染物,包括无机污染物和有机污染物。对于重金属,修复的手段为清除、稀释、固定化及转化为低毒的形态,如将六价铬转化为三价铬,以降低六价铬污染的危害。而对于有机污染物,修复的首选手段应该是使其彻底矿化为水和二氧化碳,或者转化为低毒的中间产物,还包括清除(吸附及挥发到另外一个介质)以及固定化(在介质内部)。

第一节　微生物修复技术

一、概述

　　微生物修复技术是指通过微生物的作用清除土壤和水体中的污染物,或是使污染物无害化的过程。它包括自然和人为控制条件下的污染物降解或无害化过程。在自然修复过程(natural attenuation)中,利用土著微生物(indigenous microorganism)的降解能力,但需要有以下环境条件:(i) 有充分和稳定的地下水流;(ii) 有微生物可利用的营养物;(iii) 有缓冲 pH 的能力;(iv) 有使代谢能够进行的电子受体。如果缺少一项条件,将会影响微生物修复的速率和程度。特别是对于外来化合物,如果污染新近发生,很少会有土著微生物能降解它们,所以需要加入有降解能力的外源微生物(exogenous microorganism)。人为修复工程一般采用有降解能力的外源微生物,用工程化手段来加速生物修复的进程,这种在受控条件下进行的生物修复又称强化生物修复(enhanced bioremediation)或工程化的生物修复(engineered bioremediation)。工程化的生物修复一般采用下列手段来加强修复的速率:(i) 生物刺激(biostimulation)技术,满足土著微生物生长所必需的环境条件,诸如提供电子受体、供体、氧以及营养物等;(ii) 生物强化(bioaugmentation)技术,需要不断地向污染环境投入外源微生物、酶、其他生长基质或氮、磷无机盐。而对于一些污染物,微生物虽然可以降解它们,但却不能利用该污染物作为碳源合成自身生长需要的有机质,因此需要另外的生长基质维持自身的生长,称为共代谢(co-metabolism),例如处理五氯酚需加入其他基质维持微生物的生长。

从修复实施的场址,可以将微生物修复分为原位生物修复(in-situ bioremediation)和异位生物修复(ex-situ bioremediation)。前者在污染的原地点进行,不挖出或抽取需要修复的土壤及地下水,采用一定的工程措施,利用生物通气、生物冲淋等一些方式进行。异位生物修复需要挖掘土壤或抽取地下水,将污染物移动到邻近地点或反应器内进行。很显然这种处理更好控制,结果容易预料,技术难度较低,但投资成本较大。例如可以通气土壤堆、泥浆反应器等形式处理。反应器型生物修复是指处理在反应器内进行的修复(主要在泥浆或水相中)。反应器使细菌和污染物充分接触,并确保充足的氧气和营养物供应。

海洋污染的生物修复主要是治理用于游船海难事故造成的原油泄漏,对污染的海面和海滩进行生物修复。可用三种方式处理石油污染:投加表面活性剂,增加石油与海水中微生物接触的表面积;投加高效降解石油微生物菌剂,增加微生物种群数量;投加氮、磷等营养盐,促进海洋中土著降解菌的繁衍。其中第三种方法简便实用,可使用缓释氮磷制剂、亲油性制剂,但需要控制氮磷比和投入量,避免投入后引起不良后果。

可用于生物修复的微生物主要有细菌和真菌。细菌包括好氧细菌、厌氧细菌及兼氧细菌。细菌可以在污染条件下,不断适应环境,产生降解能力。如通过特定酶的诱导和抑制产生基因突变及通过质粒转移获得利用特定污染物的能力。真菌可分成三大类,即软腐菌、褐色菌和白腐菌。真菌对于一些大分子化合物表现出很强的降解能力,它们都以降解木质素而著称。如白腐菌降解污染物的特点是:(i) 在一定底物浓度诱导下合成所需的降解酶,能降解低浓度污染物;(ii) 对有机物的降解大多属酶促转化,降解遵循米氏动力学方程;(iii) 具有竞争优势,能利用质膜上的氧化还原系统,产生自由基,氧化其他微生物的蛋白质,调节所处环境达低 pH,抑制其他微生物的生长;(iv) 降解过程在胞外进行,酶系统存在于细胞外,有毒污染物不必先进入细胞再代谢,避免对细胞的毒害;

（v）降解底物较广,特别对杂酚油、氯代芳烃化合物等持久性污染物也能完全矿化；（vi）能在固体或液体基质中生长,能利用不溶于水的基质。

二、影响微生物修复效率的因素

1. 营养物质

微生物分解有机污染物一般利用有机污染物的碳源,但是微生物将有机污染物转化为其自身增长的生物质,还需要其他营养元素。典型的细菌细胞组成为50%碳,14%氮,3%磷,2%钾,1%硫,0.2%铁,0.5%钙、镁和氯。土壤和地下水中,尤其是地下水中,氮、磷往往是限制微生物活动的重要因素。为了达到完全的降解,适当添加营养物常常比接种特殊的微生物更为重要。为达到良好的效果,必须在添加营养盐之前确定营养盐的形式、合适的浓度以及适当的比例。目前已经使用的营养盐类型很多,如铵盐、正磷酸盐或聚磷酸盐、酿造酵母废液和尿素等。一些微量营养素也需要考虑。例如,在对土壤中多氯联苯生物修复的研究中发现,作为亲核试剂的维生素B_{12}可催化多氯联苯所有位置上的脱氯反应,30 ℃下40天内多氯联苯分子脱氯率达40%；相比之下,在缺乏维生素B_{12}时,其脱氯率小于10%。

2. 电子受体

微生物的活性除了受到营养盐的限制外,土壤中污染物氧化分解的最终电子受体的种类和浓度也极大地影响着污染物降解的速率和程度。微生物氧化还原反应的最终电子受体分为三大类,包括溶解氧、有机物分解的中间产物和无机酸根(如硝酸根、硫酸根和碳酸根等),第一种为有氧过程,而后两种为无氧过程。

为了增加土壤中的溶解氧,可以采用一些工程化的方法,例如将压缩空气送入土壤,添加过氧化物及其他产氧剂等。厌氧环境中,甲烷、硝酸根、硫酸根和铁离子等都可以作为有机物降解的电子受体。应用硝酸盐作为厌氧生物修复的电子受体时,还应注意地下水中对硝酸盐浓度的限制。

当所加H_2O_2的量适当时,土壤样品中烃类污染物的生物降解速率较加入前增加3倍。这是因为H_2O_2不仅能直接降解部分有机污染物,还能为生物降解提供所需的电子受体。土壤中溶解氧的情况不仅影响污染物的降解速率,也决定着一些污染物的最终降解产物,如某些氯代脂肪族的化合物在厌氧降解时,产生有毒的分解产物,但在好氧条件下这种情况就很少见。

3. 污染物的性质

对于微生物修复技术,污染物的可降解性是关键。对于系列污染物,如多环芳烃,其微生物降解性随着分子的增大而增大(图7-1)。污染物对生物的毒性以及其降解中间产物的毒性,也是决定微生物修复技术是否适用的关键。另外,污染物的其他性质也很重要。如污染物的挥发性,因为在微生物修复工程中,往往对环境介质进行充气,以保证微生物活动有足够的氧,如果一个化学物质挥发性太高,往往挥发部分就大于降解部分了,造成污染从土壤迁移到大气中,而并非降解。另外,微生物往往只能利用土壤溶液溶解态的污染物,如果一个污染物溶解度很低,又有很强的吸附力,紧密结合在土壤颗粒的腐殖质或黏土中,生物可利用性极低,也会导致微生物修复技术的失败。土壤环境中污染物由于与土壤颗粒相互作用,生物有效性下降,被称为锁定(sequestration)。锁定造成了修复的不完全,总有一部分持久性残留(persistent residue)不能消除,是微生物修复技术面临的最大挑战。

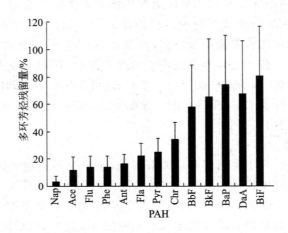

图 7-1　生物修复中多环芳烃的残留

Nap—萘;Ace—二氢苊;Flu—芴;Phe—菲;Ant—蒽;Fla—荧蒽;Pyr—芘;Chr—䓛;
BbF—苯并[b]荧蒽;BkF—苯并[k]荧蒽;BaP—苯并[a]芘;DaA—二苯并[a,h]蒽;
BiF—苯并[i]荧蒽

4. 环境条件

环境因素指的是土壤颗粒的性质(有机质及黏土含量等)及介质条件(酸碱度、温度、湿度、空隙率等)。有机质含量及结构决定着污染物的吸附特性,从而决定其微生物降解的生物可利用性,进入到有机质致密的刚性结构中的污染物很难再返回到土壤颗粒表面或土壤溶液中,被微生物所利用,这种现象被称为不可逆吸附(irreversible sorption)。最近的研究表明,在特定条件下,如有机质含量很低时,黏土的含量对于不可逆吸附及生物可利用性下降也起到重要影响(图7-2)。环境因素不能轻易调节或改变,如一般的微生物所处环境的 pH 应在6.5~8.5 的范围内,而在实际环境中微生物被驯化适应了周围的环境,人工调节 pH 可能会破坏微生物生态,反而不利于其生长;温度是决定生物修复过程快慢的重要因素,但在实际现场处理中,温度不可控,应从季节性变化方面去选择适宜的修复时间;生物降解必须在一定的湿度条件下进行,湿度过大或过小都会影响生物降解的进程,与酸碱度和温度相比较,湿度具有较大的可调性。

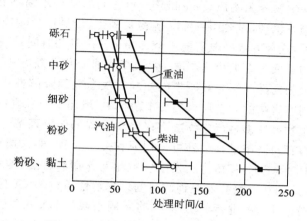

图 7-2　不同土壤中石油的生物修复效率

5. 微生物的协同作用

在自然界,多数生物降解过程需要两种或更多种类微生物的协同作用才能完成。微生物之间的这种协同作用主要体现在:(i) 一种或多种微生物为其他微生物提供 B 族维生素、氨基酸及其他生长因素;(ii) 一种微生物将目标化合物分解成一种或几种中间有机物,第二种微生物继续分解中间产物;(iii) 一种微生物通过共代谢作用对目标化合物进行转化,形成中间产物不能被其进一步降解,只有在其他微生物的作用下才能得到彻底分解;(iv) 一种微生物分解目标化合物形成有毒中间产物,使分解率下降,其他微生物则可能以这种有毒中间产物作为碳源加以利用。

三、强化生物修复的主要类型

1. 原位强化修复技术

原位强化修复技术包括生物强化法、生物通气法、生物注射法、生物冲淋法及土地耕作法等。

生物强化法是指在生物处理体系中投加具有特定功能的微生物来改善原有处理体系的处理效果,如对难降解有机物的去除等。投加的微生物可以来源于原来的处理体系,经过驯化、富集、筛选、培养达到一定数量后投加,也可以是原来不存在的外源微生物。在生物强化技术的实际应用中这两种方法都被采用，这取决于原有处理体系中的微生物组成及所处的环境。

　　应用生物强化技术的前提是获得高效作用于目标降解物的菌种。对于那些自然界中固有的化合物，一般都能够找到相应的降解菌种。但对于人类工业生产中合成的一些生物异源物质（xenobiotics），它们的结构不易被自然界中固有微生物的降解酶系识别，需要用目标降解物来驯化、诱导产生相应降解酶系，筛选得到高效菌种，这种方法一般需要 1 个月甚至几个月的时间。

　　基因工程的发展为人类快速获取一些高效菌种提供了新方法。生物学家发现微生物对污染物的降解性与其所带的质粒有关。利用降解性质粒的相容性，把能够降解不同有害物的质粒组合到 1 个菌种中，组建 1 个多质粒的新菌种，这样能使 1 种微生物降解多种污染物或完成降解过程的多个环节，或使不带降解性的菌带上质粒获得降解性。另外可采用质粒分子育种，即在选择压力的条件下，在恒化器内混合培养，使微生物发生质粒相互作用和传递，缩短了自然进化所需的时间，以达到加速培养新菌种的目的。降解性质粒 DNA 体外重组，是在体外对生物大分子 DNA 进行剪切加工，将不同来源的 DNA 重新连接，转移到受体细胞中，通过复制表达，使细胞获得新的遗传性状。原生质体融合技术，同样会使细胞获得多个不同亲本的性状。

　　一项生物强化技术要想获得成功，必须要同时考虑许多的影响因素。首先，用于驯化培养所要投加的微生物的底物浓度往往比实际处理构筑物中的浓度高许多，微生物投加之后是否能够降解低浓度的底物是必须考虑的问题。其次，投加后的微生物面临的是一个复杂的生态环境，既有微生物种群之间的竞争，也有被原生动物捕食的可能。因此，若想达到良好的生物强化效果，投加的微生物必须在处理构筑物中保持一定的代谢活力，维持一定的数量。目前已有不少受到难降解有机物污染的土壤生物修复工作成功的报道，例如，有报道在受到除草剂阿特拉津（atrazine）污染的土壤中投加 *Pseudomonas* sp. ADP 进行生物强化，可使 90%～100% 阿特拉津完全矿化，而依靠土壤本身的微生物降解作用，虽然能够降解一部分阿特拉津，但其矿化率只有 1%。

　　生物通气法（bioventing）用于修复受挥发性有机物污染的地下水水层上部通气层（vadose zone）土壤。这种处理系统要求污染土壤具有多孔结构以利于微生物的快速生长。另外，污染物应具有一定的挥发性，Henry 常数大于 $1.01325\ Pa\cdot m^3\cdot mol^{-1}$ 时才适于通过真空抽提加以去除。生物通气法的主要制约因素是影响氧和营养物迁移的土壤结构，不适的土壤结构会使氧和营养物在到达污染区之前被消耗。

　　生物注射法（biosparging）又称空气注射法，这种方法适用于处理受挥发性有机物污染的地下水及上部土壤。处理设施采用类似生物通气法的系统,但这里的空气是经过加压后注射到污染地下水的下部,气流加速地下水和土壤有机物的挥发和降解。也有人把生物注射法归入生物通气法。

生物冲淋法(bioflooding)将含氧和营养物的水补充到亚表层,促进土壤和地下水中的污染物的生物降解。生物冲淋法大多在各种石油烃类污染的治理中使用,改进后也能用于处理氯代脂肪烃溶剂,如加入甲烷和氧促进甲烷营养菌降解三氯乙烯和少量的氯乙烯。

土地耕作法(land farming)就是对污染土壤进行耕犁处理。在处理过程中施加肥料、灌溉、施加石灰,从而尽可能为微生物代谢污染物提供一个良好环境,使其有充足的营养、水分和适宜的 pH,保证生物降解在土壤的各个层面上都能发生。这种方法的优点是简易经济,但污染物有可能从处理地转移。一般污染土壤的渗滤性较差,土层较浅,污染物又较易降解的情况可以采用这种方法。

2. 异位生物修复

异位生物修复主要包括堆肥法、生物反应器处理和厌氧处理。

堆肥法(composting)是处理固体废弃物的传统技术,用于受石油、洗涤剂、多氯烃、农药等污染土壤的修复处理,取得了很好的处理效果。堆肥过程中,将受污染土壤与水(达到至少 35％含水量)、营养物、泥炭、稻草和动物肥料混合后,使用机械或压气系统充氧,同时加石灰以调节 pH。经过一段时间的发酵处理,大部分污染物被降解,标志着堆肥完成。经处理消除污染的土壤可返回原地或用于农业生产。堆肥法包括风道式堆肥处理、好气静态堆肥处理和机械堆肥处理。

生物反应器处理(bioreactor)是把污染物移到反应器中完成微生物的代谢过程。这是一种很有价值和潜力的处理技术,适用于处理地表土及水体的污染。生物反应器包括土壤泥浆生物反应器(soil slurry bioreactor)和预制床反应器(prepared bed reactor)。对污染土壤的修复而言,土壤泥浆生物反应器能起重要作用。把污染土壤移到反应器中,土壤在反应器中与水相混合成泥浆,在运转过程中添加必要的营养物,鼓入空气,使微生物和底物充分接触,完成代谢过程,而后在快速过滤池中脱水。除作为一种实用的处理工艺技术外,土壤泥浆生物反应器还可以作为研究生物降解速率及影响因素的生物修复模型使用。这种反应器又可分为连续运转型和间歇运转型,现在主要有连续搅拌反应器和循序间歇反应器两类。预制床是一种用于土壤修复的特制生物床反应器,包括供水及营养物喷淋系统、土壤底部的防渗漏层、渗滤液收集系统及供气系统等。美国超级基金(super fund)污染土壤生物修复计划中就使用了许多这类反应器。处理对象主要是多环芳烃、BTEX[即苯(benzene)、甲苯(toluene)、乙苯(ethyl-benzene)、二甲苯(xylenes)]等。

美国东南部的一家木材厂使用反应器处理杂酚油污染土壤,安装了四个半间歇式生物泥浆反应器,并接种细菌,每周可处理 100 吨受污染土壤,使菲和蒽混合物的含量从 300 000 mg/kg 降低到 65 mg/kg,苯并[a]芘从 1 100 mg/kg 降低到检测线以下(3 mg/kg),五氯酚的含量从 13 000 mg/kg 降低到 40 mg/kg。

厌氧处理对某些具有高氧化状态的污染物的降解,如三硝基甲苯、多氯取代化合物(PCB 等)等,比耗氧处理更为有效。例如,在厌氧环境下通过添加电子受体,处理地下水中的四氯化碳取得良好效果。但总的来说,在生物修复中好氧方法的使用要比厌氧方法广泛得多。主要原因是,严格的厌氧条件难于达到,厌氧过程中会产生一些毒性更大、更难降解的中间代谢产物。此外,厌氧发酵的终产物 H_2S 和 CH_4 也存在毒性和风险。

在生物修复实践中,还有将几种处理方法加以优化组合的,从而形成新的处理系统,达到提高处理效果、扩大适用范围的目的。如有人把土壤气体抽提法和堆肥法结合起来,先进行气抽提去除易挥发的污染物,而后作堆肥处理,收到了良好的修复效果。

四、生物修复的优缺点

生物修复同传统或现代的物理、化学修复方法相比,有许多优点:(i) 生物修复可以现场进行,这样减少了运输费用和人类直接接触污染物的机会;(ii) 生物修复经常以原位方式进行,这样可使对污染位点的干扰或破坏达到最小,可在难以移动的地方(如建筑物下、公路下)进行,在生物修复时场地可以照常使用;(iii) 生物修复使有机物分解为二氧化碳和水,可以永久性地消除污染物和长期的隐患,无二次污染,不会使污染转移;(iv) 生物修复可与其他处理技术结合使用,处理复合污染;(v) 降解过程迅速,费用低,只是传统物理、化学修复费用的30%~50%。

和所有的处理技术一样,生物修复技术也有它的局限性和缺点。表现在以下几个方面:(i) 不是所有的污染物都适用于生物修复。有些化学品不易或根本不能被生物降解,如多氯代化合物和重金属。污染物的不溶解性及其在土壤中与腐殖质和黏粒结合,使生物修复更难以进行。(ii) 有些化学品经微生物降解后,其产物的毒性和移动性比母体化合物反而增加。例如三氯乙烯(TCE)在厌氧条件下可以进行一系列的还原脱卤作用,产物之一的氯乙烯(VC)是致癌物。因此,如果不对微生物降解过程有全面了解,有时情况会比原来更糟。(iii) 生物修复是一种科技含量较高的处理方法,它的运作必须符合污染地的特殊条件。因此,最初用在修复地点进行生物可处理性研究和处理方案可行性评价的费用要高于常规技术(如空气吹脱)的相应费用,一些低渗透性土壤往往不适合生物修复。

第二节 植物修复技术

一、概述

植物修复(phytoremediation)技术直接利用各种活体植物,通过提取、降解和固定等过程清除环境中的污染物,或消减污染物的毒性,可以用于受污染的地下水、沉积物和土壤的原位处理。植物也有助于防止风、雨和地下水把污染物从现场携带到其他区域。植物修复在低到中度污染的现场效果最好。植物的根从土壤、水流或地下水吸收水分和营养,根能伸展到多深,就能清除多深的污染。常用于土壤修复的植物,如印度芥菜根深 0.3 m,禾本植物根深 0.6 m,苜蓿根深 1.2～1.8 m,杨树根深 4.5 m。

植物修复去除污染物的方式有如下四种:

(1)植物提取(phytoextraction) 植物直接吸收污染物并在体内蓄积,植物收获后才进行处理。收获后可以进行热处理、微生物处理和化学处理。

(2)植物降解(phytodegradation) 植物本身及其相关微生物和各种酶系将有机污染物降解为小分子的 CO_2 和 H_2O,或转化为无毒性的中间产物。

(3)植物稳定(phytostabilization) 植物在与土壤的共同作用下,将污染物固定并降低其生物活性,以减少其对生物与环境的危害。

(4)植物挥发(phytovolatilization) 植物挥发是与植物吸收相连的,它是利用植物的吸取、积累、挥发而减少土壤挥发性污染物。图 7-3 显示了植物修

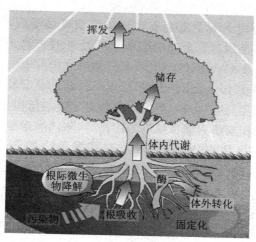

图 7-3 污染土壤的植物修复示意图

复的几种作用过程。

　　作为一项高效、低廉、非破坏性的土壤净化方法,植物修复技术可替代传统的处理方法。除了成本较低以外,植物修复还有以下几方面的优点:(i) 对环境基本上没有破坏;(ii) 不需要废弃物处置场所;(iii) 具有很高的公众接受性;(iv) 避免了挖掘和运输;(v) 具有同时处理多种不同类型有害废弃物的能力。

　　植被对污染土壤还有其他益处,如植物修复可以提高土壤的有机碳含量;植被深入土壤的根系可以对土壤起到固定化的作用;植物的蒸腾作用可以蒸发相当一部分的水分,这种水分的向上运动可以阻碍污染物通过淋溶作用而向下迁移;植物对环境友好并具有审美功能,等等。

　　像别的环境修复技术一样,植物修复也有它的缺点。植物修复受到气候、地质条件、温度、海拔、土壤类型等条件的限制,还受污染状况和污染类型的制约。主要存在以下几个问题:(i) 植被的形成受环境毒性的限制;(ii) 吸收到植物叶中的污染物会随着落叶而再次释放到环境中去;(iii) 污染物可能会积累在作为燃料的木材中;(iv) 会提高某些污染物的溶解度,从而导致更严重的环境危害或使得污染物更易于迁移;(v) 可能会进入食物链而对生态系统产生负面影响;(vi) 比别的技术花费更长的时间。

二、植物修复重金属污染的过程和机理

　　1. 植物修复重金属污染的主要作用过程

　　根据其作用过程和机理,重金属污染土壤的植物修复技术可分为三种类型。

　　(1) 植物提取　　植物提取是利用重金属超积累植物从土壤中吸取一种或几种重金属,并将其转移、储存到地上部分,随后收割地上部分并集中处理,连续种植这种植物,即可使土壤中重金属含量降低到可接受的水平。超积累植物(hyperaccumulator)是指对重金属的吸收量超过一般植物 100 倍以上的植物,超积累植物积累的 Cr,Co,Ni,Cu,Pb 含量一般在 110 mg/kg(干重)以上,积累的 Mn,Zn 含量一般在 10 mg/kg(干重)以上。目前已经发现超积累植物约 400 种,广泛分布于植物界的 45 个科,但绝大多数属于镍的超积累植物(318 种),对 Cu,As,Zn,Cd 的超积累植物都有报道。在我国,陈同斌报道了对 As 的超富集植物——蜈蚣草;杨肖娥报道了对 Zn 有超积累能力的东南景天,可以耐受 240 mg/L 的 Zn,植物地上部分 Zn 的含量高达 4 500 mg/kg,都是非常成功的例子。

　　超积累植物从根际吸收重金属,并将其转移和积累到地上部分,这个过程中包括许多环节和调控位点:(i) 跨根细胞质膜运输;(ii) 根皮层细胞中横向运输;(iii) 从根系的中柱薄壁细胞装载到木质部导管;(iv) 木质部中长途运输;(v) 从木质部卸载到叶细胞(跨叶细胞膜运输);(vi)跨叶细胞的液泡膜运输。在组织水平上,重金属主要分布在表皮细胞、亚表皮细胞和表皮毛中;在细胞水平上,重金属主要分布在质外体和液泡。植物提取可分为两种方式:连续植物提取(continuous phytoextraction)及螯合剂辅助的植物提取(chelate-assisted phytoextraction)或称为诱导性植物提取(induced phytoextraction)。

在连续植物提取中,依赖一些特异性植物(主要指超积累植物)在其整个生命周期内吸收、转运、积累和忍耐高含量的重金属,如十字花遏蓝菜属(*Thlaspi caerulescens*)是一种被鉴定的 Zn 和 Cd 超积累植物,是一种生长在富含 Zn,Cd,Pb,Ni 土壤的野生草本植物。遏蓝菜地上部分 Zn 和 Cd 含量可分别达到 33 600 mg/kg 和 1 140 mg/kg(干重),植物尚未表现中毒症状,根据富集量预算,连续种植 14 茬遏蓝菜,污染土壤中 Zn 含量可以从 440 mg/kg 降低到 300 mg/kg(欧共体规定的标准),而种植萝卜需种 2 000 茬。

植物修复的效益取决于植物地上部分金属含量及其生物量,虽然连续种植植物提取的第一次田间试验获得了一定的成功,但目前已知的超积累植物绝大多数生长慢、生物量小,且大多数为莲座生长,很难进行机械操作,因而一些学者对植物修复技术提出质疑。为了克服以上局限性,提高连续植物提取的效益,科学家提出了以下几点长期策略:

① 通过调查与分析,寻找新的生物量大的超积累植物,如在南非发现了一种新的生物量大的 Ni 超积累植物 *Berkheya coddii*,地上部分 Ni 含量达 3.7% (干重),该植物的生物产量达 22t/(hm²·a),且易繁殖和培养。据推算,种植 2 茬该植物可使中等污染 Ni 含量由 100 mg/kg 降低到 15 mg/kg,甚至在严重污染情况下,也只需种植 4 茬。

② 筛选生物量大、具有中等积累重金属能力的植物。Ebbs 等筛选了 30 种十字花科植物(约 300 个品种),发现印度芥菜、芸苔、芜菁有很强的清除污染土壤中 Zn 的能力,其生物量是遏蓝菜的 10 倍,因而更具有实用价值。一些禾本科植物,如燕麦和大麦耐 Cu,Cd,Zn 能力强,且大麦与印度芥菜具有同等清除污染土壤中 Zn 的能力。

③ 采用植物基因技术,培育一些生物量大、生长速率快、生长周期短的超积累植物。

④ 深入研究超积累植物和非超积累植物吸收、运输和积累金属的生理机制,从而通过适当的农业措施如灌溉、施肥、调整植物种植和收获时间、施加土壤改良剂或改善根际微生物,提高植物修复效益。

植物修复常受土壤中重金属的低生物有效性的限制。如 Pb 是一种很重要的环境污染元素,虽然一些 Pb 超积累植物能积累高含量的 Pb,如圆叶荠苨

（*Thlaspirotundi folium*）地上部分 Pb 含量可达 8 200 mg/kg,但这种植物的生物量很小,不适合植物修复。一些植物生物量大的植物如印度芥菜、玉米、豌豆在溶液培养条件下,地上部分可积累高含量的 Pb,但生长在污染土壤时,其地上部分 Pb 含量很少超过 1 000 mg/kg。其主要原因在于土壤中 Pb 的有效性很低和 Pb 被植物根系吸附或沉淀,运输到地上部分能力差。

最近一些研究报告,施加适当的螯合剂可增加植物地上部分 Pb 含量。如施加 0.2 g/kg 的 EDTA 后,土壤溶液中 Pb 含量由 4 mg/L 增加到 4 000 mg/L,玉米和豌豆地上部分 Pb 含量由 500 mg/kg 增加到 10 000 mg/kg;而且加入 EDTA 不仅促进印度芥菜对 Pb 的吸收,且同时促进 Cd,Cu,Ni,Zn 的吸收。这些结果表明,螯合剂主要起两个作用,一是增加土壤溶液中金属含量,二是促进金属在植物体内运输。植物的金属积累效率与螯合剂与金属的亲和力直接相关,如不同螯合剂对土壤 Pb 解吸效率为 EDTA ＞ HEDTA ＞ DTPA ＞ EGTA ＞ EDDHA;Pb 的最佳螯合剂为 EDTA,而 Cd 的最佳螯合剂为 EGTA。而且螯合剂的效果与植物品种有关,如 EDTA 能促进印度芥菜对 Zn 的吸收,但对燕麦和大麦无效果。

由于金属－螯合剂复合物为水溶性,在田间应用时,易发生淋滴作用,可能带来新的安全、健康和环境问题。研究还发现,施加螯合剂常遏制植物生长,生物量减少,甚至死亡。因此螯合剂的施用时间很重要,为了减少螯合剂诱导的金属迁移,避免植物长期生长在高活度金属条件下,最适合螯合剂辅助的植物提取的策略是在植物的生物量达到最大时施加一定的螯合剂,经过短暂的金属积累后再收获植物,这也是螯合剂辅助的植物提取与连续植物提取的区别所在。

对于富集了重金属的植物的后处理,是植物修复技术必须面对的环节。对于灰分中含重金属 10%～40% 的植物,采用金属冶炼回收的方法是一有效途径,既有一定的经济效益,又使污染物得到妥善处理,避免产生二次污染。

（2）植物稳定　植物稳定是利用耐重金属植物的根际的一些分泌物,增加土壤中有毒金属的稳定性,从而减少金属向作物的迁移,以及被淋滤到地下水或通过空气扩散进一步污染环境的可能性。其中包括沉淀、螯合、氧化还原等多种过程,在植物稳定中植物主要有两种功能:

① 保护污染土壤不受侵蚀,减少土壤渗漏,防止金属污染物的淋移。重金属污染土壤由于污染物的毒害作用常缺乏植被,荒芜的土壤更容易遭受侵蚀和淋滴作用,使污染物向周围环境扩散,稳定污染物的最简单的方法是种植耐金属胁迫植物、复垦污染土壤。

② 通过金属在根部积累与沉淀及根表吸收来加强土壤中污染物的固定,如通过释放磷酸根,使铅沉淀在植物的根部,减轻铅的危害。此外,植物还可以通

过改变根际环境(pH 和 E_h 值)来改变污染物的形态,在这个过程中根际微生物(细菌和真菌)也可能发挥作用,X 射线衍射吸收光谱研究发现,印度芥菜的根能使有毒的生物可利用的六价铬还原为低毒的、生物不可利用的三价铬。

植物稳定技术适合土壤质地黏重、有机质含量高的污染土壤的修复。目前该技术主要用于矿区污染土壤修复,而在城市和工业区采用不多,然而植物稳定技术并没有清除土壤中的重金属,只是暂时将其固定,使其对环境中生物不产生毒害作用,并没有彻底解决环境中的重金属污染问题,如果环境条件发生变化,重金属的生物有效性可能又会发生改变。适合植物稳定的植物必须能忍耐高浓度的重金属,并通过根吸收、沉淀或还原使重金属在土壤中固定,而且重金属在植物体内运输能力差,从而减少处理地上部分有毒废物的必要性。重金属污染土壤的植物稳定是一项正在发展中的技术,该项技术与原位化学固定技术相结合将会显示出更大的应用能力。但必须深入探讨植物稳定的效应及其持久性,今后研究的方向应该是如何促进植物根系增长,使有毒金属螯合或持留在根-土中,把转运到地上部分的金属控制在最小范围。

(3) 植物挥发　植物挥发是利用植物的吸收、积累和挥发而减少土壤中一些挥发性污染物,即植物将污染物吸收到体内后将其转化为气态物质,释放到大气中,目前这方面研究最多的是类金属元素汞和非金属元素硒。

很多植物能吸收污染土壤中的硒,并将其转化为可挥发态二甲基二硒和二甲基硒。研究表明,硒的生物化学特性在许多方面与硫类似,硒酸根以一种与硫类似的方式被植物吸收,在植物体内,六价硫通过 ATP 硫化酶的作用还原为二价硫化物,研究发现印度芥菜体内硒的还原作用也是由该酶催化的,而且该酶是硒酸盐同化为有机态硒的主要速率限制酶。

汞(Hg)在环境中以多种状态存在,包括元素汞、无机汞、离子汞(Hg_2Cl_2,HgO,$HgCl_2$ 等)和有机汞化合物[$Hg(CH_3)_2$,$Hg(C_2H_5)_2$ 等]。其中以甲基汞对环境危害最大,且易被植物吸收,一些耐汞毒的细菌体内含有一种 Hg 的还原酶,催化甲基汞和离子态汞转化为毒性小得多、可挥发的单质汞。因而可运用分子生物学技术将细菌的汞还原酶基因转导到植物中,再利用转基因植物处理汞污染的土壤。

植物挥发通过植物及其根际微生物的作用,将环境中挥发性污染物直接挥发到大气中,不需收获和处理含污染物的植物体,不失为一种有潜力的植物修复技术,但这种方法将污染物转移到大气中,对人类和动物具有一定风险。

重金属污染土壤的植物修复的主要问题是如何提高植物修复效率和速率。目前具有推广价值的超积累植物植株矮小、生物量低、生长缓慢和生活周期长,因而修复效益低,不易于机械操作;通常一种植物只吸收一种或两种重金属,对土壤中共存的其他金属忍耐能力差,从而限制了植物修复技术在复合污染土壤治理方面的应用;植物是一个生命有机体,对土壤肥力、气候、盐度、pH 等有一定的要求,这些植物多为野生植物,目前对其生活习性和耕种方法还不甚了解。

　　2. 植物耐受重金属毒害的机制

　　无论是超积累植物,还是植物稳定及植物挥发中的植物,对重金属的毒害都具有忍耐机制,通称为耐性植物。耐性植物分为基因型和生态型两类。植物耐金属毒害的机制复杂多样,包括细胞壁钝化、跨膜运输减少、主动外排、区域化分布、螯合、合成逆境蛋白、产生乙烯等。其中最主要、最普遍的机制是通过诱导金属配体的合成,形成金属配体复合物,并在器官、细胞和亚细胞水平呈区域化分布。植物体内存在多种金属配体,主要包括有机酸(草酸、组氨酸、苹果酸、柠檬酸等)、氨基酸、植物螯合肽(PCs,是植物体内一类重要的非蛋白形态的富半胱氨酸的寡肽)和植物金属硫蛋白(MTs)。金属配体与金属离子配位结合后,细胞内的金属即以非活性态存在,或形成金属配位复合体转运到叶泡中,降低原生质体中游离态金属的浓度,它们参与植物对金属的吸收、运输、积累和解毒过程。在重金属的超积累植物拟南芥、小麦和酵母体内编码催化 PCs 的生物合成的酶的基因已被鉴定和克隆,可通过修饰或过量表达催化 PCs 的合成酶,提高植物耐金属能力和金属积累量。有机酸参与植物的生理活动,但是在胁迫环境下,有机酸的分泌显著增加。不同的超积累植物对不同的重金属胁迫产生的螯合物质不同,如对镍的超积累植物研究表明,镍在植物体内大多以与柠檬酸和苹果酸的复合物形式存在;而铝的超积累植物起作用的有机酸则是草酸。

三、植物修复有机污染物的过程和机理

　　最早考虑到使用植物来修复有机化合物污染土壤是由于人们观察到一种现象,有机化合物在有植被土壤中的消失快于周围无植被的土壤,由此引发了人们对这种现象进行深入的研究。植物去除有机污染物的机理主要有:直接吸收污染物,经体内代谢,积累在植物组织内,或挥发释放;根系产生一些分泌物和酶,促进污染物在体外发生生化转化;根系的作用增强土壤中微生物的降解活性,有利于污染物的矿化。

　　1. 直接吸收

　　有机污染物被植物吸收后,可直接以母体化合物或以不具有植物毒性的代谢产物的形态,通过木质化作用在植物组织中贮藏,也可代谢或矿化为水和二氧化碳等,或随植物的蒸腾(呼吸)作用排出植物体。

　　植物根直接吸收污染物的过程取决于植物的吸收效率、蒸腾率以及污染物在土壤溶液中的浓度。蒸腾作用是一个关键的变量,它决定着植物修复中化学

物的吸收速率,它又与植物种类、叶片面积、营养成分、土壤水分、风力条件、相对湿度等有关。另外,化合物的理化性质是控制吸收的重要因素,如辛醇-水分配系数($\lg K_{ow}$)、酸度常数、浓度等。最可能被植物吸收的有机物是中等疏水化合物(如 BTEX、卤代烷烃、芳香族化合物、许多农药等),即 $\lg K_{ow}$ 为 0.5~3。对于 $\lg K_{ow} > 3$ 的疏水有机物(如 TCDD,PCBs,酞酸酯类,PAHs),由于它们强烈地吸附在根表面而很难迁移到植株内;水溶性很好的化合物($\lg K_{ow} < 0.5$)不能充分吸附在根上而导致不能很好地穿透植物的膜。另一方面,大部分污染物,如酚类、胺类、苯甲酸酯、大多数除草剂、清洗剂在水中呈解离状态,这些物质的吸收在很大程度上取决于土壤溶液的 pH。细胞质的 pH 通常为 7~7.5,液泡和木质部的 pH 都在 5.5 左右,细胞膜两端的电位差在 -80~120 mV,因此弱酸物质在酸性土壤中易被吸收,而弱碱物质在碱性土壤中易被吸收。

　　有机化合物一旦被吸收,植物就可以通过木质化作用在植物新的组织结构中贮藏它们及其中间代谢产物,或者通过挥发、代谢和矿化作用将它们转化为水和二氧化碳。一般而言,它们会部分或完全被降解,转化为低毒(尤其是对植物低毒)的中间产物,再结合在植物组织中,如植物液泡中或与非溶解性细胞结构(如木质素)中。

　　外来物质被植物吸收到体内后,通常代谢过程经历以下三个阶段:转化(transformation)、结合(conjugation)和隔离(compartmentation),在这些阶段的参与酶与哺乳动物肝脏的酶具有很多共性,因此植物被当作"绿色肝脏"。在植物体内的解毒过程中,外来物质通过转运作用经过细胞膜到达植物体内,在其中细胞色素 p450 混合功能氧化酶和谷胱甘肽硫转移酶对外来物质的转化、结合过程起着重要的作用,最后将外来物质转化为细胞壁物质或者被隔离开。例如,玉米、高粱、甘蔗、宿根等对阿特拉津的抗性较强,因为在这些作物中含有一种谷胱甘肽硫转移酶,可以促进阿特拉津与谷胱甘肽生成可溶于水的结合体,使阿特拉津失去活性,不至于伤害这些作物。研究表明,在高粱叶片中,7 h 内可以有62%被吸收的阿特拉津转化为溶于水的化合物,即 S-(4-乙氨基-6-异丙氨基-2-均三氮苯)谷胱甘肽和 γ-L-谷酰基-S-(4-乙酰基-6-异丙氨基-2-均三氮苯)-L-半胱氨酸。不同的有机污染物被植物吸收后,母体化合物及其代谢产物在植物的根和地上部分的分布往往不同。Schroll 等发现六氯苯和八氯联苯-ρ-二噁英(OCDD)能被根或叶吸收,但不能在根和叶之间转移。相反的是,根和叶吸收除草剂氯苯和三氯乙酸后可以在两部分之间互相转移。参与植物代谢外来物质的酶主要包括:细胞色素 p450、过氧化物酶、加氧酶、谷胱甘肽硫转移酶、羧酸酯酶、O-糖苷转移酶、N-糖苷转移酶、O-丙二酸单酰转移酶和 N-丙二酸单酰转移酶等。而能直接降解有机污染物的酶类主要为:脱卤酶、硝基还原酶、过氧化物酶、漆酶和腈水解酶等。

通过遗传工程可以增加植物本身的降解能力,把细菌中的降解除草剂基因转移到植物中产生抗除草剂的植物。使用的基因还可以是非微生物来源,如哺乳动物的肝和抗药的昆虫。对于一些在植物体内较难降解的污染物,如 PCBs,将动物或微生物体内能降解这些污染物的基因转入植物体内可能是一种好办法。这种基因工程的手段不仅能提高植物降解有机污染物的能力,还可以使植物修复具有一定的选择性和专一性。

2. 植物分泌物的降解作用

植物的根系可向土壤环境释放大量分泌物,其数量约占植物年光合作用的 $10\% \sim 20\%$。植物产生的各种天然有机物或酶类,可以促进有机污染物在植物体外发生生物降解。表 7-1 列出了植物根系的主要分泌物。

表 7-1 植物根系分泌物

分泌物	举 例
糖	葡萄糖、果糖、蔗糖、麦芽糖、半乳糖、木糖、低聚糖
氨基酸	甘氨酸、谷氨酸、天门冬氨酸、丝氨酸、丙氨酸、赖氨酸、精氨酸、苏氨酸、同丝氨酸
芳香化合物	苯酚、1-香芹酮、p-甲基异丙基苯、柠檬烯、异戊二烯
有机酸	乙酸、丙酸、柠檬酸、丁酸、戊酸、苹果酸
挥发性化合物	乙醇、甲醇、甲醛、丙酮、乙醛、丙醛、甲基硫醚、丙基硫醚、烯丙基硫醚
维生素	维生素 B_1、维生素 H、烟酸、维生素 B_2、维生素 B_6、泛酸
酶	磷酸酶、脱氢酶、过氧化物酶、脱卤酶、硝基还原酶、漆酶、腈水解酶

研究表明,在这些根系分泌物中,酶对污染物的降解起到关键作用。植物释放到环境中的酶类,如脱卤酶、磷酸酶、硝基还原酶、漆酶、脱氢酶、腈水解酶和过氧化物酶等,可以降解 TNT,TCE,PAHs 和 PCBs 等细菌难以降解的有机污染物。植物产生的硝基还原酶和漆酶在野外试验中分别显示出对军火废弃物(TNT,二硝基-氨基甲苯和-硝基二氨基甲苯)和三氨基甲苯的显著降解。另外,还有人研究了腈水解酶降解 4-氯腈苯及脱卤酶代谢六氯乙烷和 TCE 的能力。脱氯酶可降解含氯溶剂,生成氯离子、二氧化碳和水。

另外,植物还可分泌共代谢的底物,使难降解污染物发生共代谢作用,人们研究筛选可以分泌苯酚类物质的植物来处理 PCB 污染的土壤,因为苯酚类物质可以支持和促进 PCB 降解菌的生长和繁殖。Fletcher 等筛选出 17 种可以分泌苯酚类物质的多年生植物,可以支持 PCB 降解菌的生长,并且发现桑树(*Morus rubra L.*)具有很好的用于植物修复的潜力。

3. 增强根际微生物降解

直接围绕在植物根周围的土壤环境,一般称作根际(rhizosphere)。植物根系分泌的一些物质及酶进入土壤,不但可以降解有机污染物,还向生活在根际的微生物提供营养和能量,支持根际微生物的生长和活性,使根际环境的微生物数量明显高于非根际土壤,生物降解作用增强。植物根系的土壤其微生物数量和活性比无根系土壤中微生物数量和活性可增加 5~10 倍,有的高达 100 倍。已经有研究表明能加速许多农药、三氯乙烯和石油烃的降解。同时植物根系的腐解作用向土壤中补充有机碳,可加速有机污染物在根区的降解速率。此外,根系的穿插作用还能疏松土壤,为根际土壤创造了有利于微生物生长的供氧条件、水分状况和温度,使根区的代谢活动得以顺利进行。反过来,根际环境中微生物的作用也可促进植物的生长,从而加速对降解产物的吸收。这一共存体系的共同作用,将在很大程度上加速污染土壤的修复速率。

根区微生物群落的组成与根的类型、植物种类、植物年龄、土壤类型以及其他一些因素,如植物根暴露于外源化合物的历史有关。一般情况下,根区土壤中占支配地位的微生物群落是革兰氏阴性细菌。根区 CO_2 浓度要高于非根区,且根区土壤的 pH 与非根区土壤相比,也会变化 1~2 个单位。O_2 浓度、渗透压、氧化还原电位、水分含量等参数会因为植物的存在而有所不同,这些参数又会因为植物种类的不同而有差异。

在根区,植物和微生物之间关系复杂,并且演化成为互惠互利的关系。植物通过根系分泌一些物质如糖类、氨基酸等,并脱落根的表皮细胞来维持庞大的微生物群落。植物通过根部沉积作用的量相当大,保护根尖避免摩擦损伤的根冠以每天 10 000 个细胞的速率脱落。另外,根细胞分泌黏液,这是一种凝胶状物质,在植物生长过程中,为根穿透土壤起到润滑剂的作用。这种黏液和其他细胞分泌物一起,构成根分泌物。溶解态分泌物包括脂肪烃、芳香族化合物、氨基酸和糖类等物质。根冠细胞和分泌物是根区微生物生长的重要营养源。值得注意的是,虽然植物根分泌物进入土壤后对微生物群落产生重要影响,但主要还是植物的根表面为微生物提供增殖的场所。为微生物增殖提供大的表面积的是植物须根,而不是主根系统。

一旦微生物种群在根区形成以后,它们可以由根分泌物和腐烂的植物组织提供营养;同时,由于微生物的存在也会诱导某些有机营养盐的释放和产生。在没有细菌和真菌存在的情况下,植物分泌物的量会减少,结果导致不能提供足够的有机基质来维持微生物生长。豆科植物和固氮菌之间的相互作用会引起微生物生物量、植物生长以及根分泌量的增加,可能是因为固氮菌的存在而导致土壤氮的生物可利用性增强的缘故。这也可能会引起根区土壤中有机物的微生物降解的增强。

　　有研究表明,植物根区的菌根具有独特的酶系统和代谢途径,可以降解不能被细菌单独降解的有机污染物。Anderson 等栽种了一种对除草剂有耐受性的植物 *Kochia* sp.,研究三种农药阿特拉津、氟乐灵等在根区的降解,并与未栽种植物的土壤比较。实验前根区土壤中微生物数量高于非根区。实验后,两种土壤中微生物数量都有升高,但根区中仍高于非根区,并且根区中农药降解明显增强。Sun 等也做了涕灭威在三种作物根区土壤中的降解实验,结果表明根区微生物数量都有不同程度的升高,涕灭威的降解明显快于非根区。他们发现增强的降解作用主要是由于根区促进降解造成的,植物吸收只占其中的很小一部分。郑师章和乐毅全研究了凤眼莲对酚的降解,发现无菌凤眼莲 10 h 使酚只降解了 1.9%,有假单胞菌时,酚也只降解了 37.9%,但是凤眼莲－假单胞菌复合体系却能降解 97.5% 的酚。这表明凤眼莲的根系不能降解酚,是根系分泌物促进了假单胞菌等酚降解菌的生长,加速了酚的去除。植物修复是一种绿色技术,利用植物的生长吸收、转化、转移污染物,以清除土壤环境中的污染物或使其有害性得以降低或消失。

第三节　化学氧化技术

一、概述

　　化学氧化修复技术是利用氧化剂的氧化性能,使污染物氧化分解,转变成无毒或毒性较小的物质,从而消除土壤和水体环境中的污染。氧化剂能使污染物转化或分解成毒性、迁移性或环境有效性较低的形态。常用于修复的化学氧化剂包括高锰酸钾、臭氧、过氧化氢和 Fenton 试剂等,它们已在修复工程中被广泛应用。几种氧化剂的氧化还原电位列于表 7-2 中。

表 7-2　　几种氧化剂的氧化还原电位

氧化剂	氧化还原电位(氢标)/V	相对氯气氧化能力
氟气	3.06	2.25
羟基自由基	2.80	2.05
原子氧	2.42	1.78
臭氧	2.07	1.52
双氧水	0.87	0.64
氧气	0.40	0.29

　　在使用以上这些化学氧化技术的时候,其反应机理不完全相同,有的是氧化

剂直接氧化有机污染物(如高锰酸钾氧化法),而有的是在反应过程中产生具有高度氧化性能的物质(如 Fenton 试剂氧化),其中优势更明显、更显示出良好应用前景的是深度氧化技术(advanced oxidation process,AOP)。所谓深度氧化技术,是相对于常规氧化技术而言的,指在体系中能产生具有高度反应活性的自由基(如羟基自由基,·OH),充分利用自由基的活性,快速彻底地氧化有机污染物的处理技术。羟基自由基具有如下重要性质:(i) ·OH 是一种很强的氧化剂,其氧化还原电位为 2.80 V,在已知的氧化剂中仅次于氟。(ii) ·OH 的能量为 502 kJ/mol。而构成有机物的主要化学键的能量分别为 C—C:347 kJ/mol;C—H:414 kJ/mol;C—N:305 kJ/mol;C—O:351 kJ/mol;O—H:464 kJ/mol;N—H:389 kJ/mol。因此从理论上讲,·OH 可以彻底氧化(矿化)所有的有机污染物。(iii) 具有较高的电负性或电子亲和能(569.3 kJ),容易进攻高电子云密度点,同时,·OH 的进攻具有一定的选择性。(iv) ·OH 还具有加成作用,当有碳碳双键存在时,除非被进攻的分子具有高度活泼的碳氢键,否则,将在双键处发生加成反应。(v) 由于它是一种物理-化学处理过程,很容易加以控制,以满足处理需要,甚至可以降解 10^{-9} 数量级的污染物。(vi) 既可作为单独处理,又可与其他处理过程相匹配,如作为生化处理前的预处理,可降低处理成本。它以一种近似于扩散的速率 $[K_{HO.} > 10^9 \text{ mol}/(\text{L·s})]$ 与污染物反应,反应彻底,不产生副产物。因此,深度氧化技术为解决以前传统化学和生物氧化法难以处理的污染问题开辟了一条新途径。近年来,原位化学氧化技术受到青睐,原位化学氧化技术(in-situ chemical oxidation,ISCO)是指,在处理污染场地时不需开挖、运输受污染的土壤和地下水,在原来的位置就可进行的氧化处理操作技术。它是一种简单易行的污染处理方式,由于不需要挖掘污染的土壤和地下水,操作相对比较简单,但通常需要由不同深度的垂直灌注井和加压平流的喷射点构成氧化剂的传输系统,把氧化剂迅速地运送到地下,均匀分散。

二、高锰酸钾氧化法

1. 性质简介

高锰酸钾($KMnO_4$)是一种常用的氧化剂,高锰酸钾在酸性溶液中具有很强的氧化性,反应式为

$$MnO_4^- + 8H^+ + 5e^- \Longrightarrow Mn^{2+} + 4H_2O \qquad (7-1)$$

其标准氧化还原电位为 $E^\ominus = 1.51 \text{ V}$。高锰酸钾在中性溶液中的氧化性要比在酸性溶液中低得多,反应式为

$$MnO_4^- + 2H_2O + 3e^- \Longrightarrow MnO_2 + 4OH^- \qquad (7-2)$$

其标准氧化还原电位为 $E^{\ominus}=0.588$ V。高锰酸钾在碱性溶液中的氧化性也较弱,其标准氧化还原电位为 $E^{\ominus}=0.564$ V。高锰酸钾在中性条件下的最大特点是反应生成二氧化锰,由于二氧化锰在水中的溶解度很低,便以水合二氧化锰胶体的形式由水中析出。正是由于水合二氧化锰胶体的作用,使高锰酸钾在中性条件下具有很高的去除水中微污染物的效能,而在处理土壤中的有机污染物时,则是在酸性条件下更好。使用高锰酸钾作为氧化剂的优势是:(i) 高锰酸钾反应产物为锰的化合物,是土壤成分一部分,不会产生二次污染;(ii) 具有相对比较高的氧化还原电位;(iii) 由于具有很高的水溶性,高锰酸钾可通过水溶液的形式导入土壤的受污染区;(iv) 常温下高锰酸钾作为固体,它的运输和存储也较为方便;(v) 由于高锰酸钾在比较宽的 pH 范围内氧化性都较强,能破坏碳碳双键,所以它不仅对三氯乙烯、四氯乙烯等含氯溶剂有很好的氧化效果,且对其他烯烃、酚类、硫化物和甲基叔丁基醚(MTBE)等污染物也很有效。

2. 氧化有机污染物的机理

高锰酸钾参加的氧化反应其机理相当复杂,且反应种类繁多,影响反应的因素也较多。对同一个反应,介质不同,其反应机理也可能不同。如高锰酸根离子与芳香醛的反应,在酸性介质中按氧原子转移机理,而在碱性介质中则按自由基机理进行;另外,对某一个反应有时也很难用单一的机理来说明,如锰酸钾根离子(MnO_4^{2-})与烃的反应,反应过程中发生了氢原子的转移,但产物却生成了自由基,故反应过程中又包含有自由基反应。

在酸性条件下,高锰酸钾与其他氧化剂不同,它是通过提供氧原子而不是通过生成羟基自由基进行氧化反应的。因此,当处理的污染土壤中含有大量碳酸根、碳酸氢根等羟基自由基的猝灭剂时,高锰酸钾的氧化作用也不会受到影响。高锰酸钾对微生物无毒,可与生物修复串联使用。然而高锰酸钾对柴油、汽油及石油碳化氢(BTEX)类污染物的处理不是很有效。当土壤中有较多铁离子、锰离子或有机质时,需要加大药剂用量。高锰酸钾氧化乙烯的反应机理如图 7-4 所示。

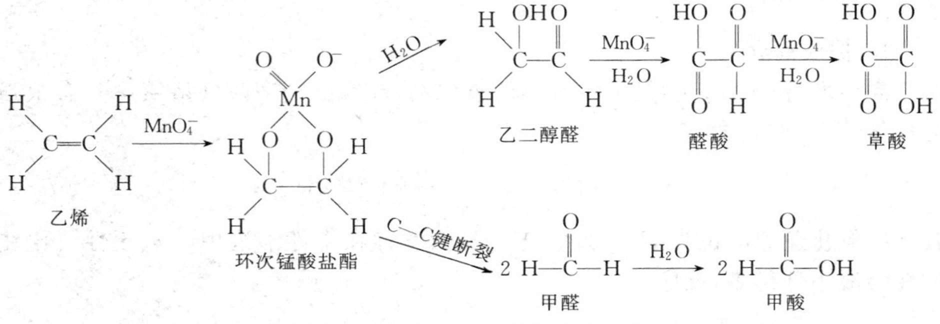

图 7-4　在弱酸性的条件下高锰酸钾氧化烯烃的反应机理

从图中可以看出,在弱酸性的条件下,高锰酸钾和烯烃氧化形成环次锰酸盐酯,然后环酯在弱酸或中性条件下,锰氧键断裂,通过水解形成乙二醇醛。乙二醇醛能进一步发生氧化转变成醛酸和草酸。另一条可能的反应途径是烯烃和高锰酸钾反应形成环次锰酸盐酯,然后高锰酸钾打开环酯键,形成两个甲酸,在一定的条件下,所有的羧酸都可被进一步氧化成二氧化碳。

中性条件下,无论是对低相对分子质量、低沸点的有机污染物,还是对高相对分子质量、高沸点有机污染物,高锰酸钾的氧化去除率均很高,明显优于酸性或碱性条件。大约50%以上的有机污染物在中性条件下经高锰酸钾氧化后全部去除,剩余的有机污染物浓度很低。在酸性和碱性条件下,高锰酸钾对低相对分子质量、低沸点类有机污染物有良好的去除效果,但对高相对分子质量、高沸点有机污染物,去除效果很差。

在酸性条件下高锰酸钾能够与农药艾试剂和狄氏剂发生反应,把它们彻底氧化成二氧化碳和水,其与艾试剂和狄氏剂反应方程式如下:

$$3C_{12}H_8Cl_6 + 50KMnO_4 + 32H^+ \longrightarrow 36CO_2 + 50MnO_2 + 18KCl + 32K^+ + 28H_2O$$

$$(7-3)$$

$$C_{12}H_8Cl_6O + 16KMnO_4 + 10H^+ \longrightarrow 12CO_2 + 16MnO_2 + 6KCl + 10K^+ + 9H_2O$$

$$(7-4)$$

从以上两个反应方程式可以看出1 g艾试剂需要7.2 g的高锰酸钾,而1 g狄氏剂需要6.6 g的高锰酸钾;但是实际处理污染场地时消耗高锰酸钾的量往往比这个数字要大很多。这是由于高锰酸钾的氧化反应没有选择性,土壤中的天然有机质可以与高锰酸钾发生反应,消耗掉一部分高锰酸钾氧化剂。

实际处理结果表明,当艾试剂在土壤中的含量为4.2 mg/kg时,用5 g/kg的高锰酸钾处理,艾试剂几乎能被全部氧化去除,去除率可以达到98%以上;这是由于艾氏剂易于被氧化转变成其他化合物。而狄氏剂在土壤中的含量为1.0 mg/kg时,用5 g/kg的高锰酸钾去处理,狄氏剂虽然也能被氧化一部分,但氧化去除率却比艾试剂低很多,只有65%;这是由于狄氏剂比较稳定不易被氧化的缘故。

三、臭氧氧化技术

1. 性质简介

臭氧在常温常压下是一种不稳定、具有特殊刺激性气味的浅蓝色气体,臭氧具有极强的氧化性能,在酸性介质中氧化还原电位为2.07 V,在碱性介质中为1.27 V,其氧化能力仅次于氟,高于氯和高锰酸钾。基于臭氧的强氧化性,且在水中可短时间内自行分解,没有二次污染,因此是理想的绿色氧化药剂。臭氧的水溶解度比氧气大 12 倍,使之很容易溶解在土壤溶液中,在土壤体系中得到传输,这样就有利于与污染物充分接触,有利于反应的进行;臭氧可以现场生产,这样就避免了运输和储存过程所遇到的问题;另外,臭氧分解产生氧气,从而可以提高土壤中氧气的浓度。

O_3 氧化能力很强,但也并非完美无缺。其中臭氧应用于污染处理还存在着一些问题,如臭氧的发生成本高,而利用率偏低,使臭氧处理的费用高;臭氧与有机物的反应选择性较强,在低剂量和短时间内臭氧不可能完全矿化污染物,且分解生成的中间产物会阻止臭氧的进一步氧化。其他的一些问题还包括:(i) 由于臭氧在常温下呈气态,较难应用。(ii) 由于经济方面等原因,O_3 投加量不可能很大,将大分子有机物全部无机化,这将导致 O_3 不可能将部分中间产物完全氧化,如甘油、乙醇、乙酸等。同时,O_3 不能有效地去除氨氮,对水中有机氯化物无氧化效果。(iii) 臭氧氧化会产生诸如:饱和醛类、环氧化合物、次溴酸(当水中含有较多的溴离子时)等副产物,对生物有不良影响。Seibel 等用 O_3 处理土壤中的多环芳烃类物质萘、菲、芘的混合物,土壤中污染物含量为 $700 \sim 2\,400$ mg/kg,去除率为 $40\% \sim 86\%$。反应后土壤中的溶解性有机碳(DOC)含量增加。毒性试验表明,产物毒性在反应的前 30 min 内有所增加。所以,在臭氧修复中争议较大的是产物的毒性问题,这将影响臭氧修复的应用以及与生物修复的结合。因此提高臭氧利用率和氧化能力就成为臭氧深度氧化技术的研究热点。

2. 臭氧氧化有机污染物的机理

(1) 臭氧分子的直接氧化反应 臭氧的分子结构呈三角形,中心氧原子与其他两个氧原子间的距离相等,在分子中有一个离域 π 键,臭氧分子的特殊结构使得它可以作为偶极试剂、亲电试剂和亲核试剂。在直接氧化过程中,臭氧分子直接加成到反应物分子上,形成过渡型中间产物,然后再转化成最终产物,臭氧与烯烃类物质的反应就属于此类型。臭氧能与许多有机物或官能团发生反应:如 C═C,C≡C,芳香化合物,碳环化合物,═N—N═S,C≡N,C—Si,—OH,—SH,—NH$_2$,—CHO,—N═N 等。臭氧与有机物的反应是选择性的,而且不能将有机物彻底分解为 CO_2 和 H_2O,臭氧化产物常常为羧酸类有机物,主要是一元酸、二元酸类有机小分子。臭氧与芳烃类化合物发生反应,生成不稳定的中间产物,这些不稳定的中间产物很快地分解形成儿茶酚、苯酚和羧酸衍生物。苯酚能被臭氧进一步氧化为有机酸和醛。

臭氧与有机物的直接反应机理可以分为三类:

① 打开双键发生加成反应。由于臭氧具有一种偶极结构,因此可以同有机物的不饱和键发生 1,3-偶极环加成反应,形成臭氧化的中间产物,并进一步分

解形成醛、酮等羰基化合物和水。例如：

$$R_1R_2C \!=\! CR_3R_4 + O_3 \longrightarrow R_1COOR_2 + R_3R_4C \!=\! O \qquad (7-5)$$

式中 R 基团可以是烃基或氢。

② 亲电反应。亲电反应发生在分子中电子云密度高的点。对于芳香族化合物，当取代基为给电子基团（—OH，—NH$_2$ 等）时，它与邻位或对位碳具有高的电子云密度，臭氧化反应发生在这些位置上；当取代基是吸电子基团（如 —COOH，—NO$_2$ 等）时，臭氧化反应比较弱，反应发生在这类取代基的间位碳原子上，进一步与臭氧反应则形成醌，打开芳环，形成带有羰基的脂肪族化合物。

③ 亲核反应。亲核反应只发生在带有吸电子基团的碳原子上。分子臭氧的反应具有极强的选择性，仅限于同不饱和芳香族或脂肪族化合物或某些特殊基团发生反应。

（2）自由基的反应　臭氧在碱性环境等因素作用下，产生活泼的自由基，主要是羟基自由基（·OH），与污染物反应。臭氧在催化条件下易于分解形成 ·OH，土壤中天然存在的金属氧化物 α-Fe$_2$O$_3$，MnO$_2$ 和 Al$_2$O$_3$ 通常可以作为这种催化反应的活性位点。因此，臭氧气体能直接或通过在土壤中形成·OH迅速氧化土壤中的许多有害污染物，使它们变得易于生物降解或者变成亲水性的无害化合物。进一步的研究发现，臭氧的氧化作用可以增大土壤中的小分子酸的比例和有机质的亲水性，并通过改变土壤颗粒的结构，促进有机污染物从土壤的脱附，从而提高有机物被生物降解的可能性。然而，臭氧的作用也会由于以下因素而受到限制，例如土壤有机质的竞争反应、土壤湿度、渗透性和 pH 等。要提高臭氧的氧化速率和效率，必须采取其他措施促进臭氧的分解而产生活泼的羟基自由基。

四、过氧化氢及 Fenton 氧化技术

1. 性质简介

过氧化氢的分子式为 H$_2$O$_2$，它是一弱酸性的无色透明液体，它的许多物理性质和水相似，可与水以任意比例混合，过氧化氢的水溶液也叫双氧水。当过氧化氢的质量分数达 86% 时，要进行适当的安全处理，防止爆炸。在处理污染物时，一般使用的是质量分数为 35% 的过氧化氢。过氧化氢分子中氧的价态是 −1，它可以转化成 −2 价，表现出氧化性，还可以转化成 0 价态，表现出还原性，因此过氧化氢具有氧化还原性。过氧化氢的氧化还原性在不同的酸、碱和中性条件下会有所不同。使用过氧化氢溶液作为氧化剂，由于其分解产物为水和二氧化碳，不产生二次污染，因此它也是一种绿色氧化剂。过氧化氢不论在酸性或

碱性溶液中都是强氧化剂。只有遇到如高锰酸根等更强的氧化剂时,它才起还原作用。在酸性溶液中用过氧化氢进行的氧化反应,往往很慢;而在碱性溶液中氧化反应是快速的。过氧化氢在水溶液中的氧化还原性由下列电位决定:

$$H_2O_2 + 2H^+ + 2e^- \Longrightarrow 2H_2O \qquad E = 1.77 \text{ V} \qquad (7-6)$$

$$O_2 + 2H^+ + 2e^- \Longrightarrow H_2O_2 \qquad E = 0.68 \text{ V} \qquad (7-7)$$

$$HO_2^- + H_2O + 2e^- \Longrightarrow 3OH^- \qquad E = 0.87 \text{ V} \qquad (7-8)$$

溶液中微量存在的杂质,如金属离子(Fe^{3+},Cu^{2+})、非金属、金属氧化物等都能催化过氧化氢的均相和非均相分解,Fenton 试剂是指在天然或人为添加的亚铁离子(Fe^{2+})时,与过氧化氢发生作用,能够产生高反应活性的羟基自由基(·OH)的试剂。过氧化氢还可以在其他催化剂(如 Fe,UV254 等)以及其他氧化剂(O_3)的作用下,产生氧化性极强的羟基自由基(·OH),使水中有机物得以氧化而降解。Fenton 氧化修复技术具有以下特点:(i) Fenton 试剂反应中能产生大量的羟基自由基,具有很强的氧化能力,和污染物反应时具有快速、无选择性的特点;(ii) Fenton 氧化是一种物理-化学处理过程,很容易加以控制,以满足处理需要,对操作设备要求不是太高;(iii) 它既可作为单独处理单元,又可与其他处理过程相匹配,如作为生化处理的前处理;(iv) 由于典型的 Fenton 氧化反应需要在酸性条件下才能顺利进行,这样会对环境带来一定的危害;(v) 实际处理污染土壤时,由于 Fenton 反应是放热反应会产生大量的热,操作时要注意安全;(vi) Fenton 氧化对生物难降解的污染物具有极强的氧化能力,而对于一些生物易降解的小分子反而不具备优势。

2. 反应路径及影响因素

Fenton 反应体系中,过氧化氢产生羟基自由基的路径可由图 7-5 表示:

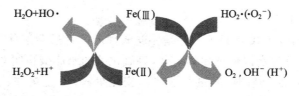

图 7-5 Fenton 反应体系中过氧化氢产生自由基反应

总方程式为

$$Fe^{2+} + H_2O_2 \xrightarrow{H^+} Fe^{3+} + O_2 + \cdot OH \qquad (7-9)$$

在水溶液中的主要反应路径是生成具有高度氧化性和反应活性的·OH；但在过氧化氢过量情况下，还可生成 $HO_2·(·O_2^-)$ 等具有还原活性的自由基；另外过氧化氢还可自行分解或直接发生氧化作用，哪种路径占主导取决于环境条件。

Fenton 反应生成的·OH 能快速地降解多种有机化合物。

$$RH + ·OH \longrightarrow H_2O + R· \tag{7-10}$$

$$R· + Fe^{3+} \longrightarrow Fe^{2+} + 产物 \tag{7-11}$$

这种氧化反应速率极快，遵循二级动力学，在酸性 pH 条件下效率最高，在中性到强碱性条件下效率较低。

Fenton 试剂反应需在酸性条件下才能进行，因此对环境条件的要求比较苛刻。下面是影响 Fenton 反应的主要条件。

① pH 的影响。Fenton 试剂是在酸性条件下发生作用的，在中性和碱性的环境中，Fe^{2+} 不能催化 H_2O_2 产生·OH，因为 Fe^{2+} 在溶液中的存在形式受制于溶液的 pH 的影响。按照经典的 Fenton 试剂反应理论，pH 升高不仅抑制了·OH的产生，而且使溶液中的 Fe^{2+} 以氢氧化物的形式沉淀而失去催化能力。当 pH 低于 3 时，溶液中的 H^+ 浓度过高，Fe^{3+} 不能顺利地被还原为 Fe^{2+}，催化反应受阻。

② H_2O_2 浓度的影响。随着 H_2O_2 用量的增加，COD 的去除首先增大，而后出现下降。这种现象被理解为在 H_2O_2 的浓度较低时，H_2O_2 的浓度增加，产生的·OH量增加；当 H_2O_2 的浓度过高时，过量的 H_2O_2 不但不能通过分解产生更多的自由基，反而在反应一开始就把 Fe^{2+} 迅速氧化为 Fe^{3+}，并且过量的 H_2O_2 自身会分解。

③ 催化剂（Fe^{2+}）浓度的影响。Fe^{2+} 是催化产生自由基的必要条件，在无 Fe^{2+} 条件下，H_2O_2 难以分解产生自由基，当 Fe^{2+} 的浓度过低时，自由基的产生量和产生速率都很小，降解过程受到抑制；当 Fe^{2+} 过量时，它还原 H_2O_2 且自身氧化为 Fe^{3+}，消耗药剂的同时增加出水色度。因此，当 Fe^{2+} 浓度过高时，随着 Fe^{2+} 的浓度增加，COD 去除率不再增加反而有减小的趋势。

④ 反应温度的影响。对于一般的化学反应随反应温度的升高反应物分子平均动能增大，反应速率加快；对于一个复杂的反应体系，温度升高不仅加速主反应的进行，同时也加速副反应和相关逆反应的进行，但其量化研究非常困难。反应温度对 COD 降解率的影响由试验结果可知，当温度低于 80 ℃时，温度对降解 COD 有正效应；当温度超过 80 ℃以后，则不利于 COD 成分的降解。针对 Fenton试剂反应体系，适当的温度激活了自由基，而过高温度就会出现 H_2O_2 分解为 O_2 和 H_2O。

　　土壤是包含多种成分的非均相多介质体系,在土壤修复中,Fenton 反应的影响因素将更复杂。很多成分会通过影响过氧化氢的分解路径,·OH 产生效率及污染物的结合状态而影响被吸附污染物的 Fenton 氧化效率。一般认为,羟基自由基只与水相中自由态的污染物反应。但是有研究表明在某些条件下,高剂量的过氧化氢也可直接氧化土壤中吸附态的污染物,Fenton 氧化反应的速率远远大于化学物质从土壤上脱附的速率,其作用机理还不甚清楚。一种推测是·OH 可直接与吸附态污染物反应;另外一种可能是大剂量的过氧化氢通过其他反应途径,产生还原性自由基 $HO_2 \cdot (\cdot O_2^-)$,促进污染物的脱附。

　　土壤中的腐殖质会从以下几个途径造成正负两方面的影响,哪种过程占主导还没有定论。

　　① 土壤有机质影响污染物的吸附。如果只有溶液中的有机污染物能被自由基氧化,脱附速率将成为整个反应的速控步。

　　② 腐殖质可能影响过氧化氢的分解路径。有研究报道,当土壤腐殖质含量较低时,过氧化氢虽然分解很慢,但·OH 是主要产物,因此有利于污染物降解。腐殖质含量高时,过氧化氢虽然分解快,但产生·OH 的比例低,有机物去除效率相对降低。

　　③ 腐殖质含有大量的醌类等电子传递体系,可促进 Fe(Ⅲ)向 Fe(Ⅱ)的转化,加快自由基生成,促进氧化反应。

　　④ 土壤腐殖质会消耗部分氧化剂,与污染物竞争,降低其去除效率。反过来,通过氧化反应,腐殖质的结构可能部分被破坏或发生官能团的变化,释放吸附在其中的污染物,促进物质的分解。

　　随着人们对 Fenton 氧化反应的研究逐渐深入,这项新兴的环境修复技术正越来越广泛地应用于土壤有机污染的治理。例如,二噁英的同分异构体 2,3,7,8-四氯联苯-ρ-二噁英(TCDD)被认为是对人体最具毒性的化合物,且几乎不可生物降解。Kao 和 Wu 将 Fenton 氧化作为生物降解的前处理,应用于 TCDD 污染土壤的修复,使 99% 的 TCDD 转化为生物可利用的中间产物。Tyre 等发现不在土壤中加入溶解态铁时,四种抗生物降解的化合物也可以被氧化,据此他提出自然界存在的某些铁矿物,如针铁矿、赤铁矿和磁铁矿等也对 Fenton 反应有催化能力,即引发所谓的类 Fenton 氧化反应。由于天然土壤中通常存在质量分数在 0.5%~5% 的各种铁矿物,所以由土壤天然成分催化的类 Fenton 氧化技术在土壤修复中的应用更有意义。

第四节　电动力学修复

一、基本原理

利用电动力学原理对受污染土壤进行修复的方法称为电动力学修复(electrokinetic remediation)技术。电动力学修复是将电极插入受污染的地下水及土壤区域,施加直流电,形成直流电场。由于土壤颗粒表面双电层、孔隙水中带有电荷的离子或颗粒,在电场作用下通过电迁移、电渗析流或电泳的方式沿电场方向定向迁移,这些统称为电动效应。这样,污染物离开土壤向两极迁移,最终富集在电极区得到集中处理或分离。

电迁移指带电离子在土壤溶液中朝带相反电荷电极方向的运动。在直流电场中,正离子向阴极迁移,负离子向阳极迁移。电迁移速率取决于土壤-水体系的导电情况。离子在溶液中的迁移系数 u 可用下式表达:

$$u = \frac{ZDL}{RT} \tag{7-12}$$

式中:Z——离子的电荷数;

　　　D——扩散系数;

　　　T——热力学温度;

　　　L——Avogadro 常数;

　　　R——摩尔气体常数。

由于离子在土壤中的迁移比在水中的更加复杂,所以在实际土壤中电迁移速率应为

$$u^* = u/\tau \tag{7-13}$$

式中:τ——经验常数。

电渗析流指土壤微孔中的带电液体(与土壤颗粒表面电荷相反)在电场作用下,相对于带电土壤颗粒表层的移动。通常,土壤表面带负电荷,并与孔隙水中的阳离子形成双电层,在电场的作用下,土壤孔隙水中的阳离子向阴极方向流动,产生一种驱动力,在它们的带动下,孔隙水向阴极方向流动。对绝大多数土壤来说,电渗析流都能提供均一的孔隙水流,因为边界层离子的运动为孔隙水流提供了动力,孔隙的大小不太重要。因而电渗析流的速率不像水力流那样受孔隙大小的制约,因而电极之间的整个土壤大体上有相同的处理效果。

电渗析流与外加电压梯度成正比。在电压梯度为 1 V/cm 时,电渗析流量

可高达 10^{-4} cm^3/(cm$^2 \cdot$ s),电渗析流可用以下方程描述:

$$q_V = K_e \times I_e \times A \qquad\qquad (7-14)$$

式中:q_V——体积流量;

　　　K_e——电渗析流导率系数;

　　　I_e——电流梯度;

　　　A——截面积。

系数 K_e 一般范围在 $1 \times 10^{-9} \sim 10 \times 10^{-9}$ m^3/(V$\cdot$s)。

电泳指土壤中带电胶体粒子的迁移运动。土壤中的胶体颗粒包括细小土壤颗粒、腐殖质和微生物细胞等。其运动方向和大小取决于电场和毛细孔隙的直径等因素。在密实型土壤中,电泳表现出的作用并不显著。只有往溶液中加入表面活性剂或者在泥浆处理中运用该技术,电泳才起到明显作用。图 7-6 为电动力学修复原理示意图。

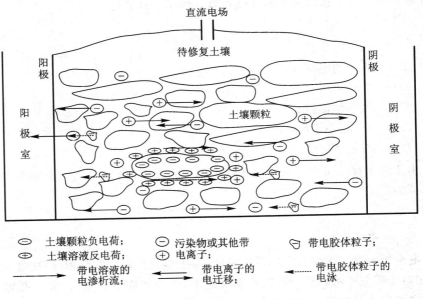

图 7-6　电动力学修复原理示意图

电动力学修复可以用于抽提地下水和土壤中的重金属离子,也可对土壤中的有机物进行去除。重金属离子等带电污染物可主要通过电迁移作用去除,而有机污染物的清洗主要依赖于土壤间隙水分的电渗析流。此外,污染物还可吸附于胶体颗粒上,随其电泳而得到迁移。由于电动效应的产生受土壤透水性影响小,因此电动力学修复技术特别适合于处理低渗透性密质土壤,并与其他修复技术进行互补。电动力学修复技术不破坏现场的生态环境,安装和操作容易,修复成本低。

二、影响因素

影响土壤电动力学修复效率的因素很多,包括电压和电流大小、土壤类型、污染物性质、洗脱液组成和性质、电极材料和结构等。

以电动力学修复技术处理污染土壤的过程中,水分子在电极表面发生电解。阳极电解产生氢离子和氧气,阴极电解产生氢气、氢氧根离子。

阳极:　　　　　　$2H_2O - 4e^- \longrightarrow O_2 + 4H^+$　　　　　　　　　(7-15)

阴极:　　　　　　$2H_2O + 2e^- \longrightarrow H_2 + 2OH^-$　　　　　　　　　(7-16)

电解反应导致阳极附近的 pH 呈酸性,而阴极附近呈碱性。在电场作用下,H^+ 向阴极迁移,OH^- 向阳极迁移,酸性迁移带与碱性迁移带在土壤某处相遇且中和,产生 pH 突变,并从该点将整个操作区间划为酸性和碱性区域。其中 H^+ 因为半径小,其迁移速率是 OH^- 的 1.8 倍,所以突变点总是靠近阴极。

酸性迁移带有利于吸附态的重金属阳离子释放到水相,增加了重金属的移动性,有利于重金属的去除。但是,当 pH 变得太低时,不利于电渗析流。过多 H^+ 聚集在土壤颗粒表面会降低电渗析流的速率,这是因为 H^+ 直径小,对水流的"拉动"作用很小;另外,pH 进一步降低,会引起土壤孔隙表面的 Zeta 电位极性的改变(由负变为正),电渗析流出现从阴极到阳极的逆流现象。这些都不利于依靠电渗析流去除的污染物,如有机污染物。

而碱性迁移带的形成,使某些重金属易形成难溶物沉积下来,从而限制污染物的去除效率。因此,控制阴极区的 pH 或者使阴极产生的 OH^- 不进入土壤成为电动力学修复重金属污染土壤的一个重要环节。为了控制阴极区的 pH,一般采用弱酸对阴极室溶液 pH 进行调控,或者利用纯净水不断更新阴极池中的碱溶液,或者将两极的水交换循环。另一解决措施是采用钢材料的牺牲电极。使用这种电极时,铁会比水更优先氧化从而减少氢离子的产生。同时采用这两种措施可以使阳极附近的 pH 维持在一个中性的范围从而产生持续的电渗析流。

除了利用化学试剂来控制外,在土柱与阴极池之间使用阳离子交换膜也可以抑制阴极区 pH 的升高。阳离子交换膜仅允许重金属阳离子通过,而阻止 OH^- 向土壤中移动。同样,当需要控制土壤酸度时,也可在阳极室与土壤之间使用阴离子交换膜,避免 H^+ 进入土壤。这种情况出现在某些阴离子的修复,如

NO_3^-,CrO_4^- 及 AsO_4^{3-} 等,或者利用电渗修复有机污染物污染。

重金属离子对土壤的 pH 最敏感,因为重金属离子在土壤中被赋予不同的形态,如水溶态、可交换态、碳酸盐结合态、金属氧化物结合态、有机物结合态及残留态等,还有以沉淀形式存在的金属。只有水溶态和可交换态存在的重金属较易被电动力学修复,修复效率可达到 90%,而以有机物结合态和残留态存在的重金属将较难被去除,去除率约为 30%。一般情况下,酸性增加将加速其他形态存在的重金属向溶解态转化,从而提高重金属的修复效率。Ottosen 等研究了 Cu,Pb,Zn 在石灰性土壤和非石灰性土壤中的电动力学修复,发现由于石灰性土壤中重金属的沉淀和强的 pH 缓冲特性,将降低重金属的修复效率。Sah 等采用 0.1 mol/L 的盐酸来饱和 Pb,Cd 污染土壤,然后对其进行修复可有效去除土壤中的重金属。同样,提高土壤溶液的盐度,盐分离子作为竞争离子将重金属离子从土壤颗粒置换下来,也会提高溶解态重金属的含量,从而增加重金属离子的修复效率。另外,还可通过加入络合剂及表面活性剂等提高重金属的流动性。Reed 等比较了使用乙酸、盐酸-乙酸和 EDTA 控制阴极液条件来研究土壤中 Pb 的电动力学修复过程,发现 3 种体系都能明显提高修复效率,超过 65% 的 Pb 被去除。在对电动力学修复去除黄棕壤中 Cr 的研究中发现,加入 EDTA,柠檬酸和乳酸可明显改变电动过程中电渗析流的大小和 Cr 在土壤中的分配,但 EDTA 和乳酸对总 Cr 的去除率影响不大;而柠檬酸由于具有强的络合 Cr(Ⅲ) 能力而显著增加土壤中总 Cr 的去除。

用电渗析流原理处理有机污染物更有优势,因为许多有机污染物在电场下的迁移几乎不受 pH 的影响,如 TCE 等。有机污染物即使在更高的 pH 下也不会沉积于土壤颗粒中。采用这种技术处理有机污染物所需要的唯一的一个限制条件就是阳极附近必须保持一定的含水量以使电渗析流持续不断地流向阴极。用电渗析流原理处理有机污染物的另一个好处就是加在土壤两端的电压直接对土壤有加热作用,土壤温度升高不仅增加了挥发性有机物的移动,而且降低了空隙水的黏度从而增加了电渗析流的速率。仅仅从土壤加热这一角度来说,电动力学修复比其他热提取或热处理系统更有效,费用更低。

土壤类型对修复效率的影响是任何土壤修复技术不可回避的问题。土壤类型对电动力学修复效率的影响非常复杂。电动力学修复可适用于从层状黏土到粉砂土的多种土壤类型,纯粹砂质土壤的电动力学修复效率很低。例如,有报道表明,Cr,Hg 和 Pb 等重金属在黏质土的去除率高达 85%~95%;而对多孔、高渗透性的土壤中重金属的去除率低于 65%。土壤类型不同还表现在其对 pH 的缓冲能力不同,具有较低的酸碱缓冲能力的高岭土由于较容易获得介质的酸性,对重金属有较高的去除率。而蛭石和蒙脱石通常具有高的酸碱缓冲能力,所以需要较多的酸、碱和增强试剂来增加重金属的脱附。土壤颗粒有机质含量较高,可提高土壤的离子交换性能和酸碱缓冲能力,使重金属去除率降低。另外,较高的含水量、高饱和度、低活性表面将提供最合适的污染物传递的条件,有利于电动力学修复效率的提高。

污染物本身的性质也会影响电动力学修复的效率,例如,土壤中的 Cr 通常以六价和三价的形式存在。六价铬在自然条件下以阴离子形式存在,具有较高的移动性,在电动力学修复中较容易从土壤溶液中去除,略碱性条件有利于六价铬的去除;而三价铬在微酸性条件下以阳离子形式存在,具有较大的吸附能力,在中性及碱性条件下,三价铬容易生成沉淀,很难去除。所以保持土壤环境的氧化性质将有利于 Cr 的去除,为了提高总铬的去除效率,可人为地加入一些氧化剂如次氯酸钠和过氧化氢。

电动力学迁移的污染物可以是极性的和非极性的。极性物质会向极性相反的电极运动;非极性物质则会随电渗析流而移动,施加表面活性剂可以增强非极性有机物的迁移。余鹏等的研究表明,在施加 Tween 80 后,在 25 mA 的电流作用下,72 h 菲的去除率达到了 90%。

三、联用技术

电动力学修复只是将土壤中的污染物从土壤迁移到电极溶液,要将污染物彻底去除,可与其他修复技术联用。如化学技术(离子交换树脂、化学沉淀等)、生物修复、植物修复等方法结合起来,在很大程度上提高了污染修复效率。电动力学修复可以为微生物提供营养,提高土壤微生物的降解活性;也可以将污染物质迁移至植物根部,提高植物修复效率等。

电动力学修复技术与离子交换技术并用,可使土壤中重金属离子彻底去除。重金属在电场的作用下,进入电极室中,然后将富含重金属电极室溶液抽提到地面进入离子交换系统,发生离子交换后的溶液可再次通入地下循环利用。据报道,当离子交换器的入口污染物含量为 $10 \sim 500$ mg/kg,流出液的污染物含量可低于 1 mg/kg。该技术的不足在于需要专用的离子交换设备,成本较高。

单纯的生物修复周期可长达若干年,传统方法多用泵将营养物注入地下以提高微生物的活性和数量,但该方法成本较高,且不适用于密实性土壤。利用电修复技术可以有效地辅助微生物及营养物质在土壤中的输送和扩散,并且有高度定向性,因此可显著节约营养物质的用量以降低成本。电动力学强化生物修复技术一般有两种应用模式,一种是在土壤中设立生物降解区以去除清洗液中的污染物,另一种是利用电场向土壤中扩散营养物质和降解性微生物。目前后一种方式应用较为广泛,并已见场地试验报道。据美国 Ceokinetics 公司报道,采用电扩散营养物质的方法促进土壤中 As 和多环芳烃等多种污染物的生物修复,3 个月后大部分污染物的去除率均达 98% 以上。这足以显示出电场对生物修复过程的强大促进作用。Acar 等研究了用电动力学方法为微生物输送营养元素氨氮。结果显示,在高岭土中,当氨氮离子质量浓度分别是 100 mg/L 时,其迁移速率大约是每天 10 cm。

美国 91 号废物管制区,土壤中 TCE 的平均含量为 84 mg/kg,最高含量超过 1 500 mg/kg,该地的土壤属于黏壤土,其透水性只有 1×10^{-6} cm/s。Lasagna 技术组采用直流电场驱动土壤水分载带污染物通过含有铁屑和高岭土的垂直处理区,通过处理区的污染物与铁屑等接触后即被降解为无毒的化合物。TCE 平均含量已经下降了约 95%。大约 10 000 yd³ 的土壤被成功修复,其成本仅为 200 美元/yd³。

由美国 Isotron 公司开发,用于去除土壤中的无机污染物,其特点是利用表面包覆有特殊高分子材料的电极捕捉迁移至电极区的污染物离子。为防止电极反应影响污染物富集能力,包覆电极所用的高分子材料中预先浸滞有酸碱缓冲试剂。此外,高分子包覆层中还可以加入离子交换树脂对污染物进行原位固定。该技术利用复合电极成功地结合了污染物的清洗和富集过程,目前已经实现了商业化。

第五节　地下水修复的可渗透反应格栅技术

一、概述

可渗透反应格栅技术(permeable reactive barrier,PRB)是以活性填料组成的构筑物,垂直立于地下水水流的方向,污水流经过反应格栅,通过物理的、化学的及生物的反应,使污染物得以有效去除的地下水净化的技术(图 7-7)。PRB 是一项原位使用的技术,比起传统的泵提处理技术,可省去泵提、挖掘及异地处

图 7-7　修复地下水的可渗透反应格栅技术

理的费用;不阻断水流,对环境的影响小;维护容易;在功能丧失后可直接取出处理,因而在经济上和工程应用上均显示出优势。PRB 依靠物理过程消除污染物主要是吸附机理,活性填料包括硅酸盐及铝硅酸盐矿物、沸石、煤飞灰、活性炭、黏土、橡胶屑及聚乙烯高分子材料等。利用泥炭和矿渣组成的 PRB,可以截留70%以上的石油烃。生物方法主要提供细菌活动的有机碳,活性填料包括堆肥材料、泥炭、活性污泥、锯木屑等,用于硝酸盐和硫酸盐的去除。

二、Fe-PRB

以零价铁为反应活性填料依靠化学过程去除污染物的 PRB 占整个技术的70%,它可以用于可还原有机污染物、可还原无机阴离子,如硫酸根、硝酸根及重金属的去除。它的反应机理非常复杂,包括还原降解、还原沉淀(沉积)、吸附、共沉淀、表面络合等化学过程。很多场合,即使是对一种污染物,也是多种过程同时起作用。零价铁(Fe^0)去除地下水中污染物的机理如下。

1. 零价铁去除地下水中有机污染物

零价铁技术最先应用于可还原有机污染物的去除,如氯取代碳氢化合物、硝基取代化合物、偶氮染料等。如对三氯乙烯(TCE)的去除,发生了连续的脱氯作用(图7-8)。体系中起反应的还原剂,除了零价铁之外,还包括零价铁与水分子作用产生的二价铁和氢气。对于硝基化合物及偶氮染料,最终的产物是所对应的芳香胺。而芳香胺需经过好氧生物降解进一步去除。

主要反应方程式如下:

$$C_2HCl_3 + Fe^0 + H_2O \Longrightarrow C_2H_2Cl_2 + Cl^- + OH^- + Fe^{2+} \qquad (7-17)$$

$$C_2H_2Cl_2 + Fe^0 + H_2O \Longrightarrow C_2H_3Cl + Cl^- + OH^- + Fe^{2+} \qquad (7-18)$$

$$C_2H_3Cl + Fe^0 + H_2O \Longrightarrow C_2H_4 + Cl^- + OH^- + Fe^{2+} \qquad (7-19)$$

2. 零价铁去除地下水中无机污染物

(1) 对重金属的去除　零价铁 PRB 技术用于重金属去除最成熟的是对 Cr, U 和 Tc 的去除,有较多实际应用的工程实例,去除原理为还原沉淀,以 Cr 为例,生成的三价铬,形成氢氧化铬沉淀以及与铁离子形成氢氧化物共沉淀。

$$Fe^0 + CrO_4^{2-} + H_2O \longrightarrow Fe_xCr_{1-x}(OH)_3(x \leqslant 1) + OH^- \qquad (7-20)$$

零价铁作用于重金属的其他主要的机理为吸附和共沉淀,零价铁在水中放置过程中,逐渐发生腐蚀反应,生成多种形式的铁的(氢)氧化物沉淀,这些新生的沉淀具有高度反应活性,并具有巨大表面积,可以吸附截留水中的重金属离子。在铁的沉淀中,绿锈(green rust)最具吸附反应活性,它的分子式为

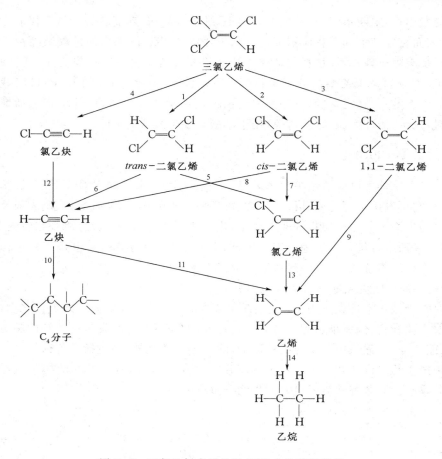

图 7-8　三氯乙烯在零价铁 PRB 中的降解路径

$Fe_6(OH)_{12}SO_4 \cdot nH_2O$ 及 $Fe_6(OH)_{12}CO_3 \cdot nH_2O$。在绿锈中,Fe(Ⅱ)和 Fe(Ⅲ)混合(氢)氧化物的阳离子形成片层结构,阴离子在内部,主要有 Cl^-,CO_3^{2-},SO_4^{2-}。其他沉淀还包括针铁矿、赤铁矿、纤铁矿等。例如,零价铁用于 As 的去除,在好氧条件下形成双齿配位化合物,而在厌氧条件下,形成 FeAsS 沉淀,因此硫酸根离子有利于该反应的进行。

从热力学角度出发,零价铁对重金属的去除还应包括还原沉积途径,如铜离子可与零价铁发生如下反应:

$$Cu^{2+} + Fe^0 = Fe^{2+} + Cu^0 \tag{7-21}$$

过去,这种技术曾用于低含量矿物的提取,在环境修复中,还没有深入研究。

凡是氧化还原电位比 Fe^{2+}/Fe 大的金属,原则上都可以通过此途径去除。从下面的氧化还原电位来看(表 7-3),去除的趋势为:$Hg \gg Cu > Ni > Cd$。

表 7-3　几种重金属的氧化还原电位

氧化还原对	电位/V
Fe^{2+}/Fe	-0.440
Cu^{2+}/Cu	0.337
Cd^{2+}/Cd	-0.403
Ni^{2+}/Ni	-0.250
Hg_2^{2+}/Hg	0.789

　　(2)对无机阴离子的去除　零价铁对于硝酸根和硫酸根都可通过还原反应去除。对于硝酸根,此反应速率不是很快,而且产物的 80% 为铵离子,而不是人们所期待的氮气。所以零价铁用于硝酸盐的去除并不受到重视。

$$NO_2^- + 3Fe^0 + 8H^+ \longrightarrow 3Fe^{2+} + NH_4^+ + 2H_2O \qquad (7-22)$$

$$NO_3^- + 4Fe^0 + 10H^+ \longrightarrow 4Fe^{2+} + NH_4^+ + 3H_2O \qquad (7-23)$$

$$SO_4^- + 4Fe^0 + 8H^+ \longrightarrow 4Fe^{2+} + S^{2-} + 4H_2O \qquad (7-24)$$

　　硫酸根在零价铁的作用下生成负二价硫离子,此时,如果有其他重金属存在,就可生成金属硫化物沉淀,即能得到去除。因为金属硫化物的溶度积很小,所以能高效去除重金属。铁离子还可参与形成复合沉淀。这种情景对于酸性矿水的修复非常合适,酸性矿水中含有大量的硫酸根和很多重金属,重金属可高效去除,而硫酸根由于起始量太大,去除率却只有 20%。

　　3. 水化学及铁表面性质变化

　　由于铁的腐蚀反应消耗氢离子,所以地下水流经铁 PRB 后会导致 pH 升高,在地下水中还含有钙离子等,会同时生成碳酸钙沉淀,对 pH 升高起到有效的滞缓作用(图 7-9)。另外,由于大量沉淀的生成,特别是在进水口附近,格栅容易堵塞,降低格栅的寿命。对于那些需要铁还原作用去除的污染物,由于大量的铁氧化物沉淀包覆在铁表面,降低了反应活性。尽管在处理污染物的过程中会有负面影响有待改进,但显现出其强大的优势,而且在实际工程中,铁格栅寿命已经超过了十年。

$$Fe^0 + 2H^+ \Longrightarrow Fe^{2+} + H_2 \qquad (7-25)$$

$$Ca^{2+} + HCO_3^- \Longrightarrow CaCO_3(s) + H^+ \qquad (7-26)$$

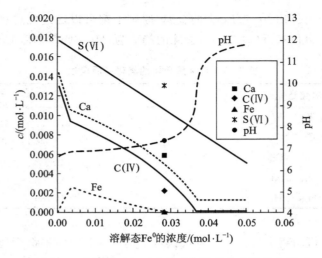

图 7-9　经过铁 PRB 后水化学条件的变化模拟曲线

第六节　表面活性剂及共溶剂淋洗技术

一、基本原理

化学清洗法：利用水力压头推动清洗液通过污染土壤而将污染物从土壤中清洗出去，然后再对含污染物的清洗液进行处理。清洗液可能含有某种络合剂、表面活性剂及共溶剂，或者就是清水。

土壤中的重金属或是有机污染物往往以吸附态存在，而大多数修复技术针对溶解态污染物最有效，因此吸附影响了其修复效率。另外，在地下含水层中，一些有机污染物还以非水相液体（NAPLs，non-aqueous phase liquids）形式存在，NAPLs 容易深入到非均质的地下含水层不容易治理的边角地区或是吸附在土壤颗粒表面，很难去除。这些"有效性"降低的问题成为修复技术领域的最大挑战之一。为了增加污染物的溶解和移动性，化学清洗技术受到高度重视。

该技术是利用表面活性剂/共溶剂的增溶（solubilization）和增流（mobilization）作用。表面活性剂分子的特点是具有两性基团：亲水性基团和亲脂性基团，它能显著降低接触界面的表面张力，增加污染物特别是憎水性有机污染物在水相的溶解性。表面活性剂按亲水性离子类型分为阴离子表面活性剂、阳离子表面活性剂、非离子表面活性剂及两性离子表面活性剂。

当表面活性剂浓度很小时，表面活性剂单体将憎水基靠拢而分散在溶液相，当到达一定浓度时,表面活性剂单体急剧聚集,形成球状、棒状或层状的"胶束",该浓度称为临界胶束浓度(critical micelle concentration,CMC),胶束是由水溶性基团包裹憎水性基团核心构成的集合体,如图 7-10 所示,当胶束溶液达到热力学稳定时可以形成微乳溶液。

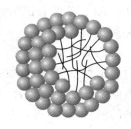

图 7-10　胶束结构示意图

根据"相似相溶"原理,憎水性有机物有进入与它极性相同胶束内部的趋势,因此将表面活性剂达到或超过 CMC 时,污染物分配进入胶束核心,大量胶束的形成,增加了污染物的溶解性,同时 NAPLs 从含水层介质上大量解吸,溶解于表面活性剂胶束内,表面活性剂对 NAPLs 溶解性增加的程度可以由胶束—水分配系数和摩尔增溶比(MSR)来表示。

共溶剂(co-solvent)指甲醇等有机溶剂,在水相加入适当的有机溶剂可大大提高有机物在水相的溶解度,修复过程中使用的共溶剂大多是环境可接受的水溶性醇类。共溶剂与表面活性剂共同使用时,由于共溶剂分子大小比表面活性剂胶束分子小得多,能有效地帮助溶剂溶解的憎水污染物由土壤颗粒相向水相的迁移。另外,助溶剂本身也能溶解于胶束核心,形成一个溶剂—活性剂大胶束,增大了核心的有效体积,提高了有机污染物的分配能力,因为有机污染物更倾向于溶解进入含有机助溶剂的大胶束。

近年来也有人研究表面活性剂的溶解性增强机制和物理迁移性增强机制对处理回收 NAPLs 的相对贡献率的大小,不可否认无论是溶解性增强机制还是物理迁移性增强机制起主导作用,或者两者作用相当,添加表面活性剂修复技术被认可为很有潜力的、行之有效的 NAPLs 环境修复技术。化学清洗法费用较低,操作人员不直接接触污染物。但仅适用于砂壤等渗透系数大的土壤,且引入的清洗剂易造成二次污染。

二、影响因素

首先是表面活性剂的浓度,因为表面活性剂作为一种有机物,其本身也是可以吸附在土壤颗粒表面的,这种吸附作用不仅降低了液相表面活性剂的浓度,对土壤颗粒表面也起到一种修饰作用,可增加有机污染物的吸附,所以当土壤颗粒上的表面活性剂的作用大于溶液态表面活性剂的作用时,不但不会发生溶解促进作用,还会发生吸附促进作用。由于在土壤颗粒表层水体中,物质的浓度往往是水相主体浓度的几十或上百倍,所以在表面活性剂浓度较低时,容易发生吸附促进作用。因此,在工程设计时,应该计算发生吸附的表面活性剂的量。另外,在修复完成时,必须冲洗残留的表面活性剂,解吸附着在固相的表面活性剂,尤其是有毒的表面活性剂,它们本身就是对地下水的严重威胁。除了考虑表面活性剂对矿物表面的吸附,分配到 NAPLs 的表面活性剂也必须考虑。

　　表面活性剂的降解,主要是生物降解,生物降解之所以受到关注,原因颇多,在表面活性剂淋洗过程中,生物降解是不需要的,因为会降低去除 NAPLs 的活性表面活性剂的数量,但是,表面活性剂淋洗结束,很有必要估测残余的表面活性剂的量,保证不再留存于地下环境。如果计划采用生物方法降解产生的废液,可生物降解性也是个重要的考虑因素。

　　表面活性剂种类繁多、性质各异,用于修复的表面活性剂有特殊的要求,筛选时必须考虑因素包括表面活性剂去除污染物的效率、表面活性剂及其降解产物的毒性、可生物降解性、能否回收、经济成本等。用于工程实践时还得针对修复点特定的水文地质条件,地下含水层的异质性、可渗透性等综合挑选合适的表面活性剂。近年来,国内外用于有机污染物修复的表面活性剂种类列于表 7-4 中。

表 7-4　用于土壤污染修复的表面活性剂类型举例

类型	名称	所清除的污染物
非离子表面活性剂	十二烷基聚氧乙烯醚	十二烷、癸烷、苯、甲苯、氯苯、二氯苯、三氯乙烯、多环芳烃
	辛烷基聚氧乙烯醚	多环芳烃
	壬烷基聚氧乙烯醚	多环芳烃
	辛基苯基聚氧乙烯醚	三氯乙烯、四氯乙烯、三氯苯、DDT、多氯联苯
	壬基苯基聚氧乙烯醚	三氯乙烯、四氯乙烯、二氯苯、四氯苯、多环芳烃
	聚氧乙烯脱水山梨醇单油酸酯	烷烃
	聚氧乙烯油酸酯	十二烷、甲苯、三甲苯、菲
阴离子表面活性剂	十二烷基硫酸钠	
	十二烷基苯磺酸钠	
	十二烷基双苯磺酸钠	
其他	皂角苷	萘、六氯苯
	石油磷酸盐	DDT、三氯乙烯、多环芳烃
	环糊精	多环芳烃
	乙烯吡咯烷酮/苯乙烯	多环芳烃

　　一般来说,非离子表面活性剂比阴离子表面活性剂淋洗效率更高,可能原因一则是因为阴离子表面活性剂的 CMC 较高,同等浓度下不容易形成胶束,另则是阴离子表面活性剂组分在含水层介质的沉积,沉积在介质表层的表面活性剂会增加土壤的有机碳含量,增加了土壤的憎水性。阳离子表面活性剂容易吸附

在介质表层,因此用得不多。总体而言,需要可生物降解、低毒高效、地下水温时可溶、吸附能力低、土壤扩散性低、CMC 低、表面张力低的表面活性剂。

思考题与习题

1. 微生物修复所需的环境条件是什么?
2. 请列举几种强化微生物原位修复技术。
3. 请列举几种强化微生物异位修复技术。
4. 植物修复重金属的主要过程是什么?
5. 请写出植物耐受重金属危害的机理。
6. 请描述植物修复有机污染物的根区效应。
7. 哪些有机污染物适合用植物修复技术?
8. 请说明臭氧与有机污染物反应的主要机理。
9. 腐殖质怎样影响 Fenton 氧化效率?
10. 写出电动力学修复的三个主要过程。
11. 写出 Fe-PRB 去除重金属的主要机理。
12. 写出表面活性剂促进污染物移动的主要机理。

主要参考文献

[1] 沈德中. 污染环境的生物修复. 北京:化学工业出版社,2002.

[2] Stegmann R,Brunner G,Calmano W. Treatment of Contaminated Soil. Berlin:Springer,2001.

[3] 龙新宪,杨肖娥,叶正钱. 超积累植物的金属配位体及其在植物修复中的应用. 植物生理学通讯,2003,39:71.

[4] 旷远文,温志达,周国逸. 有机物及重金属植物修复研究进展. 生态学杂志,2004,23:90.

[5] 孙红文,李阳. 有机污染土壤修复新技术与土壤-污染物不可逆作用过程. 环境化学进展. 北京:化学工业出版社,2005,4.

[6] 纪录,张晖. 原位化学氧化法在土壤和地下水修复中的研究进展. 环境污染治理技术与设备,2003,4:37.

[7] Amarante D. Applying in situ chemical oxidation several oxidizers provide an effective first step in groundwater and soil remediation. Pollut. Eng. ,2000,32:40.

[8] Petigara B R,Blough N V,Mignerey A C. Mechanisms of hydrogen peroxide decomposition in soils. Environ Sci Technol,2002,36:639.

[9] Kao C M,Wu M J. Enhanced TCDD degradation by Fenton's reagent preoxidation. J Hazard Mat. ,2000,B74:197.

[10] Acar Y B. Electrokinetic remediation:Basics and technology status. J Hazard Mat, 1995,40:117.

[11] Benner S G. Reactive Barrier for metals and acid mine drainage, Environ Sci Technol. 1999,33:2793.

[12] Mulligan C N. Remediation technologies for metal-contaminated soils and groundwater: an evaluation. Eng Geol,2001,60:193

[13] Virkutyte J. Electrokinetic soil remediation-critical overview. Sci Total Environ, 2002,289:97.

[14] 余鹏.土壤电修复技术研究进展.化工进展.2004,23:28.

第八章 绿色化学的基本原理与应用

内容提要及重点要求

本章介绍一个颇具生命力的新兴交叉学科——绿色化学——的诞生和发展过程,讨论了绿色化学的原理和应用。

学习中要充分理解和体会绿色化学的重要学术意义和实用价值;掌握绿色化学的12条原理及其与绿色工程和工业生态学原理的相互联系;明确绿色化学的主要研究方向,并从典型应用实例中学习灵活运用绿色化学原理解决实际问题的学术思路,认识绿色化学在保护生态环境、促进可持续发展战略方针贯彻方面的巨大作用。

第一节 绿色化学的诞生和发展简史

一、绿色化学的诞生

1992 年在巴西里约热内卢举行的联合国环境与发展峰会上一致肯定了可持续发展(sustainable development)战略思想,即工业增长、经济发展必须既符合当代人类社会需要,又能为后代保护资源和环境。此后,这一长远发展的战略思想逐渐被世界各国政府和广大人民群众所认知。

在生态环境保护领域,20 世纪末到 21 世纪初,工业和经济发达国家相继采取措施,使其工作重心从污染治理转向污染预防。在调整技术方向的过程中逐渐出现和形成了绿色科技。绿色科技为开发绿色产品、引导绿色消费、开拓和发展绿色产业与市场等创造了机遇。

多年来,化学品的开发、生产和应用为人类社会的进步做出了不可磨灭的巨大贡献。无论工业、农业,还是人类生活的衣食住行乃至保健、美化诸多方面,都与化学品的供应和质量密切相关。然而,由于大量化学品本身存在的毒性和使用、处理不当,已造成严重而普遍的生态环境和自然资源的破坏,并对生物界甚至人类健康产生明显危害。

环境中人工合成和天然存在的有毒有害化学品种类繁多、数量巨大。所谓有毒化学品,是指那些进入环境后经蓄积、生物积累和转化或化学反应等方式损害环境和生态系统,或通过暴露接触对生物乃至人体具有严重危害或潜在风险的化学品。

当前世界范围最关注的化学污染物主要是持久性有机污染物(persistent organic pollutants,POPs),具有致突变(mutagenic)、致癌变(carcinogenic)和致畸变(teratogenic)作用的所谓"三致"化学污染物,以及环境内分泌干扰物(environmental endocrine disrupters,EEDs)。有的有毒化学品具有多重性,不但是持久性有机污染物,可能同时具有致癌性,甚至还表现环境内分泌干扰的性质。

持久性有机污染物是某些人工合成或天然的有机化合物,它们能在各种环境介质中长距离迁移并能长久存在于环境而不降解的有机污染物。

能够直接损伤 DNA 或产生其他遗传学效应而使基因和染色体发生改变的外来化学物质称为遗传毒物,又称致突变物或诱变剂(mutagen)。具有诱发肿瘤形成能力的化学污染物即为化学致癌物。

能干扰肌体天然激素的合成、分泌、转运、结合或清除的各种外源性物质称为环境内分泌干扰物。它们可能是天然的也可能是人工合成的化学物质,对环境污染来说则主要是后者。它们通过模拟、增强或抑制天然激素的功能而产生危害作用。

随着社会发展、人类生活水平不断提高,为人类需要的人工合成化学品的品种日益增多,其中很多化学品对生态环境产生的效应尚不十分清楚。

例如最近美国地质调查局曾对美国 139 条河流进行监测,发现来自工农业废水和人类生活污水中的各类化学污染物质达 95 种之多,不少是以往没有发现的。这些污染物包括低水平的生殖性荷尔蒙、甾族化合物、抗生素和众多处方和非处方的药物及其代谢产物。此外还发现多种属于生活日用品的化学物质,如洗涤剂、消毒剂、驱虫剂、阻燃剂、香水和咖啡因等。

一类添加于多种消费品中作阻燃剂(retardant)的多溴化二苯醚(polybrominated diphenyl ethers,PBDEs)已在世界范围产生污染。由于这类化合物具有亲脂性和广泛应用,已在环境和人乳中高频率发现。它们会对神经系统造成影响,可干扰甲状腺荷尔蒙平衡导致发育缺陷如丧失学习能力,甚至引发癌症危害。

许多事实表明有害化学品的负面影响已给生态环境乃至人类健康造成现实的或潜在的巨大威胁。

环境科学的根本任务就是要为解决人类与自然的和谐问题服务。大量有害化学物质进入地球各个圈层,使环境质量大大降低,直接或间接损害人类健康,影响生物的繁衍和生态平衡。

所以,化学污染物的问题只靠"点水止沸"式的治理是不行的,必须从化学品设计、生产过程着手进行"釜底抽薪"式的革新以消除产生负面效应的根源。

根本的有力措施是把化学改革成可持续发展的学科。由于人类社会对可持续发展的迫切需要,"绿色化学"这一崭新的学科就应运而生了。

二、绿色化学的定义和发展简史

绿色化学(green chemistry)亦称可持续的化学(sustainable chemistry)。绿色化学就是研究利用一套原理在化学产品的设计、开发和加工生产过程中减少或消除使用或产生对人类健康和环境有害物质的科学。

美国环保局从 1991 年正式采纳绿色化学名称并将其作为一个重要研究方向以来,这一崭新学科取得迅速地发展。其挑战性和机遇在于:促使化学家探索关于有害无害的新知识,如何加强选择性和有效地操纵分子以创造人类所需要的物质,即以结构和活性定量相关的理论及相关知识为基础进行新化学品的分子设计;激励不少大化学公司增加用于环境研究和发展的预算,以便摆脱处置有害物质的高额成本;社会和法律要求,公众监督化学企业的产品及其生产过程的环境影响;国际上制定的关于限期禁用有毒化学品的公约,比如蒙特利尔公约,要求尽快开发生产出破坏臭氧层的氯氟烃类化合物的代替品;加以广大人民群众环境意识不断提高,强烈呼吁降低有害物质的暴露和风险等。凡此种种都从不同角度形成促进绿色化学发展的驱动力。

绿色化学的发展需要包括政府管理部门、工业企业界和科技学术界多方面的共同关注。从科技学术界来说,则需要跨学科协作,绿色化学学科范围涉及环境化学、合成化学、物理化学、分析化学、工程化学等领域,并与生物技术、材料科学、毒理学和药物学等学科交叉。

关于绿色化学的发展史简介如下:

1990 年美国通过了着眼源头污染预防的第一个环境法规——污染预防法(pollution prevention act of 1990)。美国环保局 1991 年建立了绿色化学规划,当时在该局污染预防和毒物办公室工作的 Anastas 博士提出了绿色化学名词的创意。

已谢世的 Hancock 博士在其任美国国家科学基金会化学部主任期间与美国环保局合作资助支持开展环境友好化学领域的研究工作。他强调化学家和化学学科不仅在解决已存在的环境问题中起作用,而且要在防止未来产生环境问题方面起更重要的作用。

1994 年 8 月美国化学会举行第 208 届全国年会时,其环境化学分会的主要主题命名为"为环境而设计:21 世纪的环境范例",这次会议也是为纪念曾为绿色化学诞生初期做过重要贡献的已故 Hancock 博士召开的。此次环境化学分会共包括 13 个分组会,106 篇论文报告。主题涉及:为环境设计化学合成和过程;在社区和工业中设计化学品的安全性;有关决策设计的信息工具和数据库;清洁生产国际展望;设计安全化学品;环境友好生产过程——方法和案例;在 21 世纪中设计无铅儿童用品等。总之,此次学术会议内容十分丰富,广泛地报道和交流了有关污染预防和为环境而设计方面具有挑战性的新知识和范例。实际上这就是首次以绿色化学为主题的国际学术研讨会。

随后一个促进绿色化学飞速发展的激励措施就是美国环保局、学术界、工业界与相关政府部门协作,提出以化学为基础开发新的污染预防技术并建议设立总统绿色化学挑战奖加以鼓励。经当届总统 Clinton 批准,于 1995 年建立了此种特殊奖励,每年在华盛顿举行绿色化学与工程学术年会之际颁发一次。

不久 Anastas 博士和 Massachusetts 大学的 Warner 教授共同提出了绿色化学的 12 条原理,为绿色化学奠定了理论基础。1998 年出版了由他们执笔的首部该领域专著——《绿色化学:理论和实践》。

1997 年 5 月先在互联网上组成了一个虚拟的非盈利组织,以后演变建立了世界第一个绿色化学研究院(green chemistry institute,GCI)。

从 1996 年起经常举办绿色化学专门领域的学术研讨会,称为绿色化学戈顿会议。

1997 年 6 月,在美国首都召开了第一届绿色化学和工程年会,以后每年举办一次。

1999 年初英国皇家化学会创办了国际性的学术刊物"Green Chemistry"。

与积极进行科学研究和开展学术交流活动的同时,有关绿色化学的教育工作也抓紧启动并取得显著效果。例如美国环保局与美国化学会协议,共同设计、开放和颁布有关绿色化学的课程教材,提供大学和独立学院使用。意大利的化学和环境科学的校际联合体举办了绿色化学国际研究生暑期学校。

2001 年美国化学会还安排了绿色化学实验活动,由 Oregon 大学、Massachusetts 大学和 South Alabama 大学的教师负责指导。如今在美、英、澳等国,不少高校都开设了绿色化学的讲授和实验课程。设在美国波士顿市的 Massachusetts 大学已培养绿色化学专业的博士生。

我国在可持续发展和科教兴国两条基本战略决策精神的指引下,环保战线大力倡导清洁生产。国家科技和自然科学基金领导部门及学术界已十分关注绿色化学这一极富生命力的新兴学科并开展了不少工作。

1995 年中国科学院化学部的院士们即提出以"绿色化学与技术——推进化工生产可持续发展的途径"作为重要的科研选题。1997 年举办了以"可持续发展问题对科学的挑战——绿色化学"为主题的香山科学会议。随后,科技部组织专家评审通过,支持了一些以绿色化学技术为核心内容的申请课题列入国家重大项目。1999 年底又在北京九华山庄举行了以"绿色化学基本科学问题"为主题的 21 世纪核心科学问题论坛。

此外,自 1998 年起分别在合肥、成都、广州和济南等地先后举办了几次绿色化学的国际学术讨论会。

2005 年 10 月 8 日—11 日在北京举行的中国共产党第十六届中央委员会第五次全体会议,审议通过了《中共中央关于制定国民经济和社会发展第十一个五年规划的建议》。全会决议中强调要全面贯彻落实科学发展观,要加快建设资源节约型、环境友好型社会,大力发展循环经济,加大环境保护力度,切实保护好自然生态,认真解决影响经济社会发展特别是严重危害人民健康的突出环境问题。

建设环境友好型社会,就是要以环境承载力为基础,以遵循自然规律为准则,以绿色科技为动力,加以倡导环境文化和生态文明,实现可持续发展。

推行绿色化学教育,大力开展绿色化学研究,实践绿色化学科技成果的应用,完全可以在建设环境友好型和资源节约型社会的伟大事业中做出十分有益的贡献。

第二节　绿色化学的基本原理

一、绿色化学的 12 条原理及特点

Anastas 和 Warner 两位专家在近年来绿色化学诞生与发展中取得的基础和应用两方面科学研究成果的基础上,提出了系统而带规律性的 12 条原理,为绿色化学的进一步发展奠定了理论基础。

这 12 条原理是:

(1) 预防(prevention)　防止产生废弃物比在它产生后再处理或清除更好。

(2) 原子经济性(atom economy)　设计合成方法时,应尽可能使用于生产加工过程的材料都进入最后的产品中。

(3) 无害(或少害)的化学合成(less hazardous chemical syntheses)　所设计的合成方法应该对人类健康和环境具有小的或没有毒性。

(4) 设计无危险的化学品(design safer chemicals)　化学产品应该设计为使其有效地显示所期望的功能而毒性最小。

(5) 安全的溶剂和助剂(safer solvents and auxiliaries)　所使用的辅助物质包括溶剂、分离试剂和其他物品,当使用时都应是无害的。

(6) 设计要讲求能效(design for energy efficiency)　化学加工过程的能源

要求应该考虑它们的环境的和经济的影响并应尽量节省。如果可能,合成方法应在室温和常压下进行。

(7) 使用可再生的原料(use renewable feedstocks)　当技术和经济上可行,原料和加工厂粗料都应可再生。

(8) 减少衍生物(reduce derivatives)　如果可能,尽量减少和避免利用衍生化反应。因为,此种步骤需要添加额外的试剂并且可能产生废弃物。

(9) 催化作用(catalysis)　采用具有高选择性的催化剂比化学计量学的助剂要优越得多。

(10) 设计要考虑降解(design for degradation)　设计化学产品应使它们在功能终了时,分解为无害的降解产物并不在环境中长期存在。

(11) 为了预防污染进行实时分析(real-time analysis for pollution prevention)　需要进一步开发新的分析方法,使其可进行实时的生产过程监测并在有害物质形成之前予以控制。

(12) 防止事故发生的固有安全化学(inherently safer chemistry for accident prevention)　在化学过程中使用的物质和物质形态的选择,应使其尽可能地减少发生包括释放、爆炸以及着火等化学事故的潜在可能性。

绿色化学的 12 条原理是相互关联的,综合的考虑施行当然更为有效。然而,在一项绿色化学研究项目中不易同时体现这 12 条原理,实质上最关键的核心精神就是在化学品的创造、应用乃至报废的整个过程中做到少废、无废和无毒、无害。

下面仅就与这 12 条原理相关的几个重要方面做些阐述。

1. 非传统原材料

任何反应类型或合成路线在很大程度上是因起始物的最初选择而定的。因此,原材料的选择在绿色化学的研究和实践中是很重要的。迄今为止,在人工合成的有机化学品中,绝大多数是从石化原料制备的。原油的精炼要消耗大量能源,在使原油转化为有用的化学品的方法中,要经过氧化、加氧或类似过程。传统上,化学品生产中污染环境最主要的步骤之一即是这个氧化过程。

可是农业性原材料和生物性原材料分子中多数都含有大量的氧原子,如用这些物质取代石油作起始原料则可以消除污染严重的氧化步骤,所以说这类物质是很好的非传统原材料。

凡是利用太阳能经光合作用合成的多种天然有机物,如农作物、草、树木和藻类等都属于生物质(biomass)。生物质作为可再生的原料或能源有一些明显的优点:

① 化学合成工业如大量采用生物质代替石油作原料,可大大节约石油这类

不可再生的资源。

②生物质中都含有一定量的氧,可避免或减少像以石油作原料时需要使用有毒试剂的烃类加氧反应带来的环境污染问题。

③生物质能分解生成多种结构的材料,有利于开发新的合成反应和化学品。

④可以下式表示光合作用的过程:

$$n\mathrm{CO_2} + n\mathrm{H_2O} \xrightarrow[\text{绿色植物}]{\text{光}} (\mathrm{CH_2O})_n + n\mathrm{O_2}$$

如以生物质作原料,其中含有氧,优点已如上述。而作能源燃烧时除放出与植物生长过程中吸收的相同量 CO_2 外,不会向大气排放更多的 CO_2,有助于缓解因温室效应造成的全球气候暖化现象。

可见,探索和开发非传统的可再生原材料是绿色化学的重要内容之一。

2. 非传统性溶剂

传统应用的有机溶剂是很有用的,例如它可使反应试剂处于同一相中而进行反应,它可以调节化学反应的温度,它可用于混合物的分离和合成产品的纯化等。所以在传统的有机合成反应中,有机溶剂是最常用的反应介质。然而有机溶剂的大量使用会产生不少负面影响,比如挥发性有机溶剂进入空气,在日光照射下要与氮氧化物反应生成臭氧,还可能引发光化学烟雾。多种氯化的有机溶剂都是有毒的,易燃易爆的,有些溶剂则可直接使人类的健康受害,比如甘油1,2-亚乙基二醇的醚可使孕妇流产,众所周知有的有机溶剂还是致癌的。因此,选择环境友好的反应介质和绿色溶剂是绿色化学研究的一个重要方面。目前已有一些非传统溶剂日益增多地用于合成化学。

(1)超临界流体(supercritical fluids,SCF)　一些物质在超临界条件下,其物理化学性质介于气体和液体之间,兼具两种状态的特点。如具有与液体相近的溶解能力和传热系数,同时具有与气体相近的黏度系数和扩散系数。超临界二氧化碳(SCCO_2)就是在多数超临界流体中较为典型和应用广泛的一种。

CO_2 无毒、不可燃、相对不活泼、来源丰富、价廉。处于超临界状态(即需在它的临界温度 31.1 ℃和临界压力 7.38 MPa 以上)即可作为溶剂,改变温度和压力可使其密度和溶剂能力发生变化。

$SCCO_2$ 适于作诸如氢化、氨化、羰基化、烷基化、异构化、氧化、成环作用等小分子反应的介质,也可用于无机的和有机金属的反应、自由基反应。由于许多化学物质不溶于 $SCCO_2$,故可用于进行选择性提取。如从蛇麻草中提取香料,从咖啡中提取咖啡因,从食物中提取脂肪和胆固醇等。超临界流体容易穿透物质,如可用 $SCCO_2$ 将杀虫剂嵌入木材,把聚乙二醇渗入皮革。

(2) 离子液体(ionic liquids,ILs)   离子液体是由离子组成的液体,在室温下呈液态的盐。一般由有机阳离子(如烷基铵离子、烷基鏻离子、N-烷基吡啶、N,N'-二烷基咪唑)和无机阴离子(如 BF_4^-,PF_6^-,SbF_6^-,$CF_3SO_3^-$ 等)组成。离子液体检测不到蒸气压,不可燃,热稳定性高,可以回收。近年来的研究和应用表明离子液体已是可广泛用于无机、有机和高分子化合物的优良溶剂。它可溶解多种有机化合物,如原油、墨汁、塑料,甚至 DNA,也可用离子液体从水中去除有毒重金属。最近的研究报道,可在离子液体介质中进行酶催化和其他类型的生物转化反应,还可进行不对称合成。

(3) 水作为溶剂   水是最安全的溶剂,在低于 100 ℃的温度下水可促成多种化学反应的进行。如用二甲苯磺酸钠或环糊精类水溶性试剂溶解有机化合物或用表面活性剂形成乳液,使许多反应能在低温水中进行。另外,铟具有促进水相有机反应的特征,有机金属/羰基化合物的缩合反应在水中就很容易进行,并且采用此种技术可免去对官能团的保护和脱保护的步骤。

超临界水可在有无氧气或催化剂存在的情况下用以分解有机废弃物。这主要是利用超临界水作为反应介质来氧化分解有机化合物,由于超临界水对氧和有机化合物都是很好的溶剂,因此可在富氧的均一相中进行有机化合物的氧化,不受非均一相间传质阻力的影响。另外,在超临界水中进行反应的温度相当高(通常达到 $400 \sim 600$ ℃),反应速率加快可在几秒钟内对有机化合物达到很高的破坏效率。

这种超临界水氧化反应能做到完全彻底。可使有机化合物转化为 CO_2,氢转化为水,卤素原子转化为卤化物的离子,硫和磷分别转化为硫酸盐和磷酸盐,氮转化为硝酸根和亚硝酸根离子或氮气。可由下列化学方程式来概括这些氧化分解过程:

$$\text{有机化合物} + O_2 \longrightarrow CO_2 + H_2O$$

$$\text{有机化合物中的杂原子} \xrightarrow{[O]} \text{酸、盐、氧化物}$$

3. 催化剂的绿色化

催化剂的正确选择,对合成化学的反应速率、反应的选择性和转化率,以及减少或消除副产物的产生等有重要影响。传统的催化剂通常都比较重视生产实效而忽视环境效益和生态效应,所以现用的催化剂大多数会或多或少有污染问题。研究和开发无毒无害和高效催化剂是绿色化学又一个重要研究方向。

近年来,在催化剂绿色化方面进行了大量研究,已开发出不少新型催化剂,用以代替环境有害的传统催化剂。

(1) 新型酸碱催化剂   在化学工业生产过程中常用无机酸碱作催化剂进行

多种类型的反应。但这些液体酸碱催化剂存在腐蚀设备、副反应多、污染环境等缺点。近年开发出来的固体超强酸(或强碱)催化剂、杂多酸催化剂等都可算是环境友好的催化剂,可代替传统的酸碱催化剂。

比 100% 硫酸的酸度还强的即为超强酸,如 $HF-SbF_5$(1:1),CF_3SO_3H,$H_2S_2O_7$,$H_3PW_{12}O_{40}$ 等。将超强酸经真空浸渍、焙烧等方法处理于金属氧化物、非金属氧化物、离子交换树脂等固体载体就可制得超强酸固体催化剂。常用的超强碱有 Rb_2O,Cs_2O,CaO,$MgO-NaOH$,SrO,$\gamma-Al_2O_3-Na$ 等。

杂多酸催化剂。杂多酸就是以 P^{5+},As^{5+},B^+,Si^{4+} 或 Ge^{4+} 为中心原子,以 WO_3,MoO_3,V_2O_5 为配体,形成结构单元可为四面体、八面体,甚至二十面体的一类化合物。杂多酸催化剂是一种多功能的新型催化剂,它具有酸性,活性高于硫酸,还有氧化还原性。它具有很好的稳定性,可用于均相反应和非均相反应,还可用作相转移催化剂。它不腐蚀设备也不污染环境。

(2) 夹层催化剂 此种催化剂是选用天然黏土,如膨润土、高岭土、蒙脱土等层状化合物为基材,在层与层之间插入金属、金属离子、有机金属络合物离子或无机氧化物,形成一种新型的夹层化合物。这种夹层催化剂的活性中心位于夹层内,金属离子的引入使夹层内部形成特有的电场,反应物只有进入夹层方可被催化。可以通过调节夹层间距离和活性中心的电荷分布,来与反应物分子大小、形状及电荷匹配。从而使反应物分子进入催化剂,排斥其他分子进入催化剂,因此使催化剂具有选择性,故此种催化剂被称为择形性催化剂。

(3) 相转移催化剂 在非均相反应中,相界面的存在阻碍反应物的接触甚至影响反应进行。为使反应容易进行,常常添加少许能促成多相间反应的特殊表面活性剂,此种表面活性剂即称为相转移催化剂。常用的相转移催化剂有叔胺、季铵盐、季鳞盐、冠醚和聚乙二醇等。相转移催化剂能使传统工艺反应条件变温和、减少副反应,并能缩短反应时间。但因成本提高或增加了分离难度,故此种催化剂适用于产量小而附加值高的精细化工产品生产,例如医药、香料、染料、农药和化妆品等。

(4) 仿酶催化剂 酶是一种特殊的蛋白质,它可对化学和生物反应具有催化作用。酶具有生物活性,它对反应底物的生物结构和立体结构具有高度的专一性,尤其是对反应底物的手性、旋光性和异构体有很强的识别能力。也就是说,对于具有多种异构体和旋光性的反应底物,一种酶只对一种异构体的一种旋光体起催化作用。但酶催化剂的稳定性较为脆弱,它的催化活性易受反应体系的物理化学特性如 pH、温度和压力以及某些金属离子的影响。酶的提取、纯化和固定化等技术难度较大。

近年来,在对酶蛋白质分子的"结构与功能"关系深入研究的基础上,采用化学或生物方法对酶分子进行修饰和改造,以提高酶的活性和稳定性,但没有改变酶的蛋白质本质。迄今,已开发出不少新的仿酶催化技术,如通过环糊精仿酶研究,模拟了水解酶和醛缩酶;多咪唑双核铜类络合物仿酶研究,模拟了酪氨酸酶;手性噁唑硼烷类化合物仿酶研究,模拟了异构酶;卟啉类化合物仿酶研究,模拟了单加氧酶等。

(5)沸石分子筛催化剂 分子筛实际上是一种多孔固体颗粒,孔的尺寸非常均匀,处于分子大小的水平,它只能吸附与孔径相匹配的物质分子。使用最早的是天然沸石,随着化工产品生产和分离提纯要求日益提高,人们研究开发了几代的人工合成沸石分子筛。目前已能控制和精细调节合成分子筛的结构和孔径,有针对性地合成符合工艺需求的各种不同类型的沸石分子筛。应用领域已不限于石油化工,而扩展到精细化工、农业和环境保护等领域。它可取代传统的酸碱催化剂,成倍提高反应效率,优化产品质量,对设备无腐蚀,最重要的是实现了环境友好的生产。

4. 原子经济性反应

多年来,化学合成主要注意合成产品的产率,对合成工艺路线和加工生产过程中是否使用或产生有毒物质和废弃物则很少考虑。1991 年美国 Stanford 大学的 Trost 教授首次提出了化学反应的"原子经济性"新概念,他认为化学合成应考虑原料分子中的原子进入所希望得到产品中的数量。原子经济性的目标就是在设计合成路线时尽量使原料分子中的原子更多或全部变成最终预期产品中的原子。

$$原子经济性或原子利用率 = \frac{被利用原子的质量}{反应中所使用全部反应物分子的质量} \times 100\%$$

只有原子经济性的百分率高到 100%,才能做到化学品生产中不产生副产物或废弃物,实现"零排放"、绿色化。

Trost 教授认为,合成效率应该是今后合成方法学研究中的关键所在。他将化学反应的选择性(包括化学、区域和立体选择性)和原子经济性并列为合成效率的两个必要方面。他因提出原子经济性的原创性贡献获得了 1998 年度"美国总统绿色化学挑战奖"中的学术奖。可见,创造高原子经济性的合成化学反应是绿色化学的核心任务。

采用新合成原料、新反应加工途径和开发新催化剂等都是提高合成反应原子经济性的有效方法。

例如,以往通过氯醇法两步制备环氧乙烷:

$$CH_2{=}CH_2 + HOCl \longrightarrow HOCH_2{-}CH_2Cl$$

$$HOCH_2-CH_2Cl+\frac{1}{2}Ca(OH)_2 \longrightarrow H_2C-CH_2 + \frac{1}{2}CaCl_2 + H_2O$$

现在可用银作催化剂,改为乙烯直接氧化成环氧乙烷的一步合成法:

$$CH_2=CH_2+\frac{1}{2}O_2 \xrightarrow{\text{Ag 催化剂}} H_2C-CH_2$$

这样合成方法的革新,使环氧乙烷合成反应的原子经济性从原来的87.45%提高到100%。

5. 立体化学手性异构体

大部分活性有机体的有机分子都含有非对称中心,存在光学异构体。实物和镜像不能重叠的现象称为"手性(chirality)"。如果一个化合物的分子既无对称中心又无对称面,它定会存在一对或几对互为镜像关系而又不重叠的异构体,这样的分子称为手性分子,而这种关系的异构体被称为"对映体(enantiomers)"。一对对映体在非手性环境中性质完全相同,而在手性环境中则性质常常相异。

制备用于植物和动物的化合物大部分应是单光学异构体,它们包括农用化学品、药物、香料、食品添加剂等。尤其对于药物,不需要的异构体可能产生毒副作用。诸如不需要的异构体是惰性的,成为废弃物;不需要的异构体可用于完全不同的目的;不需要的异构体能破坏需要异构体的效应还可能有毒;以及此种异构体可在身体中外消旋化。

这种手性对映体对环境和生态系统的影响具有特殊的意义。因为不同的手性对映体异构体可呈现绝然不同的性质或功能,在自然环境中也可表现不同的降解行为。例如:

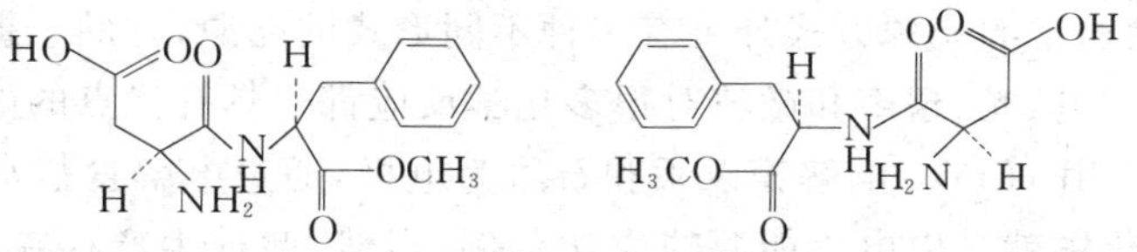

S构型:甜味的　　　　　　　　R构型:苦味的
天门冬酰胺手性异构体

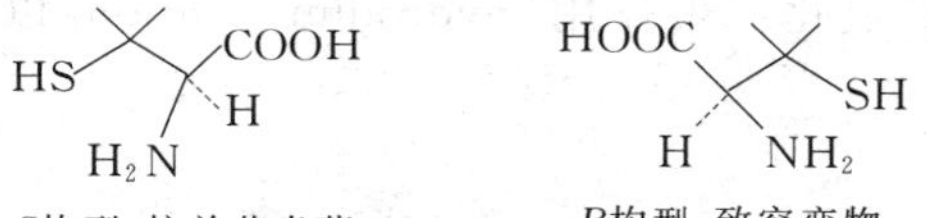

S构型:抗关节炎药　　　　　R构型:致突变物
青霉胺手性异构体

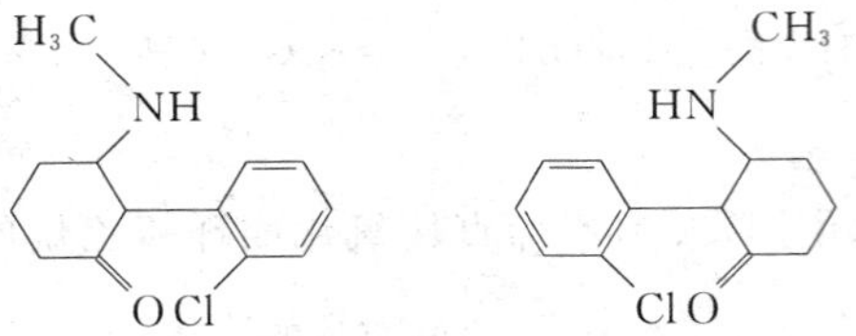

S构型:麻醉剂   R构型:幻觉剂

酮酰胺手性异构体

S构型:用于帕金森病   R构型:引起粒性白血球减少

多巴(dopa)手性异构体

针对立体化学手性对映体的客观现象,采用有效的不对称合成(asymmetri-cal synthesis)的方法,即可大大提高合成化学反应的选择性,达到以高原子经济性地得到可预期的异构体而不产生不需要的异构体。

6. 用于化学反应的多种能源

化学反应的发生、过程的进行、产品的分离纯化等都需要消耗能量,化学工业是能耗最大的工业之一。能量的使用和产生还会对环境有不良的影响,因此,在设计化学反应过程时需要充分考虑最佳利用和节约能源。

化学反应往往需要一定热量来克服其活化能才能发生,这类反应可选择合适的催化剂以降低反应活化能,从而减少反应发生所需的初始热量。化学反应有吸热和放热两种,对前者要持续加热反应方可进行完全,对后者则需冷却移去热量,或用冷却来控制反应速率很快的化学反应以防发生意外事故。

产品的分离和净化往往是化学工业中耗能较大的一个过程,如通过减少分离操作的优化过程设计,即可有效地降低能耗。

现在,除通常的能源方式外可有多种不同形式的能源,有助于提高反应效率而降低能耗。电、光、超声和微波对很多化学反应都是具有优点的能源方式。

(1)电 用 Hooke 电解槽以汞和石墨为电极,通过电解食盐水大规模生产氯气和氢氧化钠就是以电为能源的成功范例,当然,此种生产存在污染的问题。也可用电能精炼金属铝、铜和钛。大规模用于有机合成的一个典型例子就是丙烯腈(acrylonitrile)经氢化二聚作用(hydrodimerization)以形成己二腈(diponi-trile),反应式如下:

然后再还原为二胺(diamine)或水解成己二酸(adipic acid)用以制备尼龙(nylon)-66。

电化学也可用于多种清洁生产技术,如用电渗析(electrodialysis)回收废液中的金属离子或破坏废液中的氰化物离子和有机化合物。

(2) 光　光是环境友好的,反应完成后不留残余物。光可催化一些靠其他方法很难或不可能进行的反应。大多数光化学反应要在比太阳光范围的波长还短的光辐射下进行,如能用太阳光则简便得多。

近年有些以光为能源进行化学反应的成功实例,比如二噻烷(dithiane)、二苄醚(benzyl ether)及相关的化合物可经可见光和一种染料存在下被开裂或裂解。

$$\begin{array}{c} \underset{R}{\overset{R}{>}}\underset{S}{\overset{S}{<}} \quad \xrightarrow[\substack{\text{可见光}\\ CH_3CN/H_2O}]{\text{亚甲绿}} \quad >\!=\!O \quad (86\%\sim97\%) \end{array}$$

$$ArCH_2OR \quad \xrightarrow[\substack{\text{可见光}\\ CH_3CN/H_2O}]{\text{亚甲绿}} \quad ArCH_2OH \quad (70\%\sim100\%)$$

可见光和水在催化剂存在下可进行成环反应产生取代吡啶而几乎不生成副产物:

$$2H\!-\!C\!\equiv\!C\!-\!H \;+\; RCN \xrightarrow[\substack{Co(\,I\,)\text{催化剂}\\ H_2O}]{400\ nm\ \text{光}} \underset{\text{高达}73\%}{\text{吡啶}-R}$$

又如 1,4-苯醌与醛可在太阳灯光源的照射下生成酰基氢醌,且无副产物:

$$\text{苯醌} + RCHO \xrightarrow{\text{光}} \underset{\text{高达}88\%}{\text{酰基氢醌}}$$

(3) 超声　超声波是频率在 $2\times10^4\sim10^9$ Hz 范围的声波。作为一种能量形式,其强度超过一定值时,即可通过其与传声媒介的相互作用使媒质的状态、性质及结构发生变化。当超声波能量达到足够高时,会产成"空化(cavitation)"现象。空化可在短时间内产生高温和高压,空化气泡的寿命约 0.1 μs,在气泡爆炸的瞬间可产生约为 4 000 K 和 100 MPa 的局部高温高压环境,冷却速率约为 10^9 K/s。这些条件足可使有机物发生化学键断裂、水相燃烧或热分解,促进非均相界面间的扰动和更新,从而加速传质和传热过程。

当一种固体在一种液体中反应的环境,采用此种超声强化作用最为有用。对两种不相混溶的液体反应也有促进,在这种环境中可用机械搅拌的宏观混合与超声的微观混合相结合,大大加速了反应的进行。例如,有人以 PEG 400 为催化剂研究硝基甲苯的催化氧化反应。在通常搅拌的条件下,只生成二聚体:

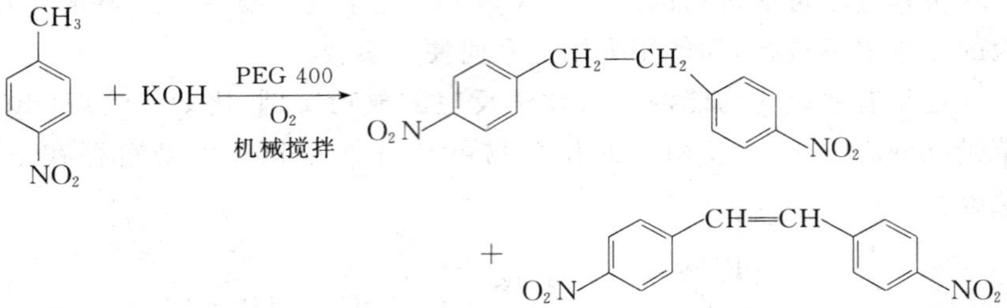

在超声的条件下,则有大量的硝基苯甲酸盐生成,其原因就是超声波使如下反应速率大幅度提高:

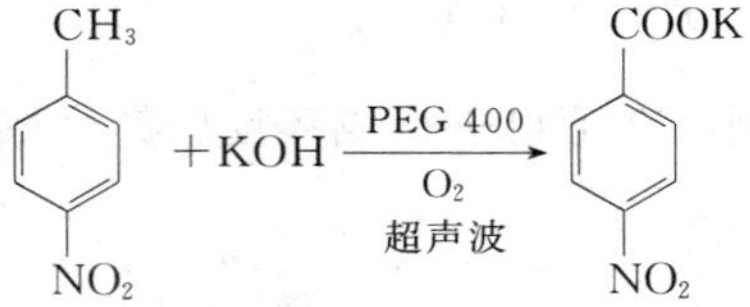

利用超声波可使水体中的有机污染物降解是一项新型水处理技术。一般来说,非极性、憎水性、易挥发有机物多通过在超声空化气泡内的热分解作用降解。而极性、亲水性、难挥发有机物则通过在空化气泡表面层或液相主体中的 HO· 自由基氧化而降解。

(4) 微波 众所周知,微波作为一种高效、方便、节能、节时的特殊加热能源广泛应用于食品、化工、材料等领域,也可在理化分析中用作样品预处理的工具。对于存在可吸收微波的某些物质的化学反应体系来说,用微波作能源代替通常加热的办法,常常可在很短的时间内得到很高产率的产品。

这是因为微波作用到物质时,可能产生电子极化、原子极化、界面极化和偶极转向极化,偶极转向极化对物质的加热起着主要作用。

在无外电场作用时,极性电解质分子偶极矩在各个方向的概率相等,其宏观偶极矩为零。但在微波场中物质的偶极子与电场作用产生偶极转向极化,从而使其宏观偶极矩不再为零。因微波产生的交变电场以每秒高达数亿次高速变向,偶极转向极化跟不上交变电场的高速变化,导致材料内部功率耗散,部分微波能转化为热能,从而使物质本质加热升温。

要注意当用微波代替常用加热源时,反应体系必须存在吸收微波的极性物质。这些物质不仅包括无机化合物,也包括水、醇类、酰胺和多种含氧的化合物,然而像己烷、甲苯等烃类则不行。

对于微波场中的液相有机合成反应来说,关键的问题是选择合适溶剂作为微波传递介质。极性溶剂如乙酸、丙酮、低碳醇、乙酸丁酯等皆可作为微波场中的反应溶剂。非极性溶剂如乙醚、环己烷和苯等不能直接吸收微波能,可通过加入少量极性溶剂提高其吸收微波的能力,则也可作为反应溶剂。

二、绿色化学与绿色工程

绿色工程着眼于如何通过科学技术达到提高可持续能力(sustainability)的目的。绿色工程也有 12 条原理,这些原理给科学家和工程师们提供了一个以人类健康和环境友好为目标,参与设计新材料、产品、生产过程和系统可遵循的框架。基于这 12 条原理进行设计实际上已考虑到环境、经济和社会效益的统一,而非仅限于保证工程质量和安全标准的基线要求。

绿色工程的 12 条原理:

(1) 设计者要努力奋斗以保证所有物质材料的输入和输出尽可能都是本质上无害的;

(2) 预防产生废弃物比其生成后再去处理或清除更好;

(3) 设计分离和纯化操作时要尽量减少能耗和材料的使用;

(4) 设计产品、过程和系统要尽量增大物质、能源、空间和时间的效率;

(5) 产品、过程和系统应是"牵引产生的",而不是靠"多投入"能量和材料;

(6) 在制定设计有关再循环、回用或效益计划等方面的选择时,须将埋置熵和复杂性看成投资;

(7) 指标的耐久性,不是永远性,应是一个设计目标;

(8) 关于不必要的性能或生产力解决的设计(例如"一种尺寸大小要适合所有的人"),应看成是设计的一个缺点;

(9) 在多组分产品中应尽量减少材料的多样性,以利于拆卸和保值;

(10) 产品、过程和系统的设计,必须包括可利用能源和物流的一体化和相互连接性;

(11) 产品、过程和系统的设计应考虑到一个"商业生命后"的作业;

(12) 材料的能量输入应是可再生性的,而不是耗尽废弃的。

对上述 12 条原理可看成是一个复杂而一体化系统中的多种参数。一般来说,在同一时间内每个参数不可能都达到最佳化,尤其各参数间是相互依赖的。在有些场合彼此是协同的,即一个参数的成功应用可促进另一个或更多的其他参数。然而,在另外一些场合,各参数间需要适当平衡以使整个系统实现最佳化。

在综合运用绿色工程的 12 条原理时,以把握绿色工程的本质性是最重要的,即考虑内在基础,还要注意产品的整个生命周期。通常欲使产品、过程和系统符合环境友好原则,一般可采取两种基本方法(至少其中之一)来进行:增强体系的固有绿色性质,或改变体系的环境和条件。前者自然是要从根本上设法降低化学品的内在毒性,而后者可通过控制有毒化学品的释放和对生态系统或人体的暴露强度来达到。

绿色化学和绿色工程两者定义中存在要对环境友好这一核心精神的共同含义。

绿色化学是要设计减少或消除使用和产生有害物质的化学产品及其生产过程;

绿色工程则是要求产品设计、产业化、生产过程以及产品使用中,其污染对环境和人体健康的风险要实现最小量化。

绿色化学和绿色工程两者的关系应是互为联系、相辅相成的,即在实践中体现理论与应用的统一。绿色化学提供绿色工程技术实现可持续产品、过程和系统设计的基础,也可以说,绿色化学为建立绿色工程奠定了基础。而绿色工程实现理论设计的产业化,对产业经济、环境和社会效益方面起到更直接的作用。因此,绿色化学和绿色工程两者原理的综合运用才是实现和推进可持续发展的上策。

三、工业生态学原理

绿色化学和绿色工程的发展和应用,无疑从科学技术角度都会对经济的可持续发展起到很重要的促进作用。然而,它们基本上还是从单项化学品的设计、生产过程和系统,或者说是从某个专项产品的工业生产和应用着眼。如果能将各类产品工业企业联系起来,以工业生态学(industrial ecology)和循环经济的观点原则综合考虑,就会更好地推进全社会的可持续发展。

工业生态学是基于系统工程和生态学原理结合的一种科学方法,它将产品的生产和消费,包括产品设计、生产、使用和产品的报废以及对资源、能源乃至资金利用最佳化和使用中产生的环境影响要最小等多种因素进行一体化综合考虑。就是说,工业生态学这一门新兴交叉学科研究工业生产过程中环境影响因素对城市生态系统的综合效应。它是研究各种工业产业活动及其产品与环境之间相互关系的科学。它从局部、地区和全球三个层次上系统地研究产品、工艺和产业部门与经济部门中的物质流和能量流。其重点是研究工业界在产品生命周期内如何降低环境压力。产品生命周期要包括原材料的采掘加工、产品制造、产品使用以及废弃物管理。根据工业生态学原理,一个理想的工业生态系统,系统中一部分的废弃物可作为另一部分的原料,并以最大效率利用能源和自然资源。

工业生态学模拟自然生态系统。自然生态系统受太阳能和植物的光合作用所驱动,是包括生命体和它们生存环境间相互作用的集合,在此种环境中物质以大量的循环状态进行着相互变化。

工业生态学是以工业代谢(industrial metabolism)现象、工业生态系统(industrial ecosystems)和可持续发展指导思想为基础的。

工业生态系统中的一个重要方面就是所谓工业共生(industrial symbiosis),即在此系统中可包含多种多样的工业企业协同共存。一个工业生态系统可包括纯工业生产和农业生产,通常包含五个主要组分,即初级原料生产者、能源、物料加工制造、废弃物加工和消费者。与生物的生态系统相似,一个成功的工业生态系统应该具有三个关键特征,即有可再生的能源、完全的物质循环和能抵御外界冲击的物种多样性。

工业生态学要求任何一个工业过程必须与生态系统相容,符合生态系统规律,促进生态系统发展。有的科学家认为工业生态学是建立在对自然资源的充分合理利用及资源回收利用之上的可持续发展的科学。然而,绿色化学和为环境而设计则是工业生态学的核心和基础。

近年来,世界很多国家政府按工业生态学原理投资建设"工业生态园区"作为示范。在园区内各工业部门和企业集团之间、工业部门与居民之间、园区与环境之间都处于生态平衡。整个园区内的物质循环、能量流动和信息传递都处在最优组合状态,即资源利用率最高,能量消耗最少,废弃物排放量趋近于零,同时要实施对自然资源的投资,形成一个可持续发展的区域综合体系。

20 世纪 70 年代丹麦建立的 Kalundborg 工业生态园区(图 8-1)就是成功的典型之一。

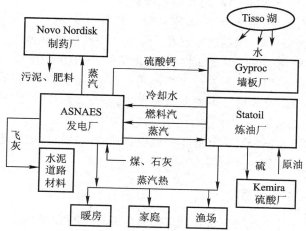

图 8-1　丹麦 Kalundborg 工业生态系统的示意图
摘自 Manahan S E. Environmental Chemistry. 7th Edition,p538)

　　Kalundborg 工业生态园区基于两个主要能源,一为 1500 MW 的 ASNAES 燃煤发电厂,另一为年产四五百万吨的 Statoil 炼油厂。发电厂将其生产过程蒸气售予炼油厂而从炼油厂获得燃料气和冷却水。从石油中去除的硫输送给 Kemira 硫酸厂。两个能源厂产生的副产物——热能——供给居住区的家庭和商业建筑取暖,以及暖房和养鱼场作热源。发电厂的蒸气还供给工业酶和胰岛素产量达世界 40%,年产值高达 20 亿美元的 Novo Nordisk 制药厂应用。药厂产生的生物污泥给地区农场作肥料。发电厂用石灰脱煤中硫生成的硫酸钙供给 Gyproc 公司制造墙板。墙板制造时则用来自炼油厂的清洁燃烧气作燃料。燃煤产生的飞灰用于制造水泥和道路材料。Tisso 湖水作为淡水来源。物质的有效利用还有把来自工厂污水处理的污泥和来自养鱼场的废弃物用作肥料,并与来自胰岛素生产的过剩酵母掺合以补充猪饲料。

　　可见,Kalundborg 工业生态园区中的物质和资源的循环利用,可形象地比喻为"物资是从摇篮到再投胎,而没有坟墓"。

第三节　绿色化学的应用

一、绿色化学的主要研究方向

　　绿色化学自诞生到现在不过才十余年,然而,因其在促进可持续发展方面具有巨大威力和鲜明特色,已产生相当多的原创性学术成果,并在工业和农业以及多种产业的应用上取得相当广泛和惊人的效益。

　　从原则上说,绿色化学的 12 条原理每一条都可作为一个研究方向。然而,根据已做出的成果来看,概括起来绿色化学的主要研究方向涉及:

　　① 探索利用化学反应的选择性(包括化学的、区域的和立体选择性)来提高化学反应的原子经济性,降低产品不良的生态效应,增强对环境的友好程度;

　　② 发展和应用对环境和人类无毒无害的试剂和溶剂,特别是开发以超临界流体、离子液体和水为反应介质的化学反应;

　　③ 大力开发新型环境友好催化剂以提高反应的选择性和效率;

　　④ 采用新型的分离技术等。

二、绿色化学的应用

1. 提高化学反应原子经济性和环境友好程度的应用举例

　　原子经济性是衡量化学反应中反应物转变为最终产品的程度。有机合成化学中常见的几种反应类型,如分子重排反应(rearrangement)、加成反应(addition)、取代反应(substitution)、消除反应(elimination)等，按其各自反应的性质，它们的反应原子经济性各有不同。要想提高化学反应的原子经济性通常可采取选用合适的新合成原料，改变反应途径和条件，或开发新型催化剂，乃至综合运用各种手段。

此处，仅结合一些有代表性的实例介绍绿色化学的应用。

(1) 选用新合成原料提高化学反应的原子经济性　重要有机化工原料甲基丙烯酸甲酯的工业生产，多年来沿用丙酮-氰醇法。该生产工艺包括丙酮-氰醇合成、甲基丙烯酰胺硫酸盐合成、酯化、甲基丙烯酸甲酯回收提纯、酸性废水处理等多个步骤。其中丙酮-氰醇合成采用等物质的量的丙酮和氢氰酸在 30% 氢氧化钠溶液存在于 29～38 ℃ 温度下进行氰化反应；在甲基丙烯酰胺硫酸盐的合成中，要用过量 50% 纯硫酸与丙酮-氰醇进行水解反应。可见，该工艺要使用剧毒的氢氰酸和强腐蚀性的硫酸，对环境和人体都会产生毒害，而且整个反应的原子经济性只有 47%。

近年来，Shell 公司用甲基乙炔和甲醇为原料，在一个均相钯催化剂体系存在下，于 60 ℃，6 MPa，仅用约 10 min 停留时间即可进行羰基化反应一步制得甲基丙烯酸甲酯，所加原料全部转化为产品，达到 100% 的原子经济性。本工艺不仅原料成本低，而且避免使用氢氰酸和硫酸等剧毒和腐蚀性强的试剂，属于环境友好反应。两种生产工艺过程对比如下。

旧工艺：

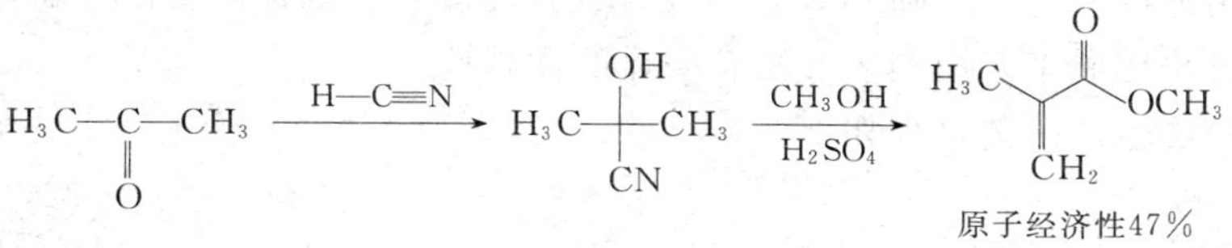

原子经济性47%

新工艺：

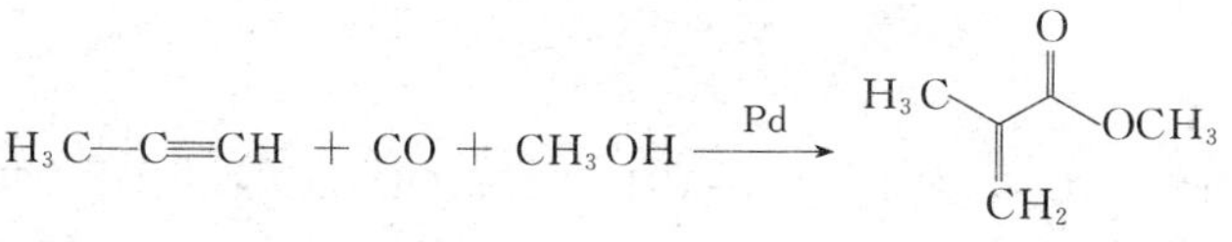

原子经济性100%

(2) 改变反应途径和条件　利用立体化学手性对映体的原理进行不对称合成，可提高反应的选择性和原子经济性。

比如，2000 年 Pittsburgh 大学 Markus Erbeldinger 教授的研究组就用酶催化在离子液体为介质中成功地合成了甜味素天门冬酰胺。

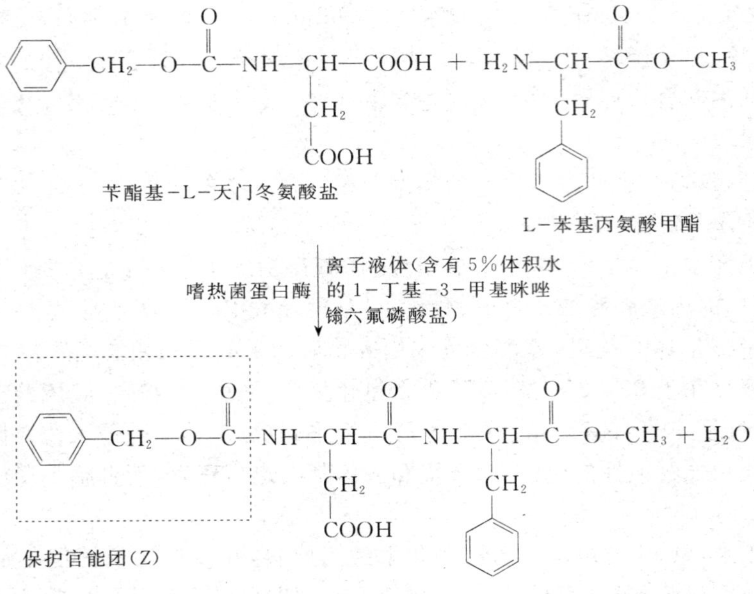

苯酯基-L-天门冬氨酸盐

L-苯基丙氨酸甲酯

嗜热菌蛋白酶 → 离子液体(含有 5%体积水的 1-丁基-3-甲基咪唑鎓六氟磷酸盐)

保护官能团(Z)

(S)-天门冬酰胺

（3）利用新催化剂提高反应的原子经济性 环氧丙烷是一种重要基本有机化工原料,主要用于生产聚醚多元醇,进而合成聚氨酯;也可用以生产丙二醇和非离子表面活性剂、油田破乳剂等。

利用钛硅沸石分子筛(TS-1)为催化剂,用过氧化氢直接氧化丙烯合成环氧丙烷的方法比原来采用的氯醇法有明显的优越性。

氯醇法生产工艺过程如下。

第一步:

$$2\ CH_3{-}CH{=}CH_2\ +\ 2HOCl \longrightarrow CH_3{-}\underset{OH}{CH}{-}\underset{Cl}{CH_2}\ +\ CH_3{-}\underset{Cl}{CH}{-}\underset{OH}{CH_2}$$

第二步:

$$CH_3{-}\underset{OH}{CH}{-}\underset{Cl}{CH_2}\ +\ CH_3{-}\underset{Cl}{CH}{-}\underset{OH}{CH_2}\ +\ Ca(OH)_2 \longrightarrow 2CH_3{-}\underset{O}{\overset{}{CH{-}CH_2}}$$
$$+\ CaCl_2 + 2H_2O$$

氯醇法要消耗氯气和石灰,存在环境污染和设备腐蚀问题,而且原子利用率仅约为 30%。

TS-1 催化过氧化氢直接氧化法反应仅为一步:

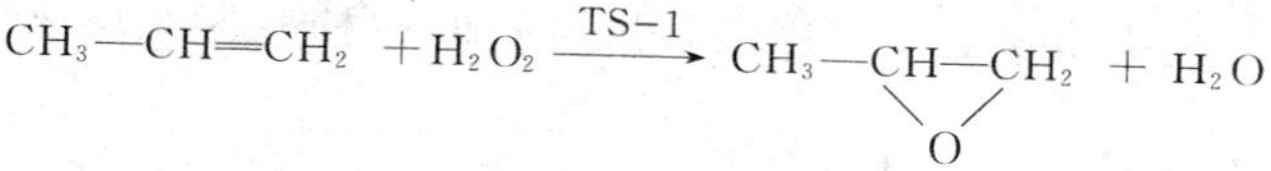

$$CH_3-CH=CH_2 + H_2O_2 \xrightarrow{TS-1} CH_3-\overset{\quad}{CH}-\underset{\displaystyle O}{CH_2} + H_2O$$

反应温度 40～50 ℃，压力低于 0.1 MPa，30% H_2O_2 水溶液，生成环氧丙烷的选择性＞97%，其他产物只有水。原子利用率达到 76.32%，且是低能耗、无污染的环境友好反应。

2. 发展无毒无害的反应介质

（1）超临界流体 超临界流体在化学反应中既可作为反应介质，也可作为反应物质参加反应。作为反应介质，超临界流体具有多种特性，诸如高溶解能力、高扩散系数、可有效控制反应活性和选择性、无毒和不可燃等。这些特性使其只需改变压力即可调控呈均相或呈非均相的反应相态；对受扩散控制的一些反应可显著提高反应速率；由于超临界流体的密度、黏度和极性可连续变化，故可通过溶剂与溶质或不同溶质之间的分子作用力产生的溶剂效应和局部凝聚作用的影响，有效控制反应活性和选择性。

① 超临界 CO_2。由于超临界 CO_2 具有优异特性，可适用于多种化学反应条件，十余年的研究表明它作为反应介质可进行氧化还原反应、光化学反应、加成反应、自由基反应、高分子聚合反应以及酶催化反应等。

例如，在超临界 CO_2 介质中有催化剂存在进行加氢作用，可达到接近 100% 的原子经济性。

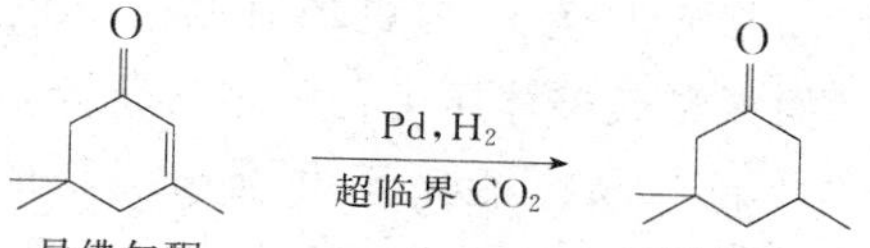

异佛尔酮
(3,5,5-三甲基-2-
环己烯-1-酮)

三甲基环己酮
产率＞99%

又如，甲苯的自由基溴化反应，在超临界 CO_2 介质中有合适的溴化试剂 N-溴代丁二酰亚胺（NBS）和自由基引发剂偶氮二异丁腈（AIBN）存在下只生成苄基溴：

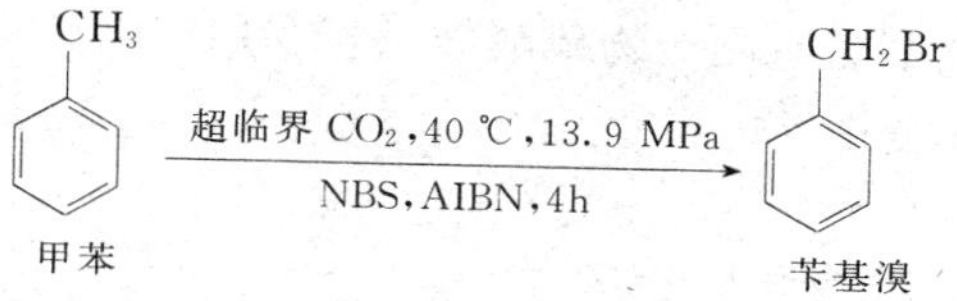

甲苯

苄基溴
100%

另外，经研究表明，用超临界 CO_2 替代有机溶剂作介质，酶的活性更高、稳定性更好、反应速率也增加。据报道已可进行的各种酶催化反应类型实例列于表 8-1 中。

表 8-1 超临界 CO_2 介质中可进行的酶催化反应

反应类型	底物	酶
酯化反应	油酸＋乙醇	脂肪酶
酯化反应	十四烷酸＋乙醇	脂肪酶
酯化反应	丁酸＋缩水甘油	脂肪酶
酯交换	三乙酸甘油酯＋D,L-薄荷醇	脂肪酶
酯交换	N-乙酰基-L-苯基丙酸氯乙烷酯＋乙醇	枯草溶菌酶
酯交换	天冬氨酸＋L-苯丙氨酸甲酯	嗜热菌蛋白酶
水解反应	对硝基苯酚磷酸酯	碱性磷酸酶
氧化反应	胆固醇	胆固醇氧化酶
手性合成与拆分	外消旋布洛芬＋正丙醇	脂肪酶
	外消旋香茅醇＋油酸	脂肪酶

注:本表摘自朱宪. 绿色化学工艺。

超临界 CO_2 的缺点是对某些类型化合物诸如极性的、离子型的、有机金属的或高相对分子质量的化合物溶解度很差,且需高的反应压力。

Pittsburgh 大学化学工程教授 Beckmann 以扩大超临界 CO_2 应用范围为目的,着力设计新的亲 CO_2 材料并首次研制出无氟共聚体的"亲 CO_2（CO_2-philes)"添加剂,从而使超临界 CO_2 成为更加有用的绿色溶剂。制备的聚醚碳酸盐共聚体可在比原用的氟醚共聚体压力低的情况下与 CO_2 混溶,且是无毒可降解的。Beckman 展望此新产品可能用于纤维和织物的清洗染整、聚合物加工、药物纯化和结晶,以及一般的化学合成。因此,Beckmann 获得 2002 年度"美国总统绿色化学挑战奖"的学术奖。

② 超临界水。作为溶剂超临界水具有经济、安全、容易控制等特点。另外,在临界温度附近其氢键强度极弱,水的双聚体、单聚体部分可能分解生成质子而显示酸催化功能。

在工业上采用环己酮肟的 Beckmann 重排反应合成 ε-己内酰胺。但此反应必须用硫酸为催化剂且有副产物硫酸铵。若利用超临界水为介质即可实现无催化剂的 Beckmann 重排反应：

进而聚合即可生成尼龙-66。

在超临界水中也可进行四甲基乙二醇(频哪醇)的重排反应：

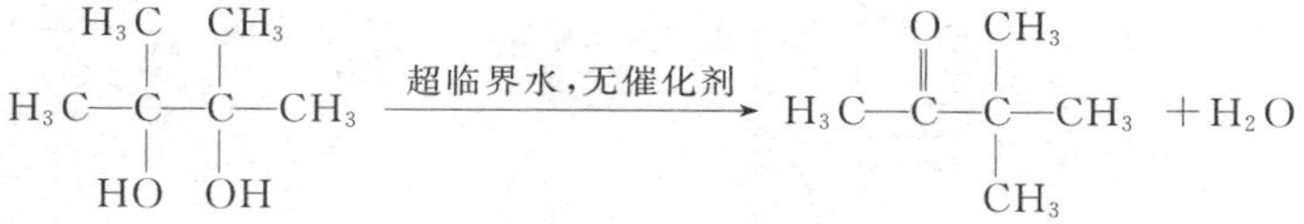

另外,可以利用超临界水氧化原理处理含有机物的废水。超临界水氧化技术可以氧化降解绝大多数的有毒有害废弃物。表8-2概括了一些硝基化合物、多氯联苯和二噁英类有机物用超临界水氧化处理的结果。

表 8-2　部分硝基化合物、多氯联苯、二噁英类用超临界水氧化处理的条件和结果

化合物	温度/℃	压力/MPa	氧化剂	反应时间/min	去除率/%
2-硝基苯	515	44.8	O_2	10	90
	530	43	$O_2 + H_2O_2$	15	99
2,4-二甲基酚	580	44.8	$O_2 + H_2O_2$	10	99
2,4-二硝基甲苯	460	31.1	O_2	10	98
	528	29.0	O_2	3	99
四氯二苯并呋喃	600~630	25.6	O_2	0.1	99.99
2,3,7,8-四氯二苯并对二噁英	600~630	25.6	O_2	0.1	99.99
八氯二苯并呋喃	600~630	25.6	O_2	0.1	99.99
八氯二苯并对二噁英	600~630	25.6	O_2	0.1	99.99

本表摘引自漆新华,庄源益. 超临界流体技术在环境科学中的应用。

(2)离子液体　离子液体对无机物、有机物和聚合物都有一定的溶解性,近年来已被用来替代原有的有机溶剂作为有机合成和催化反应的介质。可进行Diels-Alder反应、Friedel-Crafts反应、过渡金属催化反应、区域选择性烷基化反应等。此外,它也是新型的清洁反应溶剂,在石油精炼、精细化工、烯烃聚合、线性烷基化、有机物分解、萃取水环境中痕量金属污染物以及在电化学中作为电解质等广泛应用。

例如 Diels-Alder 反应：

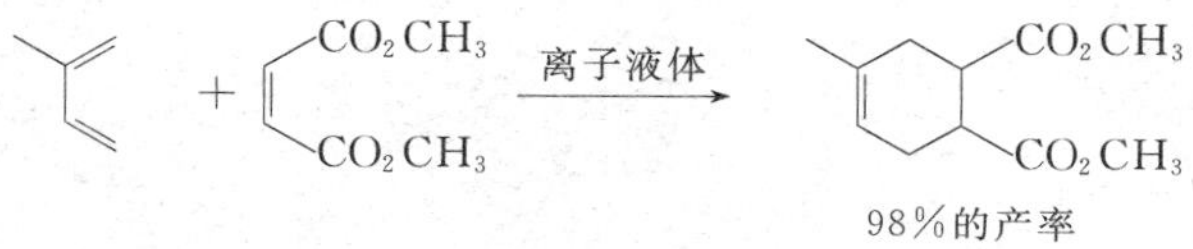

98%的产率

又如在离子液体介质中以过辛酸进行环己烯的环氧化反应,过辛酸是以过氧化氢水溶液将辛酸在脂肪酶存在下进行水解而得到的。反应式如:

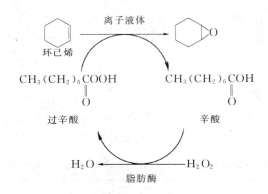

3. 开发新型环境友好催化剂

绝大多数的化学合成和化工生产过程都是有催化剂存在下实现的。然而以往的催化剂与催化技术,着眼于生产过程的高效性和经济性,而不注意环境和生态效益。近年来在开发新型环境友好催化剂方面进行了大量研究工作,其目的是不仅要提高化学反应的转化率和选择性,而且要从根本上清除或减少产生副产物和避免有毒有害物质对环境和人体的污染和危害。

目前在此领域的主要成果包括环境友好的酸碱催化剂(含固体酸碱催化剂、杂多酸及负载型杂多酸催化剂)、分子筛催化剂、选择性氧化催化剂、生物催化剂、手性合成或不对称合成催化剂、超临界非均相催化剂以及包含光催化、声波和超声波的替换催化作用等。

但最为典型的成功实例是美国 Carnegie Mellon 大学的化学教授 Collins 制备的四氨基大环配体铁(Ⅲ)活化剂(tetraamino macrocyclic ligand,TAML iron(Ⅲ)activators)。这个 TAML 铁活化剂能明显增强 H_2O_2 的氧化能力并使 TAML/H_2O_2 体系在生产中有多种应用。例如在木纸浆生产过程中代替 Cl_2 或 ClO_2,造纸和纺织工业排放物的除色,石油精炼中去硫,化学和生物战争用剂的去污等。

此种 TAML 铁活化剂具有选择性,在宽 pH 范围有效,消耗能量少,不产生氯化副产物。

结构式为

Cat⁺=Li⁺, [Me₄N]⁺, [Et₄N]⁺, [PPh₄]⁺
X=Cl,H,OCH₃

Collins 及其合作者已用 TAML 活化剂促进 H_2O_2 进一步降解木质素,帮助治理新西兰国经 Tarawara 河向太平洋排放来自造纸厂中由于残余木质素造成的"黑水"问题。他们最近又应用此种活化剂使氯酚达到迅速完全的破坏。在普通环境中,用很少量的 TAML 铁活化剂在短时间内即可促进 H_2O_2 降解毫摩尔每升浓度级的五氯酚或 2,4,6-三氯酚使其约 99% 的分解为 CO,CO_2 和 HCl 以及可生物降解的氯化和非氯化的 $C_1 \sim C_4$ 的有机酸。

4. 新型分离技术

对化学合成反应产品进行彻底分离,加以充分利用副产物,则会大大减少向环境排放废弃物。因此开发新型有效的分离技术既有利于提高产品纯度和经济效益,又可增强其环境友好程度。

目前新型分离技术众多,主要有新结晶分离技术、新型蒸馏技术、磁性分析技术、超声结晶分离技术、新型亲和-分子印迹技术、纳滤膜分离技术、微波萃取技术、异构体绿色分离技术以及超临界流体络合萃取技术等。

这里仅选择几种技术给予适当介绍。

(1) 分子印迹技术　此种技术是在亲和色谱基础上发展起来的一种新技术,实际就是制备具有分子识别能力的聚合物技术。即在层析介质制备时将欲分离的目标分子引入,使合成的介质中留有目标分子的空间印迹,从而提高介质对目标分子的选择性。方法是先将欲分离、识别物质的模板分子与具有官能团的功能单体相互作用,在交联剂的作用下形成大孔、网状聚合物,经溶剂洗脱或水解作用除去模板分子,这样聚合物中就形成了与模板分子空间匹配的具有多重作用点的空穴。如此形成的空穴即可与混合物中欲分离的模板分子产生特异性的亲和作用,从而达到分离和纯化。进行分子印迹聚合物制备需要三种基本物质,即欲分离、识别物质的纯品,带有官能团的聚合物单体和合适的交联剂。

(2) 纳滤膜分离技术　纳滤膜是一种新型分离膜,它可能具有 1 nm 左右的微孔结构,可截留相对分子质量为 200～2 000 的物质,性能介于反渗透膜和超滤膜之间。

　　纳滤膜分离过程也是不可逆过程,膜内传递现象以非平衡热力学模型表征。它对低相对分子质量有机物和盐的分离效果很好,还具有不影响分离物质的生物活性、节能、无环境污染等特点。广泛应用于食品、发酵、乳制品、制药等行业,如低聚糖的分离和精制、果汁的浓缩等。

　　(3) 超临界流体络合萃取技术　超临界流体具有选择性溶解物质的能力,且这种能力可随温度、压力的变化而变。因此,在超临界状态下,超临界流体可从混合物中有选择地溶出其中的某些组分,然后通过减压、升温或吸附将其分离析出。

　　例如,超临界 CO_2 萃取技术现已广泛用于香精、香辛料的提取,药用植物中有效成分的提取,从鱼油中提取具有较高药用和营养价值的二十碳五烯酸和二十二碳六烯酸等。

　　我国中药资源丰富,有独特疗效而少有毒副作用,受到世界各国的青睐。然而因环境污染或泡制过程玷污等原因,中药中的某些痕量重金属或类金属含量往往超标。尤其各国相继对中药中有毒害金属制定了严格的痕量标准,这个问题不解决将会大大影响中药出口贸易。

　　超临界流体络合萃取技术是一种高效清洁的方法。其原理如下:重金属离子带有正电荷显很强的极性,这使得重金属离子与超临界 CO_2 之间的 van der Waals 引力很弱,难以直接萃取。但可通过两种途径来实现增大极性物质在超临界 CO_2 中的溶解度:一是利用超临界 CO_2 有很强的均一化混溶特性,向超临界 CO_2 相中加入甲醇、乙醇等极性携带剂,以增强其本身的极性,达到提高萃取效率目的;二是设法降低欲分离重金属离子的极性,即在萃取前或萃取过程中,引入带有负电荷的合适的金属络合剂产生原位络合作用,生成中性的络合物。如此两者并用,即可使重金属离子生成极性较小的络合物溶入超临界 CO_2 流体相中。

　　例如,一些研究者将已知浓度和已知存在形态的重金属离子如 Cu^{2+},Co^{2+},Cd^{2+},Zn^{2+},Mn^{2+},Pb^{2+},Ni^{2+} 及类金属离子 As^{3+} 吸附于硅胶、空白砂等吸附剂上,用二硫代氨基甲酸盐作为络合剂,结合用甲醇改性剂,进行超临界 CO_2 萃取实验研究,结果表明萃取效果与传统溶剂萃取法相当。

　　绿色化学的研究和应用也有利于农业向可持续性发展的方向发展。近年来在这方面的研究和应用主要集中在开发环境友好的天然或人工合成的农药,利用生物质作原料生产化学品,以及用植物进行土壤中化学品污染的修复等。

　　自从绿色化学这一颇具生命力的新兴交叉学科出现以来,受到我国高等院校、科研院所以及相关工农业产业部门的积极和热情关注,并纷纷展开研究和探索。在无机化学工艺、有机化学工艺、高分子化学工艺、精细化学工艺以及轻化工、制药、农药、环境材料、能源等多种行业企业的绿色化方面已获得可观的应用成果。有兴趣的读者可阅读有关的著作和文献。

　　然而,绿色化学在我国尚属于起步阶段,面对机遇和挑战,应大力推广绿色化学的知识、研究和应用。建议我国科技基金渠道的管理者也应提高对其重要性的认识并加大支持力度。

　　这一新兴学科绝非仅与合成化学和工程学有关,从美国提出至今,包括环境化学家和化学、化工分支学科专家都发挥着相当重要的作用。要从节约资源、能源,特别是防止生态和环境污染的观点重新审视和革新传统化学。在培养人才方面,要把绿色化学融入深化教学内容和课程体系改革中去,使绿色化学成为面向 21 世纪环境教育不可缺少的组成部分。

　　为了响应十六届五中全会关于加快建设资源节约型、环境友好型社会的号召,除重要基本政策导向之外,大力发展和应用环境友好的科学技术是关键措施之一。要立足于人与自然和谐,发展和应用环境友好的科学技术,形成资源消耗少、资源和能源利用效率高、废弃物排放少的生产和消费体系,使人类对自然的开发和利用控制在生态环境能够自我更新的范围之内。

　　绿色化学的主旨、研究方向和应用领域是完全符合上述精神的。

思考题与习题

　　1. 概述绿色化学的诞生和发展简史,并论述促进绿色化学产生和发展的根本动力和有关因素。

　　2. 绿色化学 12 条原理的实质核心是什么? 如何理解各条原理的相互关系?

　　3. 如何理解绿色工程的原理与绿色化学原理的异同及其联系?

　　4. 举例说明工业生态学原理的运用和实际效益。

　　5. 试选实例简介绿色化学在我国工农业方面的应用。

主要参考文献

　　[1] 阿纳斯塔斯 P T,沃纳 J C. 绿色化学——理论与应用. 李朝军,王东,译. 北京:科学出版社,2002.

　　[2] 戴树桂. 环境化学进展. 北京:化学工业出版社,2005.

　　[3] Matlack A S. Introduction to Green Chemistry. Marcel Dekker, Inc. , 2001.

　　[4] Manahan S E. Environmental Chemistry. 7th ed. Lewis Publishers, 2000.

　　[5] 闵恩泽,吴巍. 绿色化学与化工. 北京:化学工业出版社,2000.

［6］朱宪. 绿色化学工艺. 北京:化学工业出版社,2001.

［7］仲崇立. 绿色化学导论. 北京:化学工业出版社,2000.

［8］王福安,任保增. 绿色工程引论. 北京:化学工业出版社,2002.

［9］贡长生,张克立. 绿色化学化工实用技术. 北京:化学工业出版社,2002.

［10］Design for Environment：The Environmental paradigm for the 21 Century-A Memorial to Kenneth G. Hancock, Division of Environmental Chemistry Preprints of Papers Presented at the 208th ACS National Meeting. Washington DC, 1994,34(2).

［11］Anastas P T. Environ Sci Technol, 2003,37(23):423A.

［12］Anastas P T. Zimmerman J B. Environ Sci Technol, 2003,37(5):94A.

［13］Gupta S S, Lenoir D,Collins T T. Science,2002, 296:326-328.

［14］漆新华,庄源益. 环境科学高科技特色丛书 1——超临界流体技术在环境科学中的应用. 北京:科学出版社,2005.

中英文关键词对照索引

中文	英文	所属章	页码
Aitken 核模	Aitken nuclei mold	2	132
2,4-D 乙酯	2,4-dichlorophenoxyacetic acid acetate	5	338
BTEX	benzene，toluene，ethylbenzene，xylene（即苯、甲苯、乙苯、二甲苯）	7	441
CO	carbon monoxide	2	17
CO_2	carbon dioxide	2	17
H_2S	hydrogen sulfide	2	21
HO·	hydroxyl radical	2	26
HO_2·	hydroperoxyl radical	2	26
Nernst 方程	Nernst equation	3	194
NO	nitrogen monoxide	2	17
NO_2	nitrogen dioxide	2	17
$pE-pH$ 图	$pE-pH$ diagram	3	147
R	alkyl	2	57
RO·	alkoxyl	2	57
RO_2·	alkylperoxyl radical	2	57
Streeter-Phelps 模型	Streeter-Phelps model	3	235
SO_2	sulfur dioxide	2	17
Thomas 模型	Thomas model	3	237
阿特拉津	atrazine	7	440
氨化	ammoniation	5	341
氨基甲酸酯类农药	carbamate	3	160
氨基酸	amino acid	5	325
螯合剂辅助的植物提取	chelate-assisted phytoextraction	7	446
螯合物	chelate complex	3	205
半反应	half-reacion	3	194
半数有效剂量	median effective dose(ED50)	5	360
半数有效浓度	median effective concentration(EC50)	5	360
半数致死剂量	median lethal dose(LD50)	5	360
半数致死浓度	median lethal concentration(LC50)	5	360
半衰期	half life time	3	182

续表

中文	英文	所属章	页码
胞吞和胞饮	phagolysis and pinocytosis	5	305
本底值	background value	2	30
被动扩散	passive diffusion	5	304
被动易化扩散	passive facilitated diffusion	5	304
苯	benzene	5	336
苯乙烯	styrene	2	38
比较分子力场分析	comparative of molecular fields analysis, CoMFA	5	380
表面活性剂	surfactant	6	428
表面配合常数	surface coordination constant	3	176
丙烯	propene	2	38
丙烯腈	acrylonitrile	8	486
哺乳动物	mammal	5	305
不对称合成	asymmetrical synthesis	8	486
不可逆吸附	irreversible sorption	7	438
不可逆抑制作用	irreversible inhibition	5	352
不同固相的稳定性	stability of different solids	3	191
肠肝循环	enterohepatic cycle	5	307
超积累植物	hyperaccumulator	7	444
超级基金	superfund	7	441
超临界流体	supercritical fluids, SCF	8	481
沉淀－溶解作用	precipitation－dissolution	3	244
沉积物	sediment	3	152
沉积物中重金属的释放	release of heavy metals in sediment	3	178
持久性残留	persistent residue	7	438
持久性有毒污染物	persistent toxic substances, PTS	6	403
持久性有机污染物	persistent organic pollutants, POPs	6	403
臭氧层	ozone layer	2	17
臭氧耗损	ozone depletion	2	122
臭氧空洞	ozone blow hole	2	127
垂直递减率	vertical lapse rate	2	47
次级过程	secondary process	2	66
蒽	anthracene	5	337
粗粒子模	coarse particle mold	2	132
大气颗粒物	particulate matter	2	115
大气圈	atmosphere	1	4
大气湍流	atmosphere turbulence	2	54

续表

中文	英文	所属章	页码
大气稳定度	atmosphere stability	2	24
单加氧酶	oxygenase	5	327
胆碱酯酶	choline esterase	5	363
胆汁排泄	biliary excretion	5	307
蛋白质	protein	5	313
氮	nitrogen	5	341
氮体系	nitrogen system	4	279
低层大气	lower atmosphere	2	18
滴滴涕	dichlorodiphenyl trichloroethane(DDT)	5	339
底物	substrate	5	313
电动力学修复	electrokinetic remediation	7	461
电离层	ionosphere	2	19
电渗析	electrodialysis	8	487
烟雾箱	smog chamber	2	93
电子传递	electron transfer	5	317
电子活度	electron activity	3	193
丁二烯	butadiene	2	38
定量结构与活性关系	quantitative structure – activity relationship, QSAR	5	369
动力学	dynamics	2	19
毒(性)作用	toxic action	5	359
毒物	toxicant	5	358
毒物的联合作用	complex–action of toxicant	5	360
毒性	toxicity	5	359
独立作用	independent effect	5	361
堆肥法	composting	7	441
对流层	troposphere	2	18
对流作用	advection	3	244
对硫磷	parathion	5	338
对数浓度图	logarithmic concentration diagram	3	185
对映体	enantiomers	8	485
多环芳烃	polycyclic aromatic hydrocarbons,PAHs	6	404
多介质环境	multimedia environment	6	389
多氯代二苯并二噁英	polychlorinated dibenz–dioxin ,PCDD	6	407
多氯二苯并呋喃	polychlorinated dibenzo–p–furans,PCDF	6	407
多氯联苯	polychlorinated biphenyls,PCBs	6	404
多溴化二苯醚	polybrominated diphenyl ethers , PBDEs	8	476

续表

中文	英文	所属章	页码
多元线性回归	multiple linear regression，MLR	5	370
二胺	diamine	8	487
二苄醚	benzyel ether	8	487
二噁英	dioxin	6	404
二甲基胂酸	dimethylarsenic acid	5	346
二磷酸腺苷	adenosine diphosphate（ADP）	5	304
二噻烷	dithiane	8	487
二氧化碳酸度	CO_2 acidity	3	155
反硫化	desulfurization	5	344
反硝化	denitrification	5	341
反应活性	reactivity	2	97
泛醌（辅酶 Q）	uniquinone	5	316
芳基化	arylate	5	367
芳香烃	aromatic hydrocarbon	2	38
芳香酯酶	arylesterase	5	331
非甲烷烃	unmethane series	2	39
非竞争性抑制	noncompetitive inhibition	5	352
非水相液体	non−aqueous phase liquids	7	470
菲	phenanthrene	5	337
肺泡	lungsac	5	306
分布	distribution	3	159
分解区	decomposition zone	3	204
分配理论	partition theory	3	214
分配作用	partition	3	214
分子大小	molecular size	5	305
分子连接性指数	molecular connectivity indices	5	372
分子拓扑指数	molecular topology indices	5	372
酚酞碱度	carbonate or phenolphthalein alkalinity	3	154
封闭体系	closed system for the atmosphere	3	156
氟氯烃	fluorochlorohydrocarbon	2	45
辐射度	irradiance	3	230
辐射逆温层	radiation inversiton layer	2	47
辅基	prosthetic group	5	314
辅酶	coenzyme	5	314
辅酶 A	coenzyme A	5	317
腐败区	septic zone	3	204
腐黑物	humin	3	209

续表

中文	英文	所属章	页码
腐殖酸	humic acid	3	209
腐殖质	humic substances	3	209
腐殖质的配合作用	complexation of humic substance	3	209
负载过程	loading processes	3	244
富里酸	fulvic acid	3	209
富营养化	eutrophication	3	169
干沉降	dry deposition	2	22
肝	liver	5	307
高层大气	upper atmosphere	2	18
高能磷酸键	energy-rich phosphate bond	5	317
隔离	compartmentation	7	449
镉	cadmium	3	164
铬	chromium	3	166
根际	rhizosphere	7	451
工程化的生物修复	engineered bioremediation	7	436
工业代谢	industrial metabolism	8	491
工业共生	industrial symbiosis	8	491
工业生态学	industrial ecology	8	490
汞	mercury	3	165
共代谢	cometabolism	3	232
共溶剂	co-solvent	7	471
谷胱甘肽	glutathione	5	334
骨骼	skeleton	5	308
固氮	nitrogen fixation	5	341
固定燃烧源	fix combustion source	2	28
光化学反应	photochemical reaction	2	17
光化学烟雾	photochemical smog	2	17
光解速率	photolysis rate	3	230
光解速率常数	photolysis rate constants	3	230
光解作用	photolysis	3	226
光解	atmospheric photolysis	2	66
光量子产率	quantum yield	3	229
过氧乙酰基硝酸酯	peroxyacyl nitrate	2	79
海拔高度	altitude above sealevel	2	17
好氧微生物	aerobe	5	318
耗氧有机污染物	oxygen-consuming organic pollutant	5	320
合成酶	ligase	5	313

续表

中文	英文	所属章	页码
痕量组分	trace component	2	17
呼吸道	respiratory tract	5	305
湖泊富营养化预测模型	prediction model of eutrophic lake	3	241
化学反应的初级过程	primary chemical reaction process	2	66
化学致癌物	chemical carcinogen	5	366
还原脱氯酶	dechlorination reductase	5	330
环境良性化学	environmental benign chemistry	1	10
环境内分泌干扰物	environmental endocrine disrupters，EEDs	8	476
黄素单核苷酸	flavin mononucleotide，FMN	5	314
黄素腺嘌呤二核苷酸	flavin−adenine dinucleotide，FAD	5	314
恢复区	recovery zone	3	204
挥发速率	volatilization rate	3	219
挥发速率常数	volatilization rate constant	3	219
挥发作用	volatilization	3	218
回归方程	regression equation	5	310
活性(非活性)代谢物	active（non−activated）metabolite	5	362
活性酸度	active acidity	4	275
积聚模	amass mold	2	132
基因突变	gene mutation	5	364
急性毒性	acute toxicity	5	359
己二腈	diponitrile	8	486
己二酸	adipic acid	8	487
剂量−反应关系	dose−response relationship	5	359
剂量−效应关系	dose−effect relationship	5	359
加成反应	addition	8	492
甲基汞	methylmercury	5	344
甲基钴氨素	methylcobalamin	5	344
甲基化	methylation	5	344
甲烷	methane	2	31
甲烷发酵	methane fermentation	5	326
间接光解	indirect photolysis	3	227
兼性厌氧微生物	facultative anaerobe	5	318
碱度	alkalinity	3	154
降尘	dust fall	2	131
降解	degradation	5	320
胶体	colloid	3	160
拮抗作用	antagonism	5	361

续表

中文	英文	所属章	页码
结合	conjugation	5	332
解离度	dissociation degree	5	305
界面	interface	6	389
金属水合氧化物	hydrous metal oxides	3	171
金属形态	metal species	3	171
近致癌物	proximate carcinogen	5	366
竞争性抑制	competitive inhibition	5	352
聚苯乙烯	polystyrene	2	38
聚丙烯	polypropylene	2	38
聚乙烯	polythene	2	38
开放体系	open system for the atmosphere	3	190
苛性碱度	caustic alkalinity	3	155
颗粒物	particle	3	170
颗粒物的吸附作用	adsorption of particle	3	172
可持续的化学	sustainable chemistry	8	477
可持续发展	sustainable development	1	11
可渗透反应格栅技术	permeable reactive barrier，PRB	7	466
可吸入粒子	inhalable particles	2	131
摩尔折射率	molecular refractivity，MR	5	371
空化	cavitation	8	487
空燃比	air/fuel ratio	2	29
矿物微粒	mineral particle	3	182
扩散	diffusion	4	287
累积生成常数	overall formation constant	3	206
离子交换吸附	ion exchange adsorption	3	172
离子液体	ionic liquids，ILs	8	482
理论线性溶剂化能相关	theoretical linear solvation energy relationship，TLSER	5	379
粒径	particle diameter	2	43
连续植物提取	continuous phytoextraction	7	445
链长	chain length	5	357
链分支	chain branching	5	357
量化参数	quantum chemistry parameters	5	377
量子产率	quantum yield	2	68
裂解酶	lyases	5	313
临界胶束浓度	critical micelle concentration，CMC	7	471
零级反应	zero order reaction	5	351

续表

中文	英文	所属章	页码
流动燃烧源	flow combustion source	2	28
硫	sulfur	5	343
硫化	sulfurization	5	343
硫化物	sulfide	3	185
六六六	hexachloro-cyclohexane	4	295
六氯苯	hexachlorobenzen, HCB	6	404
六氯环己烷	hexachlorocyclohexane, HCHs	6	405
卤代烃	halogenated hydrocarbon	2	45
卤代脂肪烃类	halogenated-aliphatic hydrocarbons	3	163
绿色化学	green chemistry	1	11
绿锈	green rust	7	467
慢性毒性	chronic toxicity	5	359
酶	enzyme	5	312
酶促反应	enzymatic reaction	5	313
酶催化反应	enzyme-catalytic action	5	313
酶蛋白	apoenzyme	5	313
酶活性	enzyme activity	5	313
醚类	ethers	3	163
米氏常数	Michaelis(-Menten) constant	5	350
米氏方程	Michaelis(-Menten) equation	5	349
模拟曲线	simulate graph	2	93
膜孔过滤	filtration through pores	5	304
摩擦层	friction layer	2	18
内生的循环	endogenic cycles	1	7
萘	naphthalene	5	337
尼龙	nylon	8	487
镍	nickel	3	167
凝聚	coagulation	3	179
农药	pesticides	3	205
浓缩系数	concentration factor, CF	6	396
偶氮还原酶	azo-reductase	5	330
排泄	excretion	5	305
配合物	complex	3	204
配合作用	complexation	3	204
铍	beryllium	3	167
皮肤	skin	5	306
偏最小二乘法	partial least squares, PLS	5	378

续表

中文	英文	所属章	页码
飘尘	dust	2	131
平衡常数	equilibrium constant	3	206
平流层	stratosphere	2	18
葡萄糖醛酸	glucuronic acid	5	332
气膜传质系数	mass transfer coefficient of gas－film	3	221
气膜控制	gas－film control	3	221
气溶胶	aerosol	2	22
气相氧化	gas phase oxidation	2	99
迁移过程	transport processes	3	244
铅	lead	3	165
前致癌物	pre－carcinogen	5	366
潜性酸度	potential acidity	4	275
强化生物修复	enhanced bioremediation	7	436
羟基配合物	hydroxyl complexes	3	207
亲和力	affinity	5	351
氢传递	hydrogen transfer	5	316
氢化二聚作用	hydrodimerization	8	486
清洁区	clean zone	3	204
清洁生产	cleaner production	1	11
巯基	mercapto－	6	402
取代反应	substitution	8	493
染色体畸变	chromosomal aberration	5	364
热层	thermosphere	2	18
人类活动圈	anthrosphere	1	4
人为来源	manmade source	2	22
溶度积	solubility product	3	166
溶解度	solubility	3	147
溶解氧	dissolved oxygen	3	149
软硬酸碱理论	theory of soft and hard acids and bases	3	205
三甲基胂	trimethyl arsine	5	346
三磷酸腺苷	adenosine triphophate，ATP	5	304
三羧酸循环	tricarboxylic acid cycle	5	322
三维定量结构活性关系	three－dimensional QSAR，3D－QSAR	5	381
砷	arsenic	3	166
砷胆碱	arsenocholine	5	346
砷糖	arsenosugars	5	346
砷甜菜碱	arsenobetaine	5	346

续表

中文	英文	所属章	页码
深度氧化技术	advanced oxidation process，AOP	7	453
神经传递物质	neurotransmitter substances	5	363
肾	kidney	5	307
肾排泄	renal excretion	5	307
生产率	productivity	3	151
生长代谢	growth metabolism	3	232
生物冲淋法	bioflooding	7	441
生物刺激	biostimulation	7	436
生物地球化学循环	biogeochemical cycles	1	7
生物反应器处理	bioreactor	7	441
生物放大	biomagnification	6	405
生物富集	biological concentration	5	308
生物化学机制	biochemical mechanism	5	362
生物积累	bioaccumulation	5	311
生物降解速率	biodegradation rate	3	233
生物降解速率常数	biodegradation rate constant	3	233
生物降解作用	biodegradation	3	245
生物累积过程	bioaccumulation process	3	245
生物膜	biological membrane	5	303
生物浓缩因子	bioconcentration factor，BCF	3	218
生物浓缩作用	bioconcentration	3	245
生物强化	bioaugmentation	7	436
生物圈	biosphere	1	4
生物通气法	bioventing	7	440
生物需氧量	biochemical oxygen demand，BOD	3	151
生物氧化	biological oxidation	5	317
生物质	biomass	8	480
生物注射法	biosparging	7	440
生物转化	biotransformation	5	305
湿沉降	wet deposition	2	22
食物链	food chains	5	311
手性	chirality	8	385
受氢体	hydrogen acceptor	5	318
双倒数做图法	double−reciprocal plot	5	351
双膜理论	two film theory	3	220
水的硬度	hardness of water	3	148
水解酶	hydrolases	5	313

续表

中文	英文	所属章	页码
水解速率	hydrolysis rate	3	225
水解速率常数	hydrolysis rate constant	3	225
水解作用	hydrolysis	3	223
水圈	hydrosphere	1	4
水溶性	aquatic solubility	5	305
水生生物	aquatic organism	3	151
水俣病事件	minamata disease event	3	165
水质模型	water quality model	3	235
水中颗粒物的聚集	aggregation of particles in water	3	179
水中氧化还原的限度	limits of redox in water	3	196
水中有机物的氧化作用	oxidation of organic matter in water	3	203
死亡率	mortality rate	5	359
速率	rate	5	350
酸沉降	acid deposition	2	107
酸度	acidity	3	155
酸碱平衡	acid−base equilibria	3	244
酸性发酵	acid fermentation	5	323
酸性降水	acid precipitation	2	22
羧酸酯酶	carboxylesterase	5	331
锁定	sequestration	7	438
铊	thallium	3	167
胎盘屏障	placenta barrier	5	306
肽	peptide	5	325
碳氢化合物	hydrocarbon	2	29
碳酸平衡	carbonic acid equilibrium	3	152
碳酸盐	carbonates	3	189
糖类	carbohydrate	5	320
逃逸层	exosphere	2	19
天然来源	natural source	2	22
天然水的 pE	pE in natural waters	3	199
天然水的性质	properties of natural waters	3	151
天然水的主要离子	major ions in natural waters	3	147
天然水的组成	composition of natural waters	3	147
天然水体的缓冲能力	Buffering capability of natural water bodies	3	157
天然水中的配体	ligands in natural waters	3	204
萜烯	terpene	2	42
铁	iron	3	148

续表

中文	英文	所属章	页码
烃类	hydrocarbons	5	335
通气层	vadose zone	7	440
通透性	permeability	5	305
同向絮凝	orthokinetic coagulation	3	182
铜	copper	3	166
痛痛病事件	itai−itai disease event	3	165
土地耕作法	land farming	7	441
土壤	soil	4	265
土壤的缓冲性	buffer action of soil	4	277
土壤的酸碱度	acidity−alkalinity of soil	4	274
土壤的吸附性	soil adsorption	4	272
土壤的氧化还原性	oxidation and reduction of soil	4	279
土壤肥力	soil fertility	4	271
土壤胶体	soil colloid	4	272
土壤矿物质	minerals in soil	4	266
土壤粒级分组	size classification of soil	4	270
土壤泥浆生物反应器	soil slurry bioreactor	7	441
土壤圈	pedosphere	4	265
土壤污染化学	soil pollution chemistry	4	265
土壤修复	soil remediation	1	11
土壤有机质	organic matter in soil	4	269
土壤−植物体系	soil−plant system	4	279
土壤质地	soil structure	4	271
土壤质地分组	quality classification of soil	4	271
土壤中农药的迁移	transportation of pesticide in soil	4	287
土著微生物	indigenous microorganism	7	435
脱氨	deamination	5	325
脱氢酶	dehydrogenase	5	330
脱羧	decarboxylation	5	325
外生的循环	exogenic cycles	1	7
外生化合物	xenobiotics	7	440
外源微生物	exogenous microorganism	7	435
烷基化	alkylation	5	367
烷烃	alkane	2	38
微生物降解	microbial degradation	5	520
胃	stomach	5	305
温室气体	green house gas	2	33

续表

中文	英文	所属章	页码
温室效应	green house effect	2	17
稳定常数	stability constants	3	206
污染预防法	pollution prevention act	8	477
无机配体	inorganic ligands	3	204
无机酸度	mineral acidity	3	155
无机污染物的迁移转化	transport and transformation of inorganic pollutions	3	170
无氧氧化	anaerobic oxidation	5	318
物理吸附	physical adsorption	3	172
吸附等温线	adsorption isotherms	3	174
吸收	absorption	5	305
吸着作用	sorption	3	244
烯烃	alkene	2	38
硒	selenium	5	348
洗脱	wash out	7	463
细胞色素	cytochrome	5	316
细胞色素 p450	cytochrome p450	5	327
酰胺酶	amidase	5	331
相对湿度	relative humidity，RH	6	391
相加作用	additive effect	5	361
消除	elimination	5	305
消除反应	elimination	8	493
消化管	digestive tract	5	305
硝化	nitrification	5	341
硝基还原酶	nitrate reductase	5	330
小肠	small intestine	5	305
协同作用	synergism	5	361
辛醇-水分配系数 K_{ow}	octanol−water partition coefficient	3	217
锌	zinc	3	167
形态	species	3	147
形态过程	speciation processes	3	244
絮凝	flocculation	3	179
蓄积	accumulation	5	308
悬浮物	suspended matter	3	147
血浆蛋白	plasma protein	5	306
血脑屏障	blood−brain barrier	5	306
血液	blood	5	305

续表

中文	英文	所属章	页码
循环经济	circular economy	1	11
亚急性毒性	sub-acute toxicity	5	359
烟酰胺腺嘌呤二核苷酸（辅酶Ⅰ）	nicotinamide adenine dinucleotide, NAD^+	5	315
烟酰胺腺嘌呤二核苷酸磷酸（辅酶Ⅱ）	nicotinamide adenine dinucleotide phosphate, $NADP^+$	5	315
岩石圈	geosphere or lithosphere	1	4
衍生物	derivatives	8	480
厌氧微生物	anaerobe	5	318
阳离子交换量	cation exchange capacity, CEC	4	274
氧化还原反应	redox reaction	3	193
氧化还原酶	oxido-reductase	5	313
氧化还原转化	transformation of redox	3	245
氧化还原作用	oxidation and reduction	3	201
氧化酶	oxidizing enzyme	5	330
氧化物表面配合吸附模式	model of complex adsorption of oxides surface	3	176
氧化物和氢氧化物	oxides and hydroxides	3	185
氧气	oxygen	3	150
氧下垂曲线	oxygen sag curve	3	204
液膜传质系数	mass transfer coefficient of liquid-film	3	221
液膜控制	liquid-film control	3	221
液相氧化	liquid phase oxidation	2	102
一级反应	first order reaction	5	355
一甲基胂酸	monomethylarsonicacid	5	346
遗传学的	genetic	5	364
乙烯	ethene	2	38
乙酰胆碱	acethl choline	5	363
乙酰胆碱酯酶	acetylchoine esterase	5	363
异构酶	isomerase	5	313
异位生物修复	ex situ bioremediation	7	436
异戊二烯	isoprene	2	43
异向絮凝	perikinetic coagulation	3	181
异养生物	heterotrophic organisms	3	151
抑制剂	inhibitor	5	352
逸度	fugacity	6	389
营养级	trophic level	5	311

续表

中文	英文	所属章	页码
营养物	nutrients	3	242
营养元素	nutrient elements	1	7
优先污染物	priority pollutants	1	13
有毒化学物质	toxic chemicals	3	167
有毒有机污染物	toxic organic pollutants	5	326
有机磷农药	organophosphorus	3	217
有机卤代物	organohalogenated compounds	6	407
有机氯农药	organochlorine pesticide	4	295
有机配体	organic ligands	3	261
有机污染物	organic pollutant	3	147
有机污染物的迁移转化	transport and transformation of organic pollutants	3	214
有机物	organic material	4	266
有氧氧化	aerobic oxidation	5	318
诱导性植物提取	induced phytoextraction	7	445
雨除	rain off	2	129
预防	prevention	8	479
预制床反应器	prepared bed reactor	7	441
阈剂量(浓度)	threshold dose(concentration)	5	360
元素的循环	elemental cycles	1	7
原位化学氧化技术	in situ chemical oxidation，ISCO	7	453
原位生物修复	in situ bioremediation	7	436
原子经济性	atom economy	8	479
藻	algae	3	150
增流	mobilization	7	470
增溶	solubilization	7	470
黏土矿物	clay mineral	3	167
症状	symptom	5	362
脂肪	fat	5	306
脂肪酸	fatty acid	5	323
脂肪组织	adipose tissue	5	308
脂溶性	lipid solubility	5	304
直接光解	direct photolysis	3	227
植被	vegetation	2	34
植物挥发	phytovolatilization	7	443
植物降解	phytodegradation	7	443
植物提取	phytoextraction	7	443

续表

中文	英文	所属章	页码
植物稳定	phytostabilization	7	443
植物修复	phytoremediation	7	443
指示变量	indication variables	5	371
致癌变	carcinogenic	8	476
致癌作用	carcinogenesis	5	366
致畸变	teratogenic	8	476
致畸作用	teratogensis	5	368
致突变	mutagenic	8	476
致突变物或诱变剂	mutagen	8	476
致突变作用	mutagensis	5	364
滞留性污染物	persistent pollutants	3	164
中间层	mesosphere	2	18
终致癌物	ultimate carcinogen	5	367
重金属	heavy metals	6	390
重排反应	rearrangement	8	492
逐级生成常数	stepwise formation constant	3	206
主动转运	active transport	5	304
专属吸附	specialistic adsorption	3	172
转化	transformation	7	449
转化过程	transformation processes	3	245
转化迁移	transformation and transportation	4	279
转移酶	transferases	5	313
转运	transport	5	304
准一级反应	pseudo−first order reaction	5	355
自然修复过程	natural attenuation	7	345
自养生物	autotrophic organisms	3	151
自由基	free radical	2	31
自由能	free energy	3	195
自由能变化 ΔG	free energy change	3	195
总毒性当量	toxicity equivalency quantity,TEQ	6	404
总悬浮颗粒物	total suspended particulates	2	131
阻燃剂	retardant	8	476
组织	tissues	5	306
最大速率	maximum velocity	5	350
最低未占据分子轨道	lowest unoccupied molecular orbit, LUMO	5	379
最高允许剂量（浓度）	maximum permissible dose（concentration）	5	360
最高占据分子轨道	highest occupied molecular orbit, HOMO	5	379

图书在版编目(CIP)数据

环境化学 / 戴树桂主编 . —2 版 . —北京：高等教育出版
社,2006.10 (2022.11重印)
ISBN 978 − 7 − 04 − 019956 − 7

Ⅰ.环…　Ⅱ.戴…　Ⅲ.环境化学−高等学校−
教材　Ⅳ.X13

中国版本图书馆 CIP 数据核字(2006)第 106442 号

策划编辑　陈　文	责任编辑　董淑静	封面设计　张申申		责任绘图　尹　莉
版式设计　范晓红	责任校对　殷　然	责任印制　存　怡		

出版发行　高等教育出版社	网　　址　http://www.hep.edu.cn	
社　　址　北京市西城区德外大街 4 号	http://www.hep.com.cn	
邮政编码　100120	网上订购　http://www.landraco.com	
印　　刷　唐山嘉德印刷有限公司	http://www.landraco.com.cn	
开　　本　787×960　1/16		
印　　张　33.5	版　　次　1997 年 3 月第 1 版	
字　　数　600 000	2006 年 10 月第 2 版	
购书热线　010−58581118	印　　次　2022 年 11 月第 30 次印刷	
咨询电话　400−810−0598	定　　价　53.90 元	